普通高等教育系列教材

CAXA 电子图板 2023 基础与实例教程

臧艳红　王玉奇　管殿柱　等编著

机械工业出版社

本书以绘制工程图样为主线，结合大量实例，系统地介绍了 CAXA 电子图板 2023 的强大绘图功能及其在工程绘图中的应用方法和技巧。全书共 12 章，分别介绍了 CAXA 电子图板基础知识、基本操作、图形绘制、图形编辑、分层绘图、工程标注、图纸幅面、绘制零件图、图块与图库、绘制装配图、系统工具与绘图输出、综合应用实例等内容。

本书理论和实践紧密结合。在介绍理论的基础上，结合软件的基本功能列举了大量例题，每章又通过一个实例，详细地演示了该章所讲述的主要内容及绘图技巧。此外，各章都安排了相应的练习题，便于读者上机实践，巩固所学知识。

本书内容丰富、图文并茂，实例实用性强，既可作为高等院校、职业本科院校相关课程的教材，又可作为相关 CAD 考试的培训教材，也可供成人教育和工程技术人员使用或参考。

本书配套资源包括 CAXA 电子图板 2023 试用版、电子课件、实例和习题的源文件，需要的教师可登录 www. cmpedu. com 免费注册，审核通过后下载，或联系编辑索取（微信：13146070618，电话：010-88379739）。

图书在版编目（CIP）数据

CAXA 电子图板 2023 基础与实例教程 / 臧艳红等编著. 北京 ：机械工业出版社，2024. 12. --（普通高等教育系列教材）. -- ISBN 978-7-111-76839-5

Ⅰ. TP391. 72

中国国家版本馆 CIP 数据核字第 202418NP76 号

机械工业出版社（北京市百万庄大街 22 号　邮政编码 100037）
策划编辑：解　芳　　　　　责任编辑：解　芳　郝建伟
责任校对：龚思文　陈　越　　责任印制：李　昂
北京捷迅佳彩印刷有限公司印刷
2025 年 1 月第 1 版第 1 次印刷
184mm×260mm · 22 印张 · 544 千字
标准书号：ISBN 978-7-111-76839-5
定价：89. 90 元

电话服务　　　　　　　　　　网络服务
客服电话：010-88361066　　机　工　官　网：www. cmpbook. com
　　　　　010-88379833　　机　工　官　博：weibo. com/cmp1952
　　　　　010-68326294　　金　　书　　网：www. golden-book. com
封底无防伪标均为盗版　　机工教育服务网：www. cmpedu. com

前　言

CAXA 是我国制造业信息化 CAD/CAM/PLM 领域拥有自主知识产权的优秀软件和知名品牌，其软件产品覆盖了制造业信息化设计、工艺、制造和管理四大领域。CAXA 电子图板是二维绘图通用软件，易学易用，符合工程师的设计习惯，而且功能强大，兼容 AutoCAD，是国内普及率较高的 CAD 软件。CAXA 电子图板 2023 提供了更强大、更高效的 CAD 制图功能。

本书结合了作者多年从事工程制图、计算机绘图课程的教学经验和体会，以“轻松上手”“实例为主”的理念编写，具有以下特点。

1）侧重实际应用。本书以绘制工程图样为主线，系统全面地介绍了 CAXA 电子图板的功能及各功能在绘制工程图样上的应用方法和技巧。在内容编排上，遵循了工程制图的学习规律，由浅入深、循序渐进地讲解平面图、三视图、零件图、装配图的绘制方法，从而使读者能够利用 CAXA 电子图板方便、快捷地绘制工程图样。

2）实例与练习相结合。本书结合软件的基本功能列举了大量例题，引导读者动手练习，在每一章的最后还安排了有针对性的综合实例，并给出详细的操作步骤，使读者在掌握基础知识的同时，开拓思路，快速掌握 CAXA 电子图板在绘制工程图样中的应用方法和技巧。此外，各章都安排了相应的练习题，便于读者上机实践，以巩固所学知识，切实提高该软件的应用水平。

3）符合各种 CAD 考试培训要求。为满足目前多数院校对考试培训的需要，书中多数实例出自相关 CAD 考试。

全书共 12 章，各章主要内容如下。

● 第 1 章：概括地介绍了 CAXA 电子图板 2023 软件，包括软件的功能特点、工作界面、文件的操作和获得帮助的方法等。

● 第 2 章：主要讲解基本操作，包括立即菜单的操作、点的输入方式、对象捕捉和图形的显示控制等。

● 第 3 章：介绍图形绘制功能，包括直线、平行线、矩形、正多边形、圆和孔/轴等命令的操作方法。

● 第 4 章：介绍图形编辑功能，包括删除、平移、镜像、旋转、阵列、裁剪等命令的操作方法。

● 第 5 章：介绍图层的功能及操作，详细说明分层绘图的方法。

● 第 6 章：介绍标注功能，包括尺寸标注、工程符号类标注和文字类标注，以及各种标注的样式管理。

● 第 7 章：介绍图纸幅面功能，包括图幅、图框、标题栏、参数栏、零件序号和明细表。

● 第 8 章：讲解了使用 CAXA 电子图板 2023 绘制剖视图、三视图、局部放大图的方法，通过实例详细讲述零件图的绘制方法和步骤。

● 第 9 章：主要讲解图块创建、插入、消隐和编辑的方法，以及从图库中提取图符的操作等。

● 第 10 章：以滑动轴承为例，详细介绍了使用 CAXA 电子图板绘制装配图的方法。

● 第 11 章：介绍系统工具，如系统查询、用户坐标系、系统设置等，以及 DWG 接口和打印输出等。

● 第 12 章：为了让读者更全面地掌握 CAXA 电子图板，以千斤顶为例，讲述了从零件图到装配图的全部绘制过程。

读者对象

● 相关专业的大中专学生。

● 工程技术人员。

● 参加相关 CAD 考试培训的人员。

本书既可作为高等院校、职业本科院校计算机绘图课程的教材，又可作为相关 CAD 考试的培训教材，也可供成人教育和工程技术人员使用或参考。

本书由臧艳红（烟台大学）、王玉奇（青岛大学）、管殿柱（青岛大学）编写，参与本书编写的还有管玥、李文秋等。本书的编写得到 CAXA（北京数码大方科技有限公司）的大力支持，在此表示感谢。由于编者水平有限，书中难免有错误和疏漏之处，恳请广大读者批评指正。

编　者

目　　录

第 1 章　CAXA 电子图板基础知识

内容与要求

CAXA 电子图板是一个功能齐全的通用计算机辅助设计（CAD）软件，它能高效、方便、智能化地绘图和设计，并全面支持最新的国家标准，广泛应用于机械、电子、航空、航天、汽车、船舶等领域。CAXA 电子图板 2023 在继承原有版本诸多优势的基础上进一步改进，软件性能更加优异，绘图更加高效快捷，能够更专业、智能地满足用户的需求。

学习本章应达到如下目标。

- 掌握 CAXA 电子图板 2023 的工作界面
- 掌握文件管理操作
- 掌握获得帮助的方法

1.1　基础知识

北京数码大方科技有限公司（CAXA）是中国领先的 CAD 和 PLM 工业软件供应商之一，拥有完全自主知识产权的系列化的软件产品和解决方案，如计算机辅助设计（CAD）、计算机辅助制造（CAM）、计算机辅助工艺规划（CAPP）等，覆盖了设计、工艺、制造和管理四大领域。其中，CAXA 电子图板专为设计工程师打造，依据中国机械设计的国家标准和使用习惯，提供专业绘图编辑和辅助设计工具，轻松实现“所思即所得”。

CAXA 电子图板具有功能强大、易学实用的特点。经过多年的改版和升级，CAXA 电子图板 2023 软件性能更加优异，绘图更加高效快捷。随着计算机应用的不断普及、CAXA 电子图板性能的不断完善，CAXA 电子图板将成为各行业的设计工作者不可缺少的工具。

1.1.1　CAXA 电子图板的主要功能及系统特点

CAXA 电子图板提供形象化的设计手段，帮助设计人员发挥创造性，提高工作效率，缩短新产品的设计周期，把设计人员从繁重的设计绘图工作中解脱出来，并有助于促进产品设计的标准化、系列化、通用化，使得整个设计规范化。

1. 主要功能

1）绘图功能。CAXA 电子图板具备强大的智能化图形绘制功能，可以方便地绘制各种基本图形，包括点、直线、平行线、圆、圆弧、椭圆、矩形、多边形、孔/轴、样条线、中心线、轮廓线、波浪线、双折线、公式曲线、箭头、等距线、剖面线、填充和齿轮等。

2）编辑功能。CAXA 电子图板提供了多种方法对图形进行修改、编辑，主要包括裁剪、过渡、齐边、打断、拉伸、平移、旋转、镜像、阵列以及比例缩放等。编辑过程采用全面的动态拖画设计，并支持动态导航、对象捕捉等智能操作，全过程具备 undo/redo 功能。

3）工程标注功能。依据《技术制图》国家标准，CAXA 电子图板具备尺寸标注、文字标注、坐标标注和工程符号标注的一系列功能。能标注尺寸及公差配合、基准符号、表面粗糙度、几何公差、焊接符号、剖切符号、向视符号、倒角和中心孔等。此外，提供标注编辑、设置标注样式和尺寸驱动等功能，可以方便地修改、编辑工程图上已有标注。

4）国标图库和构件库。CAXA 电子图板提供了丰富的参量化图库，涉及机械行业的连接件、紧固件、轴承、法兰、密封件、电机、夹具等，电气行业的开关、半导体、电子管、逻辑单元、转换器等，以及液压零件图库、农业机械零部件图符等，可方便地调出预先定义的标准图形或相似图形进行参数化设计，使绘图效率大幅提高。同时，CAXA 电子图板提供管理图库及定制图库的功能，用户不需编程，只需把图形绘制出来，标上尺寸即可建立自己的参数化图库。

5）数据交换功能。CAXA 电子图板提供了多种数据交换格式和相应的命令。它全面支持各种版本的 DWG、DXF 文件；可将 DWG/DXF 文件批量转换为 EXB 文件；可读入 WMF、HPGL 图形文件；可读入和输出 IGES 格式文件；可读入以文本形式生成的数据 DAT 文件，获取 CAXA 加工软件的几何数据。

6）工程图输出。支持目前市场上主流的打印机和绘图仪，而且在绘图输出时提供了拼图功能，即大幅面图形文件可以通过小幅面图样输出后拼接而成。

2. CAXA 电子图板 2023 的新功能

CAXA 电子图板 2023 在继承原有版本诸多优势的基础上进一步改进，软件性能更加优异，在界面交互、操控效率和数据兼容等方面均有大幅提高，其新功能如下。

1）新增文件输入/输出功能。可以将 PDF 文件中的几何图形、实物填充、光栅图像和 TrueType 输入到当前图形中，并保留源 PDF 文件中相关特性，如比例、图层、线宽和颜色等。使用 EXB To PDF 输出 PDF 文件时，支持输出为矢量化的 PDF 文件，输出时间大幅缩短，文件体积更小，并且其中的 TrueType 文字支持拾取、复制等编辑操作。

2）新增智能打印功能。可以框选后一次打印当前绘图中的多份图样，同时支持转换为 PDF、JPG、PNG、TIF 等格式文件。

3）新增兼容 DWT 文件、增强 DWG 类型识别功能。支持识别其他多种 CAD 文件的特殊对象数据，包括标题栏、序号、明细表等。

4）新增绘图/修改功能。支持拾取两平行线后倒圆角，支持起始直径和终止直径均为 0 的绘制，曲线阵列增加【间距】方式阵列。

5）新增图形隐藏/隔离功能。选中对象后，可以通过右键菜单的【隔离】命令，将当前选中对象隐藏、将其他所有对象隐藏、结束所有对象隔离状态。

6）新增拆分序号功能。支持将合并的序号拆分为独立的序号。

7）粗糙度标注增强，新增【多数符号】选项，支持最新标准要求。

8）弧长标注增强。支持标注或拾取部分圆弧。

9）文件标签页增强。文件标签页新增多项功能，包括打开、保存所有、关闭所有、关闭其他、复制完整文件路径。

10）文件打开支持记忆路径。成功打开一个文件后，下次再启动【打开】对话框，可自动定位并打开上次打开的文件。

11）文字查找替换功能增强，结果增加数量统计。

12）特性匹配新增对“公差”的支持。

13）新增手绘表格导出功能，支持将图形内使用线条、文字等绘制的表格导出为 xls、xlsx 表格文件；表格支持 xlsx 格式。插入表格对象时，可以链接 xls 及 xlsx 格式文件，直接创建表格。

14）图库更新。更新 232 项图符标准及数据，涉及的类别有螺母、螺柱、螺栓、螺钉等。图库共包含 53 个大类，5346 个小类。

15）图库增强。增加非参数化图幅定义功能，支持拾取样条、图片等对象为非参数化图符内部数据。

16）其他。完成图幅设置后，新图纸的图框、标题栏、顶框栏及边框栏保留上一次设置的选项。优化重量计算器、文字查找替代、填写明细表等功能体验，打开对话框时可查看图形或执行新命令。解决了 PAT 仅部分数据兼容的问题。

3. CAXA 电子图板的系统特点

与国内外同类软件相比，CAXA 电子图板具有如下系统特点。

1）中文界面：CAXA 电子图板的各种菜单、操作提示、系统状态及帮助信息均为中文，工作界面采用图标和全中文菜单相结合的方式。

2）符合国标：按照最新国标提供图框、标题栏、明细表、文字标注、尺寸标注以及工程标注，已通过国家机械 CAD 标准化审查。

3）快捷的交互方式：系统独特的立即菜单取代了传统的逐级问答式选择和输入，方便、直观。

4）动态导航功能：该功能模拟丁字尺的作用，在绘图过程中可以自动捕捉特征点，按照工程制图高平齐、长对正、宽相等的原则生成视图。

5）智能化的工程标注：系统智能判断尺寸类型，自动完成所有标注。尺寸公差数值可以按国标偏差代号和公差等级自动查询标出，并提供坐标标注、倒角标注、引出说明、粗糙度、基准符号、几何公差、焊接符号和剖切位置符号等工程标注。

6）明细表与零件序号联动：进行零件序号标注时，可自动生成明细表，并且将标准件的数据自动填写到明细表中。如在中间插入序号，则其后的零件序号和明细表会自动进行排序。若对明细表进行编辑操作，则零件序号也会相应变动。

7）种类齐全的参量国标图库：提取图符时既可按照图库中设定的系列标准数据提取，也可给定非标准的数据，提取图符后还可以进行图符再修改。提取的图符能实现自动消隐，特别有利于装配图的绘制。

8）全开放的用户建库手段：用户不需懂得编程，只需要把图形绘制出来，标上尺寸，即可建立自己的参量图库。

9）通用的数据接口：通过 DXF 接口、HPGL 接口和 DWG 接口可与其他 CAD 软件进行图样数据交换，可以有效地利用用户以前的工作成果以及与其他系统进行数据交换。

此外，用户可以根据自己的特殊需求，在电子图板开发平台的基础之上进行二次开发，扩充电子图板的功能，从而实现用户个性化、专业化。

1.1.2 CAXA 电子图板的启动

1. CAXA 电子图板 2023 对计算机系统的要求

1）软件环境：Windows 7/8/10/11 操作系统。

2）硬件环境：2.0GHz 以上 CPU；512MB 以上内存；24 位真彩色显卡，256MB 以上显存；分辨率 1024×768 以上真彩色显示器；安装分区拥有 800MB 以上剩余空间。

2. CAXA 电子图板的启动

有三种方法可以启动 CAXA 电子图板。

1）正常安装完成后，计算机桌面会出现【CAXA 电子图板 2023】的图标，用鼠标左键双击该图标就可以运行软件。

2）单击计算机桌面左下角的【开始】→【程序】→【CAXA】→【CAXA 电子图板 2023】→【CAXA 电子图板 2023】来运行软件。

3）CAXA 电子图板的安装目录下…Bin32 或 Bin64 \ CDRAFT_M. exe，双击即可运行。

成功启动电子图板后，首先会弹出【选择配置风格】对话框，如图 1-1 所示。在该对话框中可以设置交互风格和界面风格，其中各选项的含义说明如下。

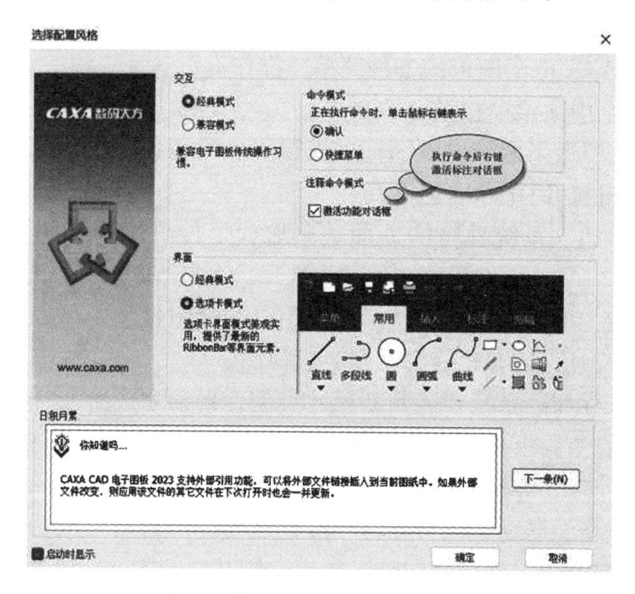

图 1-1 【选择配置风格】对话框

- 交互：包括【经典模式】和【兼容模式】两种。不同的模式，对话框右侧的【命令模式】区和【注释命令模式】区自动对应不同的选项。
  - 经典模式：按照电子图板传统操作习惯，在执行命令时单击鼠标右键表示确认；执行注释命令后右键激活功能对话框。
  - 兼容模式：按照其他 CAD 软件的操作习惯，在执行命令时单击鼠标右键弹出快捷菜单。
- 界面：包括【经典模式】和【选项卡模式】两种。
  - 经典模式：采用传统界面，即通过下拉菜单和工具栏访问命令。
  - 选项卡模式：最新的选项卡模式界面美观而实用，通过工具选项卡、快速启动工具栏和主菜单访问命令。

交互风格与界面风格选择完毕后，单击 确定 按钮即可生效。如果单击 取消 按钮，则无论上述选项如何选择，都会按照电子图板上一次关闭时的状态进行配置。

- 日积月累：位于对话框下方，该区域提供一些使用电子图板的提示和技巧，通过单击 下一条(N) 按钮可以逐条浏览。
- 【启动时显示】选项：在对话框底部，如果取消其选中状态，则下次启动时不会再显示【选择配置风格】对话框。

设置完毕，单击 确定 按钮，系统弹出如图1-2所示的【新建】对话框。在该对话框中选择图样模板后，就可以进入到绘图环境中。

图1-2 【新建】对话框

1.2 工作界面

工作界面是交互式绘图软件与用户进行信息交流的中介。系统通过界面反映当前信息状态或将要执行的操作，用户按照界面提供的信息做出判断，并经由输入设备进行下一步的操作。因此，用户界面被认为是人机对话的桥梁。

CAXA 电子图板 2023 为全中文界面，界面风格有以下两种：选项卡模式界面和经典模式界面。

1.2.1 选项卡模式界面

选项卡模式界面中最重要的界面元素为功能区。功能区的选项卡代替了以前版本中的工具栏，通过单一紧凑的界面将各种命令简洁有序地组织在一起，通俗易懂，同时使绘图工作区最大化，如图1-3所示。

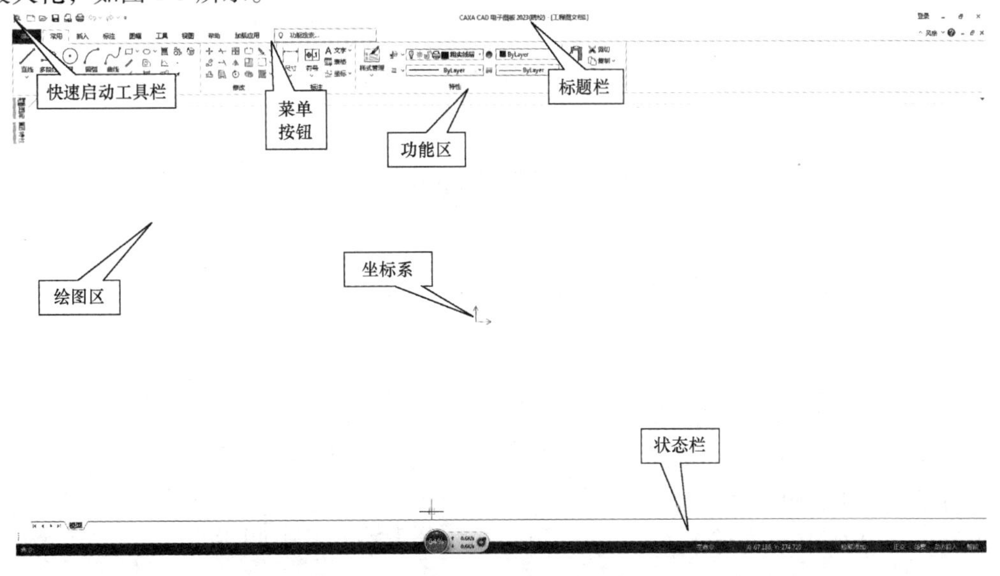

图1-3 选项卡模式界面

1. 绘图区

绘图区是进行绘图设计的工作区域，它位于屏幕的中心。在绘图区的中央，设置有一个二维直角坐标系，称为世界坐标系，它的坐标原点为（0.0000，0.0000）。CAXA 电子图板以当前世界坐标系的原点为基准，水平方向为 X 轴方向，向右为正，向左为负；垂直方向为 Y 轴方向，向上为正，向下为负。

绘图区内的光标为十字线，用于绘制图形及选择图形对象，十字线的交点为光标的当前位置，其坐标值显示在绘图区下方的当前点坐标显示区。

2. 标题栏

CAXA 电子图板 2023 的标题栏位于工作界面的顶部、快速启动工具栏的右边。标题栏显示程序及当前所操作图形文件的名称，右端分别为【窗口最小化】按钮 、【窗口最大化】按钮 、【关闭窗口】按钮 ，用于实现对绘图窗口状态的调节。

3. 主菜单

在选项卡模式界面中，用鼠标左键单击左上角的【菜单】按钮，可调出主菜单。主菜单由菜单项组成，包括【文件】、【编辑】、【视图】、【格式】、【幅面】、【绘图】、【标注】、【修改】、【工具】、【窗口】和【帮助】。

新界面主菜单的使用方法与传统的下拉菜单相同，将指针在各菜单项上停放即可显示子菜单，各种菜单项的特点如图 1-4 所示。找到所需要的菜单项，使用鼠标左键单击即可执行对应的命令。

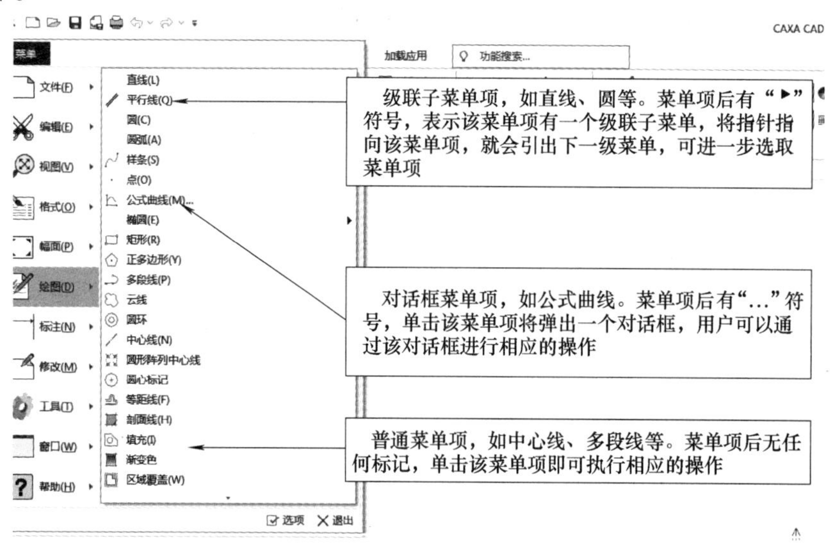

图 1-4　主菜单

4. 快速启动工具栏

快速启动工具栏用于显示经常使用的命令，包括新建、打开、保存、另存、打印、撤销和恢复，如图 1-5 所示。使用鼠标左键单击快速启动工具栏上的图标按钮即可执行对应的命令。

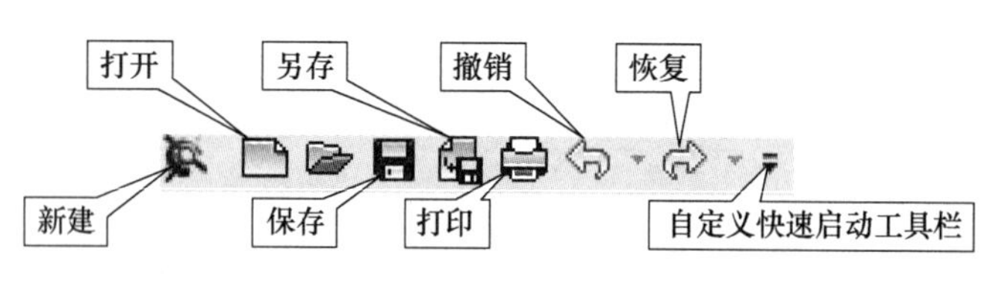

图 1-5　快速启动工具栏

快速启动工具栏可以自定义。单击快速启动工具栏右端的按钮▾，可以弹出【自定义快速启动工具栏】菜单，如图1-6所示。该菜单中各功能选项的含义说明如下。

- 若命令名称前带有"√"符号，表示该命令按钮已经在快速启动工具栏中打开；单击命令名称，"√"符号消失，则表示该命令按钮已经关闭。
- 选择【自定义】选项，弹出如图1-7所示的【自定义】对话框，可在该对话框中添加或删除命令，从而自定义快速启动工具栏的项目。

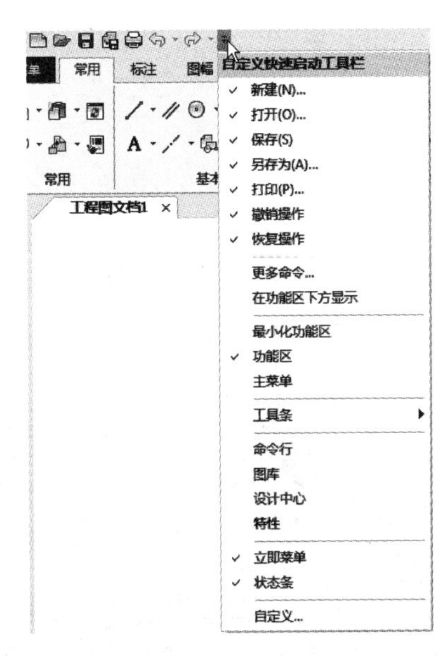

图1-6 【自定义快速启动工具栏】菜单

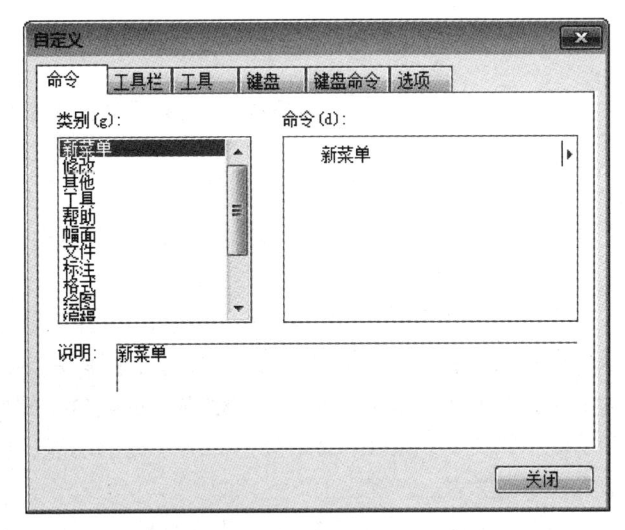

图1-7 【自定义】对话框

- 选择【在功能区下方显示】选项，可以改变快速启动工具栏的位置。

此外，用户还可以通过以下方式自定义快速启动工具栏。

- 在快速启动工具栏的某一图标按钮上单击鼠标右键，系统弹出快捷菜单。在该菜单中可以选择【从快速启动工具栏移除】选项，将某个命令从快速启动工具栏中移除，也可以通过选择【在功能区下方显示快速启动工具栏】、【自定义快速启动工具栏】等选项对快速启动工具栏或工作界面进行自定义。
- 在功能区选项卡或主菜单的命令图标按钮上单击鼠标右键，可以在弹出的菜单中选择将某个命令添加到快速启动工具栏。

5. 功能区

选项卡模式界面最重要的元素为功能区。功能区由多个工具选项卡组成，而每个工具选项卡又由各种面板组成，如图1-8所示。鼠标左键单击要使用的选项卡，可在不同的选项卡间切换。在任何界面元素上单击鼠标右键后，可以在弹出的快捷菜单中打开或关闭功能区。

功能区各组成项的功能说明如下。

- 工具选项卡：位于功能区的顶部。标准的工具选项卡包括【常用】、【插入】、【标注】、【图幅】、【工具】、【视图】、【帮助】等，系统默认显示的选项卡为【常用】选项卡。鼠标左键单击要使用的选项卡，可在不同的选项卡间切换。
- 面板：每个工具选项卡都由多种面板组成。例如：【常用】工具选项卡由【常用】、

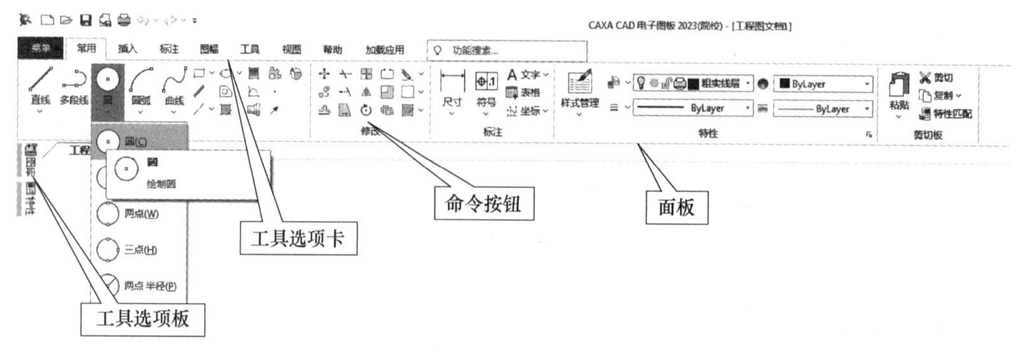

图 1-8　功能区

【绘图】、【修改】、【标注】和【特性】面板组成。

- 命令按钮：面板由一些命令按钮排列组成，每一个命令按钮都通过图标形象地表示。用鼠标左键单击某一个按钮，即可调用相应的命令。有的命令按钮下方有 ▾ 按钮，表示该命令有子菜单。单击 ▾ 按钮，就会打开子菜单，可移动鼠标进一步选取菜单项，如图 1-8 所示。

在 CAXA 电子图板中，各命令按钮具备智能屏幕提示功能。只要移动鼠标到某个命令按钮上停留片刻，在其附近就会出现一个功能提示框，框内显示该命令的名称和功能，如图 1-9 所示。命令按钮的屏幕提示功能，极大地方便了初学者。

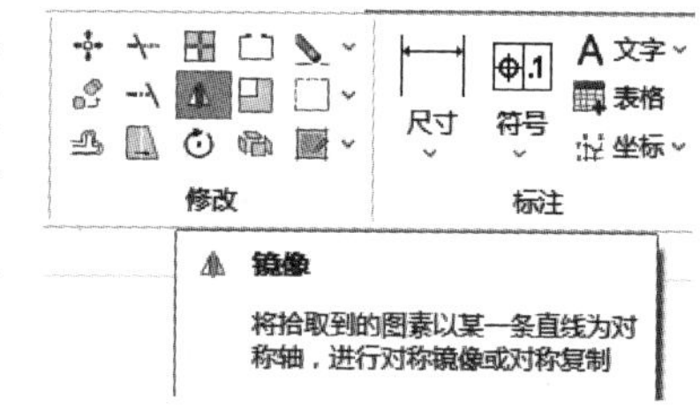

图 1-9　屏幕功能提示

- 工具选项板：工具选项板是一种特殊形式的交互工具，CAXA 电子图板 2023 有【特性】工具选项板和【图库】工具选项板。平时，工具选项板会隐藏在界面左侧的工具选项板工具条内，将鼠标移动到该工具条的工具选项板按钮上，对应的工具选项板就会弹出。

6. 状态栏

状态栏位于工作界面的最下方，用来显示当前的操作状态。在没有执行任何命令时，操作提示为“命令:”，即表示系统正等待输入命令，称为“空命令”状态，如图 1-10 所示。一旦输入某种命令，将出现相应的操作提示。

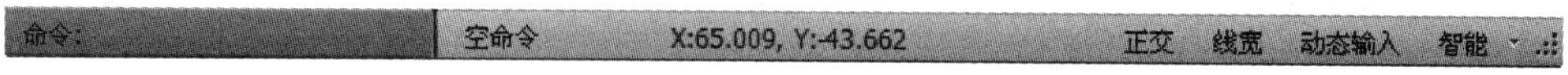

命令:	空命令	X:65.009, Y:-43.662	正交	线宽	动态输入	智能

图 1-10　“空命令”状态

状态栏包括操作信息提示区、命令提示区、当前点坐标显示区和工具区等，如图 1-11 所示，状态栏各组成项的功能说明如下。

- 操作信息提示区：位于状态栏的左侧，用于提示当前命令执行情况或提示用户输入有关数据。
- 命令提示区：位于状态栏的左侧，用于显示当前所执行命令的键盘命令，以便于用户快速掌握电子图板的键盘命令。
- 当前点坐标显示区：位于状态栏的中部，用于显示当前鼠标的坐标值，它随鼠标的移动而动态变化。

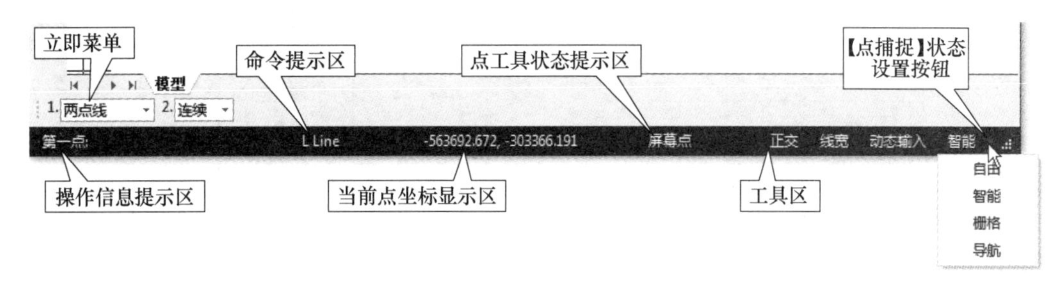

图 1-11　状态栏

- ❍ 点工具状态提示区：当前工具点设置及拾取状态提示位于状态栏的中部，自动提示当前点的性质以及拾取方式。例如，点可能为屏幕点、切点、端点等，拾取方式有添加状态、移出状态等。
- ❍ 工具区：位于状态栏的右侧，用于显示 CAXA 电子图板的绘图辅助工具。工具区包括【正交】切换按钮、【线宽】显示切换按钮、【动态输入】开关按钮和【点捕捉】状态设置按钮，各按钮含义如下。
  - 正交：单击 正交 按钮，可以切换系统为正交状态或非正交状态。
  - 线宽：单击 线宽 按钮，可以切换显示线宽或不显示线宽（细线显示）。
  - 动态输入：单击 动态输入 按钮，可以打开或关闭动态输入工具。
  - 点捕捉：位于状态栏工具区的最右侧。单击该按钮弹出一个选项菜单，如图 1-11 所示。可根据需要选择点的捕捉状态，有【自由】、【智能】、【栅格】和【导航】四种方式。

在状态栏上单击鼠标右键调出【状态条配置】菜单，该菜单用于控制各种功能元素在状态栏上的显示，如图 1-12 所示。通过该菜单可以开关的元素有：命令输入区、当前命令提示、当前坐标、【正交】切换按钮、【线宽】显示切换按钮、【动态输入】开关按钮和【点捕捉】状态设置按钮。若名称前带有“√”符号，表示该功能元素已经在状态栏中显示。单击命令名称，“√”符号消失，则表示该功能元素已经关闭。

状态条配置
✓ 命令输入区　第一点:
✓ L Line
✓ 479266.905, -360356.340
✓ 屏幕点
✓ 正交
✓ 线宽
✓ 动态输入
✓ 智能

图 1-12　【状态条配置】菜单

7. 立即菜单

在 CAXA 电子图板中，启动大多数命令时，屏幕左下角的操作信息提示区均会出现立即菜单。如启动【直线】命令，系统弹出的立即菜单如图 1-11 所示。

立即菜单是针对某个命令出现的菜单，它描述了该项命令执行的各种情况和使用条件。用户可以根据当前的作图要求，正确地选择立即菜单的各种选项，即可得到准确的响应。CAXA 电子图板的立即菜单代替了传统逐级查找的交互问答方式，使得交互过程更加直观和快捷。

8. 定义界面颜色

CAXA 电子图板提供了界面颜色设置工具，可以选择软件界面元素的整体配色风格。把鼠标靠近屏幕右上角的【风格】菜单，系统弹出对话框，如图 1-13 所示。用户可以单击【风格】菜单，在弹出的下拉列表中选择界面色调为蓝色、深灰色、白色或黑色，如图 1-14 所示。

图 1-13 【修改界面风格】对话框

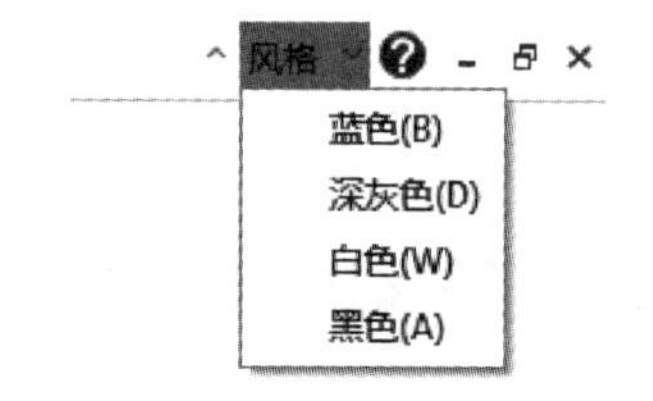

图 1-14 定义界面颜色

1.2.2 经典模式界面

从选项卡模式界面切换到经典模式界面，有以下两种方法。

❍ 单击【视图】选项卡→【界面操作】面板→【切换界面】按钮，如图 1-15 所示。

图 1-15 切换界面

❍ 按〈F9〉快捷键。

CAXA 电子图板的经典模式界面通过主菜单和工具栏组织命令，如图 1-16 所示，具体介绍如下。

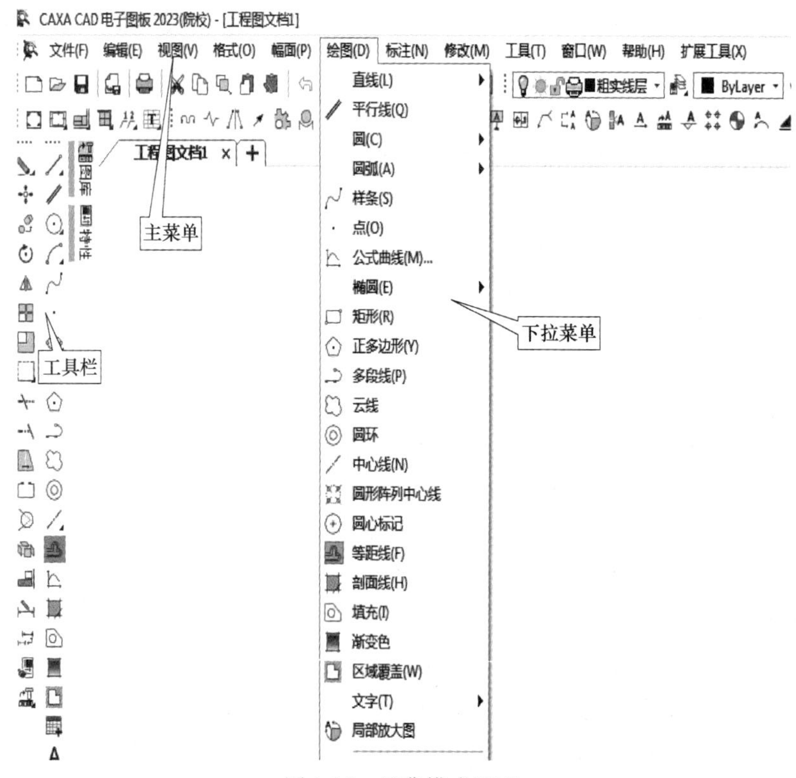

图 1-16 经典模式界面

- 主菜单：位于屏幕的顶部，它由一行菜单条及其子菜单组成。菜单条包括【文件】、【编辑】、【视图】、【格式】、【幅面】、【绘图】、【标注】、【修改】、【工具】、【窗口】和【帮助】等菜单项，单击其中任一菜单项，即可弹出相应的下拉菜单，其菜单项的特点与选项卡模式界面菜单项的特点相同，使用鼠标左键单击菜单项即可执行相应命令。
- 工具栏：由一些命令按钮排列组成，每一个图标都形象地表示了一条CAXA电子图板的命令。左键单击某一个按钮，即可调用相应的命令。如果把鼠标指向某个按钮并停顿一下，屏幕上就会显示出该工具按钮的名称和功能。

系统默认的工具栏包括【绘图工具】、【绘图工具Ⅱ】、【标注】、【标准】、【编辑工具】、【常用工具】、【设置工具】、【颜色图层】等。工具栏位于绘图区的上部或两侧，可以在工具栏的空白处，单击鼠标左键并拖动，将工具栏移动到所需位置。使用时应记住这些工具栏的名称，以便根据自己的习惯和需求打开和关闭工具栏，常用打开和关闭工具栏的方法如下。

- 将鼠标指向任意工具栏并单击鼠标右键，弹出如图1-17所示的快捷菜单，移动鼠标至【工具条】命令，出现子菜单。在该子菜单中列出了所有工具栏的名称，若名称前带有“√”符号，则表示该工具栏已经打开。选择菜单上某一选项，就可以打开或关闭相应的工具栏。
- 将鼠标移至工具栏的空白处，按住鼠标左键并拖动，将工具栏移动到绘图区，如图1-18所示。单击工具栏上的×按钮，就可以关闭当前工具栏。

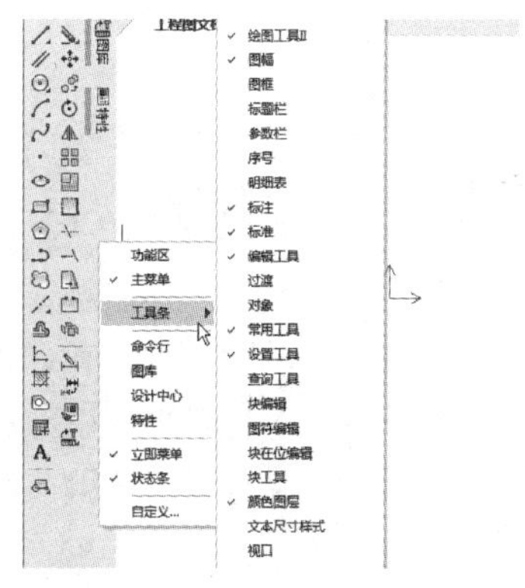

图1-17　工具栏右键快捷菜单

选择右键快捷菜单中的【自定义】命令，系统弹出【自定义】对话框，如图1-19所示。在该对话框中，用户可以根据自己的习惯和需求自定义工具栏。

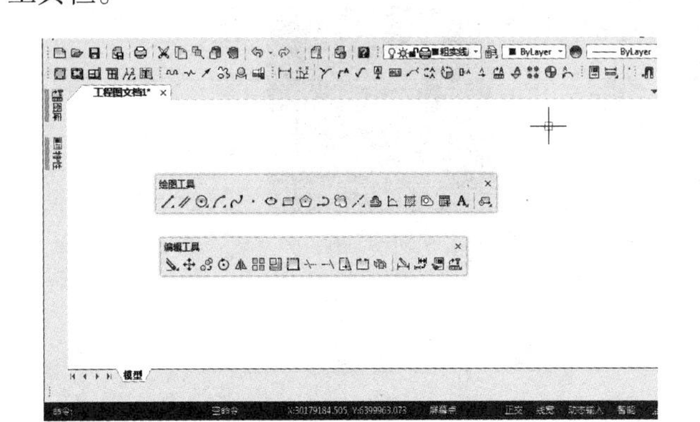

图1-18　移动工具栏

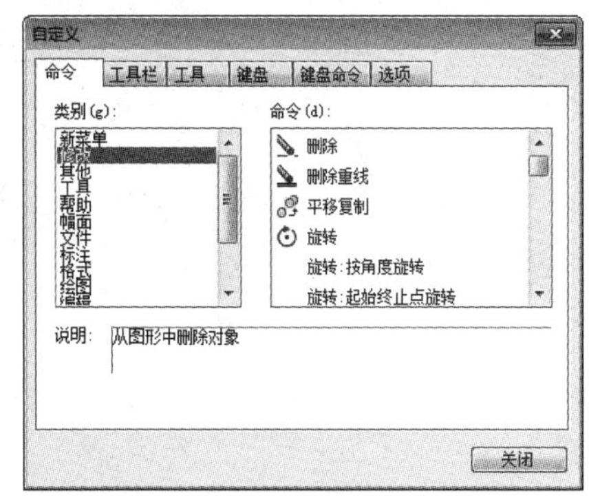

图1-19　【自定义】对话框

从经典模式界面切换到选项卡模式界面，有以下两种方法。

- 选择【工具】→【界面操作】→【切换】菜单命令。
- 按〈F9〉快捷键。

1.3 文件管理

文件管理的功能直接影响到绘图设计工作的可靠性，CAXA 电子图板为用户提供了功能齐全的文件管理系统，用户使用这些功能可以灵活、方便地对原有文件或屏幕上的绘图信息进行文件管理。有序的文件管理环境既方便了用户的使用，又提高了绘图工作的效率，是电子图板系统中不可缺少的重要组成部分。

CAXA 电子图板的文件管理功能均放置在【文件】菜单中，如图 1-20 所示。此外，常用的【新建】、【打开】、【保存】命令以图标按钮的形式放在快速启动工具栏中。本节主要介绍常用的文件管理操作。

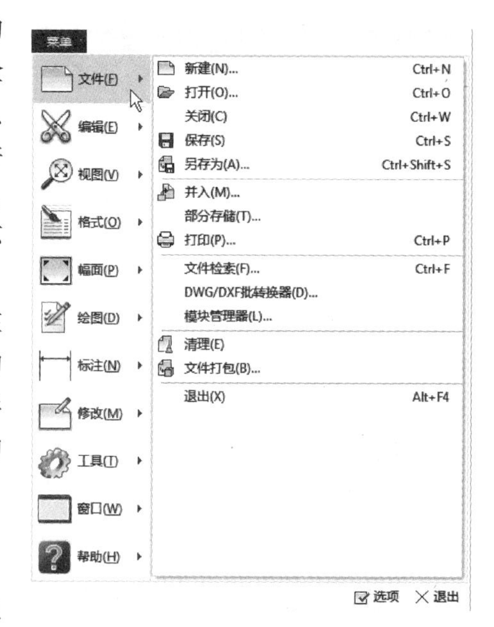

图 1-20 【文件】菜单

1.3.1 新建文件

【新建】命令的功能是选择模板新建一个图形文件，即开始一张新工作图样的绘制。单击快速启动工具栏中的【新建】按钮或选择【文件】→【新建】菜单命令，系统弹出【新建】对话框，如图 1-21 所示。【新建】对话框各选项的含义说明如下。

图 1-21 【新建】对话框

对话框左边列表框，列出了 CAXA 电子图板提供的若干个模板文件。所谓“模板文件”，就是为新创建的文件提供一个公用的作图基础，包括某些参数的设置和必要的图形，模板的作用是减少用户的重复性操作。CAXA 电子图板提供了多个模板文件，其中 BLANK 是一个空白的模板文件，而 A0～A4 图幅的模板文件具有符合国家标准《技术制图》规定的图幅、图框和标题栏，并分为 GB 和 MECHANICAL 两类，用户可以根据需要选择。

对话框的右边是预览区，可以预览所选的模板。在对话框左边列表框中选取所需模板，单击 确定 按钮，一个用户选取的模板文件即被调出，显示在绘图区，屏幕顶部标题栏处显示的是“工程图文档”。新建文件以后，就可以开始一幅新图的绘制。但是，当前的所有操作结果都记录在内存中，只有在保存文件以后，操作结果才会被永久地保存下来。

1.3.2 打开文件

【打开】命令的功能是打开一个已存储的 CAXA 电子图板图形文件或其他绘图文件。单击快速启动工具栏中的【打开】按钮或选择【文件】→【打开】菜单命令，系统弹出【打开】对话框，如图 1-22 所示。

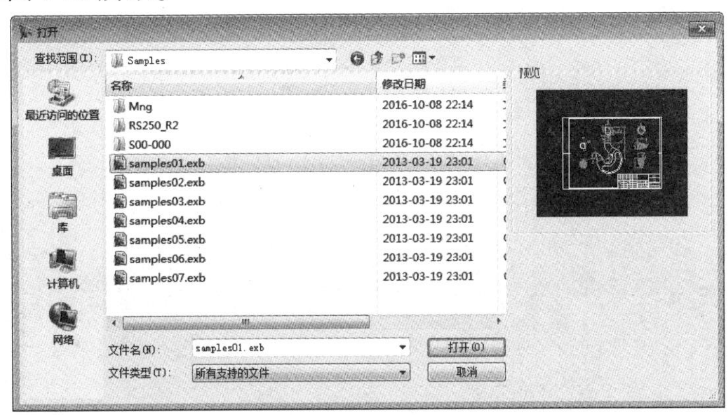

图 1-22 【打开】对话框

对话框左边为 Windows 标准文件对话框，右边为图形的预览区。在该对话框的【文件类型】下拉列表中选择所需文件类型，【查找范围】下拉列表中指定图形文件的位置，在中间列表框中选择要打开的文件。单击 打开(O) 按钮，即可打开已存储的图形文件；若单击 取消 按钮，将撤销该命令的操作。

提示

CAXA 电子图板 2023 支持的文件类型，除了 CAXA 系统的图形文件 EXB、模板文件 TPL，还支持 DWG/DXF 文件、Windows 系统常用的 WMF 图形文件、DAT 文件、IGES 文件、HPGL 老/新版本文件。

1.3.3 保存文件

【保存】命令的功能是将当前绘制的图形以文件形式存储到磁盘上且不退出绘图状态。单击快速启动工具栏中的【保存】按钮或选择【文件】→【保存】菜单命令，如果当前所绘制图形是第一次保存，系统会弹出【另存文件】对话框，如图 1-23 所示。

在【保存在】下拉列表中选择图形文件存放的位置，在【文件名】文本框中输入图形文件名称，并在【保存类型】下拉列表中选择文件类型。最后单击 保存(S) 按钮，系统即按所给文件名保存文件。

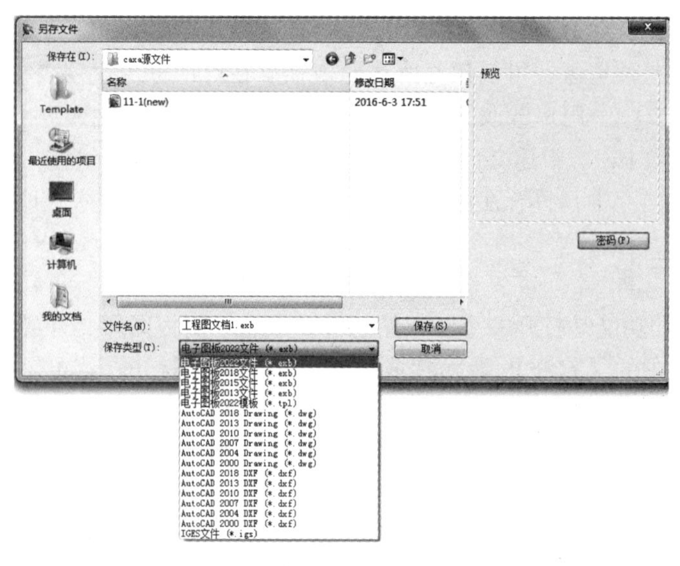

图 1-23 【另存文件】对话框

提示

在绘图过程中应注意随时保存图形文件，以免因误操作或意外事故导致所绘图形的丢失。

保存文件命令操作有关说明如下。

1）如果文件已经存盘或者打开一个已存盘的文件，进行编辑操作后再执行【保存】命令时，系统将直接把修改结果存储到文件中，而不会出现【另存文件】对话框。

2）当存为 CAXA 电子图板图形文件（＊.exb）时，可以在【保存类型】下拉列表中选用“电子图板 2015 文件”“电子图板 2013 文件”“电子图板 2011 文件”“电子图板 2009 文件”等，这一功能使得电子图板各版本之间的数据转换更便捷。此外，还可存为电子图板的模板文件（＊.tpl）、AutoCAD 各版本的图形文件（＊.dwg）、AutoCAD 各版本的 DXF 文件（＊.dxf）、IGES 文件（＊.igs）、HPGL 老版本文件（＊.plt）、位图文件（＊.bmp），以满足数据交换的需要。

3）对于一些重要的或者机密的文件，应当设置密码，防止不法人员擅自打开、更改或盗窃文件。为文件加密的方法很简单：在【另存文件】对话框中，单击右边的 密码(P) 按钮，系统弹出【设置密码】对话框，如图 1-24 所示。在【设置文件密码】文本框中输入密码，并在【确认密码】文本框中再次输入密码确认，然后单击 确定(O) 按钮即可。

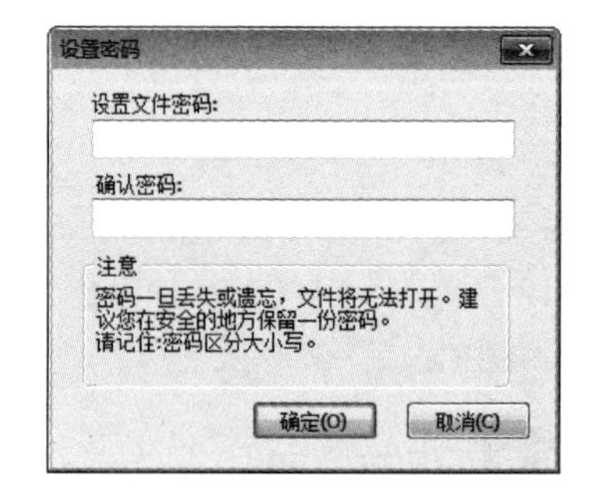

图 1-24 【设置密码】对话框

1.3.4 另存文件

【另存文件】命令的功能是将当前所绘制的图形另取一个文件名存储到硬盘上，并以新的文件名作为当前文件名。单击快速启动工具栏中的【另存为】按钮或选择【文件】→

【另存为】菜单命令，系统弹出如图 1-23 所示的【另存文件】对话框。在对话框中重新指定存盘位置、保存类型及文件名，然后单击 保存(S) 按钮完成操作。

提示

【另存文件】命令与【保存】命令在文件第一次操作时没有区别。当对一个已命名的图形文件进行修改后，如果执行【保存】命令，则修改后的结果将以原文件名快速存盘，原文件被覆盖。因此，当希望保留原有文件时，应执行【另存文件】命令。

1.3.5 部分存储

【部分存储】命令的功能是将当前绘制的图形中的一部分图形，以文件的形式存储到磁盘上。选择【文件】→【部分存储】菜单命令，操作信息提示区出现系统提示“拾取元素:”，拾取要存储的元素并单击鼠标右键确认。系统又提示“请给定图形基点:”，根据需要指定一点为图形基点。此时，系统将弹出【部分存储文件】对话框，如图 1-25 所示。在该对话框中指定存盘位置并输入文件名，然后单击 保存(S) 按钮，即可将所选中的图形以给定的文件名保存。

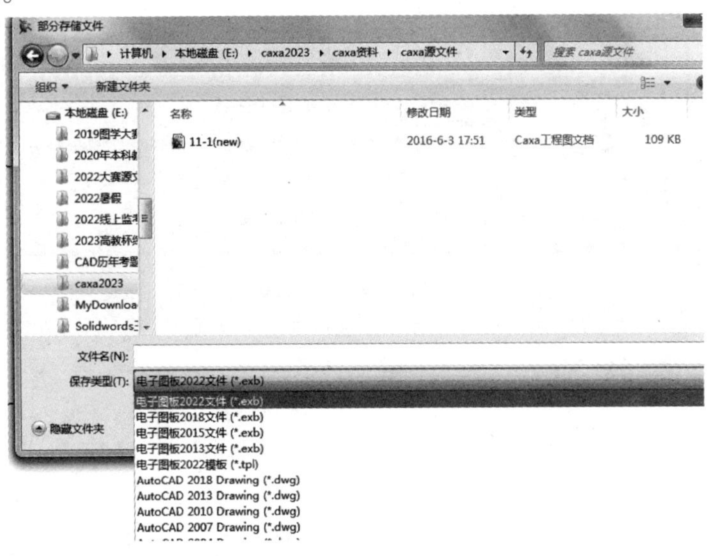

图 1-25 【部分存储文件】对话框

1.3.6 退出 CAXA 电子图板

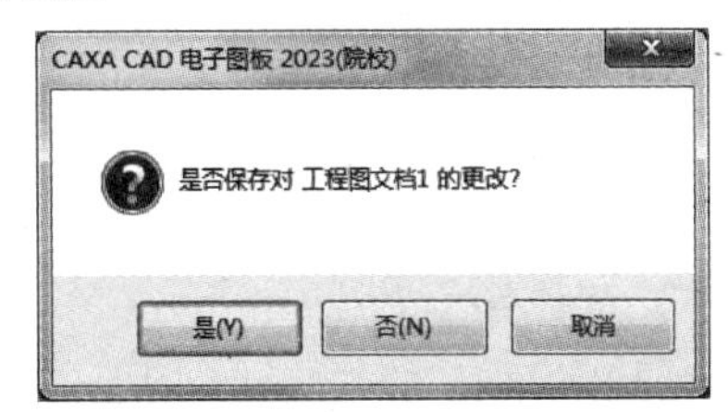

图 1-26 提示对话框

单击标题栏最右端的【退出】 × 按钮或选择【文件】→【退出】菜单命令，如果用户对图形所做的修改尚未保存，则会出现如图 1-26 所示的系统提示对话框。单击 是(Y) 按钮系统将保存文件，然后退出；单击 否(N) 按钮系统将不保存文件退出。用户结束绘图工作后，应选用以上方式正常地退出 CAXA 电子图板。

1.4 获得帮助

CAXA 电子图板提供了帮助功能，便于用户学习。单击工作界面右上角的【帮助】按钮或单击【帮助】选项卡→【帮助】面板→【帮助】按钮，会打开【帮助】对话框。在该对话框中，系统提供了详细的用户手册。对话框的左边是目录区，在目录区找到名称后单击，就会在对话框的右边出现相关主题的内容，如图 1-27 所示。

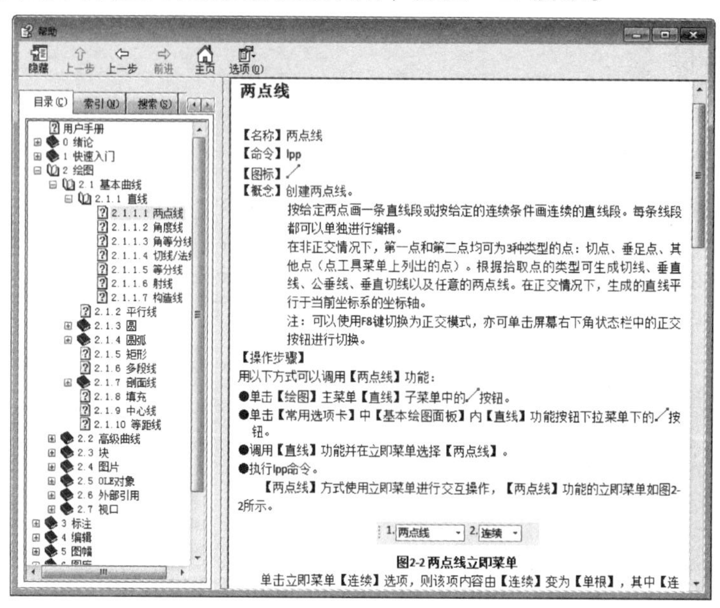

图 1-27 【帮助】对话框

1.5 思考与练习

1. 概念题

（1）怎样启动、关闭 CAXA 电子图板？

（2）CAXA 电子图板的选项卡模式界面由哪几部分组成，各有什么作用？

（3）如何在快速启动工具栏中添加或删除命令按钮？

（4）怎样新建、打开、关闭、保存一个文件？

（5）【保存】命令与【另存文件】命令有什么区别？

（6）怎样获得帮助？

2. 操作题

（1）启动 CAXA 电子图板，熟悉其工作界面。

（2）练习【保存】命令的操作。

（3）练习【另存文件】命令及【退出】命令的操作。

第 2 章　CAXA 电子图板的基本操作

内容与要求

掌握 CAXA 电子图板的基本操作，是使用 CAXA 电子图板绘制工程图的基础。这些基本操作包括调用和终止命令的方法、立即菜单的操作、点的输入方式、对象捕捉以及图形的显示控制等。

学习本章应达到如下目标。

- 掌握调用和终止命令的方法
- 掌握立即菜单的操作方法
- 掌握对象捕捉功能
- 掌握动态平移、动态缩放、显示窗口和显示全部的操作方法

2.1　基础知识

CAXA 电子图板为用户提供了功能齐全的作图方式，要使用 CAXA 电子图板绘制工程图，必须首先掌握该软件的基本操作。这些基本操作包括常用键的功能、调用和终止命令的方法、立即菜单的操作以及多文档操作等。

CAXA 电子图板是专业的 CAD 软件，可以使用对象捕捉功能精确地确定点或图形的位置。对象捕捉在精确绘图中十分重要。绘图过程中，当需要根据系统提示输入一个点时，利用对象捕捉功能可以把点精确定位到可见实体的某特征点上，如圆心、切点、垂足、中点、端点和交点等。为了迅速、准确地作图，CAXA 电子图板提供了两种对象捕捉方式：固定捕捉和临时捕捉。

在绘制图样的过程中，可能由于图样尺寸过大或过小，或者图样偏离视区而不利于绘制或修改，在 CAXA 电子图板中，可以通过图形显示控制解决这个问题。为了便于绘图，CAXA 电子图板提供了多种显示功能，如显示平移、显示放大和显示缩小等，用户可以方便地观察到图样的局部或全貌。显示命令只改变图形在屏幕上的显示方法即主观视觉的效果，而不会改变原图形的实际尺寸，也不影响图形中原有实体之间的相对位置关系。显示命令是一种透明命令，它可以插入到另一条命令的执行过程中执行，而不退出该命令，因此在绘图过程中，可以根据需要随时调用。

2.2　常用键的功能

在 CAXA 电了图板中，所有的绘图、编辑、标注等工作都是通过鼠标和键盘完成的，因此，鼠标和键盘是不可缺少的工具，尤其是鼠标，灵活使用可以加快绘图速度。鼠标及键盘常用键的功能见表 2-1。

表 2-1 鼠标及键盘常用键的功能

鼠标	左键	①拾取（选取）实体 ②选取菜单项 ③单击命令按钮，执行相应命令 ④输入点
	右键	①确认拾取 ②终止当前命令 ③重复上一条命令（在命令刚结束状态下） ④弹出右键快捷菜单（在空命令状态下拾取元素后）
	滚轮	①转动滚轮，可以动态缩放当前图形 ②按住滚轮并拖动鼠标，可以动态平移当前图形 ③双击滚轮，可以实现显示全部
键盘	〈Enter〉键	①结束数据的输入 ②重复上一条命令
	空格键	①弹出【工具点】菜单（输入点状态） ②同〈Enter〉键
	〈F1〉键	请求系统的帮助
	〈F2〉键	拖画时切换动态拖动点的坐标值
	〈F3〉键	显示全部
	〈F4〉键	指定一个当前点作为参考点，用于相对坐标的输入
	〈F5〉键	当前坐标系切换开关
	〈F6〉键	点捕捉方式切换开关，即进行【自由】、【智能】、【栅格】和【导航】4 种捕捉方式的切换
	〈F7〉键	三视图导航开关
	〈F8〉键	正交与非正交状态切换开关
	〈F9〉键	工作界面切换开关
	方向键（〈↑〉〈↓〉〈→〉〈←〉）	用于平移显示的图形
	〈PageUp〉键	放大显示图形
	〈PageDown〉键	缩小显示图形
	〈Esc〉键	取消命令
	〈Alt+1〉~〈Alt+9〉组合键	激活立即菜单中的相应数字所对应的选项，以便选择或输入数据

2.3 调用和终止命令

使用 CAXA 电子图板绘图时，必须给它下达命令，系统才能按照给出的命令进行操作，这就是调用命令。终止命令则是结束某个命令，以便接着执行新的命令。

2.3.1 调用命令

在 CAXA 电子图板中，调用命令的方式主要有以下 3 种。

1. 命令按钮方式

面板上的每一个图标按钮都形象地表示了一条 CAXA 电子图板的命令，命令按钮方式是在绘图时最常用到的方法。例如，给 CAXA 电子图板下达绘制直线的命令，直接用鼠标左键单击【常用】选项卡→【绘图】面板→【直线】按钮，即可执行【直线】命令，如图 2-1 所示。

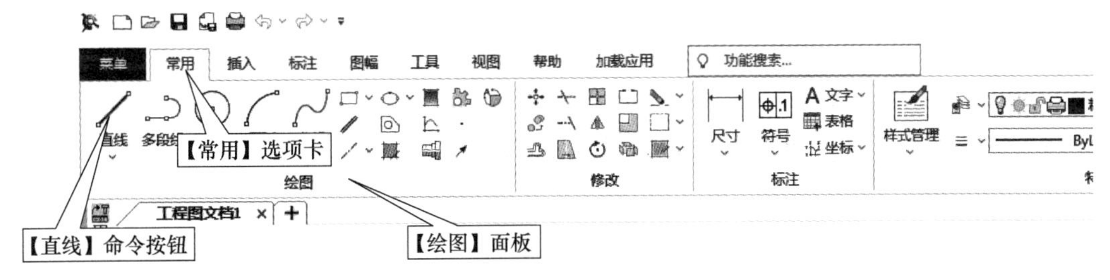

图 2-1　命令按钮方式

2. 菜单方式

主菜单中命令完整全面，菜单方式也是一种比较实用的激活命令的方法。在选项卡模式界面，单击工作界面左上角的【菜单】按钮，出现主菜单。在主菜单中，用鼠标单击所需的命令项即可。例如，选择【绘图】→【直线】→【直线】菜单命令，即可执行【直线】命令，如图 2-2 所示。

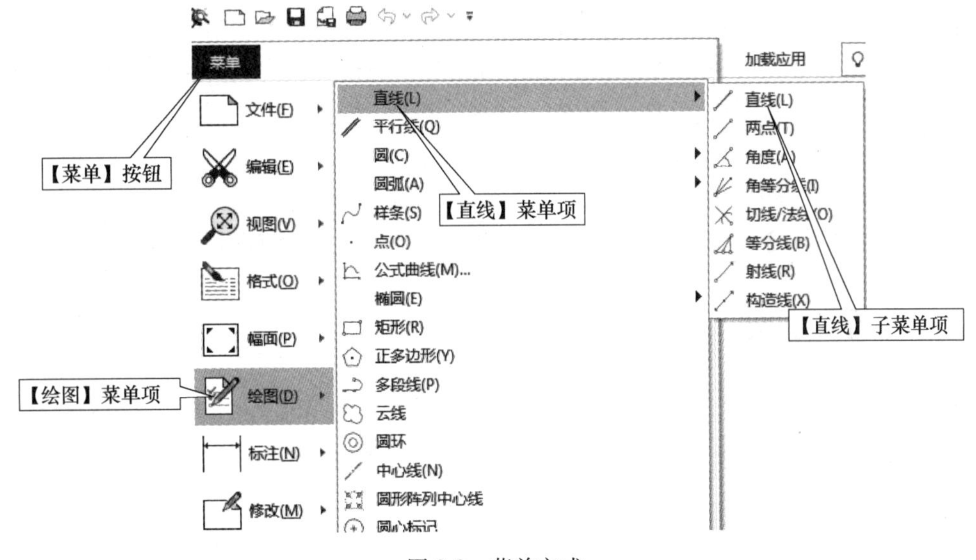

图 2-2　菜单方式

3. 键盘方式

在 CAXA 电子图板中，绝大部分功能都有对应的键盘命令。在“命令:”状态下，输入命令名，然后按〈Enter〉键或空格键即可。例如，在空命令状态下，输入【直线】命令名：line，如图 2-3 所示，然后按〈Enter〉键或空格键即可。

一些经常使用的功能除了标准的键盘命令外，还会有一个简化命令。简化命令往往拼写十分简单，便于输入调用功能。例如，直线的简化命令是 L，圆的简化命令是 C、尺寸标注的简化命令是 D 等。将鼠标移至界面功能区的空白处，单击鼠标右键弹出快捷菜单，选择

命令:line 空命令 X:658.716, Y:-256.179

图 2-3 键盘方式

【自定义】即可弹出【自定义】对话框。简化命令和普通的键盘命令均可在【自定义】对话框中进行定义，如图 2-4 所示。

命令按钮方式、菜单方式和键盘方式，每一种方式都各有特色，工作效率各有高低。其中，命令按钮方式方便快捷，但占用屏幕空间；菜单命令最为完整和清晰，但输入速度较慢；键盘方式速度较快，但命令名太难记忆。因此，最好的方法是以使用命令按钮方式为主，结合其他方式。本书中，主要介绍命令按钮方式和菜单方式调用命令。

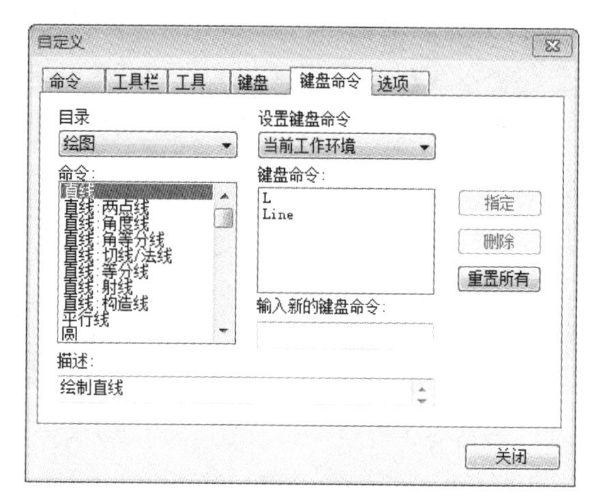

图 2-4 【自定义】对话框

2.3.2 终止命令

绘制一张工程图，一般需要综合运用多种命令，所以要经常地结束某个命令，接着执行新的命令。有些命令在完成时会自动结束，如【矩形】、【椭圆】等命令。但有些命令需要人工结束，如【直线】、【圆】等命令。CAXA 电子图板终止命令的方法主要有以下四种。

1）当一条命令正常完成时自动终止。

2）在执行命令过程中，按〈Esc〉键可终止该命令。

3）通常情况下，单击鼠标右键或按〈Enter〉键可中止当前操作。

4）在执行命令过程，调用另一命令（透明命令除外），绝大部分命令可终止。

2.4 立即菜单

CAXA 电子图板提供了立即菜单的交互方式，用来代替传统的逐级查找的问答式交互。立即菜单是 CAXA 电子图板的一个特色，其交互过程更加直观和快捷。

2.4.1 立即菜单的组成

输入某些命令后，屏幕左下角的操作信息提示区会出现一行菜单条，这就是立即菜单。选择的命令不同，系统弹出的立即菜单也不同。立即菜单描述了该命令执行的使用条件，用户根据当前的作图要求，正确地选择立即菜单的各种选项，即可得到准确的响应。

立即菜单由一个或多个窗口构成，每个窗口前标有数字序号，显示当前命令的各种选择项及有关数据，用户可根据需要改变窗口的内容。根据内容不同，立即菜单的窗口分为选项窗口和数据窗口。

1. 选项窗口

窗口显示的是各种选择项，改变窗口选项的方法有以下两种。

1）用鼠标左键单击该窗口（窗口显示的选项或窗口旁的▾按钮均可）。

2）按〈Alt+数字〉组合键。

若该窗口只有两个选项，则直接切换；若选项多于两个，会在其上方或下方弹出一个选项菜单，用鼠标上下移动选择所需选项后，该窗口的内容即被改变。

2. 数据窗口

窗口显示的是数据，该窗口为一个文本框。激活文本框，使之处于可编辑状态的方法有以下两种。

1）用鼠标左键单击该文本框。

2）按〈Alt+数字〉组合键。

当文本框处于可编辑状态时，通过键盘输入所需数据即可改变文本框中的内容。

2.4.2 立即菜单的操作

通过设置立即菜单各项，可以确定当前绘制、编辑图形的条件。下面以【直线】命令为例，说明立即菜单的功能及操作方法。

☞ 使用立即菜单的操作步骤：

❶单击【常用】选项卡→【绘图】面板→【直线】按钮。

❷在屏幕左下角的操作信息提示区出现绘制直线的立即菜单，如图 2-5a 所示。该立即菜单有两个选项窗口，显示当前绘制直线的方式为【两点线】/【连续】，其各项含义如下。

○ 第 1 项为【两点线】，说明当前绘制直线的方式是给定两点确定一条直线。

○ 第 2 项为【连续】，说明系统可绘制出连续的直线段（每条直线段相互连接，前一直线段的终点为下一直线段的起点）。

❸立即菜单第 2 项，是【连续】和【单根】的切换窗口。单击第 2 项的窗口（或按下〈Alt+2〉组合键），即可切换，如图 2-5b 所示。此时，当前绘制直线的方式为【两点线】/【单根】，【单根】是指每次绘制的直线段相互独立，互不相关。

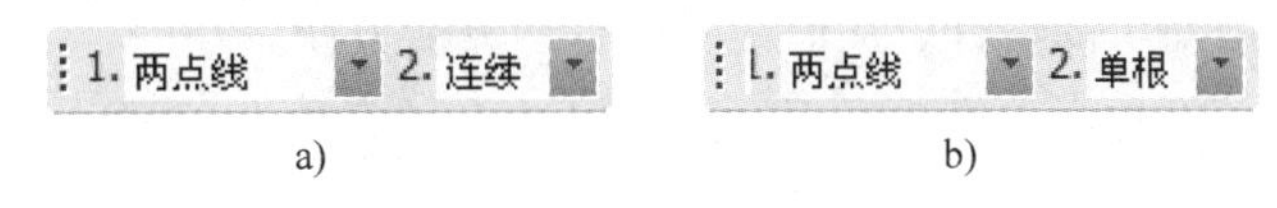

图 2-5 【直线】的立即菜单

❹单击立即菜单第 1 项，其上方弹出一个选项菜单，如图 2-6 所示。提供了 7 种绘制直线的方式：【两点线】、【角度线】、【角等分线】、【切线/法线】、【等分线】、【射线】和【构造线】，每一项都相当于一个转换开关，负责指定当前绘制直线的类型。

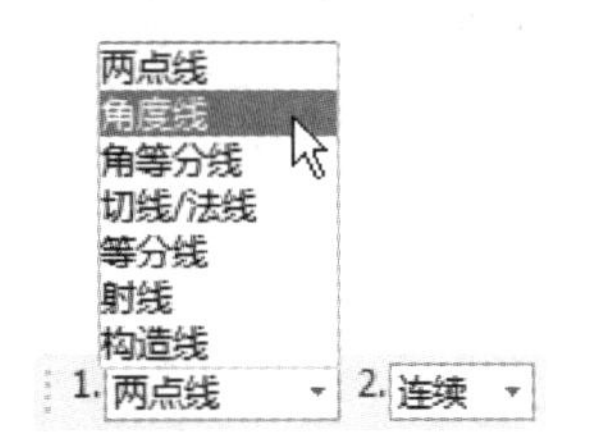

图 2-6 选择【角度线】方式

❺选择【角度线】，系统将弹出相应的立即菜单，如图 2-7a 所示。该立即菜单第 1~3 项为选项窗口，第 4~6 项为数据窗口，其中各项含义如下。

○ 第 1 项为【角度线】，说明系统当前绘制的是成一定角度的直线。

○ 第 2 项为【X 轴夹角】，说明给定的条件是直线与 X 轴的夹角。

○ 第 3 项为【到点】，说明终点位置是在指定点。

○ 第 4 项为【度】，输入角度。窗口显示的是系统自测值，要改变这个数值，可用鼠标单击该文本框，使之处于可编辑状态，再通过键盘输入所需数据即可。

❍ 第 5、6 项为【分】、【秒】，其操作同第 4 项。

❻单击立即菜单第 2 项，可选取夹角类型为【X 轴夹角】、【Y 轴夹角】或【直线夹角】，如图 2-7b 所示。单击立即菜单第 3 项，可切换终点方式为【到点】或【到线上】。

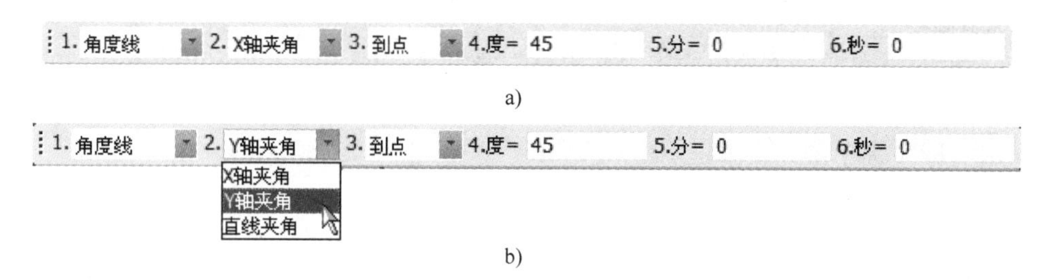

图 2-7 【角度线】的立即菜单

2.5 多文档操作

CAXA 电子图板 2023 支持多文档设计环境，而较早的版本为单文档工作环境，即打开一幅图形时系统自动关闭上一幅图形。多文档设计环境下，用户可以同时打开多个图形文件，每个文件均可以独立设计和存盘。虽然可以打开多个图形文件，但当前激活的文件只有一个。

多个图形之间的切换和其他的标准 Windows 多文档应用程序一样，即单击某个图形的任何部分使之成为当前的工作图形，或使用〈Ctrl+Tab〉键在多个图形之间切换。多文档设计环境的优越性在于，用户在绘制图形的时候，可以参考其他的图形、在图形之间复制实体对象或对象的特性，从而使工作更加灵活方便。

在选项卡模式界面下，可以单击【视图】选项卡，使用【窗口】面板上的对应功能进行多文档操作。单击【层叠】按钮、【横向平铺】按钮、【纵向平铺】按钮、【排列图标】按钮，可以选择窗口的排列方式。例如，选项卡模式界面下打开 3 个图形，单击【层叠】按钮后，多文档层叠排列图如图 2-8 所示。

在各个文档间切换，还可以单击【文档切换】按钮，然后从下拉菜单中选择要使用的文件，操作如图 2-9 所示。

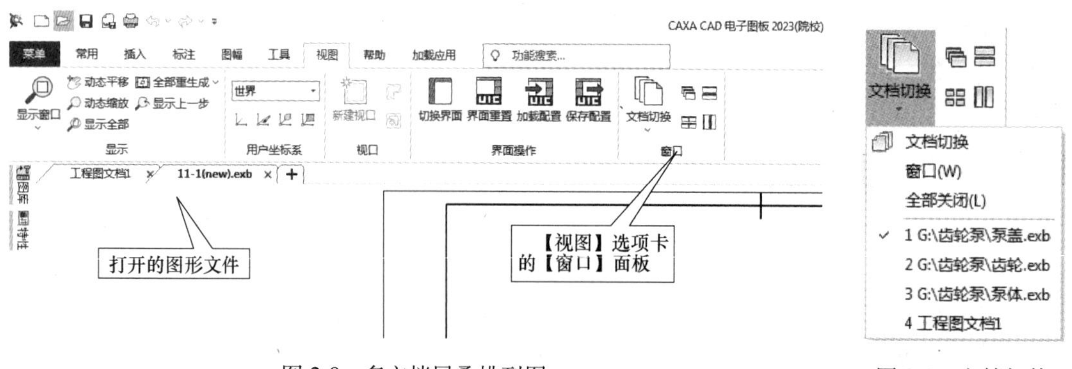

图 2-8 多文档层叠排列图

图 2-9 文档切换

2.6 点的输入方式

点是最基本的图形元素，点的输入是各种绘图操作的基础。点在空间的位置是通过坐标来确定的。当用 CAXA 电子图板绘制工程图时，使用的默认坐标系为世界坐标系（WCS），有特殊需要时也可以建立用户坐标系（UCS）。在 CAXA 电子图板中，有两种输入点的方式：鼠标输入和键盘输入。

2.6.1 鼠标输入点

当系统提示输入点时，在绘图区移动鼠标的十字指针至所需位置后，单击鼠标左键即可确定一点。鼠标输入方式与对象捕捉功能配合使用，可以准确地定位特征点，如端点、切点、垂足点等。

2.6.2 键盘输入点

根据坐标系的不同，点的坐标分为直角坐标和极坐标，每一种又有绝对坐标和相对坐标之分。它们在输入方法上是完全不同的，应正确地掌握。

1. 直角坐标输入法

直角坐标是根据二维平面中，点与 X 轴、Y 轴的距离来确定其位置。直角坐标输入法分为绝对直角坐标输入法和相对直角坐标输入法。

（1）绝对直角坐标

当系统提示输入点时，可直接输入“X，Y”。例如“30，40”，表示输入一个 x 坐标为 30，y 坐标为 40 的点。

提示

输入数据后，必须按下空格键或〈Enter〉键加以确定。

（2）相对直角坐标

相对直角坐标是指相对参考点的坐标，与坐标系原点无关。参考点通常是上一次操作点的位置，在当前命令的交互过程中，用户也可以按〈F4〉键，自行指定所需要的参考点。

当系统提示输入点时，可直接输入“@ΔX，ΔY”。其中：“@”表示相对；“ΔX”“ΔY”表示该点相对参考点的 X、Y 方向的变化量。x 坐标向右为正，向左为负；y 坐标向上为正，向下为负。例如，“@36，20”，表示输入了一个相对参考点向右移 36，向上移 20 的点，如图 2-10a 所示。

2. 极坐标输入法

极坐标是使用距离和角度来定位点，其中距离是指该点与当前坐标系原点（或参考点）连线的长度，角度是指该连线与 X 轴正向的夹角。

（1）绝对极坐标

当系统提示输入点时，可直接输入“距离<角度”。例如，“60<45”，表示该点与坐标原点之间的距离为 60，二者的连线与 X 轴正方向的夹角为 45°。

（2）相对极坐标

当系统提示输入点时，可直接输入“@距离<角度”。例如，“@40<30”，表示该点与参考点的距离为40，二者的连线与 *X* 轴正方向的夹角为30°，如图2-10b所示。

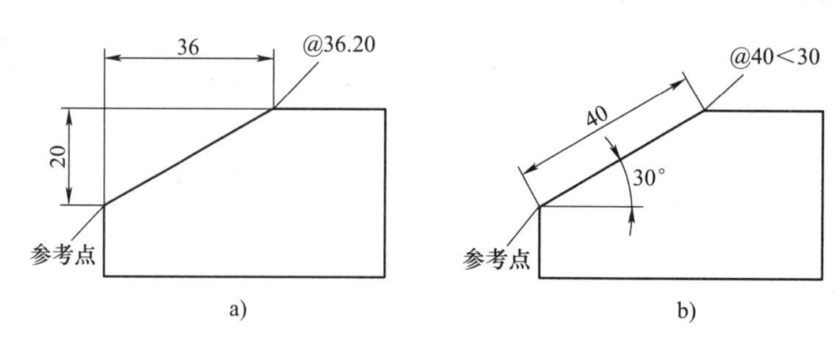

图2-10　输入点示例

a）用相对直角坐标输入点　b）用相对极坐标输入点

提示

在CAXA电子图板中，角度可以加正负号表示方向。以 *X* 轴正方向为基准，逆时针转过的角度为正值，顺时针转过的角度为负值。

实例演练

【例2-1】 键盘输入点绘制五角星。

绘制如图2-11所示边长为60的五角星。通过绘制五角星，全面学习键盘输入点的方法。

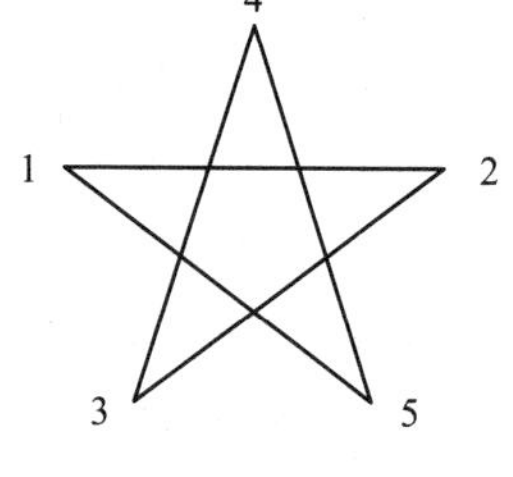

图2-11　五角星

操作步骤

❶单击【常用】选项卡→【绘图】面板→【直线】按钮。

❷屏幕左下角弹出绘制直线的立即菜单。单击第1项，从中选择【两点线】选项；单击第2项，选择【连续】，如图2-12所示。

1. 两点线　2. 连续

图2-12　绘制五角星的立即菜单

❸关闭状态栏工具区 正交 按钮，使系统处于非正交状态。

❹按照操作信息提示区的提示进行如下操作。

“第一点:”，0，0↙　　（用绝对直角坐标输入点1，“↙”表示按〈Enter〉键）
“第二点:”，@60<0↙　　（用对点1的相对极坐标输入点2）
“第二点:”，@60<-144↙　　（用对点2的相对极坐标输入点3）
“第二点:”，@60<72↙　　（用对点3的相对极坐标输入点4）
“第二点:”，@60<-72↙　　（用对点4的相对极坐标输入点5）
“第二点:”，0，0↙　　（回到第一点，封闭五角星）
“第二点:”，单击鼠标右键　　（结束操作）

提示

封闭五角星，也可以使用对象捕捉功能。

2.7 对象捕捉

绘图过程中，当系统提示输入点时，对象捕捉功能可把点精确定位到可见实体的某特征点上。特征点是指在作图过程中具有几何特征的点，如圆心、切点、垂足、中点、端点和交点等。对象捕捉在精确绘图中是十分重要的，为了迅速、准确地作图，CAXA 电子图板提供了两种对象捕捉方式：临时捕捉和固定捕捉。

2.7.1 临时捕捉

临时捕捉方式是一种临时性的捕捉，一次只能捕捉一个点。临时捕捉的操作方法有以下两种。

1. 按空格键，弹出【工具点】菜单

当系统提示输入点时，按下空格键，屏幕上会弹出【工具点】菜单，如图 2-13 所示。用户可以根据作图需要，用鼠标从中选取特征点。【工具点】菜单各选项的含义见表 2-2。

屏幕点(S)
端点(E)
中点(M)
两点之间的中点(B)
圆心(C)
节点(D)
象限点(Q)
交点(I)
插入点(R)
垂足点(P)
切点(T)
最近点(N)

图 2-13 【工具点】菜单

提示

当使用临时捕捉方式时，其他设定的捕捉方式暂时被取消，但捕捉一次立即退出，即“一次有效”。

表 2-2 【工具点】菜单选项

菜单项	含　义
屏幕点（S）	屏幕上的任意位置点
端点（E）	直线、曲线的端点
中点（M）	直线、曲线的中点
两点之间的中点（B）	先选取两点，捕捉它们连线的中点
圆心（C）	圆（圆弧）、椭圆（椭圆弧）的中心
节点（L）	点命令绘制的点
象限点（Q）	圆（圆弧）、椭圆（椭圆弧）的象限点
交点（I）	两曲线的交点
插入点（R）	块类对象的插入点
垂足点（P）	直线、曲线的垂足点
切点（T）	直线、曲线的切点
最近点（N）	直线、曲线上距离鼠标指针最近的点

2. 直接输入特征点的字母

当系统提示输入点时，直接从键盘输入表示特征点的字母（各选项后面的字母），如输入 E 代表捕捉端点，输入 C 代表捕捉圆心等。

实例演练

【例 2-2】 临时捕捉。

用临时捕捉方式，绘制任意三角形ABC，并作垂线$AD\perp BC$，如图 2-14 所示。

操作步骤

❶单击【常用】选项卡→【绘图】面板→【直线】按钮。

❷系统弹出立即菜单。单击立即菜单第 1 项，选择【两点线】；单击第 2 项，选择【连续】，如图 2-15 所示。

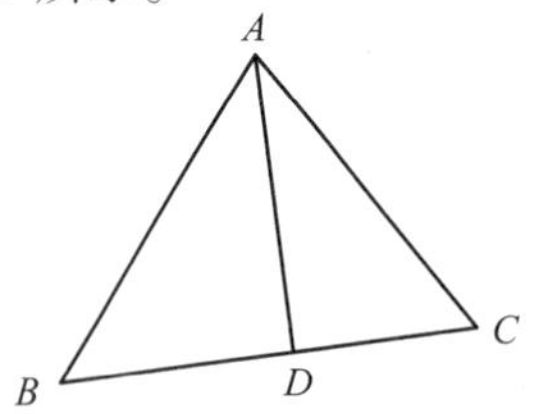

图 2-14　三角形及垂线

1. 两点线　2. 连续

图 2-15　绘制三角形的立即菜单

❸关闭状态栏工具区 正交 按钮，使系统处于非正交状态。

❹按照操作信息提示区的提示进行如下操作。

"第一点:"，在绘图区适当的位置单击一点，确定点A。

"第二点:"，在绘图区适当的位置单击一点，确定点B。

"第二点:"，在绘图区适当的位置单击一点，确定点C。

"第二点:"，按空格键弹出【工具点】菜单，如图 2-16 所示，选择菜单中的【端点】，也可以从键盘直接输入字母 E。将鼠标移动到A点附近，系统自动把指针吸附在A点，并出现端点捕捉标记"□"，如图 2-17 所示，单击鼠标左键即可捕捉到A点。

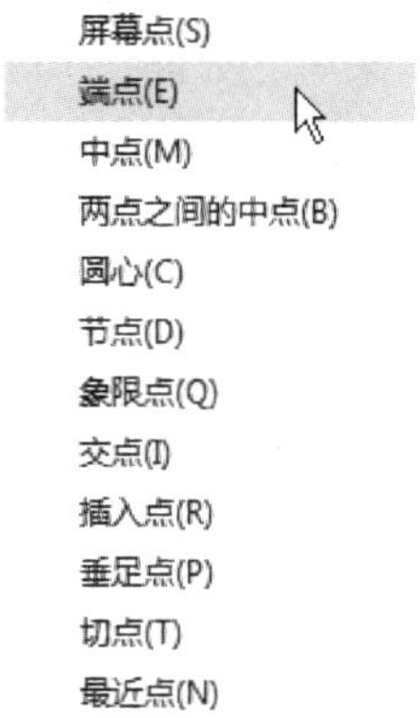

"第二点:"，按空格键弹出【工具点】菜单，选择菜单中的【垂足点】，或从键盘直接输入字母 P。将鼠标移动到BC直线附近，系统自动把指针吸附在垂足点D处，并出现垂足点捕捉标记"∟"，如图 2-18 所示，单击鼠标左键即可捕捉到D点。

"第二点:"，按下鼠标右键结束命令，即可完成绘制。

屏幕点(S)
端点(E)
中点(M)
两点之间的中点(B)
圆心(C)
节点(D)
象限点(Q)
交点(I)
插入点(R)
垂足点(P)
切点(T)
最近点(N)

图 2-16　【工具点】菜单

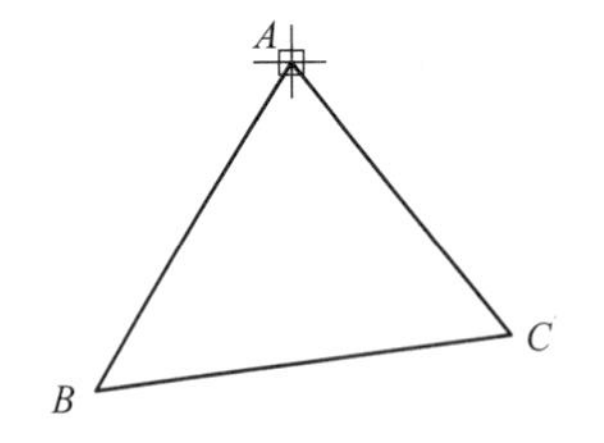

图 2-17　捕捉端点

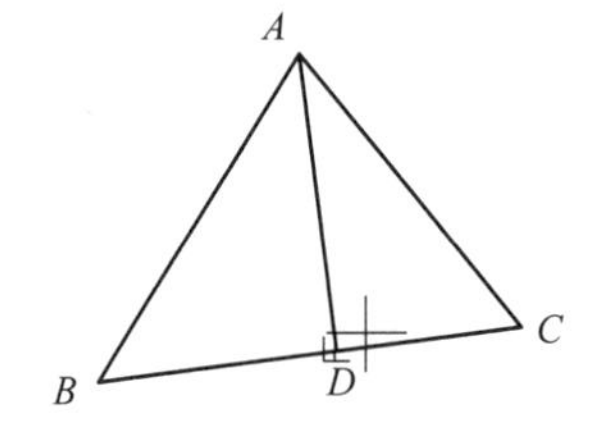

图 2-18　捕捉垂足点

2.7.2　固定捕捉

当指针移动到对象的特征点时，固定捕捉方式将自动显示该点标记，用户可根据需要选取。固定捕捉方式与临时捕捉方式的区别在于：临时捕捉方式是一种临时性的捕捉，一次只能捕捉一个点；而固定捕捉方式是自动执行所设置的捕捉，直至关闭。

1. 捕捉设置

单击【工具】选项卡→【选项】面板→【捕捉设置】按钮或选择【工具】→【捕捉设置】菜单命令，启动【捕捉设置】命令。系统弹出如图2-19所示的【智能点工具设置】对话框。选择其中的【对象捕捉】选项卡，设置固定捕捉模式，其各选项含义如下。

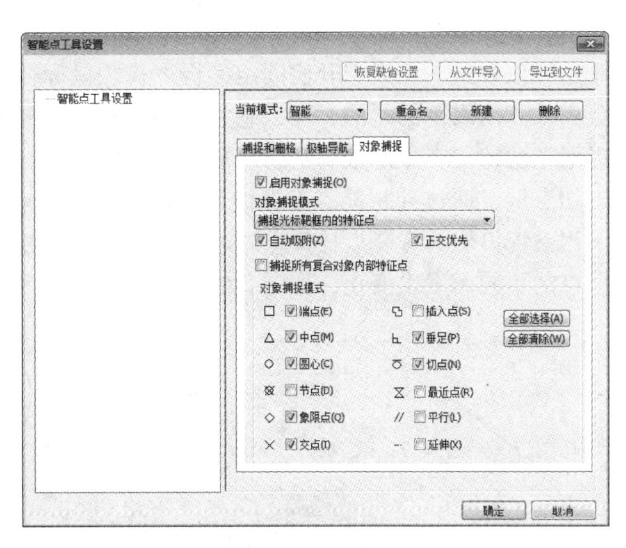

图 2-19 【智能点工具设置】对话框

1）【当前模式】下拉列表：单击可选择自由、智能、栅格或导航方式作为当前的固定捕捉方式。用户还可通过旁边的按钮，根据需要新建一个固定捕捉方式，并可重命名或删除。

2）【启用对象捕捉】复选框：可以打开或关闭固定捕捉模式。启用对象捕捉后，可以选择【捕捉光标靶框内的特征点】和【捕捉最近的特征点】两种方式。

3）【自动吸附】复选框：设置对象捕捉时指针是否自动吸附。

4）【正交优先】复选框：设置对象捕捉时正交位置上的特征点是否优先捕捉。

5）【对象捕捉模式】选择区：该区内有12种特征点方式，根据需要从中选择所需特征点前的单选按钮，即可形成一个固定模式。

提示

固定捕捉方式中，特征点不宜设得过多，一般根据需要选择几种常用的特征点，如端点、中点、圆心、象限点、交点、垂足等即可。

2. 设置当前捕捉方式

设置当前捕捉方式的方法如下。

- 单击屏幕右下角的点捕捉状态设置按钮，在弹出的选项菜单中选择点的捕捉状态，即【自由】、【智能】、【栅格】和【导航】四种方式，如图2-20所示。
- 在【智能点工具设置】对话框的【当前模式】下拉列表中选择。
- 按〈F6〉键切换捕捉方式。

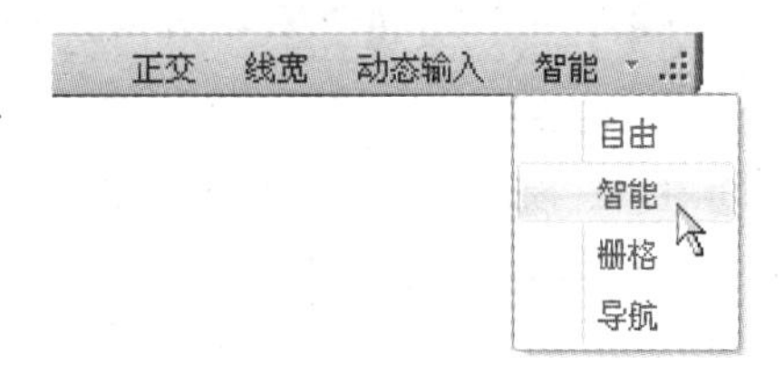

图 2-20 固定捕捉方式选项菜单

CAXA电子图板捕捉方式包括栅格捕捉、极轴导航和对象捕捉，这三种方式可以灵活设置并组合为多种捕捉模式，如自由、智能、栅格和导航等，各捕捉方式说明如下。

（1）【自由】方式

选择该方式，相当于关闭了所有捕捉方式。鼠标在绘图区内移动时，不会自动吸附到任何特征点上，点的输入完全由当前指针的实际定位来确定。

(2)【智能】方式

选择该方式，相当于开启固定捕捉方式。鼠标在绘图区内移动时，如果它与某些特征点的距离在其拾取范围之内，那么它将自动吸附到距离最近的那个特征点上，这时点的输入是由吸附上的特征点坐标来确定的。可以吸附的特征点包括端点、中点、圆心点、象限点、交点、切点等，通过【智能点工具设置】对话框的【对象捕捉】选项卡设置。

当系统设置为智能点捕捉方式时，捕捉到特征点时指针变为黄色，同时指针的形状随着特征点的不同而发生变化，如图 2-21 所示。

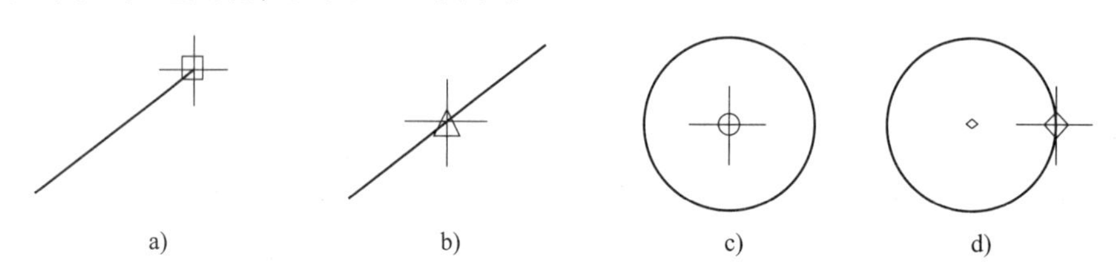

图 2-21　捕捉到特征点时指针的形状

a）端点　b）中点　c）圆心点　d）象限点

(3)【栅格】方式

在绘制工程草图时，经常要把图绘制在坐标纸上，以方便定位和度量，CAXA 电子图板提供了类似坐标纸的功能。栅格是显示在屏幕上的一些等距离点，点间的距离可以进行设置。栅格捕捉是一种间距捕捉模式，在设置了间距并开启后，十字指针只能在屏幕上做等距离跳跃。

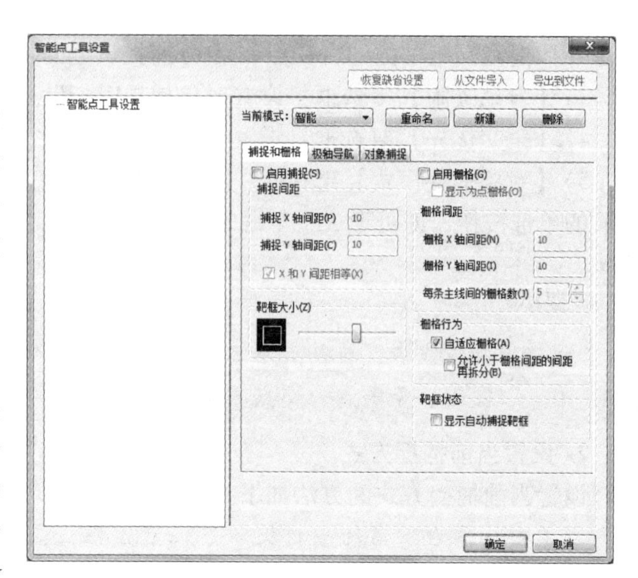

图 2-22　【捕捉和栅格】选项卡

栅格和栅格捕捉可以通过选择【智能点工具设置】对话框中的【捕捉和栅格】选项卡设置，如图 2-22 所示。选择【启用捕捉】选项，可以打开间距捕捉模式，在下方设置 X 轴和 Y 轴方向的捕捉间距。选择【启用栅格】选项，可以打开栅格显示，在下方设置 X 轴和 Y 轴方向的栅格间距。一般情况下，捕捉间距应与栅格间距一致，让十字指针的移动锁定在规定的网格范围内，从而实现精确绘图。

(4)【导航】方式

选择【导航】方式，相当于同时开启极轴导航和对象捕捉方式。系统可通过指针对若干种特征点进行导航，如线段端点、线段中点、圆心或圆弧象限点等，以保证视图之间符合一定的投影关系。在使用导航的同时也可以进行智能点的捕捉，以便增强捕捉精度。

极轴导航可以通过选择【智能点工具设置】对话框中的【极轴导航】选项卡设置，如图 2-23 所示，其各选项含义如下。

❍【启用极轴导航】选项：单击可以打开或关闭极轴导航。打开极轴导航后，可以通过设置极轴角的参数指定极轴导航的对齐角度。

- 【增量角】：用来设置显示极轴导航对齐路径的极轴角增量，可以输入任何角度，也可以选择常用角度。
- 【附加角】：在列表中为极轴导航选择一种附加角度，可以添加或删除。
- 【极轴角测量方式】：可选择【绝对】或【相对上一段】两种方式。
- 【启用特征点导航】选项：可以设置打开特征点导航模式。打开特征点导航后，可以设置特征点大小、特征点显示颜色、导航源激活时间，还可以启用三视图导航和注释对齐。

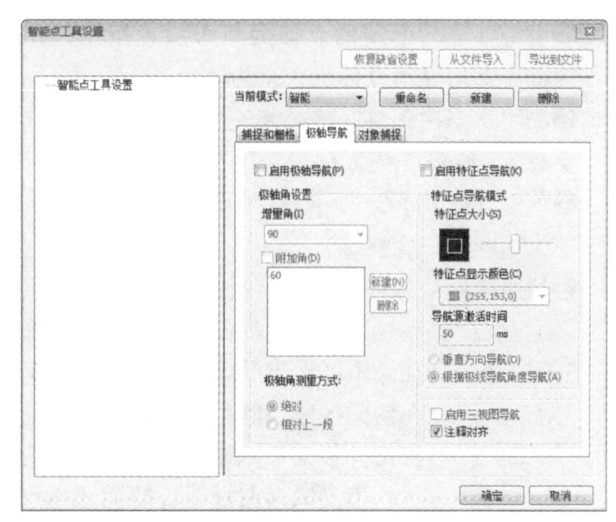

图 2-23 【极轴导航】选项卡

3. 靶框的设置

对象捕捉时，要移动十字指针靠近目标所在的对象才能捕捉到目标点，那么指针要离目标点多远才能捕捉到目标点？这主要取决于搜索区域的大小，这个搜索区域称之为靶框。

靶框的设置方法：单击【工具】选项卡→【选项】面板→【捕捉设置】按钮，弹出【智能点工具设置】对话框，选择【捕捉和栅格】选项卡。在【靶框大小】中移动滑块可以设置捕捉时拾取框的大小。选择【显示自动捕捉靶框】选项，可以在自动捕捉时显示靶框。根据需要设置后，单击 确定 按钮。

在以后的捕捉过程中，指针将会变成带有一个小方框的十字指针，这个方框就是靶框，如图 2-24 所示。当鼠标在绘图区内移动拾取图形元素时，凡是与靶框相交且符合拾取过滤条件的图形元素都有可能被拾取上。当有多个实体穿过该靶框时，系统将会自动捕捉离靶心最近的目标点。

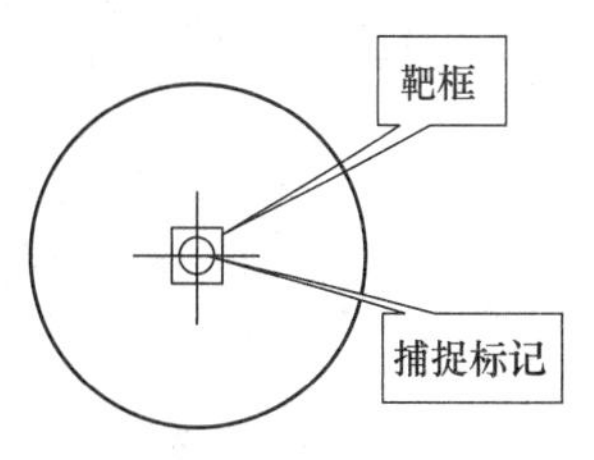

图 2-24 靶框

实例演练

【**例 2-3**】 固定捕捉。

用固定捕捉方式，绘制如图 2-14 所示的任意三角形 *ABC* 及垂线 *AD*。

操作步骤

步骤 1 捕捉设置

❶单击【工具】选项卡→【选项】面板→【捕捉设置】按钮，弹出【智能点工具设置】对话框。

❷在对话框中选择【对象捕捉】选项卡，在【对象捕捉模式】选择区选中常用特征点：端点、中点、圆心点、象限点、交点、垂足点，单击 确定 按钮。

步骤 2 设置绘图环境

❶单击屏幕右下角的点捕捉状态设置按钮，在选项菜单中选择【智能】，此时可以看到，屏幕右下角显示点捕捉状态为 智能 。

❷关闭状态栏工具区 正交 按钮，使系统处于非正交状态。

步骤 3　绘图

❶单击【常用】选项卡→【绘图】面板→【直线】按钮，系统弹出立即菜单，设置立即菜单为 1. 两点线 2. 连续 。

❷按照操作信息提示区的提示进行如下操作。

"第一点:"，在绘图区适当的位置单击一点，确定点 *A*。

"第二点:"，在绘图区适当的位置单击一点，确定点 *B*。

"第二点:"，在绘图区适当的位置单击一点，确定点 *C*。

"第二点:"，将指针移至 *A* 点附近，指针处显示出端点的捕捉标记"□"，如图 2-25 所示，单击鼠标左键即可捕捉到 *A* 点。

"第二点:"，将指针移至 *BC* 线，移动鼠标直至指针处显示出垂足点的捕捉标记"⊾"，如图 2-26 所示，单击鼠标左键即可捕捉到垂足点 *D*。

"第二点:"，按下鼠标右键结束命令，即可完成绘制。

提示

对象捕捉是快速、精确绘制工程图样的基础，因此一般在绘图开始时，就设置点捕捉状态为【智能】方式。

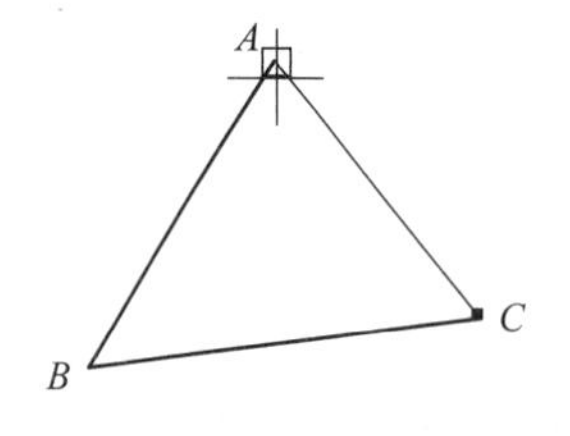

图 2-25　捕捉端点

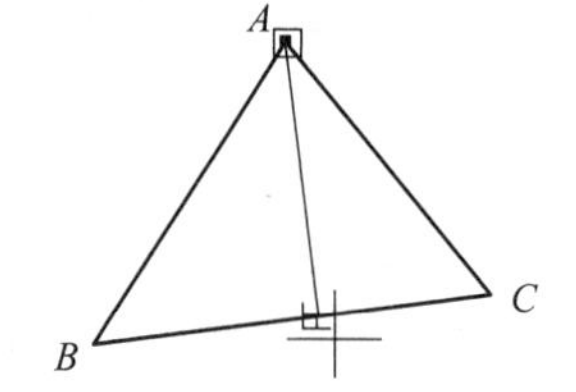

图 2-26　捕捉垂足点

2.8　动态输入

动态输入方式可以在鼠标指针位置处显示命令和数据的动态提示信息，如图 2-27 所示。动态输入不会取代状态栏的命令提示，但可以帮助用户专注于绘图区域，从而极大地方便了绘图操作。

单击状态栏工具区的 动态输入 按钮，可以打开或关闭【动态输入】命令。当启用动态输入功能后，执行某命令时将在指针附近显示工具提示信息，包括命令提示和数据提示。

1. 命令提示

十字指针的后面带有一个矩形区域，该矩形内显示命令提示，如图 2-27 所示的"第二点（切点，垂足点）""输入直径或圆上一点"，用户可以根据提示进行下一步的操作。

2. 数据提示

十字指针的附近显示数据提示，该信息会随着指针的移动而动态更新。此时，键盘输入数值即可直接显示在数据提示文本框中，指针立即受用户输入值的约束。如图 2-27a 所示，当有多个数据文本框时，可按〈Tab〉键切换输入。

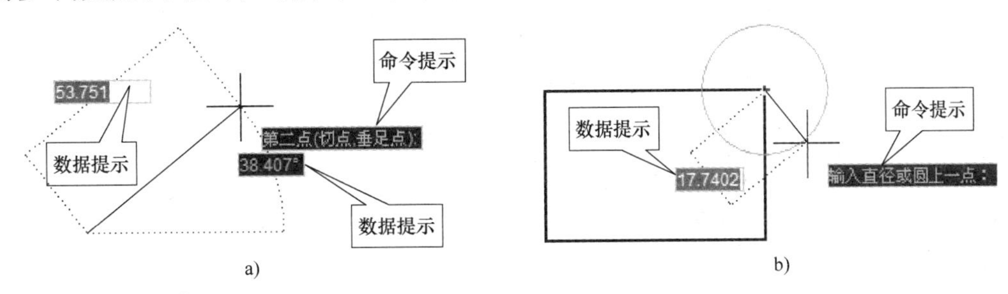

图 2-27　动态输入

2.9　图形的显示控制

图形的显示控制对绘图操作，尤其是绘制复杂视图和大型图样具有重要作用，在图形绘制和编辑过程中要经常使用它们。显示命令只改变图形在屏幕上的显示方法，而不能使图形产生实质性的变化。该命令允许操作者按期望的位置、比例、范围等条件进行显示，但操作的结果既不改变原图形的实际尺寸，也不影响图形中原有实体之间的相对位置关系。简而言之，显示命令的作用只是改变了主观视觉的效果，而不会引起图形产生客观的实际变化。

CAXA 电子图板在【视图】菜单中提供了多种显示功能，在选项卡模式界面显示命令以图标按钮的形式放置在功能区，选取显示命令的方式有以下两种。

1）单击【菜单】打开下拉菜单，单击【视图】显示二级菜单，如图 2-28 所示。

2）单击【视图】选项卡→【显示】面板→显示窗口下方的 ▾ 按钮，打开显示功能的选项菜单，如图 2-29 所示。为方便绘图操作，一些常用的显示命令如【动态平移】、【动态缩放】、【显示全部】和【显示上一步】，单独列在【显示】面板上。

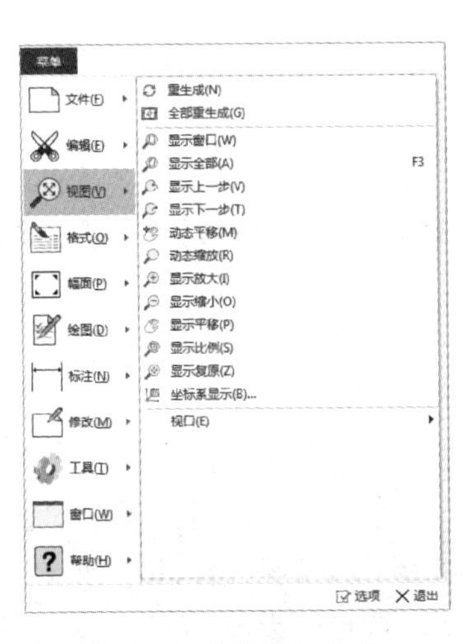

图 2-28　【视图】菜单

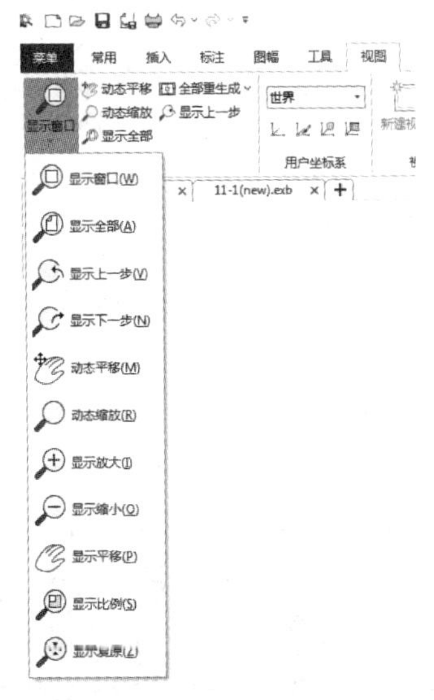

图 2-29　【视图】选项卡

提示

显示控制命令是一种透明命令，可以在另一条命令的执行过程中执行，而不退出该命令，因此在绘图过程中，可以根据需要随时调用。

2.9.1 动态平移与动态缩放

【动态平移】与【动态缩放】命令，是绘图过程中经常要用到的命令，应熟练掌握。

1. 动态平移

【动态平移】命令的功能是拖动鼠标平行移动视图。其功能类似于【显示平移】命令，但【动态平移】命令移动图形更加方便。单击【视图】选项卡→【显示】面板→【动态平移】按钮或选择【视图】→【动态平移】菜单命令，指针变成动态平移的图标。此时，按住鼠标左键并拖动，可使整个视图跟随鼠标动态平移，单击鼠标右键或按〈Esc〉键可以结束动态平移操作。

显示控制命令可以在另一条命令的执行过程中执行。例如：使用【直线】命令绘图过程中，选择【动态平移】命令后按住鼠标左键并拖动，可移动显示对象，单击鼠标右键取消【动态平移】命令后，又回到【直线】命令状态，可以继续绘制直线。

2. 动态缩放

【动态缩放】命令的功能是拖动鼠标时可以放大或缩小显示视图。与【动态平移】命令配合使用，可以大大提高绘图的效率。单击【视图】选项卡→【显示】面板→【动态缩放】按钮或选择【视图】→【动态缩放】菜单命令，指针变成动态缩放的放大镜图标。此时，按住鼠标左键并上下拖动，可使整个图形跟随鼠标动态缩放，鼠标向上移动为放大，向下移动为缩小，单击鼠标右键或按〈Esc〉键可以结束动态缩放操作。

提示

按住鼠标滚轮拖动，可以实现动态平移；上下滚动鼠标滚轮，可以实现动态缩放，此方法更方便、快捷，必须熟练掌握。

2.9.2 按照范围显示

在 CAXA 电子图板中，若需按照范围显示，可选择【显示窗口】、【显示全部】或【显示复原】三种方式。

1. 显示窗口

【显示窗口】命令通过指定一个矩形窗口（输入窗口的两角点），系统即可将该矩形窗口所包含的图形充满绘图区显示。单击【视图】选项卡→【显示】面板→显示窗口→【显示窗口】按钮或选择【视图】→【显示窗口】菜单命令，操作信息提示区提示“显示窗口第一角点”，移动鼠标指定第一点。操作信息提示区接着提示“显示窗口第二角点”，移动鼠标出现一个矩形窗口，窗口大小随鼠标的移动而改变，根据需要指定第二点，如图 2-30a 所示。此时可以看到，选中区域内的图形被显示放大且充满绘图区，如图 2-30b 所示。

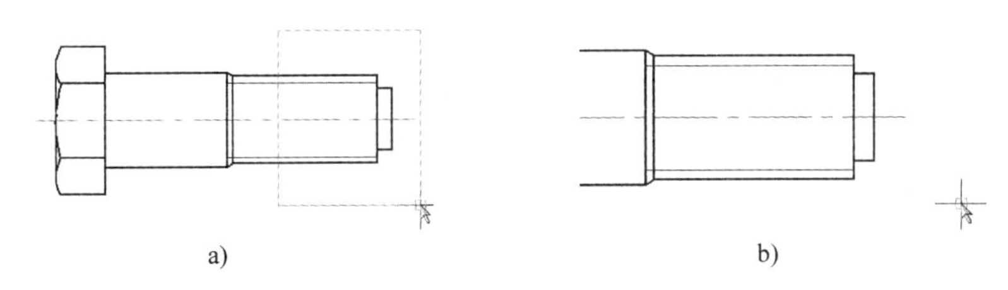

a) b)

图 2-30 【显示窗口】方式

a）选择显示窗口 b）窗口图形显示放大

提示

矩形窗口所确定的区域是即将被放大的部分，且该窗口的中心将成为新的屏幕显示中心。

2. 显示全部

【显示全部】命令的功能是将当前绘制的图形全部显示在屏幕绘图区内。单击【视图】选项卡→【显示】面板→【显示全部】按钮或选择【视图】→【显示全部】菜单命令，系统立即将当前文件的全部图形按充满屏幕的方式重新显示出来，如图 2-31 所示。

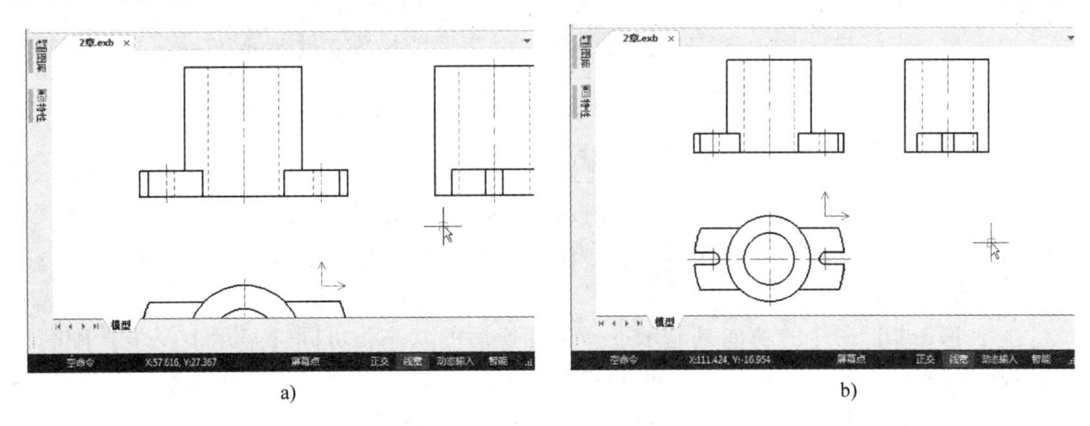

a) b)

图 2-31 【显示全部】方式

a）当前屏幕显示 b）显示全部后

3. 显示复原

在绘图过程中，用户根据绘图需要会对视图进行各种显示变换，为了返回到标准图纸的初始状态，可以单击【视图】选项卡→【显示】面板→显示窗口→【显示复原】按钮或选择【视图】→【显示复原】菜单命令，系统即可将标准图纸幅面内的图形全部显示在屏幕绘图区内，而标准图幅外的图形则不显示。

2.9.3 按照比例显示

在 CAXA 电子图板中，若需按照比例显示，可选择【显示比例】、【显示放大】或【显示缩小】三种方式。【显示放大】与【显示缩小】是一对相反的操作，可以按照固定比例进行缩放，而【显示比例】可灵活地按设定比例缩放视图。

1. 显示放大

【显示放大】命令可以按固定比例放大显示图形。单击【视图】选项卡→【显示】面板→显示窗口→【显示放大】按钮或选择【视图】→【显示放大】菜单命令，指针变成放大镜，每单击一次鼠标左键，就可以按固定比例（1.25倍）放大显示当前图形，单击鼠标右键或按〈Esc〉键结束放大操作。

2. 显示缩小

【显示缩小】命令可以按固定比例缩小显示图形。单击【视图】选项卡→【显示】面板→显示窗口→【显示缩小】按钮或选择【视图】→【显示缩小】菜单命令，指针变成缩小镜，每单击一次鼠标左键，就可以按固定比例（0.8倍）缩小显示当前图形，单击鼠标右键或按〈Esc〉键结束缩小操作。

3. 显示比例

【显示比例】命令可以按指定的比例系数显示图形。单击【视图】选项卡→【显示】面板→显示窗口→【显示比例】按钮或选择【视图】→【显示比例】菜单命令，系统提示“比例系数”，通过键盘输入图形缩放的比例系数，按〈Enter〉键后，一个由输入数值决定放大（或缩小）比例的图形立即显示出来。

2.9.4 显示上一步与显示下一步

【显示上一步】与【显示下一步】命令是一对相反的操作，【显示上一步】是向前显示，而【显示下一步】是向后显示。

1. 显示上一步

【显示上一步】命令的功能是取消当前显示，返回到显示变换前的状态。单击【视图】选项卡→【显示】面板→【显示上一步】按钮或选择【视图】→【显示上一步】菜单命令，系统立即取消当前显示，并将图形显示状态恢复到上一次的显示状态。

2. 显示下一步

【显示下一步】命令的功能是显示下一次变换后的状态，可同【显示上一步】配套使用。单击【视图】选项卡→【显示】面板→显示窗口→【显示下一步】按钮或选择【视图】→【显示下一步】菜单命令，系统立即取消当前显示，并将图形按下一次显示状态显示。

2.9.5 显示平移

显示平移是指当用户按系统提示输入一个新的显示中心点后，系统将以该点为屏幕显示的中心，平移待显示的图形。

单击【视图】选项卡→【显示】面板→显示窗口→【显示平移】按钮或选择【视图】→【显示平移】菜单命令，系统提示“屏幕显示中心点”，移动鼠标选中一点，系统立即将该点作为新的屏幕显示中心重新显示图形。可选择不同的点，直到找到最合适的显示位置，单击鼠标右键或按〈Esc〉键退出。此外，使用键盘上的方向键〈←〉〈↑〉〈→〉〈↓〉，也可进行显示平移。

2.9.6 重生成与全部重生成

在CAXA电子图板中，可使用【重生成】和【全部重生成】命令刷新图形。

1. 重生成

【重生成】可将显示失真的图形按当前窗口的显示状态进行重新生成，恢复本来面貌。单击【视图】选项卡→【显示】面板→全部重生成→【重生成】按钮或选择【视图】→【重生成】菜单命令，操作信息提示区提示“拾取元素:”，移动鼠标选取图形，单击鼠标右键确认后，即可重新生成所选图形。

圆和圆弧等图素在显示时都是由一段一段的线段组合而成的，当图形放大到一定比例时可能会出现显示失真的结果，如图 2-32a 所示。执行【重生成】命令后，可以将显示失真的图形按当前窗口的显示状态进行重新生成，使圆的显示恢复正常，如图 2-32b 所示。

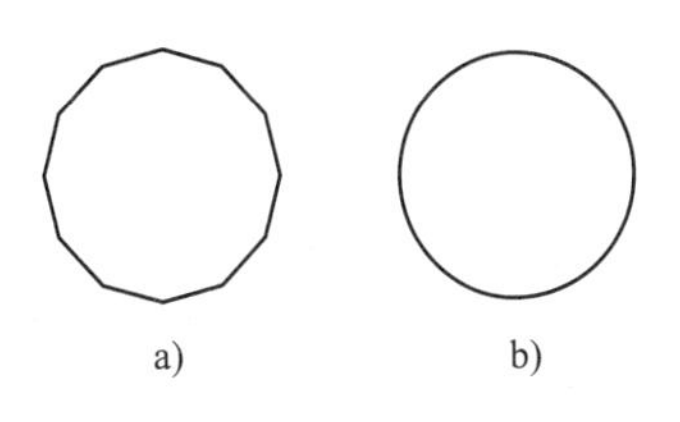

图 2-32　重生成

a）圆　b）重新生成的圆

2. 全部重生成

【全部重生成】可将绘图区内所有显示失真的图形重新生成。单击【视图】选项卡→【显示】面板→【全部重生成】按钮或选择【视图】→【全部重生成】菜单命令，系统自动对绘图区内所有图形进行重新生成。

2.10　综合实例——绘制带轮

绘制如图 2-33 所示的简单平面图形。

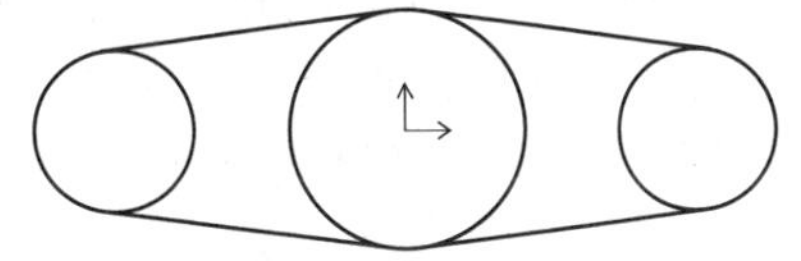
图 2-33　简单平面图形

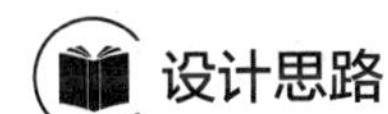

设计思路

该图需绘制圆及圆的公切线。充分利用对象捕捉功能，可以绘制多种特殊的直线，本例利用【工具点】菜单中的【切点】选项绘制圆的切线。

操作步骤

步骤 1　启动 CAXA 电子图板

鼠标左键双击计算机桌面上的快捷方式图标，启动 CAXA 电子图板 2023，选择【选项卡模式】的 Blank 模板，进入工作界面。

步骤 2　绘制圆

❶单击【常用】选项卡→【绘图】面板→【圆】按钮。

❷在屏幕左下角的操作信息提示区出现绘制圆的立即菜单。单击第 1 项，在弹出的选项菜单中选择【圆心_半径】；单击第 2 项，选择【直径】；单击第 3 项，选择【无中心线】，立即菜单如图 2-34a 所示。

❸操作信息提示区提示“圆心点”，在绘图区单击一点作为圆心。

❹提示变为“输入半径或圆上一点”，此时移动鼠标，屏幕上出现圆心固定、半径由鼠标拖动改变的动态圆，鼠标移动到所需位置上单击，即可绘制出一个圆。单击鼠标右键退出【圆】命令。

❺同样的方法，绘制出另外两个圆。

步骤 3　绘制切线

❶单击【常用】选项卡→【绘图】面板→【直线】按钮。

❷系统弹出立即菜单，单击第 1 项，选择【两点线】；单击第 2 项，选择【单根】，如图 2-34b 所示。

图 2-34　设置立即菜单

a）圆的立即菜单　b）直线的立即菜单

❸关闭状态栏上的正交按钮，使系统处于非正交状态。

❹操作信息提示区提示“第一点:”，按空格键弹出【工具点】菜单，选择菜单中的【切点】选项，如图 2-35 所示。

❺用鼠标在第一个圆上选取一点，选取位置如图 2-36 所示。系统自动将直线的第一点锁定在大圆上，并与之相切。

❻系统又提示“第二点:”，再次按下空格键，在【工具点】菜单选择【切点】选项，然后在第二个圆上拾取第二点，两圆的外公切线绘制完成。

❼同理，绘制其他的公切线。

屏幕点(S)
端点(E)
中点(M)
两点之间的中点(B)
圆心(C)
节点(D)
象限点(Q)
交点(I)
插入点(R)
垂足点(P)
切点(T)
最近点(N)

图 2-35　【工具点】菜单

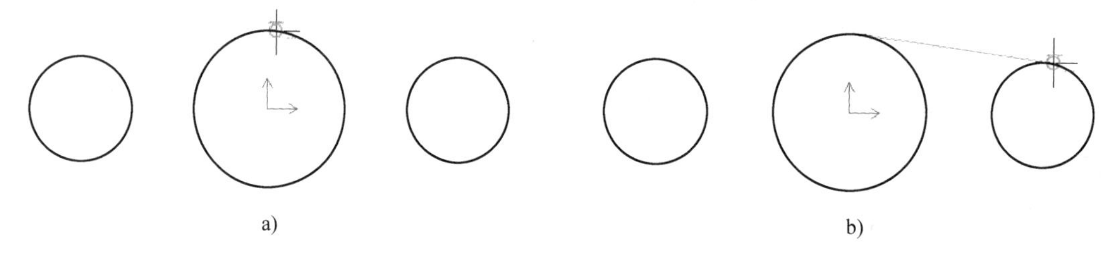

图 2-36　绘制圆的外公切线

提示

在圆上拾取点时，拾取的位置不同，绘制切线的位置也不同。当第二点选在第二个圆的另外一侧时，作出的是两圆的内公切线，如图 2-37 所示。

步骤 4　保存工程图

❶单击快速启动工具栏中的按钮。系统弹出【另存文件】对话框，在【文件名】文本框中输入“带轮”，在【保存在】下拉列表中选择图形文件存放的位置。

❷单击保存(S)按钮即可。

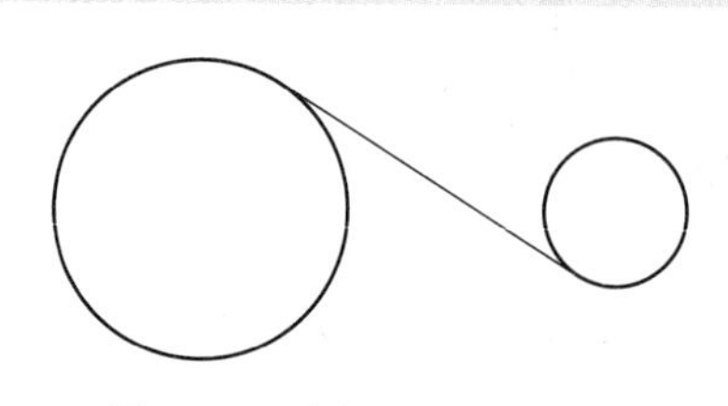

图 2-37　绘制圆的内公切线

2.11 思考与练习

1. 概念题

（1）CAXA 电子图板调用和终止命令的方法有哪些？

（2）怎样理解绝对直角坐标与相对直角坐标？

（3）怎样理解绝对极坐标与相对极坐标？

（4）为了精确绘图，可以采用哪两种对象捕捉方式？二者的区别是什么？

（5）为什么称显示控制命令为透明命令？

2. 操作题

（1）打开 CAXA 电子图板安装路径下的 Samples 文件夹，选择任意一个图形文件，进行各项显示练习，并注意体会【动态平移】命令、【动态缩放】命令、【显示窗口】命令、【显示全部】命令的使用方法和功能。

（2）根据所注尺寸，按照 1 : 1 比例绘制如图 2-38 所示的平面图形（不标尺寸）。

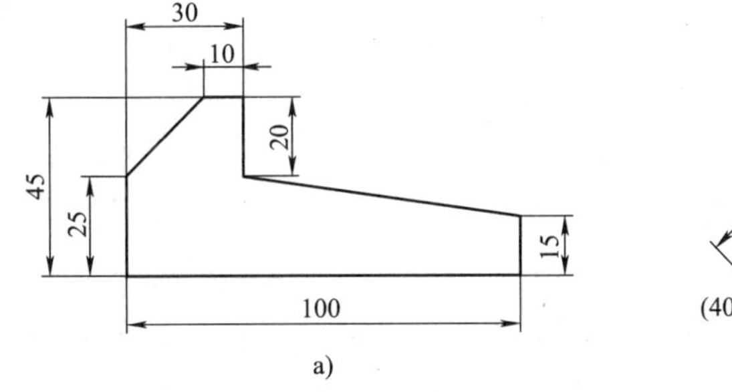

a)　　b)

图 2-38　平面图形

（3）利用对象捕捉功能，绘制如图 2-39 所示的图形。

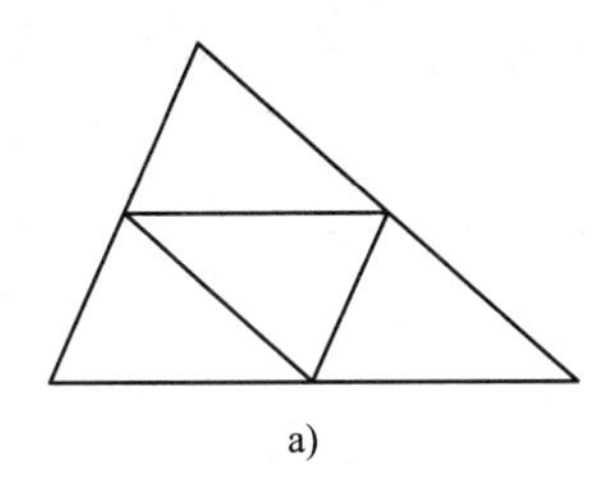

a)

b)

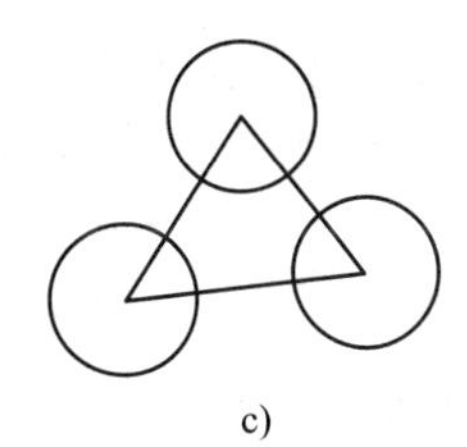

c)

图 2-39　习题 2（3）图形

第 3 章　图形绘制

内容与要求

任何复杂图形都可看作是由直线、圆弧等基本的图形元素组成的，掌握这些基本图形元素的绘制方法是学习计算机绘图的基础。CAXA 电子图板为用户提供了功能齐全的作图方式，利用它可以绘制各种各样复杂的工程图样。本章将系统介绍 CAXA 电子图板的绘图功能。

学习本章应达到如下目标。

- 掌握直线、平行线、矩形、多边形等绘图命令
- 掌握绘制圆及【两点_半径】方式绘制圆弧的方法
- 掌握样条曲线等曲线绘制命令
- 掌握双折线等辅助绘图命令
- 掌握孔/轴的绘制方法

3.1　基础知识

图形绘制是 CAD 绘图软件构成的基础。CAXA 电子图板提供了强大的智能化图形绘制功能，包括直线、平行线、圆、圆弧、矩形、多边形等绘图功能；样条曲线、多段线、椭圆、波浪线、公式曲线等曲线绘制功能；双折线、中心线、箭头、点等辅助绘图功能；以及孔/轴、齿轮的绘制功能等，可以方便地绘制各种基本图形。

CAXA 电子图板的绘图命令均放置在【绘图】主菜单中。在选项卡模式界面，绘图命令以图标按钮的形式放置在【常用】选项卡的【绘图】面板上，如图 3-1 所示。虽然 CAXA 电子图板设置了鼠标和键盘两种输入方式，但为了操作方便，主要介绍鼠标的操作方式。鼠标操作时，单击主菜单的菜单项与单击选项卡上相应图标按钮的功能完全相同，但是图标按钮更快捷、更方便。

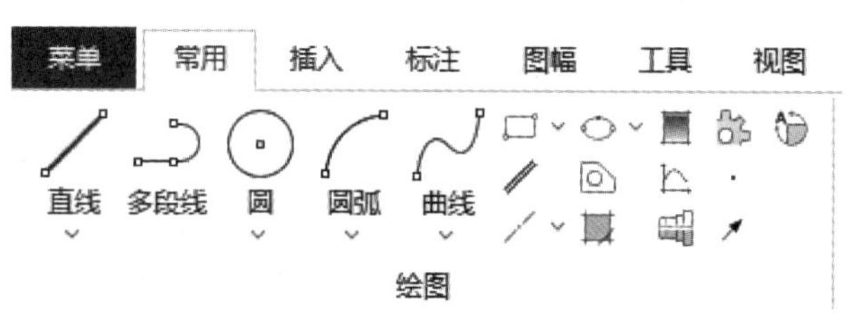

图 3-1　绘图命令

在 CAXA 电子图板选项卡模式界面，当某个命令有多种作图方式时，其图标按钮旁边会有一个 ▾ 按钮，表明该命令有子选项。例如，【直线】命令，CAXA 电子图板提供了【两点线】、【角度线】、【角等分线】、【切线/法线】、【等分线】、【射线】和【构造线】7 种绘制直线的方式；【圆】命令，有【圆心/半径】、【两点】、【三点】和【两点/半径】4 种画圆方式，使用方法如下。

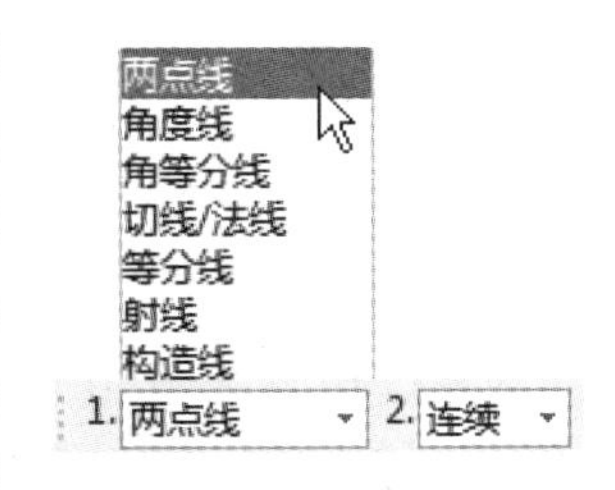

图 3-2 【直线】的立即菜单

1）单击主命令按钮，启动立即菜单，立即菜单第 1 项中集成了各项子命令，从中选择所需作图方式。例如：直接单击【绘图】面板→【直线】按钮，启动绘制直线的命令。系统弹出【直线】的立即菜单，单击第 1 项弹出选项菜单，提供了 7 种绘制直线的方式，如图 3-2 所示。该菜单的每项都相当于一个转换开关，选择一个方式即可弹出相应的立即菜单。如在第 1 项中选择【两点线】，系统弹出的立即菜单有两项：1. 两点线 2. 连续，单击第 1 项可继续在选项菜单中选择其他绘制直线的方式。

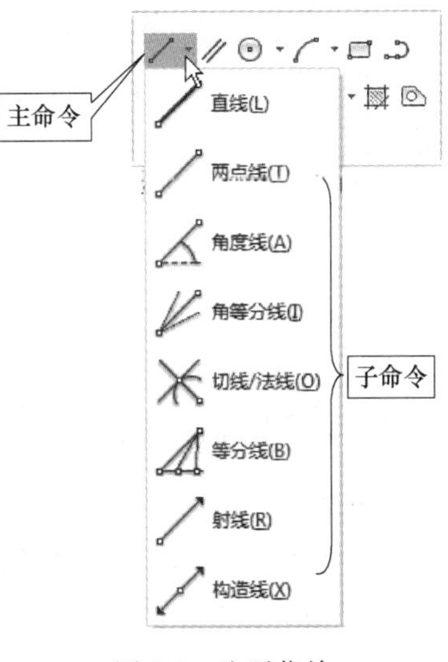

图 3-3 选项菜单

2）单击命令按钮旁边的按钮，将弹出选项菜单，从中直接选取。例如：单击【常用】选项卡→【绘图】面板→【直线】中的按钮，系统弹出如图 3-3 所示的选项菜单，包括主命令和 7 项子命令。若想单独执行某种直线的生成方式，可直接选取所需子命令。如将鼠标移动到【两点线】，单击即可启动【两点线】命令，系统弹出的立即菜单只有 1 项：1. 连续。

CAXA 电子图板中使用绘图命令，一般需要给系统提供以下几方面信息。

1）启动命令。如【直线】命令、【圆】命令、【矩形】命令等。

2）根据需要设置立即菜单。启动不同的命令，系统弹出不同的立即菜单，根据作图条件设置。

3）根据系统提示操作。如用【圆心/半径】方式画圆，系统首先提示“圆心点”，当指定圆心点后，提示变为“输入半径或圆上一点”，此时可用鼠标指定一点或用键盘输入数值后按〈Enter〉键，即可画出一个圆。系统仍提示“输入半径或圆上一点”，用户继续操作可画出同心圆，直至单击鼠标右键或按〈Esc〉键结束。

3.2 绘制直线

直线是图形构成的基本要素，正确、快捷地绘制直线的关键在于点的选择，拾取点时可充分利用对象捕捉功能。

单击【常用】选项卡→【绘图】面板→【直线】按钮或选择【绘图】→【直线】菜单命令，在操作信息提示区出现绘制直线的立即菜单。单击第 1 项弹出选项菜单，提供了 7 种绘制直线的方式，下面分别介绍各种方式的操作方法。

1. 两点线

按给定两点画一条直线段或画连续的直线段，每条线段都可以单独进行编辑。根据拾取点的类型可生成切线、垂直线、公垂线、垂直切线以及任意的两点线。启动命令后，系统弹出立即菜单，各选项的功能如下。

○ 第 1 项为【两点线】，指定当前画线方式。

❍ 第 2 项可选择【连续】或【单根】。【连续】表示每条直线段相互连接，前一直线段的终点为下一直线段的起点，如图 3-4a 所示。【单根】指每次绘制的直线段相互独立，互不相关，如图 3-4b 所示。

如果要绘制与坐标轴平行的水平或垂直线段（见图 3-4c），可单击状态栏上的 正交 按钮，使该按钮处于按下状态，系统即处于正交状态，此时只能绘制出水平线或垂直线。正交 按钮关闭后，系统处于非正交状态，此时可绘制任意方向直线。

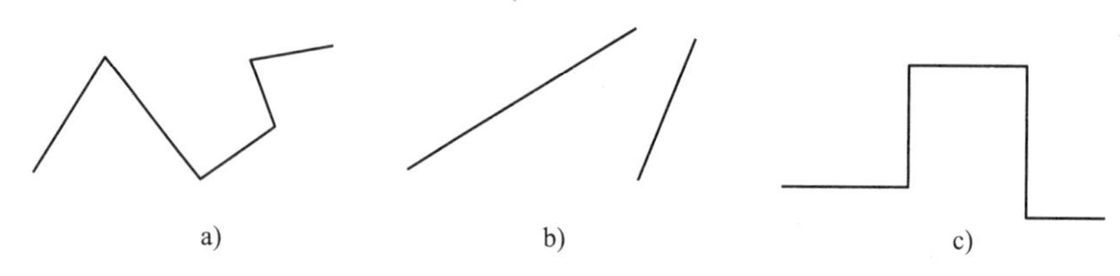

图 3-4　绘制【两点线】方式示例

a）连续、非正交　b）单根、非正交　c）连续、正交

提示

打开状态栏上的 正交 按钮后，再次单击该按钮或按〈F8〉键都可以取消正交状态。【正交】命令是透明命令，在执行绘图命令过程中可以打开或关闭，而不会中断绘图操作。

2. 角度线

绘制与 X 轴、Y 轴或与已知直线成一定角度的直线。【角度线】的立即菜单如图 3-5 所示，各选项的功能如下。

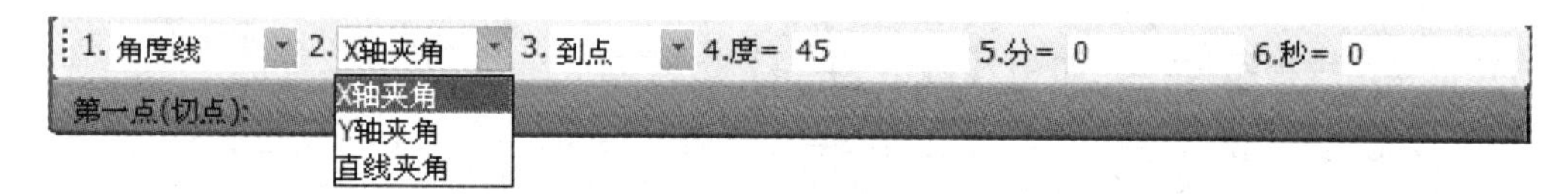

图 3-5　【角度线】的立即菜单

❍ 第 1 项为【角度线】，指定当前画线方式。

❍ 第 2 项可选取夹角类型为【X 轴夹角】、【Y 轴夹角】或【直线夹角】。【直线夹角】表示画一条与已知直线段夹角为指定度数的直线段。

❍ 第 3 项可选取【到点】或【到线上】。【到点】指终点位置在指定点上，【到线上】指终点位置在所选定的直线上。

❍ 第 4 项可在−360°~360°之间输入所需角度值。

❍ 第 5、6 项可在 0~60 之间输入所需的分、秒。

☞ 绘制角度线的操作步骤

❶启动命令后，系统提示“第一点:”，输入第一点，则屏幕上显示该点标记。

❷系统提示变为“第二点或长度”，此时可以由键盘输入一个长度数值，也可以移动鼠标确定点的位置。如果是移动鼠标，则一条绿色的角度线随之出现，待位置确定后，单击鼠标左键即可画出一条给定长度和倾角的直线段。

❸如果在立即菜单第 2 项中选择【直线夹角】，则系统提示“拾取直线:”，根据需要拾

取一条已知直线段，随后的操作相同。

❹如果在立即菜单第 3 项中选择【到线上】，即指定终点位置是在选定直线上。输入第一点后，系统不提示输入第二点，而是提示“拾取曲线:”，拾取所需直线即可。

绘制角度线的示例，如图 3-6 所示。

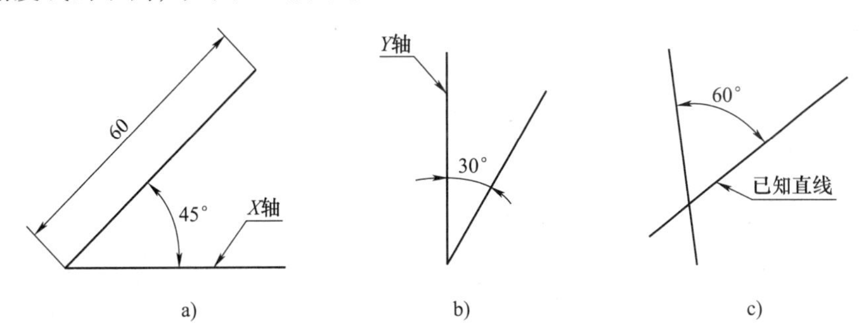

图 3-6　绘制角度线示例

a）与 X 轴成 45°　b）与 Y 轴成−30°　c）与已知直线成 60°

3. 角等分线

按给定等分份数、给定长度绘制一个角的等分线，其立即菜单如图 3-7 所示，各选项的功能如下。

- 第 1 项为【角等分线】，指定当前画线方式。
- 第 2 项为【份数】，输入等分份数。
- 第 3 项为【长度】，输入等分线长度值。

根据需要设置立即菜单，根据系统提示拾取两条直线，即可在屏幕上显示出这两条直线所夹角的角等分线。

4. 切线/法线

过给定点作已知曲线的切线或法线，其立即菜单如图 3-8 所示，各选项的功能如下。

1. 角等分线　2.份数　3　3.长度　100

图 3-7　【角等分线】的立即菜单

1. 切线/法线　2. 切线　3. 非对称　4. 到点

图 3-8　【切线/法线】的立即菜单

- 第 1 项为【切线/法线】，指定当前画线方式。
- 第 2 项可选择【切线】或【法线】。【切线】为与已知曲线相平行的直线，如图 3-9 所示。【法线】为与已知曲线相垂直的直线，如图 3-10 所示。

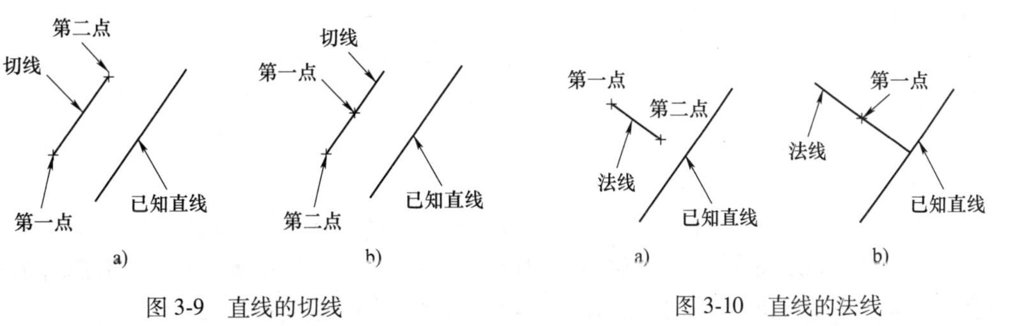

图 3-9　直线的切线

a）非对称　b）对称

图 3-10　直线的法线

a）非对称、到点　b）对称、到线

- ❍ 第 3 项可选择【非对称】或【对称】。【非对称】指选取的第一点为所绘直线的一个端点，选取的第二点为直线的另一端点。【对称】指以选择的第一点为中点同时向两侧画线。
- ❍ 第 4 项可选择【到点】或【到线上】。【到线上】表示所画切线或法线的终点在一条已知线段上。

启动命令后，系统提示“拾取曲线:”，用鼠标拾取一条已知直线。系统提示变为“输入点”，鼠标移动到适当位置后单击指定一点。系统提示又变为“第二点或长度”，此时移动鼠标，屏幕上出现一条过指定点（第一点）且与已知直线平行（或垂直）的动态线段，单击鼠标确定第二点或由键盘输入长度数值即可。

如果用户拾取的是圆或圆弧，也可以按上述步骤操作。圆弧的法线在所选第一点与圆心所决定的直线上，而切线垂直于法线，如图 3-11 所示。

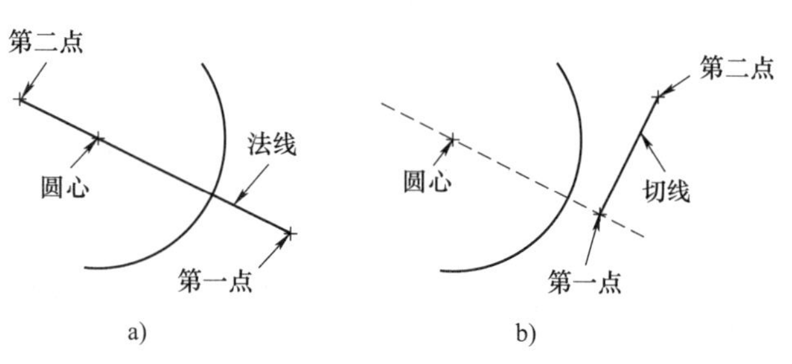

图 3-11　圆弧的切线和法线

a）圆弧的法线　b）圆弧的切线

提示

作直线的切线，是指过一点作该直线的平行线；作直线的法线，则是过一点作该直线的垂直线。作圆（弧）的法线，是指过一点作圆（弧）的径向直线；而作圆（弧）的切线，则是过一点作一条与圆（弧）径向直线相垂直的直线。

5. 等分线

等分线方式的功能是拾取两条直线段，即可在两条线间生成一系列的线，这些线将两条线之间的部分等分成 n 份。生成等分线要求所选两条直线段符合以下任一条件。

1）两条直线段平行。

2）不平行、不相交，并且一条线的一个方向的延长线不与另一条线本身相交。

3）两条直线段不平行，一条线的某个端点与另一条线的端点重合，并且两直线夹角不等于 180°。

启动等分线命令后，拾取符合条件的两条直线，即可在这两条直线间生成一系列的线，这些线将两直线间的部分等分成 n 份。将两条平行线之间三等分，如图 3-12 所示。等分线和角等分线在对具有夹角的直线进行等分时概念是不同的，角等分是按角度等分，而等分线是按照端点连线的距离等分。

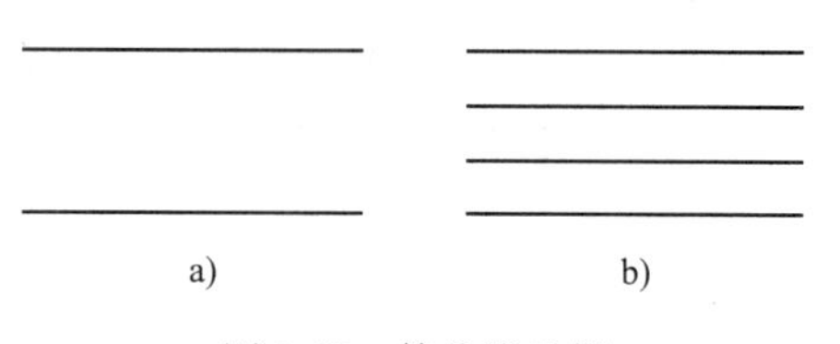

图 3-12　等分线示例

a）两条平行线　b）等分线

6. 射线

射线是一端无限延伸的直线。启动命令后，系统提示“指定起点”，用鼠标左键指定一点，屏幕上出现一条动态直线，该直线一端固定在指定起点，另一端无限延伸，并随着鼠标的移动变换方向。系统又提示“指定通过点”，根据需要选择合适的点即可绘制出一条射线。

当绘制出一条射线以后，系统不会自动结束操作，仍提示“指定通过点”，用户可继续绘制

第二条、第三条……，如图 3-13 所示。若要结束操作，单击鼠标右键或者按〈Esc〉键即可。

7. 构造线

构造线是一条两端无限延伸，没有起点与终点的直线。构造线既可以用作绘图的辅助线，又能作为图形的轮廓线。构造线的绘制方法有【两点】、【水平】、【垂直】、【角度】、【二等分】和【偏移】6 种方式，启动命令后，根据系统提示鼠标左键指定构造线的特征点即可，如图 3-14 所示。

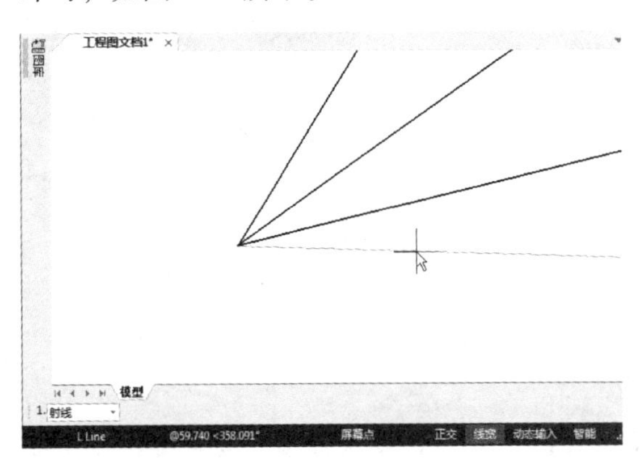

图 3-13　射线示例

图 3-14　构造线示例

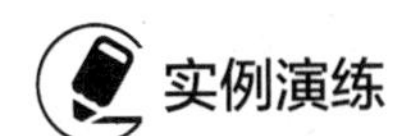

实例演练

【例 3-1】　【两点线】方式绘制图形。

使用【两点线】方式绘制如图 3-15 所示图形。

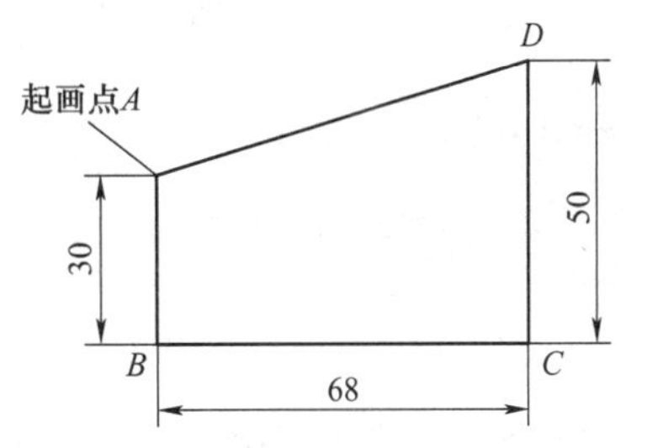

图 3-15　【两点线】方式绘制图形实例

操作步骤

❶单击【常用】选项卡→【绘图】面板→【直线】按钮。

❷在屏幕左下角的操作信息提示区出现立即菜单。在第 1 项中选择【两点线】；在第 2 项中选择【连续】。

❸按下状态栏上的 正交 按钮，系统处于正交状态。设置点捕捉状态为 智能 。

❹按照操作信息提示区的提示进行如下操作。

“第一点:”，用鼠标指定屏幕上任一点为起点 *A*。

“第二点:”，向下拖动指针，确定直线的走向沿 *Y* 轴负向后，输入长度“30”↙（“↙”表示按〈Enter〉键），确定 *B* 点。

“第二点:”，向右拖动指针，确定直线的走向沿 *X* 轴正向后，输入长度“68”↙，确定 *C* 点。

“第二点:”，向上拖动指针，确定直线的走向沿 *Y* 轴正向后，输入长度“50”↙，确定 *D* 点。

“第二点:”，再次单击 正交 按钮，使系统处于非正交状态。移动指针至 *A* 点，捕捉端点后单击鼠标左键。

"第二点:"，单击鼠标右键结束命令，完成绘制。

提示

B、*C*、*D* 点均采用【直接距离】方式确定，即用鼠标导向，从键盘直接输入相对下一点的距离，按〈Enter〉键确定。

实例演练

【**例 3-2**】 绘制【角等分线】。

绘制如图 3-16 所示∠*AOB*，其夹角为 60°，两边长度为 50，并将其等分为 3 份，等分线长度为 70。

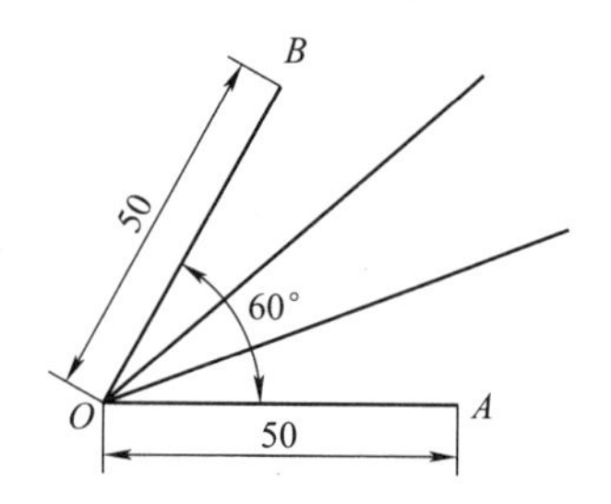

图 3-16 绘制【角等分线】实例

操作步骤

步骤 1 绘制与 *X* 轴成 60°、边长为 50 的角

❶按下 正交 按钮，系统处于正交状态。

❷单击【常用】选项卡→【绘图】面板→【直线】按钮，系统弹出立即菜单，在立即菜单中选择【两点线】/【单根】。

❸按照操作信息提示区的提示进行如下操作。

"第一点:"，在屏幕单击一点为夹角顶点 *O*。

"第二点:"，向左拖动指针，使直线的走向沿 *X* 轴正向后，输入长度"50"↙，确定 *A* 点。

❹在立即菜单第 1 项中选择【角度线】方式，设置立即菜单如图 3-17 所示。

1. X轴夹角 2. 到点 3.度= 60 4.分= 0 5.秒= 0

图 3-17 【角度线】的立即菜单

❺按照操作信息提示区的提示进行如下操作。

"第一点:"，拾取 *O* 点（捕捉端点）。

"第二点或长度:"，移动鼠标，屏幕上出现动态角度线，输入直线长度"50"↙。

步骤 2 绘制角等分线，长度为 70

❶单击鼠标右键重复【直线】命令，设置立即菜单如图 3-18 所示。

1. 角等分线 2.份数 3 3.长度 70

图 3-18 【角等分线】的立即菜单

❷按照操作信息提示区的提示进行如下操作。

"拾取第一条直线:"，单击 60°角的一边。

"拾取第二条直线:"，单击 60°角的另一边，角等分线即可绘制出来。

3.3 绘制平行线

【平行线】命令可以按指定的距离绘制与选定直线平行的直线。单击【常用】选项卡→【绘图】面板→【平行线】按钮或选择【绘图】→【平行线】菜单命令，在操作信息提示区出现立即菜单，单击立即菜单第 1 项，可以选择【偏移方式】或【两点方式】绘制平行线。

1. 偏移方式

【偏移方式】是指绘制与指定直线长度相等、单向或双向的平行线段，如图 3-19 所示。选择【偏移方式】后，单击立即菜单第 2 项，可切换选择【单向】或【双向】，如图 3-20 所示。

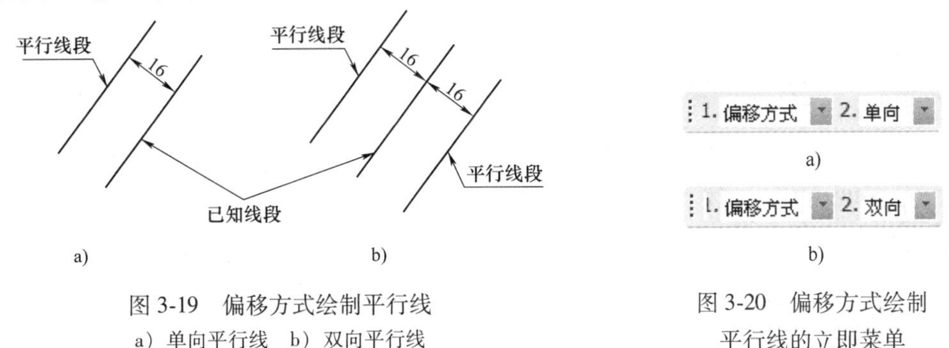

图 3-19　偏移方式绘制平行线
a）单向平行线　b）双向平行线

图 3-20　偏移方式绘制
平行线的立即菜单

❍ 单向：系统根据十字指针在已知直线的哪一侧来确定所绘平行线的位置。

❍ 双向：在指针直线的两侧同时画出平行线，这两条平行线与已知直线平行且长度相等。

系统提示“拾取直线”，用鼠标拾取一条已知线段。拾取后系统提示变为“输入距离或点”，此时移动鼠标，一条（第 2 项中选择【双向】则出现两条）与已知线段平行且长度相等的线段被鼠标拖动着，移动到所需位置后，键盘输入距离数值（如 16）后按〈Enter〉键，即可出现与已知直线距离为 16 的平行线；也可以通过鼠标捕捉确定平行线的定位点。

系统继续提示“输入距离或点”，指针上仍挂着动态平行线，说明此命令可以重复进行，单击鼠标右键或者按〈Esc〉键即可退出此命令。

2. 两点方式

【两点方式】是指通过指定平行线的起点和终点，绘制与已知直线长度不等的平行线。选择【两点方式】后，单击立即菜单第 2 项，可切换选择【点方式】或【距离方式】，如图 3-21 所示。

图 3-21　两点方式绘制平行线的立即菜单
a）点方式　b）距离方式

1）当使用【点方式】时，单击立即菜单第 3 项可以选择直线终点【到点】或【到线上】。【到点】是指过指定的起点和终点画出一条平行线，【到线上】是指过指定的起点画一条与所拾取的曲线相交（或与其延长线相交）的平行线，如图 3-22 所示。

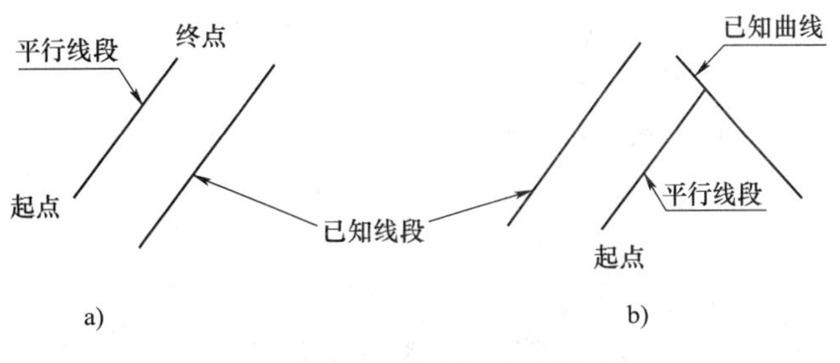

图 3-22　两点方式绘制平行线
a）到点　b）到线上

2）当使用【距离方式】时，可以在第 3 项选择【到点】或【到线上】的直线终止方式，在第 4 项中输入所需距离。

按照操作信息提示区的提示，即可绘制相应的平行线。此命令可以重复进行，单击鼠标右键或者按〈Esc〉键即可退出命令。

3.4 绘制圆及圆弧

圆及圆弧是作图过程中经常遇到的两种基本实体，所以应该掌握在不同的已知条件下，绘制圆及圆弧的方法。

3.4.1 圆

【圆】命令的功能是按指定的方式绘制圆，并可选择是否同时绘制出圆的中心线。单击【常用】选项卡→【绘图】面板→【圆】⊙按钮或单击【菜单】选择【绘图】→【圆】菜单命令，在操作信息提示区出现绘制圆的立即菜单。单击第 1 项，弹出选项菜单，系统提供了 4 种绘制圆的方式：【圆心_半径】、【两点】、【三点】和【两点_半径】，如图 3-23 所示。

图 3-23 【圆】的立即菜单

1. 【圆心_半径】方式

根据已知圆心和半径（或直径）画圆。立即菜单如图 3-24 所示，各选项的含义如下。

图 3-24 【圆心_半径】方式绘制圆的立即菜单

- 第 2 项可选择【半径】或【直径】。
- 第 3 项可选择【有中心线】或【无中心线】，以决定在绘制圆的同时是否画出其中心线。当在第 3 项中选择【有中心线】后，系统弹出第 4 项，可输入中心线超出图形轮廓线的延伸长度。

系统提示“圆心点”，输入圆心。提示变为“输入半径或圆上一点”，此时如果移动鼠标，屏幕上出现圆心固定、半径由鼠标拖动改变的动态圆，鼠标移动到所需位置单击确定圆上一点；也可以由键盘直接输入圆的半径，再按〈Enter〉键。画出一个圆后，系统提示仍为“输入半径或圆上一点”，输入半径或指定一点可连续画出同心圆，单击鼠标右键结束操作。

提示

若在立即菜单第 2 项中选择【直径】，按提示输入圆心后，系统提示变为“输入直径或圆上一点”，此时由键盘输入的数值则为圆的直径。

2. 【两点】方式

【两点】方式的功能是过两个给定点画圆，两给定点之间的距离等于直径。单击立即菜单第1项，从中选择【两点】，立即菜单如图3-25所示。按系统提示输入第一点和第二点后，一个完整的圆即可绘制出来。

1. 两点　2. 有中心线　3.中心线延伸长度　3

图3-25　【两点】方式绘制圆的立即菜单

3. 【三点】方式

【三点】方式的功能是过给定的三个点画圆。单击立即菜单第1项，选择【三点】，按系统提示输入第一点、第二点和第三点后，一个完整的圆即可绘制出来。

提示

输入点时，可充分利用对象捕捉功能。

4. 【两点_半径】方式

【两点_半径】方式的功能是过两个已知点并根据给定半径画圆。单击立即菜单第1项，从中选择【两点_半径】选项。按系统提示输入第一点、第二点后，用鼠标或键盘输入第三点或由键盘输入圆的半径值，一个完整的圆即可绘制出来。

实例演练

【例3-3】 绘制三角形内切圆和外接圆。

绘制如图3-26所示任意三角形，再作出该三角形的内切圆和外接圆。

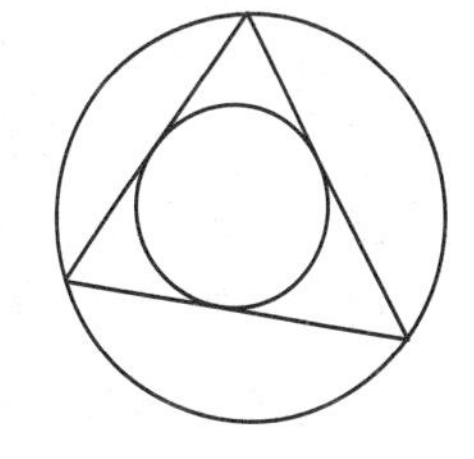

图3-26　绘圆实例

操作步骤

步骤1　绘制任意三角形

❶设置系统处于非正交状态。

❷单击【常用】选项卡→【绘图】面板→【直线】按钮，绘制任意三角形。

步骤2　绘制内切圆

❶单击【常用】选项卡→【绘图】面板→【圆】按钮。

❷系统弹出立即菜单，设置立即菜单如图3-27所示。

1. 三点　2. 无中心线

图3-27　【三点】方式绘制圆的立即菜单

❸按照操作信息提示区的提示进行如下操作。

“第一点”：按空格键弹出【工具点】菜单，选取【切点】，在三角形的一条边上拾取一点。

“第二点”：按空格键弹出【工具点】菜单，选取【切点】，在三角形的另一条边上拾取一点。

“第三点”：按空格键弹出【工具点】菜单，选取【切点】，在三角形的第三条边上拾取一点，三角形的内切圆绘制完成。

提示

在系统提示输入点时，从键盘输入字母T，也可临时捕捉切点。

步骤 3 绘制外接圆

❶单击鼠标右键，重复【三点】画圆命令，并设置屏幕点捕捉方式为【智能】。

❷按照操作信息提示区的提示进行如下操作。

“第一点”：拾取三角形的一个顶点（捕捉端点）。

“第二点”：拾取三角形的另一个顶点（捕捉端点）。

“第三点”：拾取三角形的第三个顶点（捕捉端点），三角形的外接圆绘制完成。

3.4.2 圆弧

【圆弧】命令可按指定的方式绘制圆弧。圆弧是图形构成的基本元素之一，圆弧可以直接绘制，也可以通过对圆的裁剪得到。单击【常用】选项卡→【绘图】面板→【圆弧】按钮或选择【绘图】→【圆弧】菜单命令，出现立即菜单。单击第 1 项弹出选项菜单，CAXA 电子图板提供了 6 种绘制圆弧的方式：【三点圆弧】、【圆心_起点_圆心角】、【两点_半径】、【圆心_半径_起终角】、【起点_终点_圆心角】和【起点_半径_起终角】，如图 3-28 所示。

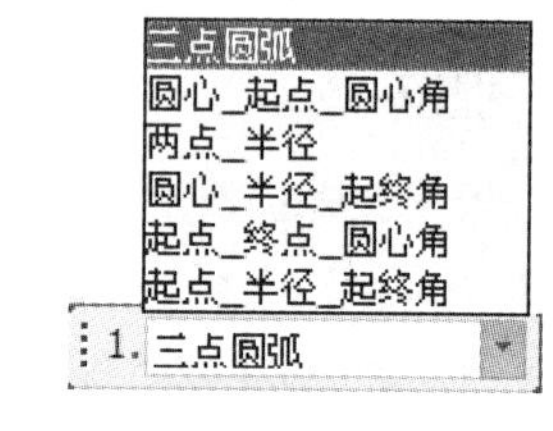

图 3-28 绘制【圆弧】的立即菜单

1. 【三点圆弧】方式

【三点圆弧】方式过三点画圆弧，其中第一点为起点、第三点为终点、第二点决定圆弧的位置和方向。单击立即菜单第 1 项，选择【三点圆弧】。按系统提示指定第一点和第二点，屏幕上会生成一段过上述两点及过指针所在位置的动态圆弧，移动指针，选择第三点位置，并单击鼠标左键，则一条圆弧被绘制出来。

2. 【圆心_起点_圆心角】方式

【圆心_起点_圆心角】方式通过已知圆心、起点及圆心角或终点画圆弧。单击立即菜单第 1 项，选择【圆心_起点_圆心角】选项。按系统提示输入圆心和圆弧起点，屏幕上会生成一段圆心和起点固定、终点由鼠标拖动的动态圆弧。此时系统提示变为【圆心角或终点】，输入圆心角数值或输入终点坐标，则圆弧被画出；也可以用鼠标拖动进行选取。

3. 【两点_半径】方式

【两点_半径】方式通过已知两点及圆弧半径画圆弧。单击立即菜单第 1 项，从中选取【两点_半径】。按系统提示输入第一点和第二点，即输入圆弧的起点和终点，屏幕上会出现一段起点和终点固定、半径由鼠标拖动改变的动态圆弧。系统接着提示“第三点（切点或半径）:”，用鼠标拖动圆弧的半径到合适的位置后单击，也可用键盘输入圆弧的半径。

4. 【圆心_半径_起终角】方式

【圆心_半径_起终角】方式通过圆心、半径和起终角画圆弧。单击立即菜单第 1 项，从中选取【圆心_半径_起终角】，立即菜单如图 3-29 所示。在立即菜单第 2 项输入所需半径值；在第 3 项输入所需起始角，在第 4 项输入所需终止角。起始角和终止角的范围为 0°~360°，二者均是从 X 正半轴开始，逆时针旋转为正，顺时针旋转为负。

1. 圆心 半径 起终角 2.半径= 30 3.起始角= 0 4.终止角= 60

图 3-29 【圆心_半径_起终角】方式画圆弧的立即菜单

此时屏幕上出现一段随指针移动的圆弧，圆弧的半径、起始角、终止角均为设定值，如图 3-30 所示。鼠标拖动圆弧的圆心点到合适的位置后单击，该圆弧即被绘制出来。圆心点也可由键盘输入。

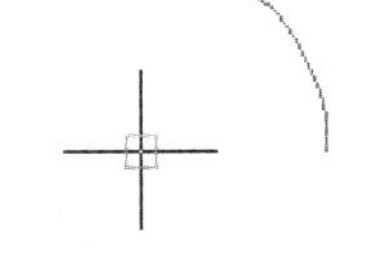

图 3-30 【圆心_半径_起终角】方式画圆弧

5. 【起点_终点_圆心角】方式

【起点_终点_圆心角】方式通过已知起点、终点、圆心角画圆弧。单击立即菜单第 1 项，从中选取【起点_终点_圆心角】项，立即菜单如图 3-31 所示。在立即菜单第 2 项，可输入圆心角的数值，其范围是 0°~360°。按系统提示输入起点，屏幕上会生成一段起点固定、圆心角固定的圆弧，此时用鼠标或键盘输入终点即可。

1. 起点 终点 圆心角 2.圆心角: 60

图 3-31 【起点_终点_圆心角】方式画圆弧的立即菜单

6. 【起点_半径_起终角】方式

【起点_半径_起终角】方式通过起点、半径和起终角画圆弧。单击立即菜单第 1 项，从中选【起点_半径_起终角】项，立即菜单如图 3-32 所示。在立即菜单第 2 项输入所需半径值；在第 3、4 项中输入所需起始角或终止角。此时屏幕上出现一段随指针移动的圆弧，圆弧的半径、起始角、终止角均为设定值，鼠标拖动圆弧的起点到合适的位置后单击，该圆弧即被绘制出来。起点也可由键盘输入。

1. 起点 半径 起终角 2.半径= 30 3.起始角= 0 4.终止角= 60

图 3-32 【起点_半径_起终角】方式画圆弧的立即菜单

实例演练

【例 3-4】 圆弧连接。

绘制如图 3-33 所示圆弧连接图形。

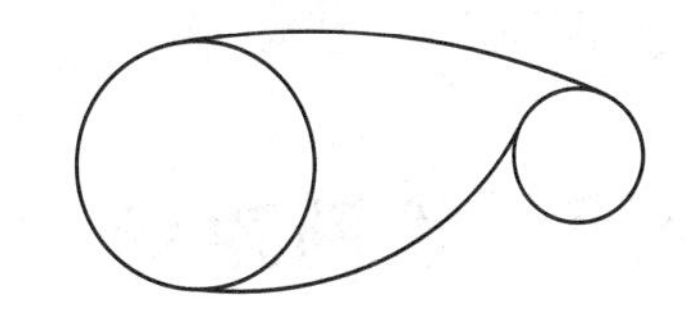

图 3-33 圆弧连接实例

操作步骤

步骤 1 画圆

❶单击【常用】选项卡→【绘图】面板→【圆】按钮，系统弹出立即菜单，设置各选项为 1. 圆心 半径 2. 直径 3. 无中心线。

❷系统提示“圆心点”，单击一点作为圆心。

❸系统提示变为“输入直径或圆上一点”，移动鼠标在合适的位置单击，画出一个圆。系统提示仍为“输入直径或圆上一点”，单击鼠标右键结束【圆】命令。

❹同样的方法画出另一个圆。

步骤 2 圆弧连接

❶单击【常用】选项卡→【绘图】面板→【圆弧】按钮，单击立即菜单第 1 项，从中选取【两点_半径】。

❷按照操作信息提示区的提示进行如下操作。

“第一点”：输入字母 T（临时捕捉切点），然后用鼠标在大圆上选取一点，拾取位置如图 3-34a 所示。

“第二点”：输入字母 T，然后用鼠标在小圆上选取一点。

“第三点”：鼠标拖动圆弧的半径到合适的位置，如图 3-34b 所示，左键单击即可。

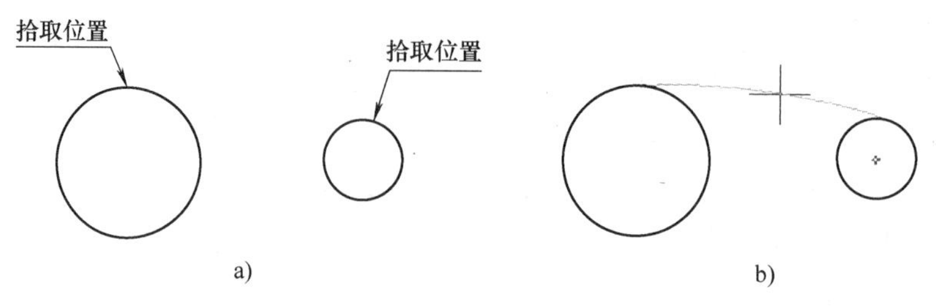

图 3-34　内切圆弧

❸同样的方法作另一圆弧，如图 3-35 所示。

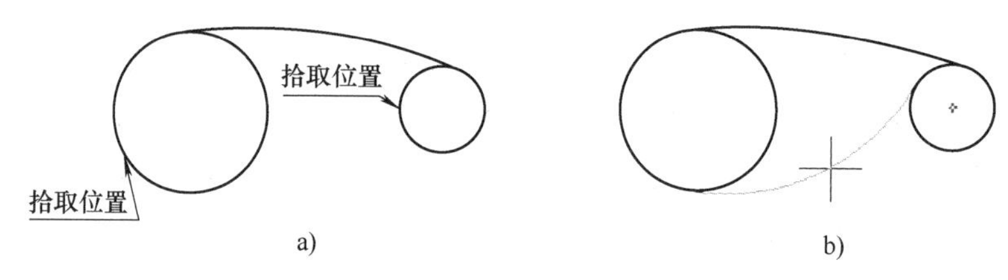

图 3-35　内外切圆弧

提示

在圆上捕捉切点时，鼠标拾取的位置应与图中切点位置相同。拾取位置不同，将绘制出不同的连接圆弧。

3.5　绘制矩形

矩形是最常用的几何图形。CAXA 电子图板提供的【矩形】命令，可以用【两角点】或【长度和宽度】两种方式绘制矩形。单击【常用】选项卡→【绘图】面板→【矩形】□按钮或单击【菜单】，选择【绘图】→【矩形】菜单命令，出现立即菜单，单击第 1 项，可选择【两角点】或【长度和宽度】方式绘制矩形。

1.【两角点】方式

【两角点】方式给出矩形两对角的角点，据此生成矩形。【两角点】方式的立即菜单如图 3-36 所示，各选项的含义如下。

图 3-36 【两角点】方式绘制矩形的立即菜单

- ❍ 第 1 项为【两角点】，指定当前绘制矩形方式。
- ❍ 第 2 项可选择【有中心线】或【无中心线】，从而决定在绘制矩形的同时是否画出其中心线。
- ❍ 当在第 2 项中选择【有中心线】后，系统会弹出第 3 项，可输入中心线超出图形轮廓线的延伸长度。

系统提示“第一角点:”，用鼠标拾取点 1。移动鼠标，屏幕上出现一个动态矩形，该矩形一个角点固定，另一角点不断变化。系统提示“另一角点:”，用鼠标拾取点 2，矩形即可绘制出来，如图 3-37 所示。

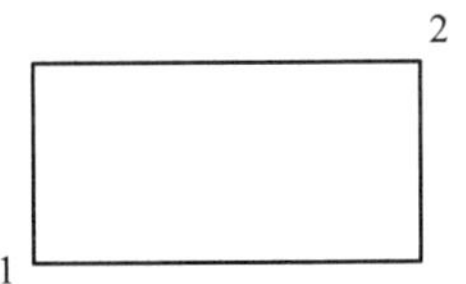

图 3-37　矩形示例

2.【长度和宽度】方式

【长度和宽度】方式的功能是输入矩形的长度和宽度值，根据数值生成矩形。【长度和宽度】方式的立即菜单如图 3-38 所示，各选项的功能如下。

图 3-38　【长度和宽度】方式绘制矩形的立即菜单

- ❍ 第 1 项为【长度和宽度】，指定当前绘制矩形方式。
- ❍ 第 2 项是一个选项菜单，提供了绘制矩形的 3 种定位方式：【中心定位】、【顶边中点】和【左上角点定位】，如图 3-39 所示。
- ❍ 第 3 项为【角度】文本框，可根据需要输入矩形倾斜角度。
- ❍ 第 4 项为【长度】文本框，可根据需要输入矩形的长度。
- ❍ 第 5 项为【宽度】文本框，可根据需要输入矩形的宽度。

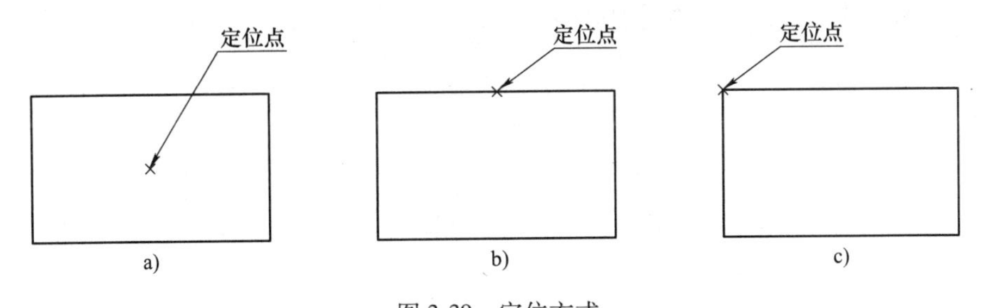

图 3-39　定位方式

a）中心定位　b）顶边中点定位　c）左上角点定位

根据需要设置立即菜单后，屏幕上会出现一个随指针移动的矩形，倾斜角度、长度和宽度均为设定值。按系统提示指定一个定位点，该矩形即被绘制出来。

提示

在 CAXA 电子图板 2023 中，使用【矩形】命令绘制的矩形是一个整体。

实例演练

【例 3-5】 绘图实例。

绘制如图 3-40 所示图形。

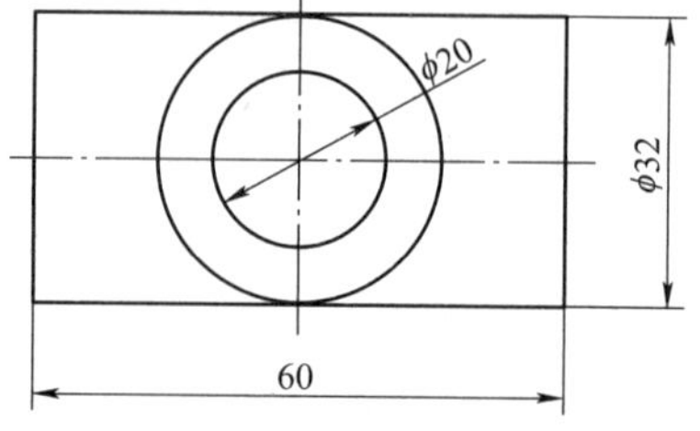

图 3-40 绘图实例

操作步骤

步骤 1 绘制带中心线的矩形，长为 60、宽为 32

❶单击【常用】选项卡→【绘图】面板→【矩形】按钮。系统弹出立即菜单，设置为 1. 长度和宽度 2. 中心定位 3.角度 0 4.长度 60 5.宽度 32 6. 有中心线 7.中心线延伸长度 3。

❷屏幕上出现一个随指针移动的动态矩形，长度和宽度均为设定值。系统提示："定位点"，在适当位置单击后矩形即被绘制出来，如图 3-41a 所示。

步骤 2 绘制同心圆

❶单击【常用】选项卡→【绘图】面板→【圆】按钮，系统弹出立即菜单，设置各选项为 1. 圆心 半径 2. 直径 3. 无中心线。

❷系统提示"圆心点"，移动鼠标捕捉中心线的交点（该点同时又是中心线的中点），单击作为圆心。

❸系统提示变为"输入直径或圆上一点"，移动鼠标捕捉矩形长边的中点（该点同时又是长边与垂直中心线的交点），如图 3-41b 所示，单击即可作出圆。也可以由键盘直接输入大圆的直径 32。

❹系统仍提示"输入直径或圆上一点"，由键盘直接输入小圆的直径 20，单击鼠标右键结束操作，绘制结果如图 3-41c 所示。

提示

在此例中绘制同心圆时，应选择无中心线。否则圆的中心线与矩形的中心线重合，多条点画线重合将显示为实线，如图 3-41d 所示。

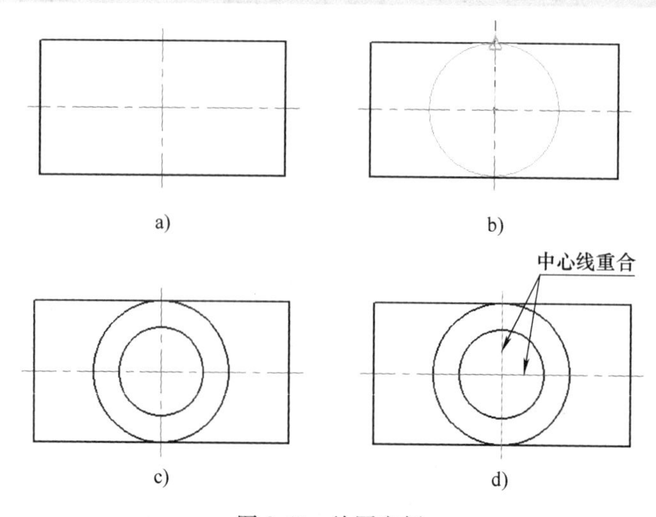

图 3-41 绘图实例

3.6 绘制正多边形

绘制工程图时经常会遇到正多边形，正多边形是指各边相等、各角也相等的多边形。手工绘图时，除了正三角形、正六边形外，其余正多边形的绘制非常麻烦。CAXA 电子图板提供的【正多边形】命令，可以轻松绘制标准的正多边形。

【正多边形】命令用于在给定点处绘制一个给定半径或边长、给定边数和旋转角度的正多边形。单击【常用】选项卡→【绘图】面板→ 下拉箭头→【正多边形】 按钮或单击【菜单】，选择【绘图】→【正多边形】菜单命令，出现立即菜单，单击第 1 项，可选择【中心定位】或【底边定位】两种方式画正多边形。

1. 【中心定位】方式

【中心定位】方式以正多边形的中心为定位基准，绘制圆的内接或外切正多边形。

☞【中心定位】方式绘制正多边形的操作步骤

❶单击立即菜单第 1 项，从中选取【中心定位】，如图 3-42a 所示。

❷根据需要设置立即菜单，各选项的功能如下。

- 第 2 项可选择【给定半径】或【给定边长】方式。【给定半径】指可根据系统提示输入正多边形的内切（或外接）圆半径。【给定边长】指输入正多边形的边长。
- 第 3 项可选择【内接于圆】或【外切于圆】方式，即所画的正多边形为某个圆的内接或外切正多边形，如图 3-43 所示。
- 第 4 项可根据需要输入正多边形的边数，边数应是大于或等于 3 的整数。
- 第 5 项可根据需要输入一个角度值，以决定正多边形的旋转角度。
- 第 6 项可选择【中心线】或【无中心线】。

❸系统提示“中心点：”，根据需要指定一点。

❹根据立即菜单第 2 项的不同会出现不同的提示。

- 若第 2 项为【给定半径】，系统提示为“圆上点或内切（外接）圆半径”，在圆上选择一点或输入一个半径值。
- 若第 2 项为【给定边长】，系统提示为“圆上点或边长：”，在圆上选择一点（正多边形的外接圆）或输入正多边形的边长。

❺由立即菜单所决定的正多边形即可绘制出来。

2. 【底边定位】方式

【底边定位】方式的功能是以正多边形的底边为定位基准生成正多边形。单击立即菜单第 1 项，从中选取【底边定位】项，则立即菜单如图 3-42b 所示，可根据需要设置。

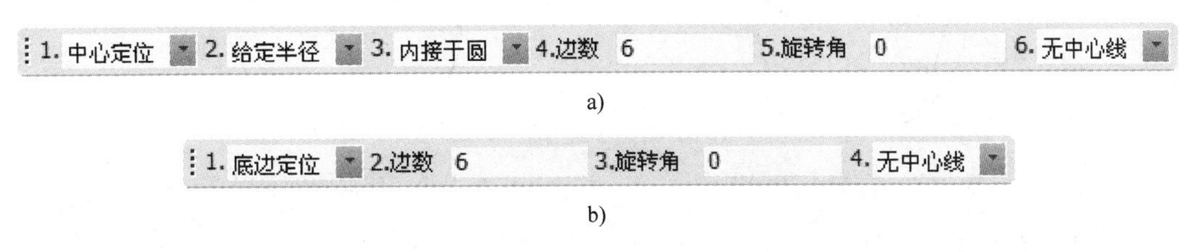

图 3-42　绘制正多边形的立即菜单

系统提示“输入第一点:”，输入定位点。系统接着提示“第二点或边长:”，输入第二点（或键盘输入边长数值），从而确定正多边形的大小。屏幕上立即出现一个以第一点（定位点）和第二点（拖动点）为边长的正六边形，且旋转角为用户设定的角度，如图 3-44 所示。

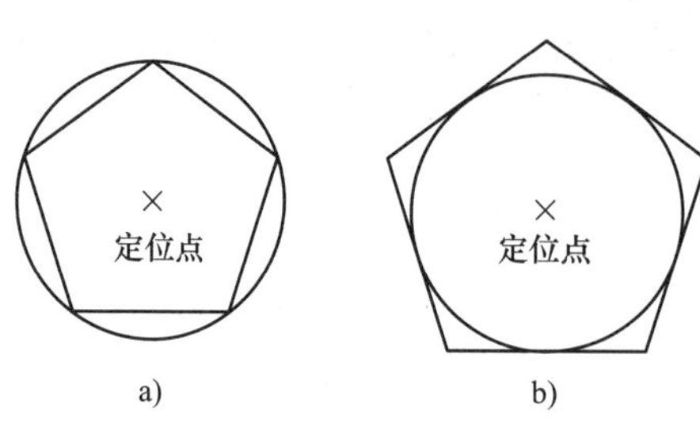

图 3-43 【中心定位】方式绘制正多边形
a）内接方式 b）外切方式

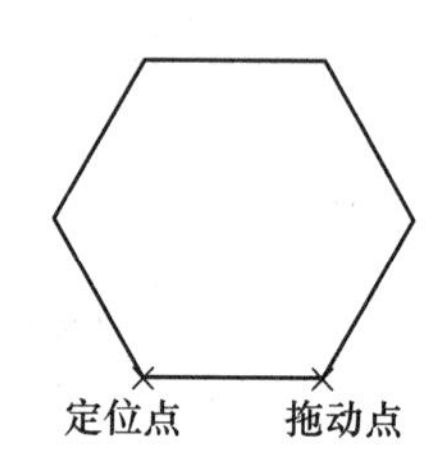

图 3-44 【底边定位】方式绘制正多边形

实例演练

【**例 3-6**】 绘制五角星图案。

绘制如图 3-45 所示的五角星图形。

操作步骤

步骤 1 绘制直径为 38 的圆

❶单击【常用】选项卡→【绘图】面板→【圆】按钮，设置立即菜单为 1. 圆心 半径 2. 直径 3. 无中心线 。

❷系统提示“圆心点”，在屏幕适当位置单击作为圆心。

❸系统提示变为“输入直径或圆上一点”，输入圆的直径“38”↙。

步骤 2 绘制正五边形

❶单击【常用】选项卡→【绘图】面板→【正多边形】按钮，系统弹出立即菜单，设置为 1. 中心定位 2. 给定半径 3. 内接于圆 4.边数 5 5.旋转角 0 6. 无中心线 。

❷系统提示“中心点:”，捕捉圆心后单击。

❸系统又提示“圆上点或外接圆半径”，捕捉圆的象限点后单击，如图 3-46 所示。

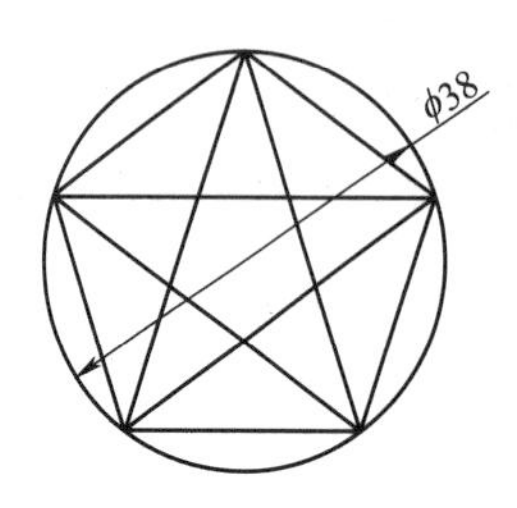

图 3-45 绘制五角星实例

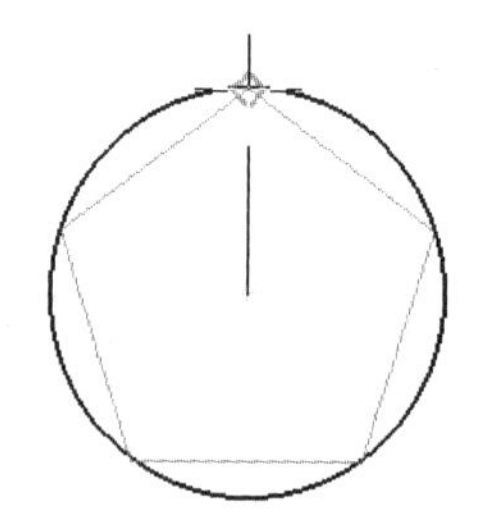

图 3-46 捕捉圆的象限点

步骤 3 绘制五角星

❶单击【常用】选项卡→【绘图】面板→【直线】按钮，选择【两点线】/【连续】

方式。

❷设置系统处于非正交状态。

❸按照系统的提示，连接五角星的顶点即可（捕捉端点）。

3.7 绘制曲线

CAXA 电子图板提供了多种绘制曲线的功能，如样条曲线、多段线、椭圆、波浪线、公式曲线等，在绘制工程图过程中可根据需要选择。

3.7.1 样条曲线

【样条】命令可以绘制通过或接近一系列给定点的平滑曲线。可用鼠标或键盘输入插值点，也可以直接读取外部样条数据文件，生成样条。单击【常用】选项卡→【绘图】面板→【样条】按钮或单击【菜单】，选择【绘图】→【样条】菜单命令，系统弹出立即菜单。单击立即菜单第 1 项，可以选择【直接作图】或【从文件读入】。

若选取【直接作图】，其立即菜单如图 3-47 所示，其中各选项的功能如下。

- 第 2 项可选择【缺省切矢】方式或【给定切矢】方式。【缺省切矢】是指系统根据数据点的性质，自动确定端点切矢；【给定切矢】是指输入插值点后，由用户输入一点，该点与端点形成的矢量作为给定的端点切矢。
- 第 3 项可选择【开曲线】方式或【闭曲线】方式，以确定所绘制的样条曲线是否首尾相接。如选择【闭曲线】方式，则最后一点可以不输入，直接单击右键结束操作，系统将自动使第一点作为最后一点，从而使样条曲线封闭。
- 第 4 项，输入拟合公差数值。

根据需要设置立即菜单后，按系统提示用鼠标或键盘输入一系列控制点，一条光滑的样条曲线自动绘出，如图 3-48 所示。

图 3-47 【样条曲线】的立即菜单

图 3-48 样条曲线示例

若选取【从文件读入】，则屏幕弹出【打开样条数据文件】对话框。选择有效的数据文件后，系统就可根据文件中的数据绘制出样条曲线。

3.7.2 多段线

多段线是作为单个对象创建的相互连接的线段序列，可以创建直线段、弧线段或两者的组合线段。

☞ 绘制多段线的操作步骤

❶单击【常用】选项卡→【绘图】面板→【多段线】按钮或单击【菜单】，选择【绘图】→【多段线】菜单命令，在操作信息提示区出现立即菜单。

❷单击立即菜单中的第 2 项，可以选择以【直线】方式或【圆弧】方式绘制多段线。

❸选择以【直线】方式绘制多段线，其立即菜单如图 3-49a 所示，其中各选项的含义如下。

- 第 3 项可以选择所绘制的多段线【封闭】或【不封闭】。如选择【封闭】方式，则最后一点可以不输入，直接单击右键结束操作，系统将自动使第一点作为最后一点，从而使轮廓图形封闭。
- 第 4 项指定多段线的起始宽度。
- 第 5 项指定多段线的终止宽度。

❹根据提示指定直线的第一点和第二点，即可生成一段直线，连续指定下一点，即可绘制连续的组合线段。

选择以【圆弧】方式绘制多段线，其立即菜单如图 3-49b 所示。此时用鼠标输入若干个点，会在各点之间由相应的圆弧以相切形式画成一条封闭的光滑曲线。封闭轮廓的最后一段圆弧与第一段圆弧不保证相切关系。按系统提示指定第一点和第二点即可生成一段圆弧，连续指定下一点时即可绘制连续的组合圆弧线段。

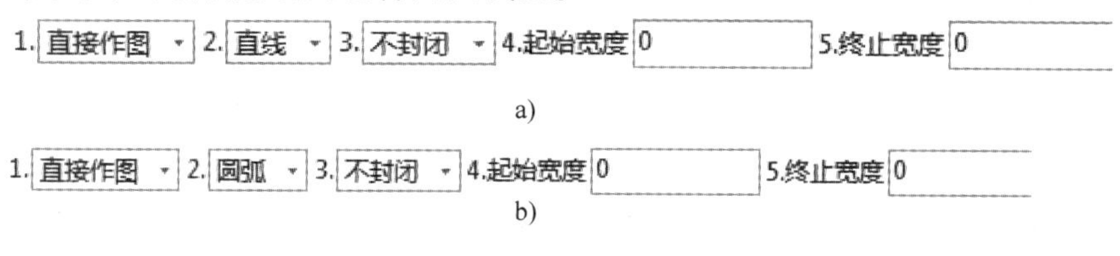

图 3-49 【多段线】的立即菜单

直线和圆弧线段可以连续组合生成，通过立即菜单进行切换即可。多段线绘制示例，如图 3-50 所示。

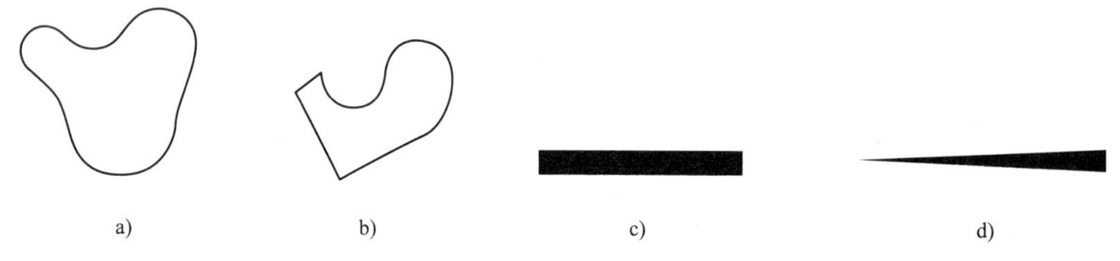

图 3-50 多段线示例

a）圆弧封闭 b）线、弧相切 c）宽度相同 d）起、终宽度不同

3.7.3 椭圆

【椭圆】命令用于在指定位置按给定长、短轴半径绘制任意方向的椭圆或椭圆弧。单击【常用】选项卡→【绘图】面板→【椭圆】按钮或单击【菜单】，选择【绘图】→【椭圆】菜单命令，系统弹出立即菜单，如图 3-51 所示。单击立即菜单第 1 项，可选取【给定长短轴】、【轴上两点】或者【中心点_起点】3 种方式。

1.【给定长短轴】方式

按系统提示用鼠标或键盘输入一个定位点，椭圆即被绘制出来，立即菜单各选项功能如下。

1.给定长短轴 2.长半轴 100 3.短半轴 50 4.旋转角 0 5.起始角= 0 6.终止角= 360

给定长短轴
轴上两点
中心点_起点

图 3-51 【椭圆】的立即菜单

- 第 2 项可输入椭圆长轴的半径值。
- 第 3 项可输入椭圆短轴的半径值。
- 第 4 项可输入椭圆的旋转角度，以确定椭圆的方向。
- 第 5 项和第 6 项可输入椭圆的起始角和终止角。当起始角为 0°、终止角为 360°时，所画的为整个椭圆；改变起终角时，所画的为一段从起始角开始到终止角结束的椭圆弧。

2. 【轴上两点】方式

按系统提示输入一个轴的两端点，此时屏幕上生成一轴固定、另一轴随鼠标拖动而改变的动态椭圆，键盘输入另一个轴的半轴长度，也可用鼠标拖动椭圆的未定轴到合适的长度后单击鼠标左键确定。

3. 【中心点_起点】方式

按系统提示输入椭圆的中心点和一个轴的端点（即起点），然后输入另一个轴的半轴长度，也可用鼠标拖动来决定椭圆的形状。

3.7.4 波浪线

【波浪线】命令按给定方式生成波浪曲线，改变波峰高度可以调整波浪曲线各曲线段的曲率和方向。单击【常用】选项卡→【绘图】面板→【曲线】下拉菜单→【波浪线】按钮或单击【菜单】，选择【绘图】→【波浪线】菜单命令，在操作信息提示区出现如图 3-52 所示的立即菜单，其中各选项功能如下。

- 第 1 项输入波峰的数值，即可确定波浪线波峰的高度。输入正值，起始点处为波峰；输入负值，起始点处为波谷。
- 第 2 项输入波浪线段数，即一次绘制出波浪线的段数，一个波峰和一个波谷为一段。

按系统提示，用鼠标在屏幕上连续指定几个点，一条波浪线随即显示出来，每两点之间波浪线的段数由立即菜单第 2 项决定，按下鼠标右键即可结束操作。波浪线绘制示例（波浪线段数为 1），如图 3-53 所示。

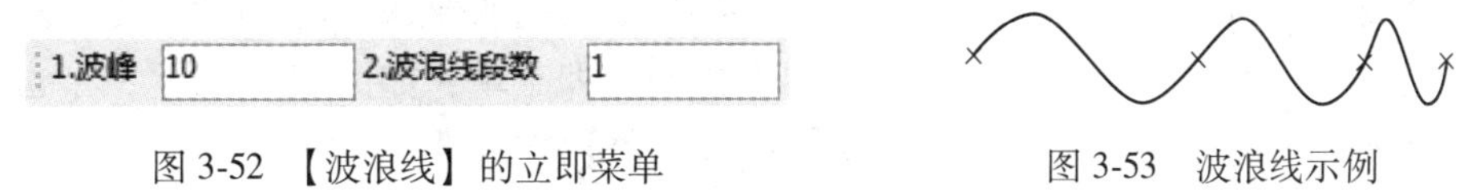

图 3-52 【波浪线】的立即菜单

图 3-53 波浪线示例

3.7.5 公式曲线

【公式曲线】命令可根据数学公式（或参数表达式）绘制出相应的数学曲线，公式既可以是直角坐标形式的，也可以是极坐标形式的。【公式曲线】命令为用户提供了一种更方便、更精确的作图手段，以适应某些精确型腔、轨迹线形的作图设计。用户只要交互输入数学公式，给定参数，计算机便会自动绘制出该公式描述的曲线。

单击【常用】选项卡→【绘图】面板→【公式曲线】按钮或单击【菜单】，选择【绘图】→【公式曲线】菜单命令，弹出【公式曲线】对话框，如图 3-54 所示。对话框左侧列出了 CAXA 电子图板中已有的系统公式，单击即可根据需要提取。在对话框右侧用户可以根据需要输入数学公式，给定参数，单击 预显[P] 按钮，在预览框中可以看到设定的曲线。单击 存 储.. 按钮可以保存当前曲线，单击 删 除.. 按钮可以对已存在的曲线进行删除操作，系统自带公式不能被删除。

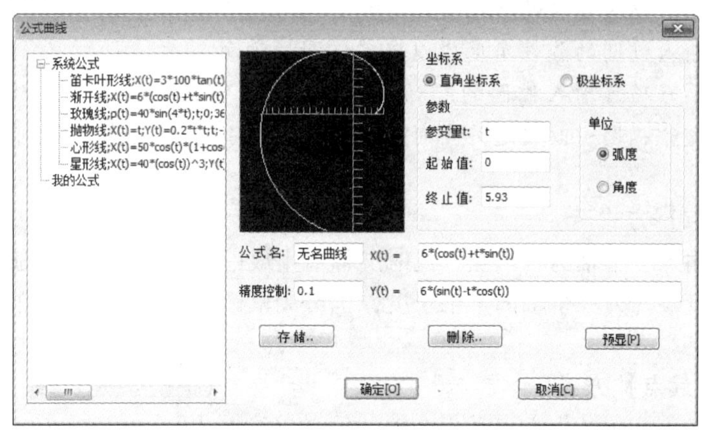

图 3-54 【公式曲线】对话框

对话框中的内容设定后，单击 确定[O] 按钮，对话框消失。系统提示“曲线定位点:”，用鼠标或键盘输入一个点，则一条设定的公式曲线就绘制出来了。

3.8 辅助绘图命令

CAXA 电子图板提供了多种功能辅助绘图，如中心线、双折线、点、箭头、圆弧拟合样条等，用户可以根据作图需要选用，非常方便。

3.8.1 中心线

使用【中心线】命令时，如果拾取的是圆或圆弧，则生成一对相互正交的中心线。如果拾取两条相互平行或非平行线（如锥体），则生成这两条直线的中心线。

单击【常用】选项卡→【绘图】面板→【中心线】按钮或单击【菜单】，选择【绘图】→【中心线】菜单命令，在操作信息提示区出现立即菜单，如图 3-55 所示。单击立即菜单中的第 1 项，可选择【指定延长线长度】或【自由】方式。

图 3-55 【中心线】的立即菜单

1. 【指定延长线长度】方式

○ 第 2 项可选择【快速生成】方式或【批量生成】方式。【快速生成】指生成一个元素的中心线；【批量生成】需要通过窗口方式选取多个元素，批量生成它们的中心线。

❍ 第 3 项可选择中心线所在图层，包括【使用默认图层】、【使用当前图层】或【使用视图属性中指定的图层】。

❍ 第 4 项【延伸长度】是指中心线超出图形轮廓线的长度。

系统提示“拾取圆（弧、椭圆）或第一条直线”，拾取不同对象的操作如下。

1）若拾取的是圆或圆弧，则在被拾取的圆或圆弧上画出一对互相垂直且超出图形轮廓线一定长度的中心线。

2）若拾取的是一条直线，则系统提示“拾取另一条直线”，拾取后，被拾取的两条直线之间出现一条中心线。如果拾取的第二条直线与第一条直线平行，则会出现提示“左键切换，右键确认”，单击鼠标左键切换中心线方向，按下鼠标右键则画出中心线。

2.【自由】方式

【自由】方式操作与【指定延长线长度】方式类似，只是按照系统提示拾取对象后，屏幕上出现动态中心线，其长度随鼠标拖动而伸缩，在合适的位置上单击鼠标右键确认即可。中心线的绘制示例，如图 3-56 所示。

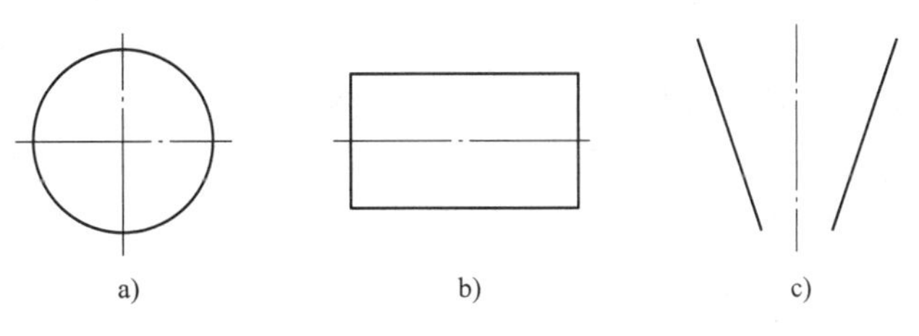

a)　　b)　　c)

图 3-56　中心线示例

a）拾取圆　b）拾取矩形的两条对边　c）拾取对称直线

3.8.2 双折线

由于图幅限制，有些图形无法按比例画出，可以用双折线表示。【双折线】命令可通过两点画出一条双折线，也可以直接拾取一条现有的直线将其改为双折线。

单击【常用】选项卡→【绘图】面板→【曲线】下拉菜单→【双折线】按钮或单击【菜单】，选择【绘图】→【双折线】菜单命令，在操作信息提示区出现立即菜单。单击立即菜单第 1 项，可以选择【折点距离】或【折点个数】两种方式。

❍ 在第 1 项中选择【折点距离】，如图 3-57a 所示。在第 2 项中输入折点的距离值，在第 3 项中输入双折线高度，然后根据系统提示拾取直线或给定两点，则生成给定折点距离的双折线。

❍ 在第 1 项中选择【折点个数】，如图 3-57b 所示。在第 2 项中输入折点的个数值，在第 3 项中输入双折线高度，根据系统提示拾取直线或者给定两点，可生成给定折点个数的双折线。

1. 折点距离　2.长度=　10　3.峰值　1.75

a)

1. 折点个数　2.个数=　3　3.峰值　1.75

b)

图 3-57　【双折线】的立即菜单

绘制双折线示例，如图 3-58 所示，对应的立即菜单如图 3-57b 所示。

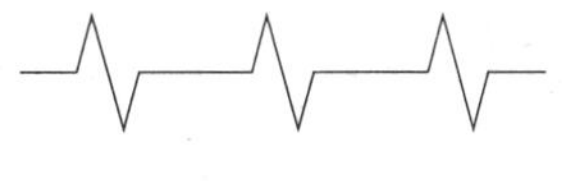

图 3-58　双折线示例

3.8.3 点

【点】命令的功能是在屏幕指定位置处画一个孤立点，或在曲线上画出等分点。可以根据需要设定点样式，以决定所画点的形状和大小。

1. 绘制点

单击【常用】选项卡→【绘图】面板→【点】按钮或单击【菜单】，选择【绘图】→【点】菜单命令，系统弹出立即菜单，如图 3-59 所示。单击立即菜单第 1 项，可选取【孤立点】、【等分点】或者【等距点】3 种方式，操作方法有所不同。

1）选择【孤立点】方式时，用鼠标拾取或用键盘直接输入点即可，利用对象捕捉功能可精确拾取端点、中点、圆心点等特征点。

2）选择【等分点】方式时，单击立即菜单第 2 项，输入等分份数，再拾取要等分的曲线，就可绘制出曲线的等分点。

3）选择【等距点】方式可将曲线按指定的弧长划分。单击立即菜单第 2 项，可以选择【指定弧长】和【两点确定弧长】两种方式，如图 3-60 所示。选择【指定弧长】方式，可在第 3 项指定每段弧长，在第 4 项输入等分份数，根据系统提示依次拾取要等分的曲线、指定起始点、选取等分的方向即可。选择【两点确定弧长】方式，在第 3 项中输入等分份数后，根据系统提示依次拾取要等分的曲线、指定起始点、选取等弧长点（此两点之间的距离即为等分弧长）即可。

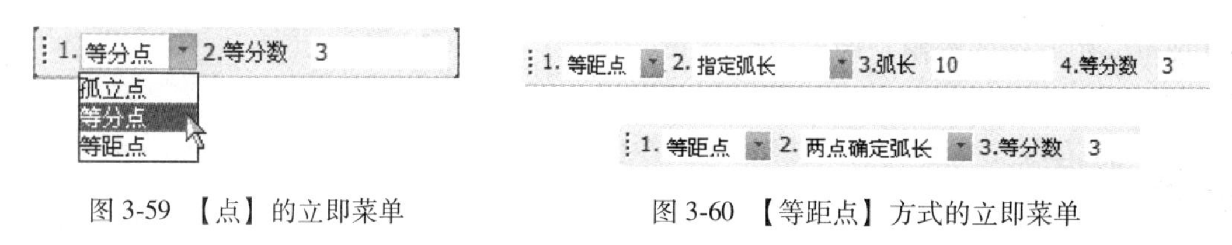

图 3-59 【点】的立即菜单　　图 3-60 【等距点】方式的立即菜单

提示

这里只是作出等分点，曲线依旧是一个整体。若要等分曲线，还应使用第 4 章图形编辑中的【打断】命令。

2. 设定点样式

单击【工具】选项卡→【选项】面板→【点】按钮或单击【菜单】，选择【格式】→【点样式】菜单命令，打开【点样式】对话框，如图 3-61 所示。对话框上部为点样式的图例，用鼠标单击选择所需的点样式。在【点大小】文本框中指定所画点的大小，选择“按屏幕像素设置点的大小（像素）”或“按绝对单位设置点的大小（毫米）”来确定点的尺寸。根据需要选择后，单击 确定 按钮完成点样式的设置。绘制点的示例，如图 3-62 所示。

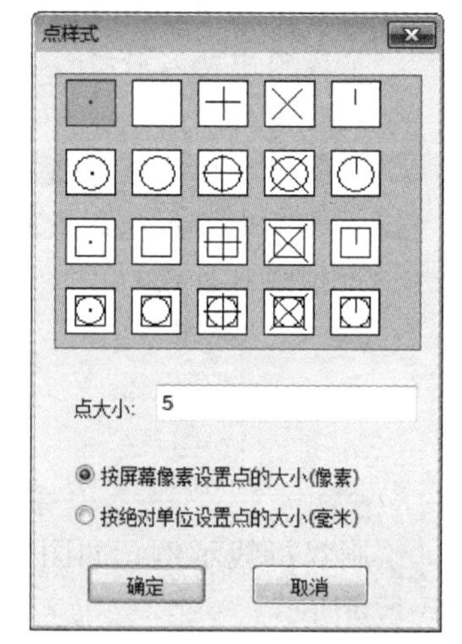

图 3-61 【点样式】对话框

3.8.4 箭头

【箭头】命令的功能是在直线、圆弧、样条或某一点处，按指定的正方向或反方向画一个实心箭头。单击【常用】选项卡→【绘图】面板→【箭头】按钮或选择【绘图】→【箭头】菜单命令，出现立即菜单。单击立即菜单第 1 项，可进行【正向】和【反向】的切换，如图 3-63 所示。系统对箭头方向定义如下。

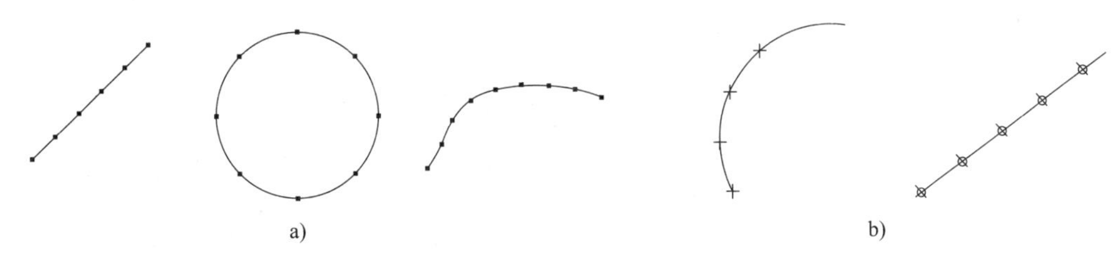

图 3-62　绘制点的示例

a)【等分点】方式　b)【等距点】方式

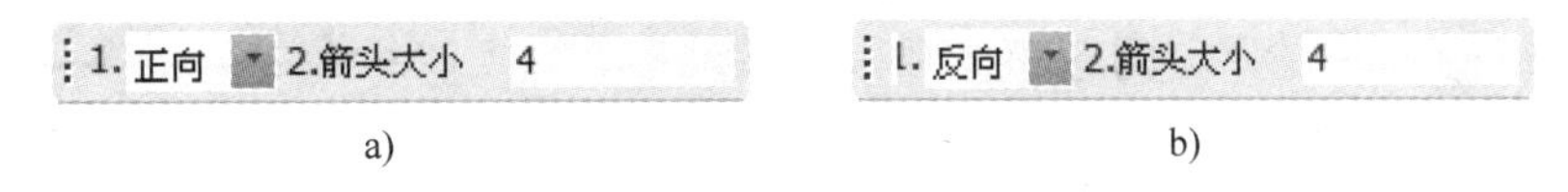

图 3 63　【箭头】的立即菜单

- 直线：箭头指向与 X 正半轴的夹角为 α，当 $0° \leqslant \alpha < 180°$ 时为正向；当 $180° \leqslant \alpha < 360°$ 时为反向。
- 圆弧或样条曲线：逆时针方向为箭头的正方向；顺时针方向为箭头的反方向。
- 指定点：正向箭头背离该点；反向箭头指向该点。

系统提示“用鼠标拾取直线、圆弧、样条或第一点”，拾取不同对象的操作如下。

1）若拾取的是一条直线、圆弧或样条曲线，此时移动鼠标，会看到一个绿色的箭头已经显示出来，且随鼠标的移动而在直线或圆弧上滑动，选好位置后单击鼠标左键，即可在直线、圆弧或样条曲线上添加箭头。

2）若拾取一点，系统会提示“箭尾位置”。此时移动鼠标，可以看到一条动态的带箭头直线随鼠标的移动而变化，当移动到合适位置时，单击鼠标左键即可绘制出带箭头的直线。

绘制箭头示例，如图 3-64 所示。

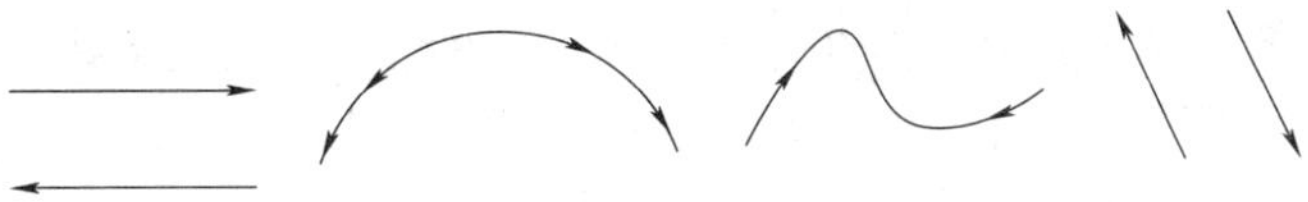

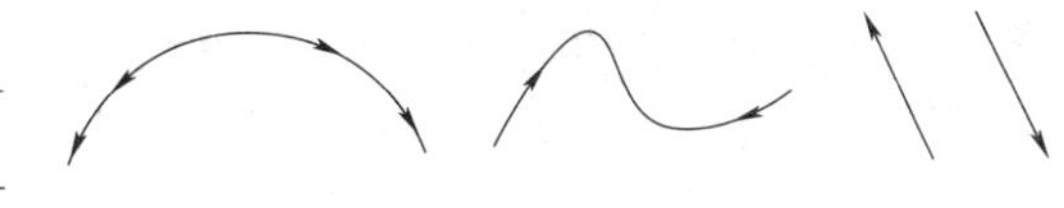

图 3-64　绘制箭头示例

3.8.5 圆弧拟合样条

【圆弧拟合样条】命令可以用多段圆弧拟合已有样条曲线，并且可以指定拟合的精度。配合查询功能使用，可以使加工代码编程更方便。

单击【常用】选项卡→【绘图】面板→【曲线】下拉菜单【圆弧拟合样条】按钮或单击【菜单】，选择【绘图】→【圆弧拟合样条】菜单命令，系统弹出立即菜单，如图 3-65 所示。单击立即菜单第 1 项，可选择【不光滑连续】或【光滑连续】。单击立即菜单第 2 项，可选择【保留原曲线】或【删除原曲线】。按照系统提示，拾取需要拟合的样条曲线即可。

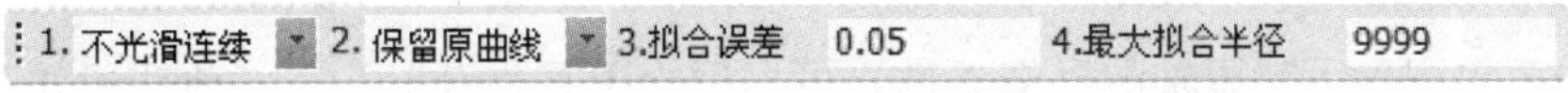

1. 不光滑连续　2. 保留原曲线　3.拟合误差　0.05　4.最大拟合半径　9999

图 3-65　【圆弧拟合样条】的立即菜单

操作命令后，屏幕上没有任何变化。但可通过【元素属性】命令进行验证。启动【圆弧拟合样条】命令前，选择【工具】→【查询】→【元素属性】命令，拾取一条样条曲线后按右键确定，在弹出的记事本中显示查询结果：“第 1 个实体：样条”。执行【圆弧拟合样条】命令后，再次选择【工具】→【查询】→【元素属性】命令，使用窗口方式拾取样条（见图 3-66a），按右键确定。在弹出的记事本中拉动滚动条可见：该样条曲线已变为多段圆弧，如图 3-66b 所示。

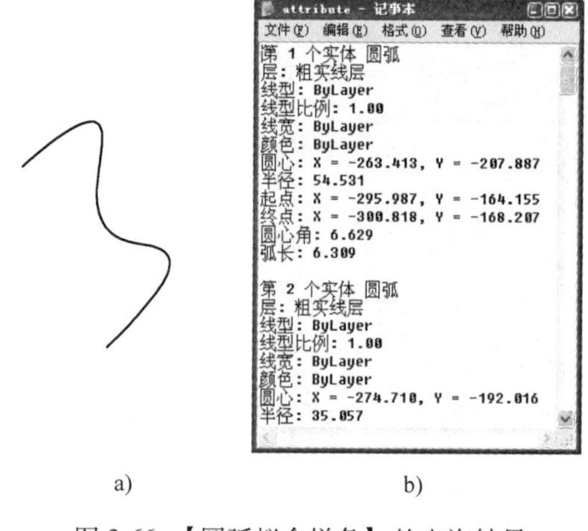

图 3-66 【圆弧拟合样条】的查询结果

注意：【样条】、【波浪线】、【双折线】、【圆弧拟合样条】命令都在【曲线】下拉菜单里。

3.9 绘制孔/轴

【孔/轴】命令的功能是在给定位置画出指定角度的孔或轴。

☞ 绘制孔/轴的操作步骤

❶单击【常用】选项卡→【绘图】面板→【孔/轴】按钮或单击【菜单】，选择【绘图】→【孔/轴】菜单命令，系统弹出立即菜单。

❷根据绘图需要设置立即菜单，立即菜单各选项的功能如下。

- 第 1 项可进行【轴】和【孔】的切换。不论是画轴还是画孔，操作方法完全相同，轴与孔的区别只是在于画孔时省略两端的端面线。
- 第 2 项可进行【直接给出角度】和【两点确定角度】的切换，立即菜单如图 3-67a、b 所示。
- 若选择【直接给出角度】方式，弹出立即菜单第 3 项，用户可以输入一个中心线角度值，以确定待画轴（或孔）的倾斜角度，角度的数值范围是-360°~360°。
- 若选择【两点确定角度】方式，可通过指定的插入点位置确定中心线的角度。

❸不论采用哪种方式，系统首先提示“插入点:”，移动鼠标或用键盘输入一个插入点，会出现一个新的立即菜单，如图 3-67c 所示。

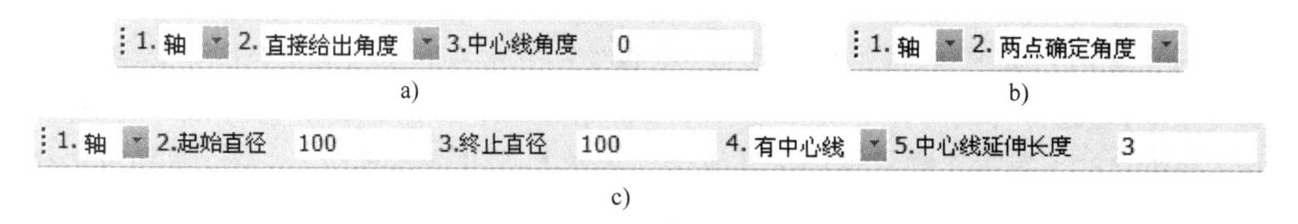

图 3-67 【轴】的立即菜单

❹立即菜单列出了待画轴的已知条件，可根据绘图需要设置，其各项功能如下。

- 第 2 项可输入轴（或孔）的【起始直径】。

❍ 第 3 项可输入轴（或孔）的【终止直径】，如果起始直径与终止直径不同，则画出的是圆锥孔或圆锥轴。

❍ 第 4 项可以选择是否在轴（或孔）上自动添加中心线。

❍ 第 5 项确定中心线的延伸长度。

❺系统提示“轴上一点或轴的长度:”，用鼠标拖动或用键盘输入轴（或孔）的轴向长度，一段轴（或孔）就被绘制出来。

❻系统重复提示“轴上一点或轴的长度:”，此时可改变直径画下一段轴（或孔），直至按下鼠标右键结束。

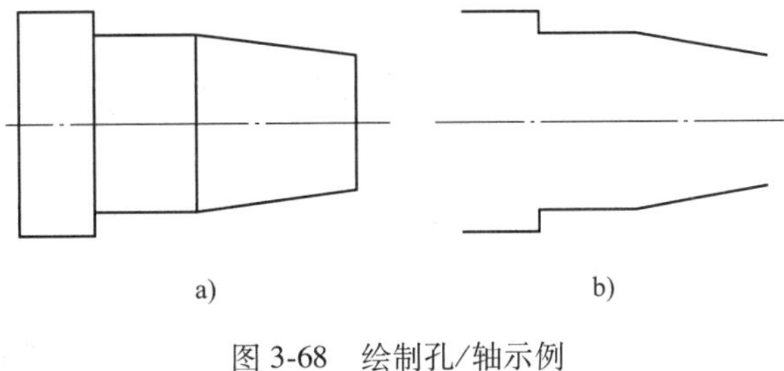

图 3-68　绘制孔/轴示例
a)【轴】方式　b)【孔】方式

图 3-68 所示是绘制轴和孔的作图示例。从图中可以看出，【轴】方式与【孔】方式相似，只是选择【轴】方式时要绘出端面线，而【孔】方式无端面线。

3.10　齿轮齿形

【齿形】命令可按给定的参数生成整个齿轮或生成给定个数的齿形。单击【常用】选项卡→【绘图】面板的【齿形】按钮或单击【菜单】，选择【绘图】→【齿形】菜单命令，系统弹出【渐开线齿轮齿形参数】对话框，如图 3-69 所示。

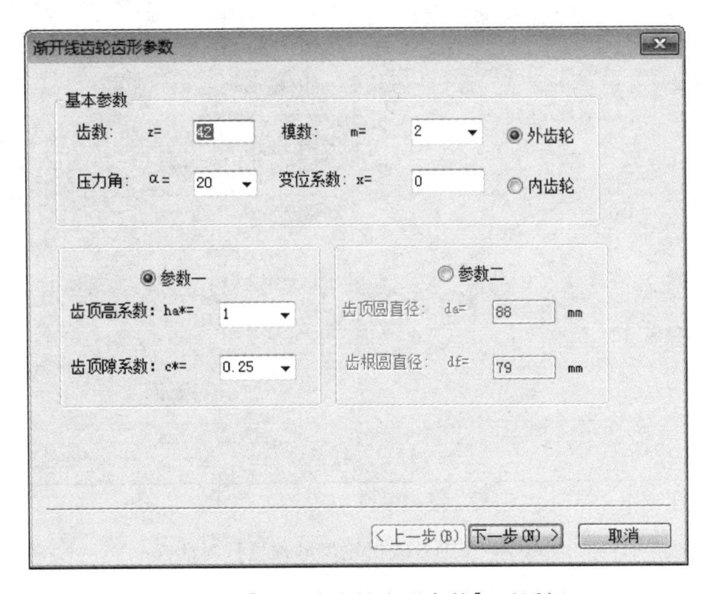

图 3-69　【渐开线齿轮齿形参数】对话框

在【渐开线齿轮齿形参数】对话框中可设置齿轮的齿数、模数、压力角、变位系数等，用户可通过改变齿轮的齿顶高系数和齿顶隙系数来改变齿轮的齿顶圆半径和齿根圆半径，也可直接指定齿轮的齿顶圆直径和齿根圆直径。确定完齿轮的参数后，单击下一步(N) >按钮，弹出【渐开线齿轮齿形预显】对话框。在该对话框中，可设置齿形的齿顶过渡圆角半径、齿根过渡圆角半径及齿形的精度等。当选中【有效齿数】选项时，可确定要生成的齿数和起始齿相对于齿轮圆心的角度，如图 3-70a 所示。当不选【有效齿数】选项时，可出现完整的齿轮，如图 3-70b 所示。

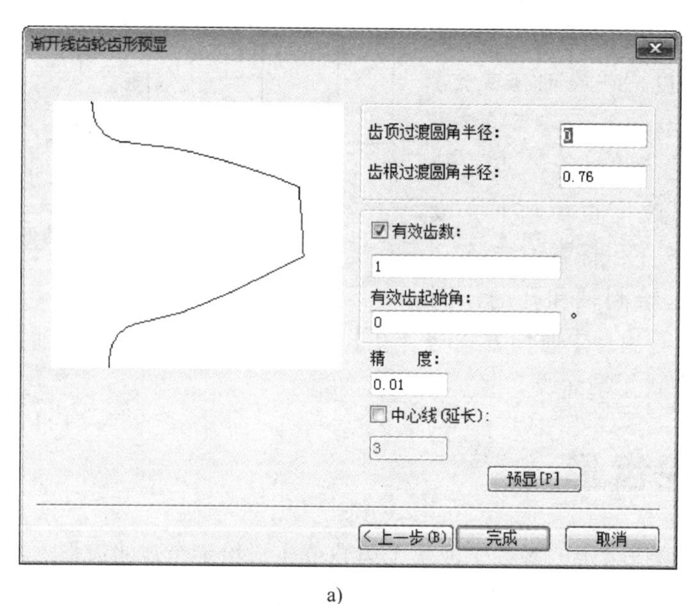

a)

b)

图 3-70 【渐开线齿轮齿形预显】对话框

参数确定后可单击预显[P]按钮观察生成的齿形。如果要修改前面的参数，单击< 上一步(B)按钮可回到前一对话框。齿形生成后，单击完成按钮，对话框消失。按照系统提示，给出齿轮的定位点即可画出齿形或完整齿轮。

3.11 综合实例——简单平面图形

绘制如图 3-71 所示的图形。

设计思路

本例图形主要由圆、圆弧和六边形组成，通过分析图形尺寸可知，绘图时应先画出圆及圆内六边形，再画出两外公切圆弧。计算机绘图与手工绘图不同，可以充分利用软件的功能快速绘图，其绘制注意事项如下。

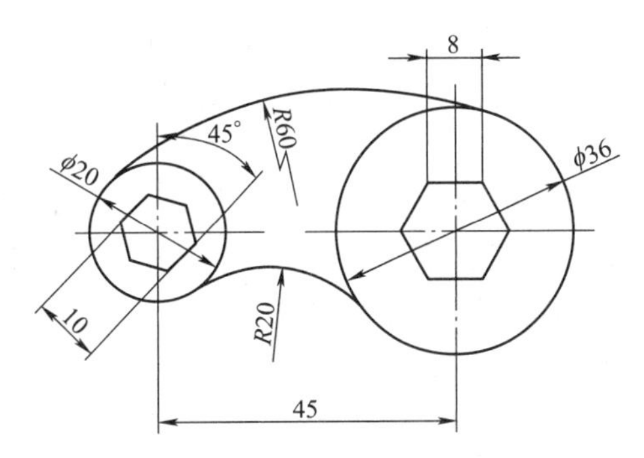

图 3-71 曲柄

1）绘制圆及圆内六边形。本例首先绘制 $\phi 36$ 圆，手工绘图时先作中心线确定圆心，再画圆，而在 CAXA 电子图板中，用【圆】命令可同时画出圆及中心线。绘制对边距为 10 且一边与 Y 轴成 45°的六边形时，不需要任何计算，仅使用【正多边形】命令即可一次绘出。

2）绘制两外公切圆弧。手工绘制比较麻烦，而在 CAXA 电子图板中，使用【圆弧】命令中的【两点_半径】方式，配合对象捕捉功能，可以快速、准确地画出公切圆弧。

3）在绘图过程中，为了使图形更加清晰，可以灵活使用动态平移、动态缩放、显示全部等显示方法。

操作步骤

步骤 1 设置绘图环境

❶设置点捕捉状态为【智能】方式。

❷关闭工具区 正交 按钮，使系统处于非正交状态。

步骤 2 绘制 $\phi 36$ 圆及圆内六边形

❶单击【常用】选项卡→【绘图】面板→【圆】按钮，出现立即菜单，设置各选项为 1. 圆心_半径 2. 直径 3. 有中心线 4.中心线延伸长度 3 。

❷操作信息提示区出现提示“圆心点”，在绘图区单击一点作为圆心。

❸系统提示变为“输入直径或圆上一点”，由键盘输入圆的直径“36”↙。

❹单击【常用】选项卡→【绘图】面板→【正多边形】按钮，系统弹出立即菜单，设置各选项为 1. 中心定位 2. 给定边长 3.边数 6 4.旋转角 0 5. 无中心线 。

❺系统提示“中心点:”，将鼠标拾取框移动到 $\phi 36$ 的圆心处，系统捕捉到该点后单击确认（捕捉到圆心，指针变为黄色，前后的形状变化见图 3-72）。

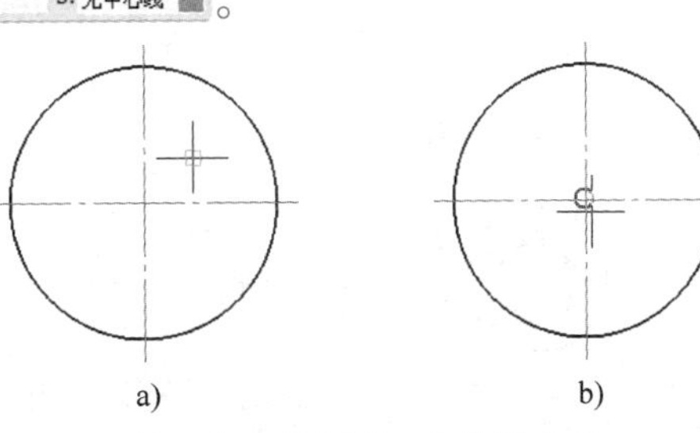

图 3-72 捕捉圆心的指针变化

a）正常形状 b）捕捉到圆心

❻系统提示变为“圆上点或边长:”，由键盘输入六边形的边长“8”↙，边长为 8 的六边形绘制完毕，如图 3-73 所示。

步骤 3 绘制 $\phi 20$ 圆及圆内六边形

❶单击【常用】选项卡→【绘图】面板→【平行线】按钮，出现立即菜单，设置为 1. 偏移方式 2. 单向 。

❷系统提示“拾取直线”，用鼠标拾取 $\phi36$ 圆的垂直中心线。

❸系统又提示“输入距离或点”，移动鼠标到垂直中心线的左侧，键盘输入“45”↙，单击鼠标右键结束命令。

❹单击【常用】选项卡→【绘图】面板→【圆】按钮，绘制 $\phi20$ 的圆。立即菜单各选项设置与绘制 $\phi36$ 的圆相同，注意圆心点要捕捉所画平行线的中点，如图 3-74 所示。

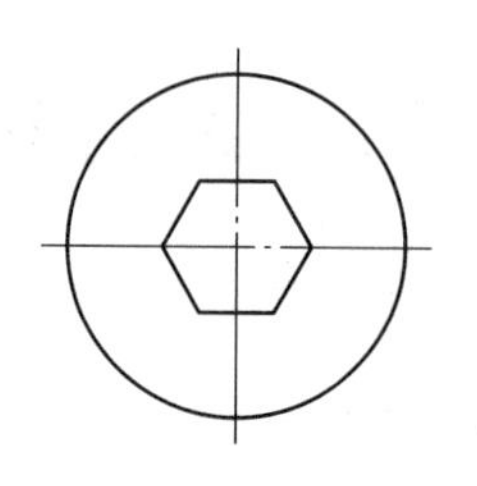

图 3-73　画出 $\phi36$ 圆及圆内六边形

❺单击【常用】选项卡→【绘图】面板→【正多边形】按钮，系统弹出立即菜单，设置为 1. 中心定位 2. 给定半径 3. 外切于圆 4.边数 6 5.旋转角 45 6. 无中心线 。

❻系统提示“中心点”，移动鼠标捕捉 $\phi20$ 圆的圆心（或平行线的中点）后单击。

❼系统又提示“圆上一点或内切圆半径”，键盘输入“5”↙，如图 3-75 所示。

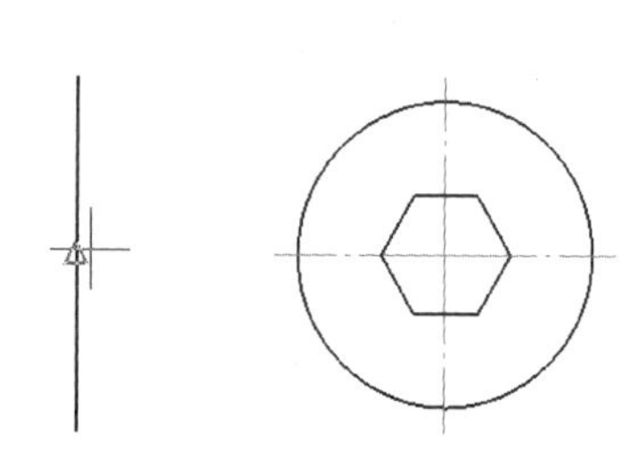

图 3-74　捕捉所画平行线的中点

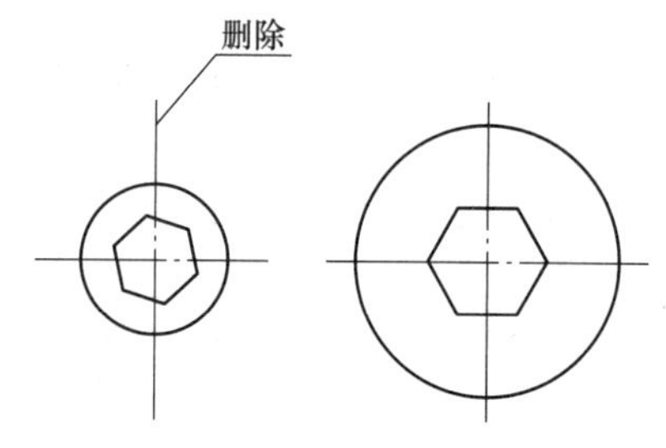

图 3-75　画出 $\phi20$ 圆及圆内六边形

❽单击【常用】选项卡→【修改】面板→【修改】按钮。系统提示“拾取添加”，用鼠标拾取平行线，按下鼠标右键确认，平行线被删除。

步骤 4　绘制两公切圆弧

❶单击【常用】选项卡→【绘图】面板→【圆弧】按钮，出现立即菜单，单击第 1 项选择 1. 两点_半径 方式。

❷系统提示“第一点（切点）”，按空格键弹出【工具点】菜单，选择【切点】选项，然后用鼠标拾取 $\phi20$ 的圆，拾取位置如图 3-76 所示。

❸系统又提示“第二点（切点）”，再次按空格键弹出【工具点】菜单，选择【切点】选项，然后用鼠标拾取 $\phi36$ 的圆。

❹屏幕上出现动态圆弧，移动鼠标使圆弧呈现向上凸的形状。系统又提示“第三点（切点）或半径”，输入“60”↙。$R60$ 的公切圆弧绘制完毕，如图 3-77 所示。

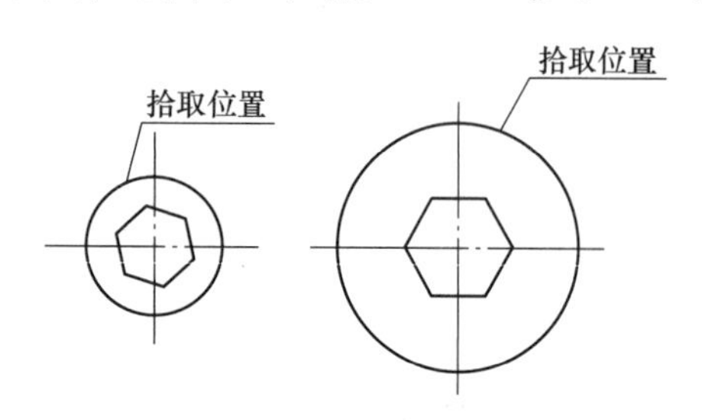

图 3-76　拾取位置 1

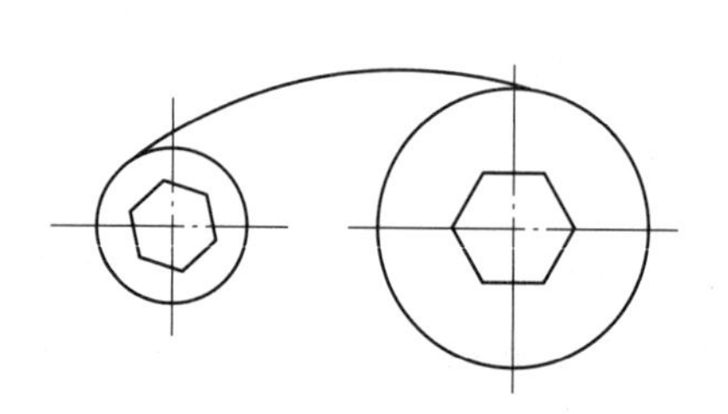

图 3-77　画出 $R60$ 的公切圆弧

❺同理绘制 *R*20 的公切圆弧，拾取位置如图 3-78 所示。

❻实例绘制结束，绘制结果如图 3-79 所示。

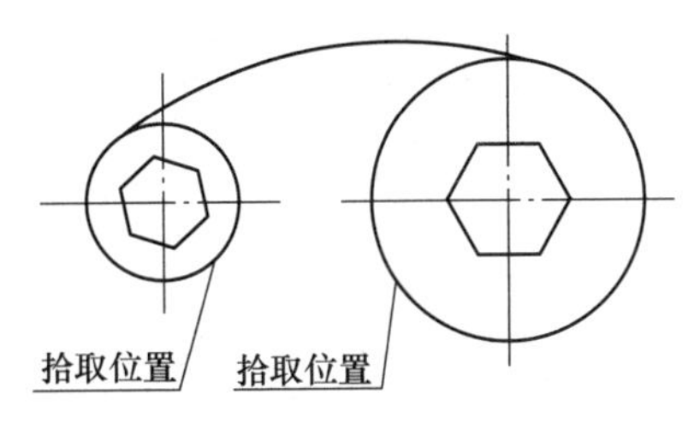

图 3-78　拾取位置 2

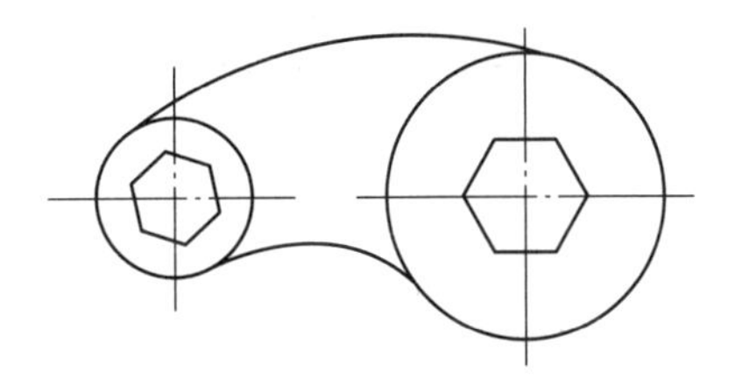

图 3-79　绘制结果

3.12　思考与练习

1. 概念题

（1）使用【直线】命令可以绘制哪几种类型的直线？

（2）绘制矩形的方法有几种？

（3）绘制正多边形的方法有几种？

（4）【孔/轴】命令中，【轴】方式与【孔】方式有何区别？

2. 操作题

（1）绘制如图 3-80 所示的图形，不标注尺寸。

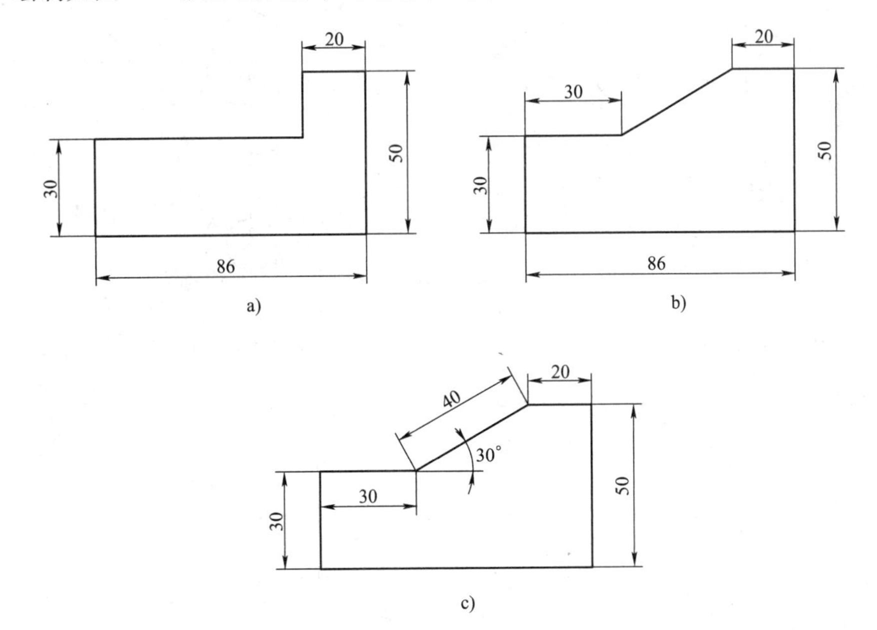

图 3-80　习题 2（1）图形

（2）绘制如图 3-81 所示的图形，不标注尺寸。

（3）绘制如图 3-82 所示的图形，不标注尺寸。

（4）绘制如图 3-83 所示的图形，不标注尺寸。

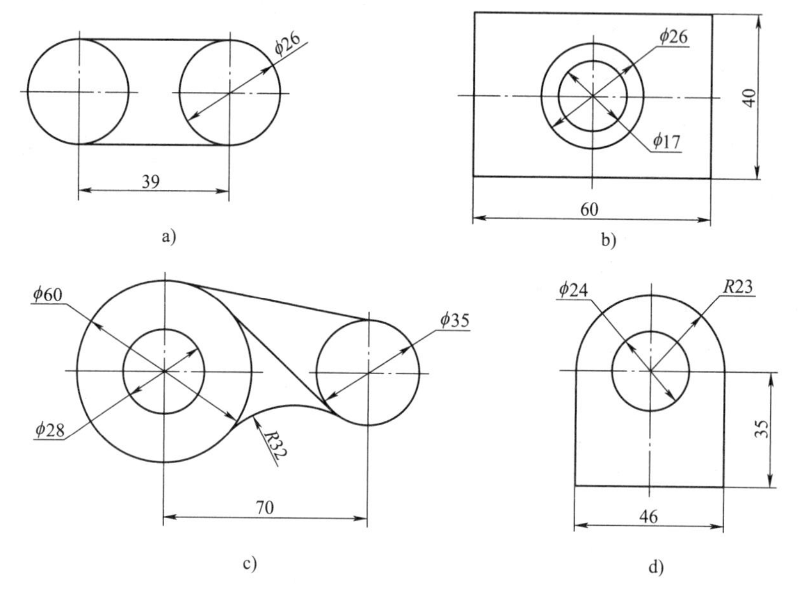

图 3-81　习题 2（2）图形

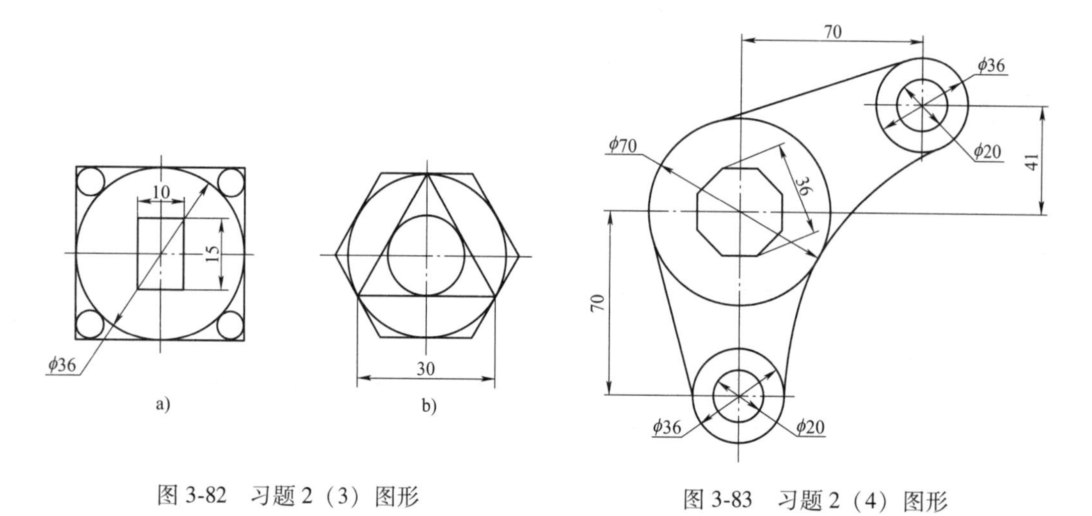

图 3-82　习题 2（3）图形

图 3-83　习题 2（4）图形

（5）绘制如图 3-84 所示的轴，不标注尺寸。

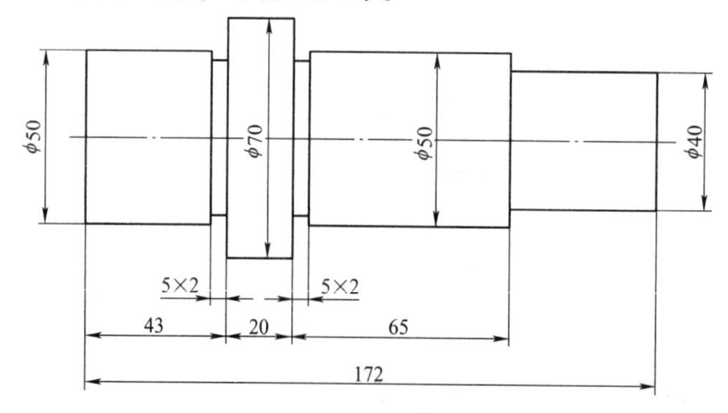

图 3-84　习题 2（5）图形

第 4 章　图 形 编 辑

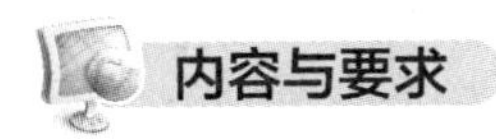

编辑命令是绘制工程图样必然要使用的，是绘制高质量图形的技术保证。CAXA 电子图板提供了功能齐全、操作灵活方便的编辑修改功能，可以移动、复制和修改图中的对象。必须认真了解每一条编辑命令的功能、操作方法以及立即菜单各选项内容的确切功能，以便在编辑图形时能根据需要快速、准确地选择恰当的命令。

学习本章应达到如下目标。

- 掌握各种图形编辑命令的功能与操作
- 掌握各种基本编辑命令的功能与操作
- 掌握夹点编辑

4.1　基础知识

CAXA 电子图板的编辑修改功能包括基本编辑和图形编辑。基本编辑是指一些通常的编辑功能如复制、剪切和粘贴等；图形编辑则是对各种图形对象进行平移、裁剪、旋转等操作。基本编辑命令位于【编辑】主菜单，图形编辑命令位于【修改】主菜单。在选项卡模式界面中，编辑命令均以图标按钮的形式放置在功能区【常用】选项卡上，基本编辑命令在【剪切板】面板上，图形编辑命令在【修改】面板上，如图 4-1 所示。

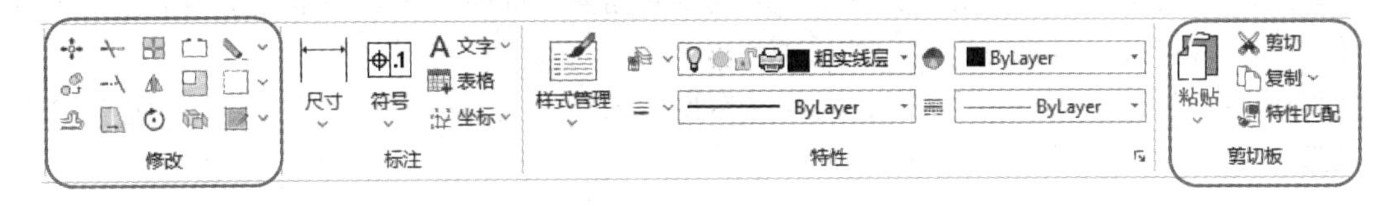

图 4-1　编辑命令

在绘制工程图过程中使用编辑命令，用户一般需要给系统提供以下几方面信息。

1）输入命令。如【平移】命令、【旋转】命令、【阵列】命令等。

2）根据需要设置立即菜单。如【旋转】命令，用户需要在立即菜单第 1 项中指定旋转的方式：【旋转角度】或【起始终止点】；在第 2 项中切换【旋转】或【拷贝】。

3）拾取需要编辑的实体。使用编辑命令时，一般系统提示“拾取元素”或“拾取添加”等，此时拾取要编辑的实体，例如，需要旋转的图形元素，单击鼠标右键确认。

4）根据提示操作。不同的命令出现不同的提示，用户可以根据系统的提示操作。

4.2　拾取与选择实体

在 CAXA 电子图板中，绘制图形时所用的直线、圆、圆弧、块或图符等，被称为实体。

通常把选择实体称作拾取实体，其目的就是根据作图的需要在已经画出的图形中，选取作图所需的某个或某几个实体。已选中的实体集合，称为选择集。

4.2.1 拾取与选择实体的方法

通常启动编辑命令后，系统会提示“拾取元素”或“拾取添加”等，此时十字指针变成了拾取框（一个小方框），如图4-2所示，要求用户选择对象，即构造选择集。

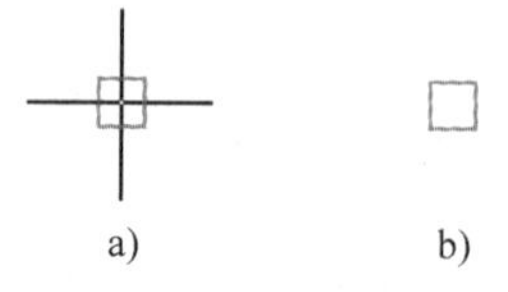

图4-2　十字指针与拾取框

a）十字指针　b）拾取框

CAXA电子图板中拾取实体的方法主要有点选方式和窗口方式。实体若被选中，就会变成虚像。

1. 点选方式

如果要拾取单个对象或逐个拾取对象，可以用点选方式选取。当操作信息提示区出现“拾取元素”提示时，移动鼠标，将拾取框移到所要选择的实体上，然后单击鼠标左键，该实体呈虚像显示，表示被选中。如果要选择多个对象，必须逐个单击，多次选取。

2. 窗口方式

如果要一次选取多个对象，可以用窗口方式选取。指定两个角点构成一个矩形框，该矩形框称为“窗口”。点选方式和窗口方式在拾取操作上的区别在于第一点是否选中实体，如果第一点定位在实体上，按点选方式拾取；如果第一点定位在屏幕空白处，则系统提示“对角点”，按窗口方式拾取。拾取操作大多重复提示，即可多次拾取，直至单击鼠标右键结束拾取操作。

在CAXA电子图板中，窗口方式又分为【完全窗口】方式和【交叉窗口】方式操作。

（1）【完全窗口】方式（由左往右形成窗口）

【完全窗口】方式选中完全在窗口内的实体。当操作信息提示区提示“拾取元素”时，在所要拾取实体的左上角或左下角单击一点，然后向右拖动鼠标，屏幕显示出一个矩形窗口，让此窗口包含要拾取的图形实体，单击确定对角点。此时，只有完全位于矩形窗口内的实体（不包括与窗口相交的实体）被选中。

如图4-3a所示，先点1再点2，由左往右形成窗口，只有完全处于窗口内的六边形和文字被选中。

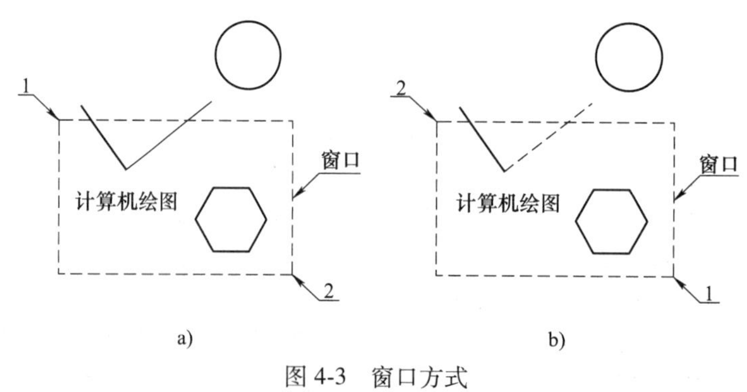

图4-3　窗口方式

a）由左往右形成窗口　b）由右往左形成窗口

（2）【交叉窗口】方式（由右往左形成窗口）

【交叉窗口】方式可以选中完全和部分在窗口内的实体。当操作信息提示区提示“拾取元素”时，在所要拾取实体的右上角或右下角单击一点，然后向左拖动鼠标，屏幕显示出一个矩形窗口，在合适的位置单击确定对角点。此时，矩形窗口内的实体及与窗口相交的实体均被选中。

如图 4-3b 所示，先点 1 再点 2，由右往左形成窗口，除圆以外的实体均会被拾取到。

4.2.2 拾取设置

当鼠标在绘图区内移动拾取实体时，只有符合拾取过滤条件的图形元素才可以被拾取上。下面介绍如何设置拾取图形元素的过滤条件及拾取框的大小。

1. 拾取过滤设置

单击【工具】选项卡→【选项】面板→【拾取过滤设置】按钮或单击【常用】选项卡，选择【工具】→【拾取设置】菜单命令，系统弹出【拾取过滤设置】对话框，其中显示了系统默认的拾取过滤条件，如图 4-4 所示。

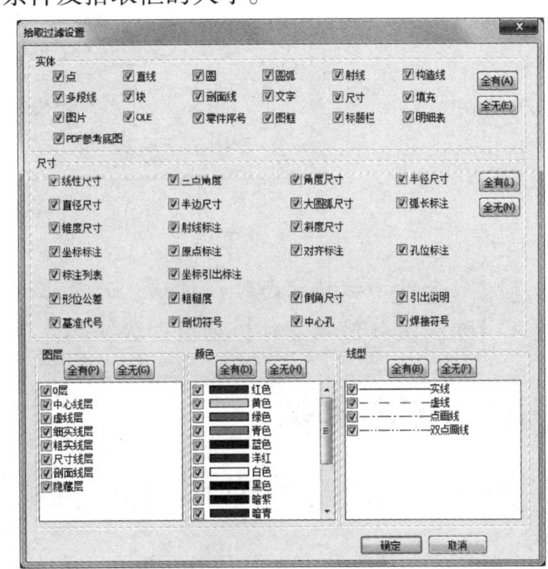

图 4-4 【拾取过滤设置】对话框

系统为拾取图形元素提供了 5 类过滤条件：实体、尺寸、图层、颜色和线型，这 5 类条件的交集为有效拾取条件。利用条件组合进行过滤，可以快速、准确地从图中拾取到想拾取的图形元素。设置拾取过滤条件，只需单击各项条件前的复选框，使之出现“√”符号，即表示该元素可以被拾取到。

提示

绘图过程中，一般应将【拾取过滤设置】对话框中的零件序号、图框、标题栏、明细表设置为关闭状态，避免因被拾取到而误删。

2. 设置拾取框

用户若想改变拾取框的大小，可单击【工具】选项卡→【选项】面板→【选项】按钮，系统弹出【选项】对话框，如图 4-5 所示。对话框左侧为参数列表，单击选中某项参数后可以在右侧区域进行设置。在左侧参数列表中选择【交互】，该对话框各项参数的含义和使用方法如下。

（1）【拾取框】区

拖动滚动条，可以指定拾取状态下指针框（拾取框）的大小，在滑块下方可以设置拾取框的颜色。

（2）【选择集预览】区

该区用于控制在空命令状态和执行命令状态下，是否显示选择集预览。选择集预览是指在拾取框接近可选实体时，实体呈虚像从而可预览。

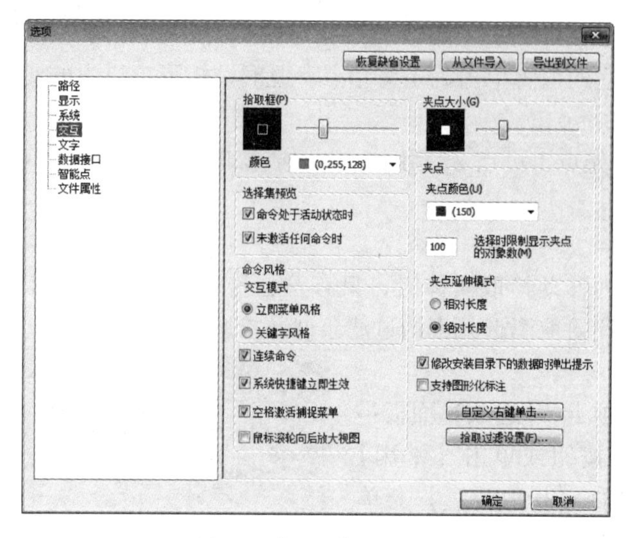

图 4-5 【选项】对话框

❍【命令处于活动状态时】选项：选择此选项，在执行命令状态下有选择集预览。

❍【未激活任何命令时】选项：选择此选项，在空命令状态下有选择集预览。

4.3 删除实体

绘图时，图面上通常会出现一些多余的图线，这些图线可以被删除。

在 CAXA 电子图板中，可选择【删除】、【删除重线】、【删除所有】选项进行擦除。单击【常用】选项卡→【修改】面板→【删除】旁边的按钮，在弹出的选项菜单中可以直接选择所需的删除命令，如图 4-6 所示。

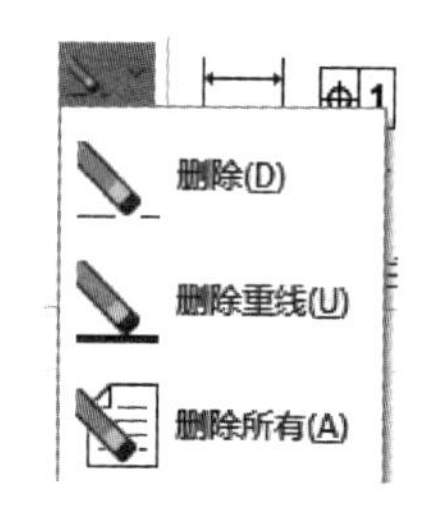

图 4-6 【删除】命令

1. 删除

【删除】命令的功能是删除拾取到的实体。单击【常用】选项卡→【修改】面板→【删除】按钮或选择【修改】→【删除】菜单命令，在屏幕左下角的操作信息提示区出现提示“拾取添加”，用鼠标根据需要拾取待删除的图形元素，拾取后该图形元素呈虚像显示；单击鼠标右键确认，拾取到的实体被删除。

提示

拾取实体时，应根据需要灵活采用点选方式、【完全窗口】方式或【交叉窗口】方式。

2. 删除所有

【删除所有】命令的功能是将已打开图层上的符合拾取过滤条件的实体全部删除。单击【常用】选项卡→【修改】面板→【删除】旁边按钮→【删除所有】按钮或选择【修改】→【删除所有】菜单命令，系统弹出一个提示对话框，如图 4-7 所示。该对话框对用户删除所有的操作提出警告，若认为所有打开层的实体均已无用，可单击 确定 按钮，对话框消失，所有实体被删除。若认为某些实体不应删除或本操作有误，则单击 取消 按钮，对话框消失后屏幕上的图形保持原样不变。

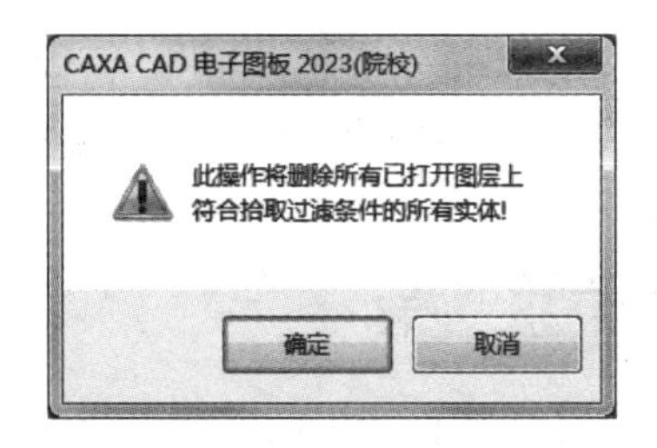

图 4-7　提示对话框

3. 删除重线

【删除重线】命令的功能是从图形中删除重合的基本曲线。当某条曲线上的全部点是另外一条曲线上点的子集时，【删除重线】命令才会将前者作为重线删除。单击【常用】选项卡→【修改】面板→【删除】旁边按钮→【删除重线】按钮或选择【修改】→【删除重线】菜单命令，根据系统提示在绘图区内拾取对象，其中重合的基本曲线会被删除。

实例演练

【例 4-1】　删除多余图线。

如图 4-8a 所示的五角星图案，删除多余图线作出图 4-8b。

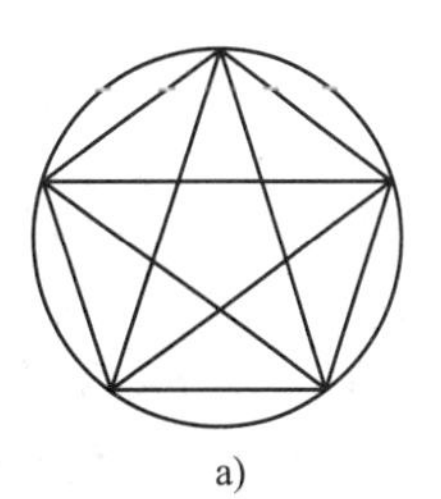

a)

b)

图 4-8　删除实例

操作步骤

步骤 1　打开第 3 章【例 3-6】绘制的五角星图案

步骤 2　删除多余图线

❶单击【常用】选项卡→【修改】面板→【删除】按钮。

❷操作信息提示区出现提示“拾取添加”，此时十字指针变成了拾取框。可采用点选方式拾取：移动拾取框到圆，该圆呈虚像预览，单击鼠标左键；然后再移动鼠标拾取五边形，拾取后圆和五边形就会变成虚像，如图 4-9a 所示。

❸单击鼠标右键确认，拾取到的实体被删除。

提示

此例拾取实体时，还可采用由右往左的【交叉窗口】方式，操作方法如图 4-9b 所示。

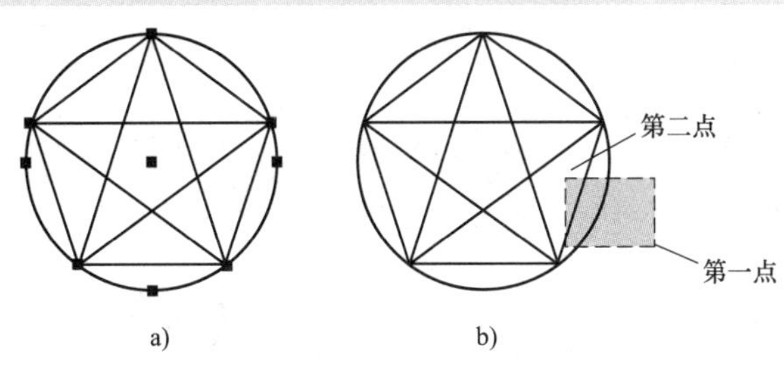

图 4-9　拾取实体

4.4　平移复制图形

在一张图中，经常会出现一些相同或类似的实体。手工绘图时只能重复绘制，但在 CAXA 电子图板中处理这类问题，用【平移复制】命令就方便多了，可以将任意复杂的实体复制到图纸某个地方。对拾取到的实体进行平移操作可使用【平移】和【平移复制】命令，二者的操作相似，区别是【平移】命令移动原对象，而【平移复制】命令不改变原对象的位置并可复制多个。

4.4.1 平移

【平移】命令的功能是以指定的角度和方向，对拾取到的实体进行平移。单击【常用】选项卡→【修改】面板→【平移】按钮或单击【常用】选项卡，选择【修改】→【平移】菜单命令，在屏幕左下角的操作信息提示区出现立即菜单。单击立即菜单第1项，可以选择【给定偏移】或【给定两点】方式，如图4-10所示。

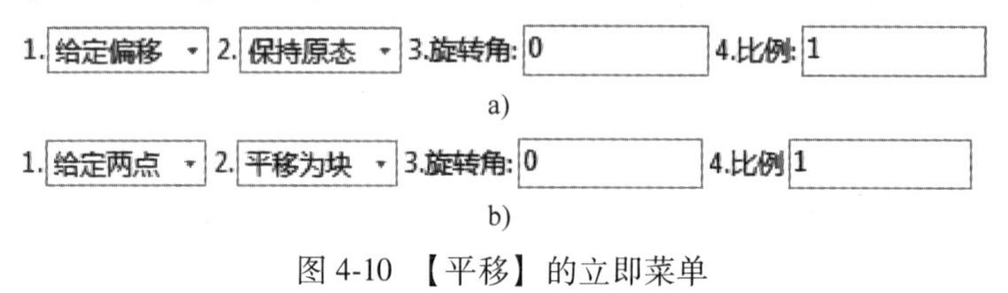

图4-10 【平移】的立即菜单

- 【给定偏移】方式：用给定偏移量的方式进行平移。在该方式下，系统自动给出一个基准点，例如，直线的基准点定在中点处；圆、圆弧、矩形的基准点定在中心处；而组合实体、样条曲线的基准点在该实体的包容矩形的中心处。
- 【给定两点】方式：通过给定两点（平移的基准点和目标点）的定位方式完成图形元素的移动。立即菜单中其余各选项功能如下。
- 第2项可以选择【保持原态】或【平移为块】。【平移为块】指图形平移后，各组成图素成为一个整体，即图块。
- 第3项输入旋转角，用来指定图形平移时的旋转角度。旋转角的数值设置范围为−360°~360°，旋转角为正值，图形逆时针旋转；旋转角为负值，图形顺时针旋转。
- 第4项输入比例值，用来指定图形平移时的缩放系数。

根据系统提示进行操作即可，平移示例如图4-11所示。

提示

平移时，可以设置系统为正交或非正交状态。正交状态时，图形只能沿与当前坐标轴平行的方向移动；而非正交状态时，图形可任意方向移动。

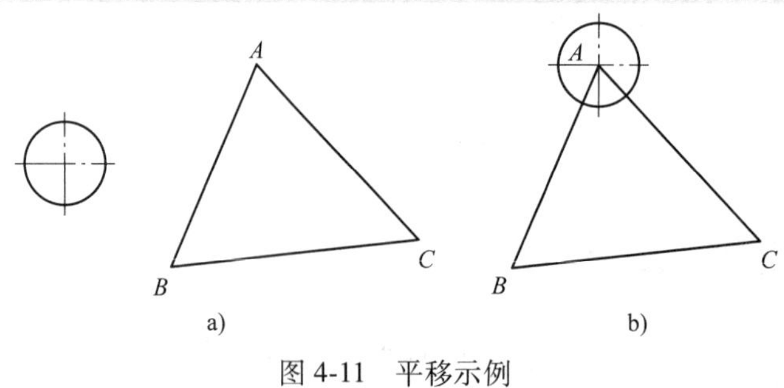

图4-11 平移示例

a）平移前 b）平移后

4.4.2 平移复制

【平移复制】命令的功能是将选中的实体复制到指定的位置。可以单个复制，也可以进行多重复制。单击【常用】选项卡→【修改】面板→【平移复制】按钮或单击【菜单】，选择【修改】→【平移复制】菜单命令，出现如图 4-12 所示的立即菜单，其中第 1 项~第 4 项与【平移】命令相同，第 5 项可以输入需复制的份数，系统即可根据用户指定的距离和份数进行复制。

1. 给定偏移 2. 保持原态 3.旋转角 0 4.比例: 1 5.份数 1

图 4-12 【平移复制】的立即菜单

提示

【平移复制】命令的操作与【平移】命令类似，但它保留原对象而且可以一次复制多个，如图 4-13 所示。

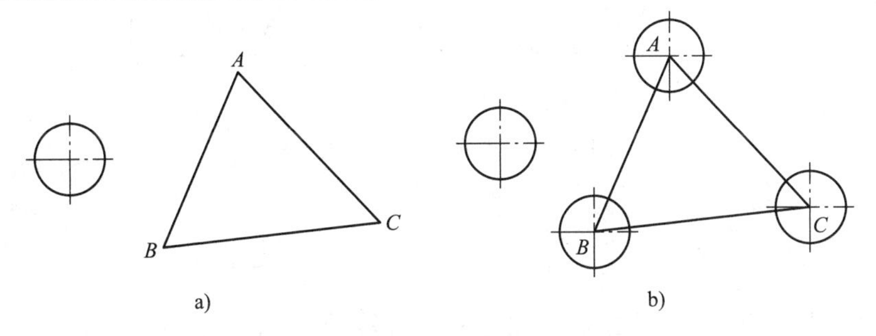

图 4-13 平移复制示例

a）原图 b）平移复制后

实例演练

【例 4-2】【给定偏移】方式平移螺母。

把图 4-14a 所示螺母平移到矩形中心使 *A*、*B* 点重合，如图 4-14b 所示。

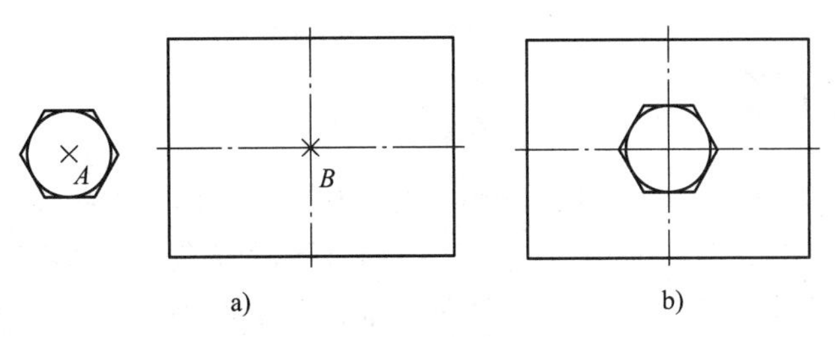

图 4-14 【给定偏移】方式平移

a）平移前 b）平移后

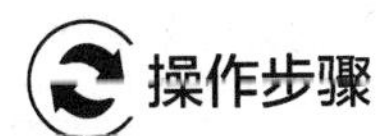

操作步骤

步骤 1 绘制圆和正六边形

启动【圆】命令、【正多边形】命令、【矩形】命令绘制如图 4-14a 所示的图形。

步骤 2　以【给定偏移】方式平移

❶单击【常用】选项卡→【修改】面板→【平移】按钮。

❷系统弹出【平移】的立即菜单，根据需要设置立即菜单如图 4-10a 所示。

❸系统提示“拾取添加:”，使用窗口方式拾取螺母（六边形及其内切圆）。

❹系统再次提示“拾取添加:”，单击鼠标右键完成选择。此时移动鼠标，螺母“挂”在十字指针上，并且指针拾取框的中心与螺母中心 *A* 重合。

❺系统提示“X 或 Y 方向偏移量:”，移动鼠标捕捉矩形中心线的交点 *B*，单击作为平移的目标点，屏幕上即可出现如图 4-14b 所示的绘图结果。

【例 4-3】【给定两点】方式平移螺母。

把图 4-15a 所示螺母平移到矩形中心使 *A*、*B* 点重合，如图 4-15b 所示。

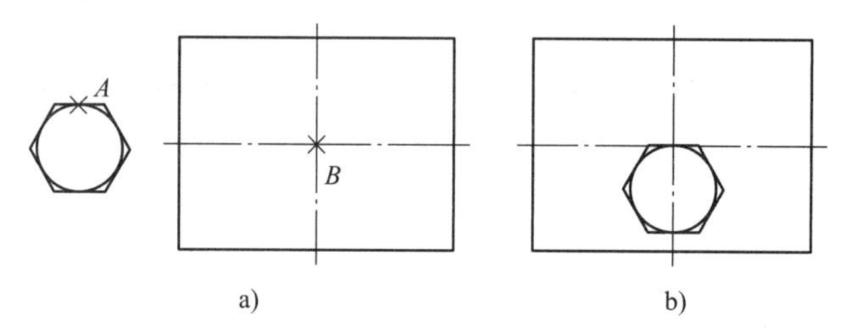

图 4-15　【给定两点】方式平移

a）平移前　b）平移后

操作步骤

❶单击【常用】选项卡→【修改】面板→【平移】按钮。

❷系统弹出【平移】的立即菜单，根据需要设置立即菜单：第 1 项选择【给定两点】，其余选项与例 4-2 相同。

❸系统提示“拾取添加:”，使用窗口方式拾取螺母，单击鼠标右键确认。

❹系统提示“第一点:”，指定基准点 *A*（捕捉圆的象限点）。

❺系统提示“第二点:”，指定平移的目标点 *B*（捕捉交点），屏幕上即可出现如图 4-15b 所示的绘图结果。

4.5　镜像图形

在机械图样中，经常会遇到一些对称的图形。如某些底座、支架等，绘图时可以先制作出对称图形的一半，然后用【镜像】命令将另一半对称图形复制出来。

【镜像】命令的功能是以某一条直线为对称轴，对拾取到的实体进行镜像或对称复制。单击【常用】选项卡→【修改】面板→【镜像】按钮或单击【菜单】，选择【修改】→【镜像】菜单命令，出现立即菜单，如图 4-16 所示。根据需要设置立即菜单，立即菜单中各选项功能如下。

1. 选择轴线　2. 拷贝

图 4-16　【镜像】的立即菜单

❍ 第 1 项可以选择【选择轴线】或【拾取两点】方式。【选择轴线】是指拾取已有直线作为镜像轴，系统生成以镜像轴为对称轴的新图形。【拾取两点】是指用户指定两点，系统以两点连线作为镜像的对称轴生成新图形。

❍ 第2项可切换【镜像】和【拷贝】。【镜像】选项在完成镜像后删除原图形，【拷贝】即复制，镜像后保留原图形。

按系统提示拾取要镜像的实体，可单个拾取，也可用窗口方式拾取，拾取到的实体呈虚像显示，拾取完成后单击鼠标右键确认。根据立即菜单第1项选择的方式不同，操作也不同。

❍【选择轴线】方式，系统提示“拾取轴线”，用鼠标拾取轴线，一个以该轴线为对称轴的镜像图形显示出来。

❍【拾取两点】方式，系统先后提示“第一点:”“第二点:”，根据需要指定两点，系统以两点连线作为对称轴生成镜像图形。

图4-17所示为镜像操作的示例，从图中可以看出，利用镜像功能绘制对称图形非常方便。

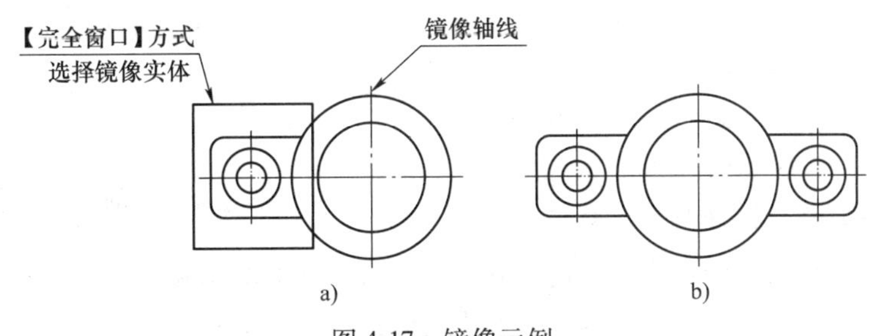

图4-17 镜像示例

a）镜像前 b）镜像复制后

实例演练

【例4-4】 使用【镜像】命令绘制对称图形。

如图4-18a所示图形，用【镜像】命令将该图编辑成如图4-18b所示。

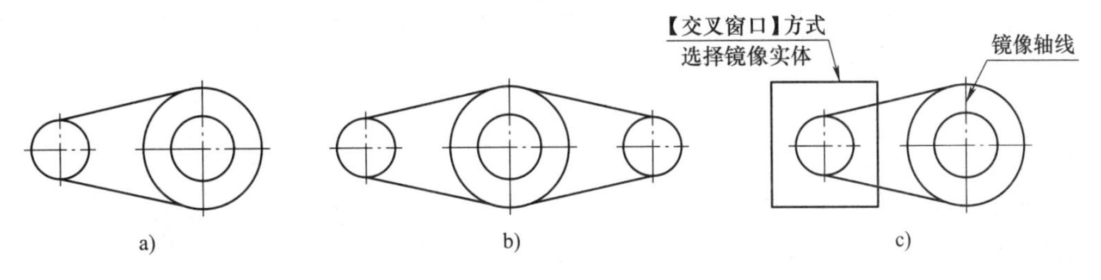

图4-18 镜像实例

a）原图 b）对称图形 c）拾取方法

操作步骤

步骤1 作出已知图形

启动【圆】命令、【直线】命令绘制如图4-18a所示图形。

步骤2 镜像复制

❶单击【常用】选项卡→【修改】面板→【镜像】按钮。

❷系统弹出立即菜单，根据需要设置成 1. 选择轴线 2. 拷贝 。

❸系统提示“拾取元素”，如图 4-18c 所示，由右往左形成交叉窗口选择实体，拾取到的实体以虚像显示，拾取完成后单击鼠标右键确认。

❹系统又提示“选择轴线”，拾取大圆的垂直中心线，屏幕上立刻出现如图 4-18b 所示的对称图形。

4.6 旋转图形

绘制工程图时，有时需要把图形旋转一个角度。在 CAXA 电子图板中，可以用【旋转】命令将图形旋转或旋转复制，满足绘图要求。

【旋转】命令用于对拾取到的实体进行旋转或旋转复制。单击【常用】选项卡→【修改】面板→【旋转】按钮或单击【菜单】，选择【修改】→【旋转】菜单命令，在操作信息提示区出现立即菜单。根据需要设置立即菜单，立即菜单各选项功能如下。

❍ 第 1 项可以选择【给定角度】或【起始终止点】方式，如图 4-19 所示。【给定角度】是指依照给定的旋转角度进行旋转；【起始终止点】是指依次输入基点、起始点、终止点，所选实体旋转这三点所决定的角度。

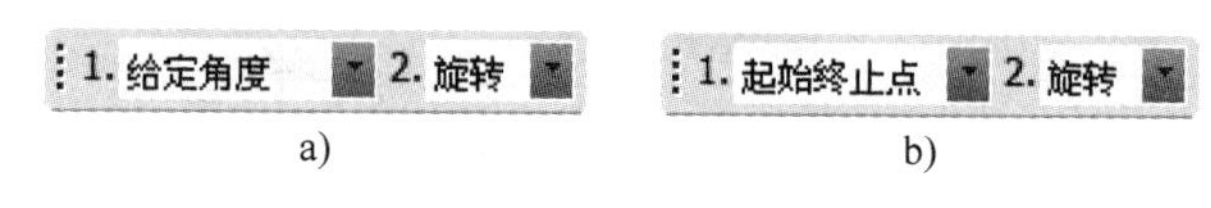

图 4-19 【旋转】的立即菜单

❍ 第 2 项可切换【旋转】和【拷贝】。【旋转】选项在完成操作后删除原图形；【拷贝】即复制，旋转后保留原图形。

根据立即菜单第 1 项选择的方式不同，操作也不同。

❍【给定角度】方式，根据系统提示拾取元素并确认后，系统提示变为“输入基点”，用鼠标指定一个旋转基点。系统又提示“旋转角”，此时可以由键盘输入旋转角度，也可以移动鼠标来确定旋转角度。

❍【起始终止点】方式，按照系统提示依次输入基点、起始点、终止点，所选实体旋转这三点所决定的角度。

提示

旋转角可输入正值或负值。旋转角为正值，图形逆时针旋转；旋转角为负值，图形顺时针旋转。由鼠标确定旋转角时，拾取的实体随指针的移动而旋转，在所需位置处单击即可。

图 4-20 所示是旋转和旋转复制的绘图示例。

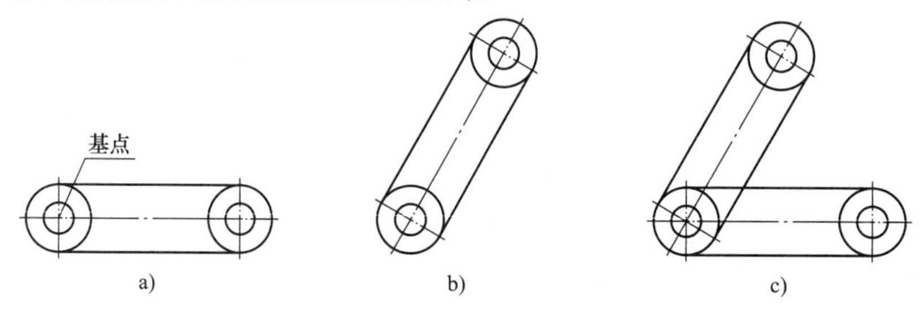

图 4-20 旋转示例

a）原图 b）旋转 c）旋转复制

实例演练

【例 4-5】 使用【旋转】命令绘制叉架。

如图 4-21a 所示的图形，用【旋转】命令将该图编辑成图 4-21b 所示。

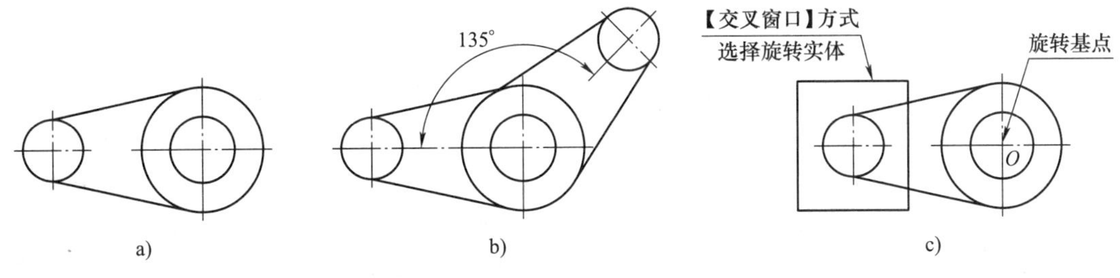

图 4-21 旋转实例

a）原图 b）旋转叉架 c）拾取方法

操作步骤

步骤 1 作出已知图形

启动【圆】命令、【直线】命令绘制如图 4-21a 所示图形。

步骤 2 旋转复制

❶单击【常用】选项卡→【修改】面板→【旋转】按钮。

❷系统弹出立即菜单，根据需要设置成 1. 给定角度 2. 拷贝 。

❸系统提示“拾取元素”，如图 4-21c 所示，由右往左形成交叉窗口选择实体，拾取到的实体以虚像显示，拾取完成后单击鼠标右键确认。

❹系统接着提示“输入基点”，单击 *O* 点（捕捉交点）作为旋转基点。

❺系统又提示“旋转角”，输入旋转角度“-135”↙，屏幕上立刻出现如图 4-21b 所示图形。

4.7 阵列图形

在绘制工程图时，经常会遇到一些呈规则分布的图形，在 CAXA 电子图板中，可以使用【阵列】命令快捷、准确地绘制。阵列是一项很重要的操作，在绘制机械工程图样时经常使用。

【阵列】命令的功能是通过一次操作可同时生成若干个相同的图形，以提高作图速度。单击【常用】选项卡→【修改】面板→【阵列】按钮或选择【修改】→【阵列】菜单命令，在操作信息提示区出现立即菜单。单击立即菜单第 1 项，可以选择【圆形阵列】【矩形阵列】或【曲线阵列】方式。

1. 圆形阵列

圆形阵列是对拾取到的实体，以某基点为圆心进行阵列复制。【圆形阵列】的立即菜单如图 4-22 所示，各选项的功能如下。

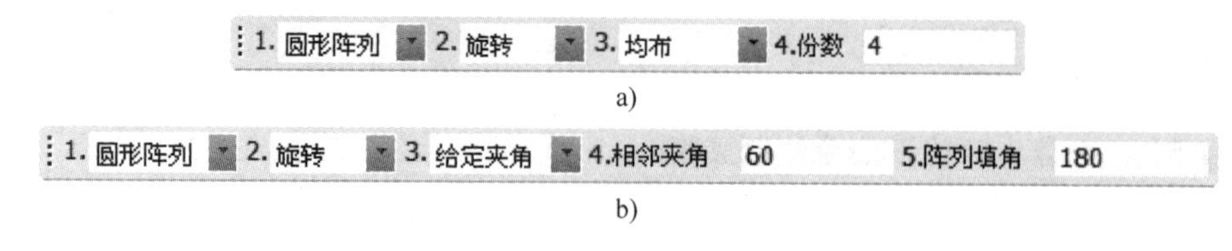

图 4-22 【圆形阵列】的立即菜单

- ❍ 第 2 项可切换【旋转】与【不旋转】。【旋转】指阵列时，被拾取的实体同时自动旋转，如图 4-23b 所示；【不旋转】指圆形阵列时实体不旋转，如图 4-23c 所示。
- ❍ 第 3 项可切换【均布】与【给定夹角】。【均布】指被阵列的实体，按立即菜单第 4 项中给定的份数均匀分布在圆周上，其中的份数数值应包括用户拾取的实体。【给定夹角】方式需在第 4 项中指定各相邻实体之间的夹角，在第 5 项中指定阵列填角，即拾取的实体与阵列生成的最后一个实体基点间的夹角。如图 4-23d 所示，相邻夹角为 60°，阵列填角为 180°。

提示

在圆形阵列中，阵列填角既可以输入正值，也可以输入负值。当阵列填角为正值时，所选图形元素绕阵列中心点按逆时针方向阵列；若为负值，则按顺时针方向阵列。

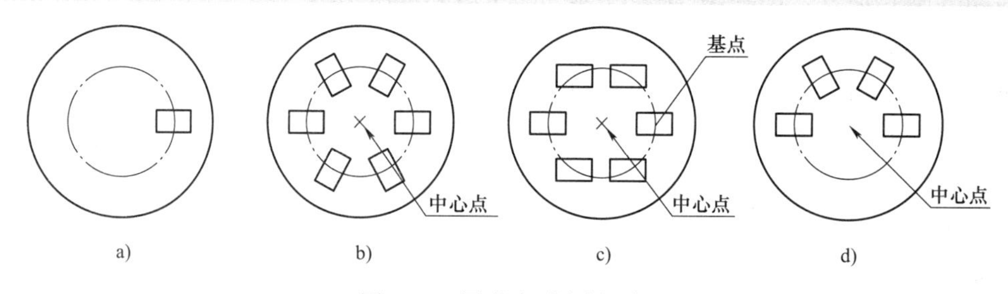

图 4-23 圆形阵列绘制示例
a）原图形 b）均布、旋转 c）均布、不旋转 d）给定夹角

2. 矩形阵列

【矩形阵列】方式是指对拾取到的实体按矩形进行阵列复制。【矩形阵列】的立即菜单如图 4-24 所示，各选项的功能如下。

- ❍ 第 2、3 项可以输入矩形阵列的行数、行间距。
- ❍ 第 4、5 项可以输入矩形阵列的列数、列间距。行、列间距指阵列后各元素基点之间的间距大小。
- ❍ 第 6 项可以输入旋转角。旋转角是指与 *X* 轴正方向的夹角。

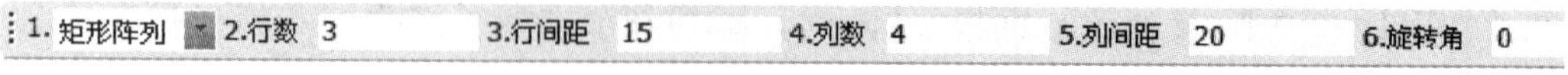

1. 矩形阵列 2.行数 3 3.行间距 15 4.列数 4 5.列间距 20 6.旋转角 0

图 4-24 【矩形阵列】的立即菜单

矩形阵列的绘图示例如图 4-25 所示，其各选项设置如下。

- ❍ 在图 4-25a 中，行数为 3、行间距为 15、列数为 4、列间距为 20、旋转角为 0。
- ❍ 在图 4-25b 中，立即菜单第 1~5 项与图 4-25a 相同，只是第 6 项的旋转角为 30°。

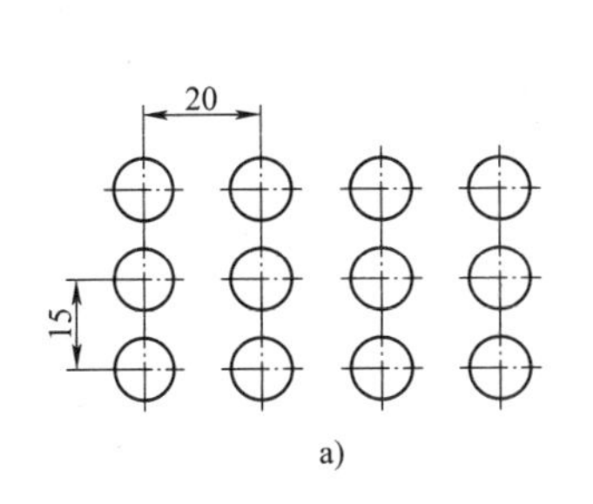

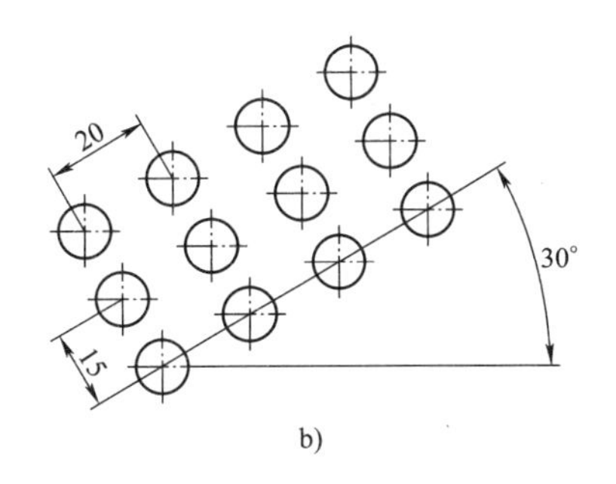

图 4-25　矩形阵列示例

提示

在矩形阵列中，行间距和列间距既可以输入正值，也可以输入负值。行间距为正值，由原图形向上阵列，为负值则向下阵列。列间距为正值，由原图形向右阵列，为负值则向左阵列。

3. 曲线阵列

曲线阵列是指在一条或多条首尾相连的曲线上生成均布的图形选择集。对于【单个拾取母线】方式，可拾取的曲线种类有直线、圆弧、圆、样条、椭圆、多段线；对于【链拾取母线】方式，曲线链中只能有直线、圆弧或样条。【曲线阵列】的立即菜单如图 4-26 所示，各选项的功能如下。

1. 曲线阵列　2. 单个拾取母线　3. 旋转　4.份数　4

图 4-26　【曲线阵列】的立即菜单

- 第 2 项有【单个拾取母线】、【链拾取母线】和【指定母线】三种方式选择母线。单个拾取时仅拾取单根母线，阵列从母线的端点开始。链拾取时可拾取多根首尾相连的母线集，也可只拾取单根母线。指定母线时，根据系统提示输入点，这些点之间的连线即为母线。
- 第 3 项可切换【旋转】与【不旋转】。选择【旋转】方式时，拾取要阵列的图形元素，单击右键确认后，按照系统提示确定基点，选择母线，最后确定生成方向，在母线上可生成均布的、与原图形结构相同但姿态与位置不同的多个图形。选择【不旋转】方式时，拾取要阵列的图形元素，单击右键确认后，按照系统提示确定基点，选择母线，在母线上可生成均布的、与原图形结构姿态相同但位置不同的多个图形。曲线阵列的绘图示例，如图 4-27 所示。

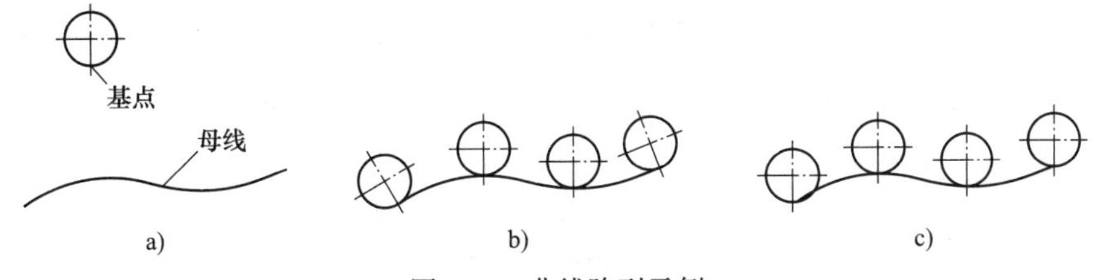

图 4-27　曲线阵列示例

a）阵列前　b）旋转　c）不旋转

- 第 4 项可设置阵列份数。

实例演练

【例 4-6】 圆形阵列绘图。

图形如图 4-28a 所示，用【阵列】命令将该图编辑成如图 4-28b 所示。

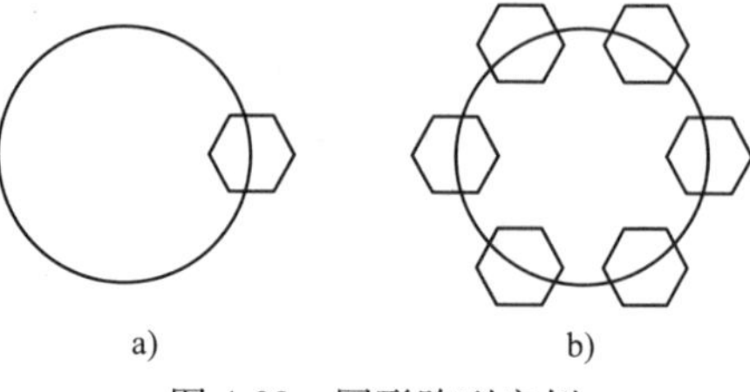

图 4-28 圆形阵列实例

a）原图形 b）阵列后

操作步骤

步骤 1 绘制已知图形

启动【圆】、【正多边形】命令绘制如图 4-28a 所示图形（绘制六边形时采用【中心定位】方式，中心点捕捉圆的象限点）。

步骤 2 圆形阵列

❶单击【常用】选项卡→【修改】面板→【阵列】按钮。

❷在立即菜单第 1 项中选择【圆形阵列】方式，第 2 项选择【旋转】，第 3 项选择【均布】，在第 4 项中输入“6”，立即菜单如图 4-29 所示。

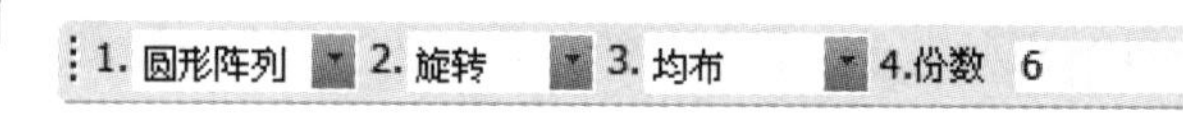

图 4-29 【圆形阵列】立即菜单

❸操作信息提示区提示“拾取添加”，拾取要阵列的图形元素（六边形），单击鼠标右键确认。

❹系统又提示“中心点”，拾取阵列图形的中心点（捕捉圆心），屏幕上立即出现如图 4-28b 所示图形。

4.8 生成等距线

【等距线】命令在绘制双向平行线、多份平行线、同心圆、等距圆弧等实体时，方便快捷，会取得事半功倍的效果。

【等距线】命令的功能是以等距方式生成一条或同时生成多条给定曲线的等距线。CAXA 电子图板具有链拾取功能，能把首尾相连的图形元素作为一个整体进行等距，这将大大加快作图过程中某些薄壁零件剖面的绘制。单击【常用】选项卡→【修改】面板→【等距线】按钮或单击【菜单】，选择【绘图】→【等距线】菜单命令，在操作信息提示区出现立即菜单。根据需要设置立即菜单，如图 4-30 所示，立即菜单各选项功能如下。

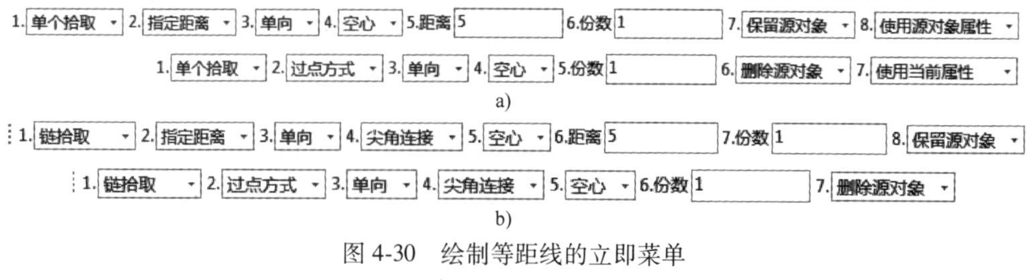

图 4-30 绘制等距线的立即菜单

a）单个拾取 b）链拾取

○ 第 1 项可以选择【单个拾取】或【链拾取】方式。选择【单个拾取】方式时，每次只拾取一条曲线。选择【链拾取】方式时，只要拾取首尾相连的轮廓线的一个元素，系统就将其作为一个整体绘制等距线。

- ❍ 第 2 项可选取【指定距离】或【过点方式】。【指定距离】方式是按给定距离生成等距线，【过点方式】是过某个给定点生成等距线。
- ❍ 第 3 项可选取【单向】或【双向】。【单向】只在已知线段的某一侧生成等距线，【双向】是在线段两侧均绘制等距线。
- ❍ 第 4 项可选择【空心】或【实心】。【实心】方式是指在原曲线与等距线之间进行填充，而【空心】方式只画等距线，不进行填充。
- ❍ 选择【指定距离】方式时，第 5 项为【距离】，可输入等距线与原直线的距离；第 6 项为【份数】，可输入所需等距线的份数。选择【过点方式】时，第 5 项为【份数】。
- ❍【链拾取】方式立即菜单各项与【单个拾取】相似，只是立即菜单第 4 项可切换选择【尖角连接】或【圆角连接】。
- ❍【使用当前属性】是指等距线与当前图层属性相同，【使用源对象属性】是指等距线与源对象图层属性相同。

系统提示“拾取曲线:”，拾取要等距的曲线后，屏幕上出现方向箭头，此时需用鼠标选择等距方向，才可生成等距线。【双向】等距方式则不必选择方向。【等距线】命令可以重复操作，单击鼠标右键结束操作。等距线绘制示例如图 4-31 所示，说明如下。

- ❍ 在图 4-31a 中，单个拾取、指定距离、单向、空心、份数 1。
- ❍ 在图 4-31b 中，单个拾取、指定距离、双向、空心、份数 1。
- ❍ 在图 4-31c 中，单个拾取、过点方式、单向、空心、份数 1。
- ❍ 在图 4-31d 中，链拾取、指定距离、单向、空心、份数 1。

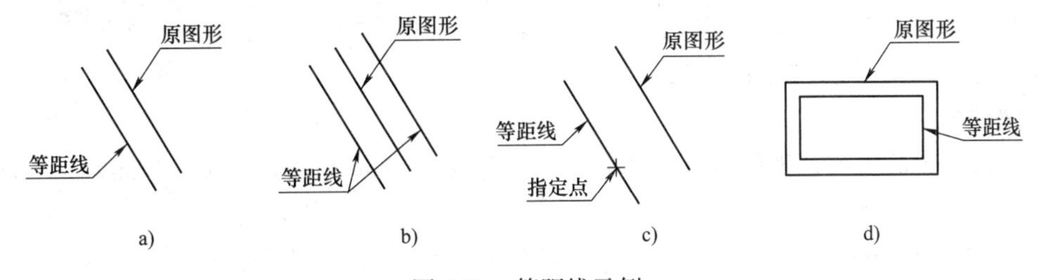

图 4-31　等距线示例

实例演练

【例 4-7】　等距线绘图。

用【等距线】命令绘制如图 4-32a 所示图形。

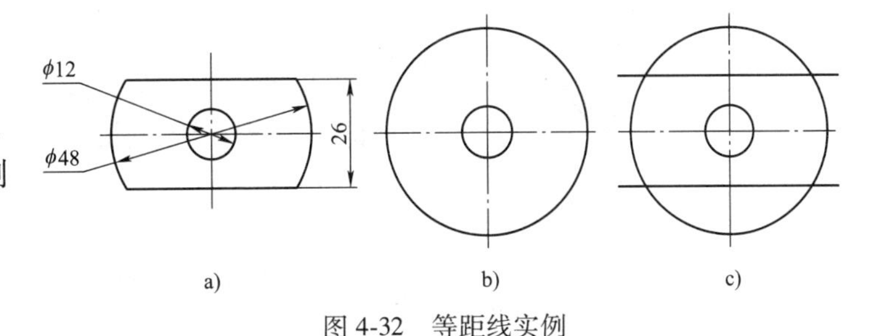

图 4-32　等距线实例

操作步骤

步骤 1　作出同心圆

启动【圆】命令绘制同心圆（大圆有中心线、小圆无中心线），如图 4-32b 所示。

步骤 2　等距线

❶单击【常用】选项卡→【修改】面板→【等距线】按钮。

❷弹出立即菜单，设置为 1.单个拾取 2.指定距离 3.双向 4.空心 5.距离 13 6.份数 1

7. 保留源对象 8. 使用当前属性 。

❸系统提示“拾取曲线”，拾取圆的水平中心线，屏幕上立刻出现双向等距线，如图 4-32c 所示。

步骤 3 裁剪

❶单击【常用】选项卡→【修改】面板→【裁剪】按钮，启动【裁剪】命令。

❷采用【快速裁剪】方式，绘制出如图 4-32a 所示图形。

提示

国标规定中心线应超出图形轮廓线 3~5mm，图 4-32a 所示图形的垂直中心线应采用【拉伸】命令或夹点编辑缩短。

4.9 裁剪图形

在绘图过程中，经常遇到实体超出边界的情况，这时需要把多余的部分剪掉。在 CAXA 电子图板中，可使用【裁剪】命令编辑实体，达到绘图目的。

【裁剪】命令的功能是在两条或多条曲线相交的情况下，对所拾取的曲线进行局部删除，剪掉多余的部分。

单击【常用】选项卡→【修改】面板→【裁剪】按钮或单击【菜单】，选择【修改】→【裁剪】菜单命令，在操作信息提示区出现立即菜单，单击立即菜单第 1 项，可以切换【快速裁剪】、【拾取边界】和【批量裁剪】三种方式，如图 4-33 所示。

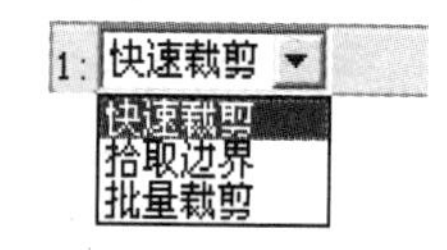

图 4-33 【裁剪】的立即菜单

1. 快速裁剪

用鼠标直接拾取被裁剪的曲线，系统自动判断边界并做出裁剪响应。快速裁剪一般用于边界比较简单的情况，具有很强的灵活性，在实践过程中熟练掌握将大大提高工作的效率。快速裁剪示例如图 4-34 所示。拾取同一曲线的不同位置，将产生不同的裁剪结果。

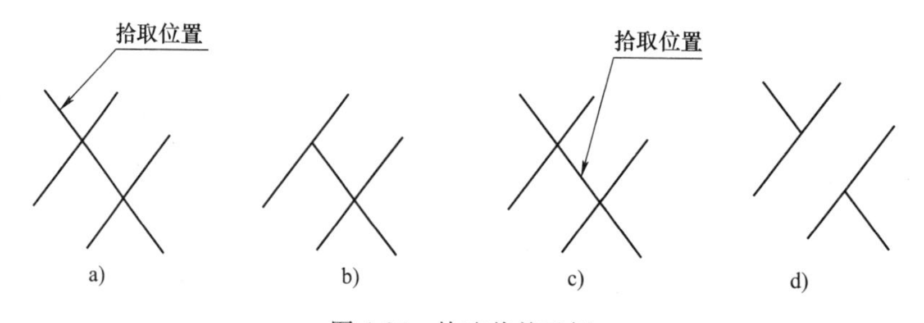

图 4-34 快速裁剪示例

a）裁剪前 1 b）裁剪后 1 c）裁剪前 2 d）裁剪后 2

提示

被裁剪的曲线一定要与其他曲线相交，否则将不能裁剪，只能用【删除】命令将其删除。

2. 拾取边界裁剪

拾取一条或多条曲线作为剪刀线，构成裁剪边界，以便对一系列被裁剪的曲线进行裁剪。剪刀线也可以被裁剪。

拾取边界裁剪与快速裁剪相比，省去了计算边界的时间，因此执行速度比较快，这一点在边界复杂的情况下更加明显。拾取边界裁剪示例如图 4-35 所示。鼠标拾取的曲线段至边界的部分被剪掉，而边界另一侧的曲线段被保留。

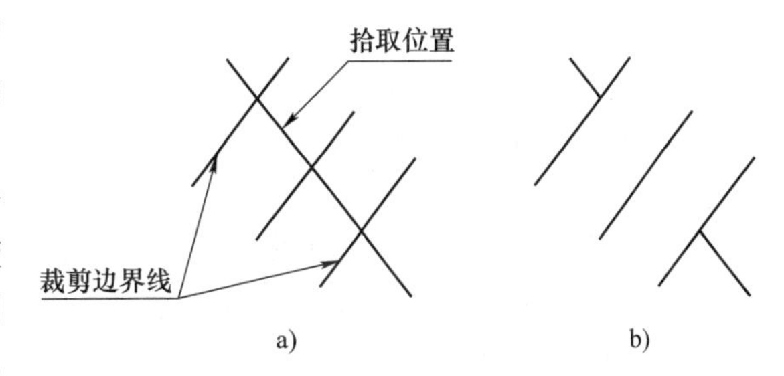

图 4-35 拾取边界裁剪示例
a）裁剪前 b）裁剪后

3. 批量裁剪

当曲线较多时，可以对曲线进行批量裁剪。剪刀链可以是一条曲线，也可以是首尾相连的多条曲线。

实例演练

【例 4-8】 快速裁剪。

打开例 4-1 绘制的五角星（图 4-36a），用【快速裁剪】方式将其编辑成如图 4-36b 所示的图形。

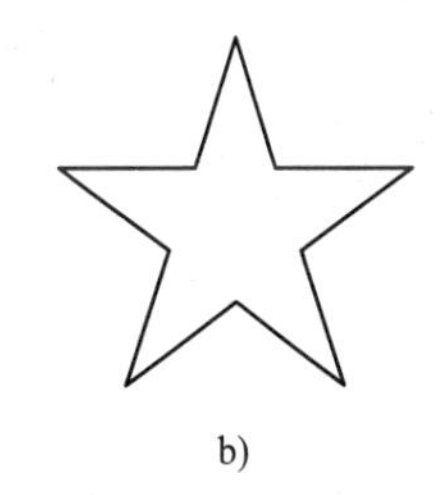

图 4-36 快速裁剪实例
a）裁剪前 b）裁剪后

操作步骤

❶单击【常用】选项卡→【修改】面板→【裁剪】按钮。

❷系统弹出立即菜单，单击立即菜单第 1 项，选择【快速裁剪】方式。

❸系统提示“拾取要裁剪的曲线:”，单击要裁剪掉的线段，拾取位置如图 4-36a 所示（“×”为拾取位置）。

❹连续拾取，直至单击鼠标右键结束。

【例 4-9】 拾取边界裁剪。

绘制如图 4-37a 所示图形，用【拾取边界】裁剪方式将该图编辑成如图 4-37b 所示的图形。

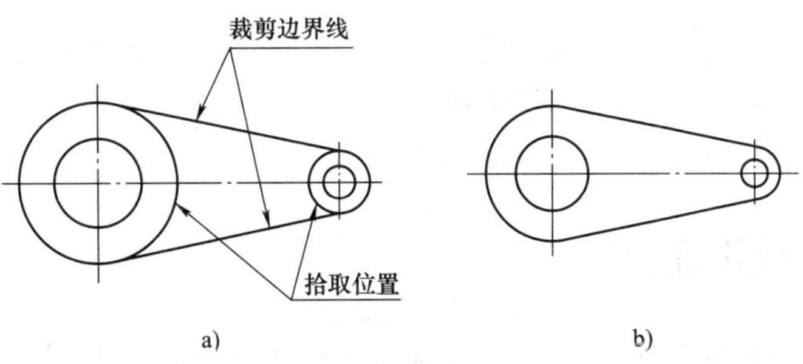

图 4-37 拾取边界裁剪实例
a）裁剪前 b）裁剪后

操作步骤

步骤 1　作出已知图形

启动【圆】、【直线】等命令绘制如图 4-37a 所示图形。

步骤 2　拾取边界裁剪

❶单击【常用】选项卡→【修改】面板→【裁剪】按钮。

❷系统弹出立即菜单，单击立即菜单第 1 项，选择【拾取边界】方式。

❸系统提示“拾取剪刀线:”，用鼠标拾取两条裁剪边界线，然后单击鼠标右键确认。

❹系统提示变为“拾取要裁剪的曲线”，用鼠标拾取要裁剪的曲线，拾取位置如图 4-37a 所示，拾取后单击鼠标右键确认。屏幕上裁剪边界间的指定圆弧被裁掉，如图 4-37b 所示。

【例 4-10】　批量裁剪。

绘制如图 4-38a 所示图形，用【批量裁剪】方式将该图编辑成如图 4-38c 所示的图形。

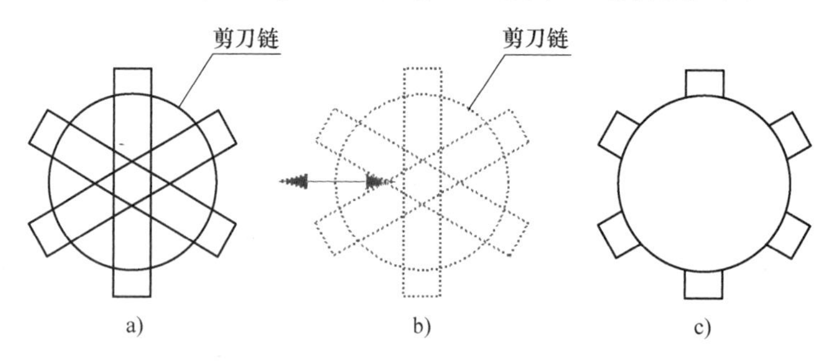

图 4-38　批量裁剪实例

a）裁剪前　b）选择要裁剪的方向　c）裁剪后

操作步骤

步骤 1　作出已知图形

启动【圆】、【矩形】、【阵列】命令绘制如图 4-38a 所示图形。

步骤 2　批量裁剪

❶单击【常用】选项卡→【修改】面板→【裁剪】按钮。

❷系统弹出立即菜单，在立即菜单中选择【批量裁剪】方式。

❸系统提示“拾取剪刀链:”，拾取图 4-38a 中的圆。

❹系统提示变为“拾取要裁剪的曲线”，用窗口方式拾取要裁剪的曲线，单击鼠标右键确认。屏幕上出现方向箭头，如图 4-38b 所示。

❺系统提示“请选择要裁剪的方向”，单击圆内一点，裁剪完成，如图 4-38c 所示。

4.10　延伸和拉伸

实体绘制后，如果需要改变其长度，在 CAXA 电子图板中，可以使用【延伸】或【拉伸】命令编辑实体，达到绘图目的。

4.10.1 延伸

【延伸】命令的功能是以一条曲线为边界对一系列曲线进行延伸或裁剪。单击【常用】选项卡→【修改】面板→【延伸】按钮或单击【菜单】，选择【修改】→【延伸】菜单命令，系统弹出立即菜单，从中可以切换选择【延伸】或【齐边】。

1. 齐边

当选择【齐边】方式时，系统先后提示拾取“剪刀线”（即边界线）和“要编辑的曲线”。如果拾取的曲线与剪刀线有交点，则系统按【裁剪】命令进行操作，即裁剪所拾取的曲线至剪刀线位置。如果拾取的曲线与剪刀线没有交点，则系统将把曲线按其本身的趋势（如直线的方向、圆弧的圆心和半径均不发生改变）延伸至边界。

2. 延伸

当选择【延伸】方式时，系统先提示“选择对象”，此时根据需要选择剪刀线，选取后单击鼠标右键确认，系统随即提示“选择要延伸的对象，或按〈Shift〉键选择要裁剪的对象”，根据需要按照提示操作即可。

但应注意，圆或圆弧可能会有例外。这是因为它们无法向无穷远处延伸，它们的延伸范围是以半径为限的，而且圆弧只能以拾取的一端开始延伸，不能两端同时延伸。

实例演练

【例 4-11】 延伸操作。

绘制如图 4-39a 所示图形，用【延伸】命令将该图编辑成如图 4-39b 所示。

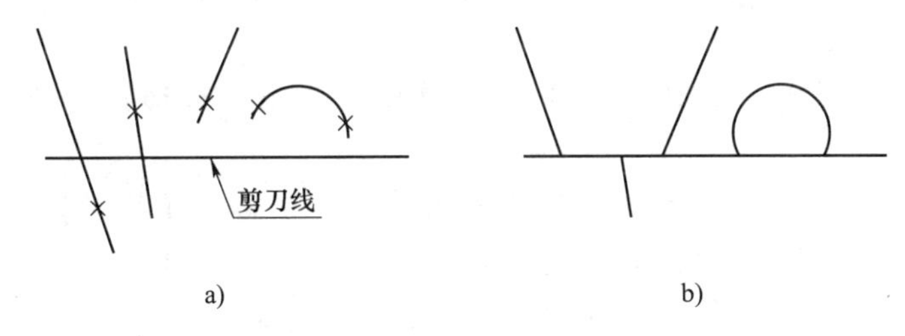

图 4-39 延伸示例

a）延伸前 b）延伸后

操作步骤

步骤 1 作出已知图形

启动【直线】、【圆弧】命令绘制如图 4-39a 所示图形。

步骤 2 延伸操作

❶单击【常用】选项卡→【修改】面板→【延伸】按钮或选择【修改】→【延伸】菜单命令。

❷系统弹出立即菜单，设置为 1.齐边 。系统提示拾取“剪刀线”，拾取如图 4-39a 所示剪刀线作为边界。

❸系统继续提示拾取“要编辑的曲线”，拾取一系列曲线进行编辑修改，拾取位置如图

4-39a 所示（“×” 为拾取位置）。

❹编辑后屏幕图形如图 4-39b 所示，单击鼠标右键结束操作。

4.10.2 拉伸

【拉伸】命令的功能是对单条曲线或曲线组进行拉伸操作。单击【常用】选项卡→【修改】面板→【拉伸】按钮或单击【菜单】，选择【修改】→【拉伸】菜单命令，在操作信息提示区出现立即菜单，单击立即菜单第 1 项，可以选择【单个拾取】或【窗口拾取】方式。

1. 单个拾取

【单个拾取】方式可在保持曲线原有趋势不变的前提下，对曲线进行拉伸或缩短。启动命令后，系统提示“拾取曲线”，这时可用鼠标拾取直线、圆、圆弧或样条曲线等进行拉伸。

（1）拉伸直线

如果拾取一条直线，立即菜单如图 4-40 所示，其各选项功能如下。

a)　　　b)

图 4-40　拾取一条直线的立即菜单

- 第 2 项，可进行【轴向拉伸】和【任意拉伸】的切换。【轴向拉伸】只能改变直线的长度，不能改变直线原来的方向；【任意拉伸】则可拖动着“动点”绕“定点”任意旋转和伸缩。
- 选择【轴向拉伸】方式时，立即菜单弹出第 3 项，可切换【点方式】和【长度方式】。
- 选择【长度方式】时：立即菜单弹出第 4 项，可选择【绝对】或【增量】方式。【绝对】方式可以将选中的实体延长或缩短至给定长度；【增量】方式则按输入的数值延长直线的长度，如果输入的是负值，直线将反向缩短。

拾取直线后，系统提示“拉伸到:”，这时离拾取位置较近的一个端点变为“动点”，另一个端点为“定点”。选择【点方式】时用鼠标拖动“动点”到所需位置，选择【长度方式】时则需输入数值，才可将原直线延长或缩短。

（2）拉伸圆

若拾取的是圆，则以圆心为定点，拉伸其半径。可以拖动鼠标或输入坐标确定圆上一点，也可输入半径值。

（3）拉伸圆弧

若拾取的是圆弧，【单个拾取】方式可以保持圆心位置不变，改变圆弧的弧长或半径；也可以圆心、半径和圆心角都改变。

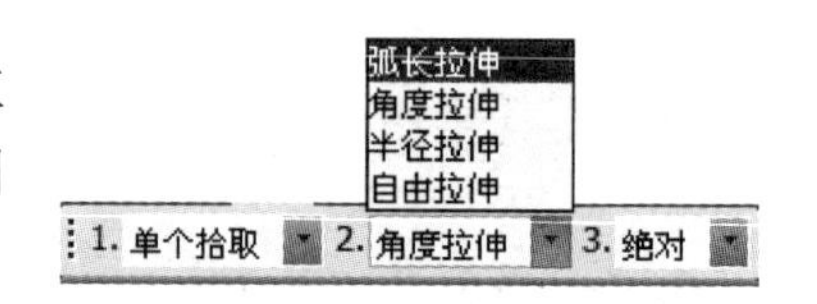

图 4-41　拾取圆弧的立即菜单

拾取圆弧的立即菜单如图 4-41 所示。单击立即菜单第 2 项，可切换【弧长拉伸】、【角度拉伸】、【半径拉伸】

和【自由拉伸】。除了【自由拉伸】外，其余方式的拉伸量都可以通过第3项来选择【绝对】拉伸或者【增量】拉伸。

❍ 选择【弧长拉伸】和【角度拉伸】时，圆心和半径不变、圆心角改变，用户可以用键盘输入新的圆心角。

❍ 选择【半径拉伸】时，圆心和圆心角不变，半径改变，用户可以输入新的半径值。

❍ 选择【自由拉伸】时，圆心、半径和圆心角都可以改变。

（4）拉伸样条曲线

若拾取样条曲线，系统首先提示“拾取插值点:”，用鼠标单击某一插值点后，提示变为“拉伸到:”，输入一点后将拾取的插值点拉伸到新的位置。

2. 窗口拾取

移动窗口内图形的指定部分，即将窗口内的图形一起拉伸。选择【窗口拾取】方式时，立即菜单如图4-42所示。在第2项，可以选择【给定偏移】或【给定两点】方式。

图4-42 【窗口拾取】方式的立即菜单

❍【给定偏移】方式：用给定偏移量的方式进行拉伸。在该方式下，系统自动给出一个基准点。一般来说，直线的基准点在中点处，圆、圆弧、矩形的基准点在中心处，而组合实体、样条曲线的基准点在该实体的包容矩形的中心处。拾取窗口、包容矩形、基准点等概念如图4-43a所示。

❍【给定两点】方式：由用户指定两点，即拉伸的基准点和目标点，确定图形元素的拉伸位置。

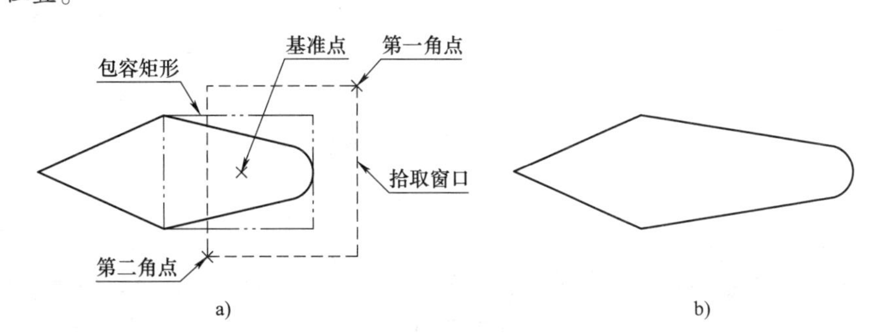

图4-43 窗口拾取拉伸示例

a）交叉窗口拾取曲线组 b）拉伸结果

系统首先提示“拾取添加”，用交叉窗口拾取要被拉伸的曲线组，单击右键确认。为了实现曲线组的全部拾取，这里必须使用交叉窗口选择，即第二角点的位置必须位于第一角点的左侧，这一点至关重要，如果窗口不是从右向左选取，则不能实现曲线组的全部拾取。接下来的操作，【给定偏移】和【给定两点】方式有所不同。

选择【给定偏移】方式时，系统提示“X和Y方向偏移量或位置点:”，此时移动鼠标，或从键盘输入一个位置点，窗口内的曲线组被拉伸。这里注意“X和Y方向偏移量”是指相对基准点的偏移量，这个基准点是由系统自动给定的。

选择【给定两点】方式时，系统提示变为“第一点”，用鼠标指定一点（拉伸的基准点）；提示又变为“第二点”，此时移动鼠标可看到曲线组被拉伸拖动，在适当的位置单击确定第二点（拉伸的目标点），曲线组即被拉伸。拉伸长度和方向由两点连线的长度和方向决定。

实例演练

【例 4-12】 拉伸垂直中心线。

国标规定中心线应超出图形轮廓线 3~5mm，如图 4-44a 所示图形，拉伸其垂直中心线，使其符合要求。

操作步骤

步骤 1 作出已知图形

打开例 4-7 绘制的图形。

步骤 2 拉伸

❶单击【常用】选项卡→【修改】面板→【拉伸】按钮。

❷系统弹出立即菜单，在立即菜单第 1 项中选择【单个拾取】。

❸系统提示“拾取曲线”，拾取垂直中心线，拾取位置如图 4-44a 所示。

❹此时，立即菜单出现第 2 项和第 3 项，分别设置为【轴向拉伸】、【点方式】。

❺系统提示“拉伸到:”，移动鼠标至所需位置后单击，如图 4-44b、c 所示。

❻同样的操作方法，拉伸垂直中心线的另一侧，如图 4-44d 所示。

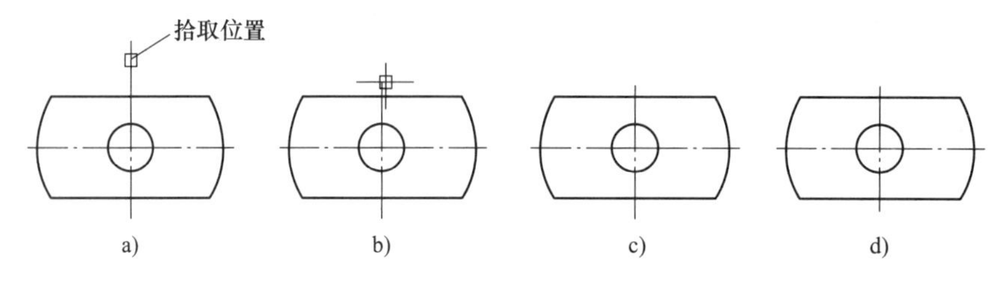

图 4-44 单个拉伸示例

提示

该图也可采用夹点编辑拉伸。此外，拉伸时若不需捕捉特征点，可单击屏幕右下角的点捕捉方式设置按钮，设置屏幕点捕捉状态为【自由】方式。

4.11 圆角和倒角

工程绘图中常会遇到圆角和倒角结构。例如，内、外倒角是轴套类零件常见结构；铸造圆角是铸造零件常见结构，这些在 CAXA 电子图板中，可使用【过渡】命令绘制。

单击【常用】选项卡→【修改】面板→【过渡】按钮或单击【菜单】，选择【修改】→【过渡】菜单命令，出现立即菜单。单击第 1 项弹出选项菜单，如图 4-45 所示。包括【圆角】、【多圆角】、

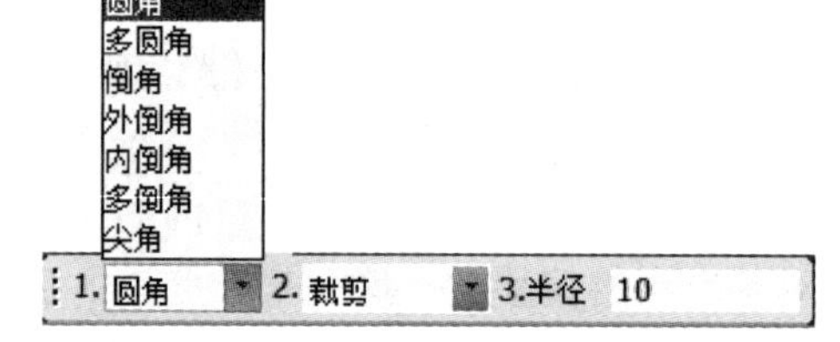

图 4-45 【过渡】的立即菜单

【倒角】、【多倒角】、【内倒角】、【外倒角】和【尖角】，可以根据作图需要从中选择。也可以通过单击【常用】选项卡→【修改】面板→【过渡】按钮旁边的按钮，在选项菜单中选择后单独启动，如图 4-46 所示。

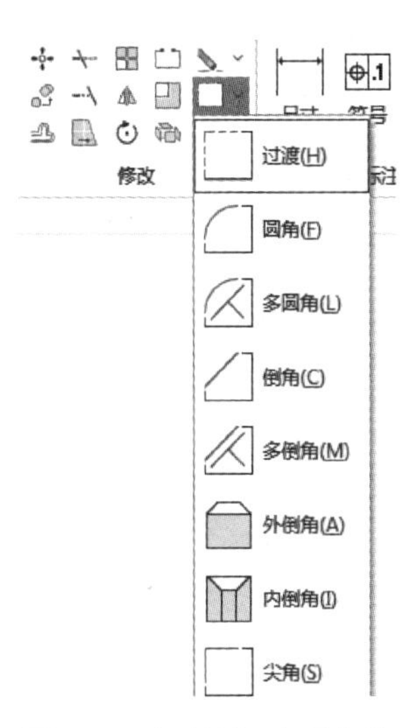

图 4-46 【过渡】选项菜单

1. 圆角

圆角过渡即在直线与直线之间、直线与圆弧、圆弧与圆弧之间进行圆弧光滑过渡。单击【常用】选项卡→【修改】面板→【过渡】按钮，系统弹出立即菜单，在第 1 项中选择【圆角】，其余各选项的功能如下。

- 第 2 项可以选择【裁剪】、【裁剪始边】或【不裁剪】方式。如图 4-47 所示，【裁剪】指裁剪掉图形过渡后所有边的多余部分；【裁剪始边】是指只裁剪掉起始边的多余部分，起始边也就是用户拾取的第一条曲线；【不裁剪】指执行过渡操作以后，原线段保留原样，不被裁剪。
- 第 3 项输入过渡圆弧的半径值。

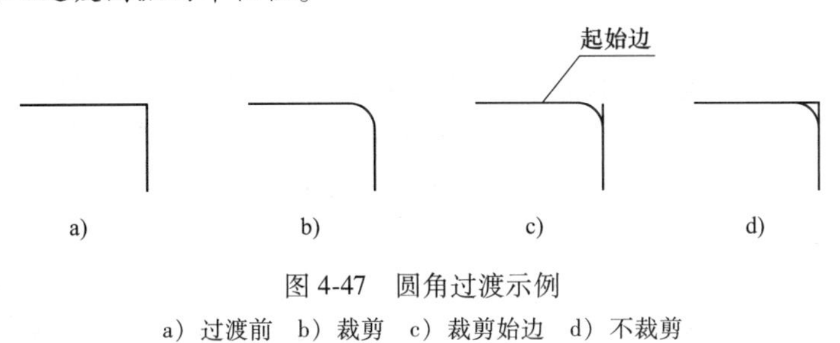

图 4-47 圆角过渡示例
a）过渡前 b）裁剪 c）裁剪始边 d）不裁剪

根据系统的提示，用鼠标拾取要进行过渡的两条曲线，即可在两条曲线之间生成一条光滑过渡的连接弧。

提示

过渡圆弧的半径，大小应合适，否则将得不到正确的结果。

2. 多圆角

多圆角过渡是指对一系列首尾相连的直线段同时在相交处、以相同的半径进行圆弧光滑过渡。在立即菜单第 1 项中选择【多圆角】，单击立即菜单第 2 项，可输入过渡圆弧的半径值。然后根据系统提示，拾取待过渡的首尾相连的直线段即可。这一系列首尾相连的直线可以是封闭的，也可以是不封闭的。多圆角过渡示例，如图 4-48 所示。

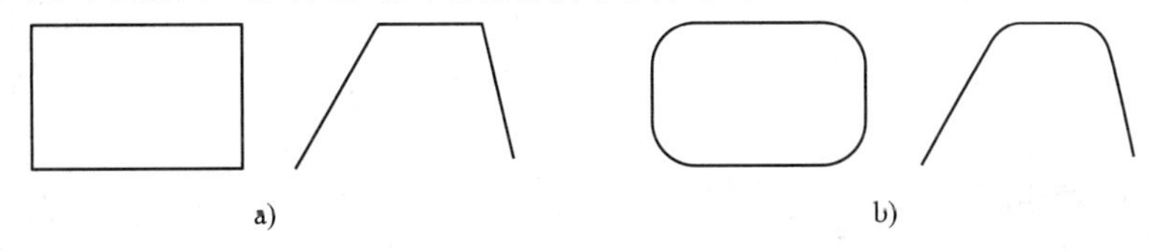

图 4-48 多圆角过渡示例
a）过渡前 b）过渡后

3. 倒角与多倒角

倒角过渡是在两直线间进行倒角过渡。在立即菜单第 1 项中选择【倒角】，其各选项的功能如下。

- 第 2 项可以选择【长度和角度方式】、【长度和宽度方式】，如图 4-49 所示。【长度和角度方式】是指定倒角的长度和角度；【长度和宽度方式】是指定倒角的长度和宽度。

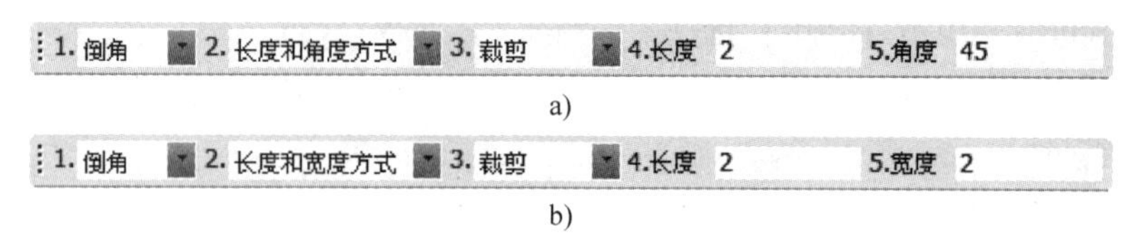

图 4-49　倒角过渡的立即菜单

- 第 3 项可以选择【裁剪】、【裁剪始边】或【不裁剪】方式。操作方法及各选项的功能与【圆角】过渡相同。
- 在第 4 项输入倒角的轴向长度。轴向长度是指从两直线的交点开始，沿所拾取的第一条直线方向的长度。
- 第 5 项在选择【长度和角度方式】时为设定倒角的角度，即倒角线与所拾取第一条直线的夹角；在选择【长度和宽度方式】时为设定倒角的宽度。

按系统的提示，用鼠标拾取要进行过渡的两条直线即可。

提示

对于非 45°倒角，拾取直线时的顺序不同，作出的倒角也不同。倒角长度、角度和宽度的定义均与第一条直线的拾取有关，如图 4-50 所示。

多倒角过渡是指对一系列首尾相连的直线段进行倒角过渡，其操作与多圆角过渡类似，这里不再赘述。

4. 外倒角和内倒角

外（内）倒角过渡是指拾取一对平行线及其垂线分别作为两条轮廓线和端面线生成外（内）倒角，此功能用于在轴、孔上绘制倒角。内、外倒角的操作方法类似，均有【长度和角度方式】、【长度和宽度方式】，其绘图示例如图 4-51 所示。

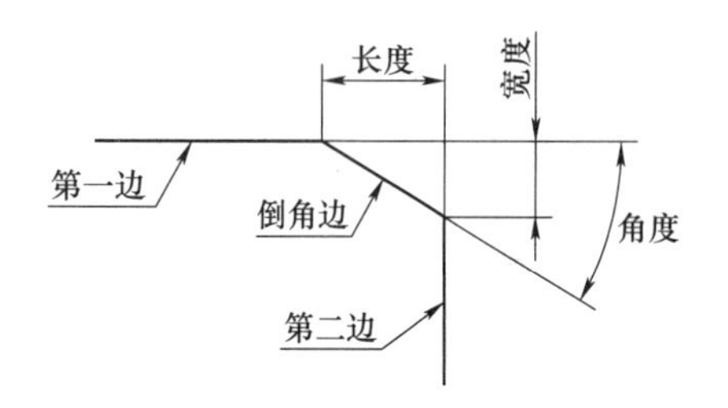

图 4-50　倒角的长度、角度和宽度

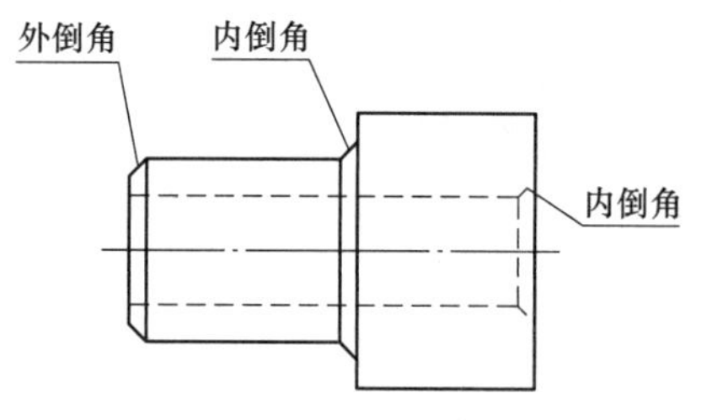

图 4-51　外倒角和内倒角示例

5. 尖角

在两条曲线（直线、圆弧、圆等）的交点处，形成尖角过渡。两曲线有交点，则以交点为界，多余部分被裁剪掉。两曲线无交点，则系统首先计算出两曲线的交点，再将两曲线延伸至交点处。尖角过渡操作示例如图 4-52 所示（“×”为拾取位置）。

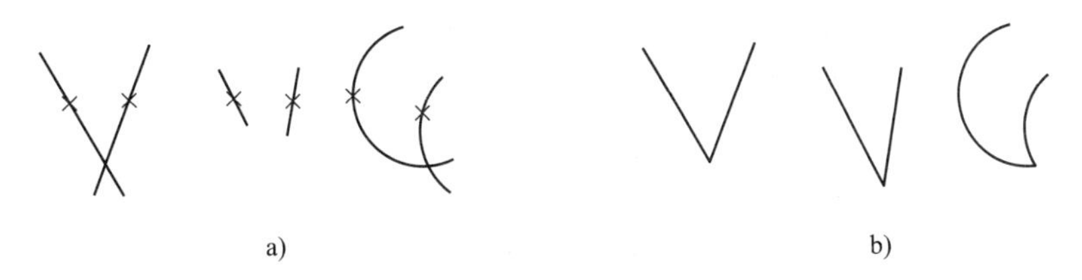

图 4-52　尖角过渡操作示例

a）过渡前　b）过渡后

实例演练

【例 4-13】　绘制底板圆角。

绘制如图 4-53 所示图形。

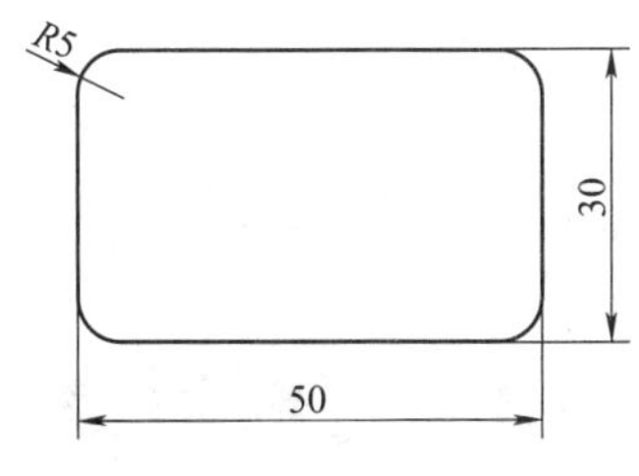

图 4-53　底板圆角实例

操作步骤

步骤 1　作出已知图形

启动【直线】或【矩形】命令绘制 50×30 的矩形。

步骤 2　作出多圆角

❶单击【常用】选项卡→【修改】面板→【过渡】按钮，系统弹出立即菜单。

❷立即菜单设置为 1. 多圆角　2.半径 5 。

❸系统提示“拾取首尾相连的直线”，拾取矩形，底板上立即出现 4 个圆角，如图 4-53 所示。

【例 4-14】　绘制阶梯轴。

用【孔/轴】命令绘制如图 4-54a 所示图形，用外倒角过渡方式将其编辑成如图 4-54b 所示。

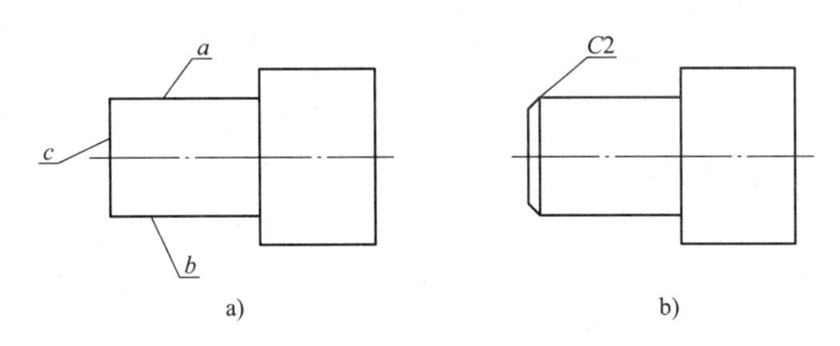

图 4-54　轴端外倒角实例

a）过渡前　b）过渡后

操作步骤

步骤 1　作出已知图形

启动【孔/轴】命令绘制如图 4-54a 所示图形。

步骤 2　作出外倒角

❶单击【常用】选项卡→【修改】面板→【过渡】按钮，系统弹出立即菜单。

❷单击第 1 项选择【外倒角】，在第 2 项中选择【长度和角度方式】，在第 3 项中输入“2”，在第 4 项中输入“45”，如图 4-55 所示。

1. 外倒角　2. 长度和角度方式　3.长度　2　4.角度　45

图 4-55　【外倒角】的立即菜单

❸系统提示“拾取第一条直线:”，用鼠标拾取直线 a。

❹系统接着提示“拾取第二条直线:”，用鼠标拾取直线 b。

❺系统又提示“拾取第二条直线:”用鼠标拾取直线 c，即可生成外倒角。

提示

三条直线必须符合如下关系：直线 a、b 同时垂直于 c，并且在 c 的同侧。内、外倒角过渡时，绘制结果与三条直线拾取的顺序无关。

4.12　打断对象

在绘图过程中，有时需要把实体打断成两部分。在 CAXA 电子图板中，可以使用【打断】命令编辑实体，达到绘图目的。

【打断】命令的功能是将一条曲线在指定点处打断成两条曲线。单击【常用】选项卡→【修改】面板→【打断】按钮或单击【菜单】，选择【修改】→【打断】菜单命令，出现立即菜单如图 4-56 所示，在第 1 项，可以选择【一点打断】或【两点打断】方式。

1. 一点打断

【一点打断】即使用一点打断实体，立即菜单如图 4-56a 所示。此时根据系统提示，用鼠标拾取一条待打断的曲线，拾取后该曲线呈虚像显示。系统提示变为“选取打断点”，根据当前作图需要，移动鼠标在曲线上选取打断点，曲线即被打断。曲线被打断后，屏幕上显示的图形与打断前没有区别，但实际上，原来的一条曲线已经变成了两条独立曲线。此外，打断点最好选在需打断的曲线上，为作图准确，可充分利用对象捕捉功能。CAXA 电子图板也允许用户把点设在曲线外，使用规则是：

图 4-56　【打断】的立即菜单

1）若打断线为直线，则系统从用户设定点向直线作垂线，设定垂足为打断点。

2）若打断线为圆弧或圆，则从圆心向用户设定点作直线，该直线与圆弧交点被设定为打断点。

2. 两点打断

【两点打断】即使用两点打断实体，立即菜单如图 4-56b 所示。在第 2 项可以切换选择【伴随拾取点】和【单独拾取点】方式。

❍【伴随拾取点】方式：首先拾取需打断的曲线，在拾取完毕后，直接将拾取点作为第一打断点，并提示“选择第二打断点”。

❍【单独拾取点】方式：同样先拾取需打断的曲线，拾取完毕后，系统会提示“拾取两个打断点”。

无论使用哪种拾取点方式，拾取两个打断点后，被打断曲线会从两个打断点处打断，同时两点间的曲线会被删除，如图 4-57 所示。如果被打断的曲线是封闭曲线，则被删除的部分是从第一点以逆时针方向指向第二点的那部分曲线。

实例演练

【例 4-15】　打断圆弧。

将图 4-58a 所示圆弧等分成三段。

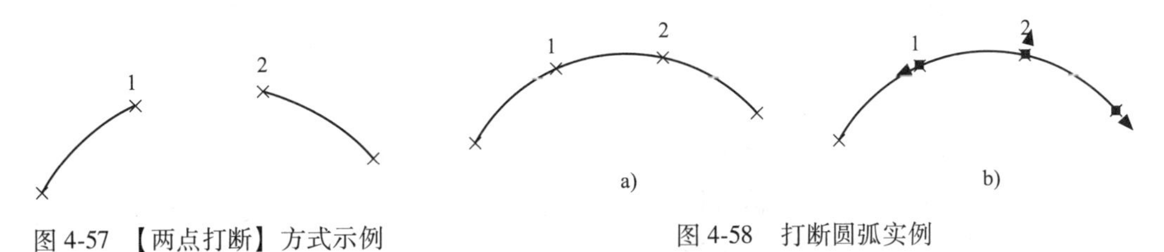

图 4-57　【两点打断】方式示例　　　图 4-58　打断圆弧实例

操作步骤

步骤 1　作出已知图形

❶启动【圆弧】命令，绘制圆弧。

❷启动【点】命令，将圆弧三等分。

步骤 2　打断

❶单击【常用】选项卡→【修改】面板→【打断】按钮，系统弹出立即菜单。

❷立即菜单设置为 1. 一点打断。

❸系统提示“拾取曲线:”，拾取圆弧，该圆弧呈虚像显示。

❹系统提示变为“拾取打断点:”，拾取点 1。此时如果再拾取圆弧，则可以看到，原来的圆弧已在点 1 处被打断成两条线段，如图 4-58b 所示。

❺同样的方法，将剩余的圆弧在点 2 处打断。这样，圆弧就被等分为互不相关的三段。

提示

为作图准确，选取打断点时可充分利用对象捕捉功能。曲线被打断后，屏幕显示与打断前没有区别，但实际上，原来的曲线已经变成了三段。

4.13　分解对象

当 组实体是 个整体时，不能对其某 部分进行编辑，需要把整体分解为 个个单独的实体，例如，用【矩形】命令绘制的矩形、【正多边形】命令绘制的六边形，还有后文介绍的块。CAXA 电子图板提供了【分解】命令可进行分解操作。

【分解】命令可将多段线、标注、图案填充或块参照等合成对象转变为单个的元素。单击【常用】选项卡→【修改】面板→【分解】按钮或单击【菜单】，选择【修改】→【分解】菜单命令，选择要分解的对象并确认即可。

实例演练

【例 4-16】 分解矩形。

已知矩形 *ABCD*，要求移走 *AB* 边，如图 4-59 所示。

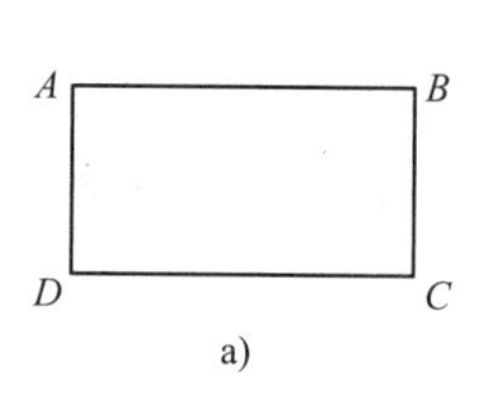

a)

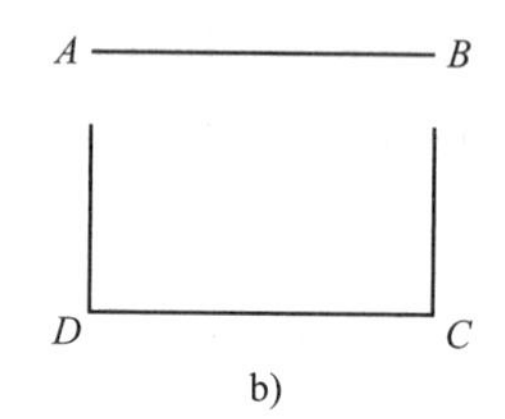

b)

图 4-59 分解实例

操作步骤

步骤 1 作出已知图形

启动【矩形】命令绘制一个矩形。

步骤 2 分解操作

❶单击【常用】选项卡→【修改】面板→【分解】按钮。

❷系统提示“拾取元素”，拾取矩形后图形呈虚像显示，如图 4-60a 所示，单击鼠标右键确认即可。此时，屏幕上的矩形无任何变化，但拾取 *AB* 线，发现 *AB* 线可以被单独选中，说明矩形已经被分解成四个实体了，如图 4-60b 所示。

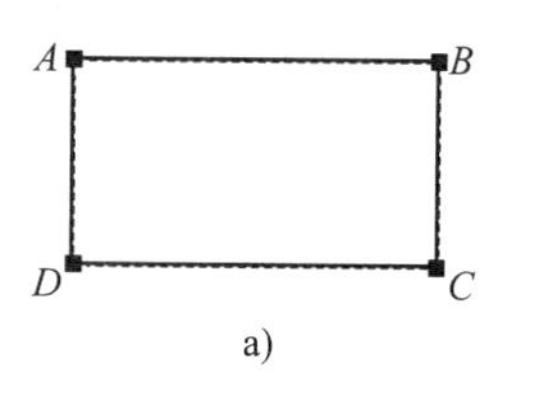

a)

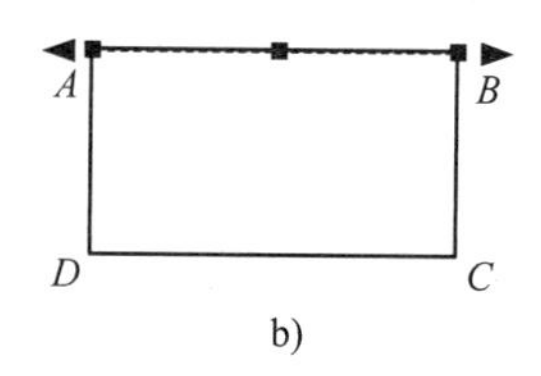

b)

图 4-60 拾取矩形

a）分解前 b）分解后

步骤 3 平移

启动【平移】命令，移动 *AB*，即可得到图 4-59b。

4.14 缩放图形

图形绘制后，常需要放大或缩小，这时就要用到 CAXA 电子图板的【缩放】命令。【缩放】命令的功能是将选中的实体按比例进行放大和缩小，也可以参照其他对象进行放大或缩小。单击【常用】选项卡→【修改】面板→【缩放】按钮或单击【菜单】，选择【修改】→【缩放】菜单命令，在操作信息提示区出现立即菜单，如图 4-61a 所示。根据需要设置立即菜单，立即菜单各选项功能如下。

a) b)

图 4-61 缩放的立即菜单

- 第 1 项可以切换【平移】和【拷贝】。【平移】是指缩放后原图形不保留，【拷贝】是指缩放后原图形保留。
- 第 2 项可以切换【比例因子】和【参考方式】。【比例因子】方式是按照指定的比例放大或缩小所选实体。【参考方式】是参照指定的长度缩放所选实体。如果不知道比例因子，但知道缩放后实体的尺寸，可以用【参考方式】缩放。

系统提示“拾取添加”，拾取所需图形，单击鼠标右键确认。此时，立即菜单弹出第3、4项，如图4-61b所示，其功能如下。

- 第3项可以切换【尺寸值不变】和【尺寸值变化】。【尺寸值不变】是指图形缩放后其上所注尺寸值不变。【尺寸值变化】是指图形缩放后其上所注尺寸值，随缩放比例相应增加或减小，如图4-62所示。
- 第4项可以切换【比例不变】和【比例变化】。【比例变化】是指图形缩放后，除尺寸数值外的其他尺寸标注参数（如箭头、标注文本的大小等），均按输入的比例系数进行相应的变化。【比例不变】是指图形缩放后，除尺寸数值外的其他尺寸标注参数，不随缩放比例系数的改变而变化，如图4-62所示。

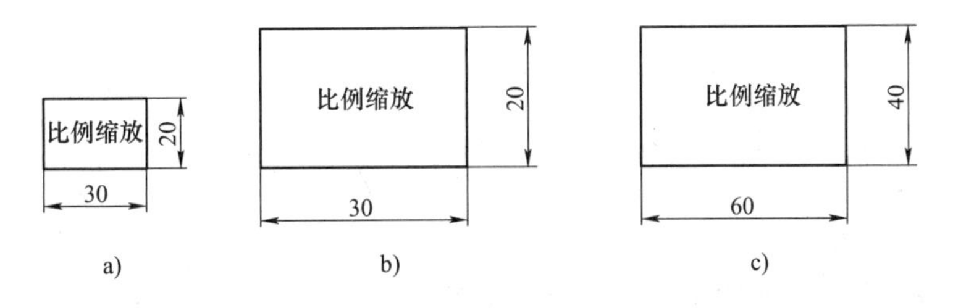

图4-62　缩放示例

a）原图　b）尺寸值不变、比例不变　c）尺寸值变化、比例变化

系统提示“基准点”，用鼠标指定一个图形比例变换的基点，该基点位置将固定不变。系统又提示“比例系数”，移动鼠标时，系统自动根据基点和当前光标点的位置来计算比例系数，且在屏幕上动态显示变换的结果，在合适的位置单击确定，一个变换后的图形立即显示在屏幕上。用户也可以通过键盘直接输入缩放的比例系数。

提示

键盘输入缩放的比例因子时，当比例因子为1时，图形大小不变；大于1时，图形放大；小于1时，图形缩小。

实例演练

【例4-17】　【比例因子】方式缩放矩形。

将一个80×40的矩形缩为原来的50%，如图4-63所示。

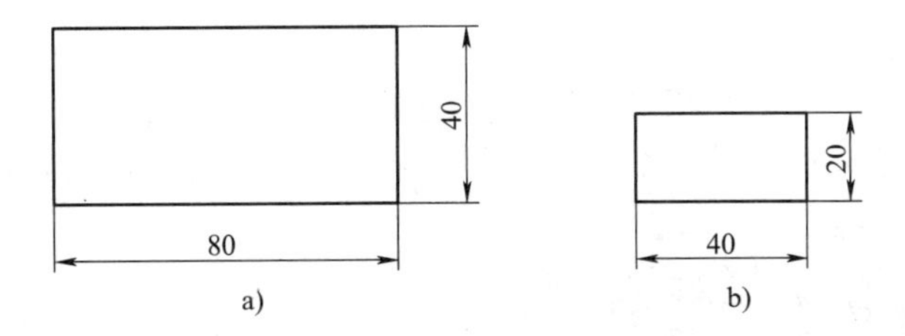

图4-63　【比例因子】方式缩放实例

操作步骤

步骤 1　绘制矩形

启动【矩形】命令绘制 80×40 的矩形。

步骤 2　【比例因子】方式缩放

❶单击【常用】选项卡→【修改】面板→【缩放】按钮。

❷系统弹出立即菜单，设置为 1. 平移 2. 比例因子 。

❸系统提示“拾取添加”，拾取矩形，单击鼠标右键确认。

❹立即菜单弹出第 3、4 项，设置为 1. 平移 2. 比例因子 3. 尺寸值变化 4. 比例不变 。

❺系统提示“基准点”，拾取矩形左下角点。

❻系统提示“比例系数”，从键盘输入比例系数“0.5”↙，即可得如图 4-63b 所示的图形。

【例 4-18】【参考方式】缩放正六边形。

已知一个未知尺寸的正六边形（见图 4-64a），缩放后使其边长为 20，如图 4-64b 所示。

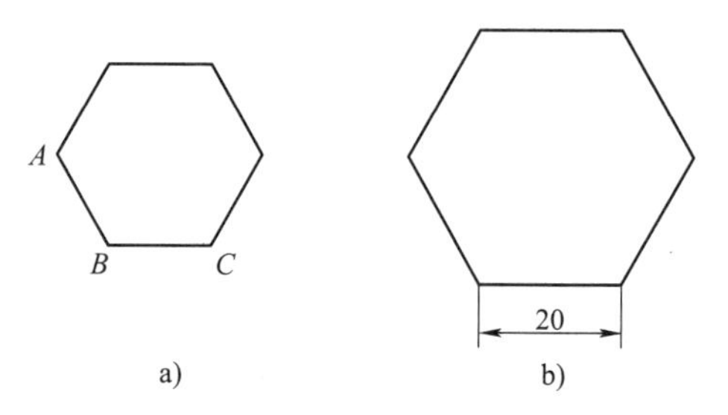

图 4-64　【参考方式】缩放实例

步骤 1　绘制正六边形

启动【正多边形】命令绘制一个任意边长的正六边形。

步骤 2　【参考方式】缩放

❶单击【常用】选项卡→【修改】面板→【缩放】按钮。

❷系统弹出立即菜单，设置为 1. 平移 2. 参考方式 。

❸系统提示“拾取添加”，拾取正六边形，单击鼠标右键确认。

❹立即菜单弹出第 3、4 项，设置为 1. 平移 2. 参考方式 3. 尺寸值变化 4. 比例不变 。

❺系统提示“基准点”，拾取正六边形上 *A* 点（捕捉端点或交点），图形将以 *A* 点作为缩放的基点。

❻系统又提示“参考距离第一点”，拾取六边形上 *B* 点。

❼系统又提示“参考距离第二点”，拾取六边形上 *C* 点，把 *BC* 作为参照长度。

❽系统又提示“新距离”，从键盘输入新长度“20”↙，即可得到如图 4-64b 所示的图形。

4.15　基本编辑

前文介绍的删除、平移、裁剪、旋转等图形编辑命令，为精确、快速地绘制图形创造了条件。CAXA 电子图板还提供了基本编辑功能，包括【撤销】命令与【恢复】命令、图形剪切、复制与粘贴等内容。

4.15.1　撤销与恢复

【撤销】命令与【恢复】命令是相互关联的一对命令。

1. 撤销

【撤销】命令的功能是取消最近一次发生的编辑动作。

单击快速启动工具栏中【撤销】按钮或单击【菜单】，选择【编辑】→【撤销】菜单命令，即可取消最近一次发生的编辑动作。例如，在编辑图形的过程中，错误地删除了一个图形，即可使用该命令取消删除操作。【撤销】命令具有多级回退功能，可以回退至任意一次操作的状态。

在快速启动工具栏【撤销】按钮右侧有一个按钮，单击可弹出一个下拉菜单，下拉菜单中记录着当前全部可以撤销的操作步骤。利用该下拉菜单可以在不用反复执行撤销命令的情况下，一步撤销到需要的操作步骤，如图 4-65 所示。在没有可撤销操作的状态下，撤销功能及其下拉菜单均不可使用。

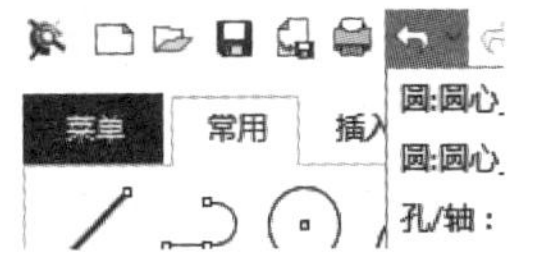

图 4-65 【撤销】菜单

2. 恢复

【恢复】命令是【撤销】命令的逆过程，用来取消最近一次的撤销操作，即把撤销操作恢复，该命令只有与撤销操作配合使用才有效。

单击快速启动工具栏中【恢复】按钮或单击【菜单】，选择【编辑】→【恢复】菜单命令，即可取消最近一次的撤销操作，即把撤销操作恢复。【恢复】命令也具有多级重复功能，能够退回（恢复）到任一步撤销操作的状态。在快速启动工具栏【恢复】按钮右侧也有一个按钮，单击可弹出一个下拉菜单，记录着全部可以恢复的操作步骤，使用方法与撤销功能的下拉菜单类似。

4.15.2 图形剪切、复制与粘贴

【剪切】、【复制】与【粘贴】是一组相互关联的命令，其命令的输入方法及功能见表 4-1，使用时应注意它们的相互联系。在绘制一张专业图时，如果需要引用其他图形文件的内容，可以使用剪贴板功能。

表 4-1 图形剪切、复制与粘贴

项目	图标按钮	菜单命令	功 能	操 作
剪切		编辑→剪切	将选中图形存入剪贴板，以供图形粘贴时使用，同时删除用户拾取的图形	执行命令后，选取要剪切的图形并确认，该图形被删除并且存入剪贴板
复制		编辑→复制	将选中图形存入剪贴板，以供图形粘贴时使用，不删除用户拾取的图形，屏幕上没有任何变化	执行命令后，选取要复制的图形并确认，该图形存入剪贴板
		编辑→带基点复制	将含有基点信息的图形存入剪贴板，以供图形粘贴时使用	执行命令后，选取要复制的图形并拾取基点，该图形及基点信息即被保存到剪贴板中
粘贴		编辑→粘贴	将剪贴板中存储的图形粘贴到用户所指定的位置	执行命令后，选择【定点】或【定区域】方式。【定点】方式需输入定位点和旋转角，【定区域】方式则要拾取封闭区域内的一点，即可粘贴

在 CAXA 电子图板中，【剪切】、【复制】与【粘贴】命令放置在【编辑】主菜单中，图标按钮均放置在【常用】选项卡→【剪切板】面板上。部分命令按钮要通过单击【复制】旁边的按钮，在弹出的选项菜单中选择，如图 4-66 所示。

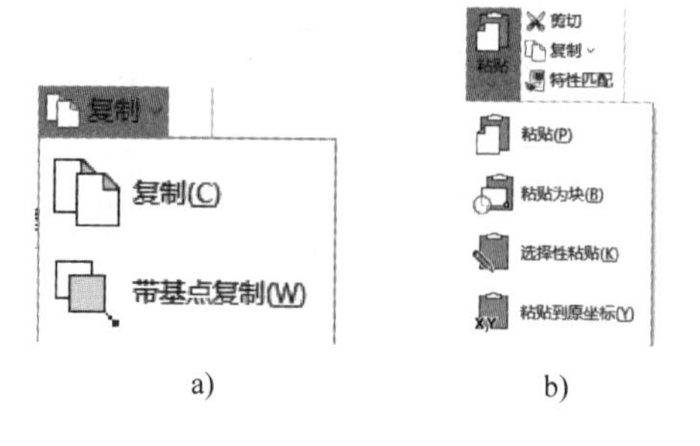

a)　　b)

图 4-66　选项菜单

图形剪切与图形复制无论在功能上，还是在使用上都十分相似，只是图形复制不删除用户拾取的图形，而图形剪切是在图形复制的基础上再删除掉用户拾取的图形。

图形复制与图形粘贴配合使用，可以灵活地对图形进行复制和粘贴。除了可以在不同的电子图板文件中进行复制和粘贴外，还可以将所选图形存入 Windows 剪贴板，粘贴到其他支持 OLE 的软件（如 Word）中。

【粘贴为块】命令的功能是将剪贴板中的对象粘贴为一个块，是【粘贴】命令的一个拆分命令。复制或剪切图形后，可以单击【粘贴】按钮直接执行也可以通过【粘贴】命令执行。在立即菜单内选择定位方式、是否粘贴为块、块是否消隐等，然后按照系统提示操作即可。该命令形成的图块不能在【插入块】命令中直接调用，但可以使用【块编辑】或【块在位编辑】命令进行编辑修改。有关图块的操作将在第 9 章介绍。

实例演练

【例 4-19】　图形复制与粘贴。

绘制如图 4-67a 所示的图形并复制，在另一张图纸上绘制如图 4-67b 所示的矩形，并在该矩形的中心处粘贴。

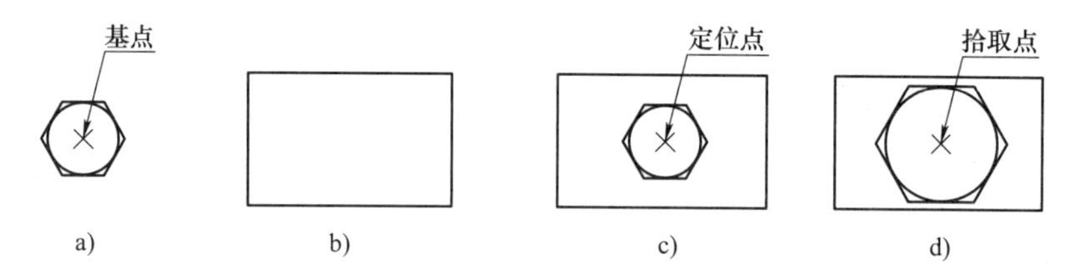

a)　　b)　　c)　　d)

图 4-67　复制与粘贴实例

a）复制的图形　b）原图　c）定点粘贴　d）定区域粘贴

操作步骤

步骤 1　复制图形

❶启动【圆】、【正多边形】命令绘制如图 4-67a 所示图形。

❷单击【常用】选项卡→【剪切板】面板上→【复制】旁边的按钮→【带基点复制】按钮，启动【带基点复制】命令。

❸系统提示“拾取添加”，拾取需要复制的实体，单击鼠标右键确认。

❹系统提示“请指定基点”，拾取圆心作为基点（粘贴时该点为图形的插入点），此时所拾取的图形被存入剪贴板，屏幕上无任何变化。

步骤 2　粘贴图形

❶单击快速启动工具栏中的【新建】按钮，创建一张新的图纸。

❷启动【矩形】命令，绘制如图 4-67b 所示矩形。

❸单击【常用】选项卡→【剪切板】面板上→【粘贴】按钮，启动【粘贴】命令。

❹复制的图形重新出现，并且随鼠标的移动而移动。操作信息提示区出现立即菜单，立即菜单各选项的功能如下。

❍ 第 1 项，可以切换【定点】和【定区域】方式，如图 4-68 所示。

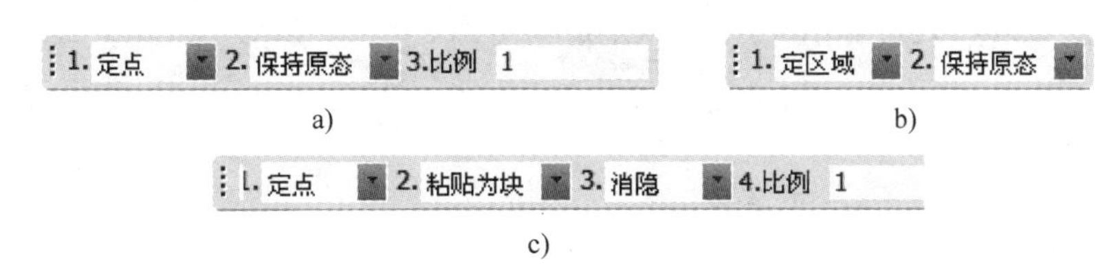

图 4-68　【粘贴】的立即菜单

❍ 第 2 项，可选择【粘贴为块】或者【保持原态】。

❍ 选择【粘贴为块】方式时，可在第 3 项中选择是否消隐，在第 4 项输入图形粘贴时的比例；选择【保持原态】方式时，第 3 项输入图形粘贴时的比例。

❺第 1 项中选择【定点】方式时，按系统提示输入定位点和旋转角度值，如果不需要旋转可直接按〈Enter〉键，把该图形粘贴到当前的图形中，如图 4-67c 所示。

❻第 1 项中选择【定区域】方式时，可按照系统提示拾取封闭区域内的一点，系统自动计算比例，把被粘贴图形充满在封闭区域中，如图 4-67d 所示。

4.16　面向实体的编辑功能

前文介绍的编辑功能大都是命令驱动方式，即先输入命令，再拾取实体进行编辑。CAXA 电子图板还提供了面向实体的操作功能，即在系统提示为“命令:”的空命令状态下，先拾取一个或多个实体，然后再对它们进行各种操作。

4.16.1　右键快捷菜单启动命令

为了使用户能方便、快捷地进行操作，CAXA 电子图板为用户提供了面向对象的右键快捷菜单功能，即先拾取图形元素，再单击鼠标右键可弹出与当前操作相对应的右键快捷菜单。

在系统提示为“命令:”的空命令状态下，拾取绘图区的一个或多个图形元素，被拾取的图形元素呈虚像显示，随后单击鼠标右键，弹出如图 4-69 所示的右键快捷菜单。在菜单中可选择删除、平移、复制、平移复制、旋转、镜像、阵列、缩放等菜单项启动命令，实现相应编辑功能。各命令的具体操作与前文介绍的命令驱动方式相同。

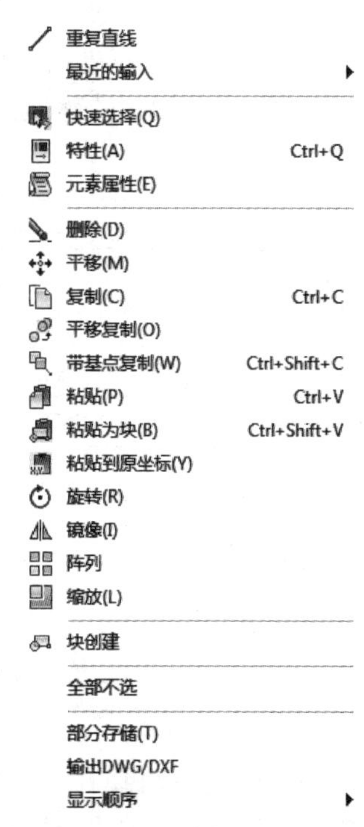

图 4-69　右键快捷菜单

4.16.2 夹点编辑

在系统提示为“命令:”的空命令状态下，用鼠标拾取绘图区的一个或多个图形元素，被拾取的图形元素呈虚像显示，而且被选对象的特征点上会出现一些小的方框，这些方框在CAXA 电子图板中称为对象的夹点。

特征点包括直线和圆弧的端点、中点；圆和椭圆的圆心、象限点；样条曲线的插值点、块的基准点等。例如，选择一条直线后，直线的端点和中点处将显示夹点。选择一个圆后，圆的四个象限点和圆心处将显示夹点，如图 4-70 所示。

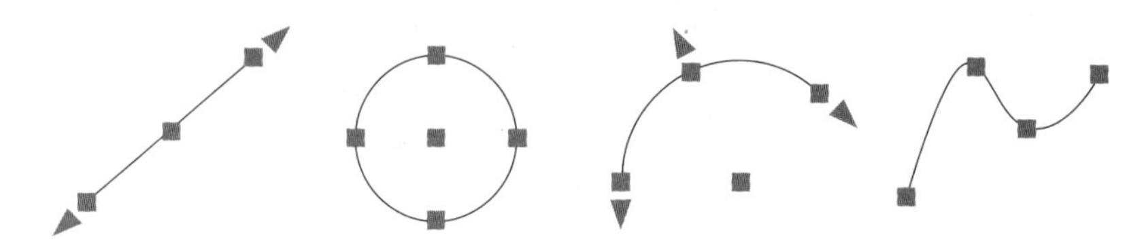

图 4-70　夹点

CAXA 电子图板中夹点有两种：方形夹点和三角形夹点。夹点有三种状态：冷态、温态和热态。夹点未激活时，为冷态，蓝色；鼠标移动到夹点时，为温态，黄色；夹点被激活（单击左键选中夹点）时，为热态，红色。利用夹点可以对图形进行编辑，夹点编辑主要可以实现对所选实体的拉伸和平移。图形对象的夹点具有不同的编辑操作。

1. 方形夹点

方形夹点可用于移动对象和拉伸封闭曲线的特征尺寸。选择不同实体的方形夹点，可执行不同的编辑操作，见表 4-2。其操作方法为：选中直线或圆弧后，被拾取的图形元素呈虚像显示，并在特征点处出现夹点。单击选中方形夹点，拖动鼠标屏幕上出现动态图形，按照系统的提示选择夹点拖动位置即可。使用方形夹点编辑曲线如图 4-71 所示。

表 4-2　方形夹点编辑

图形对象	夹点位置	可执行的编辑操作	
直线	中点	平移	以直线的中点为基准点，进行平移
	端点	拉伸	对直线任意拉伸
圆、椭圆	圆心	平移	该（椭）圆的圆心挂在十字指针上，进行平移（半径不变）
	象限点	拉伸	改变圆的半径、椭圆的轴长
圆弧	圆心	平移	圆弧的圆心挂在十字指针上，进行平移
	弧上夹点	拉伸	改变圆弧的弧长、半径、方向等
样条曲线（包括波浪线、公式曲线等）	插值点	拉伸	平移所拾取的插值点，而其他插值点不动，仍保持整条曲线的连续性
块	基准点	平移	该块的基准点挂在十字指针上，进行平移

2. 三角形夹点

三角形夹点出现在非封闭的曲线上，一般用于沿现有图形对象轨迹延伸，其效果与【拉伸】命令的【单个拾取】方式类似。操作方法为：选中直线或圆弧后，被拾取的图形元素呈虚像显示，并在特征点处出现夹点。左键单击端点处的三角形夹点，拖动鼠标出现动态

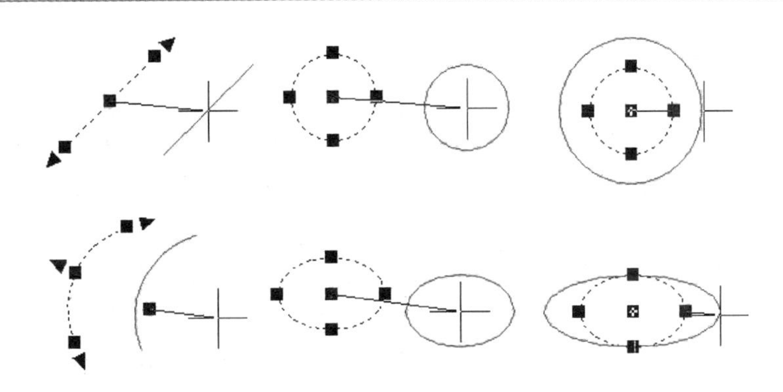

图 4-71　方形夹点编辑曲线

图形，在合适的位置上单击即可。

选择不同实体的三角形夹点，可执行不同的编辑操作，见表 4-3。使用三角形夹点编辑曲线，如图 4-72 所示。

表 4-3　三角形夹点编辑

图形对象	夹点位置	可执行的编辑操作	
直线	端点	拉伸	沿原直线方向轴向拉伸
圆弧	端点	拉伸	圆心和半径不变，拉伸圆弧的长度
	中点		圆心不变，拉伸圆弧的半径

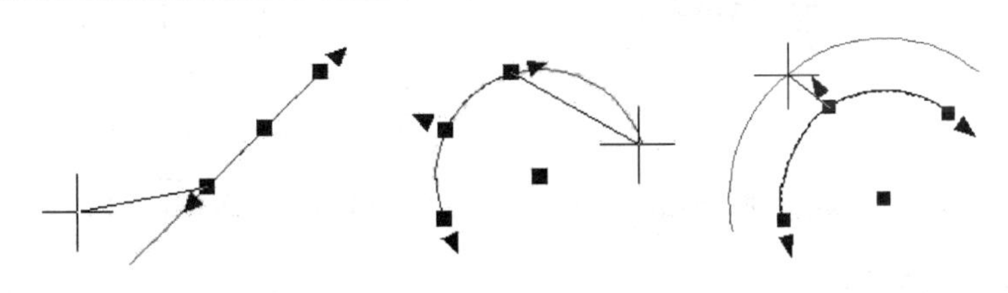

图 4-72　三角形夹点编辑曲线

4.17　综合实例——绘制平面图形

绘制如图 4-73 所示的平面图形。

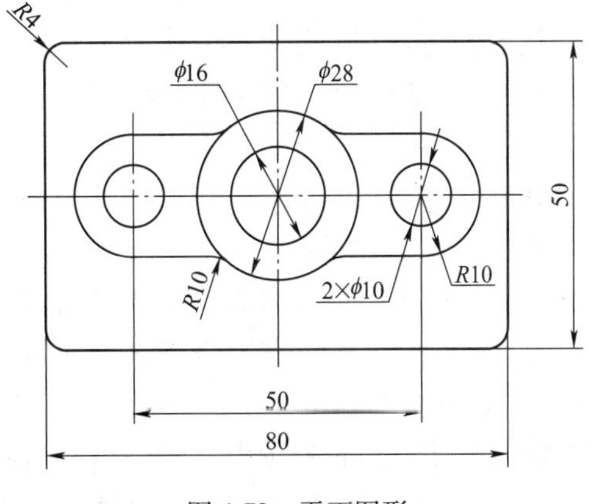

图 4-73　平面图形

设计思路

本例图形主要由圆、圆弧和直线组成，并且上下、左右均对称，因此可以先绘制其中一侧图形，再用【镜像】命令复制得到另一侧的对称图形，从而提高绘图效率。

操作步骤

步骤 1　设置绘图环境

设置点捕捉状态为【智能】方式。

步骤 2　绘制带圆角的矩形

❶单击【常用】选项卡→【绘图】面板→【矩形】按钮，系统弹出立即菜单，设置为 1. 长度和宽度 2. 中心定位 3.角度 0 4.长度 80 5.宽度 50 6. 有中心线 7.中心线延伸长度 3。

❷系统提示“定位点:”，在绘图区单击一点，长 80、宽 50 的矩形及其中心线被绘制出来。

❸单击【常用】选项卡→【修改】面板→【过渡】按钮，立即菜单设置为 1. 多圆角 2.半径 4。

❹提示“拾取首尾相连的直线:”，拾取矩形的任一边即可作出四个圆角，如图 4-74 所示。

步骤 3　绘制 $\phi16$ 和 $\phi28$ 两个同心圆

❶单击【常用】选项卡→【绘图】面板→【圆】按钮，系统弹出立即菜单，各选项设置为 1. 圆心 半径 2. 直径 3. 无中心线。

❷系统提示“圆心点”，单击矩形中心线的交点。

❸系统提示变为“输入直径或圆上一点”，键盘输入“16”↙。系统继续提示“输入直径或圆上一点”，键盘输入“28”↙，按下鼠标右键结束命令，同心圆绘制完毕，如图 4-75 所示。

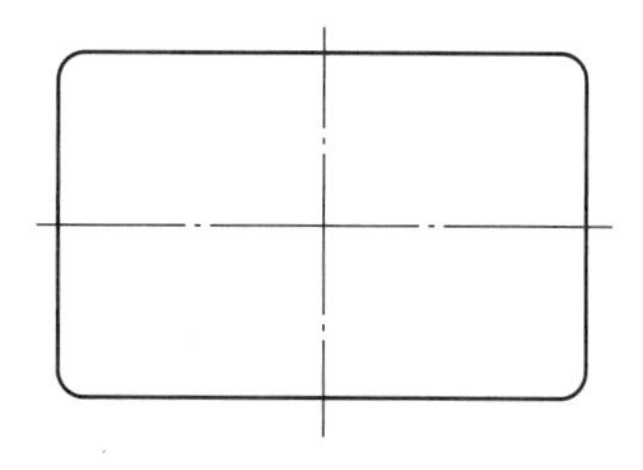

图 4-74　绘制带圆角的矩形

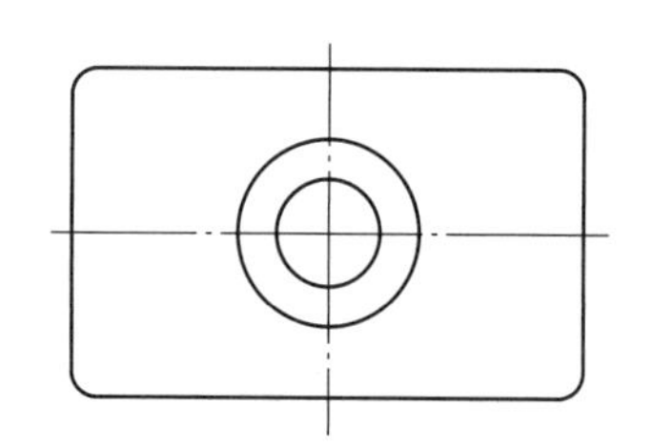

图 4-75　绘制同心圆

步骤 4　绘制左侧圆头结构

❶单击【常用】选项卡→【绘图】面板→【平行线】按钮，系统弹出立即菜单，各选项设置为 1. 偏移方式 2. 单向。系统提示“拾取直线”，用鼠标拾取矩形的垂直中心线。系统又提示“输入距离或点（切点）”，移动鼠标到垂直中心线的左侧，键盘输入“25”↙，单击鼠标右键结束【平行线】命令。

❷单击【常用】选项卡→【绘图】面板→【圆】按钮，绘制 $\phi10$ 和 $\phi20$ 同心圆（捕捉所画平行线与矩形水平中心线的交点为圆心），如图 4-76 所示。

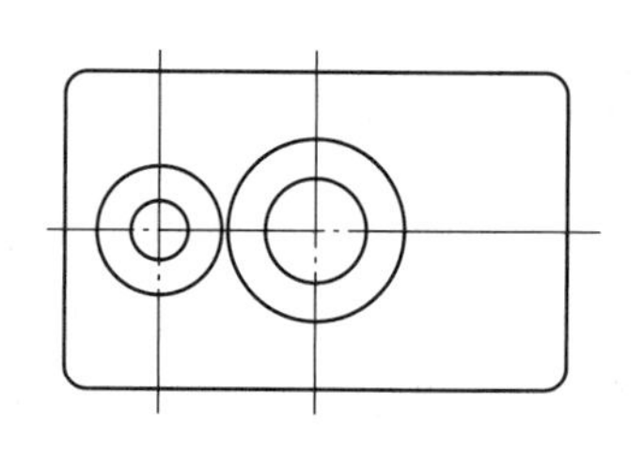

图 4-76　绘制平行线及同心圆

❸单击【常用】选项卡→【绘图】面板→【直线】按钮，系统弹出立即菜单，立即菜单各选项设置为 1. 两点线 2. 单根。单击 正交 按钮使系统处于正交状态。根据系统提示，绘制一条正交直线（捕捉所作平行线与 $\phi20$ 圆的交点），如图 4-77 所示。

❹单击【常用】选项卡→【修改】面板→【过渡】按钮，系统弹出立即菜单，各选项设置为 1. 圆角 2. 裁剪始边 3.半径 10，如图 4-78 所示拾取两条曲线，作出圆角。

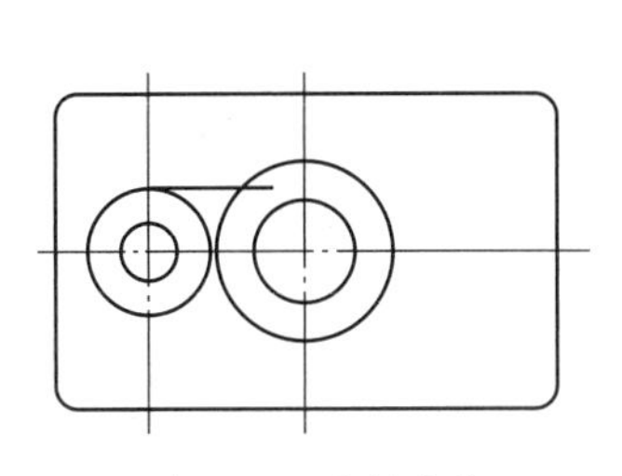

图 4-77　绘制直线

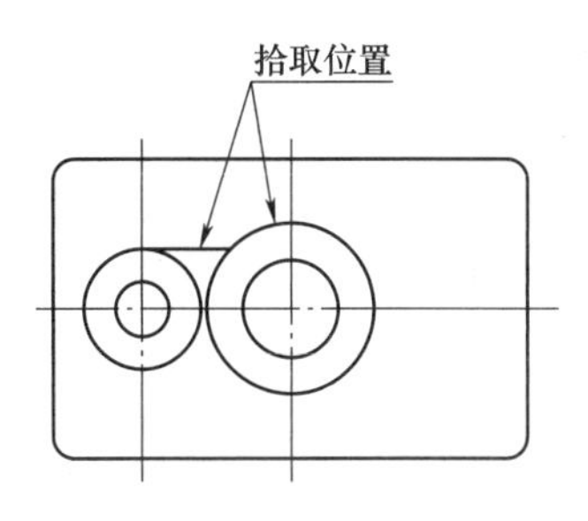

图 4-78　作出圆角

❺单击【常用】选项卡→【修改】面板→【镜像】按钮，立即菜单设置为「1. 选择轴线」「2. 拷贝」。系统提示“拾取元素:”，如图 4-79 所示拾取直线及圆角，系统提示“拾取轴线:”，拾取矩形的水平中心线，即可作出镜像图形。

❻单击【常用】选项卡→【修改】面板→【裁剪】按钮，立即菜单设置为「1. 快速裁剪」，按照系统提示拾取要裁剪的曲线即可，拾取位置如图 4-79 所示。

❼单击【常用】选项卡→【修改】面板→【删除】按钮，删除平行线。

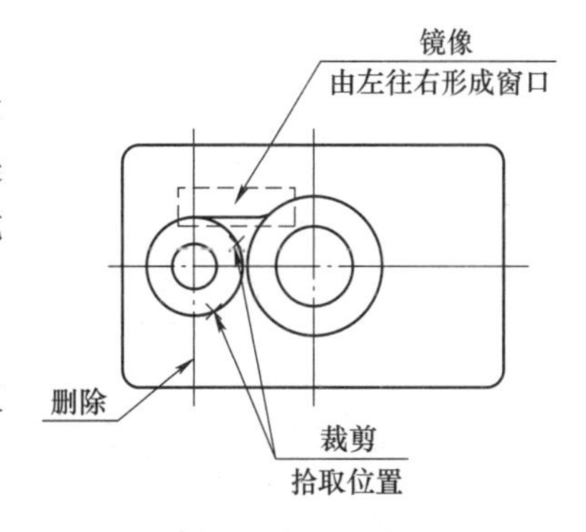

图 4-79　拾取元素

❽单击【常用】选项卡→【绘图】面板→【中心线】按钮，绘制 ϕ20 圆的中心线（由于圆的水平中心线与矩形水平中心线重合，导致该段中心线显示成细实线，可使用【删除】命令删除圆的水平中心线）。绘制结果如图 4-80 所示。

步骤 5　镜像右侧圆头结构

❶单击【常用】选项卡→【修改】面板→【镜像】按钮，立即菜单设置为「1. 选择轴线」「2. 拷贝」。

❷系统提示“拾取元素:”，如图 4-81 所示拾取需镜像的左侧圆头结构。

❸系统提示“拾取轴线:”，拾取矩形的垂直中心线即可作出右侧结构，如图 4-81 所示。

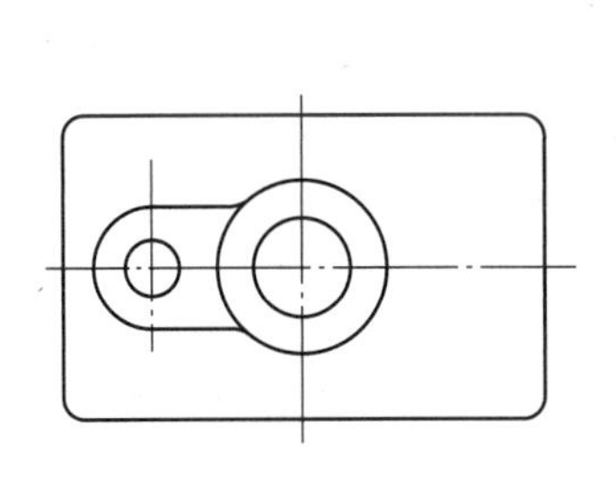

图 4-80　绘制左侧圆头结构

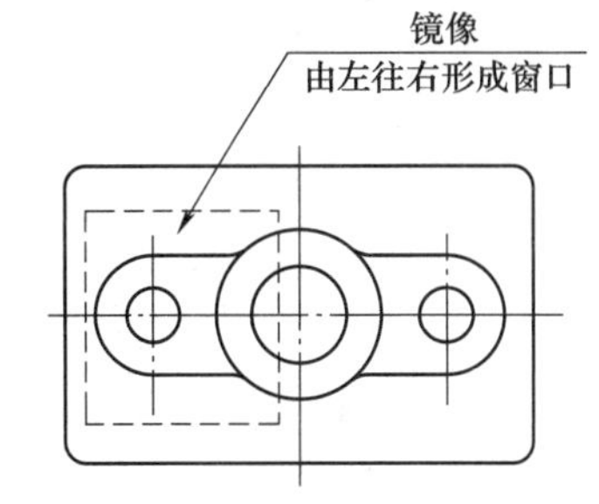

图 4-81　镜像左侧圆头结构

4.18　思考与练习

1. 概念题

（1）【平移】命令和【平移复制】命令的区别是什么？其【给定偏移】方式和【给定

两点】方式有何不同?

（2）缩放时，“尺寸值不变/变化”及“比例不变/变化”的含义是什么?

（3）圆角过渡时，【裁剪】、【裁剪始边】、【不裁剪】三种方式的区别是什么?

（4）在【过渡】命令中，【外倒角】方式和【内倒角】方式适用于什么场合?

（5）图形剪切、复制与粘贴，各自的功能是什么?

2. 操作题

（1）绘制如图 4-82 所示的图形，不标注尺寸。

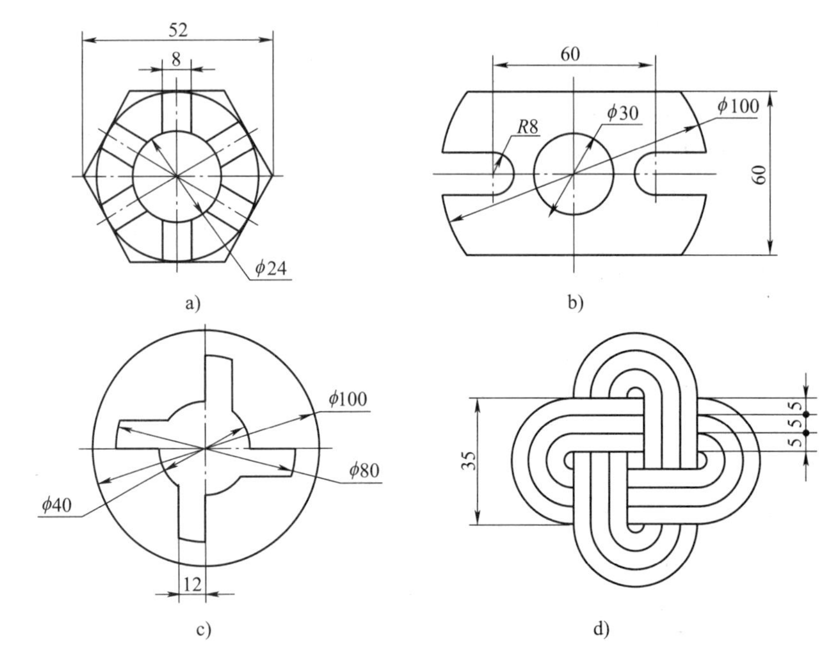

图 4-82　习题 2（1）图形

（2）绘制如图 4-83 所示图形，不标注尺寸。

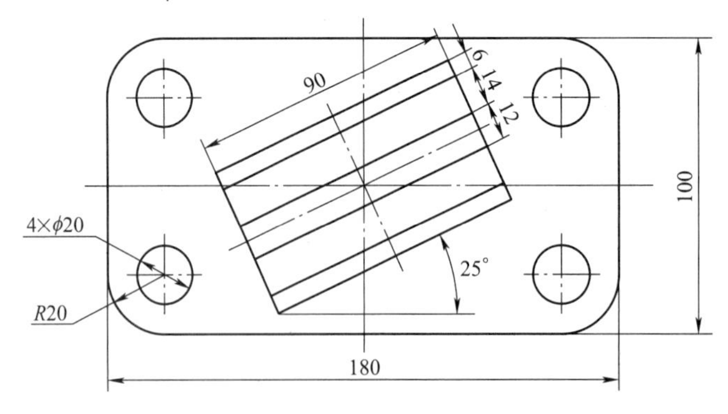

图 4-83　习题 2（2）图形

（3）绘制如图 4-84 所示的图形，不标注尺寸。

（4）绘制如图 4-85 所示手柄，不标注尺寸。

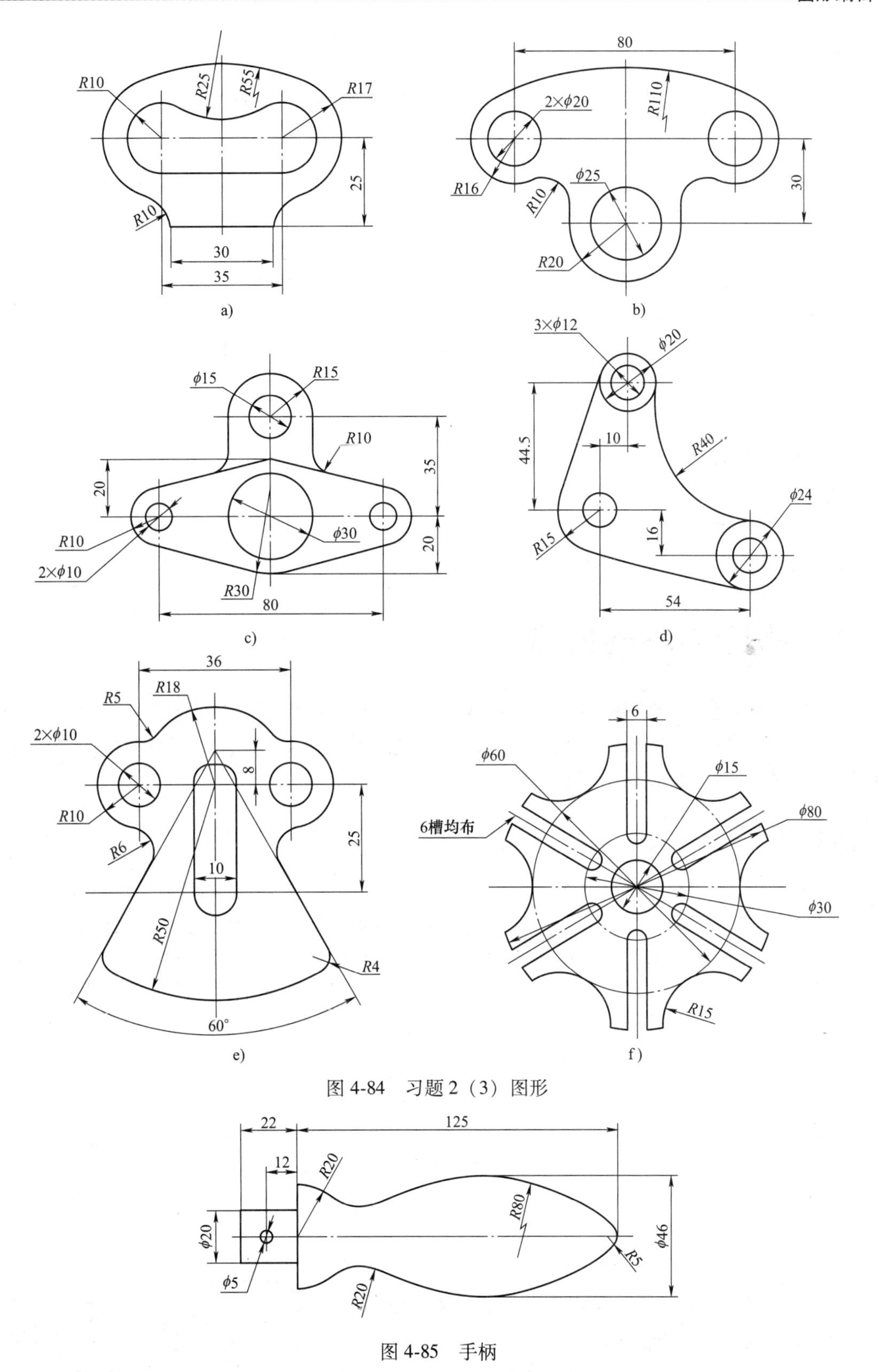

图 4-84　习题 2（3）图形

图 4-85　手柄

第 5 章　分层绘图

内容与要求

图层是使用交互式绘图软件进行结构化设计不可缺少的图形绘制环境，也是区别于手工绘图的重要特征。CAXA 电子图板提供了分层作图的功能，允许建立、选用不同的图层。将同一类的图形绘制到同一图层，并可以使用不同的线型及颜色来绘图，会使图形信息更清晰、更有序，为以后编辑、观察及打印图样带来很大便利。

学习本章应达到如下目标。

- 理解图层的功能
- 掌握分层绘图的方法
- 掌握设置图层属性的方法
- 掌握【特性】工具选项板的使用

5.1　图层的基础知识

图层是使用交互式绘图软件进行结构化设计不可缺少的图形绘制环境 CAXA 电子图板绘图系统同其他 CAD/CAM 绘图系统一样，为用户提供了分层绘图功能。掌握图层的操作可以使绘图者更加方便、快捷地绘制和编辑工程图。

5.1.1　图层概述

一幅机械工程图样包含各种各样的信息：有确定实体形状的几何信息，有表示线型、颜色等属性的非几何信息，也有各种尺寸和符号等。这么多的内容集中在一张图样上，必然给设计绘图工作带来很大的负担。如果能把相关的信息集中在一起，或把某个零件、某个组件集中在一起单独进行绘制或编辑，当需要时又能够组合或单独提取，那将使绘图设计工作变得简单而又方便。本章介绍的图层就具备这种功能，可以采用分层绘图的设计方式完成上述要求。

图层相当于一张张没有厚度的透明薄片，图形及其信息就存放在这些透明薄片上。不同的图层上可以设置不同的线型和不同的颜色，也可以设置其他信息。

CAXA 电子图板的图形元素必须绘制在某一图层上，图层具有以下特点。

1）各图层具有相同的坐标系和显示缩放系数，层与层之间完全对齐并重叠在一起，各个层组合起来就是一幅完整的图，如图 5-1 所示。

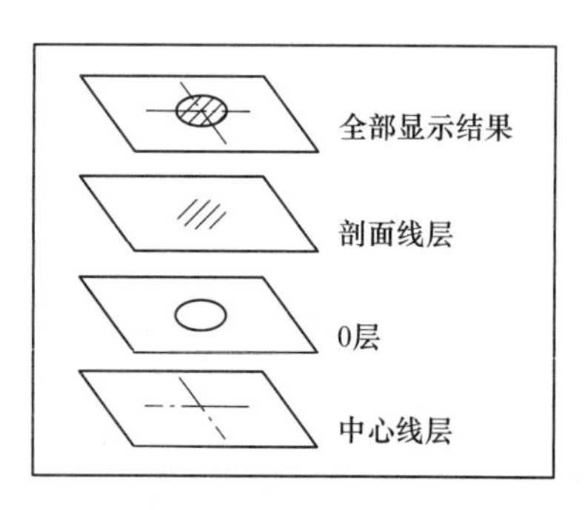

图 5-1　图层的概念

2）每个图层都对应一组层属性，层属性可以根据需要修改。图层的属性包括层名、层状态、线型、颜色、线宽、层锁定、层打印和层描述等。

3）图层可以被建立，也可以被删除。

5.1.2 CAXA 电子图板图层的特点

与其他 CAD 绘图软件相比较，CAXA 电子图板的图层还具有以下特点。

1. 智能分层

使用 CAXA 电子图板某些命令绘制的内容，能自动放置到所属图层中。例如，使用【中心线】命令时，系统自动在中心线层上绘制中心线；使用【剖面线】命令时，系统自动在剖面线层上绘制剖面线；使用【文字】及【尺寸标注】等标注命令时，系统自动把所标注的内容放在尺寸线层上，这样大大方便了绘图。

2. 预先定义了 8 个图层

根据绘制工程图的实际需要，CAXA 电子图板预先定义了 8 个图层。这 8 个图层的层名分别为 0 层、中心线层、虚线层、粗实线层、细实线层、尺寸线层、剖面线层和隐藏层，每个图层都按其名称设置了相应的颜色、线型和线宽。系统启动后的初始当前层为粗实线层。

为了操作上的方便，CAXA 电子图板将有关图层的命令，集中安排在【常用】选项卡的【特性】面板上。该面板包括【图层设置】、【颜色设置】、【线宽设置】、【线型设置】4 个按钮和【当前层设置】、【当前层颜色设置】、【当前层线宽设置】、【当前层线型设置】4 个下拉列表框，如图 5-2 所示。通过【特性】面板可以方便、直观地对图层、颜色、线型和线宽进行管理。

图 5-2 【特性】面板

5.2 设置图层

除了 CAXA 电子图板预先定义的 8 个图层外，用户也可以根据自己的绘图需要创建新图层，创建的新图层可以被删除。此外，每个图层都对应一组由系统设定的颜色、线型和线宽等属性，层属性可以根据需要修改。设置图层主要通过【图层设置】命令完成。

5.2.1 【图层设置】命令

【图层设置】命令用于对各图层进行设置，其操作内容包括设置当前层、重命名、新建、删除、打开/关闭、冻结/解冻、设置颜色、设置线型、设置线宽、层锁定、层打印等。通过【图层设置】命令对图层属性内容进行修改后，该图层上所有对象的属性均会自动更新。

单击【常用】选项卡→【特性】面板→【图层设置】按钮，或单击【菜单】，选择【格式】→【图层】命令，系统弹出【层设置】对话框，如图 5-3 所示。【层设置】对话框是实现图层设置的主要方式，不仅可以修改图层的属性，还可以对图层进行控制，如设置当前层、创建图层、删除图层等。该对话框中各功能选项的含义说明如下。

1）左侧是图层列表，显示现有图层。

2）右侧是图层属性设置区，可以对图层进行以下操作：打开/关闭、冻结/解冻、锁

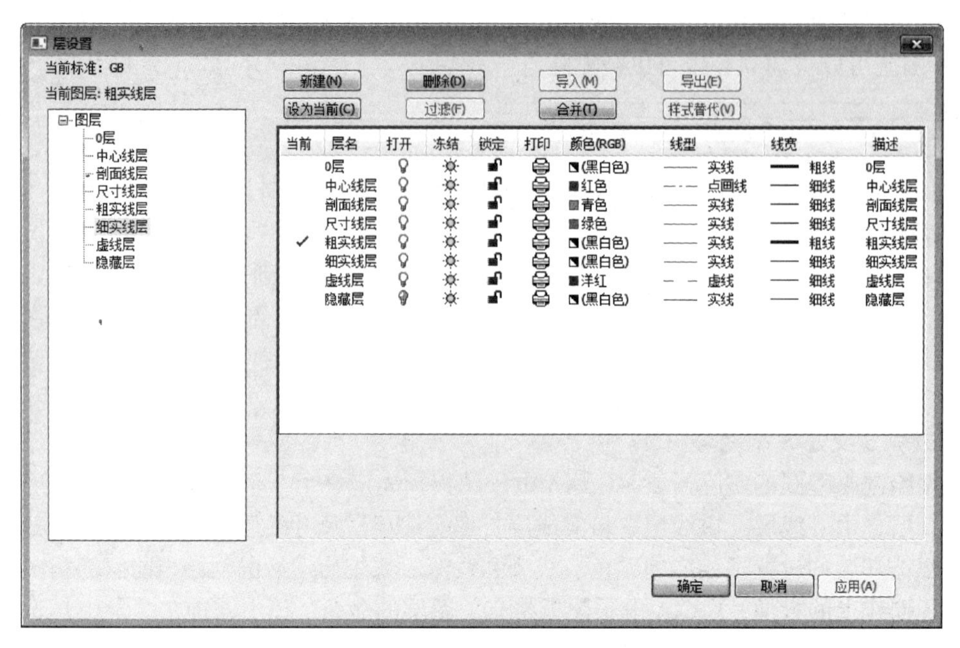

图 5-3 【层设置】对话框

定、打印以及设置颜色、线型和线宽。

3）上方是当前图层显示和按钮区。

下面介绍在【层设置】对话框中设置图层的方法。

5.2.2 设置图层的属性

每个图层都对应一组层属性，层属性可以根据需要修改。图层的属性包括层名、线型、颜色、线宽、打开/关闭、冻结/解冻、锁定、打印和层描述等。在屏幕上，定义了属性的图层很容易从众多图层中区分出来，如将图层颜色定义为红色，那么很快就可以了解到红色图层对应的图形结构。

单击【常用】选项卡→【特性】面板→【图层设置】按钮，系统弹出【层设置】对话框，在该对话框中可设置图层的属性。

1. 图层改名

图层的名称分为层名和层描述两部分。层名是层的代号，是层与层之间相互区别的唯一标志，因此层名是唯一的，不允许有相同层名的图层存在。层描述是对层的形象描述，应尽可能用层描述体现出该层的性质、作用等。

单击【常用】选项卡→【特性】面板→【图层设置】按钮，系统弹出【层设置】对话框。在对话框左侧的图层列表中，指针移动到要修改的层名上，单击鼠标右键，在弹出的快捷菜单中选择【重命名】，如图 5-4 所示。随后在该位置上会出现一个编辑框，在编辑框中输入“辅助线层”，输完后用鼠标左键单击编辑框外任意一点即可结束编辑。这时，在【层设置】对话框中可看到对应的层名已经发生了变化，如图 5-5 所示，单击 确定 按钮即可。

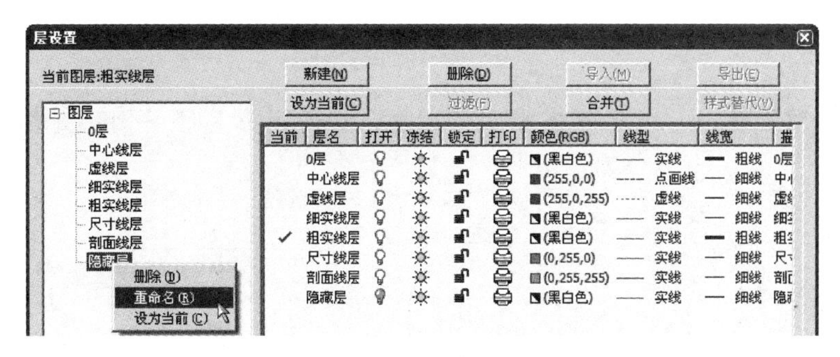

图 5-4　图层改名

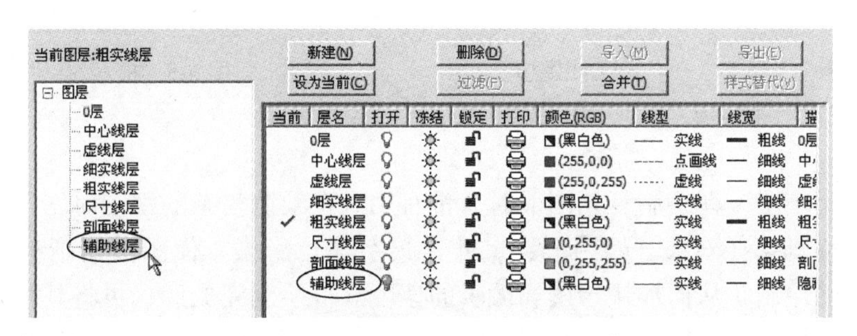

图 5-5　“隐藏层”改为“辅助线层”

提示

图层改名只改变图层的名称，不会改变图层上的其余属性。

2. 打开和关闭图层

图层可以被打开与关闭，该功能用于控制图层的显示状态。在处于打开状态时，该层的图形是可见的；在处于关闭状态时，该层的图形处于不可见状态，但图形仍然存在，并没有被删除。在【层设置】对话框的【打开】属性栏，打开图层的层状态显示为加亮，关闭图层的层状态显示为灰色，用鼠标左键单击可进行图层打开或关闭的切换。

在【层设置】对话框中，用鼠标单击想要关闭图层（如中心线层）的按钮，该按钮变为灰色，如图 5-6 所示。单击该对话框的 确定 按钮，中心线层被关闭，此时处于该层上的中心线不可见，如图 5-7b 所示。再次打开【层设置】对话框，单击中心线层的灰色按钮，按钮重新变亮该图层，即被打开。

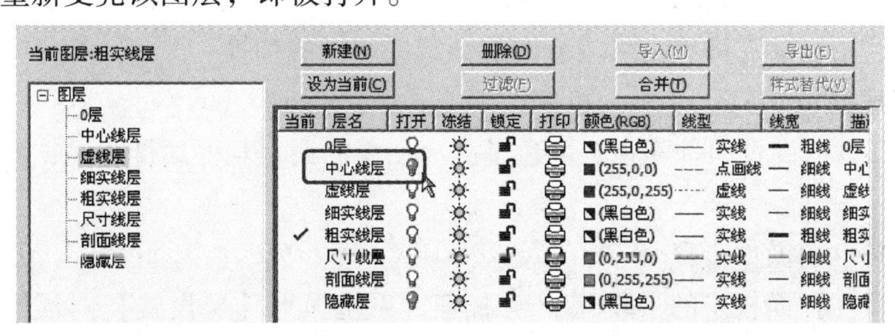

图 5-6　关闭图层

提示

关闭当前图层时，系统会弹出提示对话框，询问用户是否关闭当前图层，如图 5-8 所示。

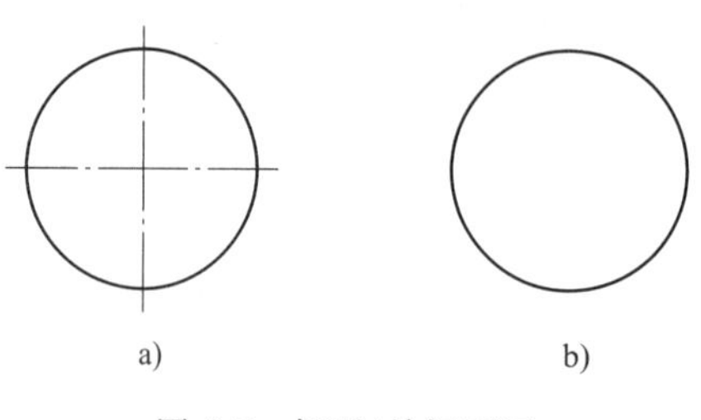

图 5-7 打开/关闭图层
a）中心线层打开 b）中心线层关闭

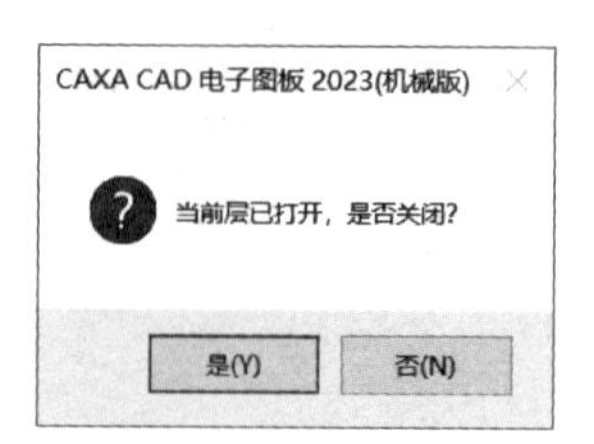

图 5-8 提示对话框

打开和关闭图层，在绘制复杂图形时非常有用。在绘制复杂的视图时，可以把与当前无关的一些细节（即某些对象，如图形、尺寸、文字等）隐去，使图面清晰整洁，以便集中完成当前图形的绘制，从而加快绘图和编辑的速度。待绘制完成后，再将其打开，显示全部的内容。例如，可将尺寸线和剖面线分别放在尺寸线层和剖面线层，在修改视图时将其关闭，使视图更清晰；还可将作图的一些辅助线放入隐藏层中，作图完成后，关闭该层隐去辅助线，而不必逐条删除。

3. 冻结/解冻图层

在大型图形中，可以冻结不需要的图层，使图层上的对象不可见，这将加快显示和重生成的操作速度。

在【层设置】对话框的【冻结】属性栏中，解冻图层的层状态显示为☀，冻结图层的层状态显示为❄，用鼠标左键单击可以进行图层冻结或解冻的切换。另外，当前图层是无法冻结的。在当前层上单击【冻结】属性按钮，将弹出如图 5-9 所示的对话框提示用户无法冻结当前图层。

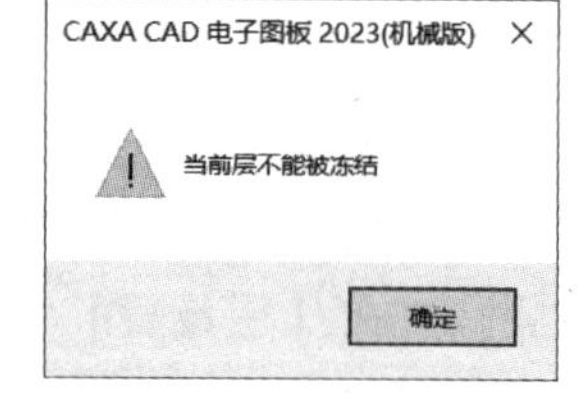

图 5-9 提示对话框

4. 锁定/解锁图层

锁定图层后，在该层上可以绘制图形，但是绘制出来的图形无法进行编辑，必须将其解锁后才能恢复可编辑状态。锁定的对象可以是任何状态的图层。

在【层设置】对话框的【锁定】属性栏，解锁图层的层状态显示为🔓，锁定图层的层状态显示为🔒，用鼠标左键单击可进行图层锁定或解锁的切换。

5. 设置图层颜色

每个图层都可以设置一种颜色，颜色是区分图层的最直观的属性之一，图层的颜色可以改变。

☞ 设置图层颜色的操作步骤

❶单击【特性】面板中的【图层】按钮，系统弹出【层设置】对话框。在该对话框中用鼠标单击想要改变图层的颜色框，如图 5-10 所示。

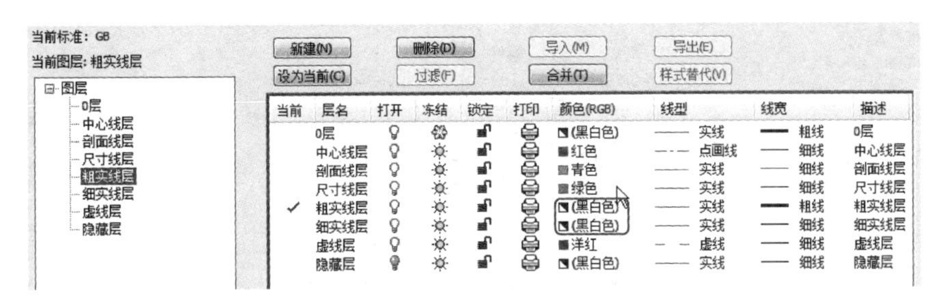

图 5-10　设置图层颜色

❷系统弹出如图 5-11 所示的【颜色选取】对话框，在【标准】选项卡中系统提供了 255 种颜色，如图 5-11a 所示。从中选择一种需要的颜色，单击 确定 按钮。如果用户在此处找不到需要的颜色，可以切换至【定制】选项卡中选取，这里提供了多种颜色，如图 5-11b 所示。

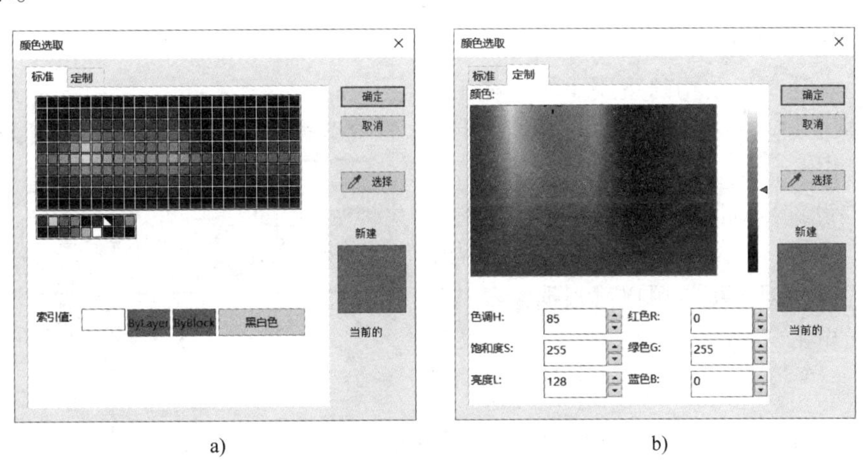

图 5-11　【颜色选取】对话框

a）【标准】选项卡　b）【定制】选项卡

❸返回到【层设置】对话框，此时对应图层的颜色已改为选定的颜色，单击【层设置】对话框中的 确定 按钮，完成设置颜色操作。

6. 设置图层线型

每一个图层都应该赋予一种线型。对于不同的图层，它们的线型可以相同，也可以不同。CAXA 电子图板系统为已有的 8 个图层设置了不同的线型，所有这些线型都可以使用线型设置功能重新设置。

☞ 设置图层线型的操作步骤

❶单击【特性】面板中的【图层】按钮，系统弹出【层设置】对话框。在该对话框中用鼠标单击想要改变的图层线型，如图 5-12 所示。

❷弹出如图 5-13 所示的【线型】对话框，用户可根据需要选择线型（如双点画线），然后单击 确定 按钮。

❸返回到【层设置】对话框，此时对应图层的线型已改为选定的线型（如双点画线），

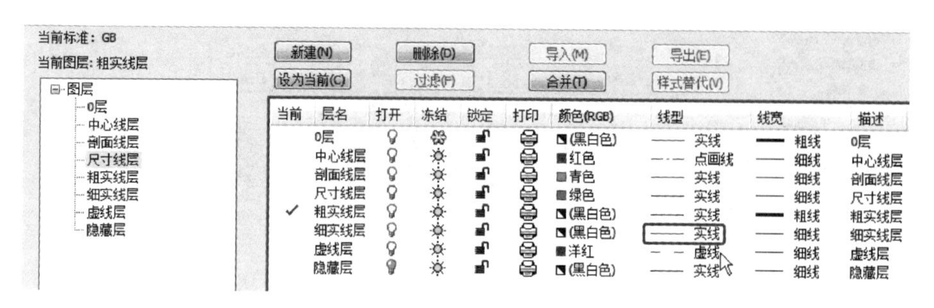

图 5-12　设置图层线型

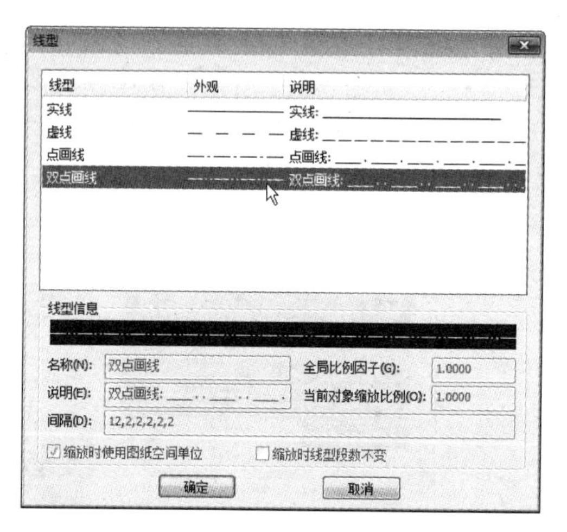

图 5-13　【线型】对话框

单击 确定 按钮，即可完成设置线型操作。

此时，屏幕上该图层中线型属性为 ByLayer 的实体会全部改为选定的线型，如图 5-14 所示。

7. 设置图层线宽

线宽是表达图形结构的重要手段。在工程图上，往往用线宽来区分零件的轮廓线、标注尺寸线等。

在【层设置】对话框中，用鼠标单击想要改变的图层线宽，系统即可弹出如图 5-15 所示的【线宽设置】对话框，用户可根据需要选择线宽，然后单击 确定 按钮。

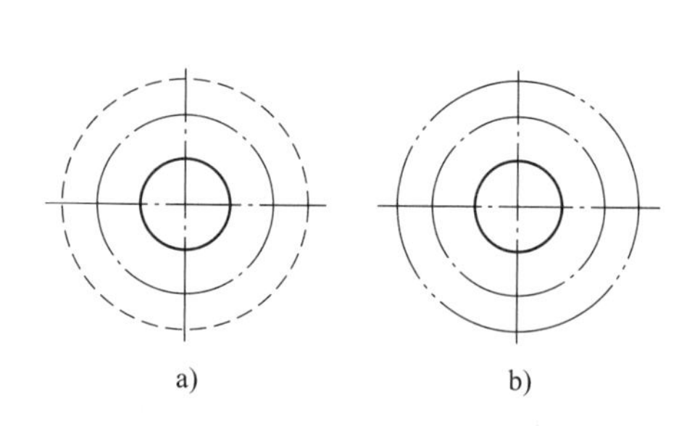

图 5-14　改变线型

a）原图　b）虚线层的线型改为双点画线

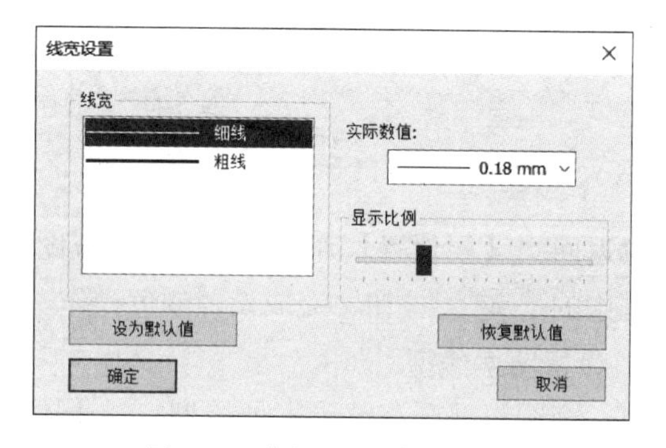

图 5-15　【线宽设置】对话框

提示

线宽设置完成了，可绘制的图形并不显示图线的宽度，这是由于 CAXA 电子图板在状态栏上为线宽设置了一个显示开关。单击状态栏上的 线宽 按钮开启线宽显示功能，这时图线便会显示出宽度。

8. 层打印

CAXA 电子图板可以控制图层上的图形是否被打印。绘图中有些图层（如辅助线层）上的图素不想打印输出，就可以关闭其打印状态。

在【层设置】对话框中的【打印】属性栏，默认情况下为开启状态，关闭后图标变为，用鼠标左键单击可以进行图层打印或不打印的切换。在开启状态时，图层的内容可以打印输出，关闭状态时，图层的内容不能打印出来。

5.2.3 创建与删除图层

除了 CAXA 电子图板已定义好的图层外，用户还可以根据需要自己创建或删除图层，以方便图形的绘制与编辑。

1. 创建图层

☞ 创建图层的操作步骤

❶单击【常用】选项卡→【特性】面板→【图层设置】按钮，系统弹出【层设置】对话框。

❷在该对话框中用鼠标单击 新建(N) 按钮，系统弹出如图 5-16 所示的提示对话框，单击 是(Y) 按钮。

❸系统又弹出如图 5-17 所示的【新建风格】对话框，输入新图层的名称，并选择一个图层作为【基准风格】，单击 下一步 按钮。

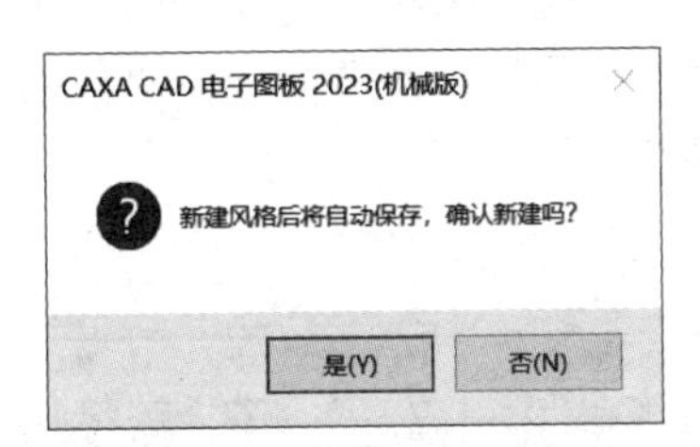

图 5-16　提示对话框

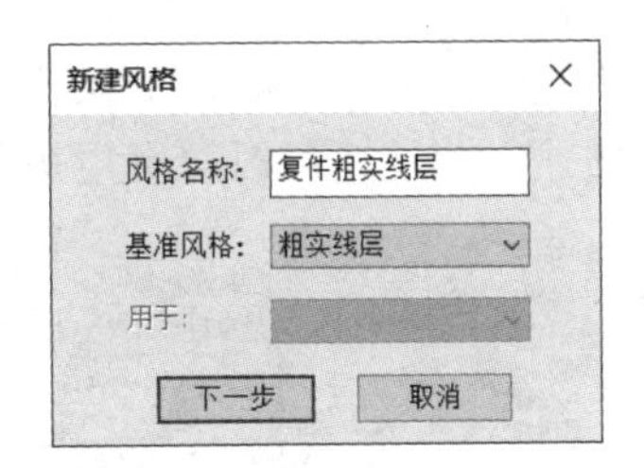

图 5-17　【新建风格】对话框

❹回到【层设置】对话框，此时图层列表框的最下边一行可以看到新建的图层，该新建图层的风格与所选图层相同，如图 5-18 所示。按照前文介绍的方法，可根据需要对新建图层改名、设置颜色、线型、线宽等。

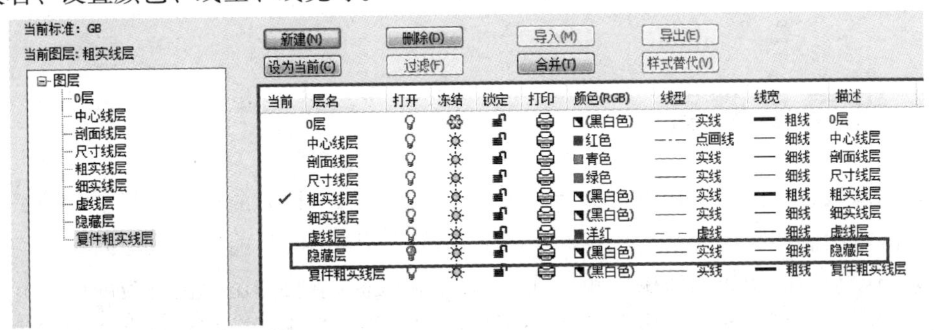

图 5-18　新建图层

2. 删除图层

☞ 删除图层的操作步骤

❶单击【常用】选项卡→【特性】面板→【图层设置】按钮，系统弹出【层设置】对话框。

❷在该对话框选中要删除的图层，用鼠标单击 删除(D) 按钮；或者选中要删除的图层再单击鼠标右键，在弹出的快捷菜单中选择【删除】。

❸系统弹出如图 5-19a 所示的提示对话框，单击 是(Y) 按钮，图层被删除。

删除图层时的注意事项：

1）只能删除用户创建的图层，不能删除系统原始图层即预先定义的8个图层，否则会弹出如图 5-19b 所示的提示对话框。

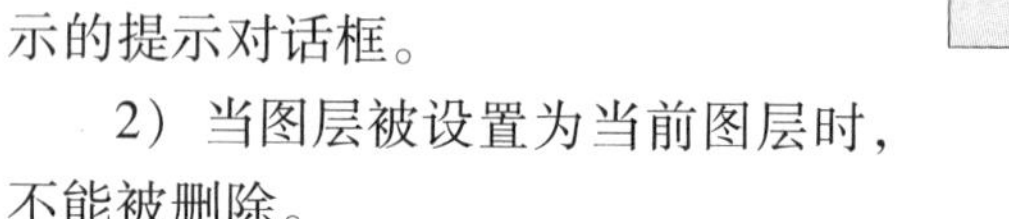

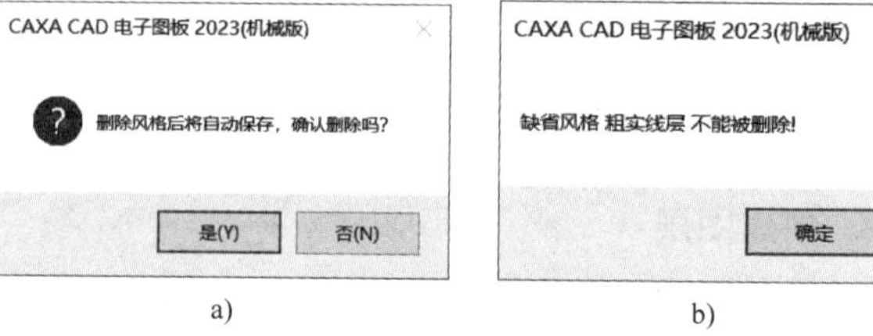

a)　　b)

图 5-19　提示对话框

2）当图层被设置为当前图层时，不能被删除。

3）当图层上有图形时，不能被删除。

5.2.4 图层编辑右键菜单

单击【常用】选项卡→【特性】面板→【图层设置】按钮，系统弹出【层设置】对话框。在右侧的图层属性设置区中选定一个图层，单击鼠标右键弹出快捷菜单，如图 5-20 所示。

在该右键快捷菜单中可以实现的操作有设为当前图层、新建图层、重命名图层、删除图层和修改图层描述，此外还可以对图层进行全选和反选操作。

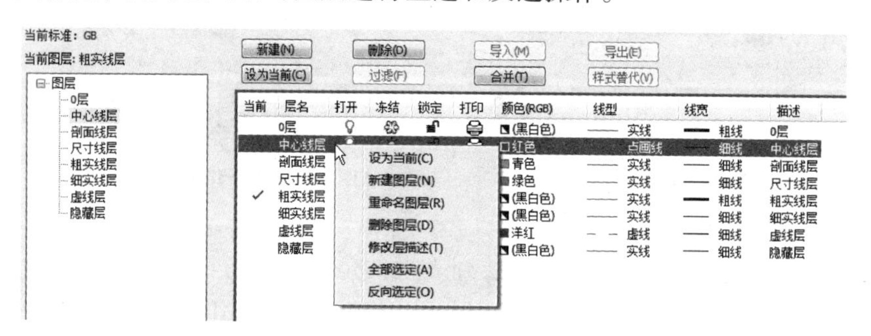

图 5-20　右键快捷菜单

5.3 设置当前层

所谓当前层就是当前正在进行操作的图层，当前层也可称为活动层。将某个图层设置为当前层，随后绘制的图形元素均放在此层上。系统只有唯一的当前层，其他的图层均为非当前层。系统启动后的初始当前层为粗实线层。可以通过以下两种途径设置当前层。

1）通过【特性】面板，进行当前层的操作。这是设置当前层最方便快捷的方式，需要熟练掌握。

2）执行【图层设置】命令，在【层设置】对话框中进行当前层的操作。

5.3.1 切换当前层

当前层是唯一的，用户只能在当前层中创建新的图形。所以在绘图过程中，需要根据绘制的对象不同经常地变换当前层。

1. 通过【特性】面板

单击【常用】选项卡→【特性】面板→【当前层设置】下拉列表框，系统弹出图层下拉列表。在该下拉列表中单击要设置为当前的图层，如“中心线层”（见图5-21），中心线层即被设置为当前层。

当前层的名称、颜色、线型均显示在【特性】面板中，如图5-22所示。可以看到【当前层颜色设置】下拉列表框中的颜色变成红色；【当前层线宽设置】下拉列表框中的线宽变成了细实线；【当前层线型设置】下拉列表框中的线型变成了点画线，这表示在中心线层绘制的图形为红色的细点画线。

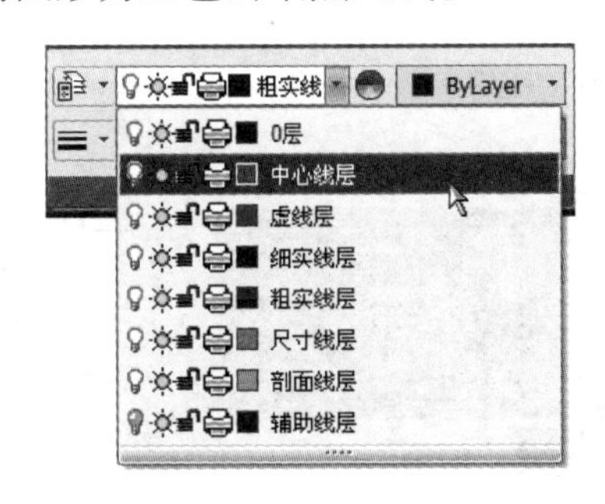

图5-21 选择当前层

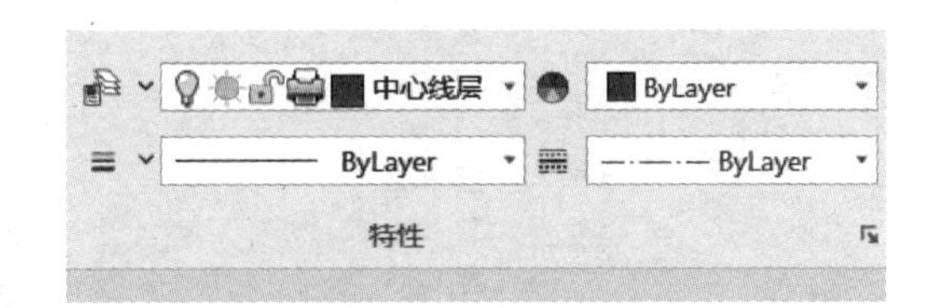

图5-22 中心线层为当前层

此时，单击【常用】选项卡→【绘图】面板→【圆】按钮绘制一个圆，绘图结果如图5-23所示。由此可见，在当前层上绘制图形，图形的颜色、线宽与线型分别为该图层的颜色、线宽与线型。

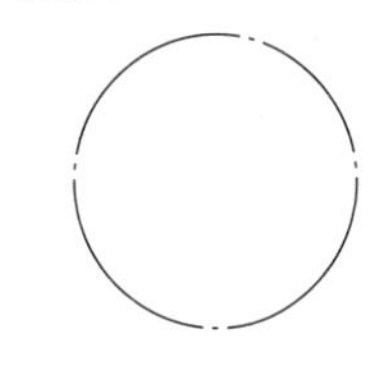

图5-23 在中心线层绘制圆

提示

在绘图区选中某实体，【当前层设置】下拉列表随即显示其图层属性。如果此时用【当前层设置】下拉列表进行切换图层的操作，将改变该实体的图层属性，而非改变当前层。

2. 通过【层设置】对话框

单击【常用】选项卡→【特性】面板→【图层设置】按钮，系统弹出【层设置】对话框。在该对话框中选中一个图层，单击设为当前(C)按钮；或者选中图层后单击右键，在弹出的快捷菜单中选择【设为当前】即可完成设置。

5.3.2 设置当前层的颜色

1. 通过【当前层颜色设置】下拉列表框

单击【特性】面板上的【当前层颜色设置】下拉列表框，在该列表中用鼠标选择所需的颜色即可，如图 5-24 所示。该下拉列表框各项含义如下。

- ☐ ByLayer（随层）：根据所在图层，图形元素具有该层所对应的颜色。当变换图层颜色时，该图层上图形的颜色随之改变。图层的颜色，可以通过执行【图层设置】命令，在【层设置】对话框中进行设置。系统默认为 ByLayer 状态。
- ☐ ByBlock（随块）：按图形元素所在图块，具有该块所对应的颜色。
- 黑白色：图层颜色为黑色或白色。当绘图区背景色为白色时，绘制图形颜色显示为黑色；当背景色为黑色时，绘制图形颜色显示为白色。
- 指定颜色：选取下拉列表框中的某一种固定颜色。当变换图层时，颜色不随图层的改变而改变，而是固定为指定颜色，这样绘图时将很难区分图形所在的图层。

2. 通过【颜色设置】按钮

单击【特性】面板上的【颜色设置】按钮，系统弹出如图 5-25 所示的【颜色选取】对话框。该对话框与图 5-11a 相同，只是 ByLayer、ByBlock、黑白色 三个按钮处于可选择状态，其功能与下拉列表框中对应项一致。

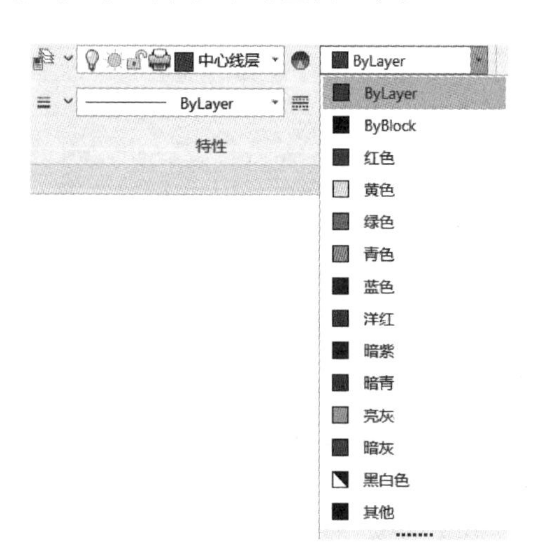

图 5-24 【当前层颜色设置】下拉列表框

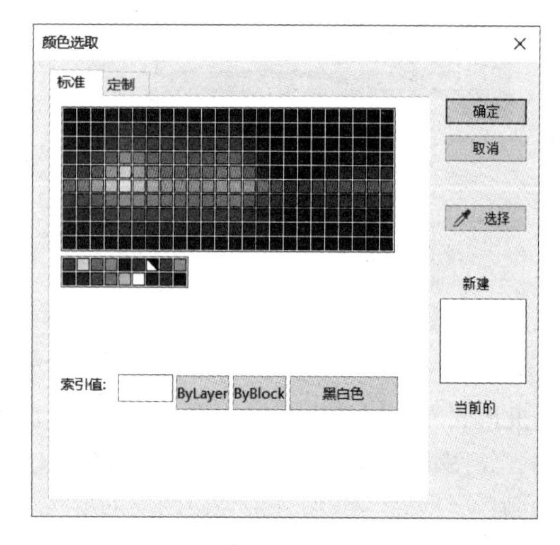

图 5-25 【颜色选取】对话框

5.3.3 设置当前层的线型

1. 通过【当前层线型设置】下拉列表框

单击【特性】面板上的【当前层线型设置】下拉列表框，在该列表中用鼠标选择所需的线型，如图 5-26 所示。与颜色设置相似，在 CAXA 电子图板中图形元素的线型设置有三种类型。

- ByLayer（随层）：根据所在图层，图形元素具有该层所对应的线型。通常情况下，系统默认为 ByLayer 状态，绘图时线型将随当前层的变换而变化。图层的线型，可以通过执行【图层设置】命令，在【层设置】对话框中进行设置。
- ByBlock（随块）：绘制的图形元素被定义为块后，使用块所应用的线型。
- 指定线型：从【当前层线型设置】下拉列表框中选取某一种线型。当变换图层时，图形元素的线型不随图层的改变而改变，而是固定为指定线型。

2. 通过【线型设置】按钮

单击【特性】面板上的【线型设置】按钮，系统弹出【线型设置】对话框，如图5-27所示。在该对话框中，可以设置和管理系统的线型，其各项功能如下。

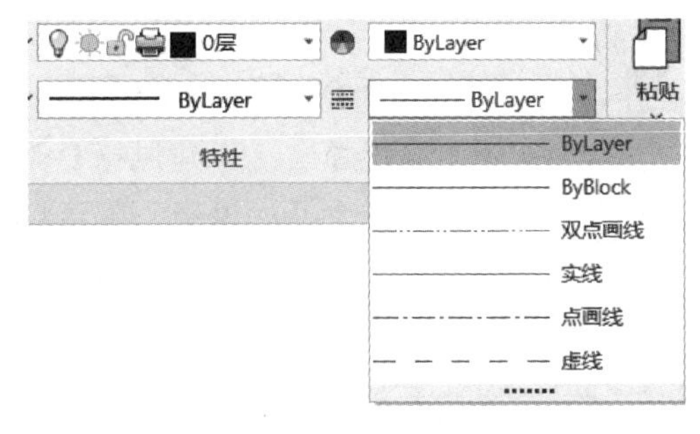

图 5-26　设置当前层的线型

（1）设置当前层的线型

在左侧线型列表中，单击线型名称后按下鼠标右键，在弹出的快捷菜单中选择【设为当前】选项，如图 5-27 所示。也可选中线型后，单击对话框上方的设为当前(C)按钮。

（2）修改线型

在【线型设置】对话框中可以修改已有线型的参数，ByLayer 和 ByBlock 除外。线型的参数包括名称、说明、间隔、全局比例因子、当前对象缩放比例等。在对话框中选择一种线型，可以对【线型信息】选项组的各项参数进行编辑修改，各项参数的含义和修改方法如下。

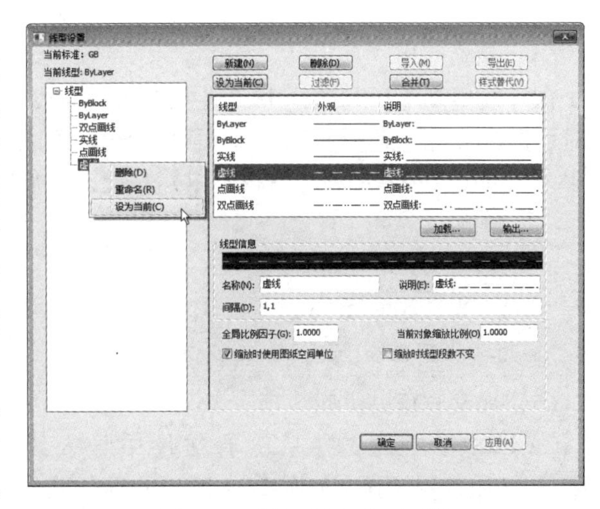

图 5-27　【线型设置】对话框

- 【名称】文本框：线型名称是线型的标志性代号，在该文本框中可以设置所选线型的名称。可以直接输入，也可以在左侧的线型列表处选中一种线型，然后单击鼠标右键，在弹出的快捷菜单中选择【重命名】命令进行修改。
- 【说明】文本框：线型说明是对某一线型的补充说明。修改线型说明可以在选定被修改线型后，直接在该文本框内进行。
- 【全局比例因子】文本框：更改图形中所有线型的比例因子。出于可辨识及图样美观等需要，有时需要将电子图板内定制线型中的线段和间隔的显示长度同时进行一个特定比例缩放，这个缩放的比例就是全局比例因子。改变全局比例因子后，整个图样的线型比例都将随之缩放。
- 【当前对象缩放比例】文本框：设置所编辑线型的比例因子。绘制图形时所用线型的比例因子是全局比例因子与该线型缩放比例的乘积。
- 【间隔】文本框：输入当前线型的代码。线型代码最多由 16 个数字组成，每个数字代表笔画或间隔长度的像素值。数字“1”代表 1 个像素，笔画和间隔用逗号“,”分开。例如：点画线的间隔数字为“12，2，2，2”，其奇数位数字代表笔画长度，偶数位数字代表间隔长度，线型显示效果如图 5-28 所示。

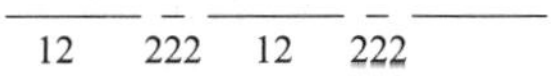

12　222　12　222

图 5-28　线型间隔示例

（3）新建线型

在【线型设置】对话框中，单击 新建(N) 按钮，弹出如图 5-29 所示的提示对话框，单击 是(Y) 按钮，系统弹出【新建风格】对话框，如图 5-30 所示。在该对话框中，输入一个风格名称，并选择一个基准风格，单击 下一步 按钮，在线型列表框的最下边一行可以看到新建的线型，新建线型的样式默认使用所选的基准风格。

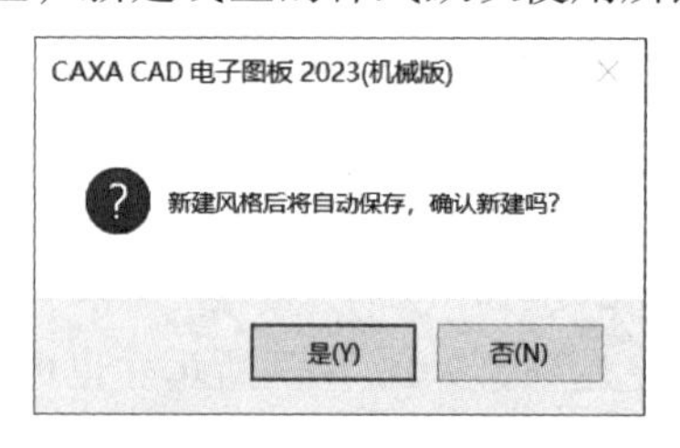

图 5-29　提示对话框

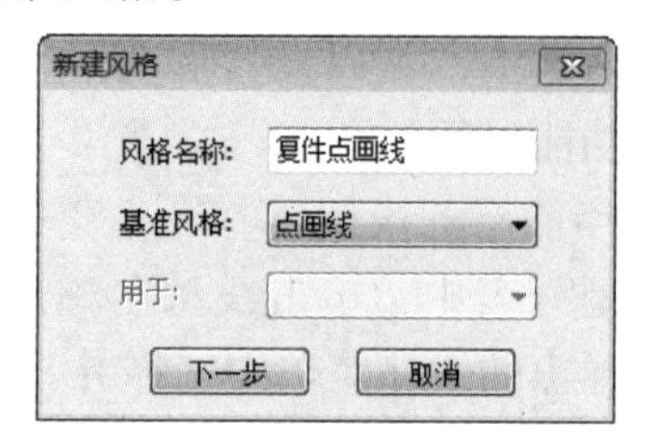

图 5-30　【新建风格】对话框

（4）删除线型

在【线型设置】对话框中，选中要删除的线型，单击 删除(D) 按钮，此时系统弹出提示对话框，单击 是(Y) 按钮，即可删除该线型。也可以在【线型设置】对话框左侧的线型列表中，选中要删除的线型后按下鼠标右键，在弹出的快捷菜单中选择【删除】。

提示

CAXA 电子图板系统规定：①只能删除用户创建的线型，不能删除系统原始线型；②不能删除当前线型。

（5）加载与输出线型

CAXA 电子图板支持从已有文件中导入线型。在【线型设置】对话框中，单击 加载... 按钮，系统弹出如图 5-31 所示的【加载线型】对话框，单击 文件... 按钮，选择要加载的线型文件并按下 确定 按钮即可。

CAXA 电子图板还支持将已有线型输出到一个线型文件保存。在【线型设置】对话框中，单击 输出... 按钮，系统弹出如图 5-32 所示的【输出线型】对话框，选择需要输出的线型后，单击 文件... 按钮，在弹出的对话框中，选择存盘路径并输入文件名称，单击 确定 按钮即可。

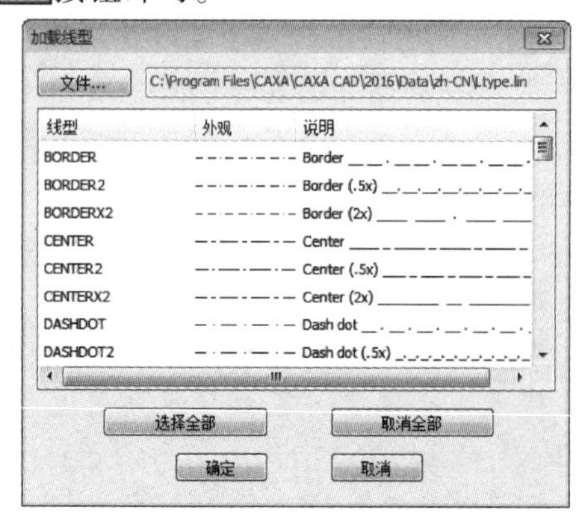

图 5-31　【加载线型】对话框

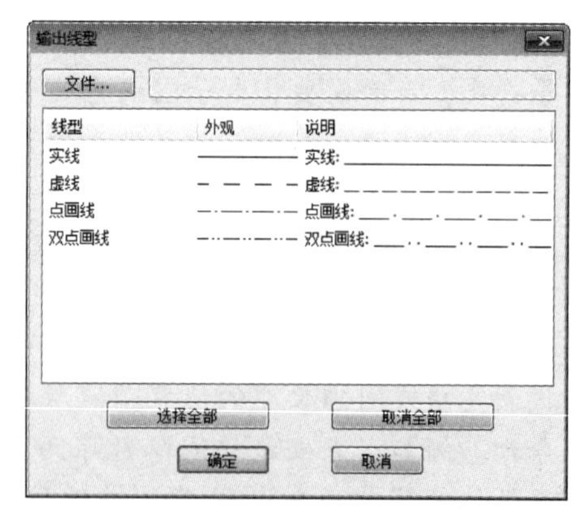

图 5-32　【输出线型】对话框

5.3.4 设置线宽

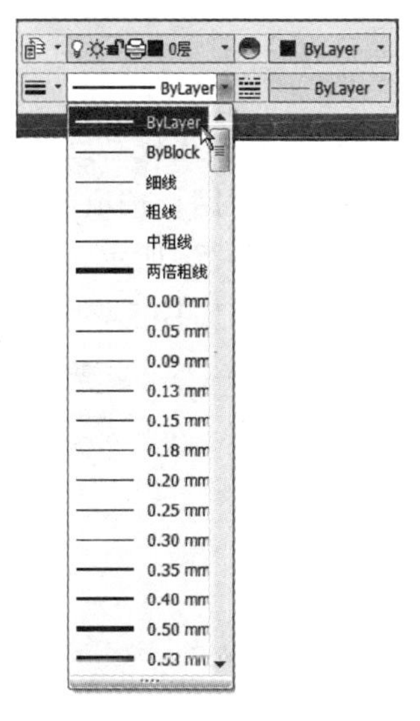

图 5-33 【当前层线宽设置】下拉列表框

1. 设置当前层的线宽

此功能可将某个线宽设置为当前，随后绘制的图形元素均使用此线宽。单击【特性】面板上的【当前层线宽设置】下拉列表框，在该列表中用鼠标选择所需的线宽即可，如图 5-33 所示。该下拉列表框中各项含义如下。

- ByLayer：绘制图形元素使用当前图层的线宽。
- ByBlock：绘制图形元素被定义为块后，使用块所应用的线宽。
- 指定线宽：从列表中选取某一种线宽。当变换图形元素的图层时，其线宽不随图层的改变而改变，而是固定为指定线宽。

提示

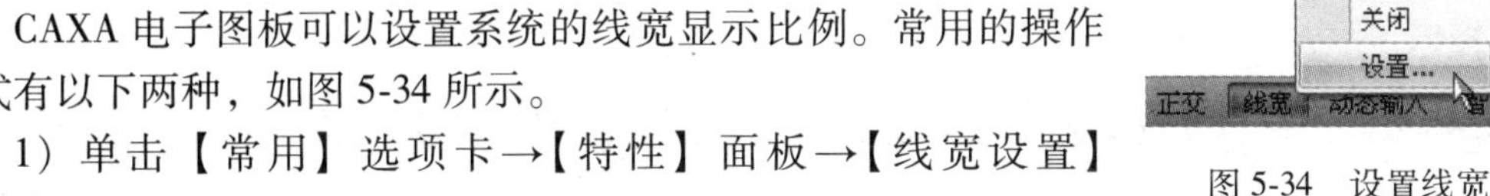
粗线和细线为特殊的两种线宽，可以单独设置其显示比例和打印参数。

2. 设置线宽

CAXA 电子图板可以设置系统的线宽显示比例。常用的操作方式有以下两种，如图 5-34 所示。

图 5-34 设置线宽

1）单击【常用】选项卡→【特性】面板→【线宽设置】按钮。

2）用鼠标右键单击状态栏的【线宽】按钮，在快捷菜单中选择【设置】。

这两种操作方式均会弹出如图 5-35 所示的【线宽设置】对话框，该对话框中各选项的含义说明如下。

- 选择细线或粗线后，可以在右侧【实际数值】下拉列表中指定细线或粗线的线宽。
- 拖动【显示比例】处的滑块可以调整系统所有线宽的显示比例，向右拖动滑块提高线宽显示比例，向左拖动滑块降低线宽显示比例。

实例演练

【例 5-1】 分层绘图。

分层绘制如图 5-36 所示图形。

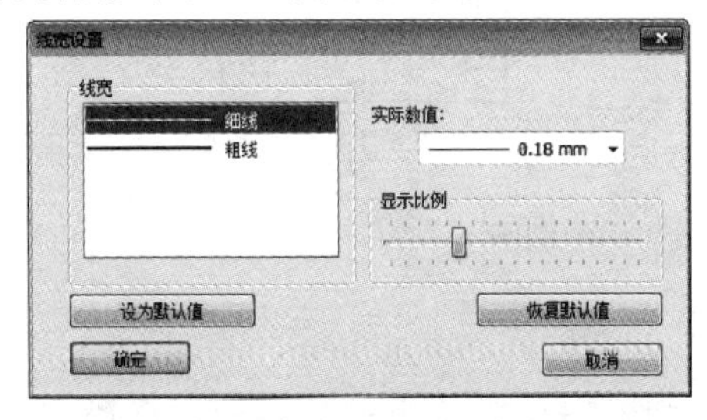

图 5-35 【线宽设置】对话框

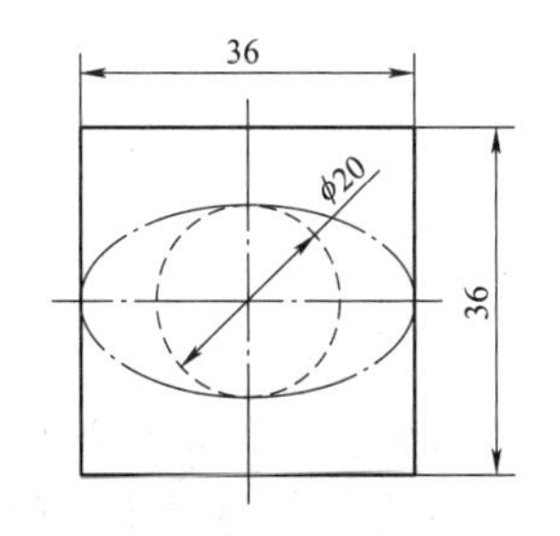

图 5-36 分层绘图实例

操作步骤

步骤 1　在粗实线层上绘制带中心线的矩形

❶单击【常用】选项卡→【特性】面板→【当前层设置】下拉列表框，选择粗实线层为当前层，如图 5-37a 所示。

❷单击【常用】选项卡→【绘图】面板→【矩形】按钮，系统弹出立即菜单，设置为 1. 长度和宽度　2. 中心定位　3.角度 0　4.长度 36　5.宽度 36　6. 有中心线　7.中心线延伸长度 3。

❸系统提示“定位点”，在适当位置单击后矩形即被绘制出来，如图 3-37b 所示。

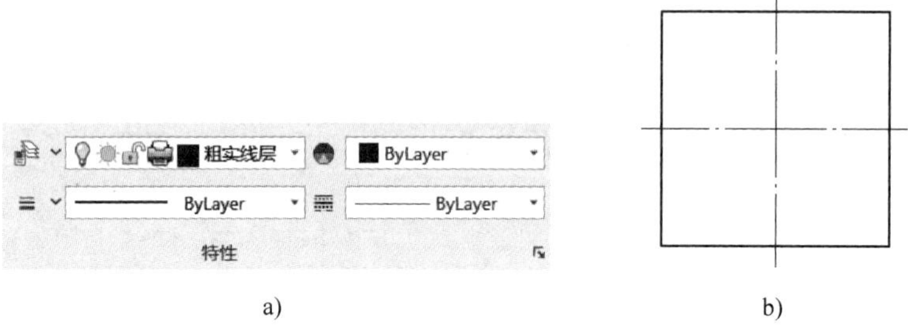

a)　　　　b)

图 5-37　在粗实线层上绘制带中心线的矩形

提示

CAXA 电子图板具有智能分层功能。使用【圆】或【矩形】命令画图时，生成的中心线自动放置到中心线层。

步骤 2　在虚线层上绘制 ϕ20 的圆

❶单击【常用】选项卡→【特性】面板→【当前层设置】下拉列表框，选择虚线层为当前层，如图 5-38a 所示。

❷单击【常用】选项卡→【绘图】面板→【圆】按钮。

❸系统弹出立即菜单，设置各选项为 1. 圆心 半径　2. 直径　3. 无中心线。

❹系统提示“圆心点”，捕捉中心线的交点作为圆心即可，绘制结果如图 5-38b 所示。

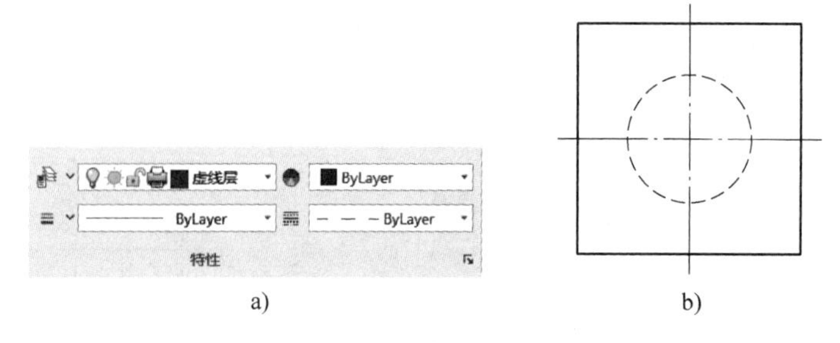

a)　　　　b)

图 5-38　在虚线层上绘制圆

步骤 3　在中心线层上绘制椭圆

❶单击【常用】选项卡→【特性】面板→【当前层设置】下拉列表框，选择中心线层为当前层，如图 5-39a 所示。

❷单击【常用】选项卡→【绘图】面板→【椭圆】按钮，立即菜单设置为 1. 轴上两点 。

❸根据系统提示，依次拾取如图 5-39b 所示的三点即可绘制出椭圆。

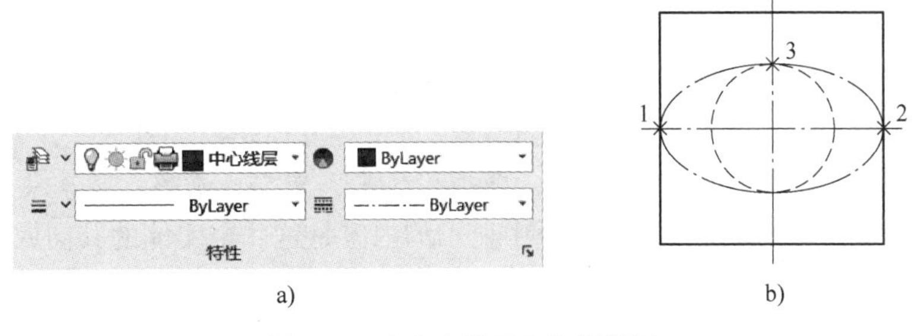

a)　　b)

图 5-39　在中心线层上绘制椭圆

5.4　实体的图层控制

以上几节所介绍的方法都是针对整个图层的操作，操作后该层上的全部实体均发生变化，实际上 CAXA 电子图板还提供了更加灵活的方式，那就是本节介绍的面向实体的层操作。它可以对任何一层上的任何一个或一组实体进行控制，改变用户所选定实体的图层及颜色、线型等属性。

5.4.1　特性匹配

【特性匹配】命令的功能是将一个对象的某些或所有特性复制到其他对象。

单击【常用】选项卡→【剪切板】面板→【特性匹配】按钮或单击【菜单】，选择【修改】→【特性匹配】菜单命令，系统弹出立即菜单，可以切换选择【匹配所有对象】和【匹配同类对象】。然后根据系统提示，先拾取源对象，再拾取要修改的目标对象即可。如图 5-40a 所示，矩形在粗实线层，线型为粗实线，颜色为黑色。特性匹配修改后，矩形改为在中心线层，线型为细点画线，颜色为红色，如图 5-40b 所示。

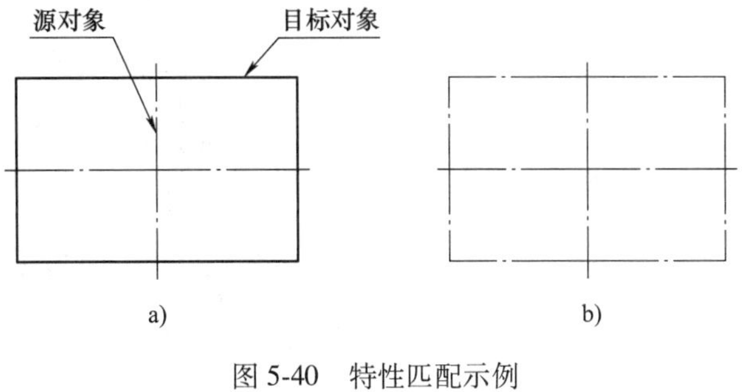

a)　　b)

图 5-40　特性匹配示例

a）原图　b）特性匹配修改后

特性匹配功能除了可以修改图层、颜色、线型、线宽等基本属性外，也可以修改对象的特有属性，如文字和标注等对象的特有属性。

5.4.2　【特性】工具选项板

可以使用【特性】工具选项板编辑对象的属性。属性包括基本属性，如图层、颜色、线型、线宽、线型比例，也包括对象本身的特有属性，如圆的特有属性包括圆心、半径、直径等。选择屏幕左侧快速启动工具栏中的【特性】选项或单击【菜单】，选择【工具】→【特性】命令，即可在绘图区左侧弹出【特性】工具选项板。其使用方法如下。

1）当没有选择图素时，【特性】工具选项板显示的是全局信息，如图 5-41a 所示。

2）选择的图形元素不同，【特性】工具选项板中显示的内容也不一样。

选取一个实体，【特性】工具选项板中显示的内容包括实体所在的图层、线型、颜色等属性信息以及线段起点坐标、终点坐标、长度、直径等几何信息。选取一个尺寸，【特性】工具选项板显示其当前特性、风格信息、直线和箭头、文本、调整、基本单位、换算单位等。选择多个实体，【特性】工具选项板中显示的内容是这几个实体的共同属性。例如，拾取了一个圆。【特性】工具选项板出现该圆的相关信息：在【当前特性】区中列出了层、线型、线型比例、线宽、颜色等图层特性；在【几何特性】区中列出了圆心、半径、直径、周长等，如图 5-41b 所示。

3）单击【特性】工具选项板某选项右侧的特性值，可修改其内容。

4）当【特性】工具选项板为打开状态时，直接拾取对象编辑即可。

5）单击【特性】工具选项板右上角的图标⊸，可使其自动隐藏或一直显示。

提示

在空命令状态下，拾取绘图区的一个或多个图形元素，被拾取的图形元素虚像显示，随后单击鼠标右键，弹出右键快捷菜单，选择其中的【特性】选项，如图 5-42 所示，也可弹出【特性】工具选项板。

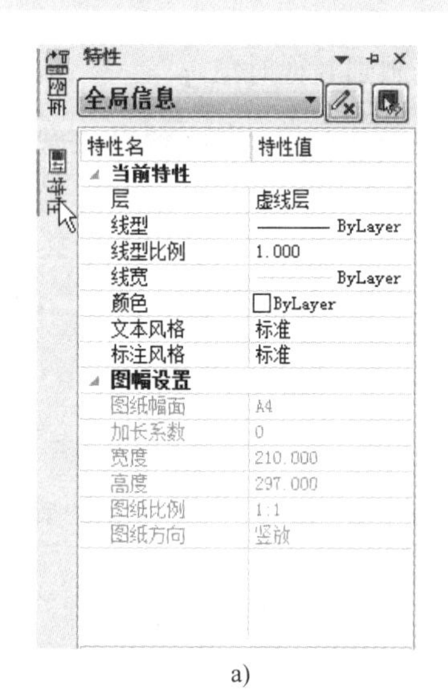

a)

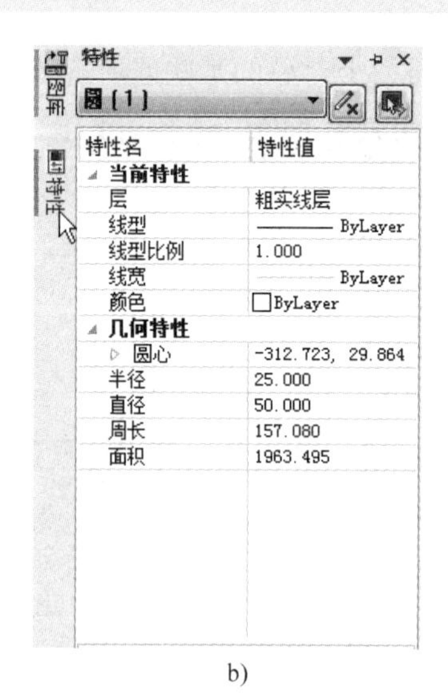

b)

图 5-41 【特性】工具选项板

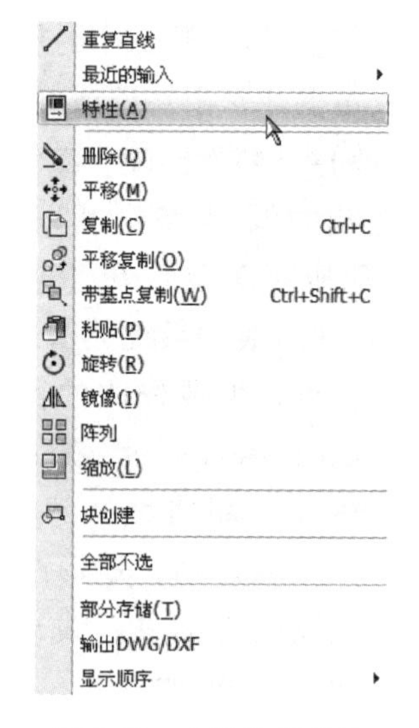

图 5-42 右键快捷菜单

实例演练

【例 5-2】 改变实体的图层。

如图 5-43a 所示，所有圆均在粗实线层，请将定位圆移动到中心线层，如图 5-43b 所示。

操作步骤

步骤 1　在粗实线层上绘制原图

❶单击【常用】选项卡→【特性】面板→【当前层设置】下拉列表框，设置粗实线层为当前层。

❷单击【常用】选项卡→【绘图】面板→【圆】按钮，系统弹出立即菜单，设置各选项为 1. 圆心 半径 2. 直径 3. 无中心线，根据系统提示，绘制同心圆。

❸单击【常用】选项卡→【绘图】面板→【中心线】按钮，绘制大圆的中心线。

提示

使用【中心线】命令时，系统自动在中心线层上绘制中心线。

❹单击【常用】选项卡→【绘图】面板→【圆】按钮，系统弹出立即菜单，设置各选项为 1. 圆心 半径 2. 直径 3. 无中心线，绘制其中 1 个小圆。

❺单击【常用】选项卡→【修改】面板→【阵列】按钮。系统弹出立即菜单，设置各选项为 1. 圆形阵列 2. 旋转 3. 均布 4.份数 4。根据系统提示操作，绘制出其余小圆。

步骤 2　将定位圆改在中心线层

改变实体的图层有以下三种方法。

（1）方法 1：【特性】面板

❶在系统提示为“命令:”的空命令状态下，拾取定位圆，被拾取的图形元素呈虚像显示。此时，【当前层设置】下拉列表框中显示的是该实体的图层属性：粗实线层。

❷单击【当前层设置】下拉列表框，从中选择【中心线层】选项，如图 5-44 所示。定位圆立即被移动到了中心线层，并按中心线层上的颜色和线型显示出来，即可得到如图 5-43b 所示图形。

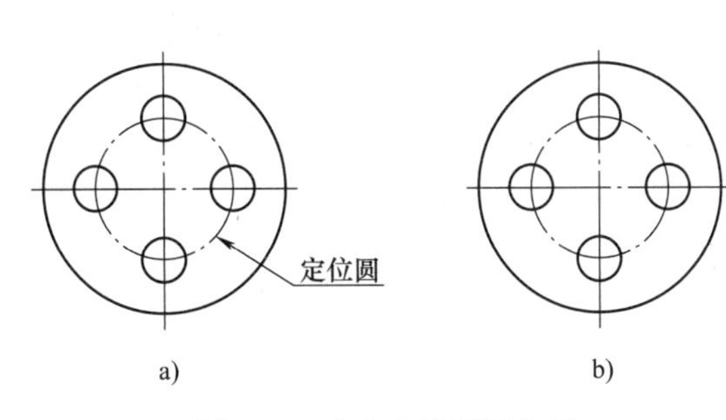

图 5-43　改变实体图层实例
a）原图　b）定位圆移动到中心线层

图 5-44　改变实体图层实例

（2）方法 2：特性匹配

❶单击【常用】选项卡→【常用】面板→【特性匹配】按钮。

❷系统弹出立即菜单，设置成 1. 匹配所有对象。

❸系统提示选择“拾取源对象”，选取圆的一条中心线。

❹系统提示“拾取目标对象”，选择定位圆。定位圆立即具备了圆中心线的特性，并被移动到了中心线层，并按新图层上的颜色和线型显示出来，如图 5-45 所示。

❺单击鼠标右键结束命令。

（3）方法 3:【特性】工具选项板

❶在系统提示为“命令:”的空命令状态下，拾取定位圆，被拾取的图形元素呈虚像显示。

❷单击鼠标右键，在右键快捷菜单中选择【特性】选项，随即在绘图区左侧弹出【特性】工具选项板。

❸在【当前特性】区，显示出了定位圆的层、线型、线型比例、线宽、颜色等特性。单击【层】的特性值【粗实线层】，在文本框的右侧出现▾按钮。单击此按钮，系统弹出图层下拉列表，选择其中的【中心线层】，如图 5-46 所示。

❹定位圆立即被放置到了中心线层，并按中心线层的颜色和线型显示出来。按〈Esc〉键退出特性修改状态即可。

一张工程图样的图形中，可能有多种线型和不同的线宽，本小节通过实例介绍了如何确定与改变图形对象的特性，绘制简单的平面图形。

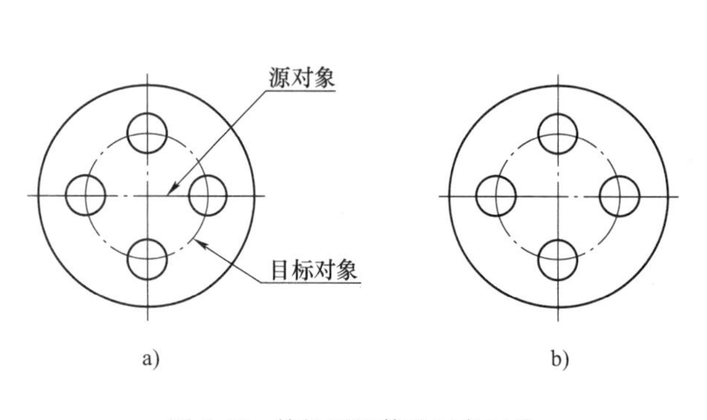

图 5-45 特性匹配修改对象属性

a）原图 b）定位圆移动到中心线层

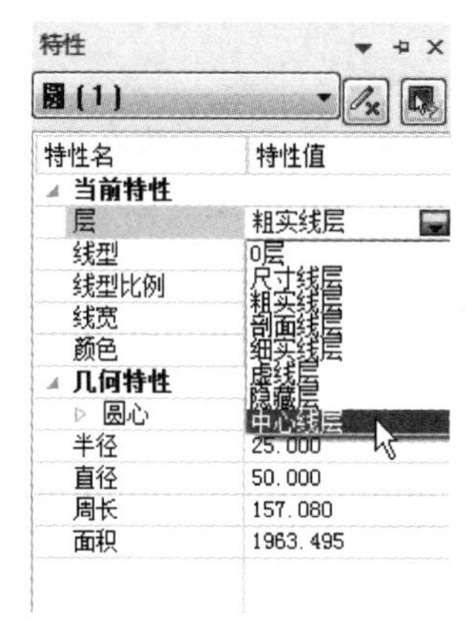

图 5-46 选择中心线层

5.5 综合实例——线型练习

实例演练1

绘制如图 5-47 所示的线型练习。

操作步骤

步骤 1 准备工作，设置绘图环境

❶设置点捕捉状态为【智能】方式。

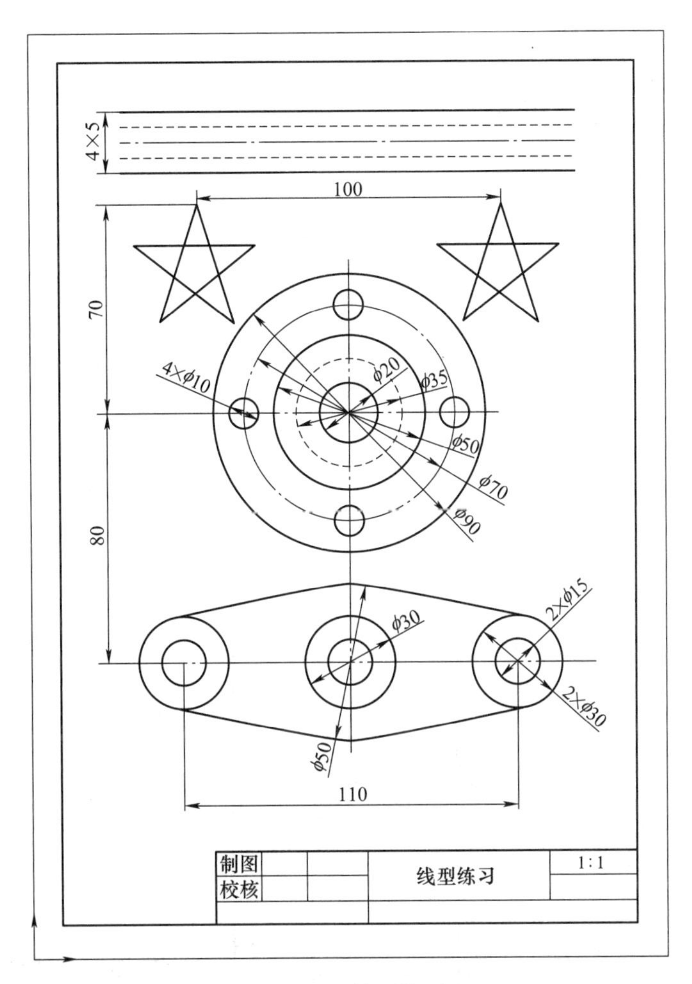

图 5-47　线型练习

❷关闭状态栏工具区 正交 按钮，使系统处于非正交状态。

步骤 2　绘制 A4 图纸边框

❶将图层切换到细实线层，打开正交模式，使用【直线】命令，第一点捕捉坐标原点，拖拽竖直线，输入 A4 图纸的宽度尺寸 297，如图 5-48 所示。

❷拖拽水平线，输入 A4 图纸的长度尺寸 210，重复类似操作，完成 A4 图纸的图幅绘制，如图 5-49 所示。

步骤 3　绘制图框

❶将图层切换到粗实线层，单击【偏移】命令按钮，设定为【偏移方式】1.偏移方式 2.单向，分别拾取步骤 2 绘制的四条线，输入偏移距离 10，完成图框的初步绘制，如图 5-50 所示。

❷单击【修剪】命令按钮，选择 1.快速裁剪，将图框中多余图线修剪，完成边框的绘制，如图 5-51 所示。

步骤 4　绘制简易标题栏

用步骤 2 和 3 的方法绘制简易标题栏如图 5-52 所示。简易标题栏参考尺寸如图 5-53 所示。

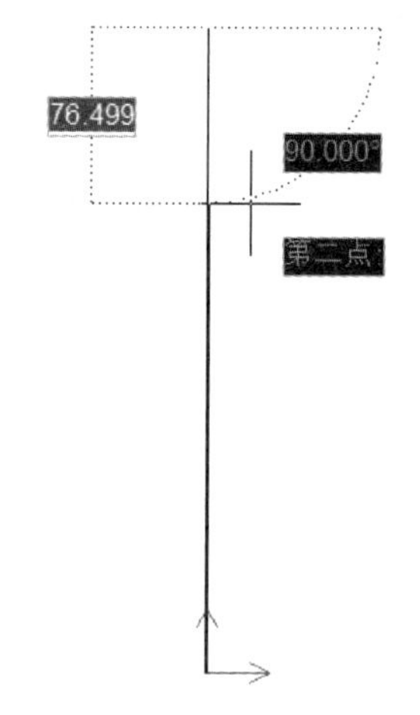

图 5-48　绘制竖直线

图 5-49　完成 A4 图纸边框

图 5-50　绘制图框线

图 5-51　修剪图框线

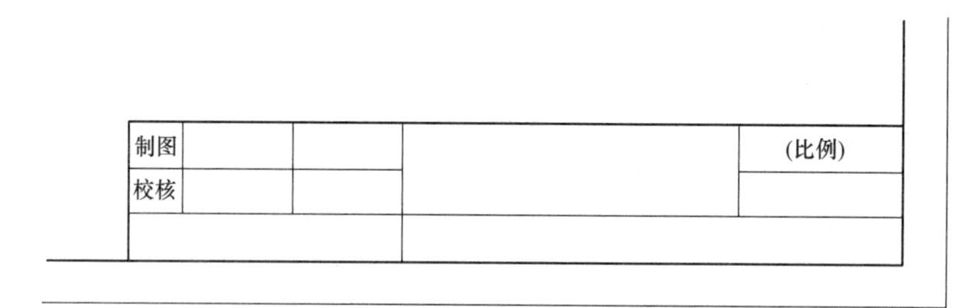

图 5-52　绘制简易标题栏

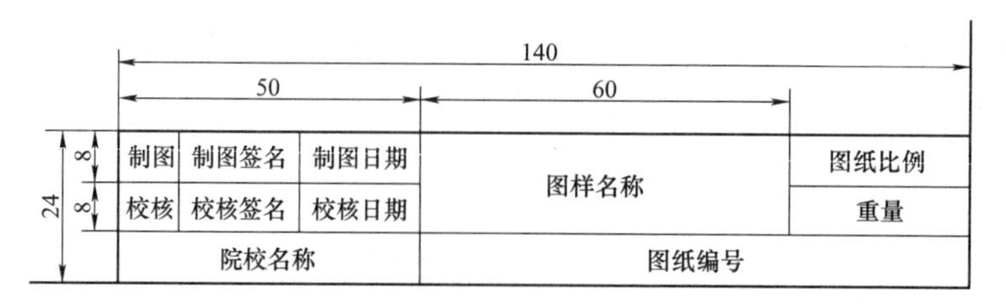

图 5-53　简易标题栏尺寸

步骤 5　绘制图 5-47 上方五条平行线

❶切换粗实线层为当前层，打开正交模式，单击【直线】命令，绘制上方第一条直线，直线的起点在粗实线图框上方中点的左方 75、下方 20 处，直线长度 150。

❷选择【偏移】命令，设定偏移方式同步骤 3，拾取绘制好的直线，依次输入偏移距离 5、10、15、20，即可偏移出下面四条平行线，如图 5-54 所示。

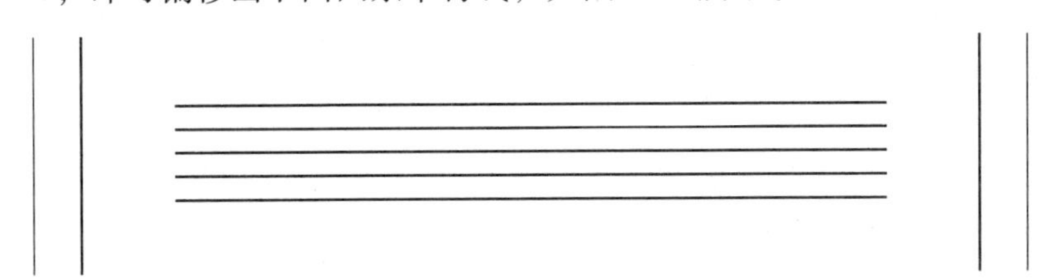

图 5-54　绘制平行线

步骤 6　绘制五角星

❶以上面的第五条直线中点的下方 10、左方 50 处为五角星的顶点，选择【直线】命令，选择 1.两点线 2.连续，用相对极坐标绘制边长为 40 的五角星，相对极坐标依次为@ 40<−108、@ 40<36、@ 40<180、@ 40<−36，如图 5-55 所示。

❷选择【镜像】命令，选择立即菜单 1.选择轴线 2.拷贝，拾取画好的五角星，系统提示选择轴线，拾取事先画好的线段的轴线，注意，轴线的起点在线段的中点处。完成五角星的镜像后再删除轴线，如图 5-56 所示。

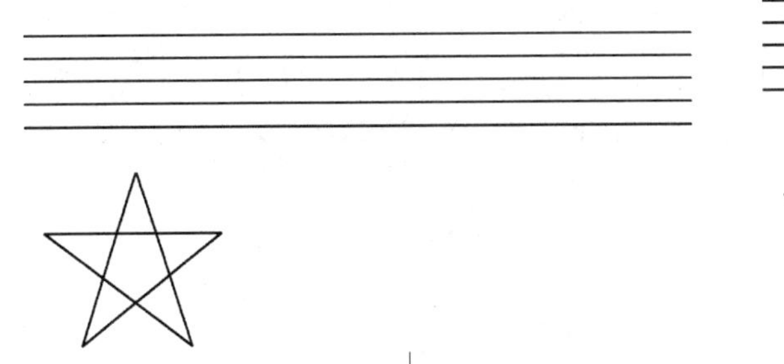

图 5-55　绘制五角星

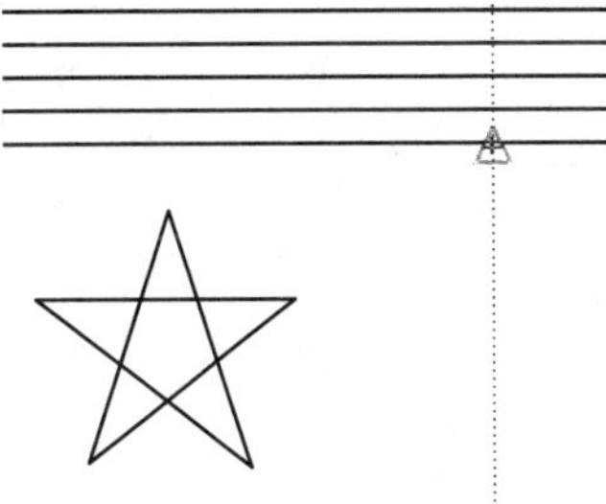

图 5-56　镜像五角星

步骤 7　绘制中间的圆及中心线

❶选择【圆】命令，选择 1.圆心_半径 2.直径 3.无中心线，系统提示“圆心点”。打开导航功能，利用该功能，以上面第五条直线中点正下方 80 处为圆心，绘制五个不同直径的圆。注意，确定圆心时，用相对坐标输入圆心。绘制直径为 90 的圆时，需将立即菜单切换为 1.圆心_半径 2.直径 3.有中心线 4.中心线延伸长度。

❷用类似的命令绘制四个直径为 10 的小圆，如图 5-57 所示。

步骤 8　绘制下面图形

❶选择【圆】命令，打开导航功能，捕捉五个同心圆圆心，其正下方 80 为要绘制圆的圆心，如图 5-58 所示。命令行输入圆的直径 30，50。用类似的方法绘制左边的两个同心圆。

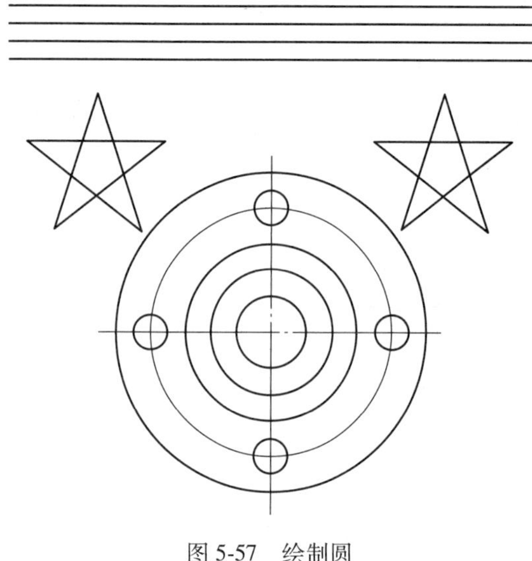

图 5-57　绘制圆

图 5-58　确定圆心

❷选择【镜像】命令，设置立即菜单为 1.选择轴线 2.拷贝，拾取左边两个同心圆，轴线拾取上边五个同心圆的竖直中心线，完成右边两个同心圆的绘制，如图 5-59 所示。

❸选择【直线】命令，设置立即菜单为 1.两点线 2.单根，将鼠标放在圆附近，即可捕捉到切点，如图 5-60 所示，依次完成四条直线的绘制，如图 5-61 所示。

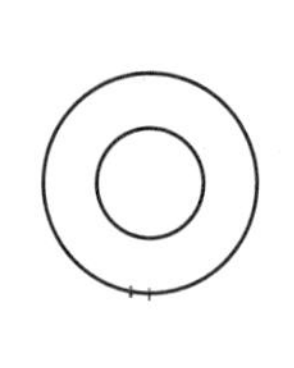

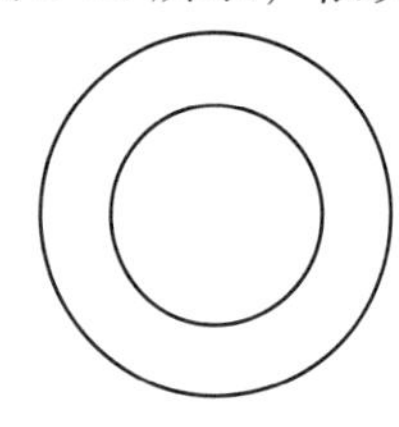

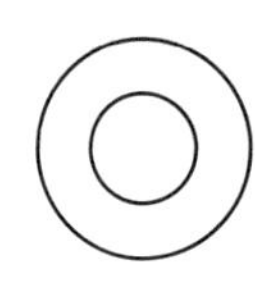

图 5-59　绘制圆

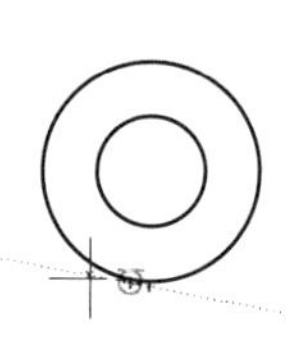

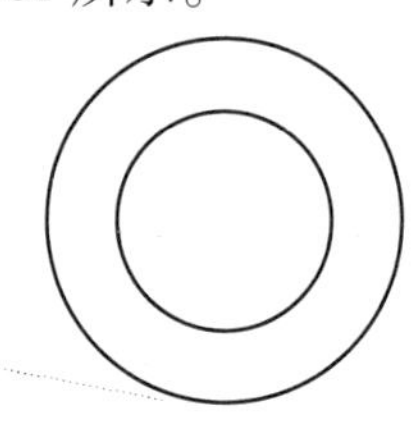

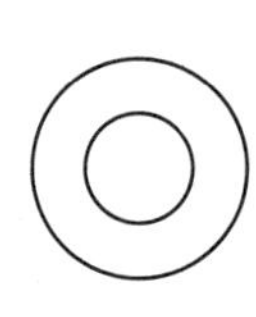

图 5-60　捕捉切点

❹选择【裁剪】命令，设置立即菜单为 1.快速裁剪，依次拾取需要裁剪的圆弧。

❺选择【中心线】命令，设置立即菜单为 1.指定延长线长度 2.快速生成 3.使用默认图层 4.延伸长度 3，拾取上下两个圆弧，并将水平中心线拖拽至合适长度，如图 5-62 所示。

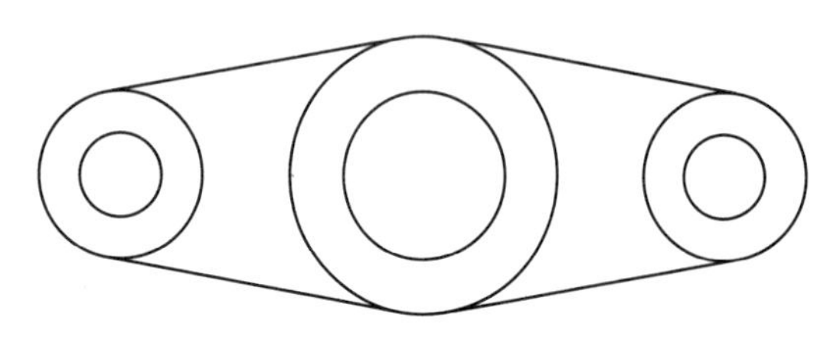

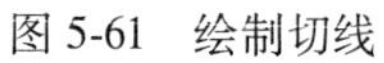

图 5-61　绘制切线

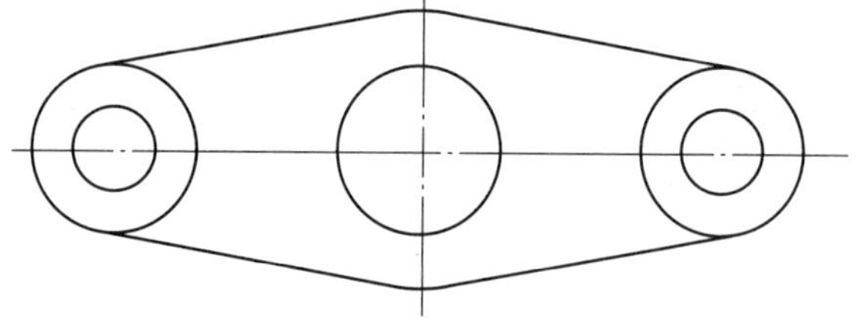

图 5-62　修剪并绘制中心线

步骤 9　修改图形要素属性

依次拾取五条直线中的第三条和直径为 70 的圆，将其切换到中心线层，如图 5-63 所示。用相同的方法完成其他线型的切换。

需要说明的是，本图所用的绘图方法只是绘图方法之一，并且只适用于图形比较简单且需要频繁切换图层的情况。一般情况下，特别是对于复杂图形的绘制，还是应该在绘图时及时切换图层，后续的实例均为如此。

注意：本实例涉及的图幅及标题栏等问题后面会有详细介绍。

实例演练2

绘制如图 5-64 所示的支架。

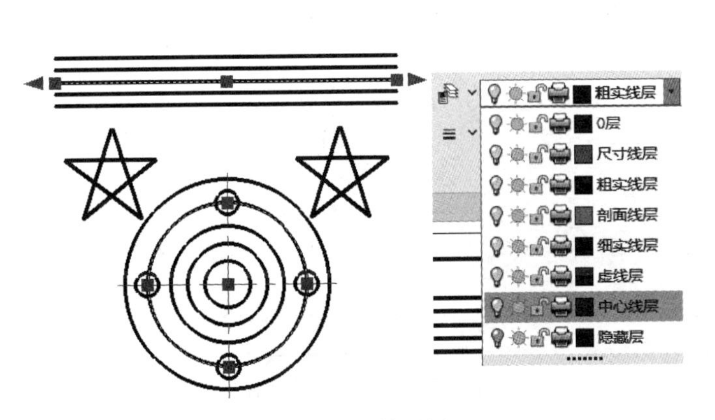

图 5-63　切换图层

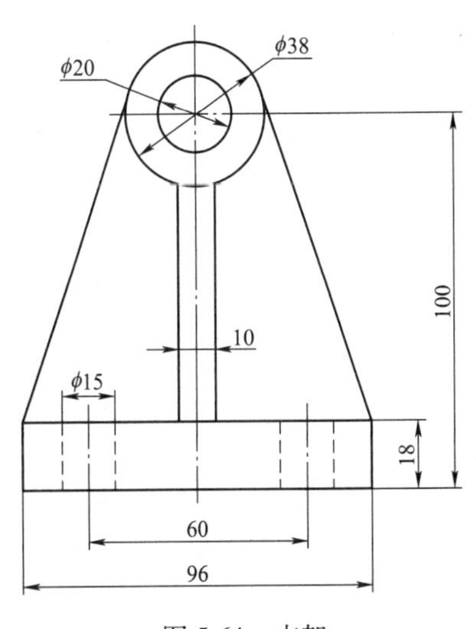

图 5-64　支架

设计思路

1）本例图形出现了三种线型：粗实线、虚线和点画线。粗实线的图形可在粗实线层绘制；孔轮廓线是虚线，要在虚线层绘制；点画线应绘制在中心线层上。因此，绘图时要注意当前层的切换。

2）本例图形左右对称，因此部分结构可以通过镜像得到。

3）绘制本例图形时，可以先画底板，也可以先画同心圆。相比较而言，先画底板，绘图更快一些。

操作步骤

步骤 1　设置绘图环境

❶设置点捕捉状态为【智能】方式。

❷关闭状态栏工具区 正交 按钮，使系统处于非正交状态。

步骤 2　绘制底板

❶将当前层设置为粗实线层。

❷单击【常用】选项卡→【绘图】面板→【矩形】按钮，系统弹出立即菜单，设置为 1. 长度和宽度 2. 中心定位 3.角度 0 4.长度 96 5.宽度 18 6. 无中心线 。

❸在绘图区单击一点，长 96、宽 18 的矩形绘制完毕。

步骤 3　绘制同心圆

❶单击【常用】选项卡→【修改】面板→【分解】按钮，系统提示“拾取元素:”，拾取矩形，单击右键确认。此时，屏幕上的矩形无任何变化，但矩形已经分解成四个实体了。

❷单击【常用】选项卡→【绘图】面板→【平行线】按钮，系统弹出立即菜单，设置为 1. 偏移方式 2. 单向，向上作出与矩形底边距离为 100 的平行线，如图 5-65 所示。

❸单击【常用】选项卡→【绘图】面板→【圆】按钮，绘制 $\phi20$ 和 $\phi38$ 的同心圆（圆心点捕捉所作平行线的中点）。

❹单击【常用】选项卡→【修改】面板→【删除】按钮，删除平行线。

❺单击【常用】选项卡→【绘图】面板→【中心线】按钮，画出 $\phi38$ 圆的中心线，如图 5-66 所示。

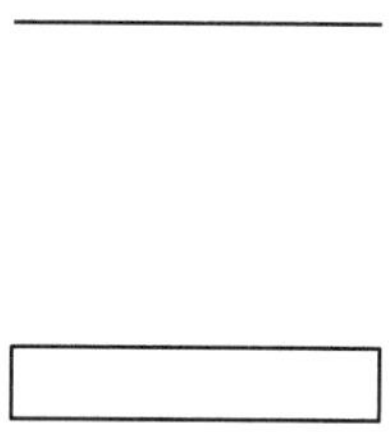

图 5-65　作出矩形及平行线

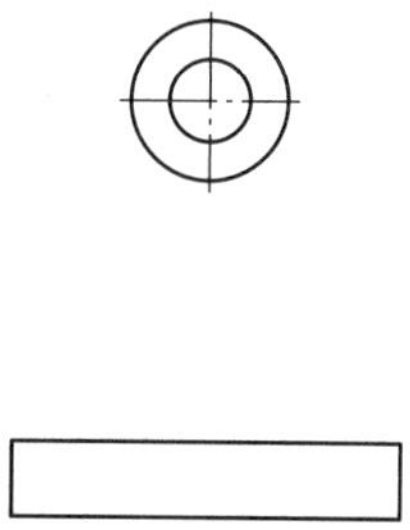

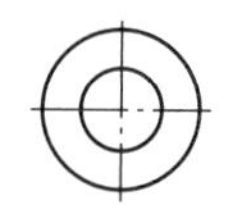

图 5-66　作出同心圆及圆中心线

步骤 4　绘制肋板

❶单击同心圆的垂直中心线，该中心线呈虚像显示并在特征点处出现夹点。左键单击下方端点处的三角形夹点，拖动鼠标拉伸该垂直中心线超出底面适当距离（国标要求中心线超出图形轮廓线 3~5mm），即可作出支架的左右对称线。

❷单击【常用】选项卡→【绘图】面板→【直线】按钮，立即菜单设置为 1. 两点线 2. 单根，根据系统提示绘制两切线（第一点捕捉端点，第二点捕捉切点），绘制结果如图 5-67 所示。

❸单击【常用】选项卡→【修改】面板→【偏移】按钮，立即菜单中各选项设置为 1. 单个拾取 2. 指定距离 3. 双向 4. 空心 5.距离 5 6.份数 1，拾取垂直中心线，即可作出双向等距线。

❹单击【常用】选项卡→【修改】面板→裁剪按钮，单击立即菜单第 1 项，选择【拾取边界】方式，按系统提示拾取剪刀线和要裁剪的曲线，拾取位置如图 5-68 所示。

步骤 5　绘制底板上的通孔

❶将当前层设置为虚线层。

❷单击【常用】选项卡→【绘图】面板→【平行线】按钮，向左作出与垂直中心线距离为 30 的平行线。

❸单击【常用】选项卡→【高级绘图】面板→【孔/轴】按钮，立即菜单中各选项根

据需要设置为 1. 孔 2. 直接给出角度 3.中心线角度 90 ，系统提示“插入点:”，拾取底板底面与平行线的交点。

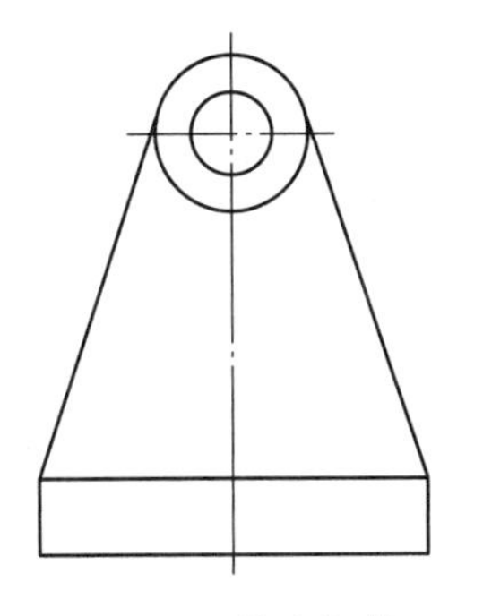

图 5-67　作出切线

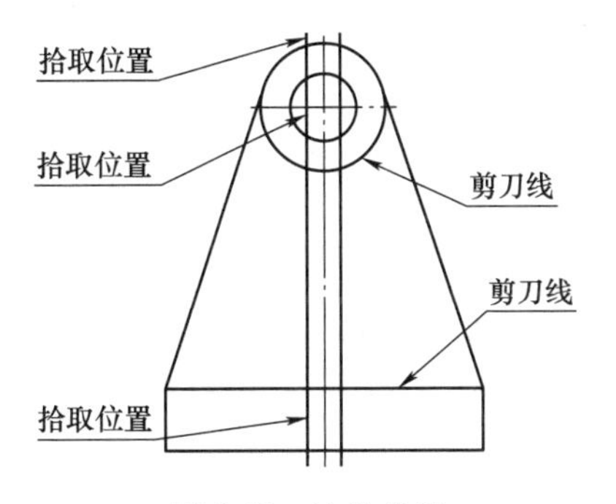

图 5-68　边界裁剪

❹操作信息提示区又出现一个新的立即菜单，根据需要设置各选项为 1. 孔 2.起始直径 15 3.终止直径 15 4. 有中心线 5.中心线延伸长度 3 ，系统又提示“孔上一点或孔的长度:”，拾取底板顶面与平行线的交点，如图 5-69 所示。

❺单击【常用】选项卡→【修改】面板→【删除】按钮，删除平行线，底板一侧的通孔绘制完毕，如图 5-70 所示。

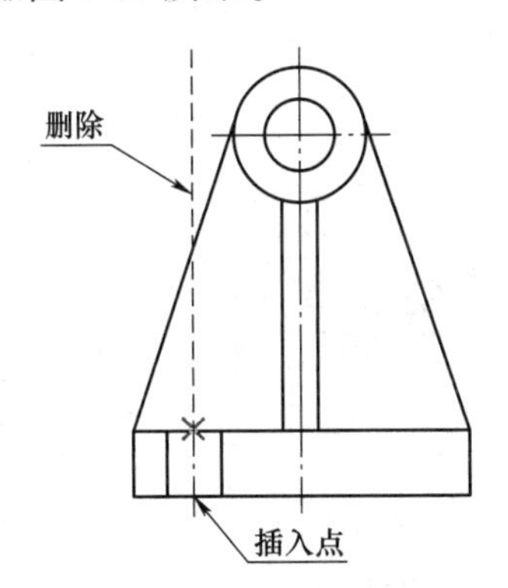

图 5-69　绘制底板上的通孔

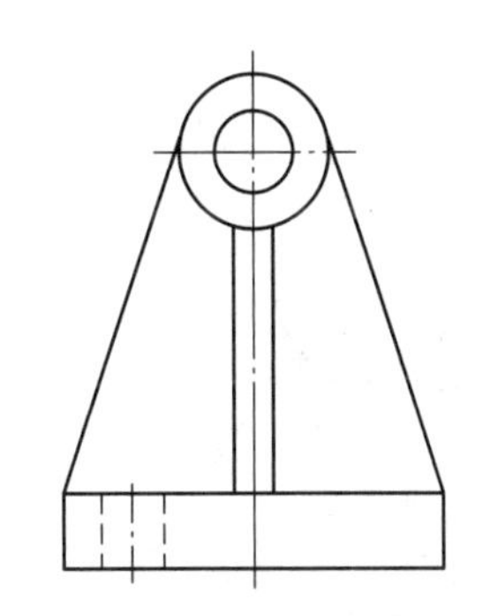

图 5-70　通孔绘制完毕

❻单击【常用】选项卡→【修改】面板→【镜像】按钮，立即菜单设置为 1. 选择轴线 2. 拷贝 ，用【完全窗口】方式拾取孔的轮廓线和中心线，作出镜像图形即可。

5.6　思考与练习

1. 概念题

（1）何谓图层，图层具有什么特点？

（2）CAXA 电子图板预先定义了哪几个图层？

（3）在【层设置】对话框中可以改变图层的哪些属性？

（4）什么是当前层？如何设置当前层？

（5）有几种方式可以改变实体的图层？

2. 操作题

（1）绘制如图 5-71 所示图形，不标注尺寸。要求如下。

1）分层绘图，不同的线型要分别绘制在相应图层中。

2）开/关某层，观察图形的变化。

3）将 20×20 的正方形改为细实线。

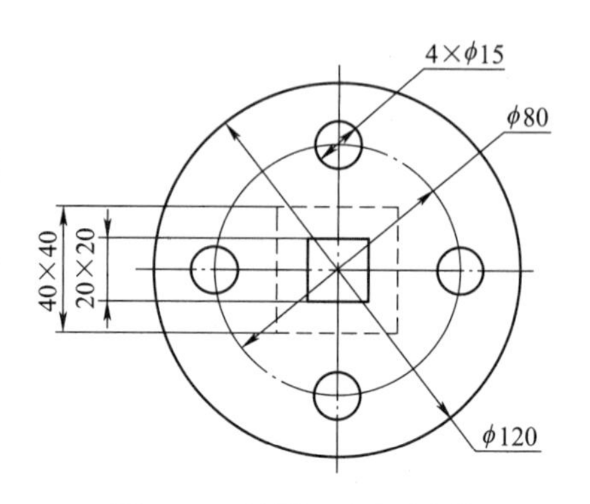

图 5-71　习题 2（1）图形

（2）分层绘制如图 5-72 所示图形，不标注尺寸。

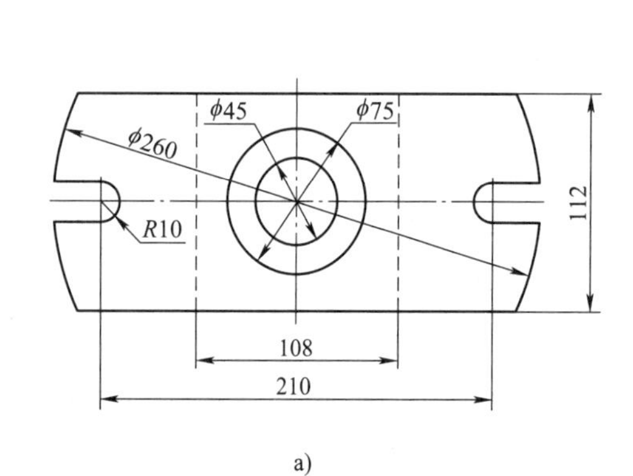

a)

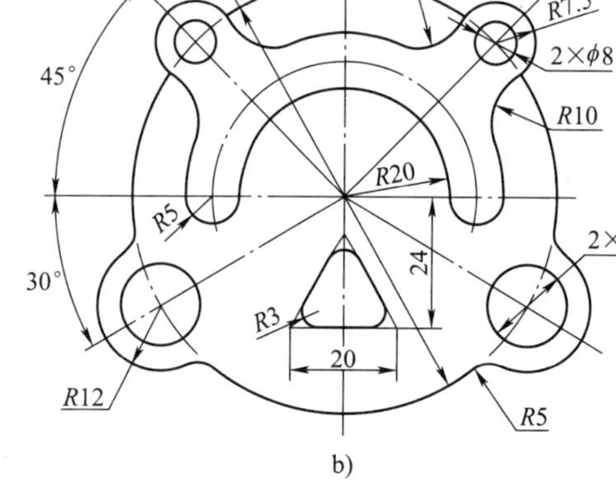

b)

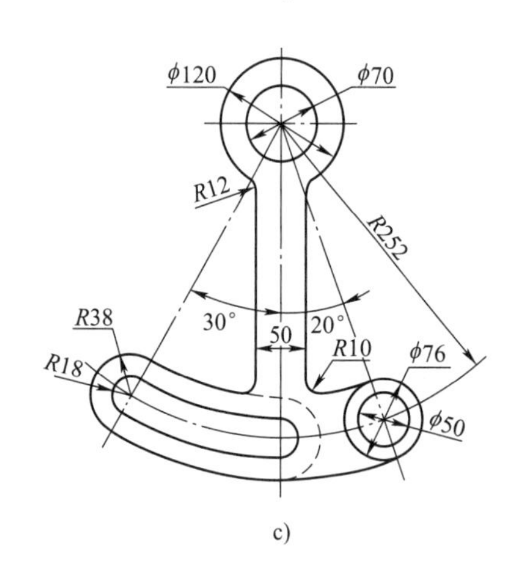

c)

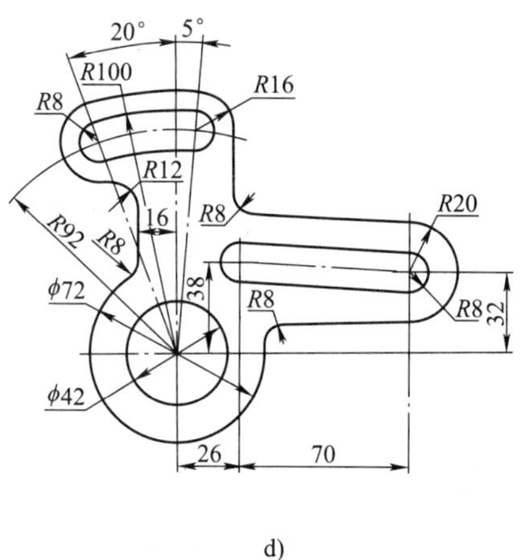

d)

图 5-72　习题 2（2）图形

第 6 章　工程标注

内容与要求

工程图样是设计制造和技术交流的工程语言，除了用视图表达机器设备的结构形状，还要标注尺寸、材料、制造与检验所需的技术要求等。CAXA 电子图板依据图家标准提供了丰富而智能的标注功能，包括尺寸标注、工程符号标注和文字标注等，并可以方便地对已有标注进行编辑修改。此外，电子图板的各种标注都可以设置相应的样式，以满足各种条件下的标注需求。

学习本章应达到如下目标。

- 掌握设置标注样式的方法
- 掌握尺寸标注、公差与配合标注、工程符号标注
- 掌握文本风格设置、文字标注
- 掌握标注编辑、样式管理

6.1 基础知识

在工程设计中，图形只能表达物体的结构形状，而物体的真实大小和各部分的相对位置必须通过标注尺寸才能确定。工程图中一套完整的尺寸标注由尺寸界线、尺寸线、尺寸起止符号和尺寸数字四部分组成，如图 6-1 所示。

工程图样还应标注零件在制造和检验时需达到的技术要求，如表面粗糙度、尺寸公差、形状和位置公差等。此外，图样中还有必要的文字，如技术要求、标题栏等。

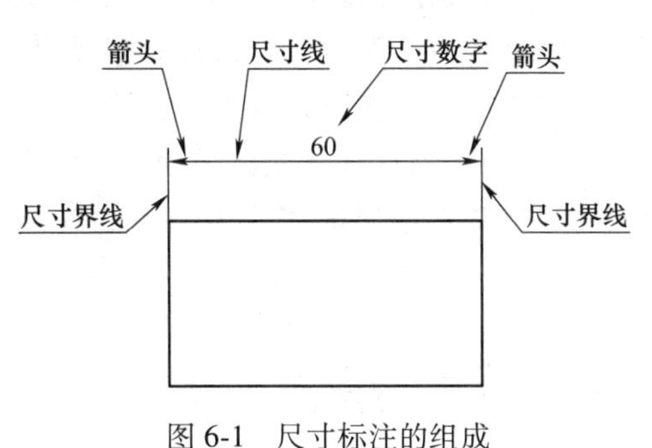

图 6-1　尺寸标注的组成

CAXA 绘图系统，依据国家标准，提供了对工程图样进行尺寸标注、文字标注和工程符号标注的一整套方法，其相关命令放置在主菜单及选项卡中，具体如下。

1）工程标注的各项命令放置在【标注】主菜单中，相应的图标按钮放置在功能区【标注】选项卡的【标注】面板中，如图 6-2 所示。

2）系统具备根据需要自定义标注样式、文本样式和工程符号样式的功能，这些命令被安排在【格式】主菜单，相应的图标按钮则在【标注】选项卡的【标注样式】面板中。

3）系统提供了标注编辑、尺寸驱动等功能以修改已有的工程标注，这些命令被安排在【修改】主菜单中，相应的图标按钮则在【标注】选项卡的【标注编辑】面板中。

此外，为了使用方便，CAXA 电子图板把常用的工程标注图标按钮放置在了【常用】选

项卡的【标注】面板中，如图 6-3 所示（说明：图 6-3b、c、d 只截取了一部分图形）。

图 6-2 【标注】选项卡

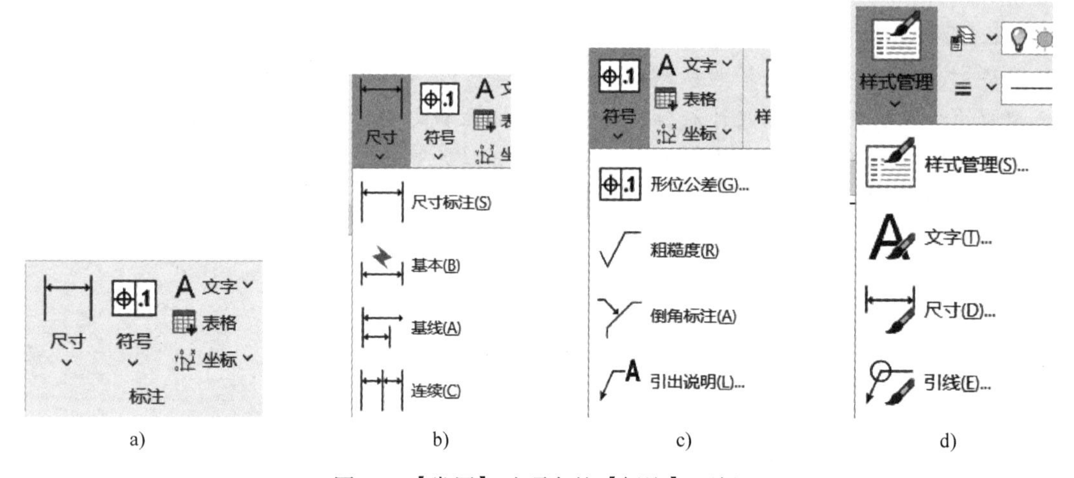

a) b) c) d)

图 6-3 【常用】选项卡的【标注】面板

a)【标注】面板 b）尺寸标注 c）工程符号标注 d）样式管理

使用工程标注命令，用户一般需要给系统提供以下几方面信息。

1）输入命令。如基本标注命令、表面粗糙度命令、文字标注命令等。

2）系统弹出立即菜单或对话框，根据需要进行设置。例如，启动【尺寸标注】、【粗糙度】等命令，系统弹出立即菜单；启动【几何公差】、【焊接符号】等命令，系统弹出对话框。用户需要根据作图条件进行设置。

3）拾取需要标注的实体。使用标注命令时，系统一般提示“拾取标注元素”或“拾取点”等，此时拾取要标注的实体（如直线、圆等图形元素）或拾取点，然后根据提示移动鼠标在适当位置单击，确定尺寸线的定位点即可完成标注。

6.2 尺寸标注

CAXA 电子图板的尺寸标注包括基本标注、基线标注、连续标注、三点角度等，这些命令可通过执行【尺寸标注】命令启动，也可单独启动，方法如下。

1）单击【常用】选项卡→【标注】面板→【尺寸标注】按钮或单击【标注】选项卡→【尺寸】面板→【尺寸标注】按钮，切换立即菜单第 1 项启动。

2）单击【常用】选项卡→【标注】面板→【尺寸标注】下面的按钮，如图 6-3b 所示，或单击【标注】选项卡→【标注】面板→【尺寸标注】下边的按钮，系统弹出子菜单。指针移动到所需方式，单击左键即可直接执行。

6.2.1 【尺寸标注】命令

【尺寸标注】命令的功能是标注尺寸，其方式包括基本标注、基线标注、连续标注、三点角度、角度连续标注、半标注、大圆弧标注、射线标注、锥度标注、曲率半径标注等。

单击【标注】选项卡→【尺寸】面板→【尺寸标注】按钮或单击【菜单】，选择【标注】→【尺寸标注】菜单命令，启动【尺寸标注】命令，出现立即菜单。单击立即菜单第1项，在选项菜单中选择需要的标注方式，如图6-4所示。这些标注方式都是为了解决一些特殊的尺寸标注问题而设计的功能，下面具体介绍。

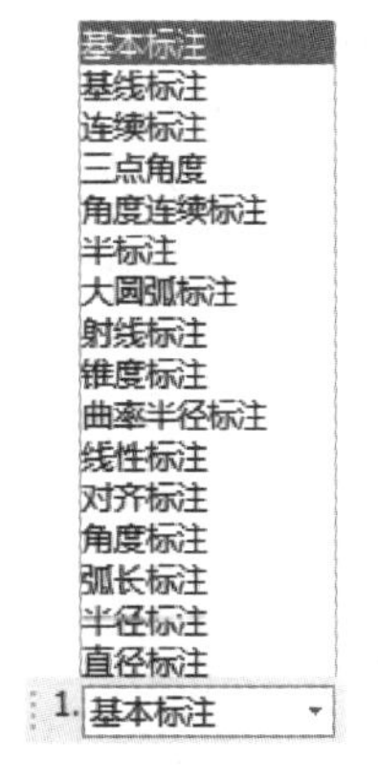

图6-4　尺寸标注的选项菜单

1. 基本标注

基本标注可以快速生成线性尺寸、直径尺寸、半径尺寸、角度尺寸等基本类型。

执行【基本标注】命令后，首先根据提示拾取要标注的对象。由于尺寸类型与形式的多样性，CAXA电子图板具有智能尺寸标注功能，能够依据所拾取的对象，判断出所需要的尺寸标注类型并实时地在屏幕上显示出来，此时再根据需要确定标注的参数和位置即可。拾取单个对象和先后拾取两个对象的概念和操作方法不同。下面介绍当拾取不同的对象时，【基本标注】命令的操作方法。

（1）直线的标注

拾取要标注的直线，通过选择不同的立即菜单选项，可标注直线的长度、直径和与坐标轴的夹角等。

☞ 直线标注的操作步骤

❶单击【常用】选项卡→【尺寸】面板→【尺寸标注】按钮，系统弹出立即菜单。单击立即菜单第1项，在弹出的选项菜单中选择【基本标注】。

❷系统提示“拾取标注元素或点取第一点:”，拾取要标注的直线，出现如图6-5所示的立即菜单。

1. 基本标注　2. 文字平行　3. 标注长度　4. 长度　5. 平行　6. 文字居中　7.前缀　8.后缀　9.基本尺寸　96

图6-5　直线标注的立即菜单

❸单击第2项，可以设置标注文字与尺寸线位置关系，有【文字平行】【文字水平】或【ISO标准】三种方式，其含义如下。

- 文字平行：所标注尺寸数字的字头方向随尺寸线方向变化。尺寸线水平时，字头向上；尺寸线垂直时，字头向左；尺寸线倾斜时，文字随之倾斜，并保持字头朝上的趋势，如图6-6a所示。
- 文字水平：尺寸数字一律水平且字头向上，标注在尺寸线的中断处。当把尺寸引出到尺寸界线外标注时，尺寸线将折成水平，尺寸数字注写在该水平折线上。如图6-6b所示。
- ISO标准：当文字在尺寸界线内时，采用【文字平行】方式；当文字在尺寸界线外时，采用【文字水平】方式。

❹通过选择不同的立即菜单选项，可标注直线的长度、直径或坐标轴的夹角。

❺系统提示“拾取另一个标注元素或指定尺寸线的位置”，此时拖动鼠标到合适的位置单击即可。

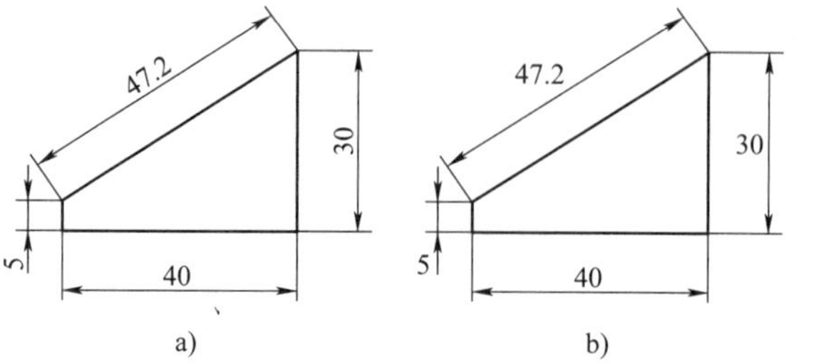

图 6-6　文字方向的标注示例
a）文字平行　b）文字水平

在操作步骤❹中，可根据需要设置立即菜单各选项，具体如下。

1）标注直线长度。

- 第 3 项选择【标注长度】。
- 第 4 项选择【长度】，此时标注的即为直线的长度。
- 第 5 项可选择【正交】、【平行】和【智能】。选择【正交】时，标注该直线沿水平方向或铅垂方向的长度；选择【平行】时，尺寸线与所选直线平行，即标注斜线的长度，如图 6-7 所示。选择【智能】时，可以根据鼠标的位置，智能选择标注的形式。
- 第 6 项可选择【文字居中】或【文字拖动】。选择【文字拖动】时，尺寸数字的位置由鼠标拖动放置；选择【文字居中】时，尺寸数字在尺寸界线之内时自动居中；如果尺寸数字在尺寸界线之外，则由【标注点】的位置确定。
- 第 7 项可在尺寸文字前加前缀，如“*R*”“ϕ”等。
- 第 8 项可在尺寸文字后加后缀，如“H7”等。
- 第 9 项显示系统自动测量的长度值，也可输入所需尺寸值。

2）标注直径。在工程制图中，回转体的直径一般标注在非圆视图上，如图 6-8 所示。其操作方法是：把立即菜单第 4 项切换为【直径】，如图 6-9 所示。系统自动在尺寸数字前加 ϕ（在第 7 项【前缀】文本框中显示的是“%c”），标注方法与标注长度相同。

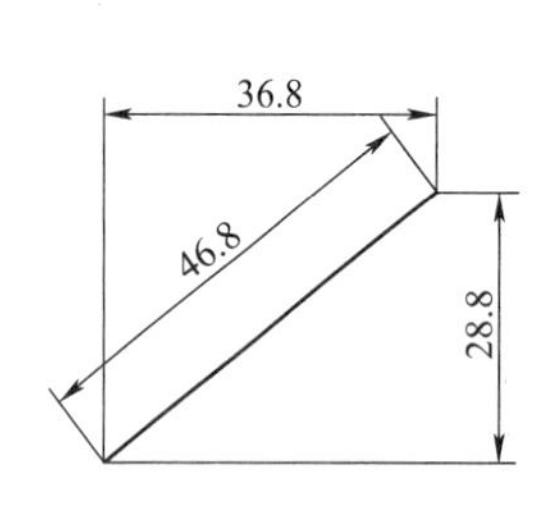

图 6-7　直线长度的标注示例

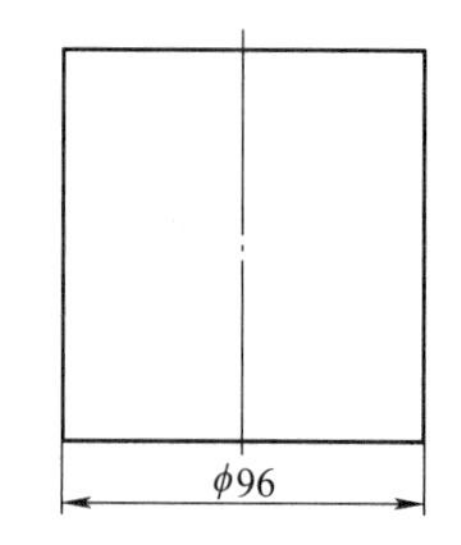

图 6-8　直径的标注示例

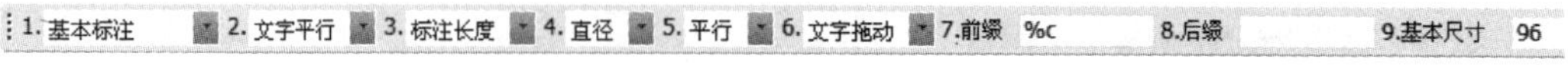

图 6-9　标注直径的立即菜单

3）标注直线与坐标轴的夹角。第 3 项切换为【标注角度】，系统自动在尺寸数字前加“°”（在第 5 项文本框中显示的是“%d”），如图 6-10 所示。

第 4 项可选择【X 轴夹角】或【Y 轴夹角】，即标注所拾取直线与 *X* 轴的夹角或与 *Y* 轴

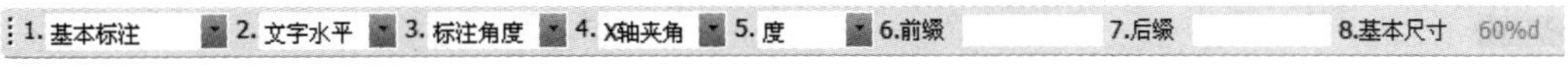

1. 基本标注
2. 文字水平
3. 标注角度
4. X轴夹角
5. 度
6.前缀
7.后缀
8.基本尺寸
60%d

图 6-10　直线与坐标轴夹角标注的立即菜单

的夹角。事实上，一条直线与某一轴向存在四个夹角，如图 6-11a、b 所示，系统根据指针所在位置进行标注，因此可以通过移动鼠标决定标注哪一个角度。此外，角度尺寸的顶点与拾取直线的位置有关，靠近拾取点的直线端点为所标注角度尺寸的顶点，如图 6-11c、d 所示。

150°
30°
30°
150°
a)
60°
120°
120°
60°
b)
1
30°
c)
2
30°
d)

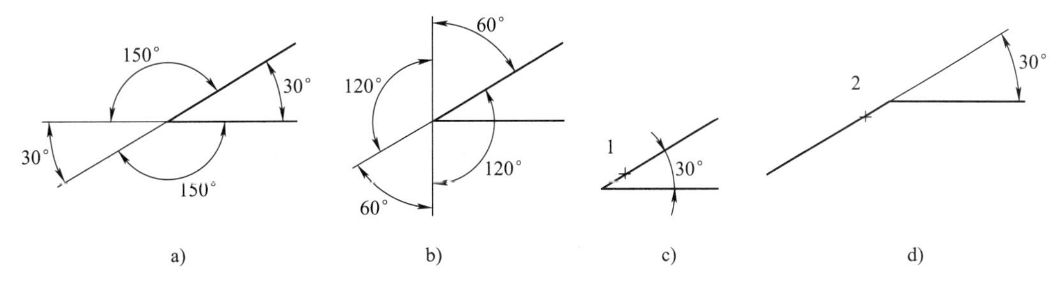

图 6-11　直线与坐标轴夹角的标注示例

a）直线与 X 轴的夹角　b）直线与 Y 轴的夹角　c）拾取直线的位置在点 1　d）拾取直线的位置在点 2

（2）圆的标注

拾取要标注的圆，系统出现如图 6-12 所示的立即菜单。单击第 3 项，可选择标注【直径】、【半径】或【圆周直径】。选择【直径】方式时，系统自动在数字前加 ϕ；选择【半径】方式时加 R；【圆周直径】方式是指所标注直径尺寸的尺寸界线自圆周引出。

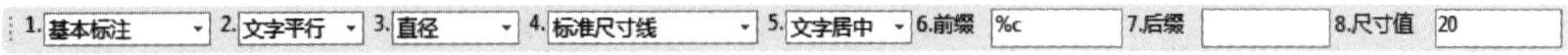

1. 基本标注
2. 文字平行
3. 直径
4. 标准尺寸线
5. 文字居中
6.前缀
%c
7.后缀
8.尺寸值
20

图 6-12　标注圆的立即菜单

当系统提示“拾取另一个标注元素或指定尺寸线的位置”时，拖动鼠标到合适的位置单击即可。圆的标注示例，如图 6-13 所示。

ϕ40
a)
ϕ40
b)
ϕ40
c)
R20
d)
ϕ10
ϕ10
e)
ϕ10
f)

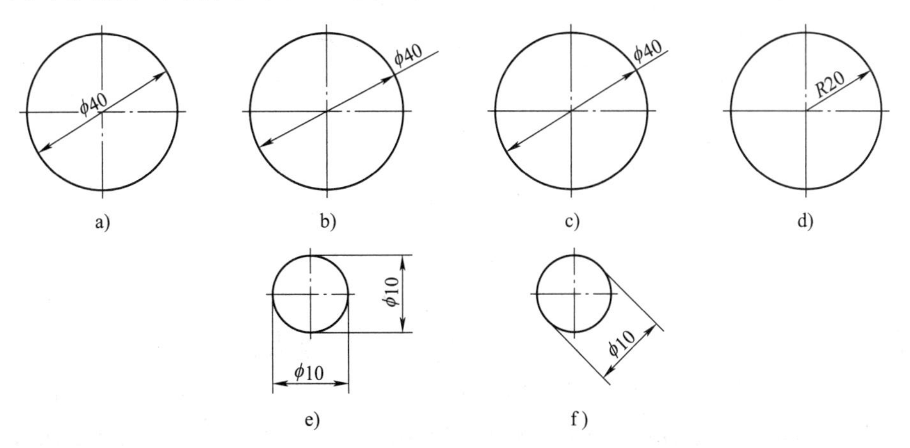

图 6-13　圆的标注示例

a）文字平行一　b）文字平行二　c）文字水平　d）标注半径　e）圆周直径、正交　f）圆周直径、平行

(3) 圆弧的标注

拾取要标注的圆弧，立即菜单如图 6-14 所示。单击第 2 项，可选择标注圆弧的【直径】、【半径】、【圆心角】、【弦长】和【弧长】，系统自动在尺寸数字的相应位置加上 ϕ，R，“°”“⌒”等符号。【基本标注】方式下，拾取一个圆弧的标注示例如图 6-15 所示。

图 6-14　标注圆弧的立即菜单

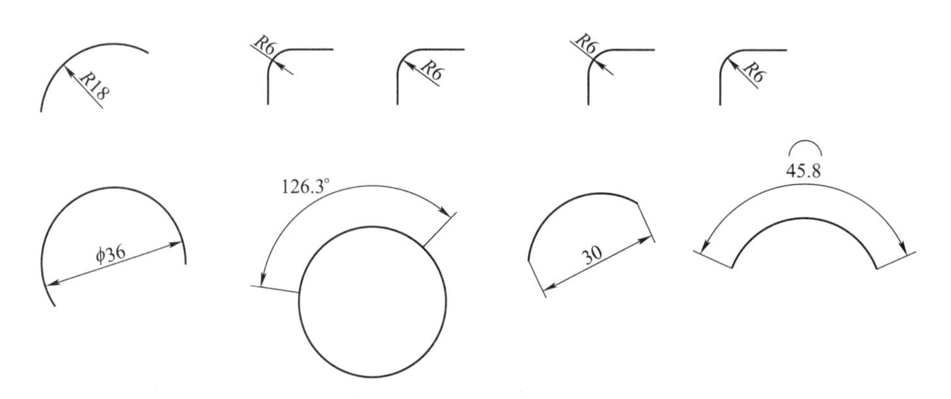

图 6-15　圆弧的标注示例

(4) 两个元素的标注

两个元素的标注可用来表示两个元素之间的相互距离，各元素之间的标注方法如下。

❍ 点和点的标注（两点标注）：标注两个点之间的距离（见图 6-16a）。

❍ 点和直线的标注：标注点到直线的距离（见图 6-16b）。

❍ 点和圆（圆弧）的标注：标注点到圆心的距离（见图 6-16c）。

❍ 直线和圆（圆弧）的标注：标注圆心或切点到直线的距离（见图 6-16d）。

❍ 直线和直线的标注：拾取两直线后，系统根据直线之间平行或不平行的位置关系，标注两条直线之间的距离或夹角（见图 6-16e）。

❍ 圆和圆的标注：拾取两个圆（圆弧），标注两个圆心之间的距离（见图 6-16f）。

虽然系统根据拾取的对象的不同，可进行不同的尺寸标注，但在【基本标注】方式下，标注一个尺寸基本操作大致相同，归纳如下。

❶单击【常用】选项卡→【标注】面板→【尺寸标注】⊢⊣按钮，系统弹出立即菜单。

❷单击立即菜单第 1 项，在弹出的选项菜单中选择【基本标注】。

❸系统提示“拾取标注元素或点取第一点:”时，拾取第一个标注元素。

❹根据拾取的元素出现相应的立即菜单，并提示“拾取另一个标注元素或指定尺寸线的位置”。此时若标注单个元素的尺寸，则直接执行步骤❺。若标注两个元素之间的尺寸，则拾取第二个标注元素后，立即菜单会随所拾取的两个元素的不同而相应变化，系统提示

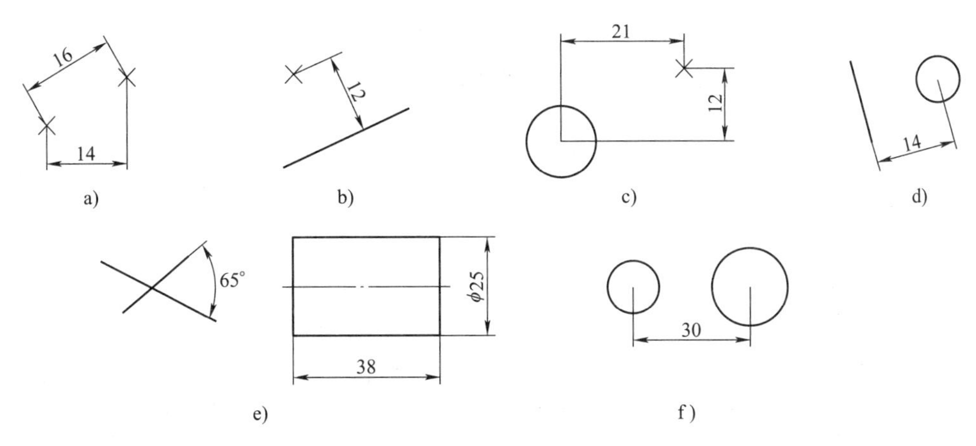

图 6-16　两个元素的标注

“尺寸线位置”。

❺根据需要设置立即菜单，确认尺寸数值。若不采用系统自动测量值，应予以修改。

❻移动鼠标动态拖动尺寸线到合适位置后单击，一个尺寸即被标出。

❼系统再次提示“拾取标注元素或点取第一点:”，用户可继续标注，否则按〈Esc〉键或单击鼠标右键退出标注状态。

提示

两点标注时，应根据需要捕捉曲线（直线、圆或圆弧）上的端点、中点、象限点或交点等特征点。如图 6-17 所示图形，标注尺寸时应捕捉端点。

2. 基线标注

【基线标注】方式可实现多个尺寸的并联标注，即从同一条尺寸界线出发，引出若干尺寸。

☞ 基线标注的操作步骤

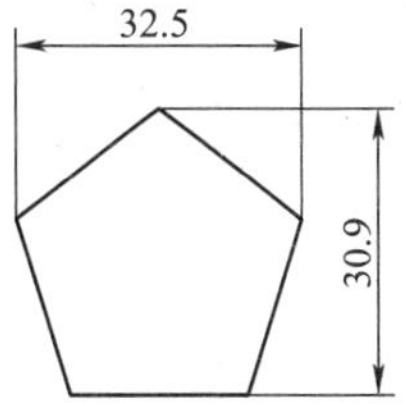

❶单击【常用】选项卡→【标注】面板→【尺寸标注】按钮，系统弹出立即菜单。单击立即菜单第 1 项，在弹出的选项菜单中选择【基线标注】。

图 6-17　两点标注示例

❷系统提示“拾取线性尺寸或第一引出点:”。如果拾取一个已标注的线性尺寸，则该线性尺寸中距离拾取点最近的引出点即为新尺寸的第一引出点（基准点）。

❸立即菜单变得如图 6-18 所示。单击立即菜单第 2 项可切换【文字平行】与【文字水平】；第 3 项可输入尺寸线的偏移距离；第 4 项可输入前缀；第 5 项可输入后缀；第 6 项显示系统自动测量值。

图 6 18　【基线标注】的立即菜单

❹当系统提示“拾取第二引出点”时，拖动鼠标可动态显示所生成的尺寸，拾取第二

个引出点后，尺寸生成。新生成的尺寸位置由第二引出点和立即菜单第 3 项【尺寸线偏移】控制。尺寸线偏移的方向根据第二引出点与被拾取尺寸的尺寸线位置决定，即新尺寸的第二引出点与尺寸线定位点分别位于被拾取尺寸线的两侧。

❺系统又提示“第二引出点:”，新生成的尺寸将作为下一个尺寸的基准尺寸。如此循环，可以标注出一组基线尺寸。

❻标注完成后，按〈Esc〉键退出命令。

当系统提示“拾取线性尺寸或第一引出点:”时，如果拾取的是点，该点将作为基准尺寸的第一引出点。系统接着提示“拾取另一个引出点:”，拾取另一个引出点后，出现如图 6-19 所示的立即菜单。用户可以标注两个引出点间的 *X* 轴方向、*Y* 轴方向或沿两点连线方向的第一基准尺寸。系统重复提示“第二引出点:”，此时，用户通过反复拾取适当的“第二引出点”，即可标注出一组基线尺寸。图 6-20 所示为基线标注的示例。

图 6-19　基线标注时拾取两点的立即菜单

3. 连续标注

【连续标注】方式可实现多个尺寸的串联标注（链式标注），其操作方法与基线标注相似。

4. 三点角度

【三点角度】方式用于标注三点形成的角度。在选项菜单中选择【三点角度标注】，立即菜单变得如图 6-21 所示。

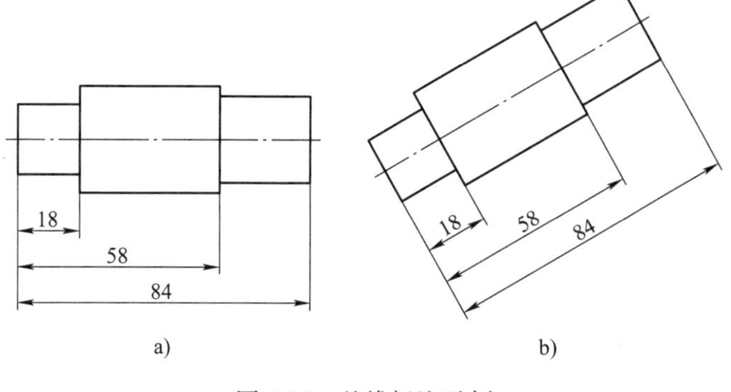

图 6-20　基线标注示例

a）文字水平　b）文字平行

根据需要设置立即菜单后，按照系统提示依次拾取所标注角度的顶点、第一点和第二点。第一点和顶点的连线与第二点和顶点的连线之间的夹角即为【三点角度】方式标注的角度值，如图 6-22 所示。随着鼠标的移动动态拖动尺寸线，在合适的位置单击确定尺寸线定位点，即可完成标注。

图 6-21　【三点角度标注】的立即菜单

5. 角度连续标注

角度连续标注可实现多个角度尺寸的串联标注（链式标注）。在选项菜单中选择【角度连续标注】，系统提示“拾取第一个标注元素或角度尺寸”，拾取一个角度尺寸的尺寸界线（也可以拾取点或线，先标注出一个角度尺寸），

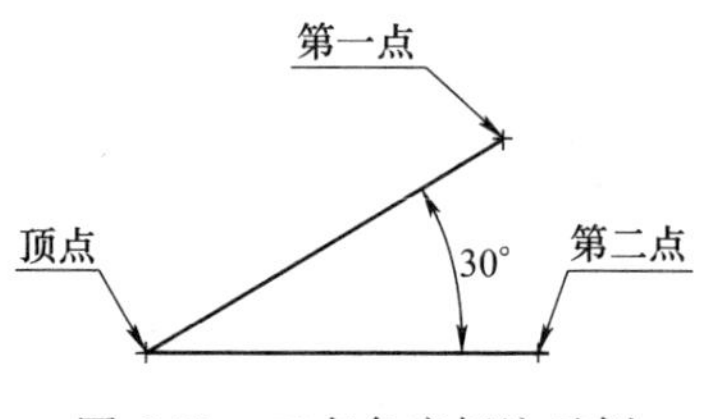

图 6-22　三点角度标注示例

立即菜单变得如图 6-23 所示。

1. 角度连续标注 2. 度 3. 顺时针 4.前缀 5.后缀

图 6-23 【角度连续标注】的立即菜单

根据需要设置立即菜单后，按照系统提示单击一点确定下一个角度尺寸，该角度尺寸的尺寸线与所拾取角度尺寸的尺寸线在同一圆周上。连续拾取即可标注出一组角度尺寸，标注完成后，按〈Esc〉键退出命令。角度连续标注的示例如图 6-24 所示。

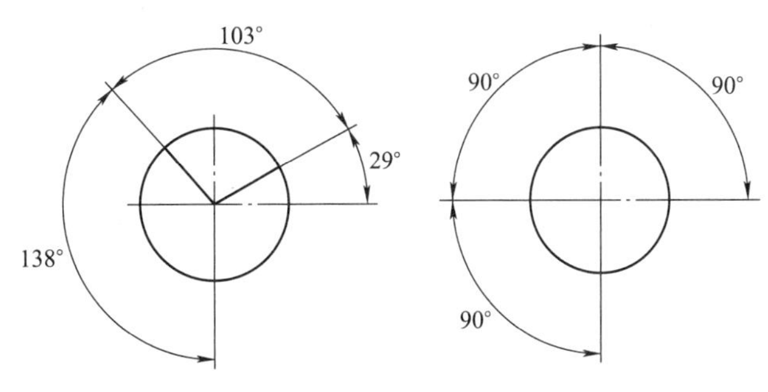

图 6-24 角度连续标注示例

6. 半标注

在 CAXA 电子图板中，半标注是指将对称图形的尺寸标注成单向箭头的形式。

☞ 半标注的操作步骤

❶单击【常用】选项卡→【标注】面板→【尺寸标注】按钮，系统弹出立即菜单。单击立即菜单第 1 项，在弹出的选项菜单中选择【半标注】，立即菜单变得如图 6-25 所示。

图 6-25 【半标注】的立即菜单

❷根据需要设置立即菜单。第 2 项可选择标注【直径】或【长度】；第 3 项设定尺寸线的延伸长度。

❸系统首先提示“拾取直线或第一点:”，如果拾取到一条直线（一般为轴线或对称线），系统提示“拾取与第一条直线平行的直线或第二点:”；如果拾取到一个点，系统则提示“拾取直线或第二点:”。

❹输入第二个元素，如果两次拾取的都是点，第一点到第二点距离的两倍为尺寸值；如果拾取的是点和直线，点到被拾取直线的垂直距离的两倍为尺寸值；如果拾取的是两条平行的直线，两直线之间距离的两倍为尺寸值。测量值在立即菜单中显示，用户也可以输入数值。

❺系统提示“尺寸线位置:”。移动鼠标可动态拖动尺寸线，在适当位置单击确定尺寸线的位置，即可完成标注。

提示

【半标注】的尺寸界线，总是从第二次拾取的元素上引出，尺寸线箭头指向尺寸界线。

图 6-26 所示为半标注示例。

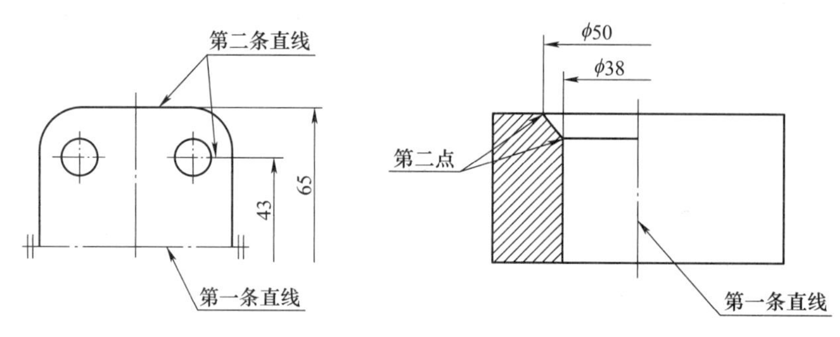

图 6-26　半标注示例

7. 大圆弧标注

在工程制图中，当圆弧半径很大，尺寸线不便从圆心引出时，可将尺寸线用折线表示。这种标注方式，在 CAXA 电子图板中可使用【大圆弧标注】命令实现。

在选项菜单中选择【大圆弧标注】，立即菜单变得如图 6-27 所示。根据需要设置立即菜单，按照系统提示拾取要标注的圆弧，并依次指定“第一引出点”“第二引出点”和“定位点”，即可完成大圆弧标注，如图 6-28 所示。

1. 大圆弧标注	2.前缀 R	3.后缀	4.基本尺寸

图 6-27 【大圆弧标注】的立即菜单

8. 射线标注

射线标注是以射线的形式标注两点间距离。在选项菜单中选择【射线标注】，系统提示“第一点:”，指定要标注的第一点。系统提示“第二点:”，指定第二点，如图 6-29 所示。此时，立即菜单变得如图 6-30 所示。系统提示“定位点:”，用鼠标拖动尺寸线，在适当位置单击确定文字定位点，即可完成射线标注。

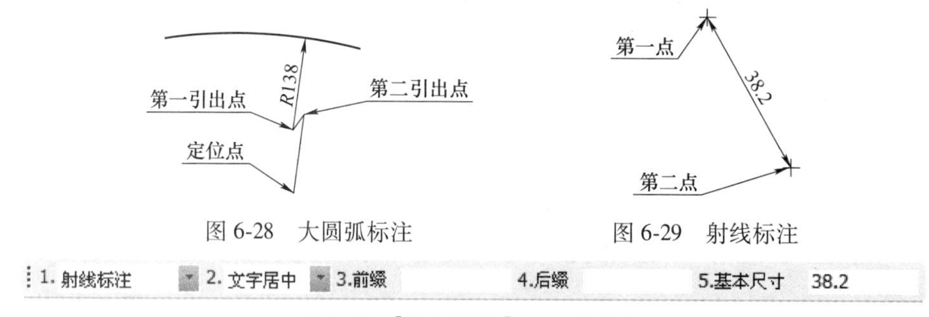

图 6-28　大圆弧标注　　图 6-29　射线标注

1. 射线标注	2. 文字居中	3.前缀	4.后缀	5.基本尺寸 38.2

图 6-30 【射线标注】的立即菜单

9. 锥度标注

锥度标注可以按照国家标准的规定，标注锥度和斜度。在选项菜单中选择【锥度标注】，立即菜单变得如图 6-31 所示。根据需要设置立即菜单，立即菜单其余选项的含义如下。

- 第 2 项可以切换【锥度】或【斜度】。
- 第 3 项可切换【符号正向】或【符号反向】，用来调整锥度或斜度符号的方向。

❍ 第 4 项可切换【正向】或【反向】，以调整锥度或斜度标注文字的方向。
❍ 第 5 项可切换【加引线】或【不加引线】。
❍ 第 6 项设置标注的文字是否加边框。
❍ 第 7 项可切换【不绘制箭头】或【绘制箭头】，以设置是否绘制引出线的箭头。
❍ 第 8 项可切换【不标注角度】或【标注角度】，以设置是否添加角度标注。
❍ 第 9 项可切换【角度含符号】或【角度无符号】。

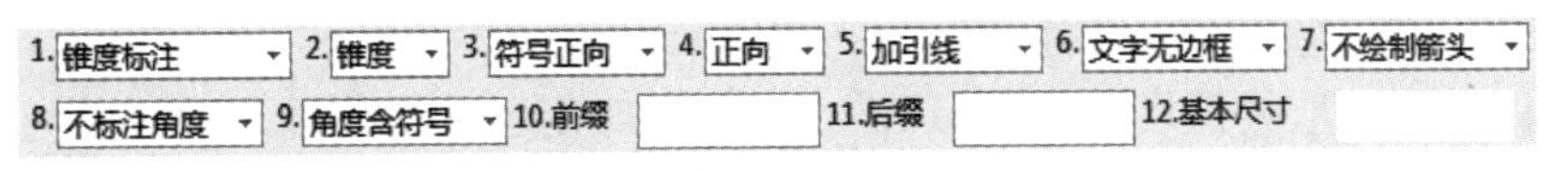

图 6-31 【锥度标注】的立即菜单

按照系统提示先后拾取轴线和直线，系统又提示“定位点:”，鼠标拖动尺寸线到适当的位置，单击确定文字定位点即可标注出所拾取直线相对于轴线的锥度或斜度。锥度和斜度的标注示例如图 6-32 所示。

10. 曲率半径标注

【曲率半径标注】命令用于对样条曲线进行曲率半径的标注，如图 6-33 所示。在选项菜单中选择【曲率半径标注】，立即菜单变得如图 6-34 所示。系统提示“拾取标注元素:”，拾取要标注的样条曲线。系统又提示“尺寸线位置:”，给出尺寸线的位置，即可完成样条线曲率半径的标注。

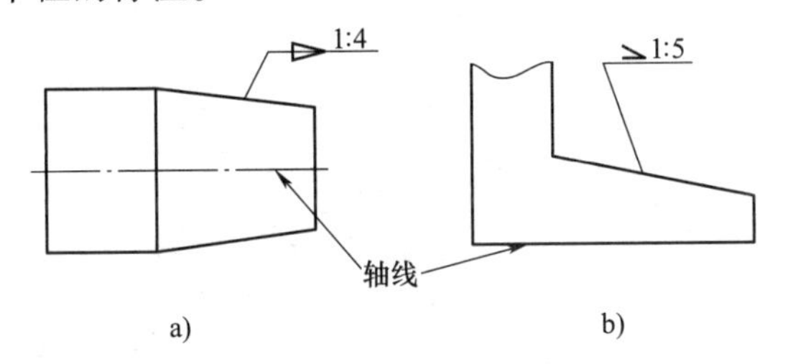

图 6-32 锥度和斜度的标注示例
a）标注锥度 b）斜度的标注

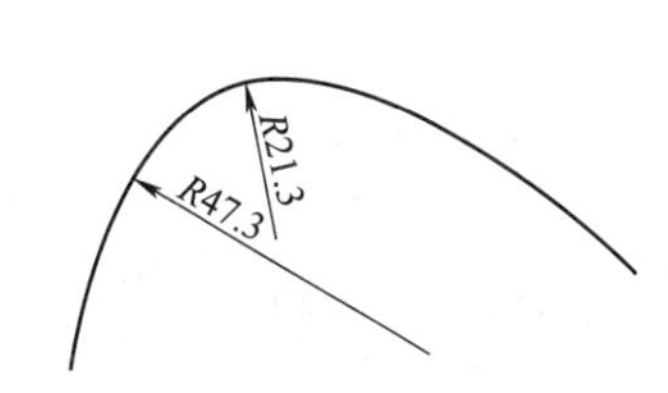

图 6-33 曲率半径标注示例

1. 曲率半径标注 2. 文字平行 3. 文字居中 4.最大曲率半径 10000

图 6-34 【曲率半径标注】的立即菜单

实例演练

【例 6-1】 连续尺寸标注。

绘图并标注尺寸，如图 6-35a 所示。

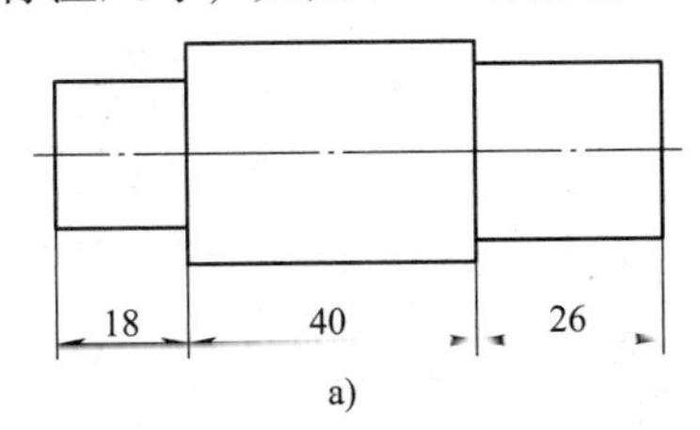

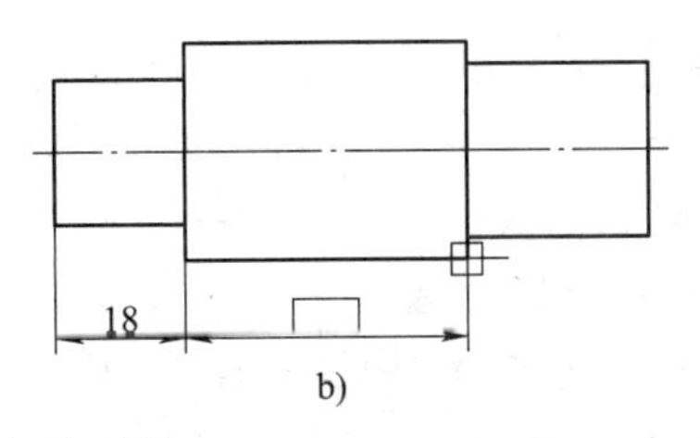

图 6-35 尺寸标注示例

操作步骤

步骤 1　作出已知图形

启动【孔/轴】命令，绘制如图 6-35a 所示轴（直径尺寸可自行设置）。

步骤 2　标注尺寸

❶单击【常用】选项卡→【标注】面板→【尺寸标注】按钮，系统弹出立即菜单。单击立即菜单第 1 项，选择【连续标注】。

❷系统提示“拾取线性尺寸或第一引出点”，此时用鼠标拾取轴左端面上任意一点（本例可捕捉左端面的端点），即为尺寸 18 的起点。

❸系统弹出新立即菜单，在第 2 项选择【文字水平】，即。

❹系统提示“第二引出点”，移动鼠标到尺寸 18 的右边界，拾取轴肩端面上一点（捕捉端点）。系统提示“尺寸线位置”，移动鼠标在适当的位置单击，即可确定尺寸 18 的放置位置。

❺系统接着提示“第二引出点”，用鼠标拾取中间轴段右端面上一点（可捕捉端点），如图 6-35b 所示，即可标注出尺寸 40。

❻系统继续提示“第二引出点”，拾取轴右端面上一点，即可标注出尺寸 26。屏幕上可看到，这两个尺寸的尺寸线与尺寸 18 的尺寸线在一条直线上，即为连续标注。

❼标注完成后，按〈Esc〉键退出命令。

提示

拾取尺寸引出点时，应捕捉特征点，如端点、交点等。

6.2.2 公差与配合标注

为使零件具有互换性，建立了极限与配合制度。机械制图中，零件图上有些尺寸的后面需要标注出极限偏差或公差带代号，或者同时标注出公差带代号和极限偏差，装配图上有些尺寸的后面需要标出配合代号。CAXA 电子图板可以方便地添加和设置这些内容。

在尺寸标注中，当系统提示“指定尺寸线位置:”时，单击鼠标右键，弹出【尺寸标注属性设置】对话框，利用此对话框可以标注公差与配合，如图 6-36 所示。对话框中各选项的含义及操作如下。

图 6-36　【尺寸标注属性设置】对话框之【代号】

1.【基本信息】区

❍【前缀】文本框：填写尺寸数值前的符号。如标注“6×ϕ50EQS”，需在此文本框中输入字符“6×%c”。

❍【基本尺寸】文本框：默认为实际测量值，用户可根据需要输入相应尺寸数值。

❍【后缀】文本框：填写尺寸数值后的符号。如标注“6×ϕ50EQS”，需在此文本框中输入字符 EQS。

- 【附注】文本框：填写对尺寸的说明或其他注释。
- 【文本替代】文本框：在该文本框中填写内容时，前缀、基本尺寸和后缀的内容将不显示，尺寸文字使用文字替代的内容。
- 图 6-37a 所示为【常用符号】对话框，包含了工程图样上常见的符号，可根据需要选择。
- 插入... 按钮：单击弹出如图 6-37b 所示的下拉列表，可以插入常用符号，如直径符号、角度、分数、粗糙度等。单击其中的【尺寸特殊符号】选项，弹出如图 6-37c 所示的【尺寸特殊符号】对话框，可根据需要选择。

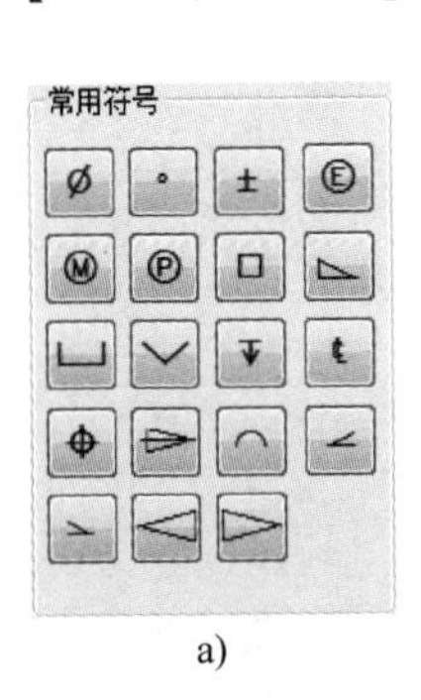

a)

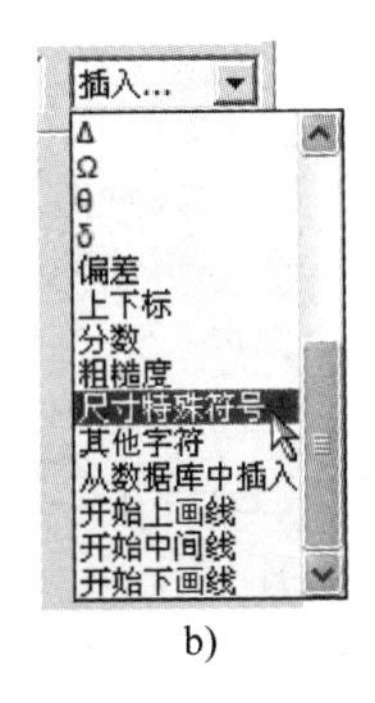

b)

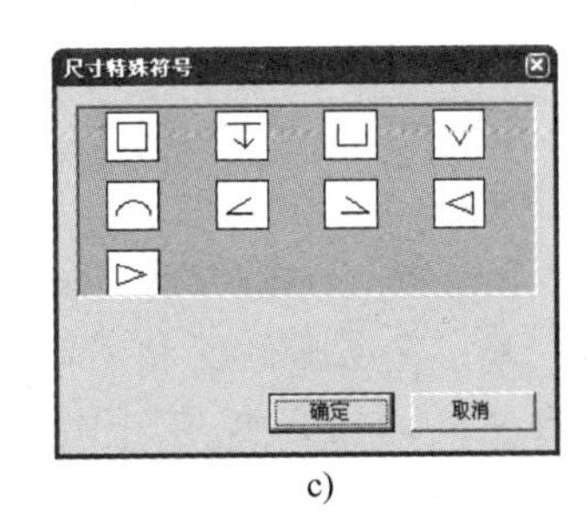

c)

图 6-37　常用符号

2. 【标注风格】区

- 【使用风格】：单击下拉列表框，选择标注样式。
- 【箭头反向】：控制箭头方向。
- 【文字边框】：选择该项时，在所标注的尺寸数字四周加边框。
- 标注风格... 按钮：单击该按钮弹出【标注风格设置】对话框，可编辑标注样式。

3. 【公差与配合】区

（1）【输入形式】下拉列表框

输入形式有四种选择，分别为【代号】、【偏差】、【配合】和【对称】，用它控制公差的输入方式。各选项含义如下。

- 代号：在【公差代号】文本框中输入的代号名称，如 H7、h6、k6 等，系统将根据基本尺寸和代号名称自动查表，并将查询结果在【上偏差】和【下偏差】文本框中显示。也可以单击 高级... 按钮，弹出【公差与配合可视化查询】对话框，在【公差查询】选项卡中直接选择合适的公差代号，如图 6-38a 所示。
- 偏差：用户可直接在【上偏差】和【下偏差】文本框中输入偏差值。
- 配合：【输入形式】选择【配合】后对话框变成如图 6-39 所示的形式。在【配合制】区可选择【基孔制】或【基轴制】配合方式；在【公差带】区可选择或输入孔与轴的公差带符号，如 H7/h6、H7/k6、H7/s6 等，系统输出时将按所输入的配合进行标注；在【配合方式】区可选择【间隙配合】、【过渡配合】或【过盈配合】。设置完成后，不管【输出形式】是什么，输出时均标注配合代号。也可以单击 高级... 按钮，弹出【公差与配合可视化查询】对话框，在【配合查询】选项卡中直接选择合

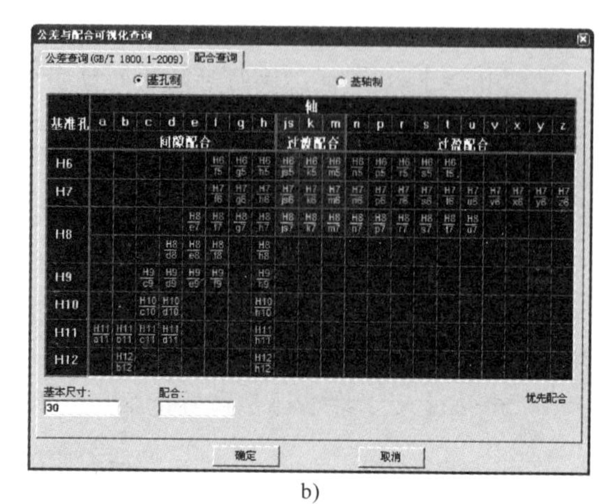

a) b)

图 6-38 【公差与配合可视化查询】对话框

a)【公差查询】选项卡 b)【配合查询】选项卡

适的配合代号，如图 6-38b 所示。

❍ 对称：上、下极限偏差相同时，即为【对称】形式。此时，只有【上偏差】可以输入。

(2)【输出形式】下拉列表框

❍ 当【输入形式】为【代号】时，【输出形式】有 5 个选项，分别为【代号】、【偏差】、【(偏差)】、【代号（偏差)】和【极限尺寸】。

❍ 当【输入形式】为【偏差】和【对称】时，【输出形式】只有【偏差】和【(偏差)】。

❍ 当【输入形式】为【配合】时，【输出形式】无法选择。

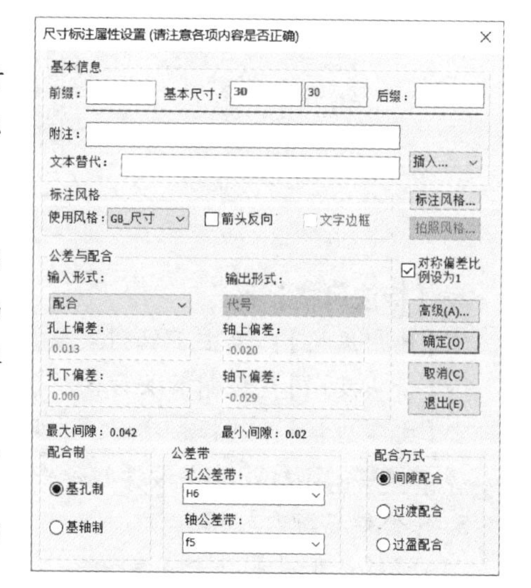

图 6-39 【尺寸标注属性设置】对话框之【配合】

(3)【公差代号】文本框

当【输入形式】为【代号】时，在此文本框中输入公差带代号名称，系统将根据基本尺寸和代号名称自动查表，并将查到的上、下极限偏差值显示在【上偏差】和【下偏差】文本框中。

(4)【上偏差】和【下偏差】文本框

【输入形式】为【代号】时，在文本框中显示查询到的上、下极限偏差值，也可以在此文本框中直接输入所需的上极限偏差值。

尺寸公差与配合标注示例如图 6-40 所示。

提示

标注角度尺寸时，在“指定尺寸线位置:”的系统提示下，单击鼠标右键，弹出【角度公差】对话框，如图 6-41 所示，利用此对话框可以标注角度公差。

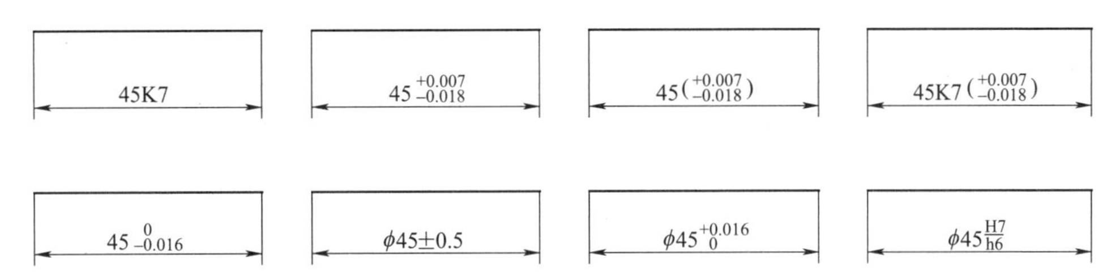

图 6-40 尺寸公差与配合标注示例

实例演练

【例 6-2】 标注尺寸公差与配合。

使用【尺寸标注属性设置】对话框，标注如图 6-42 所示的尺寸公差与配合。

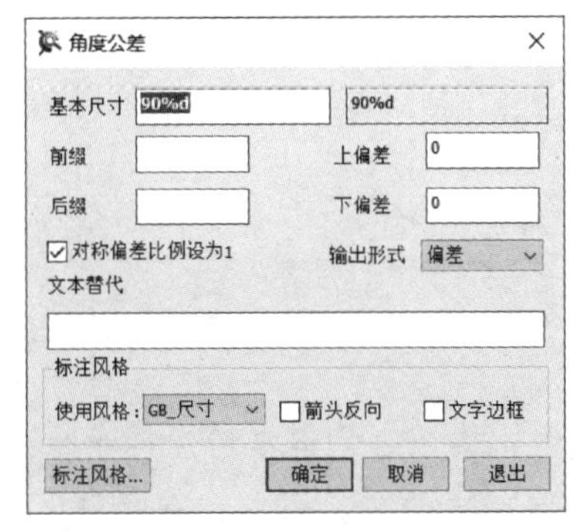

图 6-41 【角度公差】对话框

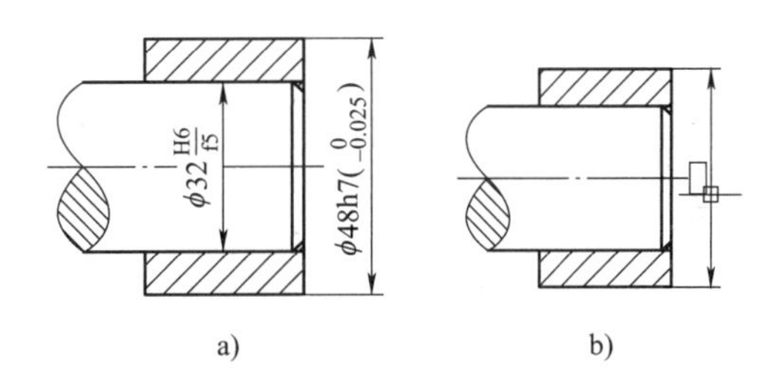

图 6-42 标注尺寸公差与配合的操作实例

操作步骤

步骤 1 作出已知图形

启动【孔/轴】命令绘制图形。

步骤 2 标注 $\phi48$ 的尺寸及配合

❶单击【常用】选项卡→【标注】面板→【尺寸标注】按钮，系统弹出立即菜单。单击立即菜单第 1 项，在弹出的选项菜单中选择【基本标注】。

❷系统提示“拾取标注元素或点取第一点:”，拾取 $\phi48$ 的上轮廓线。

❸系统又提示“拾取另一个标注元素或指定尺寸线的位置”，拾取 $\phi48$ 的下轮廓线。

❹系统弹出新立即菜单，立即菜单设置为 1. 基本标注 2. 文字平行 3. 直径 4. 文字居中 5.前缀 %c 6.后缀 7.基本尺寸 48。

❺此时，系统提示“尺寸线位置”，鼠标拖动尺寸线到合适的位置，如图 6-42b 所示。

❻单击鼠标右键，弹出【尺寸标注属性设置】对话框。在【输入形式】下拉列表中选择【代号】，【输出形式】下拉列表中选择【代号（偏差）】，在【公差代号】文本框中输入“h7”，如图 6-43a 所示。

❼单击 确定(O) 按钮，即可标注出 $\phi48$ 轴的尺寸及配合。

步骤 3 标注 $\phi32$ 的尺寸及配合

❶继续拾取 $\phi32$ 轴的上下轮廓线，鼠标拖动尺寸线到合适的位置后单击鼠标右键，弹

出【尺寸标注属性设置】对话框。

❷在【输入形式】下拉列表中选择【配合】，在【孔公差带】、【轴公差带】中分别输入“H6”“f5”，如图 6-43b 所示。

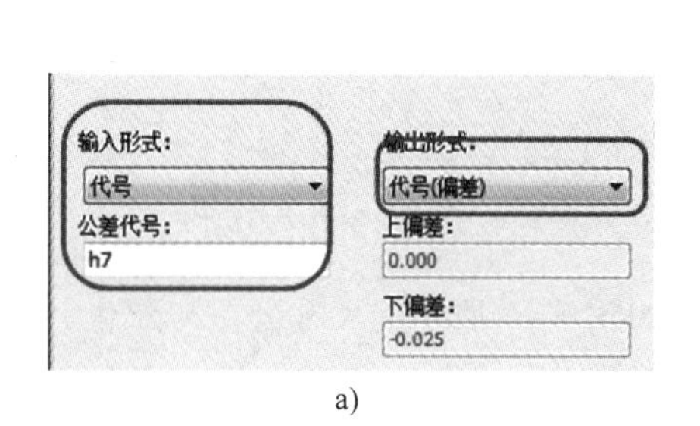

a)

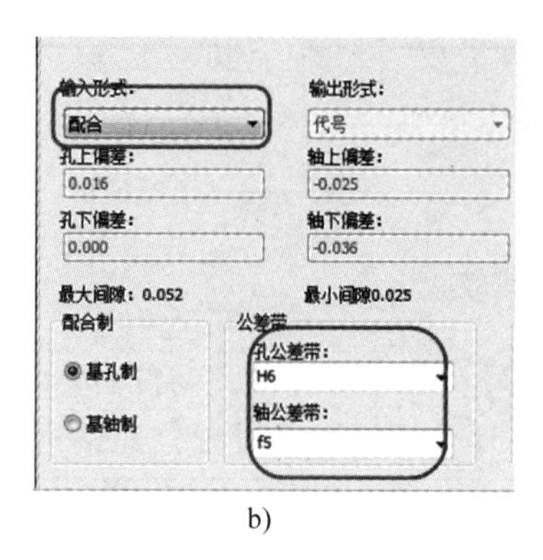

b)

图 6-43　尺寸标注属性设置

❸单击 确定(O) 按钮，即可标注出 $\phi32$ 轴的尺寸及配合。

提示

一般情况下，在命令执行过程中单击鼠标右键是终止该命令，但在标注尺寸时，单击鼠标右键（或按〈Enter〉键）具有标注尺寸公差与配合的功能。因此，在标注尺寸时，要终止当前操作退出命令，不能单击鼠标右键或按〈Enter〉键，而应按〈Esc〉键。

6.2.3 设置标注样式

不同制图标准及环境下对标注的需求也不同，通过设置标注样式可以控制各种标注的外观参数，方便使用维护标注标准。

CAXA 电子图板的标注样式包括尺寸样式、文字样式、引线样式、几何公差样式、粗糙度样式、焊接符号样式、基准符号样式、剖切符号样式等。这些样式可以通过单击【样式管理】按钮，执行【样式管理】命令，在【样式管理】对话框中统一设置；也可以单击【样式管理】下边的按钮，在弹出的菜单中选择某项后单独启动。此外，对于常用的尺寸样式和文字样式，CAXA 电子图板在【标注】选项卡→【标注样式】面板上单独设置了图标按钮，以方便绘图需要。

1. 尺寸样式

创建标注时，标注将使用当前标注样式中的设置。如果修改了标注样式中的设置，则图形中的所有标注将自动使用更新后的样式。尺寸样式命令用于为尺寸标注设置各项参数，控制尺寸标注的外观，如箭头样式、文字位置和尺寸公差等。单击【标注】选项卡→【标注样式】面板→按钮或单击【菜单】，选择【格式】→【尺寸样式】命令，系统弹出【标注风格设置】对话框。在该对话框中，左侧为所有尺寸样式的树状列表；选中一个样式后，右侧出现相关内容，可以根据需要进行设置；上方为按钮区，可以新建、删除、设为当前、合并尺寸样式。

CAXA 电子图板提供了默认的【标准】标注样式，可在7个选项卡中设置相关参数，【标注风格设置】对话框中各功能选项的含义说明如下。

（1）【直线和箭头】选项卡

利用【直线和箭头】选项卡可以设置尺寸线、尺寸界线及箭头的标注样式。除预览区外，其分为【尺寸线】、【尺寸界线】、【箭头相关】三个区，如图6-44所示。

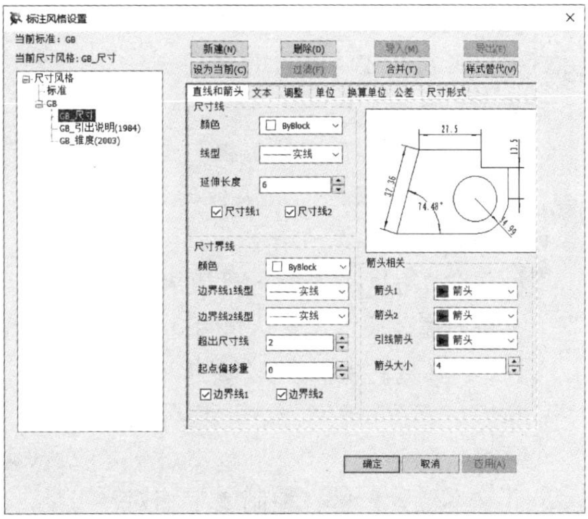

图6-44 【标注风格设置】对话框【直线和箭头】选项卡

1）【尺寸线】区：设置控制尺寸线的各个参数。

❍【颜色】下拉列表框：用于设置尺寸线的颜色，默认值为ByBlock。

❍【延伸长度】：用来指定当尺寸线在尺寸界线外侧时，尺寸线的界外长度。

❍【尺寸线1】和【尺寸线2】复选项：设置左、右尺寸线的开与关，绘图示例如图6-45所示。

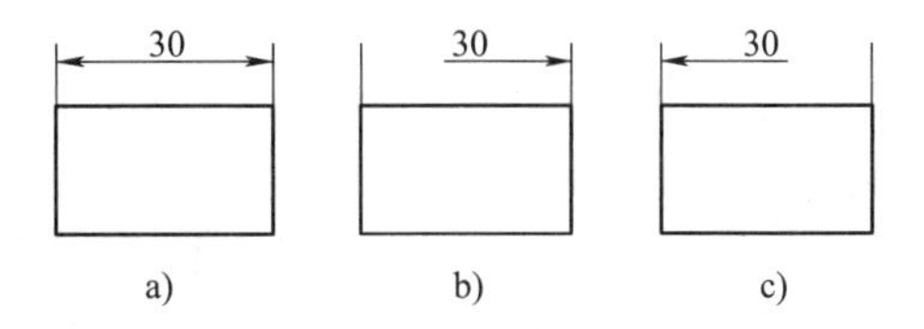

图6-45 左、右尺寸线的开与关
a)【尺寸线1、2】开 b)【尺寸线1】关
c)【尺寸线2】关

2）【尺寸界线】区：控制尺寸界线的参数。

❍【颜色】下拉列表框：用于设置尺寸界线的颜色，默认值为ByBlock。

❍【边界线1线型】、【边界线2线型】下拉列表框：用于设置尺寸界线的线型。

❍【超出尺寸线】文本框：用于指定尺寸界线超出尺寸线的长度，默认值为2.0mm。

❍【起点偏移量】文本框：用于指定尺寸界线距离所标注元素的长度，默认值为0。

❍【边界线1】、【边界线2】复选项：设置左、右尺寸界线的开关，选中即“开”，画出边界线；不选即“关”，不画边界线，如图6-46所示。

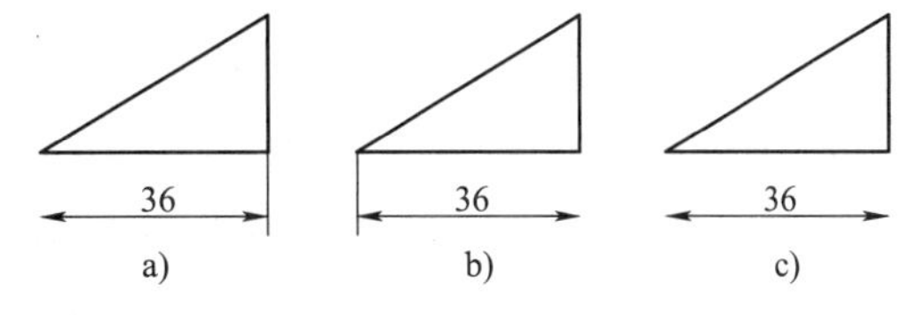

图6-46 图尺寸界线的开与关
a)【边界线1】关 b)【边界线2】关
c)【边界线1、2】关

3）【箭头相关】区：设置尺寸线终端和引线终端的样式与大小。单击下拉列表框，可以设置尺寸线终端形式为【箭头】、【斜线】、【圆点】和【无】等，左、右两端可以相同，也可以不同。默认样式为【箭头】，【箭头大小】的默认值为4mm。

（2）【文本】选项卡

利用【文本】选项卡可以设置文本与尺寸线的参数关系。除预览区外，其分为【文本外观】、【文本位置】、【文本对齐方式】三个区，如图6-47所示。

1）【文本外观】区：设置尺寸文本的文字样式。

❍【文本风格】下拉列表框：可以在该下拉列表框中选择相应的文字样式。系统设置有

【标准】和【机械】两种文字样式，用户也可以根据需要自行设置文本样式。

❍【文本颜色】下拉列表框：设置文字的字体颜色，默认值为 ByBlock。

❍【文字字高】文本框：设置尺寸文字的字体高度，默认值为 3.5。

❍【文本边框】复选框：选中此选项后，可在标注文字四周加边框。

2)【文本位置】区：控制文字相对于尺寸线的位置。

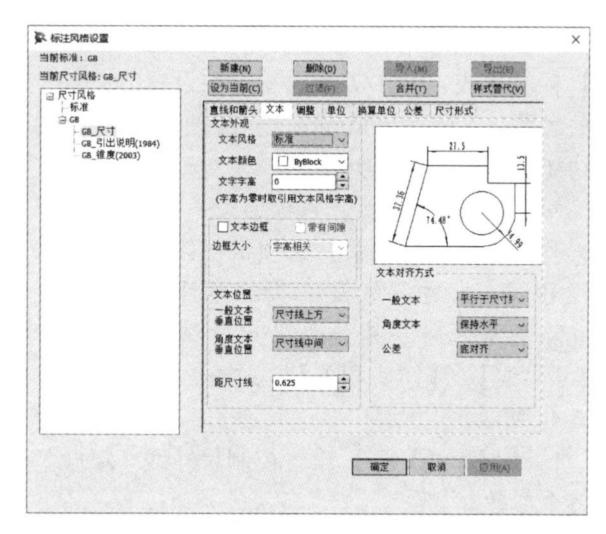

图 6-47 【标注风格设置】对话框【文本】选项卡

❍【一般文本垂直位置】下拉列表框：设置一般标注的文字相对于尺寸线的位置。共分为三种，即【尺寸线上方】、【尺寸线中间】、【尺寸线下方】，如图 6-48 所示。

❍【角度文本垂直位置】下拉列表框：设置角度尺寸的文字相对于尺寸线的位置。共分为三种，即【尺寸线上方】、【尺寸线中间】、【尺寸线下方】。

❍【距尺寸线】文本框：文字底部到尺寸线的距离，系统默认的距离为 0.625。

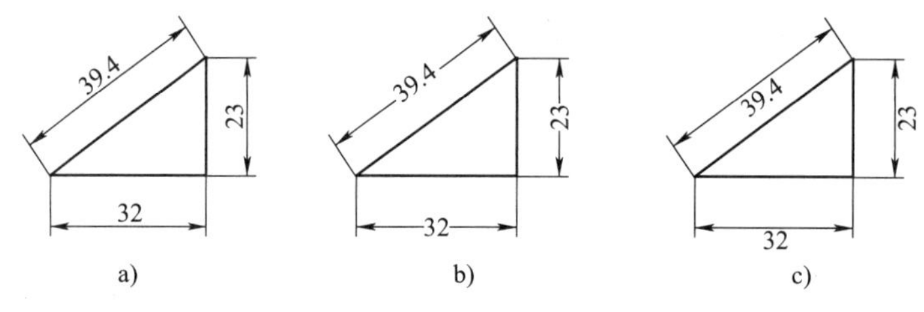

图 6-48 文本位置

a）尺寸线上方 b）尺寸线中间 c）尺寸线下方

3)【文本对齐方式】区：设置文字的对齐方式。

❍【一般文本】下拉列表框：用来控制尺寸数字的方向，它包括【平行于尺寸线】、【保持水平】和【ISO 标准】三个选项。

❍【角度文本】下拉列表框：用来控制角度尺寸数字的方向，它也包括【平行于尺寸线】、【保持水平】和【ISO 标准】三个选项。

❍【公差】下拉列表框：设置公差文字的对齐方式为【顶对齐】、【中对齐】或【底对齐】。

(3)【调整】选项卡

通过【调整】选项卡可以设置文字与箭头的关系，以使尺寸标注的效果最佳。除预览区外，其分为【调整选项】、【文本位置】、【比例】、【优化】四个可调整项目，如图 6-49 所示。

1)【调整选项】区：当尺寸界线内放不下文字和箭头时，设置从边界线内移出的内容。

❍【文字或箭头，取最佳效果】选项：根据尺寸界线间的距离，移出文字或箭头。

❍【文字】选项：首先移出文字。

❍【箭头】选项：首先移出箭头。

❍【文字和箭头】选项：文字和箭头都移出。

❍【文字始终在边界线内】选项：不论尺寸界线间能否放下文字，文字始终在尺寸界线间。

2）【文本位置】区：文本不能满足默认位置时，可将文字置于：【尺寸线旁边】、【尺寸线上方，不带引出线】或【尺寸线上方，带引出线】。

3）【比例】：设置标注总比例。以文本框中的数值为比例因子缩放该标注样式中设置的文字和箭头大小等数值，但不会改变标注的尺寸数值。一般使用默认值“1”。

4）【优化】：当选择【在尺寸界线间绘制尺寸线】选项时，不论尺寸界线间的距离大小，均在尺寸界线间绘制尺寸线。

（4）【单位】选项卡 【单位】选项卡用来设置标注数值的单位及精度。除预览区外，其分为【线性标注】和【角度标注】两个区，如图 6-50 所示。

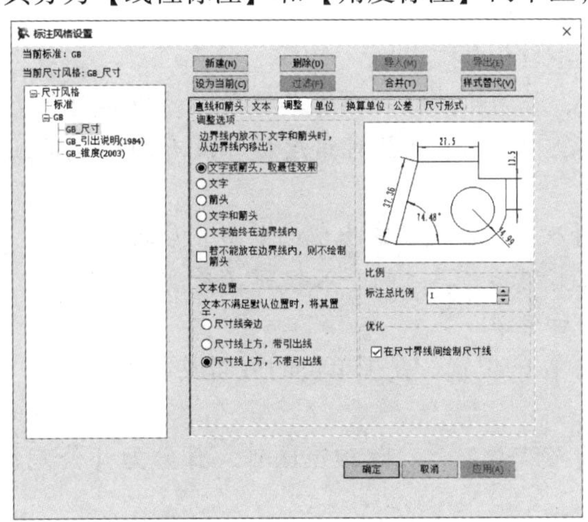

图 6-49 【标注风格设置】对话框【调整】选项卡

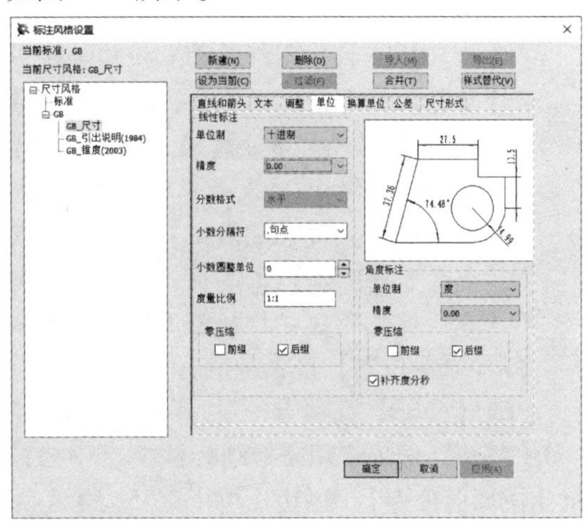

图 6-50 【标注风格设置】对话框【单位】选项卡

1）【线性标注】区：该区用于控制线性标注的格式和精度。

❍【单位制】下拉列表框：设置线性标注的当前单位格式，可以选择【科学计数】、【十进制】、【英制】或【分数】。

❍【精度】下拉列表框：设置标注主单位中显示的小数位数，以控制尺寸数字的精确度。精度的形式基于所选定的单位。

❍【分数格式】下拉列表框：设置分数的格式为竖直、倾斜或水平。只有在【单位制】下拉列表框中选择【分数】时，此参数才可设置。

❍【小数分隔符】下拉列表框：指定小数点的表示方式，分为【句点】、【逗号】和【空格】三种。只有在【单位制】下拉列表框中选择【十进制】时，此参数才可设置。

❍【小数圆整单位】文本框：为线性标注设置标注测量值的舍入规则。如果输入“0.25”，则所有标注距离都以 0.25 为单位进行舍入；如果输入“1.0”，则所有标注距离都将舍入为最接近的整数。小数点后显示的位数取决于【精度】选项设置。

❍【度量比例】文本框：标注尺寸与绘图尺寸之比值，默认值为“1∶1”。例如，直径为 $\phi8$ 的圆，当度量比例为“2∶1”时，其标注结果为 $\phi16$。

❍【零压缩】：包括【前缀】、【后缀】两个复选项，控制尺寸标注时，小数前后的零是否输出。例如，尺寸值为“0.901”，精度为“0.00”，选中【前缀】，则标注结果为“.90”；选中【后缀】，则标注结果为“0.90”。

2）【角度标注】区：该区用于控制角度标注的格式。可在【单位制】下拉列表框中设置角度标注的四种单位形式：【度】、【度分秒】、【百分度】和【弧度】。

（5）【换算单位】选项卡

【换算单位】选项卡用来指定标注测量值中换算单位的显示并设置其格式和精度。除预览区外，其分为【显示换算单位】复选项、【换算单位】区和【显示位置】区，如图6-51所示。

1）【显示换算单位】复选项：选中该选项，才可以在该选项卡的【换算单位】区中设置【单位制】、【精度】、【零压缩】等参数，及【显示位置】区的参数。

2）【换算单位】区：显示和设置除角度之外的所有标注类型的当前换算单位格式。

❍【单位制】下拉列表框：设置换算单位的单位格式。

❍【精度】下拉列表框：设置换算单位中的小数位数。

❍【换算比例系数】文本框：指定一个乘数，作为主单位和换算单位之间的换算因子使用。例如，要将英寸转换为毫米，可输入“25.4”。此值对角度标注没有影响，而且不会应用于舍入值或者正、负公差值。

❍【尺寸前缀】、【尺寸后缀】文本框：可输入在标注文字中出现的前缀、后缀。

❍【小数圆整单位】文本框：设置所有标注类型换算单位的舍入规则（角度除外）。

❍【零压缩】选项：控制是否输出前导零和后续零。

3）【显示位置】区：控制标注文字中换算单位的位置，在主单位的后面或下面。

（6）【公差】选项卡

【公差】选项卡用来控制标注文字中公差的格式及显示。除预览区外，其分为【公差】和【换算值公差】两个区，如图6-52所示。

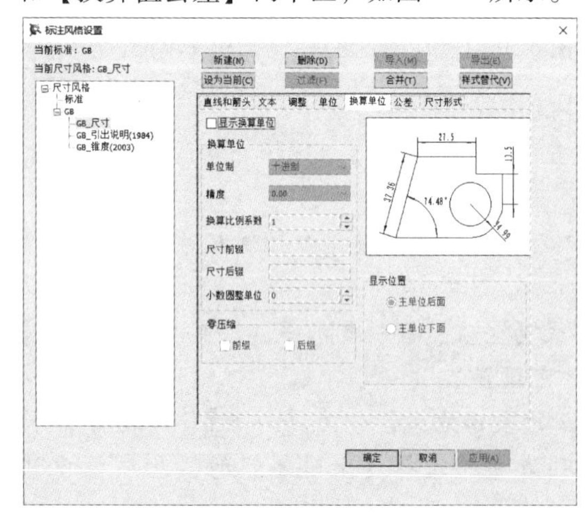

图6-51 【标注风格设置】对话框【换算单位】选项卡

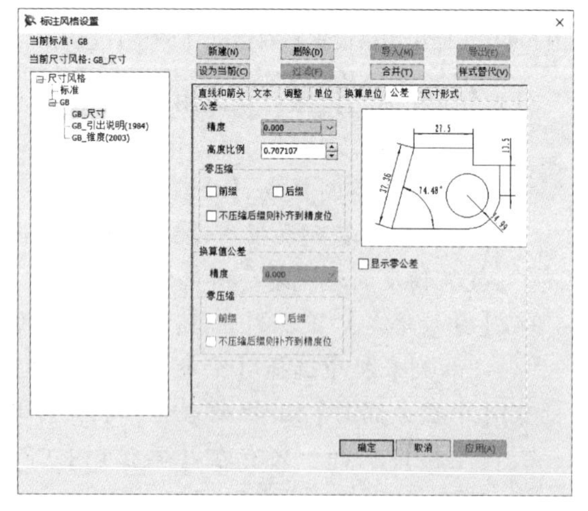

图6-52 【标注风格设置】对话框【公差】选项卡

1）【公差】区：控制标注文字中公差的格式及显示。

❍【精度】下拉列表框：选择小数位数，以控制尺寸偏差的精确度。

❍【高度比例】文本框：设置当前公差文字相对于基本尺寸的高度比例。

❍【零压缩】选项：控制是否输出前导零和后续零。

2）【换算值公差】区：设置换算公差单位的格式。只有在【换算单位】选项卡中选中【显示换算单位】复选项时，该区才可以设置。

❍【精度】文本框：设置换算单位公差的小数位数。

❍【零压缩】选项：控制是否输出前导零和后续零。

（7）【尺寸形式】选项卡

【尺寸形式】选项卡用来控制弧长标注和引出点等参数。如图 6-53 所示，除预览区外只有【尺寸形式】区，其各选项含义如下。

❍【弧长标注形式】下拉列表框：设置弧长标注形式为边界线垂直于弦长或边界线放射。

❍【弧长符号形式】下拉列表框：设置弧长符号位于文字上面或位于文字左面。

❍【引出点形式】下拉列表框：设置尺寸标注引出点形式为【无】或【点】。

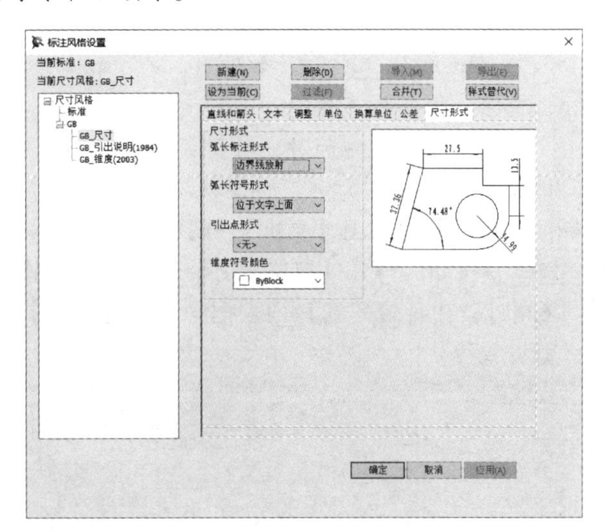

图 6-53 【标注风格设置】对话框【尺寸形式】选项卡

❍【锥度符号颜色】下拉列表框：设置锥度符号颜色。

2. 样式管理

【样式管理】命令的功能是集中设置系统的图层、线型、标注样式、文字样式等，并可对全部样式进行管理。单击【常用】选项卡→【特性】面板→【样式管理】按钮或单击【菜单】，选择【格式】→【样式管理】命令，系统弹出【样式管理】对话框。在该对话框中可以设置各种样式的参数，也可以对所有的样式进行管理操作。

（1）设置

对话框左侧为所有样式的树状列表，包括【图层】、【线型】、【文本风格】、【尺寸风格】、【引线风格】、【形位公差风格】、【粗糙度风格】、【焊接符号风格】、【基准代号风格】、【剖切符号风格】、【序号风格】、【明细表风格】和【表格风格】，右侧窗口是内容显示区，显示树状列表中所选择项目的内容。

移动鼠标选中一个样式，例如，选中【尺寸风格】样式，在左侧的树状列表中，直接双击【尺寸风格】或单击左侧的“+”后，可以展开【尺寸风格】样式，显示出当前图样中所有尺寸样式的名称。选中【标准】尺寸样式，右侧即可出现标注样式设置界面，其各选项的功能与操作与【标注风格设置】对话框相同，根据需要直接进行修改即可，如图 6-54 所示。

单击对话框上部的 新建(N) 按钮，可以新建一个标注样式；单击 删除(D) 按钮，可以删除一个标注样式（【标准】标注样式除外）。若需要设置某一样式为当前标注样式，可先选中该标注样式，然后单击 设为当前(C) 按钮。设置完成后，单击 确定 按钮。

（2）管理

利用【样式管理】对话框（见图 6-54），可以很方便地进行样式管理，包括导入、合并、过滤和导出，分别介绍如下。

- 导入：将已经保存的模板或图样文件中的尺寸样式、文字样式、图层等复制到当前图样中。单击 导入(M) 按钮，系统弹出提示对话框，单击 是(Y) 按钮后，会弹出【样式导入】对话框。在该对话框中，选择要导入样式的图样文件，然后在【引入选项】中，单击复选框确定要导入的样式类别，以及导入样式后是否覆盖同名的样式，选择后单击 打开(O) 按钮即可。
- 合并：将现有系统中，共同具有某种样式（尺寸、文字）或图层等的图形元素，整体转换成系统中的另一种样式（尺寸、文字）或图层等。

以【标注样式】为例，如果系统中现有两种标注样式【标准】和【机械】，分别被尺寸标注引用。要使引用【标准】样式的尺寸标注转而采用【机械】样式，操作方法为：单击 合并(T) 按钮，打开【风格合并】对话框，如图 6-55 所示。在【原始风格】列表框中选择【标准】，在【合并到】列表框中选择【机械】，单击 合并(M) 按钮完成样式合并操作。

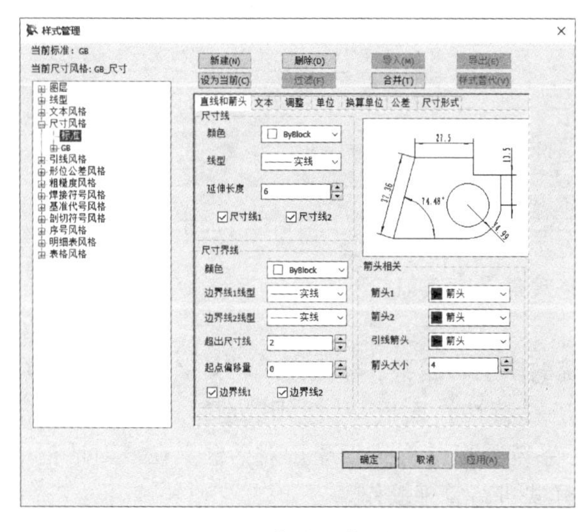

图 6-54 标注风格设置

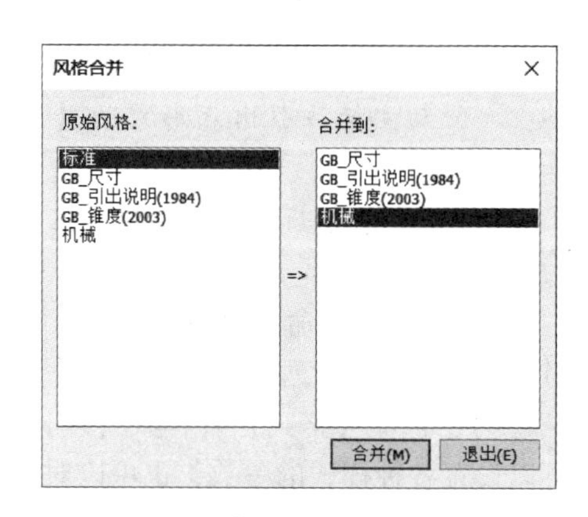

图 6-55 【风格合并】对话框

- 过滤：把当前系统中未被使用的样式过滤出来。以【标注样式】为例，单击【样式管理】对话框左侧窗口的【尺寸风格】，然后单击 过滤(F) 按钮，即可在右侧窗口中看到所有未被使用的标注样式呈阴影显示。可以单击 删除(D) 按钮，把不用的样式快捷删除。
- 导出：将当前系统中的样式导出为模板文件或图样文件。单击 导出(E) 按钮，打开【样式导出】对话框，在其中输入要保存的文件名、保存类型即可。

实例演练

【例 6-3】 新建【机械】尺寸样式。

CAXA 电子图板默认的标注样式为【标准】，用户也可以根据需要创建新的标注样式。

操作步骤

步骤 1　创建【机械】尺寸样式

❶单击【标注】选项卡→【标注样式】面板→【尺寸设置】按钮，弹出【标注风格设置】对话框。

❷在【标注风格设置】对话框中，单击 新建(N) 按钮，弹出如图 6-56a 所示的提示对话框，单击 是(Y) 按钮，系统弹出【新建风格】对话框。

❸在【风格名称】文本框中输入新标注样式的名称“机械”，在【基准风格】下拉列表中选择一种已有的相近标注样式作为设置新标注样式的基础，如图 6-56b 所示。还可以在【用于】下拉列表中选择该样式的应用范围，如【所有标注】、【线性标注】、【角度标注】、【直径标注】、【半径标注】或【坐标标注】等。

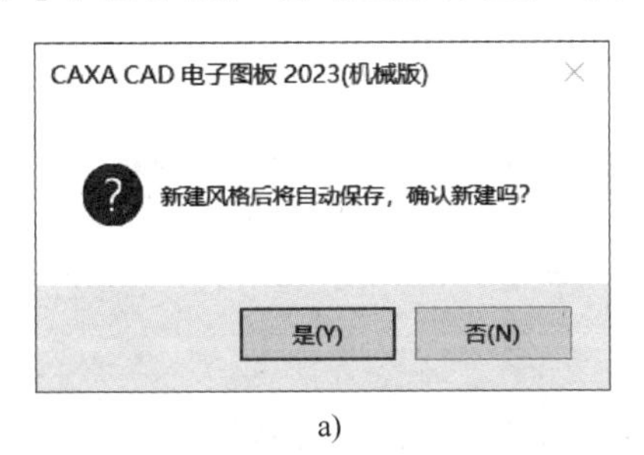

a)

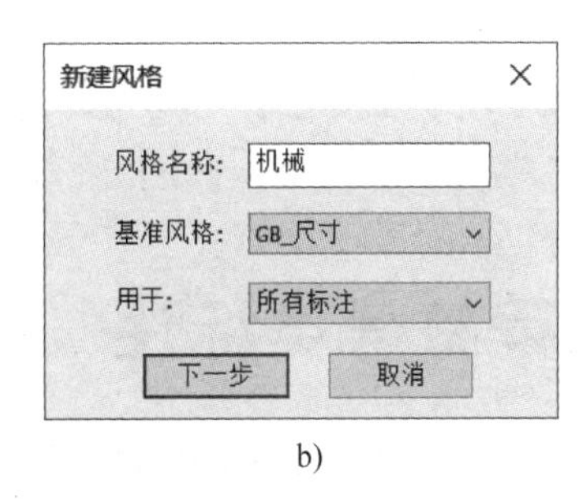

b)

图 6-56　创建【机械】尺寸样式

a）提示对话框　b）【新建风格】对话框

❹单击 下一步 按钮，系统弹出【标注风格设置】对话框，可根据需要设置【机械】尺寸样式在【直线和箭头】、【文本】、【调整】、【单位】等选项卡中的各项标注参数。由于【标准】样式的系统默认值是基于国标设置的，所以只需在【文本】选项卡的【文本风格】下拉列表中选择【机械】文字样式、在【文字字高】文本框中输入“3.5”、在【距尺寸线】文本框中输入“1”，如图 6-57 所示。

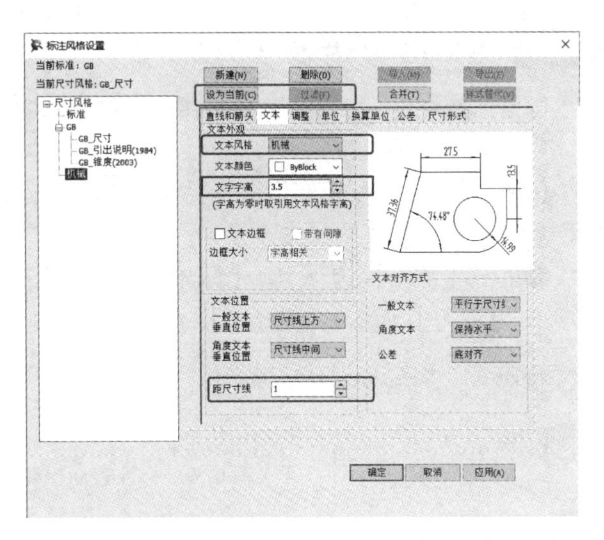

图 6-57　设置【文本】选项卡

步骤 2　设置“机械”样式为当前标注样式

❶单击左侧列表框中的【机械】尺寸样式，使其阴影显示，单击 设为当前(C) 按钮或者单击鼠标右键在快捷菜单中选择【设为当前】，如图 6-58a 所示。

❷此时，对话框上方显示“当前尺寸样式：机械”，单击 确定 按钮即可。

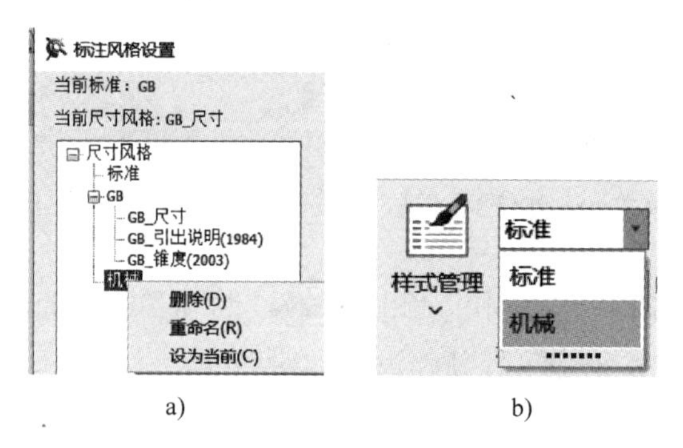

a) b)

图 6-58 设置当前标注样式

提示

标注尺寸时，系统按当前尺寸样式进行标注。除了上述方法，更加方便快捷的方式是通过【标注】选项卡→【标注样式】面板设置当前标注样式，如图 6-58b 所示。

6.3 工程符号类标注

CAXA 电子图板依据《机械制图》国家标准提供了对工程图进行工程符号标注的方法，工程符号标注包括基准符号、几何公差、表面粗糙度、焊接符号、剖切符号、向视符号等符号标注以及倒角、中心孔等常见结构标注。

6.3.1 表面粗糙度的标注

国家标准规定，零件表面质量用表面结构来定义，粗糙度是表面结构的技术内容之一。

1. 标注表面粗糙度

【粗糙度】命令用于在指定位置标注表面粗糙度代号。

☞ 标注表面粗糙度的操作步骤

❶单击【常用】选项卡→【标注】面板→【符号】→【粗糙度】√按钮或单击【标注】选项卡→【符号】面板→【粗糙度】√按钮，系统弹出立即菜单，如图 6-59 所示。

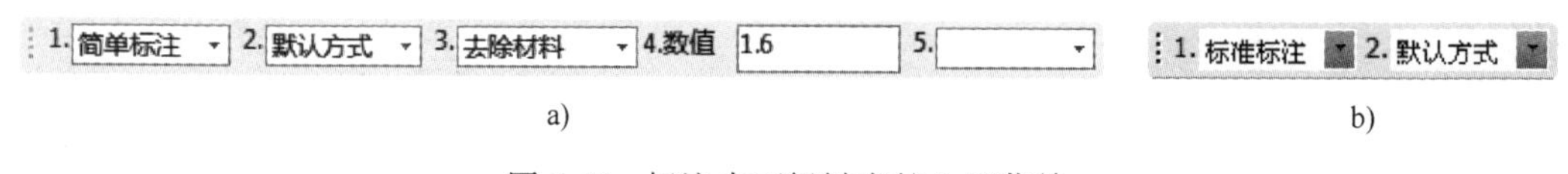

a) b)

图 6-59 标注表面粗糙度的立即菜单

❷单击立即菜单第 1 项，可切换【简单标注】与【标准标注】。

- 采用【简单标注】时，立即菜单第 2 项可选择【默认方式】或【引出方式】；第 3 项可选择【去除材料】、【不去除材料】和【基本符号】三种形式；在第 4 项的文本框输入表面粗糙度的数值；第 5 项中可以选择是否在符号前加上【其余】、【全部】或【下料切边】文字。

○ 采用【标准标注】时，系统弹出如图 6-60 所示的【表面粗糙度】对话框，可在该对话框中设置基本符号、纹理方向、上限值、下限值以及说明等，用户可以在预显区里看到标注结果，然后单击 确定 按钮。此时，在立即菜单第 2 项可选择【默认方式】或【引出方式】。

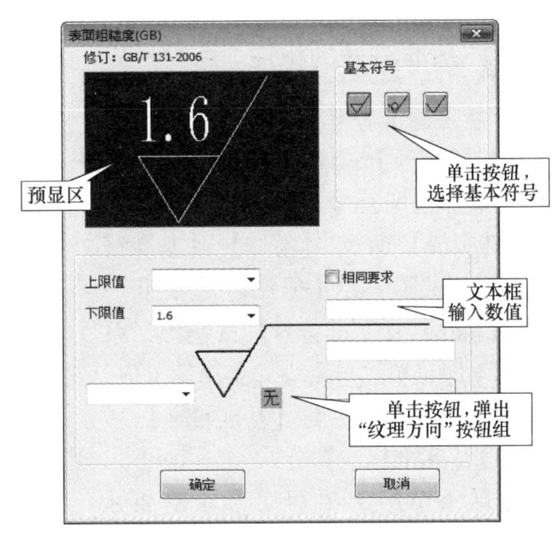

图 6-60 【表面粗糙度】对话框

❸系统提示“拾取定位点或直线或圆弧:”，拾取直线或圆弧后，系统继续提示“拖动确定标注位置:”，确定标注位置即可完成标注。如果拾取的是一个点，系统会提示“输入角度或由屏幕上确定”，由键盘输入角度或拖动鼠标定位后即可。

表面粗糙度标注示例如图 6-61 所示。

提示

选中图中的表面粗糙度符号后单击鼠标右键，在快捷菜单中选择【标注编辑】，或双击图中的表面粗糙度符号，弹出立即菜单，选择【编辑位置】或【编辑内容】，可对符号的位置和内容进行修改。

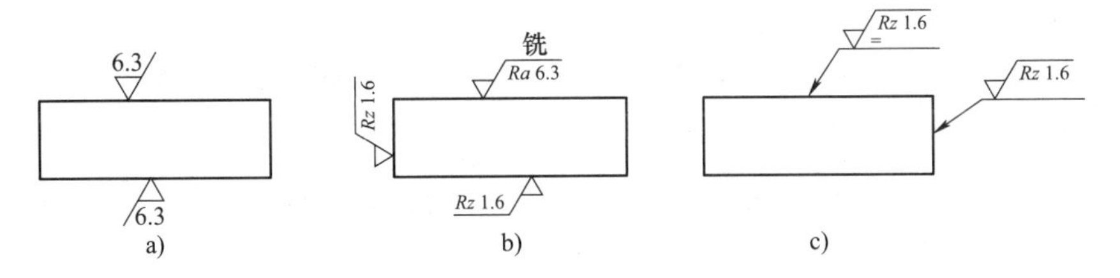

图 6-61 表面粗糙度标注示例

a）简单标注、默认方式 b）标准标注、默认方式 c）标准标注、引出方式

2. 设置表面粗糙度符号样式

单击【标注】选项卡→【标注样式】面板→【样式管理】按钮，系统弹出【样式管理】对话框，如图 6-62 所示。在左侧的树状列表中单击【粗糙度风格】，选择其中的【标准】样式，该对话框中各选项的含义如下。

○【文字】区：设置粗糙度文字的颜色、字高和线宽。

○【符号属性】区：设置粗糙度符号的线型、颜色和线宽。

○【引用风格】区：设置粗糙度符号引用的引线风格、文字风格。

○【比例】区：设置粗糙度的标注总比例。

根据需要设置后，单击 确定 按钮即可。

6.3.2 基准符号的标注

1. 标注基准符号

【基准符号】命令用于标注几何公差中基准部位的符号。单击【常用】选项卡→【标注】面板→【符号】→【基准符号】按钮或单击【标注】选项卡→【符号】面板→【基准符号】按钮，系统弹出立即菜单。单击立即菜单第1项，可切换【基准标注】与【基准目标】。

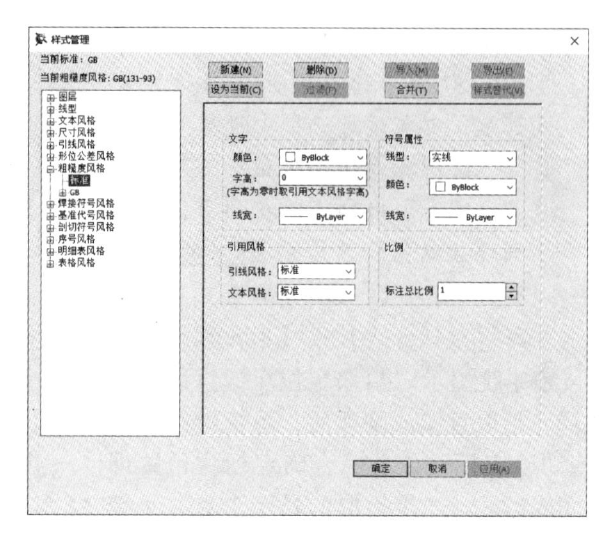

图 6-62　设置表面粗糙度符号样式

（1）【基准标注】方式

立即菜单第1项切换为【基准标注】后，在立即菜单第2项可以选择【给定基准】或【任选基准】。

○ 选择【给定基准】，立即菜单如图6-63a所示。在第3项可以选择【默认方式】直接标注或选择【引出方式】引出标注，基准名称可在立即菜单第4项中输入。

○ 选择【任选基准】时，基准符号的端部为箭头。

系统首先提示“拾取定位点或直线或圆弧”，可以通过拾取点、直线、圆或圆弧来确定基准符号的位置。如果拾取的是点，移动鼠标可以看到基准符号绕所拾取的定位点动态旋转，在合适的位置单击定位即可完成标注；如果拾取的是直线、圆或圆弧，移动鼠标可以看到基准符号沿所拾取的曲线动态拖动，在合适的位置单击定位即可完成标注。

（2）【基准目标】方式

立即菜单第1项切换为【基准目标】后，立即菜单变得如图6-63b所示。在立即菜单第2项中可以选择【目标标注】或【代号标注】。

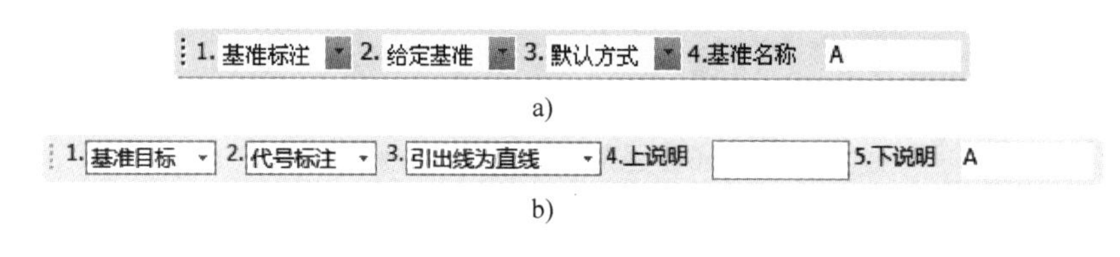

a)

b)

图 6-63　【基准目标】的立即菜单

○ 目标标注：通过拾取点、直线、圆或圆弧来标注基准目标的位置，标记为“×”。

○ 代号标注：引出线可选择为直线、折线水平或折线竖直，在第4、5项【上说明】和【下说明】文本框中输入所需内容。

根据系统的提示即可完成标注，基准符号标注示例如图6-64所示。

提示

双击图中的基准符号，可以编辑标注点位置，并可在弹出的立即菜单中修改基准名称。

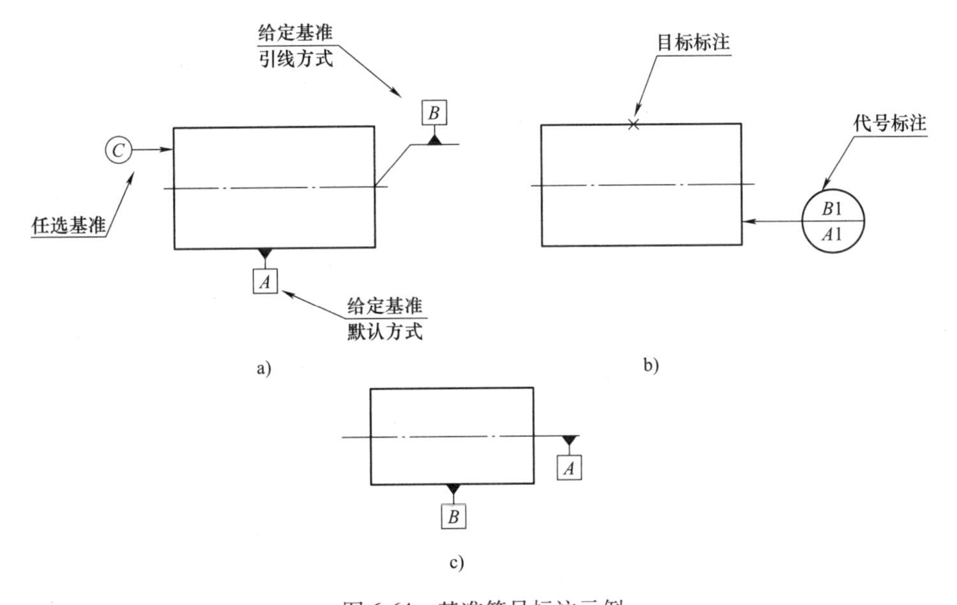

图 6-64　基准符号标注示例

a）【基准标注】方式　b）【基准目标】方式　c）新国标基准符号样式

2. 设置基准符号样式

单击【标注】选项卡→【标注样式】面板→【样式管理】按钮，系统弹出【样式管理】对话框，如图 6-65 所示。在左侧的树状列表中单击【基准代号风格】，选择其中的【标准】样式，该对话框中各选项的含义如下。

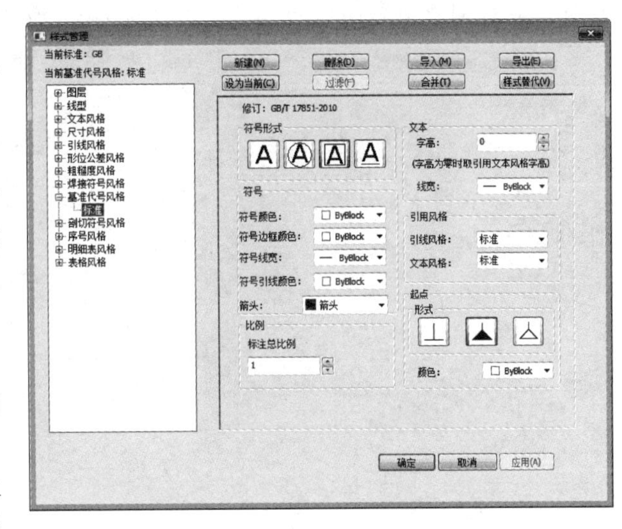

图 6-65　设置基准符号样式

- 【符号形式】区：系统提供了四种基准符号的形式，单击图标按钮即可选择。
- 【符号】区：指定符号及其边框、引线的颜色，指定符号线宽。
- 【比例】：设置基准符号的标注总比例。
- 【文本】区：指定基准符号文字的字高和线宽，当【字高】设为“0”时，标注时采用文本样式的字高。
- 【引用风格】区：指定基准符号引线和文本所使用的样式。
- 【起点】区：系统提供了三种基准符号的起点形式，单击图标按钮即可选择。

根据需要设置后，单击 确定 按钮即可。

3. 说明

国家标准规定：基准符号的字母标注在基准方格内，与一个涂黑的或空白的三角形相连以表示基准。CAXA 电子图板 2023 依据最新国标，定制了基准符号的【标准】样式，其符号形式、起点形式如图 6-65【样式管理】对话框所示，标注结果如图 6-64c 所示。

提示

如需按照旧标准标注基准符号，需要创建一个基准符号样式，如图 6-66 所示。

6.3.3 几何公差的标注

国家标准“GB/T 1182—2018 产品几何技术规范”规定，几何公差包括形位公差、方向公差、位置公差和跳动公差四项内容。

1. 标注几何公差

【形位公差】命令用于在图中标注点、直线、圆或圆弧的几何公差。

☞ 标注几何公差的操作步骤

❶单击【常用】选项卡→【标注】面板→【形位公差】按钮或选择【形位公差】菜单命令，启动标注几何公差的命令，系统弹出【形位公差】对话框。

❷在该对话框中可设置几何公差的标注内容。在【公差代号】区中选择应标注的几何公差的类型，在【公差】区中输入相应的公差数值，在【基准】区输入基准符号等，如图 6-67 所示。核对预览区出现的符号，无误后单击 确定(O) 按钮。

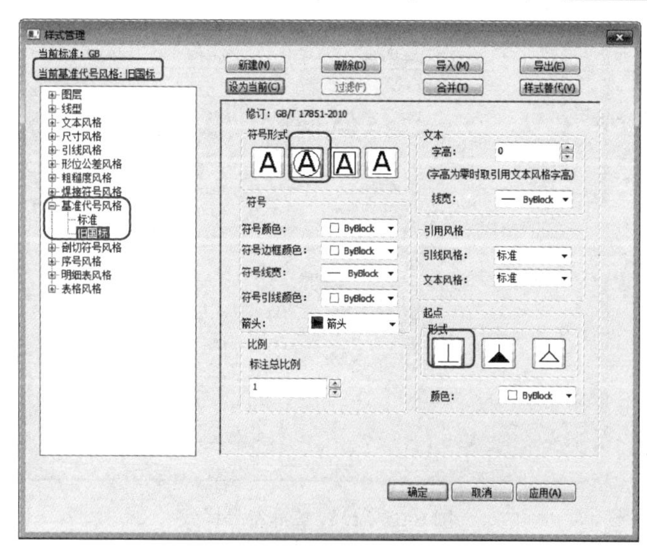

图 6-66 设置旧国标基准符号样式

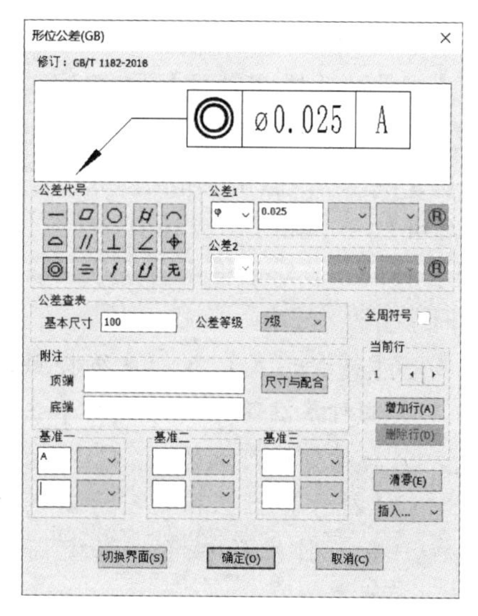

图 6-67 【形位公差】对话框

❸对话框消失，系统弹出立即菜单，可以选择【水平标注】或者【垂直标注】。

❹系统提示“拾取定位点或直线或圆弧:”，拾取标注元素（即几何公差的被测要素）。

❺系统提示“引线转折点:”，移动鼠标，可动态确定指引线的引出位置和引线转折点。在合适的位置单击确定引线转折点。

❻系统提示“拖动确定定位点:”，输入定位点后即完成几何公差的标注。

2. 【形位公差】对话框

利用【形位公差】对话框，用户可以直观、方便地填写几何公差框内各项内容，而且可以一次填写多项几何公差。下面介绍该对话框各部分功能及其操作。

1）预览区：在对话框上部，显示设置结果。

2）【公差代号】区：列出了国家标准规定的 14 种几何公差，标注时单击某一图标按钮，即可激活数值输入区从而根据需要填写。

3）【公差】区：从左到右各项含义如下。

- 【符号】下拉列表框：可以选择【无符号】或 S、R、ϕ、SR、CR 或 Sϕ。
- 【公差数值】文本框：输入几何公差的数值。
- 【形状限定】下拉列表框：可选择【(空)】、【(+)】（只允许中间向材料外凸起）、【(-)】（只允许中间向材料内凹下）、【(▷)】（只允许从左至右减小）、【(◁)】（只允许从右至左减小）。
- 【相关原则】下拉列表框：可选择【(空)】、【(P)】（延伸公差带）、【(M)】（最大实体要求）、【(E)】（包容要求）、【(L)】（最小实体要求）、【(F)】（非刚性零件的自由状态条件）。

4）【公差查表】区：在选择公差代号、输入基本尺寸和选择公差等级后，系统会自动给出公差值并显示在【公差数值】文本框。

5）【附注】区：在文本框输入所需内容，可以是尺寸或文字说明，也可以通过单击 尺寸与配合 按钮，在弹出的【尺寸标注属性设置】对话框中输入具体的尺寸和公差配合。在【顶端】或【底端】文本框中输入的内容将出现在几何公差框格的上方或下方。

6）【基准符号】区：在对话框最下端。分为【基准一】、【基准二】、【基准三】三组，可分别输入基准符号和选取相应符号（如 M、E 或 L）。

7）行管理区：在对话框右下部，各项含义如下。

- 【全周符号】复选项：用于添加全周符号。几何公差项目如轮廓度公差，用于横截面内的整个外轮廓线或整个外轮廓面时，应采用全周符号。
- 【当前行】区：指示当前行的行号。如只标注一行几何公差，则指示为“1”，如果同时标注多行几何公差，则用此项可以指示当前行号，旁边的 ▸ 、 ◂ 按钮用来切换当前行。
- 增加行(A) 按钮：一行几何公差设置完成后，单击此按钮可增加新行，设置新行内容的操作方法与第一行相同。
- 删除行(D) 按钮：单击此按钮可删除当前行。
- 清零(E) 按钮：单击此按钮可清除原有的所有设置，一般用于重新输入新的标注。

图 6-68 所示为几何公差标注示例。

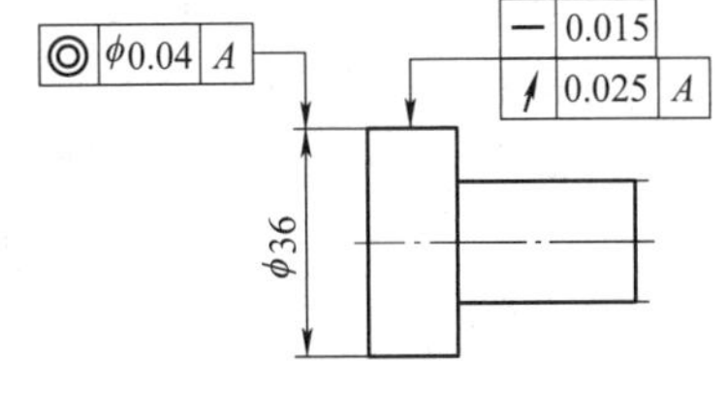

图 6-68　几何公差标注示例

提示

双击图中的几何公差符号，弹出立即菜单，可选择【编辑位置】或【编辑内容】，从而对符号的位置和内容进行修改。

3. 设置几何公差样式

单击【标注】选项卡→【标注样式】面板→【样式管理】按钮，系统弹出【样式管理】对话框，如图 6-69 所示。在左侧的树状列表中单击【形位公差风格】，选择其中的

【标准】样式，此时，右边的参数设置区有两个选项卡：【符号和文字】选项卡和【单位】选项卡，分别介绍如下。

(1)【符号和文字】选项卡

【符号和文字】选项卡用于设置几何公差符号和文字的参数。各选项含义如下。

1)【选项】区：设置几何公差对齐和合并参数。

❍【合并】选项组：如果几何公差有多行，当几何公差的符号、数值、基准参数相同时设置是否合并。只有设置单元格对齐时，才可以设置是否合并。

❍【单元对齐】：设置几何公差单元格是否对齐。

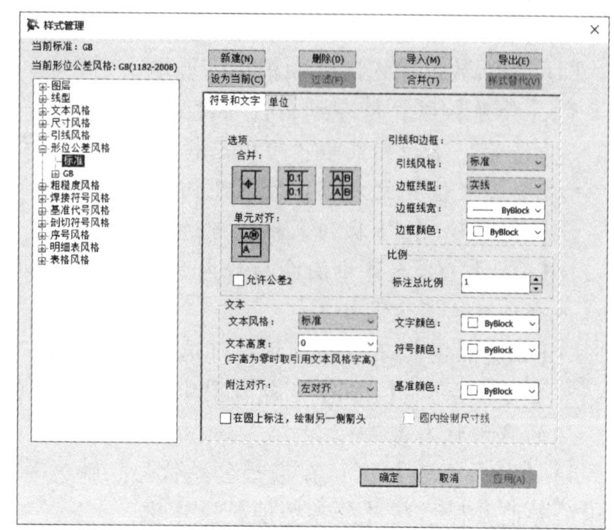

图 6-69 【样式管理】对话框【符号和文字】选项卡

❍【允许公差 2】复选项：设置几何公差是否允许负公差。

2)【引线和边框】区：设置几何公差引线样式、公差边框线的线型、线宽和颜色。

3)【标注总比例】文本框：设置几何公差的标注总比例。

4)【文本】区：设置几何公差文字的样式、高度和颜色，以及几何公差符号的颜色等。

(2)【单位】选项卡

【单位】选项卡用于设置几何公差的单位参数，如图 6-70 所示。各选项含义如下。

1)【基本单位】区：设定几何公差的基本单位参数，包括格式、精度、小数点形式。

2)【零压缩】区：设置几何公差前缀或后缀的零压缩。

❍【显示单位字符串】复选项：设置几何公差是否显示基本单位字符串。

❍【显示换算单位】复选项：设置是否显示换算单位。

3)【换算单位】区：设置几何公差换算单位的参数。

❍【单位格式】下拉列表框：设置几何公差换算单位的格式，可以是 in、m、mm 等。

❍【单位精度】下拉列表框：设置几何公差换算单位的小数位数。

❍【换算比例】文本框：设置几何公差换算单位的换算比例。

❍【小数点形式】下拉列表框：设置换算单位的小数点形式，可以是【句点】、【逗号】或【空格】。

❍【零压缩】区：设置几何公差换算单位的零压缩。

❍【显示换算单位字符串】复选项：设置是否显示几何公差换算单位的字符串。

根据需要设置后，单击 确定 按钮即可。

6.3.4 焊接符号的标注

在某些机械工程图上，焊接标注会用得比较多，如汽车工业、造船业等，为满足不同行业的需要，CAXA 电子图板提供了标注焊接符号的功能。

1. 标注焊接符号

☞ 焊接符号标注的操作步骤

❶单击【常用】选项卡→【标注】面板→【焊接符号】按钮或单击【标注】选项卡→【符号】→【焊接符号】命令按钮，系统弹出如图 6-71 所示的【焊接符号】对话框。

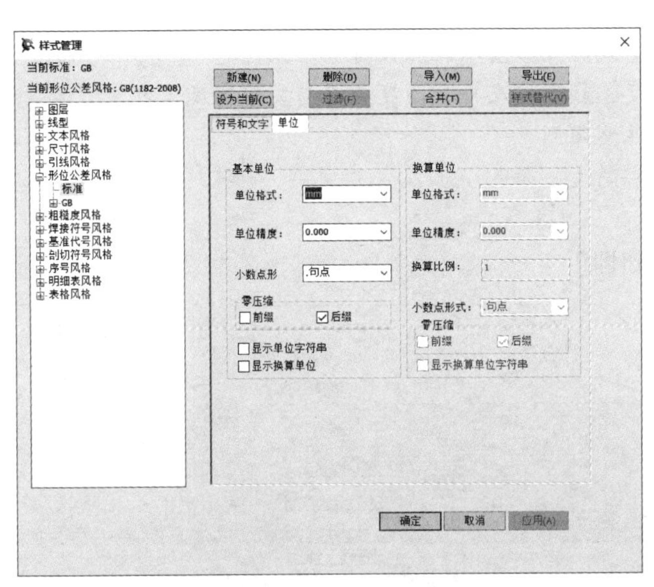

图 6-70 【样式管理】对话框【单位】选项卡

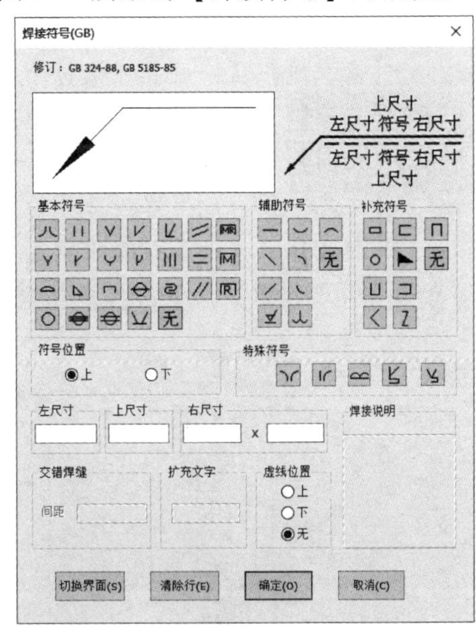

图 6-71 【焊接符号】对话框

❷在对话框中设置所需的各种选项，单击 确定[O] 按钮。

❸系统提示“拾取定位点或直线或圆弧:”，拾取标注元素。

❹系统提示“引线转折点:”，根据需要输入引线转折点。

❺系统提示“拖动确定定位点:”，输入定位点后，即完成焊接符号的标注。

2. 【焊接符号】对话框

对话框的上部是预显区和标注示意图，对话框中部是一系列基本符号、辅助符号、特殊符号和补充符号的图标按钮区。【符号位置】选项用来控制当前单行参数是对应基准线以上的部分还是以下的部分，系统通过这种方式来控制单行参数。对话框的中下部是三个尺寸文本框和【焊接说明】，在三个尺寸文本框中可以输入符号左、上、右三个位置的数值。在对话框的底部，可以通过【虚线位置】的选择，控制是否画出基准虚线以及画在实线的上方还是下方，此外还可输入【交错焊缝】的间距，清除行(E) 按钮则可以将当前行的参数清零。

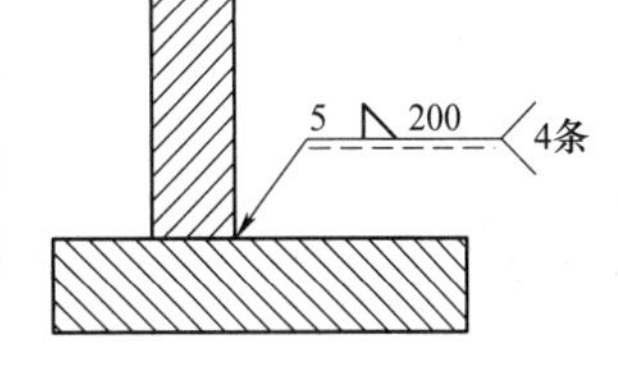

图 6-72 焊接符号标注示例

CAXA 电子图板尽量考虑了所有的焊接标注需要，以满足各种不同场合，如图 6-72 所示为焊接符号标注示例。

提示

双击图中的焊接符号，弹出立即菜单，可选择【编辑位置】或【编辑内容】，对符号的位置和内容进行修改。

3. 设置焊接符号样式

单击【标注】选项卡→【标注样式】面板→【样式管理】按钮，系统弹出【样式管理】对话框，如图 6-73 所示。在左侧的树状列表中单击【焊接符号风格】，选择其中的【标准】样式，该对话框各选项的含义如下。

- 【引用风格】区：设置焊接符号所引用的引线样式、文本样式。
- 【基准线】区：设置焊接符号基准线的偏移量以及焊接符号的线型。
- 【符号】区：设置焊接符号的高度、颜色以及符号高度是否与文字高度一致。
- 【比例】区：设置焊接符号的标注总比例。
- 【文字】区：设置焊接符号的文字高度、颜色。
- 【引线】区：设置引线的颜色。

根据需要设置后，单击确定按钮即可。

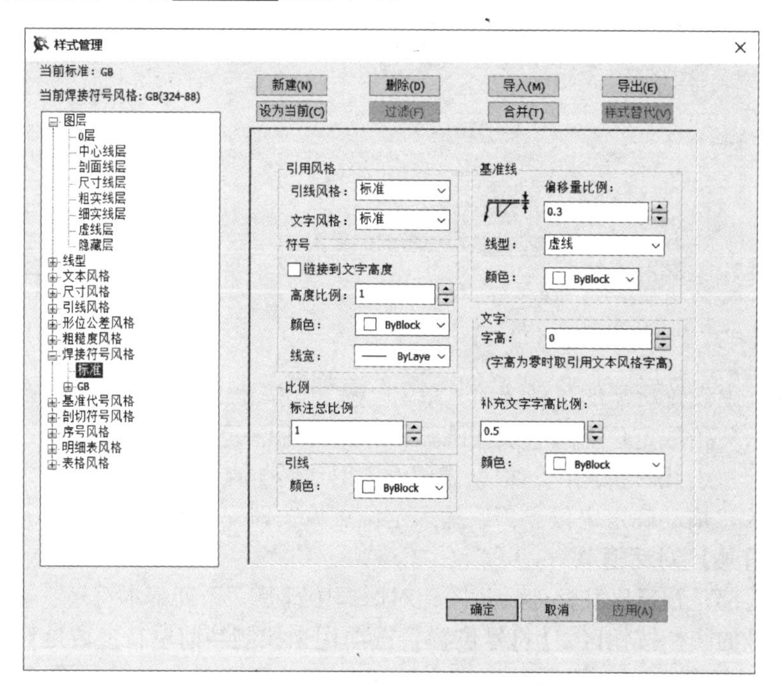

图 6-73 设置焊接符号样式

6.3.5 剖切符号的标注

1. 标注剖切符号

【剖切符号】命令用于标注剖视图或断面图的剖切位置、投射方向及名称字母。

☞ 剖切符号标注的操作步骤

❶单击【常用】选项卡→【标注】面板→【符号】→【剖切符号】按钮或选择【标注】→【符号】→【剖切符号】命令，弹出如图 6-74a 所示的立即菜单。在第 1 项中可以选择【垂直导航】或【不垂直导航】，以确定随后的剖切轨迹线与前一条剖切轨迹线是否垂直；第 2 项中可以选择【手动放置剖切符号名】或【自动放置剖切符号名】。

❷系统提示“画剖切轨迹（画线）:”时，以【两点线】方式画出一条剖切轨迹线。在

画第一条剖切轨迹线时，可以单击【正交】按钮，以保证所绘剖切轨迹线沿水平或垂直方向。继续画剖切轨迹线，绘制完成后单击鼠标右键。

图 6-74　剖切符号的标注立即菜单

❸此时，剖切轨迹线的终止点处显示出两个反向箭头，该箭头处于最后一段剖切轨迹线的法线方向。系统提示“请单击箭头选择剖切方向:”，这时根据剖切方向在需要的箭头方向单击，若要省略箭头可以按下鼠标右键。

❹根据在步骤❶中立即菜单第 2 项的设置，进行不同的操作。

- 当设置为【手动放置剖切符号名】时，弹出立即菜单如图 6-74b 所示，可输入剖视图或断面图的名称（如 *A*）。系统提示“指定剖面名称标注点:”，拖动鼠标在每一个需标注字母处单击鼠标左键，即可在剖切位置标注出一个相同的字母（如 *A*），全部标注完毕后单击鼠标右键。
- 当设置为【自动放置剖切符号名】时，无需操作，系统自动标注剖面名称和标注位置。

❺系统提示“指定剖面名称标注点:”，此时可看到指针上挂着剖视图或断面图的名称（如 *A*—*A*），在相应剖视图或断面图的上方单击即可。

提示

剖视图或断面图的名称（如 *A*—*A*）可单独移动。

图 6-75 所示为剖切符号的标注示例。

2. 设置剖切符号样式

单击【标注】选项卡→【标注样式】面板→【样式管理】按钮，系统弹出【样式管理】对话框，如图 6-76 所示。在左侧的树状列表中单击【剖切符号风格】，选择其中的【标准】样式，此时，该对话框各选项的含义如下。

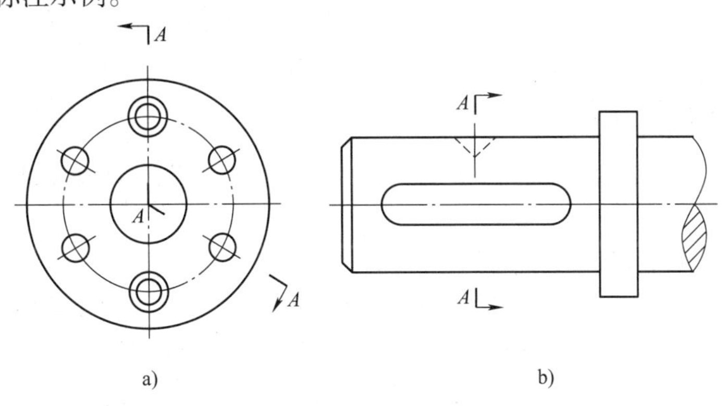

图 6-75　剖切符号的标注示例

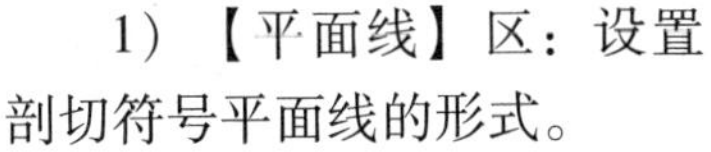

1）【平面线】区：设置剖切符号平面线的形式。

2）【箭头】区：设置剖切符号的箭头参数。

- 【箭头可见】复选项：设置剖切符号的箭头是否可见。
- 【起点偏移】下拉列表框：设置剖切符号的起点偏移形式为【齐边】或【动态】。
- 【箭头形式】：设置剖切符号的箭头形式，可以为【箭头】、【斜线】、【圆点】、【空心箭头】、【直角箭头】等。

❍【大小】文本框：设置剖切符号箭头的大小。

❍【颜色】下拉列表框：设置剖切符号箭头的颜色。

3）【剖切基线】区：指定剖切基线参数，如颜色、线宽、长度。

4）【文本】区：指定剖切符号名称的文本风格、字高、颜色。

5）【标注总比例】文本框：设置剖切符号的标注总比例。

根据需要设置后，单击 确定 按钮即可。

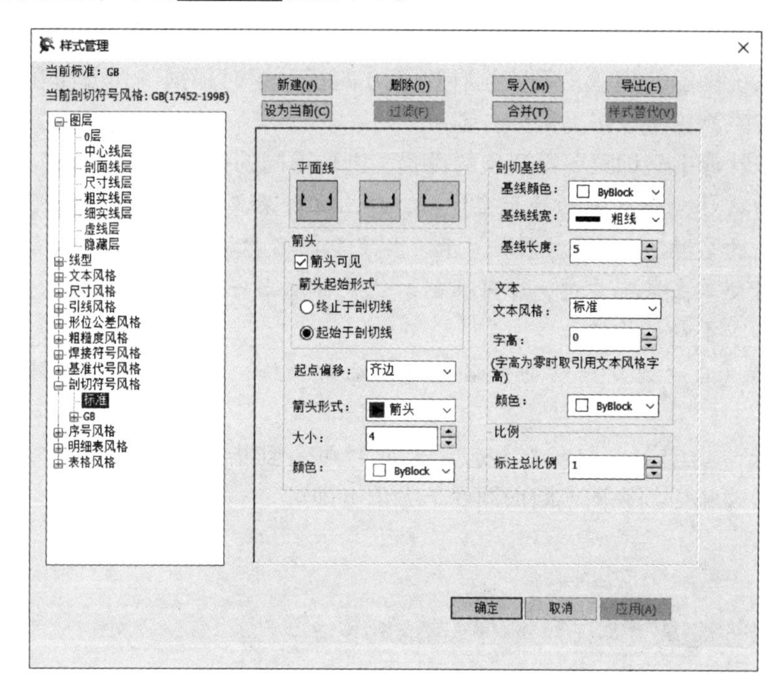

图 6-76　设置剖切符号样式

6.3.6 倒角标注

一般是以“长度×角度”的形式标注所需的倒角尺寸，角度为倒角线与轴线之间的角度。

☞ 倒角标注的操作步骤

❶单击【常用】选项卡→【标注】面板→【符号】→【倒角标注】按钮或选择【标注】→【符号】→【倒角标注】命令，在操作信息提示区出现立即菜单，如图 6-77 所示。

❷单击第 1 项选择【默认样式】，然后根据需要设置立即菜单，其他各选项含义如下。

❍ 第 2 项可选择【轴线方向为 X 轴方向】、【轴线方向为 Y 轴方向】，或选择【拾取轴线】自定义轴线方向。

❍ 第 3 项可选择【水平标注】、【铅垂标注】或【垂直于倒角线】。

❍ 第 4 项可选择倒角标注形式【1×1】、【1×45°】、【45°×1】或【C1】。

❸系统提示“拾取倒角线:”，拾取倒角的那段倾斜线。

❹系统提示“尺寸线位置:”，移动鼠标确定尺寸线位置后，系统即沿该倒角线引出标注倒角尺寸。

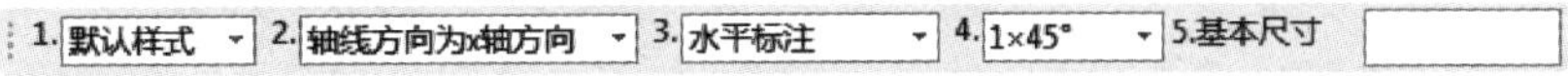

1. 默认样式
2. 轴线方向为x轴方向
3. 水平标注
4. 1×45°
5.基本尺寸

图 6-77 【倒角标注】的立即菜单

倒角标注示例如图 6-78 所示。

2×45°
C2
2×30°
a)
b)
c)

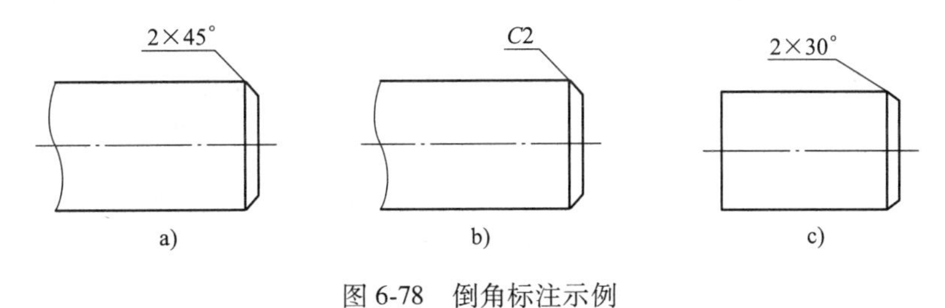

图 6-78 倒角标注示例

6.3.7 中心孔标注

【中心孔标注】命令用于标注中心孔。单击【常用】选项卡→【标注】面板→【符号】→【中心孔标注】按钮或选择【标注】→【符号】→【中心孔标注】命令，系统弹出立即菜单，如图 6-79 所示。中心孔标注有【简单标注】和【标准标注】两种方式，下面分别介绍。

1. 简单标注
2.字高 3.5
3.标注文本

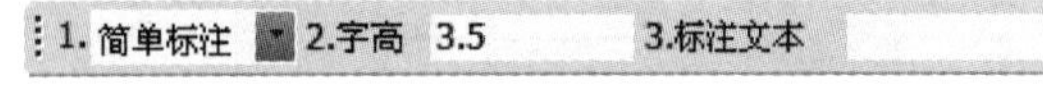

图 6-79 【中心孔标注】立即菜单

- 简单标注：在立即菜单设置字高和标注文本，然后根据提示指定中心孔标注的引出点和位置即可。
- 标准标注：弹出如图 6-80 所示的【中心孔标注形式】对话框。在对话框中可以选择三种标注形式，以及标注文本、文字风格、文字字高。设置完毕后单击 确定 按钮，根据系统提示选择引出点和位置即可。

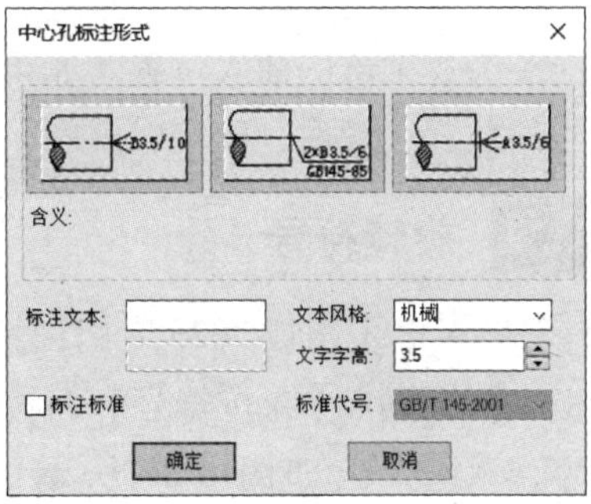

中心孔标注形式
含义:
标注文本:
文本风格: 机械
文字字高: 3.5
标注标准
标准代号: GB/T 145-2001
确定
取消

图 6-80 【中心孔标注形式】对话框

6.3.8 向视符号

【向视符号】命令用于标注向视图、局部视图或斜视图。国标规定这三种视图的标注方法是：在图形上方用大写拉丁字母注出视图名称，在相应的视图附近用箭头指明投射方向，并注上相同的字母。在不致引起误解的情况下，允许将斜视图旋转后移到适当的位置，此时应加注旋转符号，并将旋转角度标注在字母之后。

单击【常用】选项卡→【标注】面板→【符号】→【向视符号】按钮或选择【标注】选项卡→【符号】→【向视符号】命令，系统弹出立即菜单，如图 6-81 所示，各选项的含义如下。

- 第 1 项输入向视图的字母编号。
- 第 2 项输入向视符号字高。
- 第 3 项设置箭头大小。

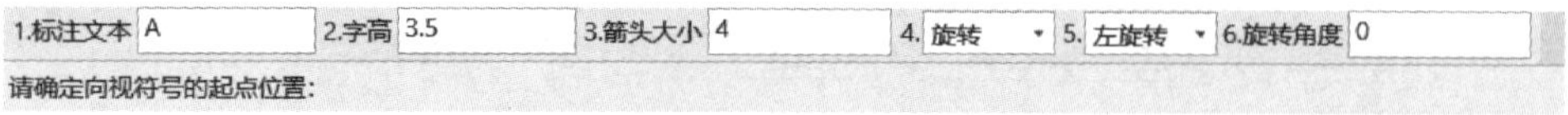

1.标注文本 A
2.字高 3.5
3.箭头大小 4
4. 旋转
5. 左旋转
6.旋转角度 0
请确定向视符号的起点位置:

图 6-81 【向视符号】立即菜单

- 第 4 项可切换【不旋转】或【旋转】。【不旋转】用于生成正视向视图，【旋转】用于生成旋转向视图。
- 第 5 项可切换选择【左旋转】或【右旋转】，确定旋转箭头的指向方向。
- 第 6 项输入旋转角度，以显示在标注名称后面。如输入“40”。

向视符号标注示例如图 6-82 所示。*A* 向为局部视图标注，其立即菜单第 4 项设置为【不旋转】，*B* 向为斜视图标注，其立即菜单第 4 项设置为【旋转】。

B
旋转
A
不旋转
A
右旋转
B
右旋转40°
B40°

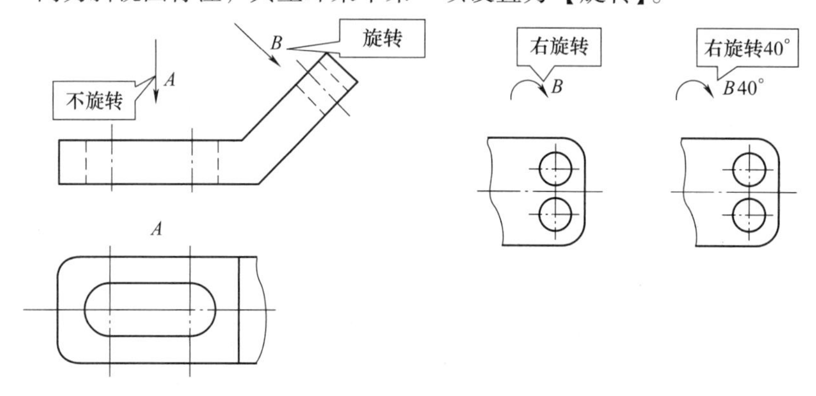

图 6-82 向视符号标注示例

设置立即菜单后，按照系统的提示在绘图区拾取两点，确定向视符号箭头方向，然后确定箭头旁边字母的插入位置。如果选择【旋转】，则还要在确定字母位置后，确定旋转箭头符号的位置。最后，确定向视图名称的位置即可。

6.3.9 旋转符号

CAXA 电子图板 2023 专门设置了旋转符号的标注命令。单击【常用】选项卡→【标注】面板→【符号】→【旋转符号】按钮或选择【标注】选项卡→【符号】面板→【旋转符号】命令，系统弹出如图 6-83 所示的对话框。该对话框分为预显区和设置区，设置区的 改变方向 按钮可改变箭头方向，三个文本框可输入所需内容，设置完毕后单击 确定 按钮，根据系统提示选择符号定位点即可。

实例演练

【例 6-4】 标注工程符号。

标注如图 6-84 所示的工程符号。

操作步骤

步骤 1 作出已知图形

启动【直线】命令，绘制如图 6-84 所示图形（尺寸可自行设置）。

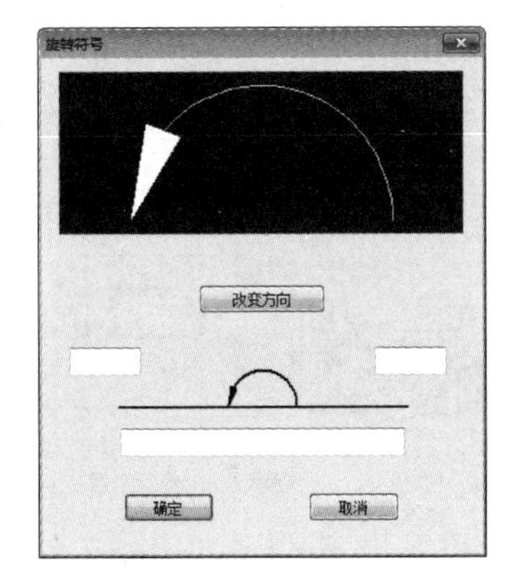

图 6-83 【旋转符号】对话框

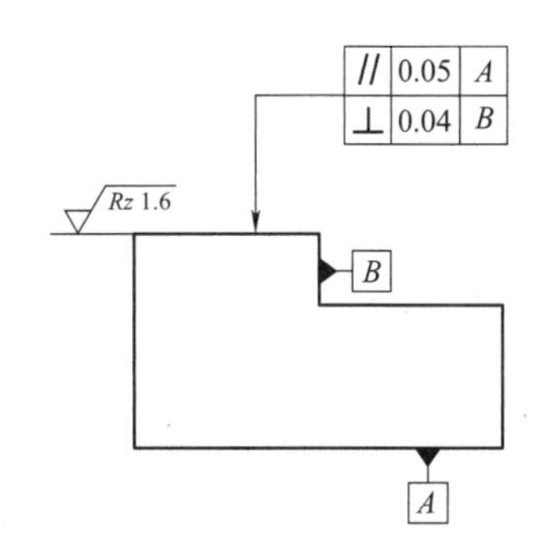

图 6-84 标注工程符号实例

步骤 2 标注表面粗糙度

❶单击【常用】选项卡→【标注】面板→【符号】→【粗糙度】按钮，在立即菜单第 1 项中选择【标准标注】。

❷弹出【表面粗糙度】对话框，根据需要输入，如图 6-85 所示，单击 确定 按钮。此时，立即菜单弹出第 2 项设置为 1.标准标注 2.默认方式。

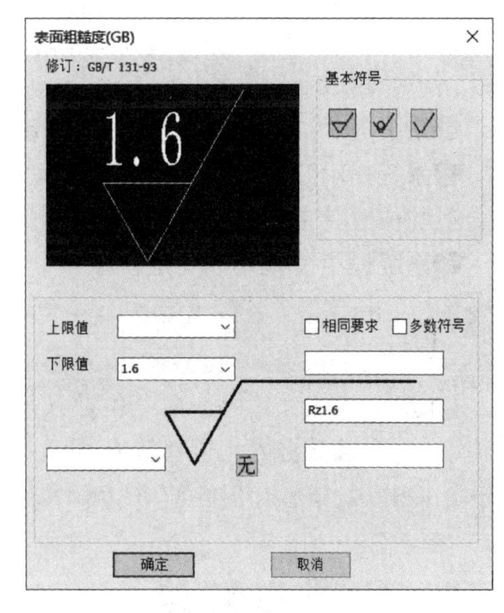

图 6-85 输入粗糙度数值

❸系统提示“拾取定位点或直线或圆弧:”，拾取顶面直线，此时屏幕上出现动态符号。

❹系统提示“拖动确定标注位置:”，用鼠标拖动表面粗糙度符号到适当位置单击即可完成标注。

步骤 3 标注基准符号

❶单击【常用】选项卡→【标注】面板→【基准符号】按钮，系统弹出立即菜单。根据需要设置成为 1.基准标注 2.给定基准 3.默认方式 4.基准名称 A。

❷系统首先提示“拾取定位点或直线或圆弧”，拾取底面直线，此时屏幕上出现动态基准符号。

❸系统提示“输入角度或由屏幕上确定”，用鼠标拖动到适当位置单击即可完成基准符号 *A* 的标注。

❹同样方法标注出基准符号 *B*。

步骤 4 标注几何公差

❶单击【常用】选项卡→【标注】面板→【符号】→【形位公差】按钮，系统弹出【形位公差】对话框。

❷在对话框中设置几何公差的标注内容，如图 6-86 所示。核对预览区，无误后单击 确定[O] 按钮。

❸对话框消失，系统弹出立即菜单，从中选择【水平标注】。

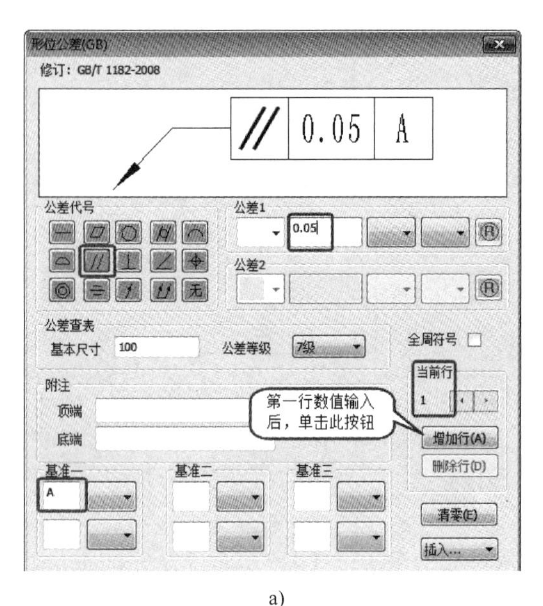

a)

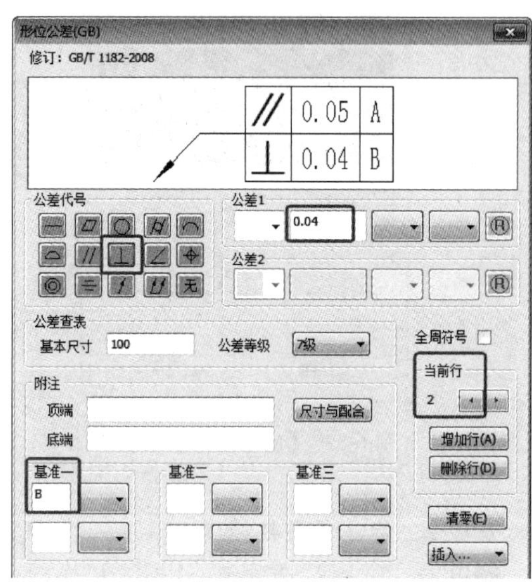

b)

图 6-86　输入几何公差数值

a）输入第一行几何公差数值　b）输入第二行几何公差数值

❹系统提示“拾取定位点或直线或圆弧:”，拾取顶面直线。

❺系统提示“引线转折点:”，移动指针，可动态确定指引线的引出位置和引线转折点。在合适的位置单击确定引线转折点。

❻系统提示“拖动确定定位点:”，单击确定定位点后即完成几何公差的标注。

提示

工程类标注样式的命令中还可以从【样式管理】下拉列表中直接选取要设置的标注样式，选取后弹出的对话框与直接单击【样式管理】命令弹出的对话框略有不同。下拉列表和相应对话框如图 6-87 所示。

6.4　文字类标注

图样中通常需要添加文字注释来表达各种信息。如说明信息、技术要求等。CAXA 电子图板的文字标注功能包括文字、引出说明、技术要求等。此外，CAXA 电子图板还可以设置文字样式，以满足各种需求。

6.4.1　设置文字样式

【文字】命令的功能是对文字字型进行管理设置，设定字高、字体等参数。单击【标注】选项卡→【样式管理】面板→【文字】按钮或选择【常用】选项卡→【特性】面板→【样式管理】命令，系统弹出【文本风格设置】对话框，如图 6-88 所示。单击对话框上部的【新建】、【删除】、【设为当前】、【合并】等按钮，可以完成新建、删除、设为当前、合

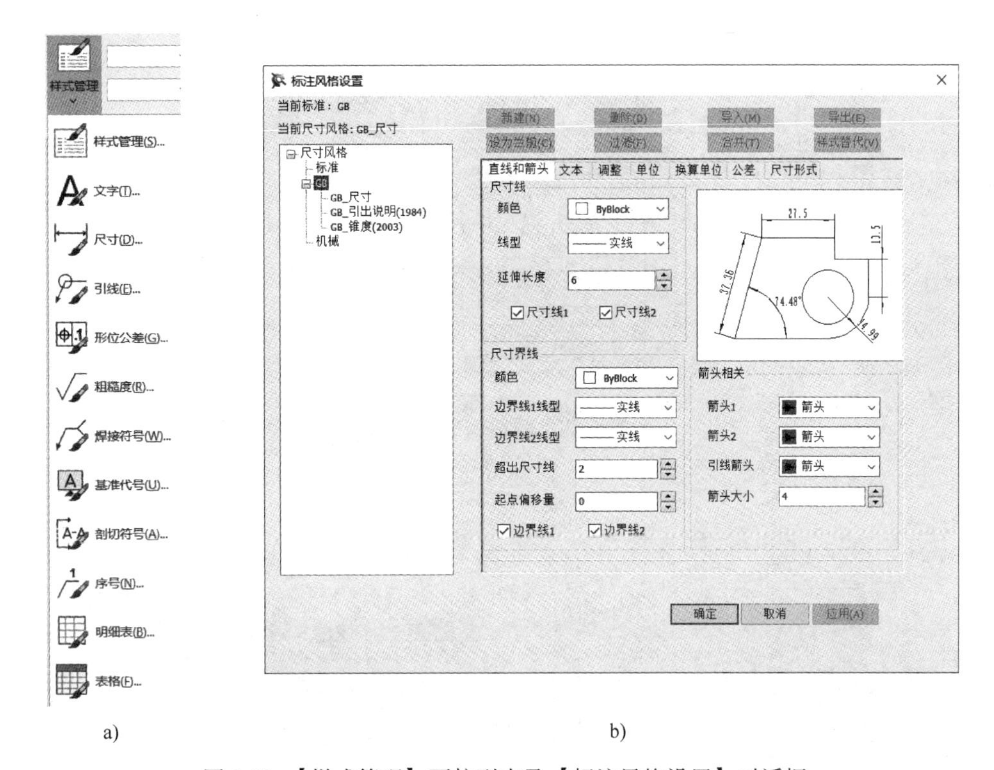

图 6-87 【样式管理】下拉列表及【标注风格设置】对话框

a)【样式管理】下拉列表 b)【标注风格设置】之【尺寸样式】对话框

并等管理操作。

CAXA 电子图板提供了【标准】和【机械】两种默认的文字样式，【标准】样式不可删除但可以编辑。在对话框左侧的列表中选择一个文字样式，右侧出现相关内容，可以设置字体、宽度系数、字符间距系数、倾斜角、字高等参数，并可以在对话框中预览。该对话框中各功能选项的含义说明如下。

- 【中文字体】下拉列表框：单击可选择中文文字所使用的字体。除了支持 Windows 的 TrueType 字体外，CAXA 电子图板还支持使用单线体（形文件）文字，选择不同样式的字体所生成的文字效果如图 6-89 所示。
- 【西文字体】下拉列表框：单击可选择文字中的字母、数字及半角标点符号所使用的字体。
- 【中文宽度系数】、【西文宽度系数】文本框：设置文字宽度与文字高度的比例。当宽度系数为 1 时，文字的长宽比例与字体文件中的字形一致。国标规定工程图样中采用长仿宋体，因此宽度系数应为 0.667。
- 【字符间距系数】文本框：同一行（列）中两个相邻字符的间距与字高的比值。
- 【行距系数】文本框：两个相邻行的间距与字高的比值。
- 【倾斜角】文本框：字符字头倾斜的角度。向右倾斜为正，向左倾斜为负。工程图样中的斜体字，倾斜角为 15°。
- 【缺省字高】文本框：设置生成文字时默认的字高。单击下拉列表框可选择标准字高，也可以直接输入任何字高。在生成文字时也可以临时修改字高。

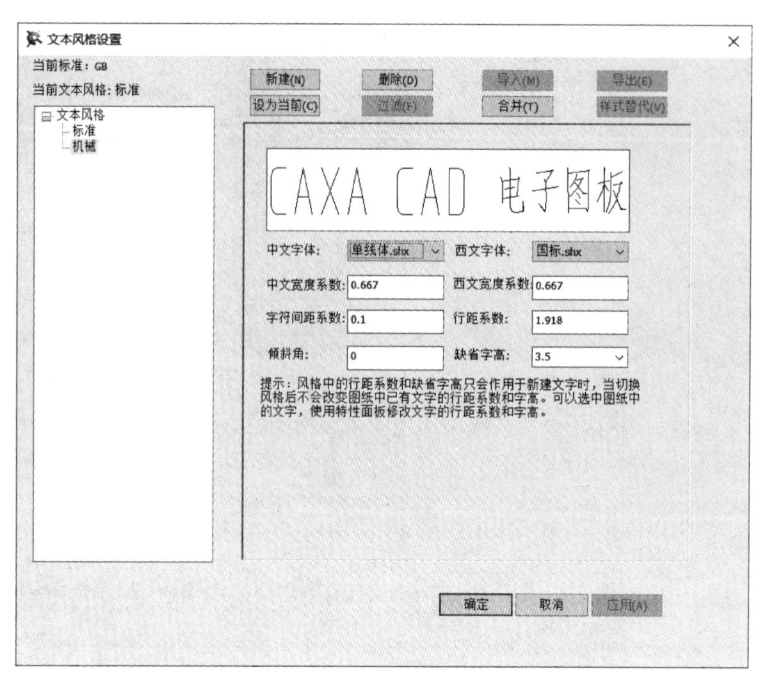

图 6-88 【文本风格设置】对话框

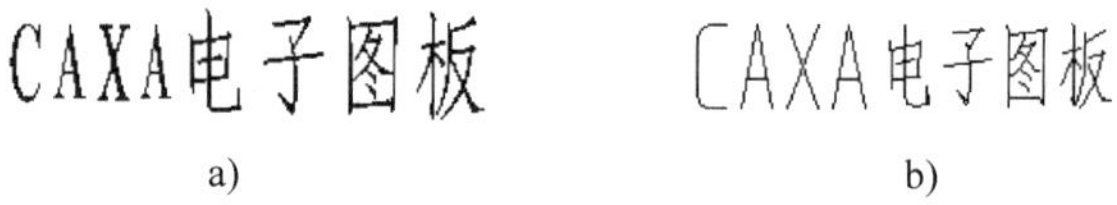

CAXA电子图板　　CAXA电子图板

a)　　b)

图 6-89 使用不同字体的效果

a）仿宋 b）单线体（形文件）

设置完成后，单击 确定 按钮即可。

提示

标注文字时，系统按当前文字样式进行标注。

6.4.2 文字标注

【文字】命令也用于在图样上填写各种说明等。单击【标注】选项卡→【文字】面板→【文字】**A**按钮或单击菜单，选择【常用】选项卡→【标注】面板→【文字】命令，系统弹出立即菜单，如图 6-90 所示。在立即菜单中可选择【指定两点】、【搜索边界】、【曲线文字】或【递增文字】4 种方式进行文字标注。

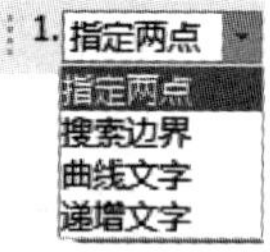

1. 指定两点
指定两点
搜索边界
曲线文字
递增文字

图 6-90 【文字标注】的立即菜单

1. 【指定两点】方式

选择【指定两点】方式时，系统先后提示“第一点:”“第二点:”，用鼠标拾取两点，确定要标注文字的区域。此时系统弹出文本编辑器和文字输入框，以便用户输入和编辑文字，如图 6-91 所示。文字编辑器中各功能选项的含义说明如下。

○【文字样式】下拉列表框：单击可以选择文字样式。

○【英文】、【中文】下拉列表框：单击下拉列表框可以为新输入的文字指定字体或改变选定文字的字体。

○【字高】文本框：设置新文字或修改选定文字的高度。

○【旋转角】文本框：设置文字的旋转角度。横写时为一行文字的延伸方向与坐标系 X 轴正方向按逆时针测量的夹角；竖写时为一列文字的延伸方向与坐标系 Y 轴负方向按逆时针测量的夹角。

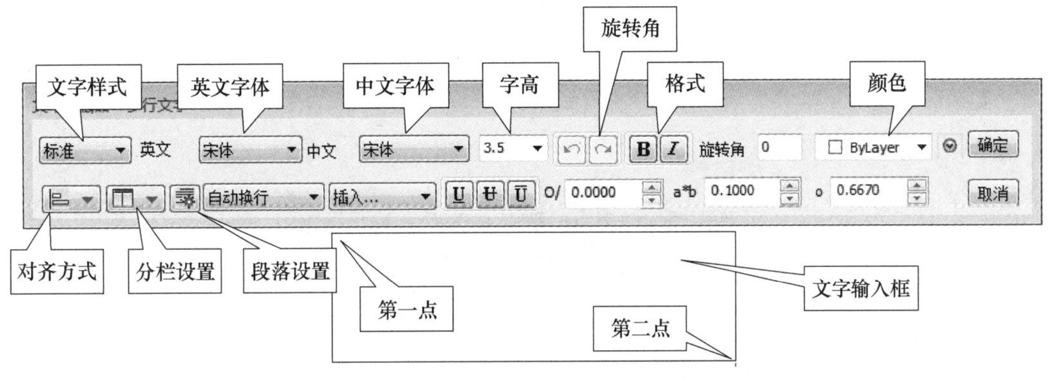

图 6-91　文本编辑器与文字输入框

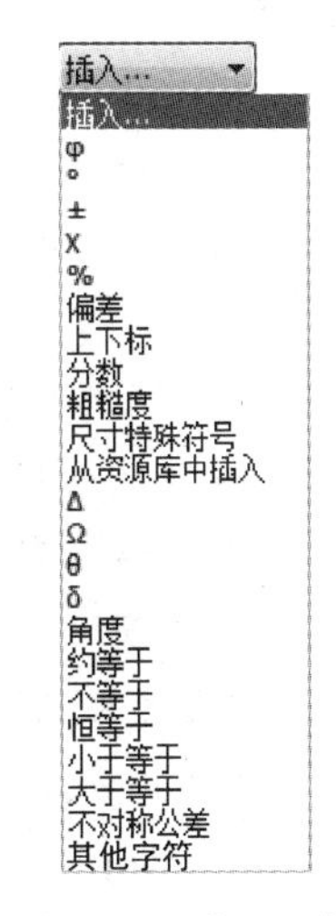

图 6-92 【插入】下拉列表框

○【颜色】下拉列表框：设置文字的颜色，可以为文字指定与图层相关联的颜色（ByLayer）或所在的块的颜色（ByBlock），也可以选择一种固定颜色。

○ 格式按钮区：设置字体格式。B按钮可打开或关闭文字粗体格式。I按钮可打开或关闭文字的斜体格式。U、Ŧ、Ū按钮可打开或关闭文字的下画线、中画线、上画线。

○ 对齐按钮：设置文字的对齐方式。单击该按钮，可从弹出的下拉列表中选择左上、中上、右上、左中、居中、右中、左下、中下、右下9种对齐方式。

○ 插入...下拉列表框：单击可以插入各种特殊符号，包括直径符号、角度符号、正负号、偏差、上下标、分数、粗糙度、尺寸特殊符号等，如图 6-92 所示。其中单击【偏差】、【分数】、【粗糙度】、【上下标】等选项，系统会弹出相应的对话框，可根据需要设置。

○ 分栏按钮：分栏设置，默认为不分栏状态。

○ 段落按钮：段落设置。

○【自动换行】下拉列表框：可以设置文字自动换行、压缩文字或手动换行。

完成文字输入和设置后，单击确定按钮，系统生成相应的文字并插入到指定位置。

2.【搜索边界】方式

图 6-93 【搜索边界】方式的立即菜单

【搜索边界】方式的立即菜单如图 6-93 所示。根据需要确定【边界缩进系数】，此时标注区应已有待填文字的封闭图形（如表格）。根据提示用鼠标指定边界内一点（矩形内任一点），然后系统将弹出文字编辑器和文本输入框，其形式和操作方法与【指定两点】相同。

3.【曲线文字】方式

根据提示先拾取曲线，接着拾取文字标注的方向，方向不同会产生不同的标注效果，如图 6-94a 所示。然后拾取文字标注的起点和终点，系统弹出如图 6-94b 所示的【曲线文字参数】对话框，该对话框各选项的含义说明如下。

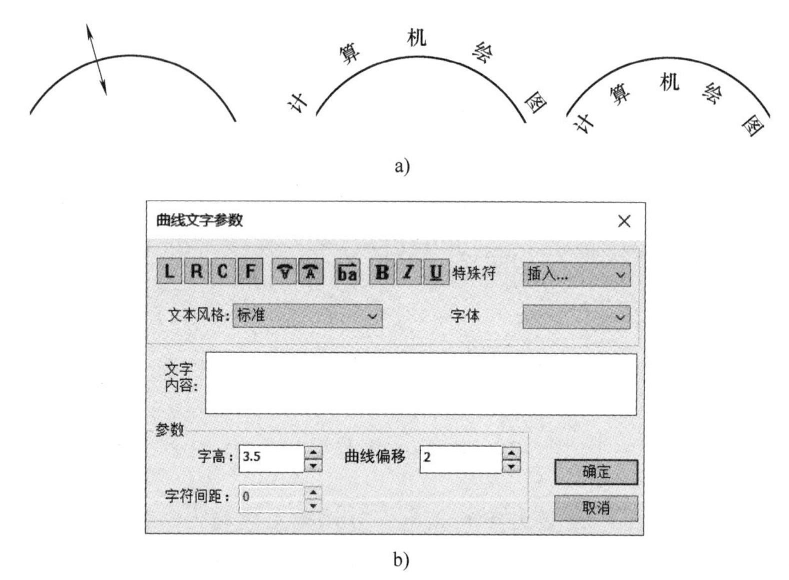

图 6-94 【曲线文字】方式

a）沿曲线生成文字 b）【曲线文字参数】对话框

- 【文字内容】文本框：在文本框中输入所需文字，单击【插入】可以插入各种符号。
- 按钮区：位于对话框上部，可设置文字的对齐方式和方向等。单击 L 设置文字左对齐；单击 R 设置文字右对齐；单击 C 设置文字居中对齐；单击 F 设置文字均布对齐。单击、和 ba 按钮可以设置文字的书写方向。
- 【文本风格】下拉列表框：选择文字的样式。
- 【字符间距】文本框：设置文字的字符间距大小。
- 【字高】文本框：设置文字高度。
- 【曲线偏移】文本框：设置文字与曲线的偏移距离。

设置好各项参数，输入文字内容，单击 确定 按钮即可。

4.【递增文字】方式

【递增文字】方式可以将拾取文字中的数字递增，文字不变生成新的文字。其立即菜单与示例如图 6-95 所示。

提示

双击图中的文字，即可弹出文本编辑器和文字输入框（曲线文字则弹出【曲线文字参数】对话框），从而编辑文字。

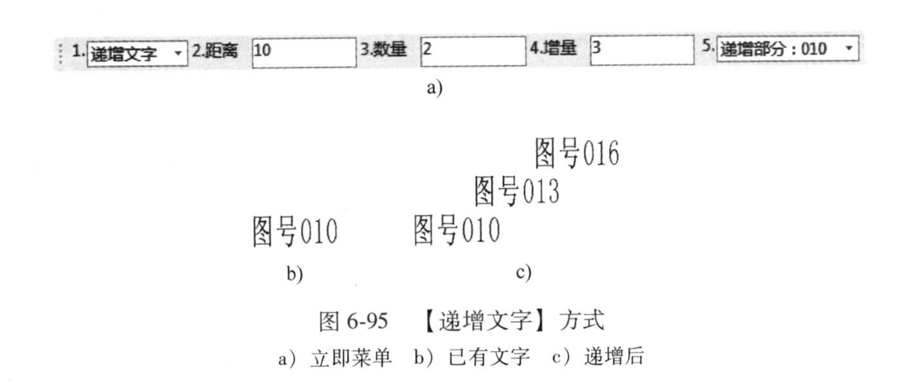

图 6-95 【递增文字】方式

a）立即菜单 b）已有文字 c）递增后

6.4.3 引出说明

【引出说明】命令用于标注引出注释。引出线的末端可带箭头、圆点、斜线，文字可输入中文或西文及各种特殊符号。

单击【标注】选项卡→【符号】面板→【引出说明】按钮或选择【常用】选项卡→【标注】面板→【符号】→【引出说明】命令，系统弹出【引出说明】对话框，如图 6-96 所示。该对话框分为预览区、文字输入区和设置区。根据需要在对话框中输入说明文字（按〈Enter〉键可添加行），并进行相关设置，完毕后单击 确定 按钮。

此时系统弹出立即菜单，可选择文字方向为【文字缺省方向】或【文字反向】。系统提示“第一点:”，输入引出点后，系统提示变为“下一点:”，移动指针确定标注定位点和转折点，单击鼠标右键完成标注。引出说明的标注示例如图 6-97 所示。

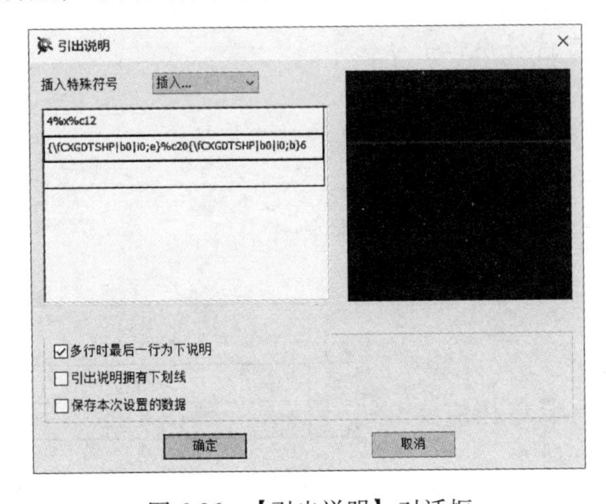

图 6-96 【引出说明】对话框

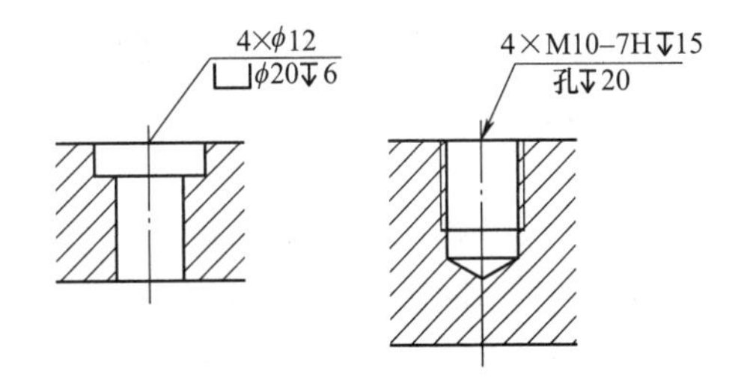

图 6-97 引出说明的标注示例

提示

标注引出说明时，可打开或关闭 正交 按钮控制引线位置。

6.4.4 文字查找替换

文字查找命令用于查找并替换当前绘图中的文字，但对标题栏、明细表及图框中的字符不起作用。单击【标注】选项卡→【文字】面板→【文字查找替换】按钮或单击【菜单】，选择【修改】→【文字查找替换】命令，启动命令。系统弹出如图 6-98 所示的【文字查找替换】对话框，该对话框中各项参数的含义和使用方法如下。

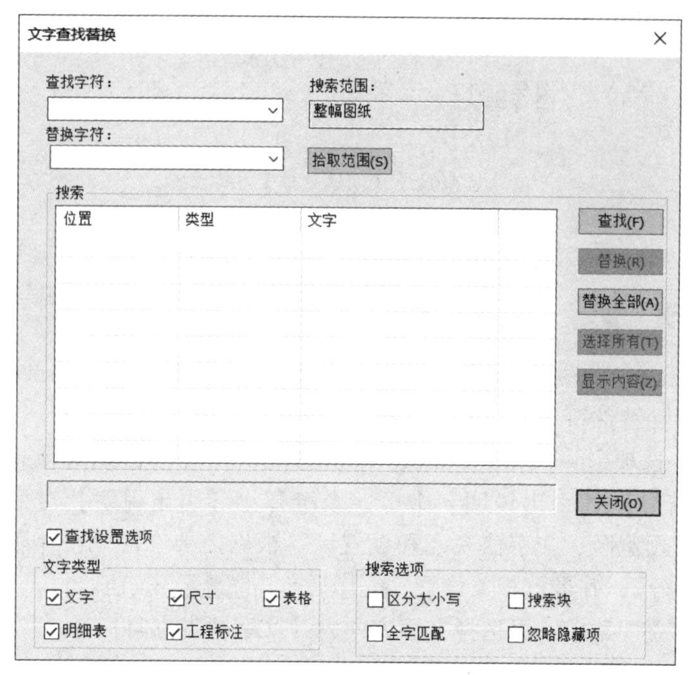

图 6-98 【文字查找替换】对话框

- 【查找字符】文本框：输入需要查找或者待替换的字符。
- 【替换字符】文本框：输入替换后的字符。
- 拾取范围(S) 按钮：默认搜索范围为全部图形，单击该按钮可选择搜索区域。
- 查找设置选项 复选项：选中该选项，会弹出下面的查找设置选项。

根据需求，单击 查找(F)、替换(R)、替换全部(A) 等按钮进行相应的操作。

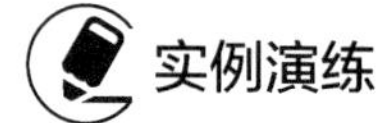

实例演练

【例 6-5】 在表格中填写文字。

按尺寸绘制表格（不标尺寸），并在框内填写相应文字，文本样式为【标准】，字高为 5，如图 6-99 所示。

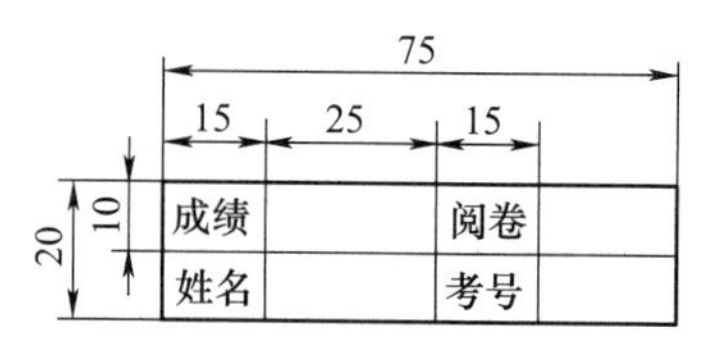

图 6-99 表格实例

操作步骤

步骤 1 绘制表格

❶将当前层设置为粗实线层，启动【矩形】命令，画一个长 75、宽 20 的矩形。

❷将当前层设置为细实线层，启动【平行线】命令，拾取矩形的最左边，向右作距离为 15、40、55 的平行线。启动【直线】命令，捕捉中点绘制表格中间的线。

步骤 2 填写文字

❶单击【常用】选项卡→【基本绘图】面板→【文字】A 按钮，系统弹出立即菜单，设

置立即菜单各选项如图 6-100 所示。

1. 搜索边界　2.边界缩进系数: 0.1
拾取环内一点:

图 6-100　立即菜单

❷系统提示“指定环内一点:”，在左上角格内单击。

❸系统弹出文本编辑器和文字输入框。在文本编辑器中选择【标准】文本样式，设置字高为 5，单击按钮选择【居中对齐】。切换中文输入法，在文字输入框内输入“成绩”，如图 6-101 所示。

❹单击按钮，在表格的左上角格内出现“成绩”二字。用同样的办法输入表格中的其余文字，表格绘制完毕。

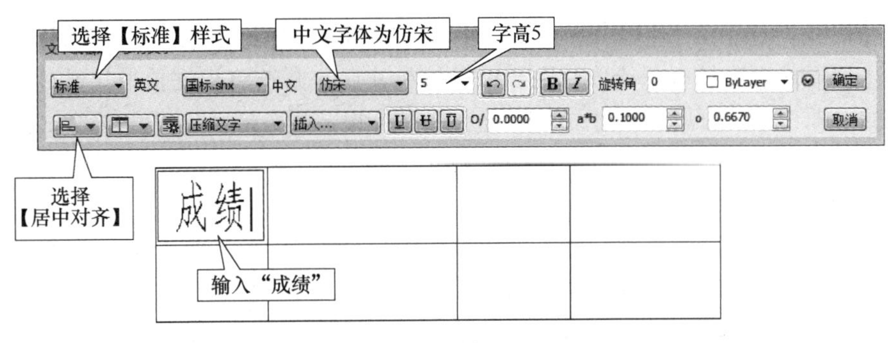

图 6-101　表格填写文字

提示

使用【文字】标注命令时，系统自动在尺寸线层上注写文字。双击已有文字或在空命令状态下选中文字→右键快捷菜单→【编辑】选项，系统均会弹出文本编辑器和文字输入框，从而进行编辑。

6.5　标注编辑

尺寸标注之后，如果要改变尺寸线的位置、文字位置、文字的内容等，就要对该尺寸进行编辑。文字编辑就是对已有文字的内容或格式进行修改，可以采用以下两种方式。

1）使用【标注编辑】命令。

2）使用【特性】工具选项板。

6.5.1　【标注编辑】命令

标注编辑可对所有工程标注（尺寸、符号和文字）的位置或内容进行编辑。在 CAXA 电子图板中对这些标注的编辑，只需同一个命令，系统会自动识别标注内容的类型而做出相应的编辑操作。所有的修改实际都是对已有的标注做相应的位置编辑和内容编辑，这二者是通过立即菜单来切换的。位置编辑是指对尺寸或工程符号等的位置进行移动或角度的改变，而内容编辑则是指对尺寸值、文字内容或符号内容的修改。

单击【标注】选项卡→【修改】面板→【标注编辑】按钮或选择【菜单】→【修改】→

【标注编辑】菜单命令，系统提示“拾取要编辑的标注:”。拾取要编辑的元素后，系统自动识别所拾取元素的类型进行相应的操作。根据工程标注的分类，可将标注编辑分为尺寸编辑、工程符号编辑和文字编辑三类，下面详细介绍。

提示

在空命令状态下直接拾取要编辑的尺寸、工程符号或文字，然后单击鼠标右键，在快捷菜单中选择【标注编辑】，也可启动【标注编辑】命令。

1. 尺寸编辑

单击【标注】选项卡→【修改】面板→【标注编辑】按钮，出现系统提示“拾取要编辑的标注:”，根据系统提示拾取一个要编辑的尺寸后，系统将根据拾取尺寸的类型不同，弹出不同的立即菜单，可以对尺寸线的位置、文字位置、箭头形状、尺寸值或文字方向等内容进行修改。

(1) 拾取线性尺寸

拾取一个线性尺寸后，出现立即菜单如图 6-102 所示。单击立即菜单第 1 项，可选择修改【尺寸线位置】、【文字位置】或【箭头形状】。

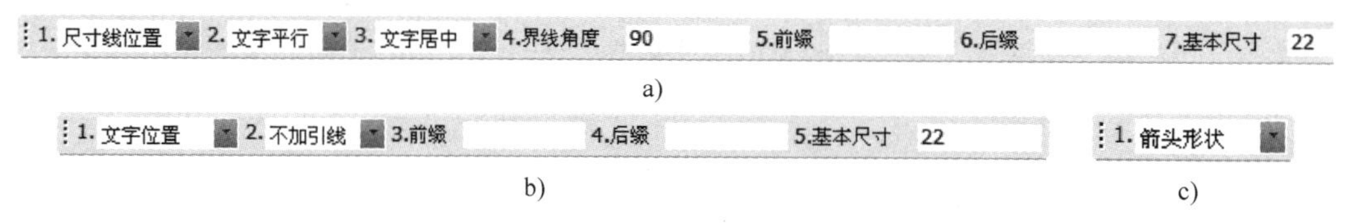

图 6-102　编辑线性尺寸的立即菜单

1）尺寸线位置的编辑。立即菜单第 1 项切换为【尺寸线位置】，如图 6-102a 所示。该方式不仅可以编辑尺寸线位置，而且通过更改立即菜单，可以编辑尺寸文字的内容、方向、尺寸界线内文字的位置、尺寸界线与水平线的夹角及尺寸值。

在“新位置”的提示状态下，拖动鼠标可移动尺寸线位置，当输入新的尺寸线位置后，即完成编辑操作。编辑示例如图 6-103b 所示，尺寸界线角度由图 6-103a 中的 90°改为 60°，尺寸线由被标注直线的下方移到上方。

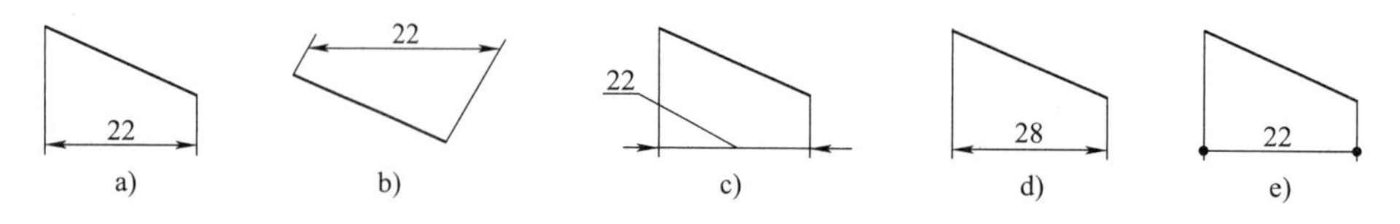

图 6-103　编辑线性尺寸示例

a）原尺寸　b）修改尺寸线位置及界线角度　c）文字加引线　d）修改文字内容　e）修改箭头形状

此外，尺寸标注或尺寸编辑时，在立即菜单的【基本尺寸】、【前缀】或【后缀】等文本框中可以直接输入特殊字符。为方便常用符号和特殊格式的输入，CAXA 电子图板规定了一些表示方法，这些方法均以%作为开始标志。CAXA 电子图板中，有关特殊符号的规定如下。

❍ 直径符号：用“%c”表示。例如，输入“%c40”，则标注为 ϕ40。

❍ 角度符号：用“%d”表示。例如，输入“30%d”，则标注为30°。

❍“±”符号：用“%p”表示。例如，输入“50%p0.5”，则标注为50±0.5。

❍“%”符号：用“%%”表示。例如，输入“%%p”，则标注为“%p”。

2）文字位置的编辑。立即菜单第1项切换为【文字位置】，如图6-102b所示。在此立即菜单中可以选择是否加引线、修改尺寸值等。用鼠标输入文字新位置后，即完成编辑操作。

尺寸文字的编辑只修改文字的定位点、尺寸值和是否加引线，而尺寸线和尺寸界线的位置不变。标注示例如图6-103c、d所示。

提示

上述两种方式，在系统提示为“新位置”的编辑状态下，单击鼠标右键可弹出【尺寸标注属性设置】对话框，利用此对话框可以标注公差与配合。

3）箭头形状的编辑。把立即菜单第1项切换为【箭头形状】，如图6-102c所示，弹出如图6-104所示的【箭头形状编辑】对话框。单击【左箭头】或【右箭头】的下拉列表框，可选择【斜线】、【圆点】、【建筑标记】等形式，选择后单击 确定(O) 按钮即完成修改，标注示例如图6-103e所示。

图6-104 【箭头形状编辑】对话框

（2）拾取直径或半径尺寸

拾取一个直径或半径尺寸后，立即菜单变为如图6-105所示的形式。单击第1项，可以选择修改【尺寸线位置】（见图6-105a）或【文字位置】（见图6-105b）。

通过设置立即菜单，可以修改尺寸线的位置、尺寸文字的方向、尺寸界线内文字的位置、尺寸值及文字位置。此外，在系统提示为“新位置”的编辑状态下，单击鼠标右键，弹出【尺寸标注属性设置】对话框，利用此对话框可以标注公差与配合。拾取一个直径尺寸的标注编辑示例，如图6-106所示。

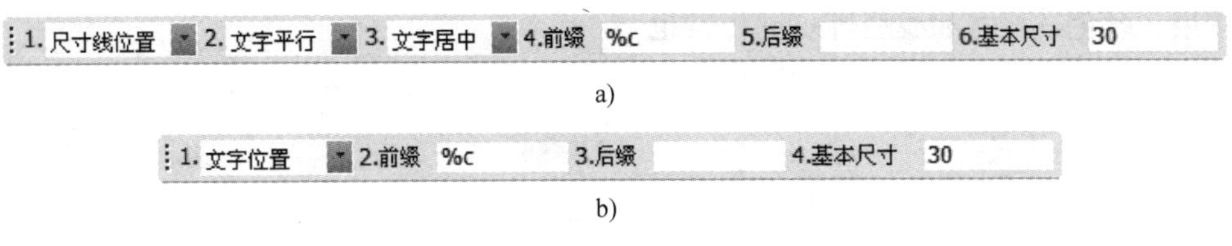

图6-105 编辑直径或半径尺寸的立即菜单

（3）拾取角度尺寸

拾取到一个角度尺寸后，单击立即菜单第1项，可以选择修改【尺寸线位置】或【文字位置】。通过更改立即菜单，可以修改尺寸线的位置、尺寸文字的方向、单位、尺寸界线内文字的位置、尺寸值、文字位置和文字是否加引线。此外，在系统提示为“新位置”的编辑状态下，单击鼠标右键，弹出【角度公差】对话框，利用此对话框可以标注角度公差。编辑角度尺寸示例如图6-107所示。

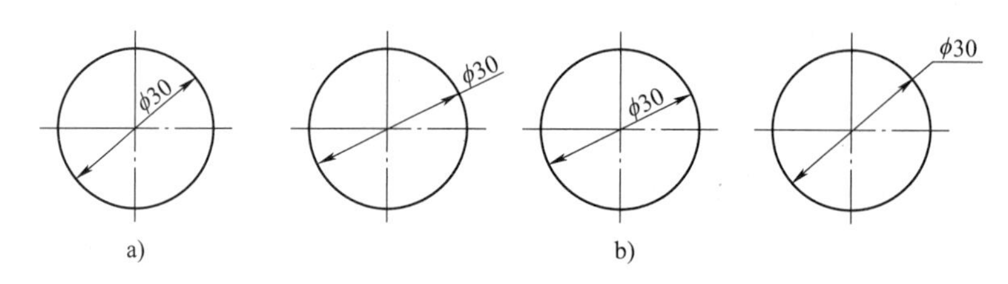

图 6-106　编辑直径尺寸示例

a）原图　b）标注编辑后

2. 工程符号编辑

单击【标注】选项卡→【修改】面板→【标注编辑】按钮，出现系统提示“拾取要编辑的标注:”，若拾取基准符号、几何公差、表面粗糙度、焊接符号等工程符号，系统会根据所拾取的符号弹出不同的立即菜单，通过切换立即菜单可以对所选符号的标注位置和内容等进行编辑。

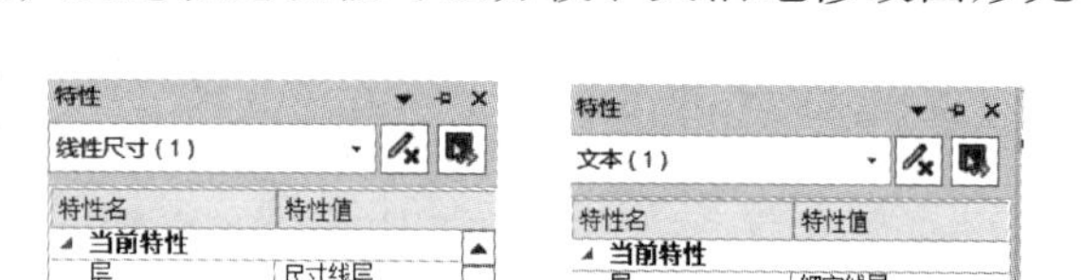

图 6-107　编辑角度尺寸示例

此外，双击图中的几何公差、表面粗糙度、焊接符号等工程符号，系统会弹出相应的立即菜单，可以编辑位置或编辑内容，从而对符号的位置和内容进行修改。例如，双击图中的基准符号，系统弹出立即菜单，可修改基准名称。

3. 文字编辑

单击【标注】选项卡→【修改】面板→【标注编辑】按钮，出现系统提示“拾取要编辑的标注:”。若拾取文字，系统弹出文本编辑器和文字输入框，可以修改所标注文字的内容、格式和字体、字高等参数。完成后单击确定按钮，系统重新生成对应的文字。此外，双击图中的文字，也可弹出文本编辑器和文字输入框，从而编辑文字。

6.5.2 【特性】工具选项板

在第 5 章已介绍过【特性】工具选项板，通过该选项板可以方便、灵活地修改图形元素的图层、颜色、线宽和线型等。同样，也可以使用【特性】工具选项板编辑修改标注元素。

在系统提示为“命令:”的空命令状态下，拾取需要修改的尺寸或文字，被拾取的图形元素将虚像显示，随后单击鼠标右键弹出快捷菜单，选择其中的【特性】选项，弹出【特性】工具选项板。选择的标注元素不同，选项板中显示的内容也不一样。

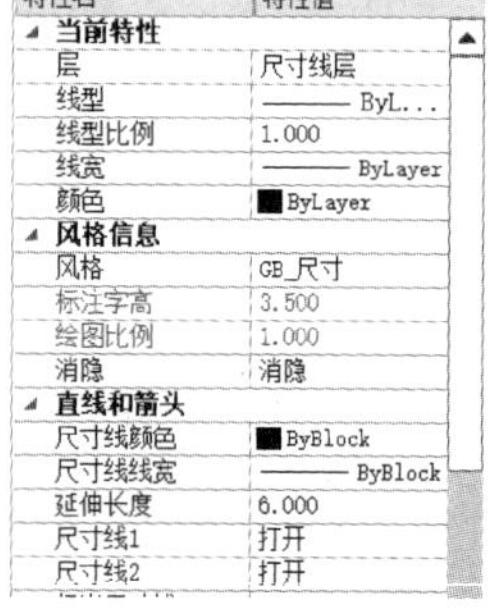

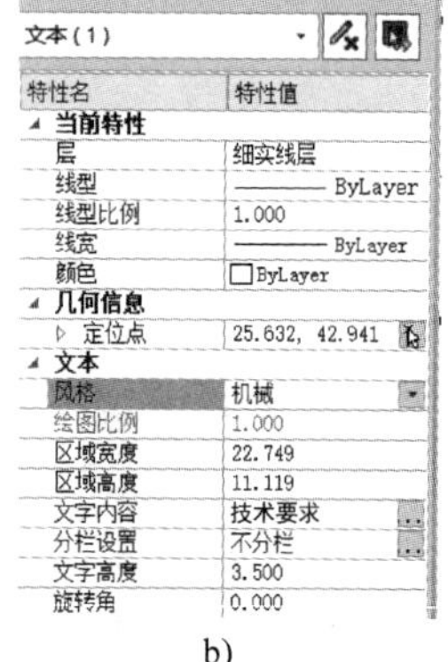

图 6-108　【特性】工具选项板

a）拾取尺寸　b）拾取文字

选择一个线性尺寸，其【特性】工具选项板如图 6-108a 所示。该【特性】工具选项板中列出了【当前特性】、【风格信息】、【直线和箭头】、【文本】、【调整】、

【基本单位】、【换算单位】、【尺寸形式】等特性区，每个特性区又包含多项属性，单击左侧的“+”或“-”后，可以折叠或展开。单击某特性项右侧的属性值，即可修改其标注样式、尺寸值、尺寸终端形式、文本书写方式等。

选择一个标注的文本时，其【特性】工具选项板如图 6-108b 所示。单击某选项右侧的属性值，即可修改其文本样式，包括文字内容、文字高度、文本旋转角、对齐方式和填充方式等。

若拾取的是多个标注元素，则只能显示并修改它们共同的属性。

6.6 尺寸驱动

尺寸驱动是系统提供的一套局部参数化功能。用户在选择一部分实体及相关尺寸后，系统将根据尺寸建立实体间的拓扑关系，当用户选择想要改动的尺寸并改变其数值时，相关实体及尺寸也将受到影响发生变化，但元素间的拓扑关系保持不变，如相切、相连等。

【尺寸驱动】命令可以使用户在画完图以后，对尺寸进行规整、修改，从而使对已有图样的修改变得更加方便。

☞ 尺寸驱动的操作步骤

❶单击【标注】选项卡→【修改】面板→【尺寸驱动】按钮或选择【尺寸驱动】菜单命令。

❷系统提示“添加拾取”，选择驱动对象（图形和尺寸），单击鼠标右键确定。

❸系统提示“请给出尺寸关联对象变化的参考点”，选择驱动图形的基准点。

❹系统提示“请拾取驱动尺寸”，选择一个要改变的尺寸。

❺弹出【新的尺寸值】对话框，如图 6-109 所示。在文本框中根据需要输入新的尺寸值，单击确定(O)按钮，则被选中的图形部分按照新的尺寸值作出相应的改动。

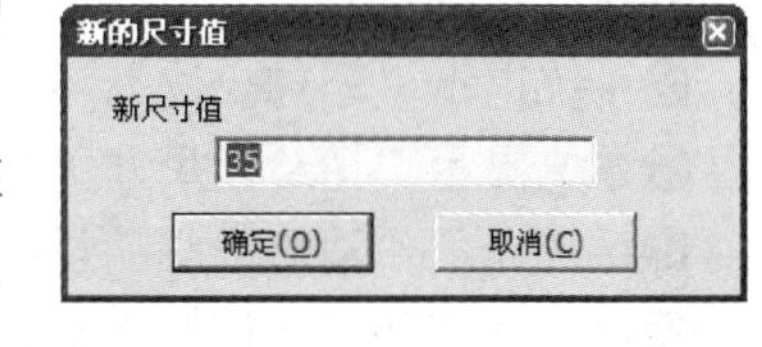

图 6-109 【新的尺寸值】对话框

❻系统继续提示“请拾取驱动尺寸”，可以连续驱动其他尺寸，直至单击鼠标右键或按〈Esc〉键退出命令。

下面介绍尺寸驱动命令中出现的提示信息。

1. 驱动对象

驱动对象即想要修改的部分，系统将只分析选中部分的图形实体及尺寸。应注意的是除选择图形实体外，还应选择尺寸，因为工程图样是依靠尺寸标注来避免二义性的，系统正是依靠尺寸来分析元素间的关系。例如：如果有一条斜线，标注了水平尺寸，则当其他尺寸被驱动时，该直线的斜率及垂直距离可能会发生相关的改变，但是该直线的水平距离将保持为标注值。同样的道理，如果驱动该水平尺寸，则直线的水平长度发生改变，变得与驱动后的尺寸值一致。

2. 驱动图形的基准点

由于任一尺寸表示的均是两个（或两个以上）图形对象之间的相关约束关系，如果驱动该尺寸，必然存在着一端固定，另一端移动的问题，系统将根据被驱动尺寸与基准点的位置关系来判断哪一端该固定，从而驱动另一端。一般情况下，应选择一些特殊位置的点，如圆心、端点、中心点、交点等。

实例演练

【例 6-6】 尺寸驱动。

按图 6-110a 所示的尺寸画出图形，然后利用【尺寸驱动】命令分别更改圆的直径、两圆的中心距，如图 6-110b、c 所示。

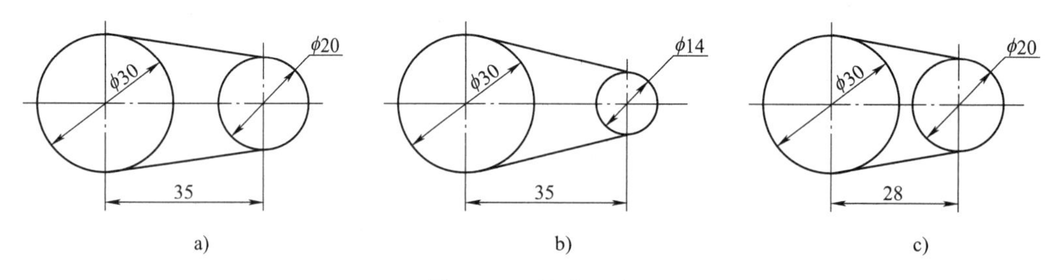

图 6-110 尺寸驱动
a）原图 b）驱动直径 c）驱动中心距

操作步骤

步骤 1 作出已知图形

启动【圆】、【平行线】、【直线】等命令绘制如图 6-110a 所示图形。

步骤 2 驱动小圆的直径

❶单击【标注】选项卡→【修改】面板→【尺寸驱动】按钮，启动命令。

❷系统提示“添加拾取”，拾取如图 6-110a 所示的全部图形和尺寸，单击右键确定。

❸系统提示“请给出尺寸关联对象变化的参考点:”，选择 ϕ20 的圆心作为基准点。

❹系统提示“请拾取驱动尺寸:”，用鼠标拾取小圆直径 ϕ20。

❺弹出【新的尺寸值】对话框，在文本框中输入新的尺寸值“14”，单击 确定(O) 按钮。则小圆尺寸被修改，由 ϕ20 变为 ϕ14，而两圆的中心距及相切关系不变，如图 6-110b 所示。

步骤 3 驱动两圆的中心距

❶重复上述步骤 2 中的❶~❷。

❷系统提示“请给出尺寸关联对象变化的参考点:”，选择其中一个圆心作为基准点。

❸系统提示“请拾取驱动尺寸:”，用鼠标拾取两圆中心距 35，在弹出的【新的尺寸值】对话框中输入新的尺寸值“28”后，单击 确定(O) 按钮。则两圆中心距由 35 变为 28，而两圆的直径及相切关系不变，如图 6-110c 所示。

6.7 综合实例——标注线型尺寸练习

打开在第 5 章中绘制的线型练习，进行尺寸标注，如图 6-111 所示。

设计思路

标注线型练习的尺寸分析如下。

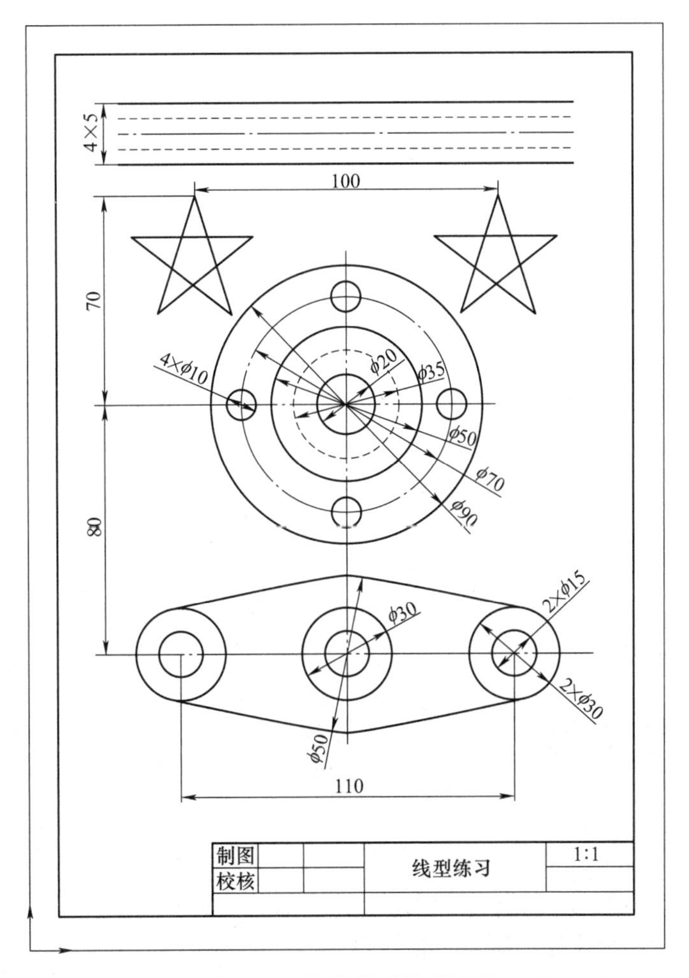

图 6-111　标注线型尺寸练习

1）线型尺寸：线型尺寸可使用基本标注，70，80 使用连续标注。

2）圆的直径：可使用基本标注也可用直径标注。

操作步骤

步骤 1　标注线型尺寸

❶单击【常用】选项卡→【标注】面板→【尺寸标注】按钮，系统弹出立即菜单，单击立即菜单第 1 项，在弹出的选项菜单中选择【基本标注】。

❷系统提示“拾取标注元素或点取第一点：”，拾取最上面直线。

❸此时，立即菜单第 9 项显示系统对所拾取元素的测量值，其余项根据需要设置为 1. 基本标注 2. 文字平行 3. 标注长度 4. 长度 5. 智能 6. 文字居中 7.前缀 8.后缀 9.基本尺寸 150 拾取另一个标注元素或指定尺寸线位置。

❹屏幕显示如图 6-112 所示，移动鼠标至所需位置单击即可标注出尺寸 150。

❺同理，用类似的方法完成其他线型尺寸标注。注意，其他标注拾取的是两点。

❻标注 4×5 线型尺寸只需在“前缀”选项中填入“4×”字样即可。

步骤 2　标注连续尺寸

❶单击【标注】面板上的【连续标注】命令按钮 连续(C)。

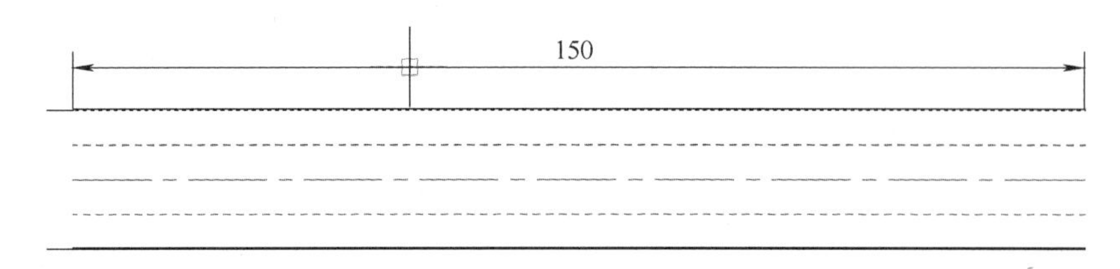

图 6-112　标注尺寸

❷系统提示“拾取线性尺寸或第一引出点:”，拾取左边五角星的顶点，再拾取中间圆的圆心，在合适的位置确定尺寸的位置。

❸系统提示“拾取第二引出点:”，拾取最下面图形的圆心，即可完成 70、80 这两个尺寸的连续标注。

步骤 3　标注圆

❶按下空格键重复命令，设置立即菜单第 1 项为【基本标注】。

❷系统提示“拾取标注元素或点取第一点:”，依次拾取需要标注的圆。立即菜单设置为 1.基本标注 2.文字水平 3.直径 4.标准尺寸线 5.文字居中 6.前缀 %c 7.后缀 8.尺寸值 38。

❸移动鼠标至所需位置单击，即可标注出直径尺寸。

6.8　思考与练习

1. 概念题

（1）设置尺寸标注样式的作用是什么？

（2）CAXA 电子图板的尺寸标注，提供了哪几种标注形式？

（3）CAXA 电子图板能标注哪些工程符号？

（4）如何修改文字内容？

2. 操作题

（1）打开前面章节绘制的图形，标注尺寸。

（2）绘制如图 6-113、图 6-114 所示图形，并标注尺寸。

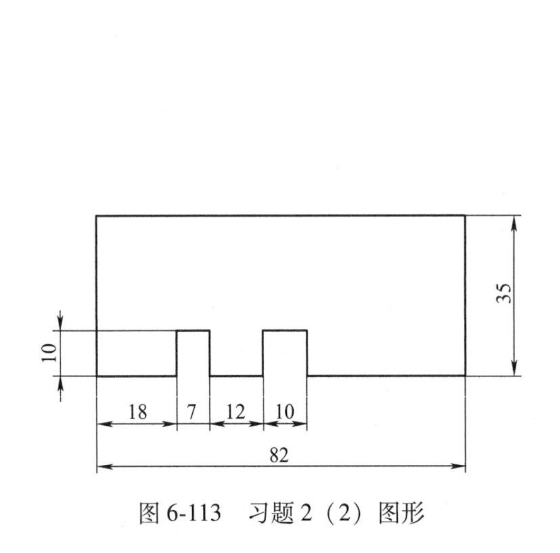

图 6-113　习题 2（2）图形

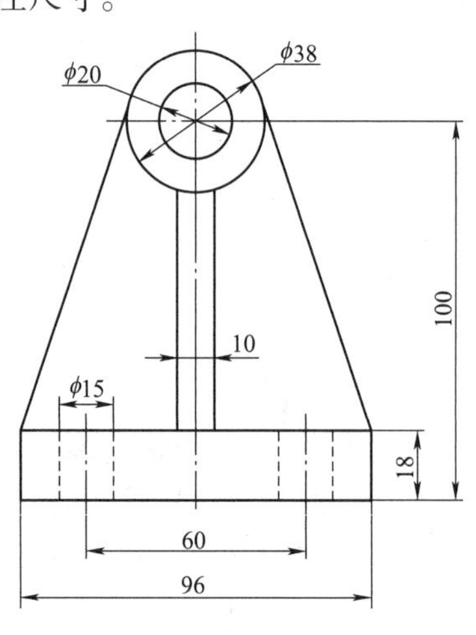

图 6-114　支架

（3）绘制表格并填写文字，文字风格为【标准】，字高为5，如图6-115所示。

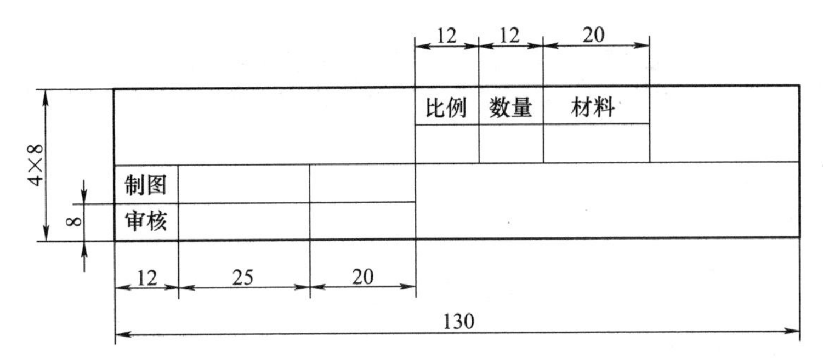

图6-115　习题2（3）图形

（4）绘制并标注如图6-116所示图形。

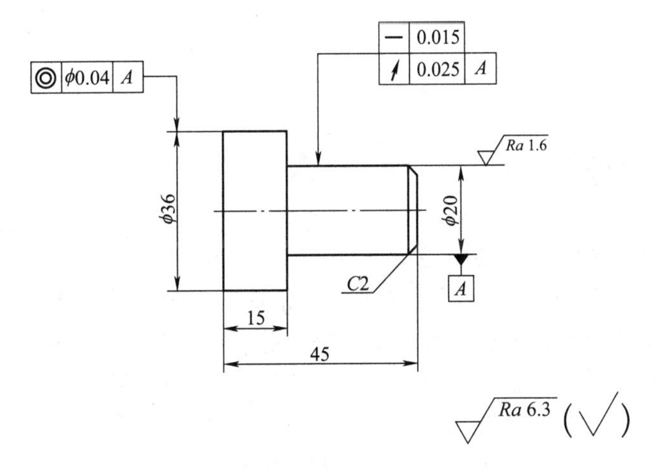

图6-116　习题2（4）图形

第 7 章　图纸幅面

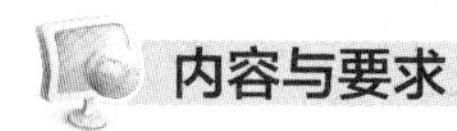

一张符合国标的工程图，不仅有图形和尺寸，而且还需要有图框、标题栏、零件编号和明细表等各项内容，这就需要进行图纸幅面的操作。本章就 CAXA 电子图板所提供的图纸幅面功能、操作方法进行讲解。

学习本章应达到如下目标。

- 正确调入标准图幅、图框
- 正确调入标题栏并填写
- 准确生成零件序号并填写明细表

7.1　基础知识

CAXA 电子图板的图纸幅面功能包括图幅设置、图框设置、标题栏设置、参数栏设置、零件序号设置和明细表设置。国标规定基本图纸幅面有 5 种规格：A0、A1、A2、A3、A4，CAXA 电子图板在系统内设置了这 5 种标准图幅以及相应的图框、标题栏和明细表，可根据需要调用。CAXA 电子图板提供了专门的命令填写标题栏和明细表，使得这项工作变得简单、方便。此外，系统还提供了序号生成和插入功能，并且与明细表联动，在生成零件序号的同时，就自动生成了明细表，这些都大大简化了操作。

CAXA 电子图板的图纸幅面命令集中放置在【幅面】主菜单，在选项卡模式界面中，图纸幅面命令均以图标按钮的形式放置在功能区【图幅】选项卡中，如图 7-1 所示。

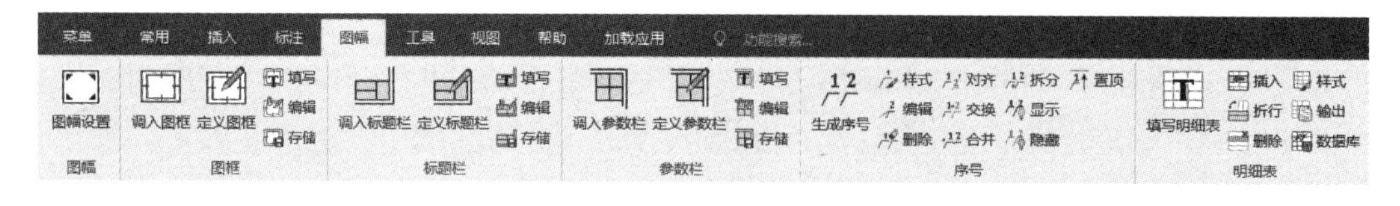

图 7-1 【图幅】选项卡

7.2　图幅设置

图幅即图纸的大小。国家标准规定了 5 种基本图幅，并分别用 A0、A1、A2、A3、A4 表示。CAXA 电子图板的【图幅设置】命令可以选择标准图幅，还允许自定义图幅和图框。此外，还可以设置绘图比例及选择图纸放置方向，调入图框和标题栏并设置当前图纸内所绘装配图中的零件序号、明细表样式等。

单击【图幅】选项卡→【图幅】面板→【图幅设置】按钮或选择【菜单】→【幅面】→

【图幅设置】菜单命令，弹出如图 7-2 所示的【图幅设置】对话框，该对话框包括【图纸幅面】、【图纸比例】、【图纸方向】、【图框】、【参数定制图框】、【调入】、【当前风格】7 个区，各功能选项的含义说明如下。

1. 【图纸幅面】区

❍【图纸幅面】下拉列表框：用鼠标单击弹出下拉列表，可以选择 A0 ~ A4 5 种标准图纸幅面或选择【用户自定义】选项。当选择 A0 ~ A4 标准幅面时，在【宽度】和【高度】文本框中，显示该图纸幅面的宽度值和高度值，不能修改。选择【用户自定义】时，可在【宽度】和【高度】文本框中输入图纸幅面的宽度值和高度值。

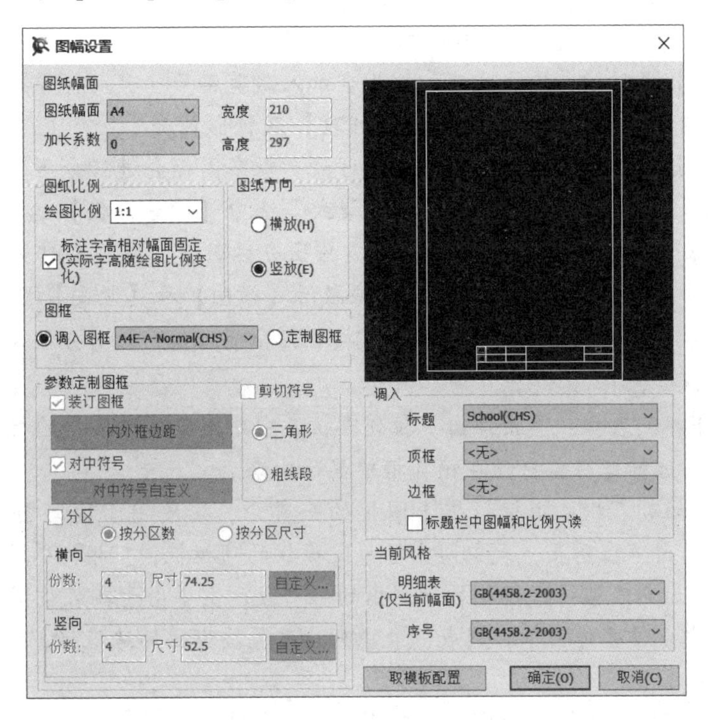

图 7-2 【图幅设置】对话框

❍【加长系数】下拉列表框：可以从中选择对图纸幅面进行加长时所需的增长倍数。

2. 【图纸比例】区

❍【绘图比例】下拉列表框：绘图比例默认值为【1∶1】。单击该下拉列表框，可从中选择国标规定的系列值；也可直接输入新的比例数值。

❍【标注字高相对幅面固定】复选项：若选中该选项，则标注的实际字高随绘图比例的变化而变化。在工程制图中，通常要求标注的实际字高与绘图比例无关。

3. 【图纸方向】区

❍【横放】和【竖放】：设置图纸放置的方向为横向或竖向。

4. 【图框】区

❍【调入图框】下拉列表框：单击弹出下拉列表，表中列出了系统提供的图框。选中某一项后，所选图框会自动在预览框中显示出来。

❍【定制图框】选项：选中即可激活【参数定制图框】区。

5. 【参数定制图框】区

❍【装订图框】复选项：选中此项时，图框左侧的内外框边距会加宽，留出装订区。

❍ 内外框边距 按钮：当前图纸幅面是标准幅面时，图框内外框边距已由国标规定，此按钮不能使用。当前图纸幅面是用户自定义幅面时，此按钮激活可自行定义图框内外框边距。

❍【对中符号】复选项：选中此项，在图框中生成对中符号。对中符号是由图框外框中点为起点，向图框内延伸的粗实线，国标规定一般对中符号嵌入内框 5mm。

❍ 对中符号自定义 按钮：单击该按钮弹出【对中符号自定义】对话框，在该对话框中可分别设置上、下、左、右四个方向对中符号的长度。

❍【剪切符号】复选项：选中此项，图框会加入裁剪符号。剪切符号是位于图纸四角的一种裁剪标记，有【三角形】和【粗线段】两种形式。

❍【分区】复选项：为了标识和描述图纸方便，很多图框会进行分区。选中此项后，可选择【按分区数】或【按分区尺寸】模式。选中【按分区数】选项，激活【横向】和【竖向】区的【份数】文本框，只需给出分区数量，图框全部分区会按照此分区数均分尺寸。选中【按分区尺寸】选项激活【横向】和【竖向】区的【尺寸】文本框，可输入每个分区尺寸。单击 自定义... 按钮弹出对话框，可对分区尺寸进行编辑。

6. 【调入】区

❍【标题】下拉列表框：单击弹出下拉列表，表中列出了系统提供的标题栏。选中某一选项后，所选标题栏会自动在预览框中显示出来。

❍【顶框】下拉列表框：顶框栏属于图框的一部分，主要用于填写图框顶部的反转图号。单击弹出下拉列表，表中列出了系统提供的顶框栏，可根据需要选择。

❍【边框】下拉列表框：边框栏属于图框的一部分，主要用于在装订图框的装订线内书写借用信息。单击弹出下拉列表，表中列出了系统提供的边框栏，根据需要选择。

7. 【当前风格】区

【明细表】、【序号】下拉列表框：选择明细表、序号样式。

设置完成后，单击 确 定(O) 按钮。

7.3 图框设置

在设定了图纸绘图区域的大小后，还应设置图纸的图框。图框显示了一张图纸的有效绘图区域。CAXA 电子图板有关图框的操作有调入图框、定义图框、编辑图框和存储图框。

7.3.1 调入图框

为当前图纸调入一个图框。CAXA 电子图板的图框尺寸可随图纸幅面大小的变化而做相应的比例调整。

单击【图幅】选项卡→【图框】面板→【调入图框】按钮或选择【菜单】→【幅面】→【图框】→【调入】菜单命令，弹出【读入图框文件】对话框，如图 7-3 所示。在该对话框中列出了模板路径下，符合当前图纸幅面的标准图框或非标准图框的文件名。从中选取某种图框文件，单击 导入(M) 按钮，屏幕上即可出现所选图框。如果图纸中已有图框，新图框将替代旧图框。

7.3.2 定义图框

如果系统提供的图框不满足作图需求，则可以自己选择一些图形定义为图框。通常有很多属性信息如描图、底图总号、签字、日期等需要附加到图框中，定义图框后可以填写这些属性信息。这些属性信息都可以通过属性定义的方式加入到图框中。

单击【图幅】选项卡→【图框】面板→【定义图框】按钮或选择【菜单】→【幅面】→【图框】→【定义】菜单命令。系统提示“拾取元素”，拾取要定义为图框的图形元素并确认。系统又提示“指定基准点”，根据需要指定基准点。基准点用来定位标题栏，一般选择图框的右下角。

系统弹出如图 7-4 所示【选择图框文件的幅面】对话框。单击 取系统值(S) 按钮，图框文件的幅面大小与当前系统默认的幅面大小一致；单击 取定义值(D) 按钮，图框文件的幅面大小即为用户拾取的图形元素的最大边界大小。无论选择哪个，系统均弹出【保存】对话框，选择路径并输入图框名即可。

图 7-3 【读入图框文件】对话框

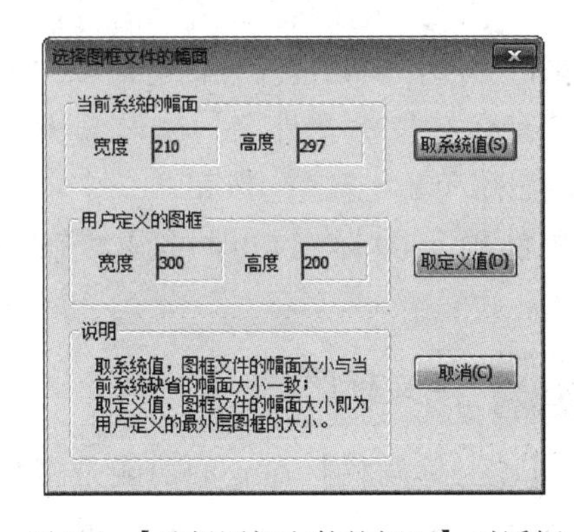

图 7-4 【选择图框文件的幅面】对话框

7.3.3 编辑图框

图框是一个特殊的块，【编辑图框】命令就是以块编辑的方式对图框进行编辑操作。单击【图幅】选项卡→【图框】面板→【编辑图框】按钮或选择【菜单】→【幅面】→【图框】→【编辑】菜单命令，拾取要编辑的图框并确认，即进入块编辑状态，其操作方法与第 9 章【块编辑】命令相同。

7.3.4 存储图框

【存储图框】命令可以将当前图纸中已定义好的图框存盘，以便调用。单击【图幅】选项卡→【图框】面板→【存储图框】按钮或选择【菜单】→【幅面】→【图框】→【存储】命令，弹出对话框，在该对话框输入要存储的图框文件名，单击保存(S)按钮即可。

7.4 标题栏

CAXA 电子图板为用户设置了多种标题栏供用户调用。同时，也允许用户将图形定义为标题栏，并以文件的方式存储。标题栏操作包括调入标题栏、定义标题栏、编辑标题栏、存储标题栏和填写标题栏。

7.4.1 调入标题栏

【调入标题栏】命令的功能是调入一个标题栏文件。如果屏幕上已有一个标题栏，则新标题栏将替代原标题栏。标题栏的定位点为其右下角点。如果图中已有图框，则标题栏的定位点与图框的定位点重合，否则标题栏的定位点与图纸右下角点重合。

单击【图幅】选项卡→【标题栏】面板→【调入标题栏】按钮或选择【菜单】→【幅面】→【标题栏】→【调入】菜单命令，弹出如图 7-5 所示的【读入标题栏文件】对话框。在该对话框中列出已有标题栏的文件名，选取其中之一，然后单击导入(M)按钮，一个由所选文件确定的标题栏即可显示在绘图区。

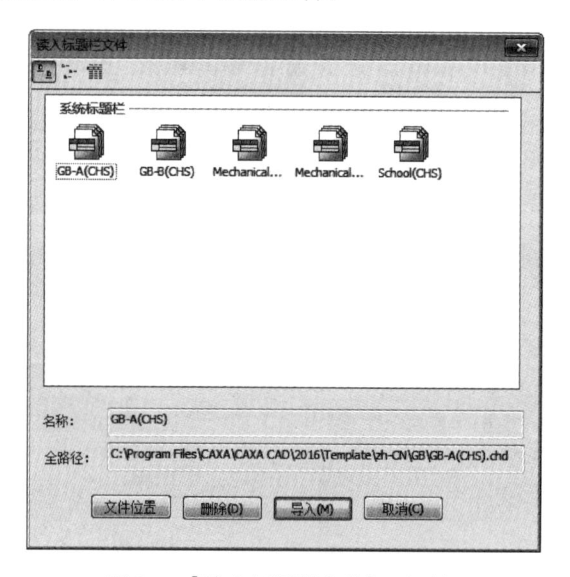

图 7-5 【读入标题栏文件】对话框

7.4.2 定义标题栏

【定义标题栏】命令的功能是将已经绘制好的图形（包括文字）定义为标题栏。单击【图幅】选项卡→【标题栏】面板→【定义】按钮，或选择【菜单】→【幅面】→【标题栏】→【定义】菜单命令，系统提示“拾取元素”，拾取组成标题栏的图形元素后，单击鼠标右键确认。此时系统提示“基准点”，拾取标题栏的基准点。弹出对话框，输入要存储的标题栏名，如“厂标”，单击保存(S)按钮，系统自动把该文件存储在模板目录中。下次执行【调入标题栏】命令时，就会在【读入标题栏文件】对话框中出现该标题栏以供选择。

7.4.3 编辑标题栏

【编辑标题栏】命令的功能是以块编辑的方式对标题栏进行编辑操作。标题栏是一个特殊的块，编辑标题栏命令就是以块编辑的方式对标题栏进行编辑操作。

单击【图幅】选项卡→【标题栏】面板→【编辑标题栏】按钮或选择【菜单】→【幅面】→【标题栏】→【编辑】菜单命令，拾取要编辑的标题栏并确认，即进入块编辑状态，其操作方法与第9章【块编辑】命令相同。

7.4.4 存储标题栏

【存储标题栏】命令的功能是将当前图纸中已有的标题栏存盘，以备调用。单击【图幅】选项卡→【标题栏】面板→【存储】按钮或选择【菜单】→【幅面】→【标题栏】→【存储】菜单命令，弹出对话框，在该对话框底部输入要存储的标题栏名，单击保存(S)按钮，该标题栏文件即被存储在模板目录中。

7.4.5 填写标题栏

【填写标题栏】命令的功能是填写当前图形中标题栏的属性信息，该命令在图纸中没有标题栏时无效。单击【图幅】选项卡→【标题栏】面板→【填写标题栏】按钮或选择【菜单】→【幅面】→【标题栏】→【填写】菜单命令，系统弹出【填写标题栏】对话框，如图7-6所示。该对话框包括【属性编辑】、【文本设置】和【显示属性】三个选项卡。【属性编辑】选项卡中列出了当前标题栏所有属性名称，用户在属性值单元格内直接进行填写编辑即可；【文本设置】选项卡可以设置属性文字的对齐方式、样式、字高、旋转角；【显示属性】选项卡可以设置属性文字的图层和颜色。

实例演练

【例7-1】 调入并填写标题栏。

调入国标【GB-A(CHS)】标题栏并填写。

操作步骤

步骤1　调入国标【GB-A(CHS)】标题栏

❶单击【图幅】选项卡→【标题栏】面板→【调入标题栏】按钮，在弹出的【读入标题栏文件】对话框中选中【GB-A(CHS)】标题栏，如图7-7所示，单击导入(M)按钮。

❷屏幕上出现如图7-8所示的标题栏，该标题栏位于图框的右下角。

步骤2　填写国标GB-A(CHS)标题栏

❶单击【图幅】选项卡→【标题栏】面板→【填写标题栏】按钮，弹出【填写标题栏】对话框。

❷在该对话框【属性编辑】选项卡中填入相应内容，如图7-9所示。

❸单击确 定(O)按钮，填写后的标题栏如图7-10所示。

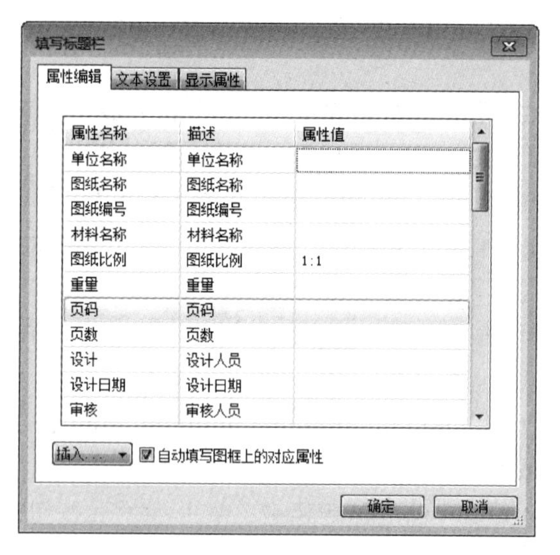

图 7-6 【填写标题栏】对话框

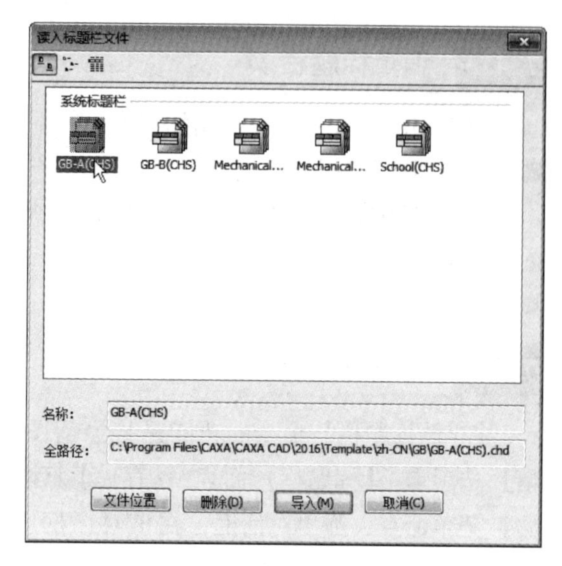

图 7-7 【读入标题栏文件】对话框（调入【GB-A(CHS)】）

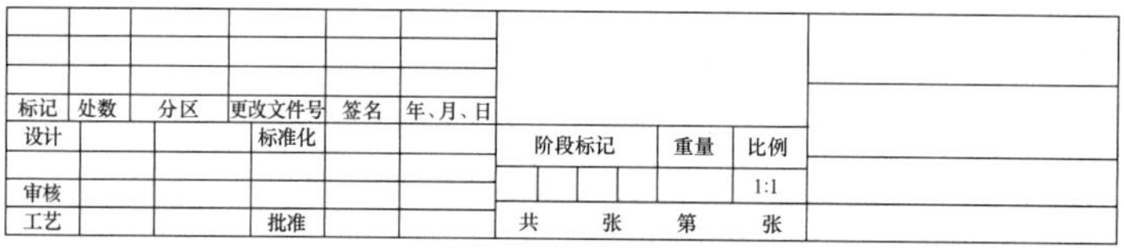

标记	处数	分区	更改文件号	签名	年、月、日				
设计			标准化			阶段标记	重量	比例	
								1:1	
审核									
工艺			批准			共 张	第 张		

图 7-8 【GB-A(CHS)】标题栏

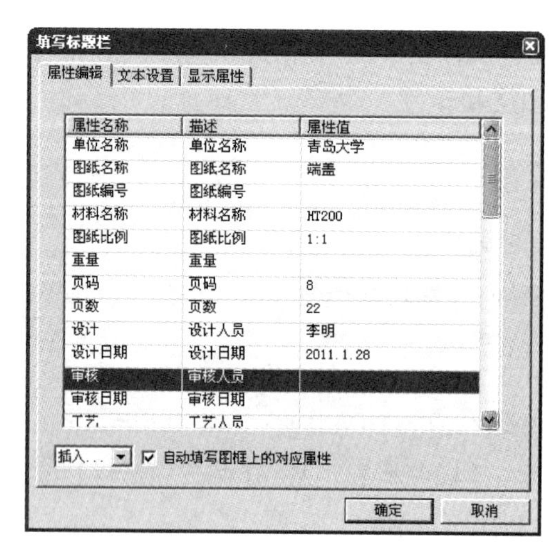

图 7-9 填入内容

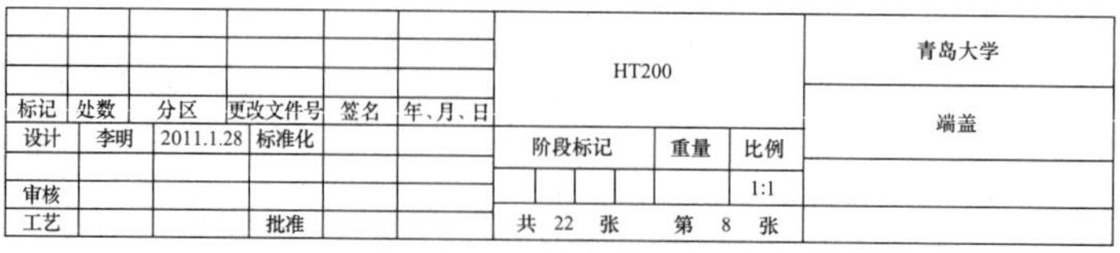

						HT200			青岛大学
标记	处数	分区	更改文件号	签名	年、月、日				端盖
设计	李明	2011.1.28	标准化			阶段标记	重量	比例	
								1:1	
审核									
工艺			批准			共 22 张	第 8 张		

图 7-10 填写标题栏

7.5 参数栏

电子图板参数栏的功能包括参数栏的调入、定义、编辑、存储和填写几个部分，下面分别介绍。

7.5.1 调入参数栏

【调入参数栏】命令用于为当前图样调入一个参数栏。单击【图幅】选项卡→【参数栏】面板→【调入参数栏】按钮或选择【菜单】→【幅面】→【参数栏】→【调入】菜单命令，弹出【读入参数栏文件】对话框，如图7-11所示。对话框中列出已有参数栏的文件名，可选取其中之一。在对话框下方指定参数栏的定位方式，有“指定定位点”或“取图框相对位置”两个选项，然后单击导入(M)按钮。系统提示“定位点”，根据需要指定参数栏的定位点，一个由所选文件确定的参数栏即可显示在绘图区。

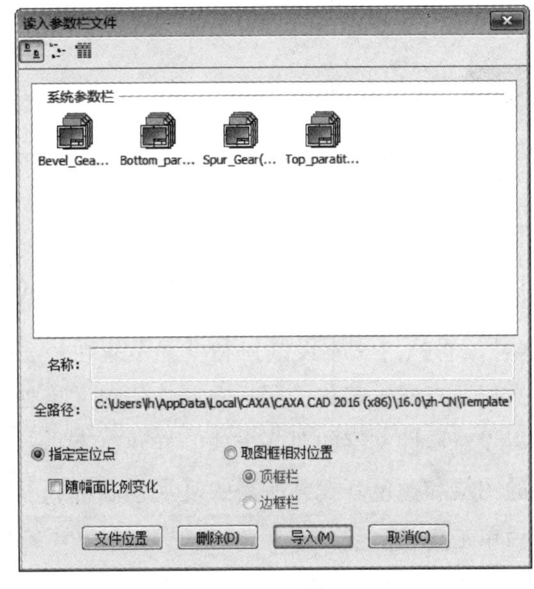

图7-11 【读入参数栏文件】对话框

7.5.2 定义参数栏

【定义参数栏】命令的功能是拾取图形对象并定义为参数栏以备调用。参数栏通常由线条和文字对象组成，另外如图样名称、图样代号、企业名称等属性信息需要附加到参数栏中，这些属性信息都可以通过属性定义的方式加入到参数栏中。

单击【图幅】选项卡→【参数栏】面板→【定义参数栏】按钮或选择【菜单】→【幅面】→【参数栏】→【定义】菜单命令，系统提示“拾取元素”，拾取组成参数栏的图形元素后，单击鼠标右键确认。系统提示“基准点”，拾取参数栏的基准点。弹出对话框，在该对话框底部输入要存储的参数栏名，如“自定义”，单击保存(S)按钮，系统自动把该文件存储在模板目录中。下次执行【调入参数栏】命令时，就会在【读入参数栏文件】对话框中出现该参数栏以供选用。

7.5.3 编辑参数栏

【编辑参数栏】命令的功能是以块编辑的方式对参数栏进行编辑操作。参数栏是一个特殊的块，编辑参数栏命令就是以块编辑的方式对参数栏进行编辑操作。

单击【图幅】选项卡→【参数栏】面板→【编辑参数栏】按钮或选择【菜单】→【幅面】→【参数栏】→【编辑】菜单命令，拾取要编辑的参数栏并确认，即进入块编辑状态，其操作方法与第9章【块编辑】命令相同。

7.5.4 存储参数栏

【存储参数栏】命令的功能是将当前图样中已有的参数栏存盘，以备调用。单击【图幅】选项卡→【参数栏】面板→【存储参数栏】按钮或选择【菜单】→【幅面】→【参数栏】→【存储】菜单命令，弹出对话框，在该对话框输入要存储的参数栏名，单击保存(S)按钮，参数栏文件即可存储在模板目录中。

7.5.5 填写参数栏

【填写参数栏】命令用于填写当前图形中参数栏的属性信息，该命令在图样中没有参数栏时无效。单击【图幅】选项卡→【参数栏】面板→【填写参数栏】按钮或选择【菜单】→【幅面】→【参数栏】→【填写】菜单命令，系统提示“请拾取要填写的参数栏”，拾取要填写的参数栏。系统弹出【填写参数栏】对话框，用户可根据需要设置。对话框包括【属性编辑】、【文本设置】和【显示属性】三个选项卡，【属性编辑】选项卡中列出了当前参数栏所有属性名称，用户在属性值单元格处直接进行填写编辑即可；【文本设置】选项卡可以设置属性文字的对齐方式、样式、字高、旋转角；【显示属性】选项卡可以设置属性文字的图层和颜色。找到所需的【属性名称】，在其后面的【属性值】单元格处直接填写，完成后单击确定按钮。

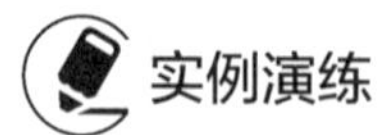

实例演练

【例 7-2】 调入圆柱齿轮参数表并填写。

操作步骤

步骤 1 调入圆柱齿轮参数表

❶单击【图幅】选项卡→【参数栏】面板→【调入参数栏】按钮，在弹出的【读入参数栏文件】对话框中选择【Spur_Gear(CHS)】及【指定定位点】方式，如图 7-12 所示，单击导入(M)按钮。

❷系统提示“定位点”，指定圆柱齿轮参数表的定位点（该参数表的基准点是右上角点，因此定位点应捕捉图框右上角点），屏幕上出现圆柱齿轮参数表，如图 7-13 所示。

步骤 2 填写圆柱齿轮参数表

❶单击【图幅】选项卡→【参数栏】面板→【填写参数栏】按钮，启动命令。

❷系统提示“请拾取要填写的参数栏”，拾取圆柱齿轮参数表。

❸系统弹出【填写参数栏】对话框，在对话框【属性编辑】选项卡中填入相应内容，如图 7-14 所示，完成后单击确定按钮。

❹填写结果如图 7-15 所示。

图 7-12　调入圆柱齿轮参数表

圆柱齿轮参数表			
法向模数		m_o	
齿数		z	
齿形角		α	20°
齿顶高系数		h'_a	1
齿顶隙系数		c'	0.25
螺旋角		β	0
旋向			
径向变位系数		x	0
全齿高		h	
精度等级		887FH GB/T 10095.1—2022	
齿轮副中心距及其极限偏差		$a\pm f_a$	
配对齿轮	图号		
	齿数		
齿圈径向跳动公差		F_r	
公法线长度变动公差		F_w	
齿形公差		f_r	
齿距极限偏差		f_{pt}	
齿向公差		f_β	
公法线	公法线长度	W_{ko}	
	跨测齿数	k	

图 7-13　圆柱齿轮参数表

图 7-14　【填写参数栏】对话框

圆柱齿轮参数表			
法向模数		m_o	1.5
齿数		z	34
齿形角		α	20°
齿顶高系数		h'_a	1
齿顶隙系数		c'	0.25
螺旋角		β	0
旋向			
径向变位系数		x	0
全齿高		h	
精度等级		887FH GB/T 10095.1—2022	
齿轮副中心距及其极限偏差		$a\pm f_a$	
配对齿轮	图号		
	齿数		
齿圈径向跳动公差		F_r	
公法线长度变动公差		F_w	0.028
齿形公差		f_r	±0.011
齿距极限偏差		f_{pt}	
齿向公差		f_β	
公法线	公法线长度	W_{ko}	16.21
	跨测齿数	k	4

图 7-15　填写圆柱齿轮参数表

7.6 零件序号

零件序号和明细表是绘制装配图不可缺少的内容。CAXA 电子图板提供了序号生成和插入功能，并且与明细表联动，在生成和插入零件序号的同时，允许用户填写或不填写明细表中的各表项，而且对从图库中提取的标准件或含属性的块，在零件序号生成时，能自动将其属性填入明细表中。此外，系统提供了删除、交换和编辑零件序号的功能，为绘制装配图及编制零件序号提供了方便条件。

7.6.1 序号样式

【序号样式】命令的功能是定义不同的零件序号样式。不同的工程图样中通常需要不同的序号样式，如不同的显示外观、文字的风格等。通过设置参数可选择多种样式，包括箭头样式、文本样式、序号格式、特性显示以及序号的尺寸参数，如横线长度、圆圈半径、垂直间距等。

单击【图幅】选项卡→【序号】面板→【序号设置】按钮或选择【菜单】→【格式】→【序号】菜单命令，弹出【序号风格设置】对话框，如图 7-16 所示。在该对话框中，左侧为树状列表；右侧可设置参数；上方为按钮区，可以新建、删除、设为当前、合并序号样式。

CAXA 电子图板提供了默认的【标准】序号样式，用户可编辑【标准】样式，也可以根据需要新建序号样式，相关参数可在两个选项卡中设置。【序号风格设置】对话框各选项的含义说明如下。

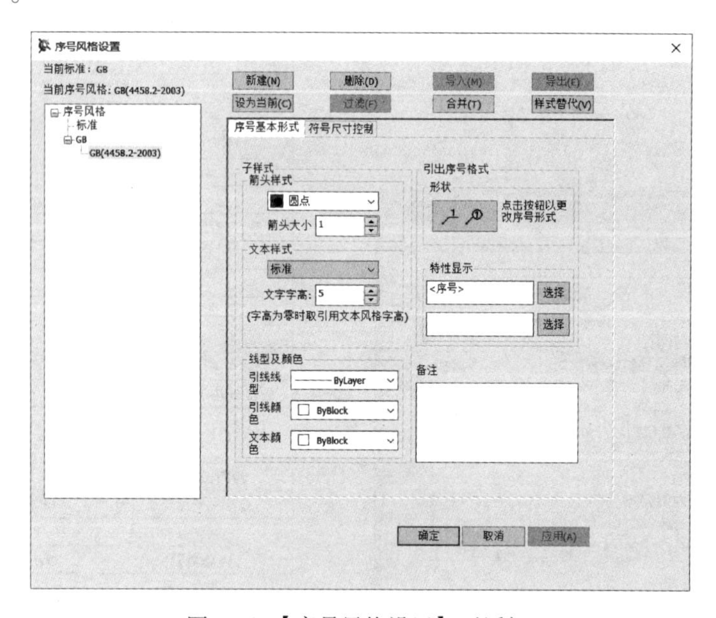

图 7-16 【序号风格设置】对话框

1.【序号基本形式】选项卡

利用【序号基本形式】选项卡可以设置箭头样式、文本样式、线型及颜色、序号格式等，包括【子样式】和【引出序号格式】两个区。

（1）【子样式】区

- 【箭头样式】：用来指定零件序号指引线末端的形式，可以选择圆点、斜线、空心箭头等，并且可以设置大小。
- 【文本样式】：可以选择序号文字的样式并设置文字的高度。

❍【线型及颜色】：可以设置引线线型、引线颜色和文本颜色。

(2)【引出序号格式】区

❍【形状】：单击按钮，有两种序号形式可以选择。一种是序号标注在水平折线上或圆圈内；另一种是序号标注在指引线端部。

❍【特性显示】：设置序号显示产品的各个属性，可单击选择按钮进行字段的选择，也可直接输入。

2. 【符号尺寸控制】选项卡

利用【符号尺寸控制】选项卡可以设置横线长度、圆圈半径、垂直间距、六角形内切圆半径、压缩文本等，如图7-17所示。

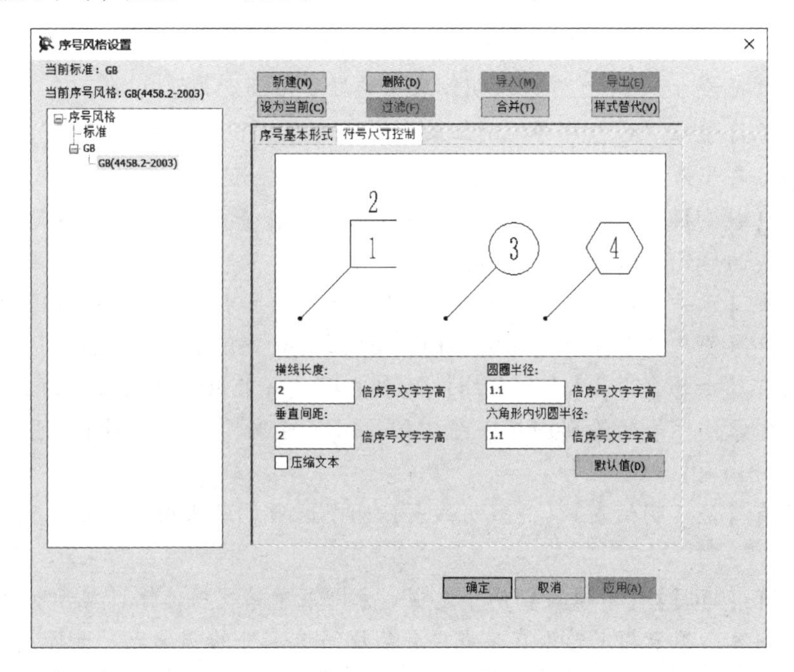

图7-17 【符号尺寸控制】选项卡

根据需要进行设置后，单击确定按钮即可。

提示

在同一张图样上，零件序号的形式应一致。

7.6.2 生成序号

【生成序号】命令的功能是生成零件序号来标识零件，生成的零件序号与当前图形中的明细表是关联的。在生成零件序号的同时，可以通过立即菜单切换是否填写明细表中的属性信息。

☞ 生成序号的操作步骤

❶单击【图幅】选项卡→【序号】面板→【生成序号】按钮或选择【菜单】→【幅面】→【序号】→【生成】菜单命令，弹出如图7-18所示的立即菜单。

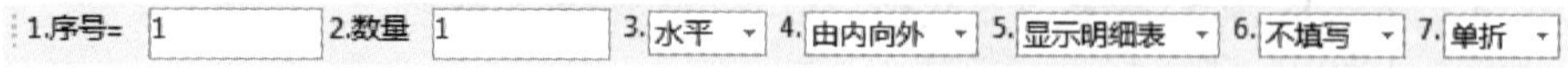

1.序号= 1 2.数量 1 3.水平 4.由内向外 5.显示明细表 6.不填写 7.单折

图 7-18 【生成序号】的立即菜单

❷根据需要设置立即菜单，立即菜单中各选项的功能如下。

- 第 1 项【序号】：指零件序号值，可以输入数值或前缀加数值。默认初值为 1，系统根据当前序号自动递增，生成下次标注时的序号值。零件序号的默认形式如图 7-19a 所示，若采用图 7-19b 所示的序号加圈形式，需在序号数值前加前缀“@”。具体规则如下。
  - 第一位符号为“~”：序号及明细表中均显示为六角。
  - 第一位符号为“!”：序号及明细表中均显示小下画线。
  - 第一位符号为“@”：序号及明细表中均显示为圈。
  - 第一位符号为“#”：序号及明细表中均显示为圈下加下画线。
  - 第一位符号为“$”：序号显示为圈，明细表中显示没有圈。
- 第 2 项【数量】：表示零件的数量，一般情况下数量为 1，若数值大于 1，则采用公共指引线的形式表示，如图 7-19c、d、e、f 所示。
- 第 3 项有【水平】/【垂直】两个选项。当采用公共指引线形式标注序号时，该项参数指定零件序号是水平排列（见图 7-19c、e），还是垂直排列（见图 7-19d、f）。
- 第 4 项有【由外向内】/【由内向外】两个选项。当采用公共指引线形式标注序号时，该项确定零件序号的排列顺序。图 7-19c、d 所示为【由内向外】，图 7-19e、f 所示为【由外向内】。
- 第 5 项有【显示明细表】/【隐藏明细表】两个选项。用来指定是否显示该序号的明细表项。
- 第 6 项有【填写】/【不填写】两个选项。立即菜单第 5 项选择【显示明细表】时，出现该项内容，用来指定是否在生成序号后填写该零件的明细表。选择【不填写】，可在序号标注完成后利用【填写明细栏】命令集中填写；选择【填写】，则生成当前序号后立即弹出【填写明细表】对话框，即可填写。
- 第 7 项有【单折】/【多折】两个选项。可选择引线转折 1 次还是多次，一般选择【单折】。

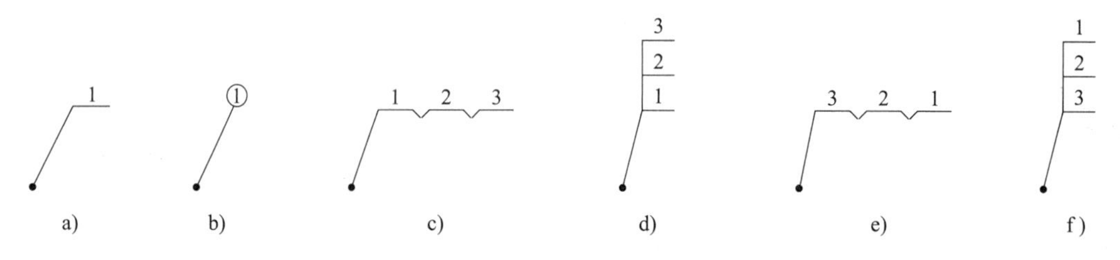

图 7-19 零件序号的各种标注形式

a）默认方式 b）加圈方式 c）水平/由内向外 d）垂直/由内向外 e）水平/由外向内 f）垂直/由外向内

❸系统提示“拾取引出点:”，从装配图上某零件区域内指定一点。

❹系统提示“转折点:”，输入一点作为引出线转折点（或圆圈的定位点），生成序号。

❺系统根据立即菜单第 5 项设置不同，出现不同的内容。

- 第 5 项为【显示明细表】，且第 6 项为【填写】时，会弹出【填写明细表】对话框。在对话框中填写明细表的有关内容，单击 确 定(O) 按钮，即按对话框中的内容生成明细表。如果第 6 项为【不填写】，则不出现【填写明细表】对话框，而是在生成序号的同时，生成仅有序号的明细表后即执行步骤❻。
- 第 5 项为【不生成明细表】，则生成序号后直接执行步骤❻。

❻系统继续提示“拾取引出点:”，此时立即菜单第 1 项中的序号自动加 1，可继续生成序号。

❼序号全部生成后，单击鼠标右键退出命令。

图 7-20 【注意】对话框

如果输入的序号值与已有的序号相同，系统弹出如图 7-20 所示的对话框，该对话框由四个按钮组成，其功能如下。

- 单击 插 入(I) 按钮：按当前输入的序号值生成序号，同时把该图形文件中原有的相同序号及其后的序号依次顺延。
- 单击 自动调整(A) 按钮：根据已有序号，自动调整当前序号的序号值，按照调整后的序号值生成。
- 单击 取重号(R) 按钮：生成一个与已有序号重复的序号。
- 单击 取 消(C) 按钮：输入序号无效，需要重新生成序号。

提示

如果标注序号的零件是从图库中提取的图符（或定义有属性的块），并且未被打散，该图符本身带有的属性信息将会自动填写到明细表对应的位置上。

7.6.3 删除序号

【删除序号】命令的功能是删除不需要的零件序号。单击【图幅】选项卡→【序号】面板→【删除序号】按钮或选择【菜单】→【幅面】→【序号】→【删除】菜单命令，系统提示“请拾取要删除的序号”，用鼠标拾取某一序号，该序号即被删除。

在删除序号的同时，明细表中该序号的相应表项也被删除。序号删除后，系统将重新调整序号值，使序号及明细表保持连续。

提示

采用公共指引线形式标注的一组序号，可删除整体，也可只删除其中某一个序号，这取决于拾取位置。当用鼠标拾取其中的一个序号值时，只删除该序号；而拾取其他位置时，则删除同一指引线下的所有序号。

7.6.4 编辑序号

【编辑序号】命令的功能是修改零件序号的位置和排列方式。单击【图幅】选项卡→【序号】面板→【编辑】按钮或选择【菜单】→【幅面】→【序号】→【编辑】菜单命令，系统提示“请拾取零件序号”，用鼠标单击所要编辑的序号，即可进行编辑。鼠标拾取序号的位置不同，编辑的内容不同，说明如下。

1）拾取序号的引出点或引出点附近的指引线：可编辑引出点及指引线的位置，如图7-21b所示。

2）拾取序号值或序号值附近的指引线：系统提示“转折点:”，并弹出如图7-22所示的立即菜单。根据需要修改立即菜单，然后指定新转折点。该方式可编辑序号的转折点及序号位置（见图7-21c），还可编辑序号的排列方式。

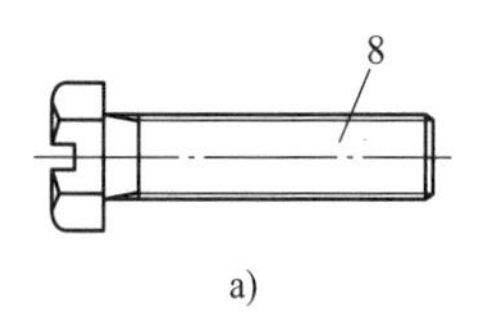

a)

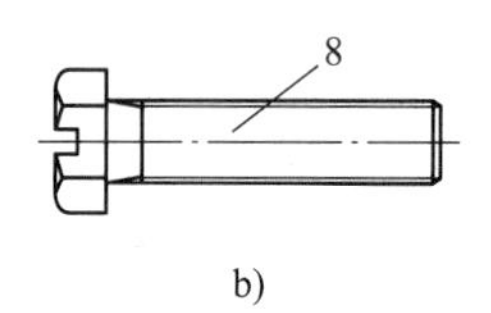

b)

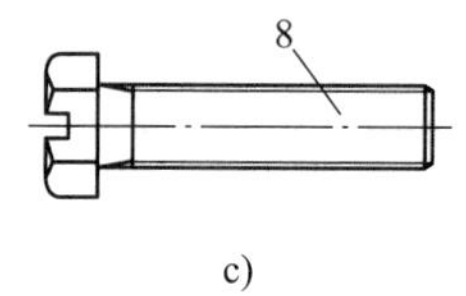

c)

图7-21　编辑序号位置

a）编辑前　b）拾取引出点　c）拾取序号值

提示

编辑序号只是修改序号的位置，而不能修改序号值。

7.6.5 交换序号

【交换序号】命令的功能是交换序号的位置，并根据需要交换明细表内容。单击【图幅】选项卡→【序号】面板→【交换序号】按钮或选择【菜单】→【幅面】→【序号】→【交换】菜单命令，启动交换序号的命令。系统弹出如图7-23所示的立即菜单，立即菜单各选项的功能如下。

1. 水平　2. 由外向内

图7-22　【编辑序号】的立即菜单

1. 仅交换选中序号　2. 交换明细表内容

图7-23　【交换序号】的立即菜单

- 第1项可切换选择【仅交换选中序号】或【交换所有同号序号】。
- 第2项可切换选择【交换明细表内容】或【不交换明细表内容】，以决定序号更换后相应的明细表内容是否交换。

系统提示“请拾取零件序号:”，用鼠标拾取待交换的序号“1”（见图7-24a）。系统又提示“请拾取第二个零件序号”，用鼠标拾取待交换的序号“2”（见图7-24a），随即序号值“1”和“2”交换了位置，如图7-24b所示。如果在立即菜单中选择【交换明细表内容】，则两序号明细表的内容同时交换。

如果要交换的序号为采用公共指引线形式标注的序号组，拾取后会弹出【请选择要交换的序号】对话框，如图 7-25 所示。在对话框中选择待交换的序号，单击【确 定(O)】按钮后，拾取另一个待交换序号，即可交换。

如图 7-26 所示，序号 1 和 9 进行了交换，但由于序号组是按照数值顺序由内向外排列，因此序号 9 排在了序号 3 的外面。

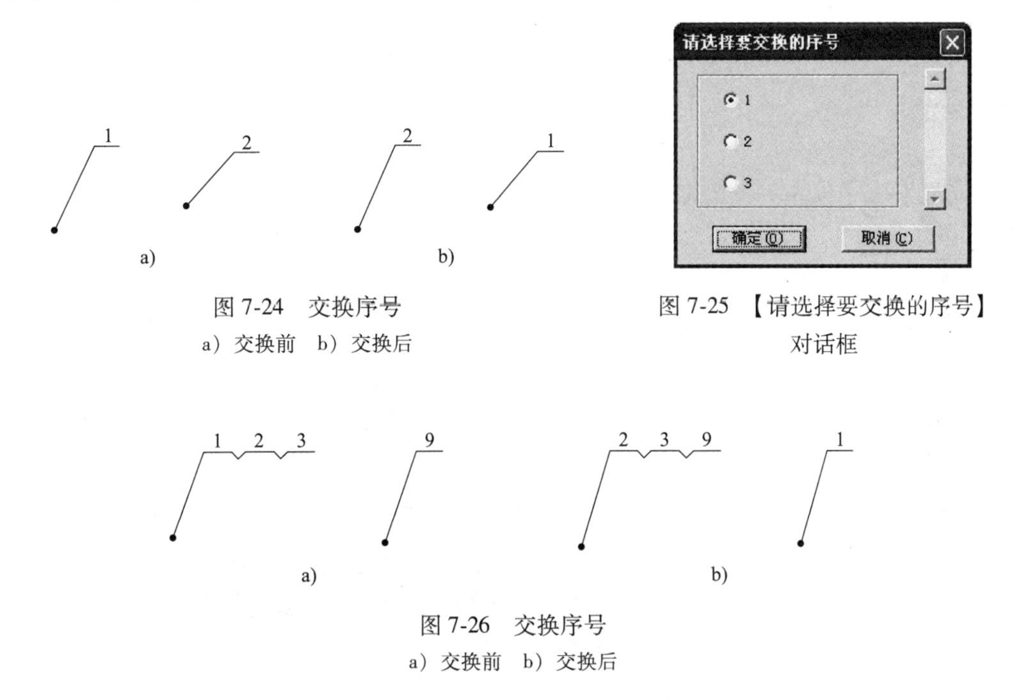

图 7-24　交换序号
a）交换前　b）交换后

图 7-25 【请选择要交换的序号】对话框

图 7-26　交换序号
a）交换前　b）交换后

实例演练

【例 7-3】 注写零件序号。

绘制图形并注写零件序号，如图 7-27 所示。

操作步骤

步骤 1　绘图

❶启动【矩形】命令、【正多边形】命令和【圆】命令绘制。

❷启动【裁剪】命令编辑。

步骤 2　生成序号

❶单击【图幅】选项卡→【序号】面板→【生成序号】按钮，系统弹出立即菜单，根据需要设置为 1.序号= 1 2.数量 1 3.水平 4.由内向外 5.显示明细表 6.不填写 7.单折。

❷系统提示“引出点:”，在矩形适当位置单击，确定序号 1 的引出点。

❸系统提示“转折点:”，输入一点作为引出线转折点，生成序号 1。

❹系统继续提示“引出点:”，此时立即菜单第 1 项中的数值变为“2”，在圆内适当位置单击，确定序号 2 的引出点。

❺系统提示“转折点:”，拖动序号 2 的动态图形，当移动到序号 1 附近时，出现一条

导航定位线，在适当位置上单击，生成序号 2，如图 7-28 所示。

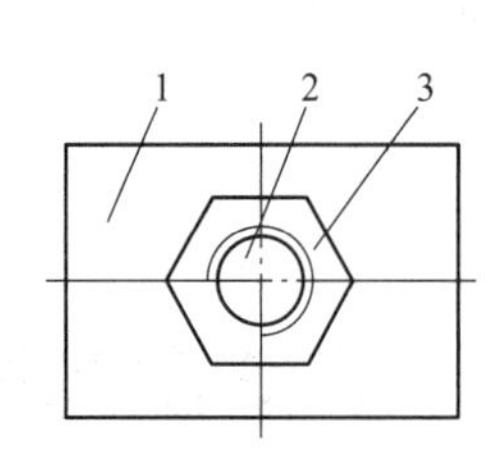

图 7-27　标注零件序号实例

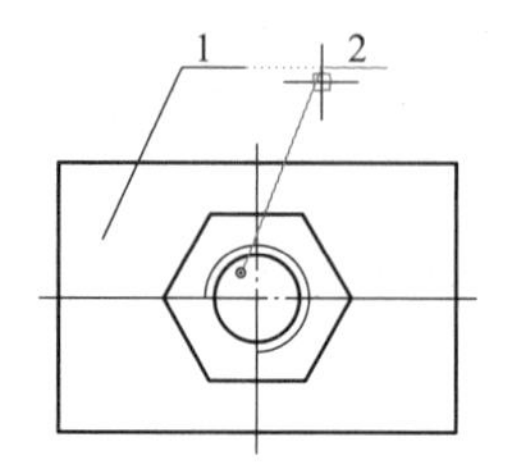

图 7-28　出现导航定位线

❻同理生成序号 3，单击鼠标右键退出命令。

提示

零件序号应该按照顺时针或逆时针方向顺序编号，并沿水平和垂直方向排列整齐。

因为本实例中，立即菜单第 5 项设置为【显示明细表】，且第 6 项为【不填写】，因此屏幕上出现如图 7-29 所示的空白明细表，零件序号全部标注后，可以用【填写明细表】命令统一填写。

3							
2							
1							
序号	代号	名称	数量	材料	单件 重量	总计 重量	备注

图 7-29　空白明细表

7.7　明细表

CAXA 电子图板的明细表与零件序号是联动的，在生成零件序号的同时，就自动生成了明细表，并且可以随零件序号的插入和删除产生相应的变化。除此之外，还有填写明细表、删除表项、表格折行、插入空行、设置明细表样式、输出明细表和明细表数据库等功能。

7.7.1　填写明细表

【填写明细表】命令的功能是填写或修改明细表各项的内容。单击【图幅】选项卡→【明细表】面板→【填写明细表】按钮或选择【菜单】→【幅面】→【明细表】→【填写】菜单命令，系统弹出【填写明细表】对话框，如图 7-30 所示。对话框下方是表格区，该区内每一项都与明细表的项目相对应，单击相应文本框，可根据需要填写或修改。上方为按钮区，各按钮的功能说明如下。

- 查找/替换：单击 查找(F) 或 替换(R) 按钮，对当前明细表中的内容信息进行查找或替换操作。
- 插入...：可以快速插入各种文字及符号。
- 配置总计：单击 配置总计(重)(T).. 按钮，弹出如图 7-31 所示的对话框。在下拉列表框中分别选择明细表中的【总计】、【单件】和【数量】列的名称，设置计算精度和后缀是否零压缩，选中【自动计算总计（重）】，然后单击 确定(O) 按钮即可。

- 合并/分解：单击 合并(M) 和 分解(S) 按钮可以对当前明细表中的表行进行合并和分解。单击 合并规则.. 按钮，弹出如图 7-32 所示的对话框。在该对话框可以设置合并依据、求和的项目，设置完毕后单击 确定(O) 按钮即可。
- 上移/下移：对明细表进行手工排序。
- 升序/降序：对明细表按升序或降序进行自动排序。

图 7-30 【填写明细表】对话框

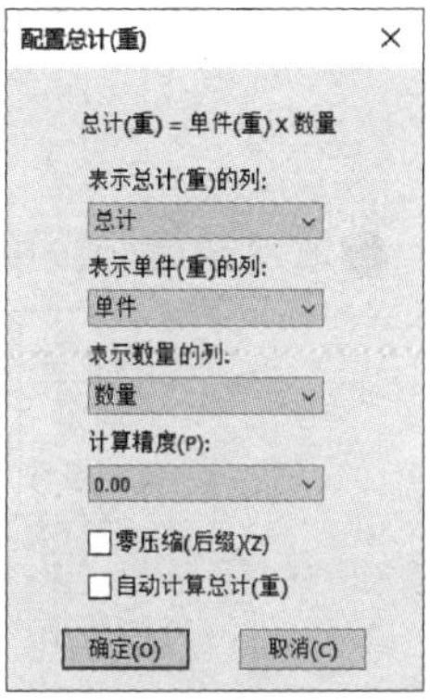

图 7-31 【配置总计（重）】对话框

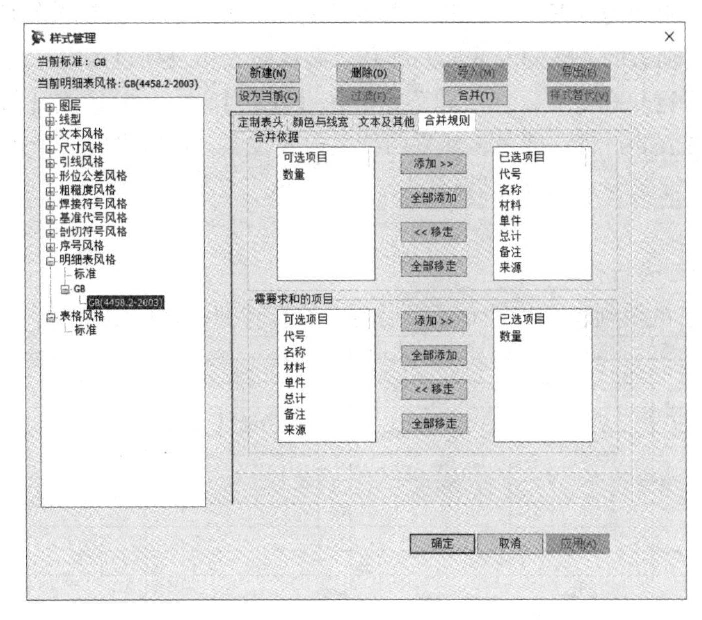

图 7-32 【样式管理】对话框

实例演练

【例 7-4】 填写明细表。

填写图 7-29 中的明细表。

操作步骤

❶单击【图幅】选项卡→【明细表】面板→【填写明细表】T按钮，启动命令。

❷系统弹出【填写明细表】对话框，其下方表格的每一项都与明细表相对应，单击相应文本框填写，如图 7-33 所示。

序号	代号	名称	数量	材料	单件	总计	备注	来源	显示
1		底座	1	铸铝					☑
2		定位螺杆	1	45					☑
3	GB/T 6170－2015	螺母	1	Q235					☑

图 7-33　填写明细表

❸填写结束后，单击确定(O)按钮，所填项目即添加到明细表中，如图 7-34 所示。

3	GB/T 6170–2015	螺母	1	Q235			
2		定位螺杆	1	45			
1		底座	1	铸铝			
序号	代号	名称	数量	材料	单件 重量	总计 重量	备注

图 7-34　填写明细表

7.7.2 表格折行

电子图板中，明细表自下而上自动生成在标题栏上方。当表项较多使位置受到限制时，使用该命令可将明细表的表格向左或向右转移，转移时表格及项目内容一起转移。

启动【表格折行】命令后，在立即菜单选择【左折】、【右折】或【设置折行点】，然后按提示拾取明细表的折行点即可，如果明细表内容较多，可以设置多个折行点。

实例演练

【例 7-5】 明细表折行。

如图 7-35 所示的明细表，将第 6 项以后的内容折转到标题栏的左边。

10							
9							
8							
7							
6							
5							
4							
3							
2							
1							
序号	代号	名称	数量	材料	单件 重量	总计 重量	备注

标记	处数	分区	更改文件号	签名	年、月、日				
设计			标准化			阶段标记	重量	比例	
								1:1	
审核									
工艺			批准			共　张	第　张		

图 7-35　明细表

操作步骤

步骤 1　绘图

如图 7-29 所示，在图中任意位置继续生成序号，直至其明细表如图 7-35 所示。

步骤 2　生成序号

❶单击【图幅】选项卡→【明细表】面板→【表格折行】按钮或选择【菜单】→【幅面】→【明细表】→【表格折行】菜单命令。

❷系统弹出立即菜单，在第 1 项的选项菜单中选择【左折】，如图 7-36 所示。

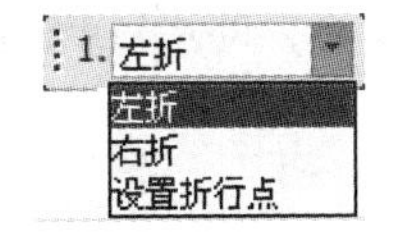

图 7-36　表格折行的选项菜单

❸系统提示“请拾取表项:”，单击明细表第 7 项的数字“7”，则第 7 项及其以上的表项均移动到明细表左侧，如图 7-37 所示。

序号	代号	名称	数量	材料	单件	总计	备注
6							
5							
4							
3							
2							
1							
					重量		

10
9
8
7

标记	处数	分区	更改文件号	签名	年、月、日
设计			标准化		
审核					
工艺			批准		

阶段标记	重量	比例
		1:1
共　张	第　张	

图 7-37　表格折行

提示

明细表左折后，可在立即菜单第 1 项选择【右折】或【设置折行点】。选择【设置折行点】，可随意放置被左折的表项；选择【右折】，拾取已左折某行数字，则该行及下方行均转移到右侧。例如，在上例中，单击【右折】明细表中数字“8”，则第 7、8 行均右折到第 6 行上方。

7.7.3　删除表项

【删除表项】命令的功能是从当前明细表中删除某一行，包括该行的表格及项目内容全部被删除。由于零件序号和明细表双项联动，因此与其相应的零件序号也被删除。同时，系统自动重新调整序号的排列顺序，以保证序号的连续性。

单击【图幅】选项卡→【明细表】面板→【删除表项】按钮或选择【菜单】→【幅面】→【明细表】→【删除表项】菜单命令，系统提示“请拾取表项:”，在明细表中拾取要删除表项的序号数值，则删除该表项及其对应的零件序号，同时系统自动重新调整序号的排列顺序。重复拾取操作可删除一系列表项及相应的零件序号，直至单击鼠标右键结束。

提示

系统提示“请拾取表项:”时，拾取明细表表头，可删除全部表项和序号。

7.7.4 插入空行

【插入空行】命令的功能是在明细表中插入一个空白行，插入的空行也可以填写信息。单击【图幅】选项卡→【明细表】面板→【插入空行】按钮或【菜单】→选择【幅面】→【明细表】→【插入空行】菜单命令，系统提示“请拾取表项:”，在明细表中拾取某项的序号数值，即可在该行的上面插入一个空白行，如图 7-38 所示。

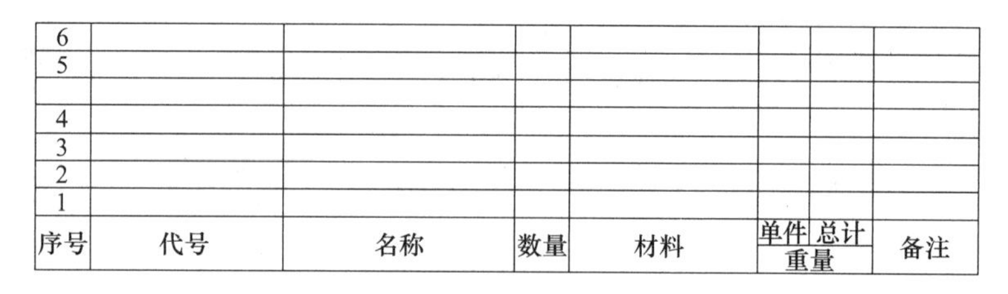

6							
5							
4							
3							
2							
1							
序号	代号	名称	数量	材料	单件 重量	总计 重量	备注

图 7-38　插入空行

7.7.5 明细表样式

【明细表样式】命令的功能是定义不同的明细表样式。不同的工程图样中通常需要不同的明细表样式，CAXA 电子图板【明细表样式】命令的功能包含定制表头、设置颜色与线宽、设置文字等，可以定制各种样式的明细表。

单击【图幅】选项卡→【明细表】面板→【明细表设置】按钮或选择【菜单】→【幅面】→【格式】→【明细表】菜单命令，系统弹出【明细表风格设置】对话框，如图 7-39 所

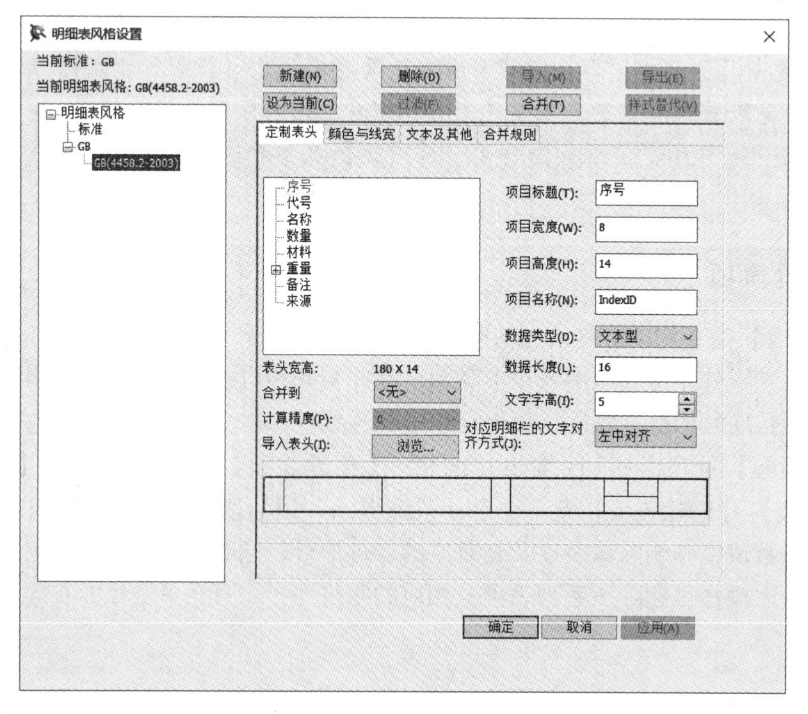

图 7-39 【明细表风格设置】对话框【定制表头】选项卡

示。在该对话框中，左侧为显示明细表样式的树状列表；选中一个样式后，右侧出现相关内容，可以根据需要进行设置；上方为按钮区，可以执行新建、删除、设为当前、合并等操作。

CAXA 电子图板提供了默认的【国标】明细表样式。用户可在 4 个选项卡中设置相关参数，建立一个新表头或修改原有表头，其操作包括定制明细表表头、定制明细表的颜色与线宽、定制明细表中的文字，介绍如下。

1. 定制明细表表头

在【明细表风格设置】对话框中，选择【定制表头】选项卡，该选项卡中列出了当前表头的各项内容，可以按需要增删及修改明细表的表头内容。

选项卡左侧是树状列表窗口，列出了现有明细表表头中的项目，包括序号、代号、名称、数量、材料、重量、备注和来源，可根据需要增删；右侧是属性设置区，列出了指定项目的相关属性，可根据需要修改；下方是预览区，显示明细表表头的形状。

（1）修改项目属性

在树状列表窗口中选定某一项目后，右侧属性设置区即可显示该项目的相应属性数值和类型，下方预览区则以红色线框显示出该项目在明细表表头的相应位置。可以在下方预览区相应方框内单击，系统根据位置判断该方框的表头项目并在树状列表窗口阴影显示。右侧属性设置区则出现该项目属性，可根据需要修改。

（2）修改表头项目

在左侧树状列表窗口中，选中一个项目后单击鼠标右键弹出右键快捷菜单，如图 7-40 所示，通过它可修改明细表表头。

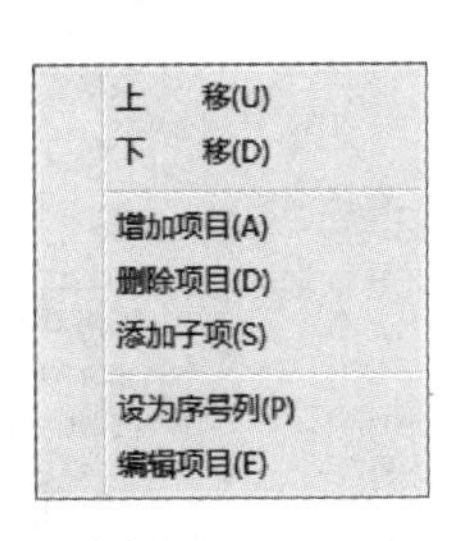

图 7-40 右键快捷菜单

2. 定制明细表的颜色与线宽

在【明细表风格设置】对话框中，选择【颜色与线宽】选项卡，如图 7-41 所示。在此选项卡中可以设置明细表各种线条的线宽和颜色，包括表头外框线、表头内部线、明细栏外框线、明细栏内部线等，单击相应的下拉列表框选择即可。

3. 定制明细表的文字

在【明细表风格设置】对话框中，选择【文本及其他】选项卡，如图 7-42 所示。在此选项卡中，列出了当前明细表的所有表项及其内容的文本风格，根据需要进行设置后，单击 确定 按钮即可。

7.7.6 输出明细表

【输出明细表】命令的功能是按给定参数将当前图形中的明细表数据信息输出到单独的文件中。输出明细表时可以选择哪些字段输出，哪些不输出。输出的明细表文件是 CAXA 电子图板的图形文件格式，其中的表格可以使用【填写明细表】命令进行编辑修改。输出明细表时可以指定是否带有图框、标题栏，并且可以设置输出的明细表项最大数目等。

单击【图幅】选项卡→【明细表】面板→【输出明细表】按钮或选择【菜单】→【幅面】→【明细表】→【输出】菜单命令，系统弹出如图 7-43 所示的【输出明细表设置】对话框，根据需要设置后单击 输出(O) 按钮，系统弹出对话框，选择输出位置单击 确 定(O) 按钮即可。

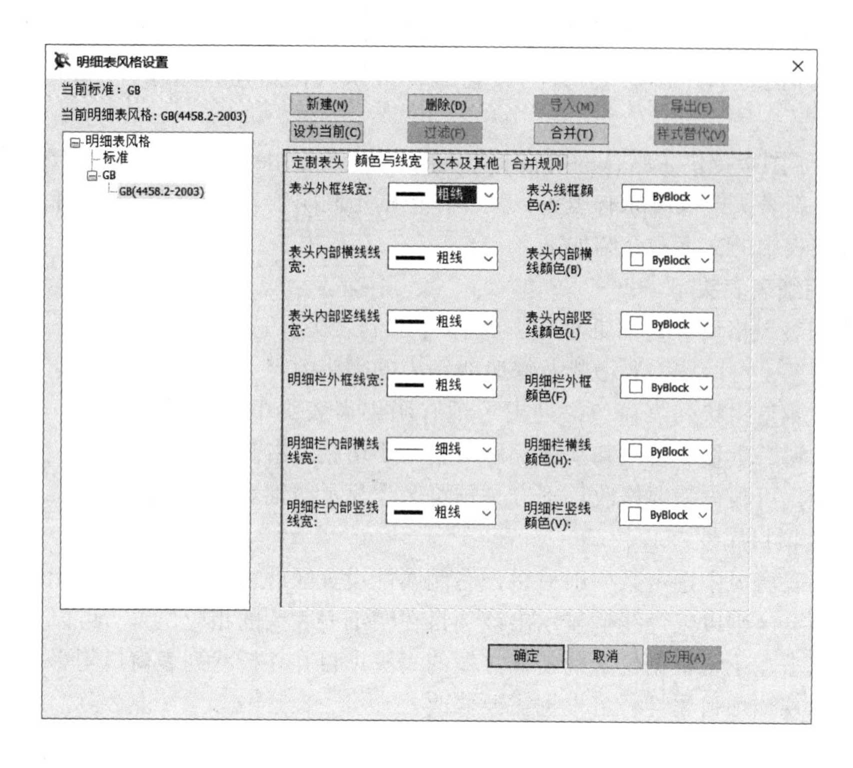

图 7-41 【明细表风格设置】对话框【颜色与线宽】选项卡

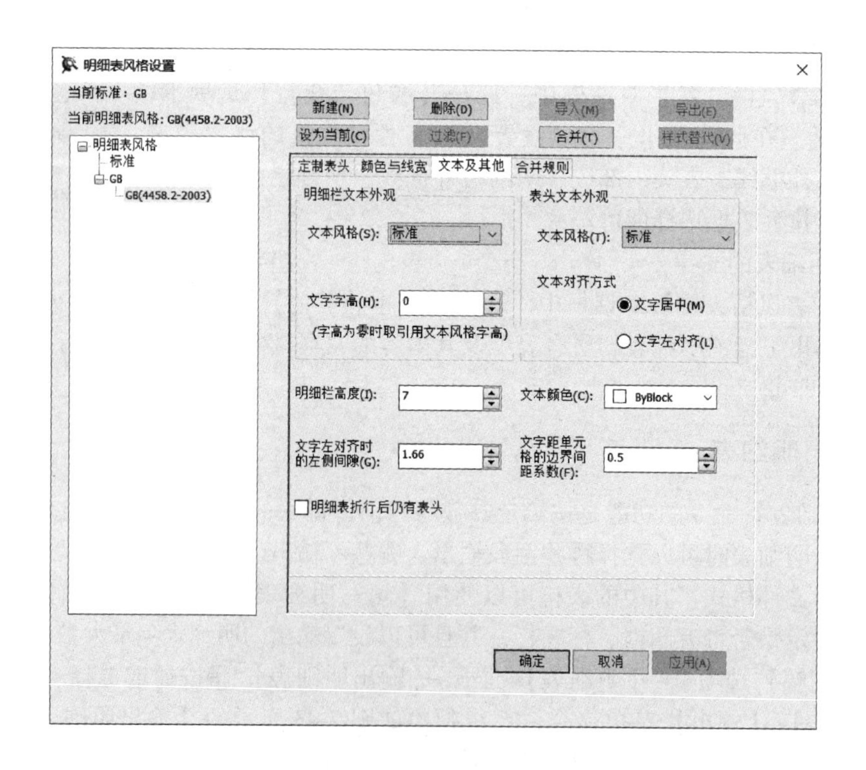

图 7-42 【明细表风格设置】对话框【文本及其他】选项卡

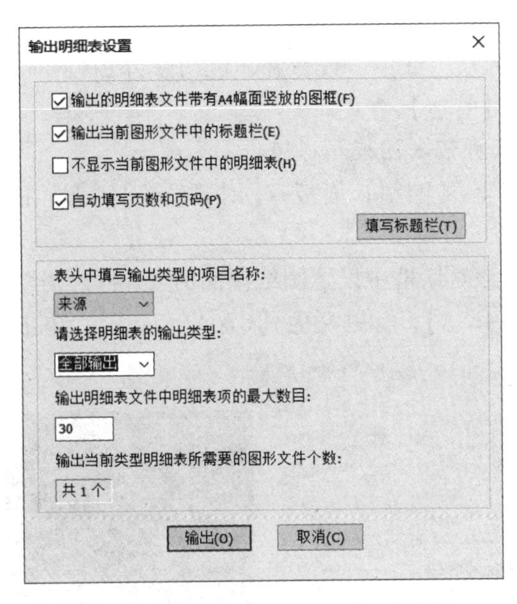

图 7-43 【输出明细表设置】对话框

7.8 综合实例——绘制挂轮架

用 A4 图幅，按 1∶1 比例，绘制如图 7-44 所示的挂轮架。

设计思路

挂轮架属于较复杂的平面图形，绘制该图形能对前面所学的知识进行综合演练，从而掌握绘制平面图形的一般方法。

1）绘制工程图时，可先设置图纸幅面，调入图框和标题栏，再开始绘图。也可以先绘图标注尺寸，后设置幅面，调入图框和标题栏，然后使用【平移】命令调整图形位置。

2）本例图形比较复杂，绘制时应按照图形结构，分部绘制。先画出挂轮架中部图形，再画出挂轮架右部图形，最后画出手柄。

3）绘制各部分图形时，应先对平面图形进行尺寸分析。通过分析，找出已知线段、中间线段和连接线段，然后按分析的结果依次画出各线段。

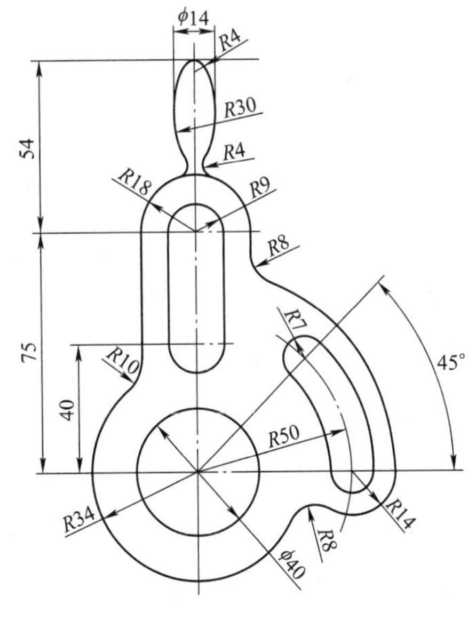

图 7-44 挂轮架

操作步骤

步骤 1 创建文件并设置绘图环境

❶双击计算机桌面上的快捷方式图标，启动 CAXA 电子图板，选择选项卡模式的

Blank 模板，建立一个新文件。

❷将当前层设为粗实线层，线型、线宽和颜色均设为 ByLayer。

❸设置点捕捉状态为【智能】方式。

步骤 2　设置图纸幅面并调入图框和标题栏

❶单击【图幅】选项卡→【图幅】面板→【图幅设置】按钮，系统弹出【图幅设置】对话框。

❷如图 7-45 所示，在该对话框中设置图纸幅面为【A4】，图纸方向为【竖放】，绘图比例为【1：1】，图框为【A4E-A】，标题栏为【GB-A(CHS)】，单击 确定[O] 按钮即可。

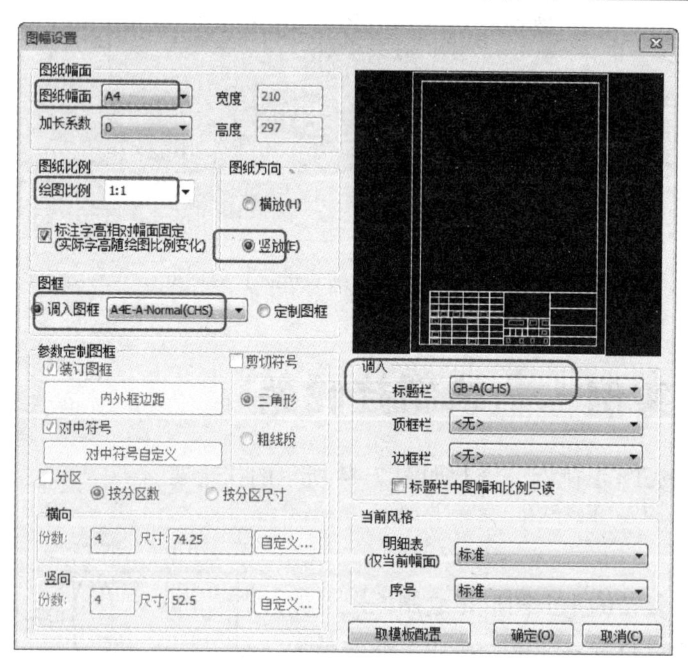

图 7-45　【图幅设置】对话框

步骤 3　绘制挂轮架中部结构

❶选择【圆】命令，使用【圆心_半径】方式绘制 $\phi40$ 和 $R34$ 的同心圆，其中 $R34$ 的圆有中心线，圆心可根据图形的特点布置在合适的位置上。

提示

计算机绘图与手工绘图不同，如果在绘制过程中发现图形位置偏差即布图不合理，随时可利用【平移】命令将其移动到适当的位置上。

❷选择【平行线】命令，向上作出与圆水平中心线距离为 40、75 的两条平行线。

❸选择【圆】命令，使用【圆心_半径】方式捕捉平行线的中点为圆心，分别绘制 $R9$、$R18$ 的同心圆及 $R9$ 的圆，如图 7-46 所示。

❹选择【裁剪】命令，使用【快速裁剪】方式裁剪圆，裁剪结果如图 7-47 所示。

❺打开 正交 模式，使系统处于正交状态。选择【直线】命令，绘制三条直线。

❻选择【删除】命令，删除平行线。

❼选择【中心线】命令，绘制 $R9$ 和 $R18$ 圆的中心线。

❽选择【过渡】命令，立即菜单设置为 1. 圆角 2. 裁剪 3.半径 10 ，作出 $R10$ 的圆角，绘制结果如图 7-48 所示。

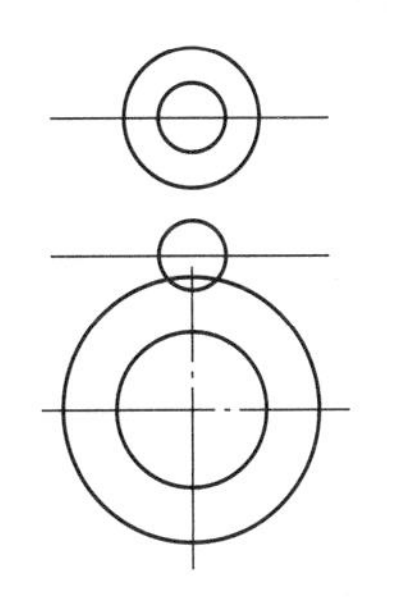

图 7-46　画出各圆

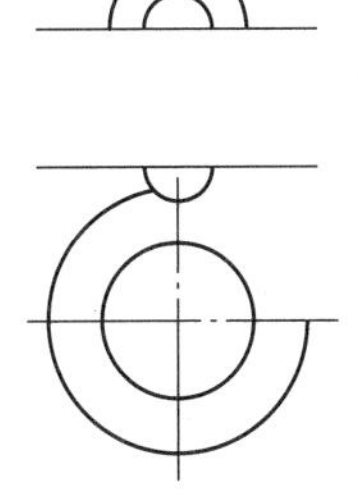

图 7-47　裁剪圆

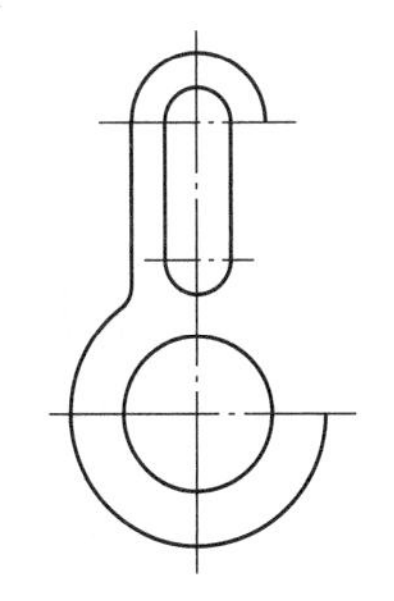

图 7-48　画出中部结构

步骤 4　绘制挂轮架右部结构

1. 绘制中心线层的图形

❶将当前层设为中心线层，线型、线宽和颜色均设为 ByLayer。

❷选择【圆】命令，使用【圆心_半径】方式，捕捉 $\phi40$ 圆的圆心为圆心，绘制 $R50$ 的圆。

❸选择【直线】命令，以【角度线】方式，捕捉 $\phi40$ 圆的圆心为第一点，作出 45°线。

❹拾取 $\phi40$ 圆的水平中心线，使用夹点编辑拉伸右端，绘制结果如图 7-49 所示。

2. 绘制粗实线层的图形

❶将当前层设为粗实线层，线型、线宽和颜色均设为 ByLayer。

❷选择【圆】命令，以【圆心_半径】方式，捕捉交点为圆心，绘制 $R7$、$R14$ 同心圆及 $R7$ 圆。

❸选择【等距线】命令，作出 $R50$ 点画线圆的双向等距线。

❹选择【裁剪】命令，使用【边界裁剪】方式，拾取两个 $R7$ 圆作为边界进行裁剪，裁剪结果如图 7-50 所示。

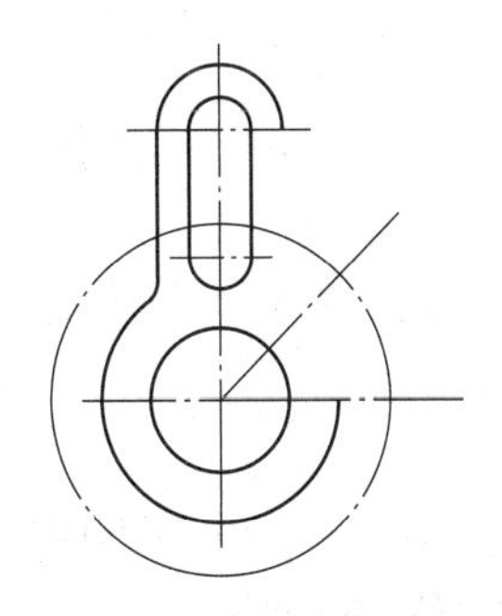

图 7-49　画出定位圆及定位线

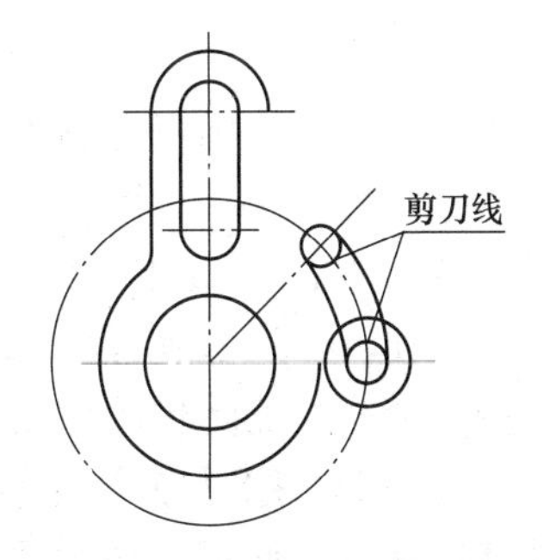

图 7-50　裁剪双向等距圆

❺单击右键重复【裁剪】命令。拾取两段弧作为边界进行裁剪，裁剪结果如图 7-51 所示。

❻选择【等距线】命令，作 R50 点画线圆的等距圆。

❼通过【过渡】、【直线】、【裁剪】命令，画出如图 7-52 所示的图形。

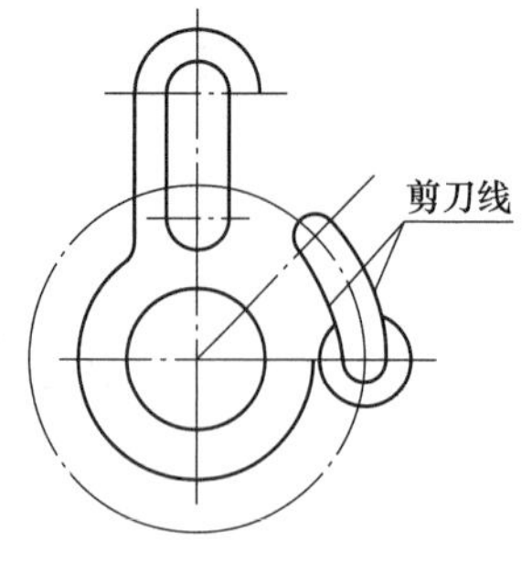

图 7-51　裁剪圆

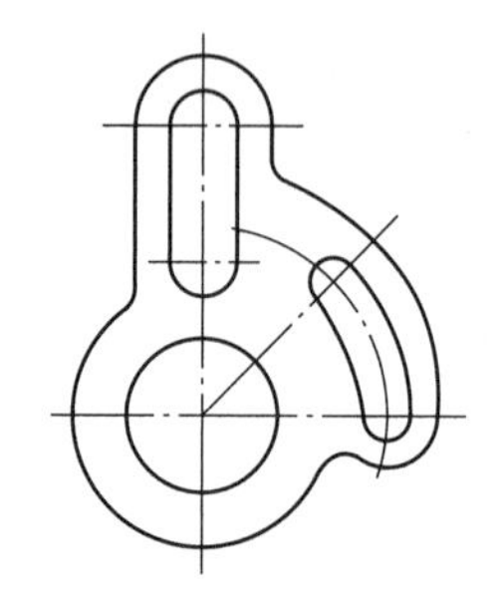

图 7-52　画出右部结构

❽使用夹点编辑方式调整点画线的长度，如图 7-53 所示。

步骤 5　绘制挂轮架顶部手柄

❶选择【平行线】命令，向上作出与 R18 圆的水平中心线距离为 50 的平行线。

❷选择【圆】命令，使用【圆心_半径】方式，捕捉交点（中点）为圆心，绘制 R4 的圆。

❸选择【平行线】命令，作出与垂直中心线距离为 7 的双向平行线，如图 7-54 所示。

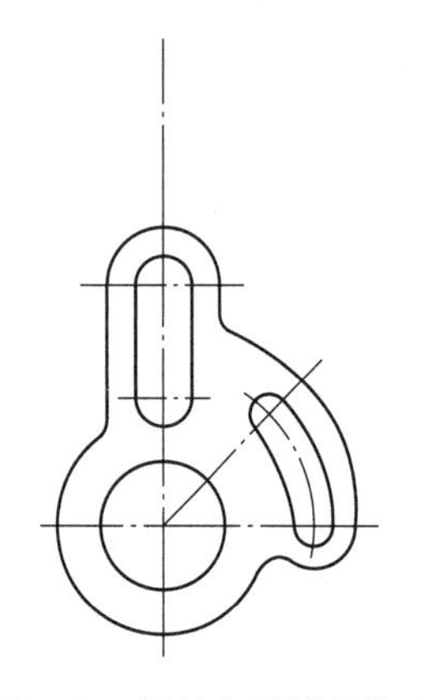

图 7-53　调整点画线的长度

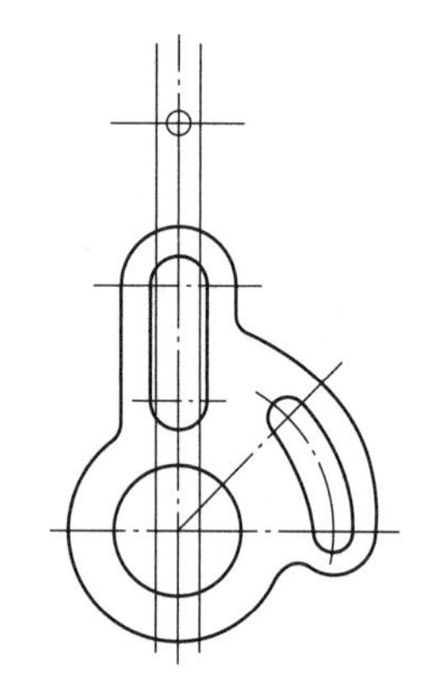

图 7-54　作出双向平行线

❹选择【圆弧】命令，使用【两点_半径】方式，按空格键弹出【工具点】菜单，分别捕捉 R4 圆及平行线的切点，绘制 R30 的弧，如图 7-55 所示。

❺选择【删除】命令，删除作图辅助线。

❻选择【拉伸】命令，用【单个拾取】方式拉伸该圆弧，如图 7-56 所示。

❼选择【过渡】命令，使用【裁剪始边】方式作出 R4 的圆角。

❽选择【裁剪】命令，使用【快速裁剪】方式裁剪，结果如图 7-57 所示。

❾选择【镜像】命令，窗口方式拾取图形，作出对称图形。

❿夹点编辑方式调整中心线的长度。

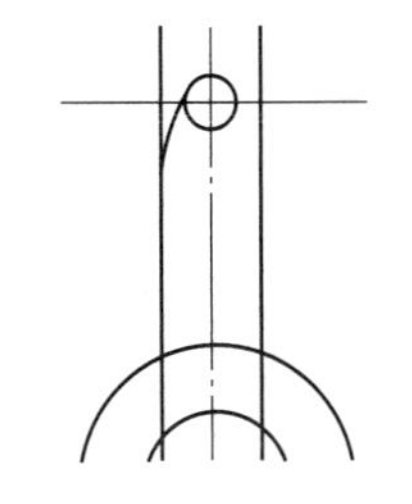

图 7-55　画出 *R*30 的弧

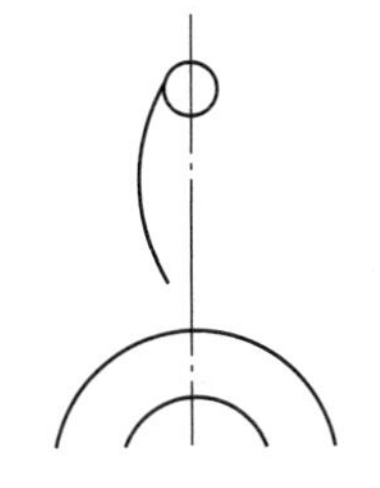

图 7-56　拉伸圆弧

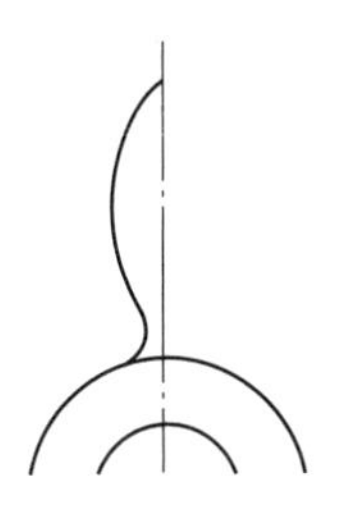

图 7-57　裁剪圆

步骤 6　标注尺寸和填写标题栏

❶选择【尺寸标注】命令标注尺寸，其中尺寸 54 使用【连续标注】方式，其余尺寸均可使用【基本标注】方式。

❷选择【填写标题栏】命令，打开【填写标题栏】对话框填写标题栏如图 7-58 所示，至此图形绘制完毕。

步骤 7　保存文件

❶单击【视图】选项卡→【显示】面板→【显示全部】按钮，将屏幕上绘制的所有图形按充满屏幕的方式重新显示出来，如图 7-59 所示。

❷单击快速启动工具栏中的【保存】按钮，保存绘制好的图形。

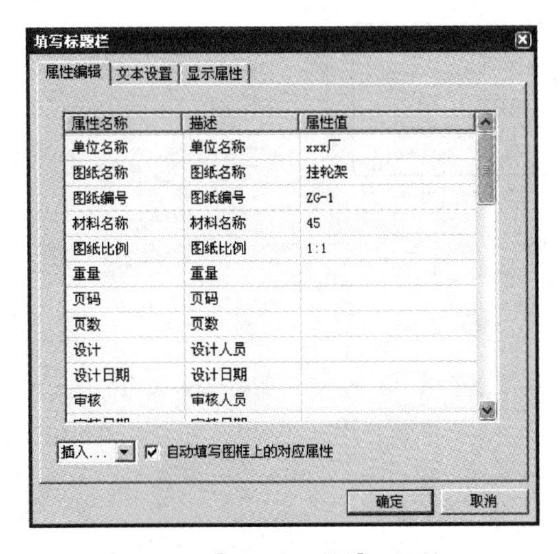

图 7-58　【填写标题栏】对话框

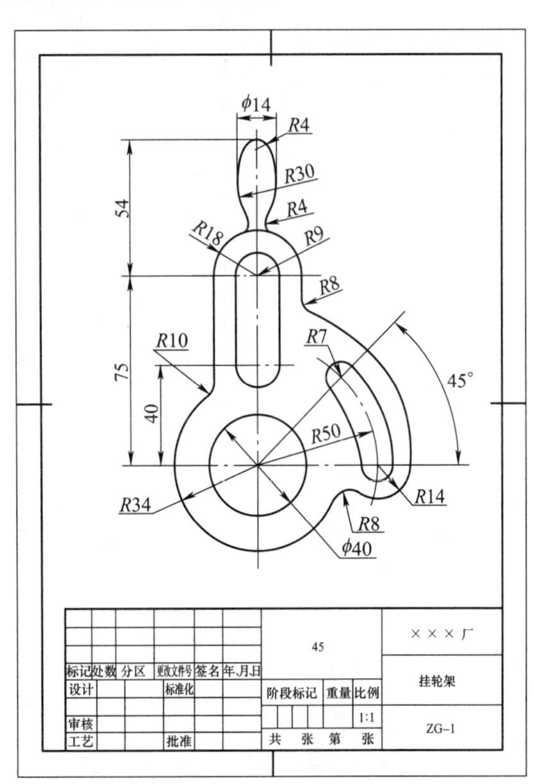

图 7-59　显示全图

7.9 思考与练习

1. 概念题

（1）CAXA 电子图板按照国标的规定，在系统内部设置了几种标准图幅?

（2）CAXA 电子图板【图幅设置】命令的功能是什么?

（3）在 CAXA 电子图板中，零件序号与明细表相互之间的关系是什么?

2. 操作题

（1）调入一个 A3 横放的图幅、图框和标题栏（图框和标题栏的样式不限）。

（2）绘制如图 7-60 所示的纸垫。要求图纸幅面为【A4】，图纸方向为【竖放】，绘图比例为【1∶1】，图框为【A4E-D】，标题栏为【GB-A(CHS)】。

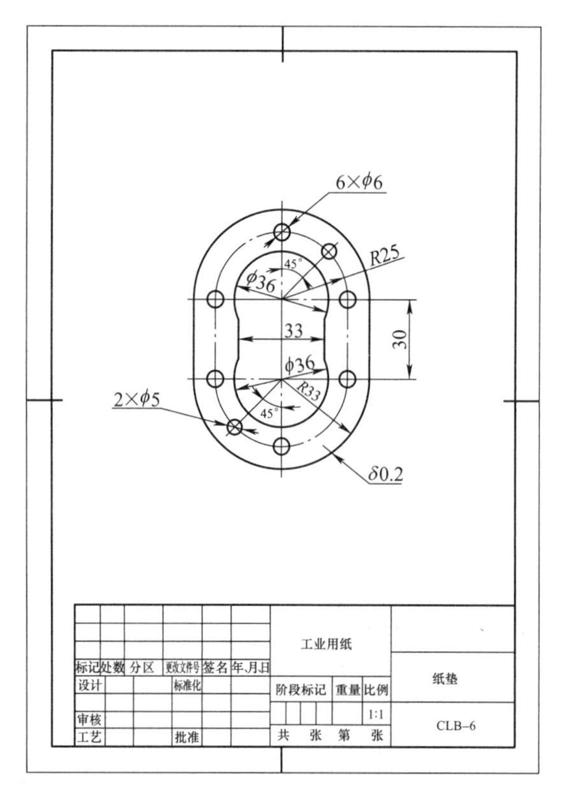

图 7-60 纸垫

第8章　绘制零件图

内容与要求

在生产实际中，机械零件的形状多种多样，为了完整、清晰地表达零件的内外形状和结构，往往需要一组视图。本章首先介绍绘制剖视图、三视图、局部放大图的方法，然后将结合前面学习的绘图、编辑、工程标注等命令，通过实例详细讲述使用CAXA电子图板绘制零件图的方法和步骤。

学习本章应达到如下目标。

- 掌握绘制剖面线的方法
- 掌握导航功能的使用
- 掌握绘制三视图的方法
- 掌握绘制零件图的方法

8.1　基础知识

图样是指能准确地表达物体的形状、尺寸及技术要求的图。机械制造业中使用的图样称为机械图样，机械图样是制造和检验零件、机器、仪表等产品的重要技术依据。

在生产实际中，机械零件的形状多种多样，为了完整、清晰地表达零件的内外形状和结构，往往需要一组视图。国家标准《机械制图》规定的表达方法有视图、剖视图和断面图等。视图主要用来表达机件的外部形状；剖视图主要用来表达机件的内部形状；断面图主要用来表达机件某一断面的形状。

国家标准规定：视图间应保持一定的投影规律，即“长对正、高平齐、宽相等”。CAXA电子图板的导航功能可以很方便地实现这一点：利用导航点捕捉可以保证视图间的长对正高平齐；利用三视图导航功能（设置导航线后再导航捕捉）可以保证视图间的宽相等。

本章将主要介绍使用CAXA电子图板绘制工程图的方法。需要说明的是，由于每一个人的绘图方式及习惯各不相同，在使用计算机绘图时，调用的命令及具体操作步骤也会有所不同，即有多种途径可以实现同一种画图目的，读者应尽量采用简单、快捷、准确的方法，这就是计算机绘图的技巧所在。

8.2　绘制剖视图

当机件内部结构比较复杂时，视图中就会出现较多虚线，造成图形层次不清，不便于看图和标注尺寸。为了清晰地表达机件的内部结构，通常采用剖视图来表达。剖视图主要用于表达机件内部的结构形状，它是假想用一剖切面（平面或曲面）剖开机件，将处在观察者和剖切面之间的部分移去，而将其余部分向投影面上投射，这样得到的图形称为剖视图（简称剖视）。

国家标准规定表达剖视图，需要在剖面区域绘制剖面符号，在剖切位置标注剖切符号和剖视图名称。

1. 剖面符号

剖切面与机件接触的部分称为剖面区域。国家标准规定，剖面区域内要画上剖面符号。不同的材料采用不同的剖面符号。金属材料的剖面符号要求画成：与剖面区域的主要轮廓线或剖面区域的对称线成45°且间隔相等的细实线。这些细实线称为剖面线，同一机件所有的剖面线的方向、间隔均应相同。

2. 剖切符号和剖视图名称

剖切符号由粗短画和箭头组成，粗短画（长约5~10mm）表示剖切位置，箭头（画在粗短画的外端，并与粗短画垂直）表示投射方向。在剖切符号附近需要注写相同的字母“×”（“×”为大写拉丁字母），并在剖视图上方中间位置处使用相同的字母注写剖视图的名称“×—×”。

剖切符号和剖视图名称，可使用第6章工程标注中介绍的【剖切符号】命令标注，本节主要介绍剖面符号的绘制。

8.2.1 剖面线

【剖面线】命令用于在封闭的轮廓线内按给定间距、角度绘制剖面图案。剖面线是系统默认的剖面符号，除此之外CAXA电子图板还提供了一系列剖面图案，以适应工程图中的不同情况和不同行业的需要。

单击【常用】选项卡→【绘图】面板→【剖面线】按钮或选择【菜单】→【绘图】→【剖面线】菜单命令，出现如图8-1所示的立即菜单，立即菜单各选项功能如下。

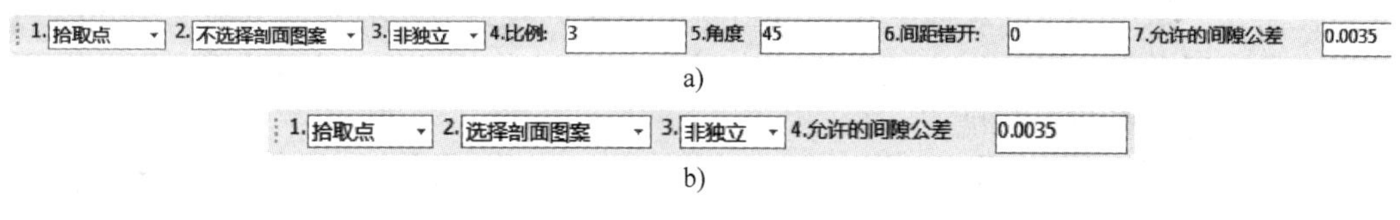

图8-1 【剖面线】的立即菜单

- 第1项可以选择以【拾取点】或【拾取边界】方式绘制剖面线。
- 第2项可切换【不选择剖面图案】或【选择剖面图案】方式。采用【不选择剖面图案】方式，系统将按前次选择的图案生成剖面线；采用【选择剖面图案】方式，系统弹出【剖面图案】对话框，允许用户根据需要自行选择剖面图案。
- 第3项可切换【非独立】或【独立】方式。【独立】方式是指使用一次【剖面线】命令填充的多个独立区域内的填充图案相互独立；【非独立】方式是指使用一次【剖面线】命令填充的多个独立区域内的填充图案是一个关联对象。
- 第4项可以改变比例，以确定图案的间距，如图8-2a、b所示。
- 第5项可以改变角度，以确定图案的角度，如图8-2a、c所示。
- 第6项文本框中可输入数值，从而使此次绘制的剖面线与前次绘制的剖面线间距错开，如图8-3所示。

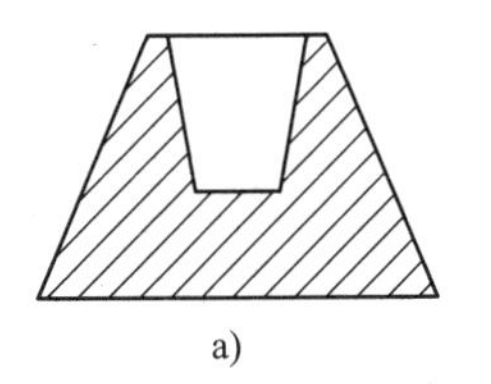

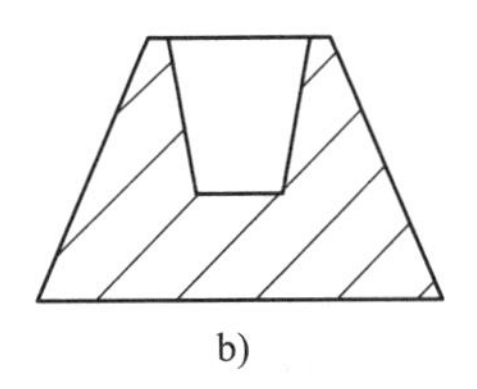

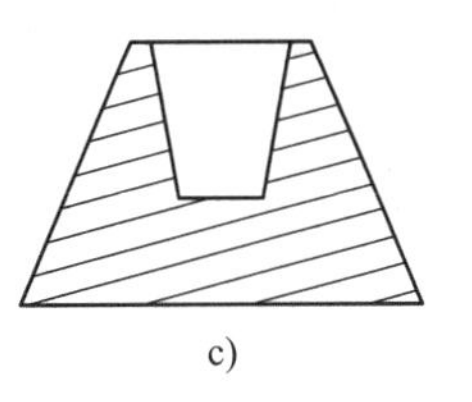

图 8-2　具有不同比例和角度的剖面线

a）比例 = 3　角度 = 45°　b）比例 = 6　角度 = 45°　c）比例 = 3　角度 = 15°

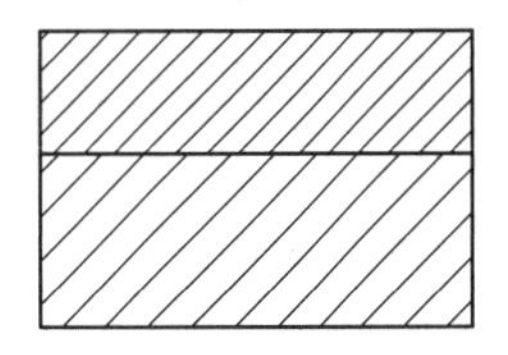

图 8-3　间距错开

○ 第 7 项可输入允许的间隙公差。

1.【拾取点】方式绘制剖面线

使用该方式系统提示“拾取环内点:”，用鼠标左键拾取封闭环内的一点，系统根据拾取点的位置，从右向左搜索最小内环，搜索到的封闭环虚像显示，单击鼠标右键确认。后面的操作与立即菜单第 2 项的选择有关，具体如下。

1）设置为【不选择剖面图案】方式时，系统立即在封闭环内画出剖面线。如果拾取点在环外，则操作无效。

2）设置为【选择剖面图案】方式时，将弹出如图 8-4 所示的【剖面图案】对话框。

在【剖面图案】对话框中，根据需要选择剖面图案，步骤如下。

❶在左侧图案列表中选择剖面图案，右侧的预览框可显示该图案。也可单击高级浏览<<按钮，在弹出的【浏览剖面图案】对话框中选择剖面图案，如图 8-5 所示。

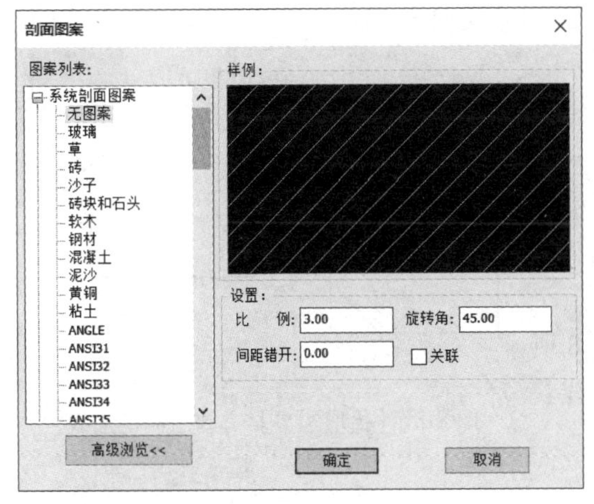

图 8-4 【剖面图案】对话框

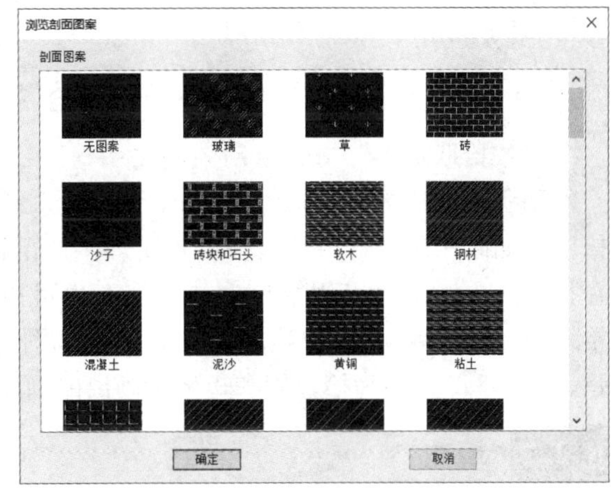

图 8-5 【浏览剖面图案】对话框

❷在【剖面图案】对话框右下角的文本框中，修改比例和旋转角；是否选择【关联】选项，可以确定边界改变时，绘制的剖面线是否跟随变化，如图 8-6 所示；如果此次绘制的剖面线的要与前次绘制

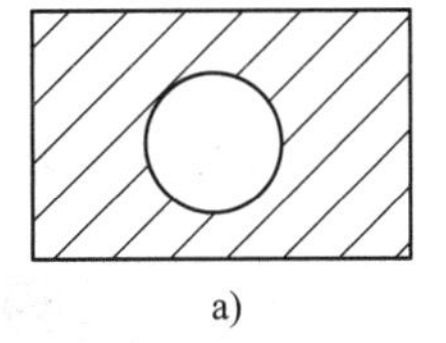

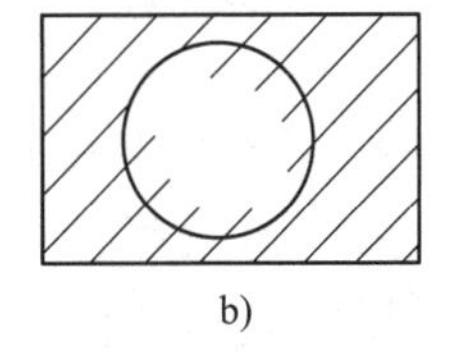

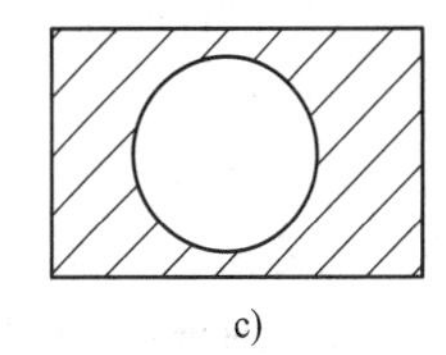

图 8-6　关联的概念

a）原图　b）拉伸圆时，剖面线不关联　c）拉伸圆时，剖面线关联

的剖面线的间距错开，则在【间距错开】文本框中输入数值。

❸单击[确定(O)]按钮，即可在所选封闭区域内画出剖面线。

【拾取点】方式绘制剖面线，操作简单、方便，适合于各式各样的封闭区域，绘制示例如图 8-7 所示。

如图 8-7a 所示，矩形内部有一个圆，矩形和圆各是一个封闭环。若用户拾取点在 1 处，从点 1 向左搜索到的最小封闭环是矩形，点 1 在环内，则在矩形内画出剖面线，如图 8-7b 所示。若拾取点在 2 处，则从点 2 向左搜索到的最小封闭环为圆，因此在圆内画出剖面线，如图 8-7c 所示。如图 8-7d 所示，先选择点 3，再拾取点 4，则可以绘制出有孔的剖面。如图 8-7e 所示，先拾取点 5，再拾取点 6，最后拾取点 7，则可以绘制出更复杂的剖面情况。

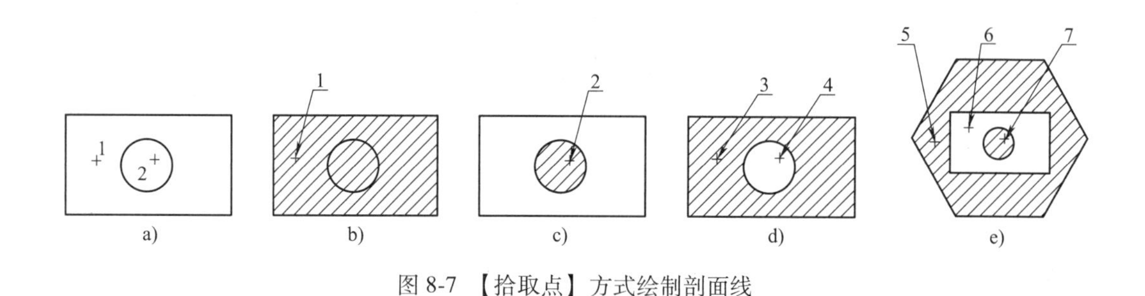

图 8-7 【拾取点】方式绘制剖面线

提示

绘制剖面线时，所指定的绘图区域必须是封闭的，否则操作无效。

2. “拾取边界”方式绘制剖面线

用【拾取边界】方式绘制剖面线时，系统根据拾取到的曲线搜索封闭环，根据封闭环生成剖面线。在拾取边界时，可以用窗口方式拾取，也可以单个拾取每一条边界。【拾取边界】方式示例如图 8-8 所示，图 8-8a、b 均为拾取圆和矩形后画出的剖面线。

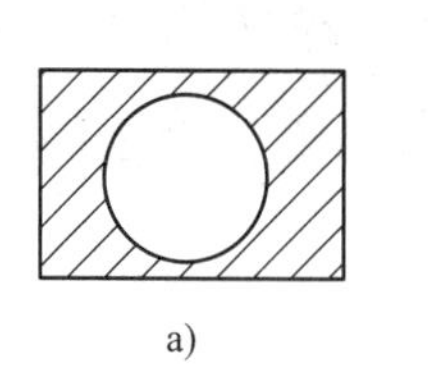
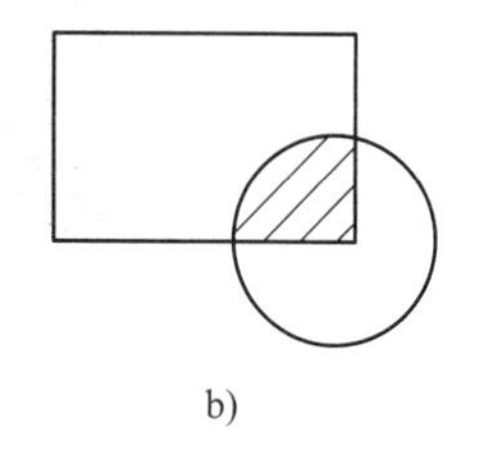

图 8-8 【拾取边界】方式绘制剖面线

8.2.2 填充

【填充】命令用于对封闭区域的内部进行实心填充，填充实际是一种图形类型。对于某些制件的剖面需要涂黑时，可使用此功能。用户若要填充汉字，则应首先将汉字进行分解，然后再进行填充。

单击【常用】选项卡→【绘图】面板→【填充】按钮或选择【菜单】→【绘图】→【填充】菜单命令，系统提示“拾取环内一点:”，用鼠标左键拾取要填充的封闭区域内的任意一点，可连续拾取多个封闭区域，拾取后单击鼠标右键即可完成填充操作。执行填充的操作与绘制剖面线类似，被填充的区域必须封闭。填充示例如图 8-9 所示。

图 8-9 填充示例

实例演练

【例 8-1】 绘制剖视图。

绘制如图 8-10b 所示的剖视图。

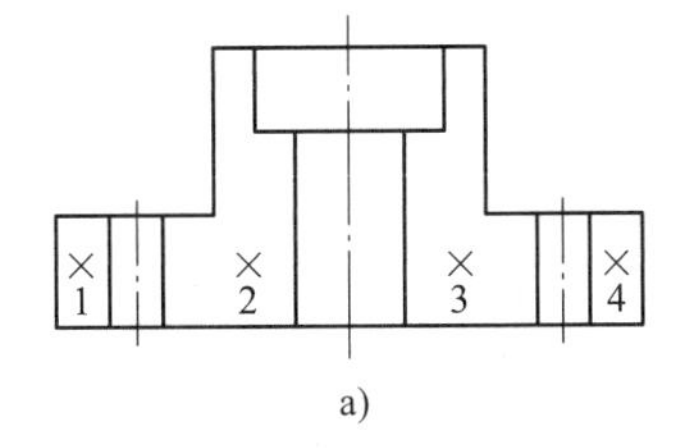

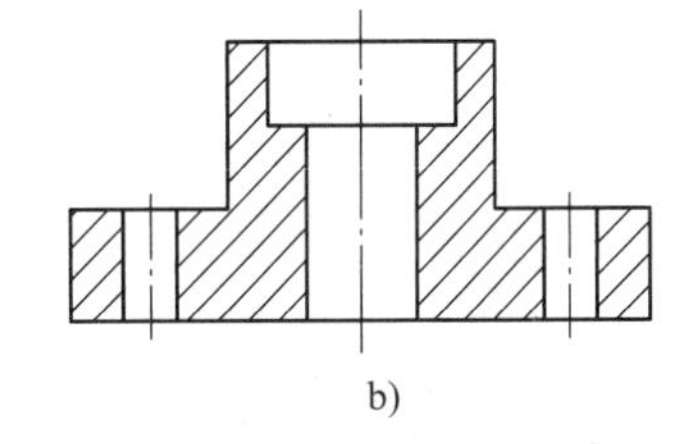

图 8-10 剖视图实例

操作步骤

步骤 1 作出已知图形

选择【孔/轴】命令，绘制如图 8-10a 所示的图形（尺寸可自行设置）。

步骤 2 绘制剖面线

❶单击【常用】选项卡→【基本绘图】面板→【剖面线】按钮，系统弹出立即菜单，根据需要设置为 1.拾取点 2.选择剖面图案 3.非独立 4.允许的间隙公差 0.0035。

❷系统提示“拾取环内点:”，依次在如图 8-10a 所示的 1、2、3、4 封闭区域内拾取任意一点，拾取成功后各封闭区域呈虚像显示，单击鼠标右键确认。

❸系统弹出【剖面图案】对话框，在图案列表中选择剖面图案并设置相关参数值，可选择系统默认的【无图案】，也可选择【ANSI31】，右侧的预览框中将显示该剖面图案。如果剖面线间距不合适，可修改【比例】值。

❹单击 确 定(O) 按钮，所选封闭区域内画出剖面线，即可得到如图 8-10b 所示的图形。

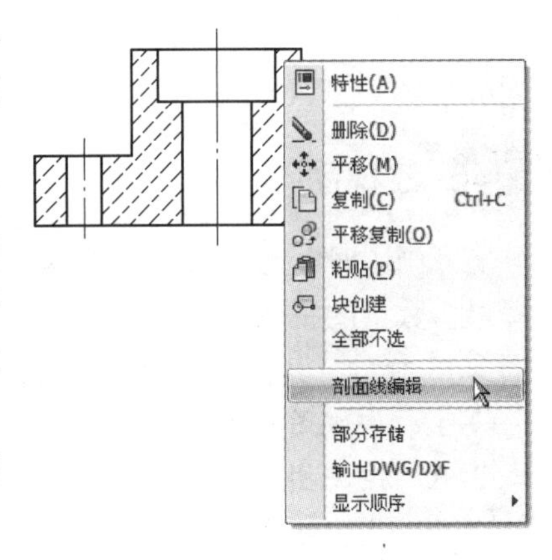

图 8-11 编辑剖面线

提示

编辑剖面线可采用以下两种方式：①双击剖面线；②选中剖面线，单击鼠标右键，在弹出的快捷菜单中选择【剖面线编辑】命令，如图 8-11 所示。两种方式均弹出【剖面图案】对话框，在该对话框中可以修改剖面线的比例、旋转角等，也可重新选择剖面图案。

8.3 绘制视图

根据 GB/T 14692—2008《技术制图投影法》规定，用正投影法绘制的物体的图形，称为视图。一般情况下，一个视图不能确定物体的形状，因此，要反映物体的完整形状，必须增加由不同投射方向所得到的几个视图，互相补充，才能将物体表达清楚。

国家标准规定共有 6 个基本视图。如图 8-12 所示，6 个基本视图的名称和投射方向为：由物体的前面向后投射所得到的视图称为主视图，自后向前的称为后视图，自上向下的称为俯视图，自下向上的称为仰视图，自左向右的称为左视图，自右向左的称为右视图，6 个基本视图保持长对正、高平齐、宽相等的三等关系。

为了完整地表示一个物体的形状，常需要采用两个或两个以上的视图，个别部位采用局

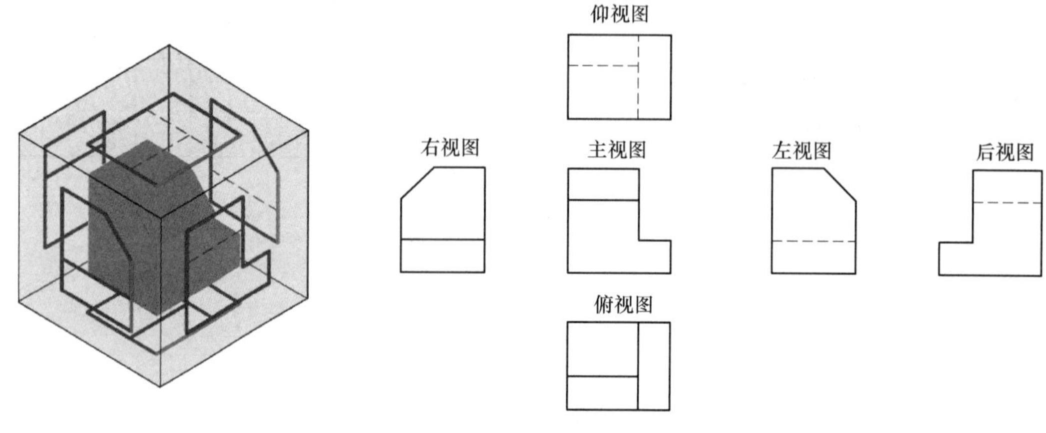

图 8-12　6 个基本视图

部视图或局部放大视图。本节主要介绍绘制二视图、三视图和局部放大图的方法，掌握了三视图的画法，同理可以作出多视图。

8.3.1 三视图

实际画图时，无需将 6 个基本视图全部画出，而应在能将物体形状表达清楚的前提下，选择最少数量的视图。工程上常用的是三视图，如图 8-13 所示，其投影符合如下规律。

- 主、俯视图长对正（即等长）。
- 主、左视图高平齐（即等高）。
- 俯、左视图宽相等（即等宽）。

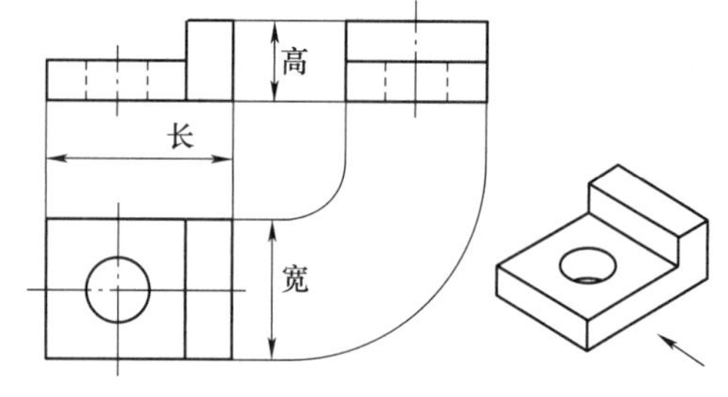

图 8-13　三视图

三视图的投影规律反映了三视图的重要特性，也是画图和读图的依据。无论是整个物体还是物体的局部，其三面投影都必须符合这一规律。CAXA 电子图板的导航功能可以很方便地实现这一点。

当使用两个视图表达机件时，一般选用主、俯视图或主、左视图，这需要保证长对正或高平齐。为保证所绘制的二视图符合投影规律，在绘图时应使用点捕捉方式中的【导航】方式。在导航状态下，系统可通过光标对若干种特征点进行导航，如线段端点、线段中点、交点、圆心或象限点等，当光标通过设定的特征点时，这些点被捕捉，因此很容易根据投影规律画出第二个视图，并保证视图之间符合一定的投影关系。

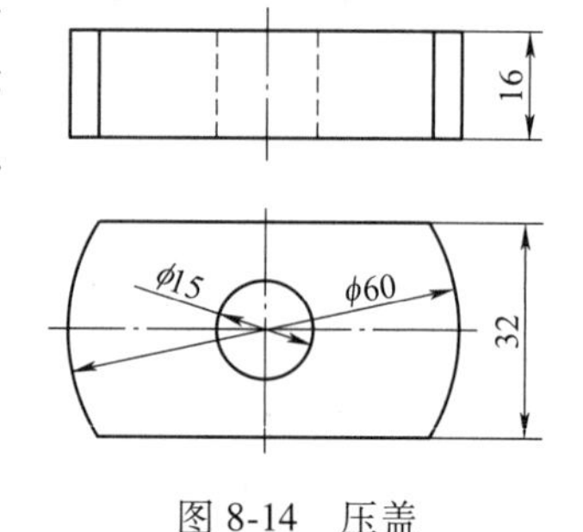

图 8-14　压盖

【例 8-2】 绘制压盖二视图。

绘制压盖的主、俯二视图，如图 8-14 所示。

操作步骤

步骤 1　设置作图环境

当前层设置为粗实线层。

步骤 2　绘制俯视图

❶选择【圆】、【平行线】、【裁剪】、【拉伸】等命令绘制俯视图。

❷单击屏幕右下角的点捕捉状态设置按钮，设置点捕捉状态为【导航】方式，如图 8-15 所示。

图 8-15　设置为【导航】方式

步骤 3　绘制主视图

❶选择【矩形】命令，设置立即菜单各选项为 1.长度和宽度 2.中心定位 3.角度 0 4.长度 60 5.宽度 16 6.无中心线。

❷系统提示“定位点”，先将指针移动到垂直中心线的端点处（见图 8-16a），停留片刻后拖动鼠标，屏幕上出现一条导航指引线（见图 8-16b），在合适的位置处单击确定矩形（见图 8-16c）。此时，所绘矩形的中心与圆心保证长对正的投影规律。

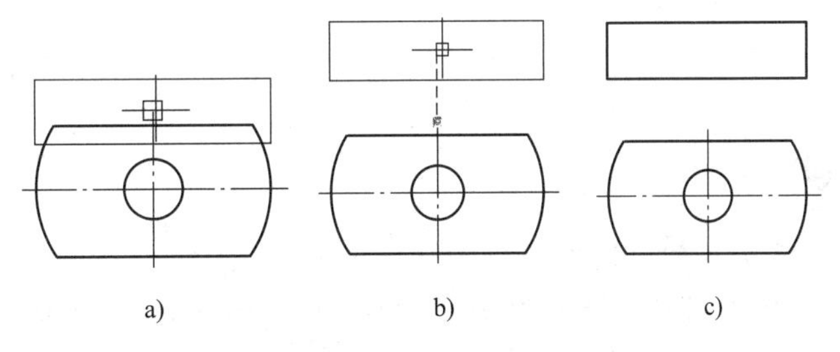

图 8-16　用【导航】方式作出主视图的轮廓

❸按下状态栏工具区 正交 按钮，使系统处于正交状态。

❹选择【直线】命令，绘制切口在主视图上的投影，其作图过程如图 8-17 所示。

❺用同样的方法作出孔的最左轮廓线，然后拾取该线，单击【常用】选项卡→【特性】面板→【当前层设置】下拉列表框→【虚线层】，该线即被移至虚线层，如图 8-18 所示。

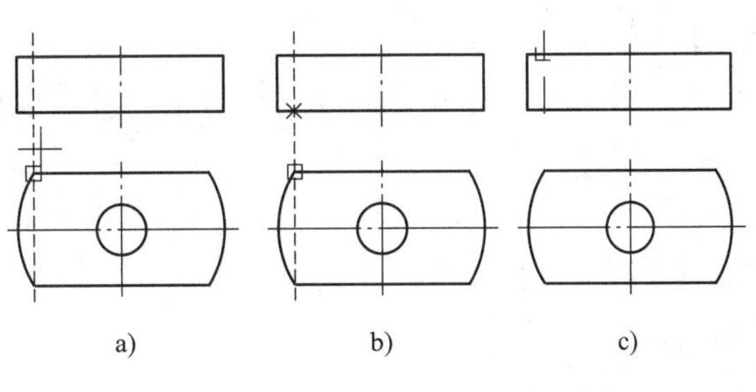

图 8-17　绘制切口在主视图上的投影

❻选择【镜像】命令，作两条线的镜像图形即可，如图 8-19 所示。

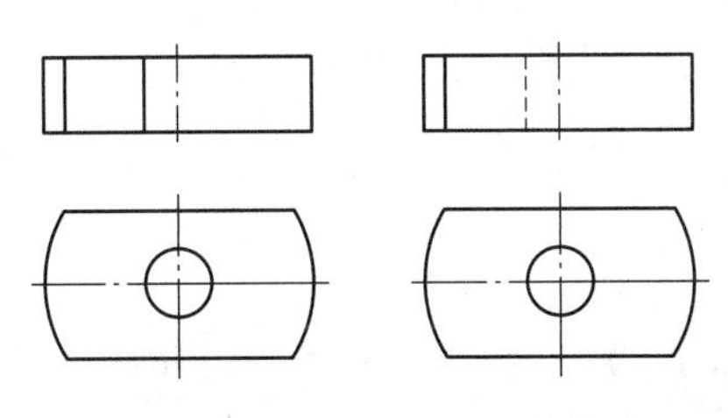

图 8-18　画出孔的最左轮廓线

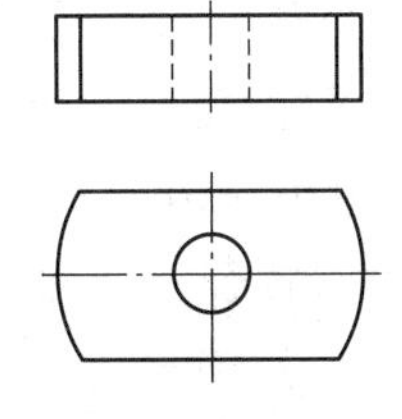

图 8-19　镜像

8.3.2 设置导航线

CAXA 电子图板提供了导航线功能，该导航线即为手工绘图时所画的 45°线。如果此时系统的点捕捉状态为【导航】方式，则系统将以此导航线为视图转换线进行导航，即可保证俯视图、左视图的宽相等。

选择【菜单】→【工具】→【三视图导航】菜单命令或按〈F7〉键，系统提示“第一点:”，在屏幕上指定一点。系统再提示“第二点:”，输入第二点后，屏幕上画出一条 45°或 135°的黄色导航线。

如果当前系统已有导航线，执行【三视图导航】命令，将删除导航线，取消三视图导航操作。当再次执行【三视图导航】命令时，系统提示“第一点〈右键恢复上一次导航线〉:”，单击右键将恢复上一次导航线；也可输入点，重新生成一条导航线。

提示

导航线是一条作图辅助线，仅在屏幕上显示，不能打印输出。

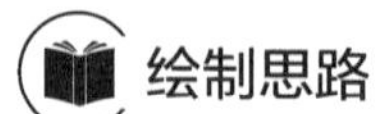

【例 8-3】 绘制三视图。

根据尺寸绘制如图 8-20 所示的主、俯视图，并利用导航功能画出左视图。

绘制思路

1）绘制主视图。

2）用导航捕捉方式，根据长对正的投影规律绘制俯视图。

3）利用三视图导航功能，根据高平齐、宽相等的投影规律绘制左视图。

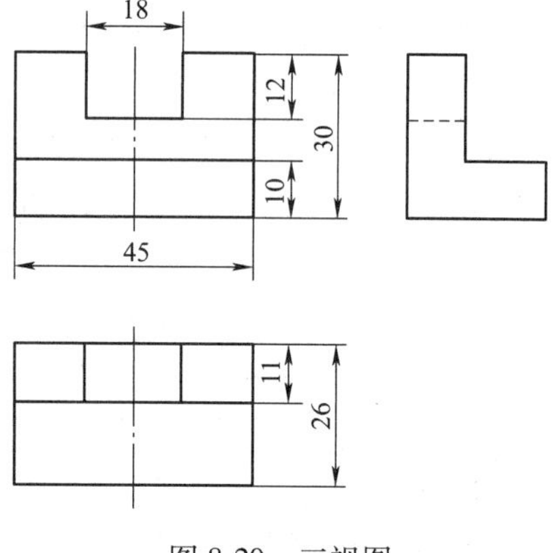

图 8-20　三视图

操作步骤

步骤 1　绘制主视图

❶选择【矩形】命令，以【长度和宽度】方式画出长为 45、宽为 30 的矩形。

❷选择【平行线】命令，以【偏移方式】画出与底边距离为 10、18 的两条平行线。

❸单击鼠标右键重复命令，作出与垂直中心线距离为 9 的双向平行线。

❹选择【裁剪】命令，裁剪出主视图中的缺口。

步骤 2　绘制俯视图

❶设置点捕捉状态为【导航】方式。

❷选择【矩形】命令，以【长度和宽度】方式画出长为 45、宽为 26 的矩形，其中定位点通过导航捕捉方式确定（捕捉垂直中心线的端点）。

❸选择【平行线】命令，以【偏移方式】画出距离为 11 的线。

❹选择【直线】命令，使用导航功能捕捉端点，画出缺口在俯视图的投影。

步骤 3　绘制左视图

❶绘制导航线。按〈F7〉键，根据系统提示指定第一点 *P*1、第二点 *P*2，屏幕上出现一条 45°的黄色导航线，如图 8-21a 所示。

❷选择【直线】命令。移动指针到端点 *P*3 处，停留片刻后拖动鼠标，屏幕上出现一条导航指引线；再移动指针到端点 *P*4 处，停留片刻后拖动鼠标，又出现导航指引线；使用导航功能找到 *A* 点，如图 8-21b 所示，单击即可确定 *A* 点。

❸如图 8-21c～g 所示，使用导航功能分别找到 *B*、*C*、*D*、*E*、*F* 点后单击，按下鼠标右键结束【直线】命令。

❹将当前层设置为虚线层。执行【直线】命令，利用导航功能绘制 *GH* 线。左视图绘制完毕，如图 8-21h 所示。

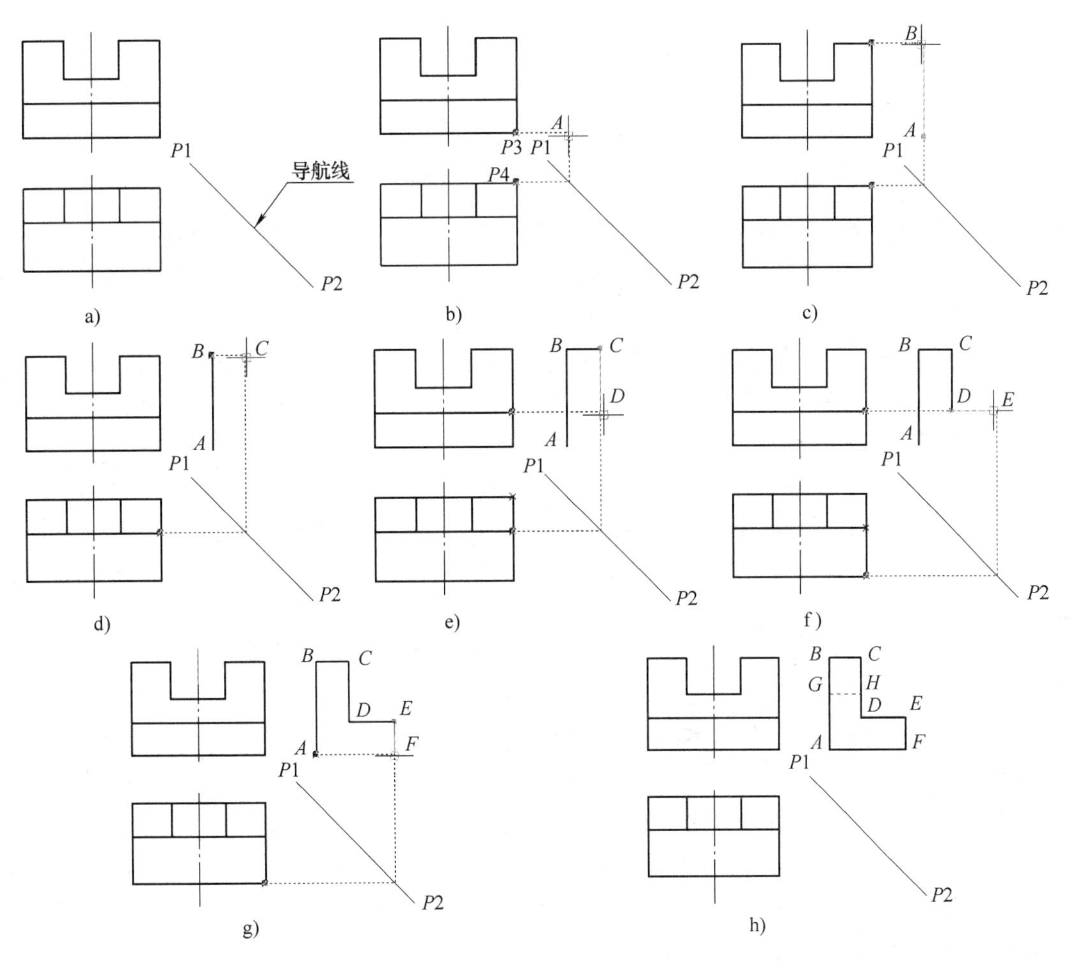

图 8-21　绘制左视图

a）绘制导航线　b）确定 *A* 点　c）确定 *B* 点　d）确定 *C* 点　e）确定 *D* 点　f）确定 *E* 点　g）确定 *F* 点　h）确定 *GH* 线

提示

根据宽相等的投影规律，使用导航功能绘制视图，必须同时具备两个条件：①点捕捉状态为【导航】方式；②设置导航线。

8.3.3 绘制局部放大图

零件上的一些细小结构，在视图上常由于图形过小而表达不清或标注困难，这时可将过小部分的图形放大。将零件的部分结构，用大于原图形所采用的比例放大，画出的图形称为局部放大图。在机械图样中，局部放大图可画成视图、剖视、断面，它与被放大部分的表达方式无关，且与原图所采用的比例无关。

在 CAXA 电子图板中，可以使用【局部放大图】命令实现局部放大图的绘制，其操作步骤如下。

❶单击【常用】选项卡→【绘图】面板→【局部放大图】按钮或选择【菜单】→【绘图】→【局部放大图】菜单命令，系统弹出立即菜单。

❷根据需要设置立即菜单，立即菜单各选项含义如下。

- 第 1 项可选择【圆形边界】或【矩形边界】，如图 8-22 所示。

图 8-22 【局部放大图】的立即菜单

- 如果选择【圆形边界】可在第 2 项中选择【加引线】或【不加引线】；如果选择【矩形边界】可在第 2 项中选择矩形边框【边框可见】或【边框不可见】。
- 第 3 项输入放大倍数。
- 第 4 项输入该局部视图的名称。
- 第 5 项可选择【保持剖面线图样比例】或【缩放剖面线图样比例】。

❸根据系统提示进行操作，绘制出边界。立即菜单第 1 项设置不同其操作也不同，具体如下。

- 选择【圆形边界】，先输入圆形边界的圆心点，再输入圆上一点或直接输入半径，即可生成圆形边界。
- 选择【矩形边界】，输入矩形边界两角点，如选择【边框可见】，则会生成矩形边框。

❹系统提示“符号插入点:”，移动指针，在边界附近适当位置处单击，即可插入符号如 I，以标示该局部放大图的名称。如果不需要标注符号文字，则单击鼠标右键。

❺系统接着提示“实体插入点:”，此时局部放大图随着鼠标的移动而动态显示，在屏幕上合适的位置指定插入点，并输入或在屏幕上确定旋转角（旋转角为 0°可直接按〈Enter〉键），即可生成局部放大图。

❻如果在步骤❹中输入了符号插入点，此时系统会提示“符号插入点”，移动指针在局部放大图上方单击，即可生成符号文字，如“$\frac{\mathrm{I}}{2:1}$”，以标示该局部放大图的名称和比例。

图 8-23 所示为局部放大图的绘制示例，图中将螺栓的螺纹与光杆连接处分别用圆形窗口和矩形窗口两种方式进行放大。应指出的是，国家标准规定工程图上所注的尺寸数值应是零件的真实大小。在 CAXA 电子图板中很好地体现了该项标准，虽然局部放大图的图形依据放大比例进行了局部放大，但标注局部放大图时，其尺寸数值并不随之放大，而是与原图形保持一致。

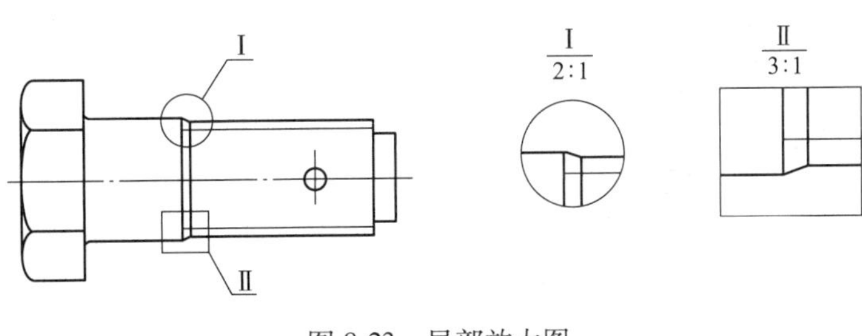

图 8-23　局部放大图

提示

根据国家标准，局部放大图上所标注的比例应是该图形的线性尺寸与实际机件相应要素线性尺寸的比值。

8.4　绘制零件图

表示零件结构形状、尺寸大小及技术要求的图样称为零件图。在机械工程中，机器或部件都是由许多相互关联的零件装配而成的。制造机器或部件必须首先制造组成它的零件，而零件图则是生产中指导制造和检验零件的直接依据。与手工绘图相比，计算机绘制工程图能将复杂的问题简单化，例如：画图框、标题栏、剖面线、椭圆、正多边形和圆弧连接、图形的编辑修改、尺寸和工程符号的标注等。

8.4.1　用 CAXA 电子图板绘制零件图的方法

零件图是生产中制造和检验零件的主要依据。因此，它不仅应将零件的材料、内外结构的形状和大小表示清楚，还要对零件的加工、检验、测量提出必要的技术要求。

1. 零件图的内容

一张完整的零件图应包含如下内容。

1）一组图形。选用一组适当的视图、剖视图、断面图等图形，将零件的内、外形状正确、完整、清晰地表达出来。

2）齐全的尺寸。正确、齐全、合理地标注零件在制造和检验时所需要的全部尺寸。

3）技术要求。用规定的符号、代号、标记和文字说明等简明地给出零件制造和检验时所应达到的各项技术指标与要求，如尺寸公差、表面粗糙度和热处理等。

4）标题栏。填写零件名称、材料、比例、图号以及制图、审核人员的责任签字等。

2. CAXA 电子图板绘制零件图的步骤

使用 CAXA 电子图板绘制零件图，一般操作步骤如下。

❶读零件图。画图前，应看懂并分析所画图样的内容，从而对所绘零件图有一个整体的认识。

❷创建零件图的图形文件。启动 CAXA 电子图板系统，创建一个新文件；进行必要的绘图环境设置；根据视图数量和尺寸大小设定图幅、绘图比例，调入图框、标题栏等。

❸绘制零件图。根据图形特点选择绘图与编辑等命令，根据视图数量和大小布置图面，逐一绘制各视图。

❹工程标注。根据需要设置尺寸及各工程符号的标注样式，然后标注尺寸、尺寸公差以及各种工程符号、代号。

❺注写文字说明，填写标题栏。

❻检查、修改、保存。

8.4.2 CAXA 电子图板绘制零件图的注意事项

使用计算机绘制工程图，一方面，需要掌握正确的投影原理和相关的专业知识，否则难以保证绘图的正确性，同时也影响绘图效率；另一方面，需要熟悉绘图软件的功能并熟练地进行操作，进而摸索、掌握绘图技巧，只有这样才能提高绘图速度，发挥计算机绘图的效率。用 CAXA 电子图板绘制工程图要注意以下问题。

1. 恰当使用图形的显示控制

在绘图过程中，应随时对绘图区域进行动态缩放、动态平移等显示变换，以便于能清楚地看图、准确地定位。

2. 灵活使用图层，区分不同的线型

绘图过程中，应根据线型及时变换当前层，做到分层绘图。同一类的图形绘制到同一层，会使图形信息更清晰、更有序，便于修改、观察及打印。此外，CAXA 电子图板具备智能分层的功能，大大简化了这项工作。

3. 充分利用对象捕捉功能，保证精确作图

为了保证作图精确，绘制工程图样过程中应利用【智能】方式准确捕捉特征点，利用【导航】方式保证视图间的三等投影规律。但当自动捕捉妨碍了屏幕任意取点时，应及时切换到【自由】方式。

4. 善于使用【平移复制】、【镜像】等命令

【平移复制】、【镜像】等命令，可以对已有的图形进行变换和复制，大大简化作图，显著提高绘图效率。

5. 充分利用电子图板的编辑功能

与手工绘制不同，计算机绘图的一个显著特点是便于修改，因此要充分利用电子图板的编辑功能。例如：视图位置不当，可随时利用【平移】命令调整；图幅或比例设置不合适，绘图过程中甚至到最后仍可重新设置；线型画错了，可通过【特性】工具选项板修改；对于图线的长短、图形的形状位置及尺寸、文字、工程符号的位置等内容，都能方便地进行编辑。

6. 养成保存文件的习惯

新建一个工程图文档后，应及时命名保存；在操作过程中，也要经常保存文件，以防止由于断电等意外造成所画图形的丢失。

8.5 综合实例一——绘制传动轴零件图

轴是机械设计中常用的一种零件，它在机器中起着支撑和传递动力的作用。轴的主体由几段不同直径的圆柱（或圆锥）组成，构成阶梯状，轴上常加工有退刀槽、倒角、轴端中心孔等工艺结构，为了传递动力，轴上还应有键槽等。这类零件通常按加工位置来选择主视图，配合适当的剖视图、移出断面图和局部放大图。

实例要求

用 A4 图幅，按 1∶1 比例绘制如图 8-24 所示的传动轴，以掌握轴类零件的绘制思路、过程和作图技巧。

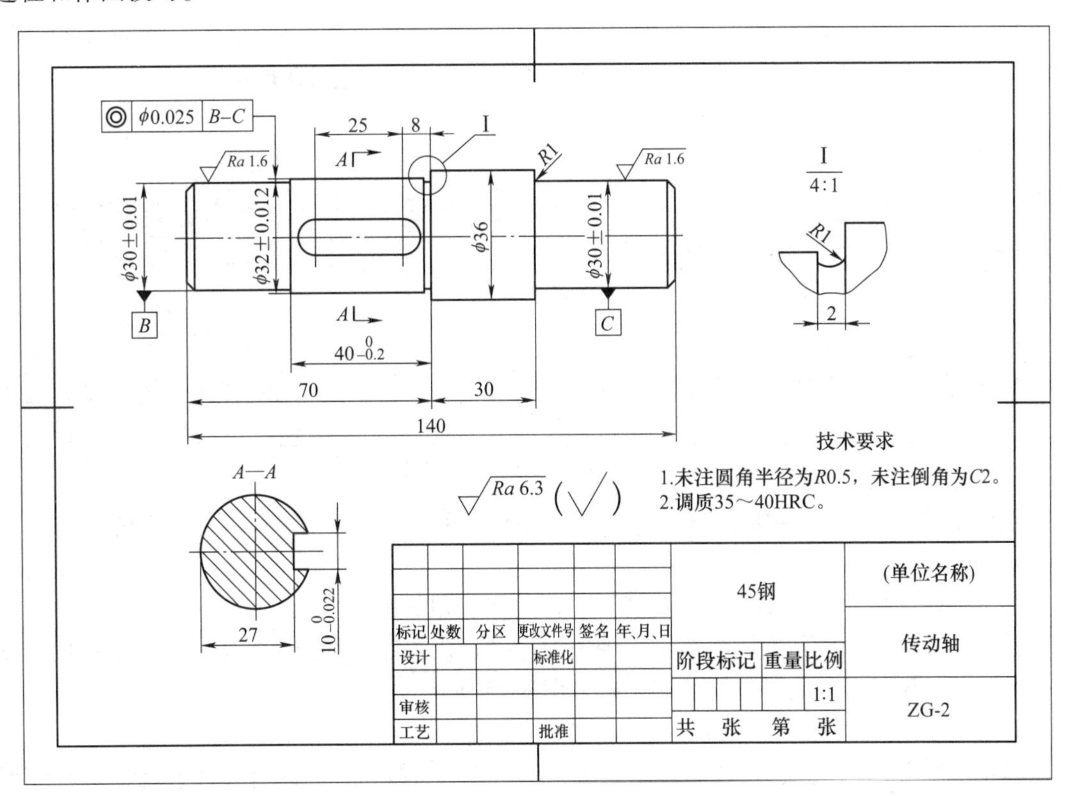

图 8-24 传动轴的零件图

设计思路

1）使用【孔/轴】命令绘制主视图。一般的辅助设计软件（如 AutoCAD）都采用偏移直线的方法来绘制轴类零件，而 CAXA 电子图板提供了直接绘制孔与轴的功能，为用户提供了极大的方便。

2）移出断面图（A—A 轴截面），可从 CAXA 电子图板图库中提取。

3）局部放大图，先用【局部放大图】命令绘制，然后通过【块编辑】命令（见第 9

章）编辑修改，也可使用【分解】命令分解图块后再编辑修改。

操作步骤

步骤 1　创建文件并设置绘图环境

❶双击计算机桌面上的快捷方式图标，启动 CAXA 电子图板，选择选项卡模式界面的 Blank 模板，建立一个新文件。

❷将当前层设为粗实线层，线型、线宽和颜色均设为 ByLayer。

❸设置点捕捉方式为【智能】方式。

步骤 2　设置图纸幅面并调入图框和标题栏

❶单击【图幅】选项卡→【图幅】面板→【图幅设置】按钮，系统弹出【图幅设置】对话框。

❷在该对话框中设置图纸幅面为【A4】，图纸方向为【横放】，绘图比例为【1∶1】，图框为【A4A-A】，标题栏为【GB-A（CHS）】，单击 确定[O] 按钮即可。

提示

在绘图过程中，可随时利用【调入图框】命令改变当前图框的样式，利用【调入标题栏】命令改变当前标题栏的样式。

步骤 3　绘制主视图

1. 绘制轴的外轮廓

❶单击【常用】选项卡→【绘图】面板→【孔/轴】按钮，系统弹出立即菜单，设置为 1.轴 2.直接给出角度 3.中心线角度 0 。根据系统提示，在屏幕上适当位置单击，从而确定轴的插入点。

❷操作信息提示区出现新的立即菜单，各选项设置为 1.轴 2.起始直径 30 3.终止直径 30 4.有中心线 5.中心线延伸长度 3 。

❸根据系统提示输入第一段长度“30”↙，第一段轴绘制完成。

❹在立即菜单中，依次输入后续各轴段的起始直径和终止直径，并按照系统提示从键盘输入各段的长度值。轴的外轮廓绘制结果如图 8-25 所示。

2. 绘制倒角及倒圆

❶单击【常用】选项卡→【修改】面板→【过渡】按钮，启动【过渡】命令，系统弹出立即菜单，各选项设置为 1.外倒角 2.长度和角度方式 3.长度 2 4.角度 45 。

❷按照系统提示，用鼠标拾取轴左端的 3 条相邻直线，即可绘制出轴左端倒角。继续用鼠标拾取轴右端的 3 条相邻直线，即可绘制出轴右端倒角。

❸单击鼠标右键重复【过渡】命令，系统弹出立即菜单，各选项设置为 1.圆角 2.裁剪始边 3.半径 0.5 ，按照系统提示，绘制 $R0.5$ 的倒圆。

❹同样的方法，绘制 $R1$ 的倒圆。

3. 绘制轴上的键槽

❶选择【平行线】命令，以【偏移方式】画出键槽两半圆的竖直中心线。

❷选择【圆】命令，以轴中心线与平行线的交点为圆心，绘制两个 $\phi10$ 的圆及中心线。

❸选择【删除】命令，删除两平行线及 $\phi10$ 圆的水平中心线。

❹选择【直线】命令，捕捉圆与其垂直中心线的交点绘制两直线，如图 8-26 所示。

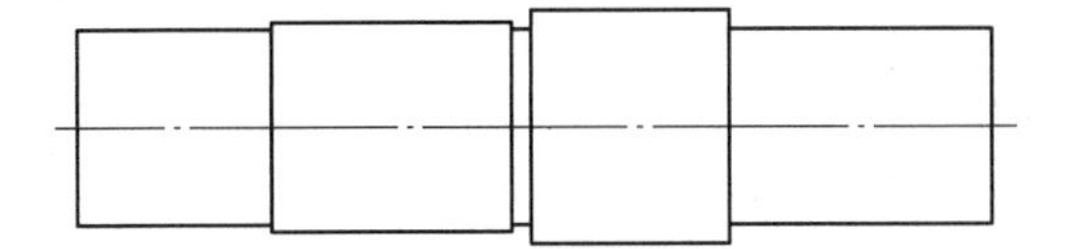

图 8-25　绘制轴的外轮廓

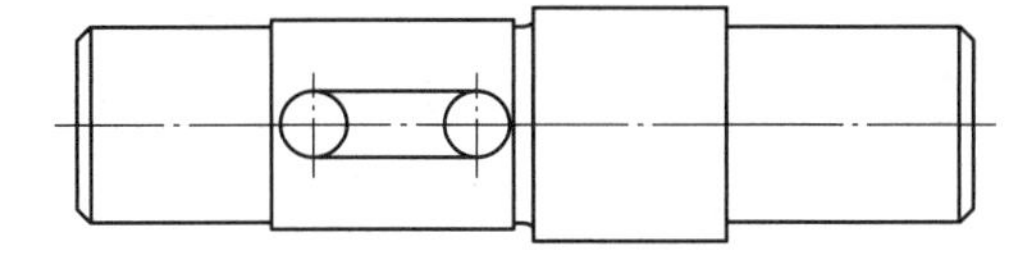

图 8-26　绘制键槽轮廓

❺选择【裁剪】命令，裁剪掉两个 $\phi10$ 圆的多余部分，键槽绘制完毕。

4. 绘制移出断面图（*A*—*A* 轴截面）

移出断面图可以使用绘图与编辑命令绘制，但 CAXA 电子图板的图库提供了【轴截面】图符，因此直接调用更为方便，有关图库的具体操作方法将在第 9 章中介绍。

❶单击屏幕左端上半部的【图库】按钮，选择【zh-CN \ 常用图形 \ 常用剖面图】，在图符列表中选择【轴截面】，如图 8-27 所示。双击【轴截面】弹出【提取图符】对话框。

❷单击【提取图符】对话框的 下一步(N) > 按钮，弹出【图符预处理】对话框，通过滚动条选择【d = 38、b = 10、t = 5】栏，并把 *d* 值改为“32”，如图 8-28 所示。

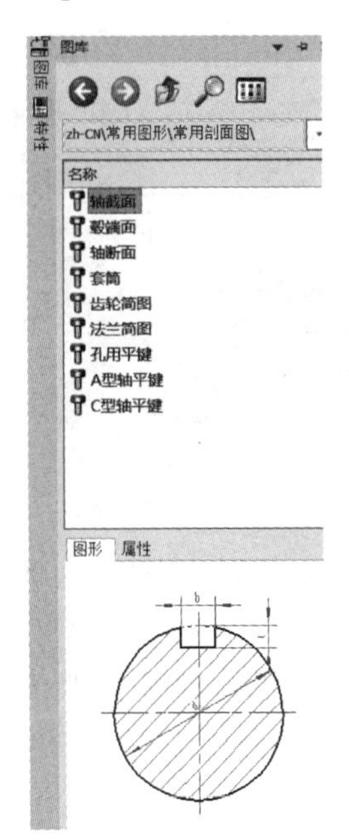

图 8-27　提取轴截面

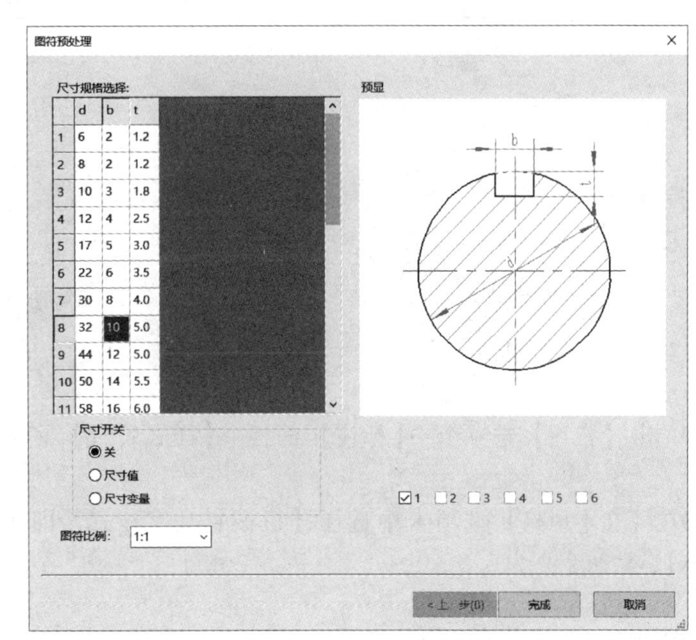

图 8-28　【图符预处理】对话框

❸单击 确 定(O) 按钮，系统返回到绘图状态，此时图符“挂”在十字指针上。立即菜单设置为 1. 不打散 2. 消隐 ，根据系统提示用鼠标在绘图区适当位置单击确定定位点，并输入旋转角度“-90”↙。移出断面绘制完毕，如图 8-29 所示。

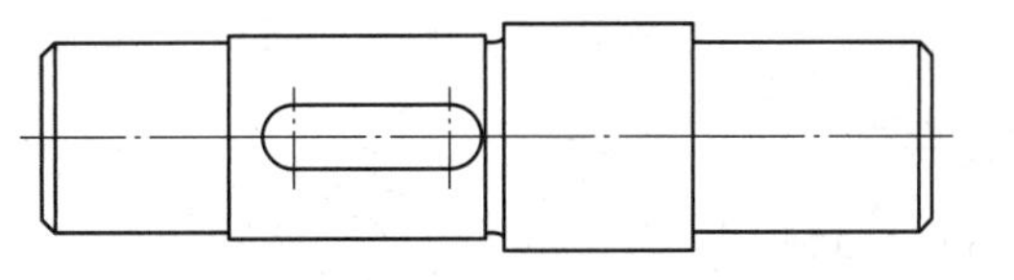

图 8-29　绘制移出断面

5. 绘制退刀槽的局部放大图

❶单击【常用】选项卡→【绘图】面板→【局部放大图】按钮，系统弹出立即菜单，设置立即菜单各选项为 [1.圆形边界 2.加引线 3.放大倍数 4 4.符号 I 5.保持剖面线图样比例]。

❷根据提示指定放大区域的中心点，输入圆形边界的半径或圆上一点，再输入符号的插入点。此时局部放大图“挂”在十字指针上，根据系统提示输入局部放大图的插入点、图形旋转角度、符号插入点，局部放大图即可出现在绘图区上，如图 8-30 所示。

❸单击【常用】选项卡→【修改】面板→【分解】按钮，分解局部放大图（也可使用【块编辑】命令编辑修改）。

❹选择【删除】命令删除局部放大图的圆形边界。

❺选择【样条】命令绘制断裂线，并将其移至细实线层，编辑修改后的局部放大图如图 8-31 所示。

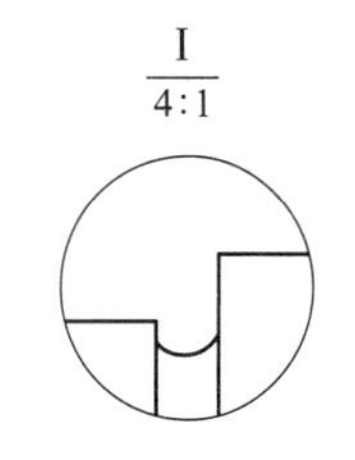

图 8-30　作出局部放大图

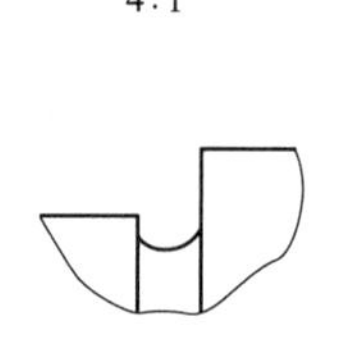

图 8-31　修改后的局部放大图

提示

绘制断裂线时，除了要拾取一些屏幕点外，还需要捕捉图形中的端点。绘制完毕后，可通过夹点编辑方式移动插值点的位置，从而调整断裂线的形状。

步骤 4　标注主视图

1. 设置标注样式

❶单击【常用】选项卡→【标注】面板→【样式管理】按钮，弹出【样式管理】对话框。

❷在【文本风格】选项卡中选择【机械】文字样式，即将其【西文字体】改为【国标 . shx】、默认字高为 3. 5。

提示

在 CAXA 电子图板中，由于各工程标注样式默认的文本风格均为【机械】，为了操作简单，直接修改【标准】文字样式，即将其【西文字体】改为【国标 . shx】。

2. 标注剖切符号及剖视图名称

❶单击【常用】选项卡→【标注】面板→【剖切符号】按钮，系统弹出立即菜单，设置立即菜单各选项为 [1.垂直导航 2.手动放置剖切符号名]。

❷根据系统提示画剖切符号，单击鼠标右键后选择剖切方向，然后在弹出的立即菜单中设置 [1.剖面名称 A]，最后指定剖切符号的标注位置即可，如图 8-32 所示。

3. 标注尺寸及尺寸公差

❶先标注轴左侧的直径尺寸 $\phi30\pm0.01$。单击【常用】选项卡→【标注】面板→【尺寸标注】按钮，系统弹出立即菜单，在立即菜单中选择【基本标注】。

❷按照系统提示，拾取 $\phi30$ 轴段的两个边线。此时系统弹出新的立即菜单，设置为 1. 基本标注 2. 文字平行 3. 直径 4. 文字居中 5.前缀 %c 6.后缀 7.基本尺寸 30。

❸当系统提示“指定尺寸线位置:”时，单击右键弹出【尺寸标注属性设置】对话框。在对话框中设置【输入形式】和【输出形式】均为【偏差】，并填入所需的上、下偏差值，如图 8-33 所示，单击 确定 按钮，即完成 $\phi30$ 轴段的尺寸及公差标注。

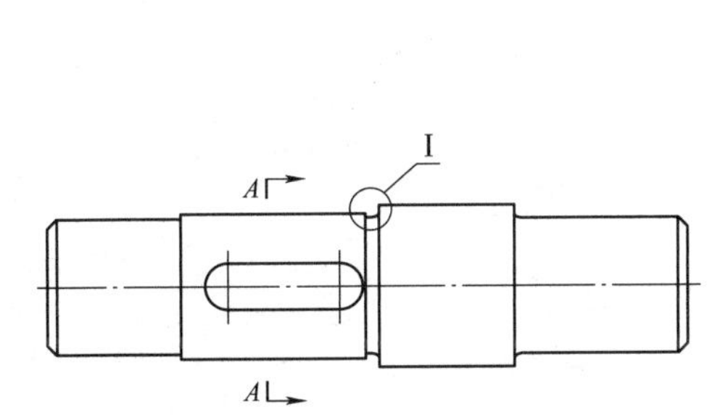

图 8-32　标注剖切符号及剖视图名称

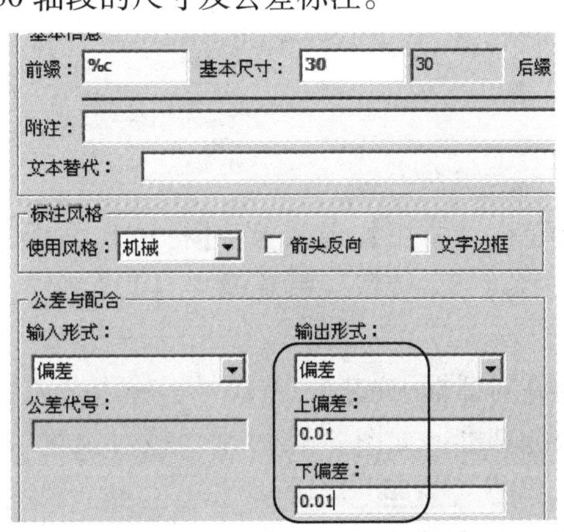

图 8-33　设置尺寸公差

❹同理，标注其他直径和长度尺寸及对应的尺寸公差，标注结果如图 8-34 所示。

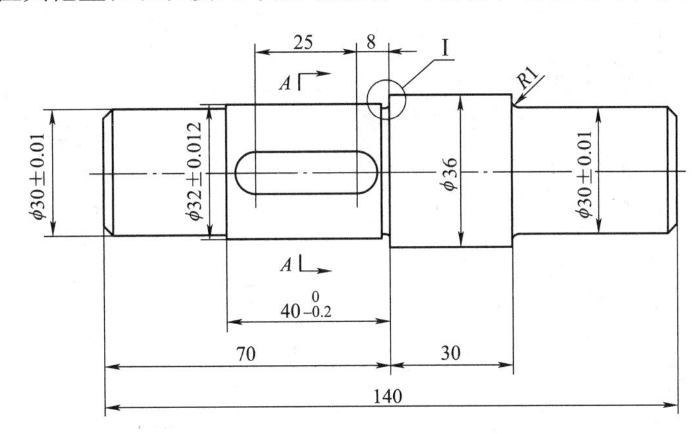

图 8-34　标注基本尺寸及尺寸公差

4. 标注基准符号

❶单击【常用】选项卡→【标注】面板→【基准代号】按钮，系统弹出立即菜单，各选项设置为 1. 基准标注 2. 给定基准 3. 默认方式 4.基准名称 *B*，根据系统提示拾取轴左端 $\phi30\pm0.01$ 的尺寸界线，屏幕上出现基准符号的动态图形，拖动到所需位置后单击确定。

❷同理，完成基准符号 *C* 的标注，如图 8-35 所示。

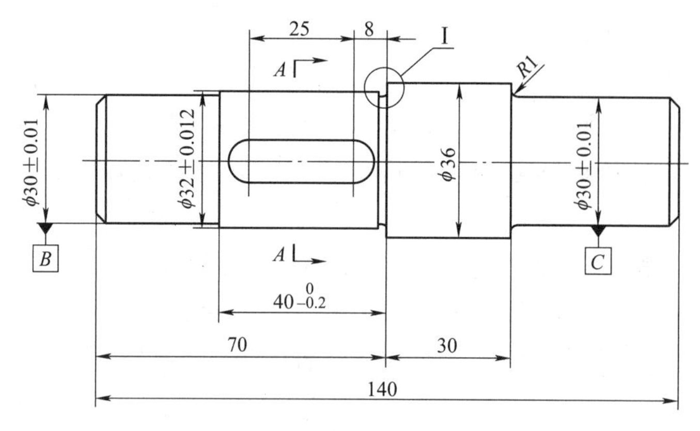

图 8-35　标注基准符号

5. 标注几何公差

❶单击【常用】选项卡→【标注】面板→【形位公差】按钮，系统弹出【形位公差】对话框。

❷在对话框中选择公差代号，输入公差数值和公差基准，如图 8-36 所示。核对预览区，无误后单击 确定[O] 按钮。

❸在立即菜单中选择【水平标注】后，根据系统提示，拾取要标注的元素并确定标注位置即可，标注结果如图 8-37 所示。

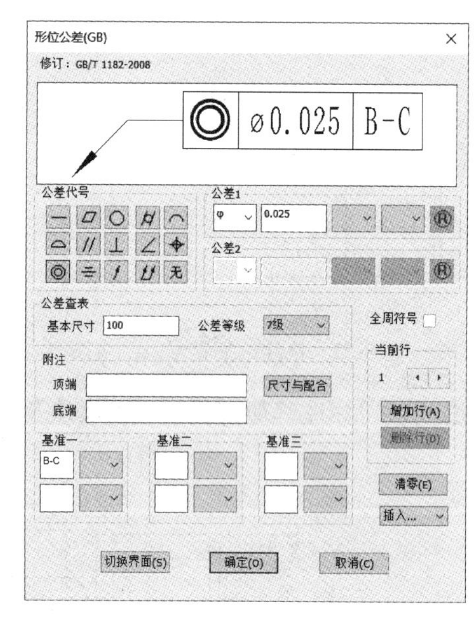

图 8-36　标准几何公差

6. 标注表面粗糙度

❶单击【常用】选项卡→【标注】面板→【粗糙度】按钮，选择 1. 标准标注 2. 默认方式。系统弹出【表面粗糙度】对话框，根据需要输入，如图 8-38a 所示，单击 确定 按钮。

❷根据系统提示拾取要标注的直线，确定标注位置。同理，标注图中其他表面粗糙度。

❸单击【标注】选项卡→【标注】面板→【文字】A按钮，选择【指定两点】方式，拾取两点后系统弹出文本编辑器和文字输入框。

❹设置字高为 5，单击 插入... 下拉列表选择【粗糙度】，如图 8-38b 所示。系统弹出【表面粗糙度】对话框，根

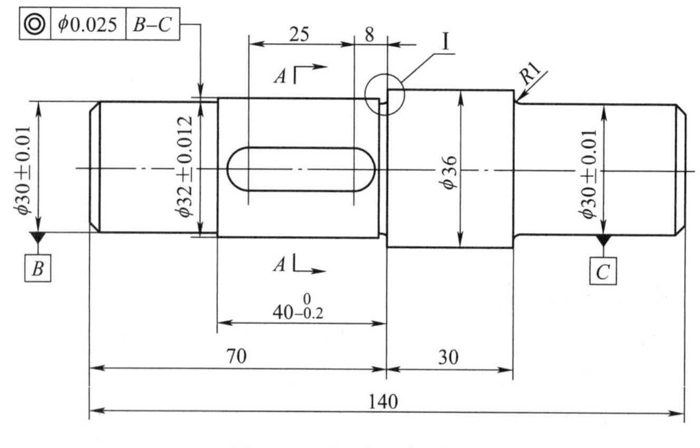

图 8-37　标注几何公差

据需要输入参数后单击［确定］按钮，此时文本编辑器和文字输入框如图 8-39 所示。

❺单击［确定］按钮，系统生成相应的文字并插入到指定位置。

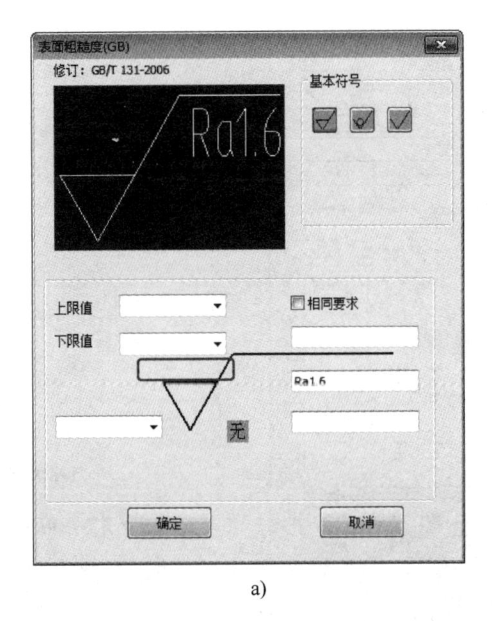

a)

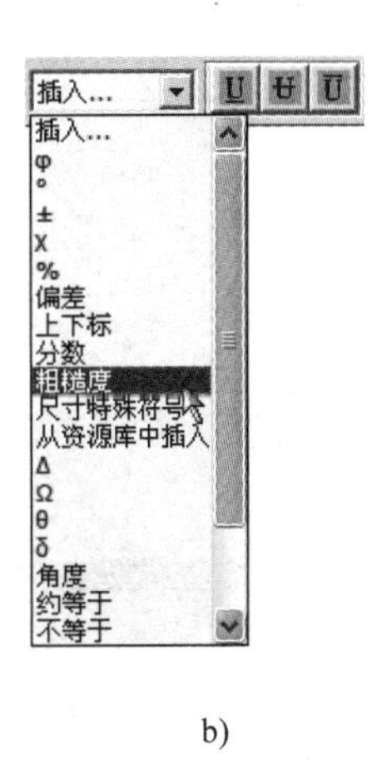

b)

图 8-38 输入粗糙度数值

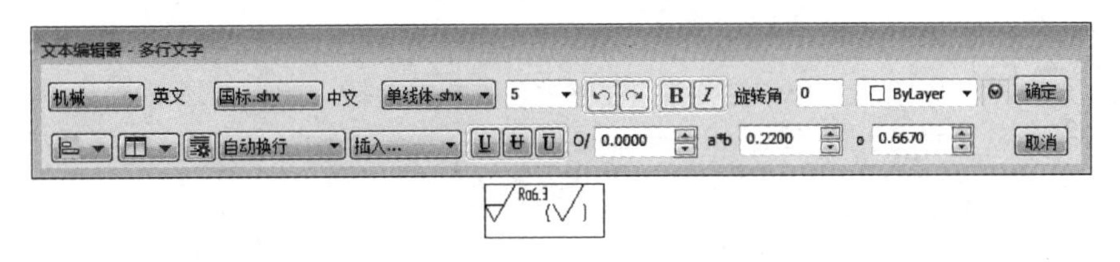

图 8-39 填写文字

提示

表面粗糙度标注后，可使用【平移】命令调整位置。

步骤 5 标注移出断面和局部放大图

❶单击【常用】选项卡→【标注】面板→【尺寸标注】按钮，利用【基本标注】方式标注移出断面和局部放大图的尺寸及尺寸公差。

❷单击【常用】选项卡→【标注】面板→【文字】A按钮，使用【指定两点】方式，在移出断面上方标注 *A*—*A*。

步骤 6 标注技术要求

标注技术要求可以使用【文字标注】命令，但使用 CAXA 电子图板提供的【技术要求库】命令更为方便，有关【技术要求库】命令的具体操作方法将在第 9 章中介绍。

❶单击【标注】选项卡→【文字】面板→【技术要求】按钮，在【技术要求库】对话

框中填写技术要求，如图 8-40 所示。

❷单击 生成 按钮，根据提示指定标注区域，即可生成技术要求，如图 8-41 所示。

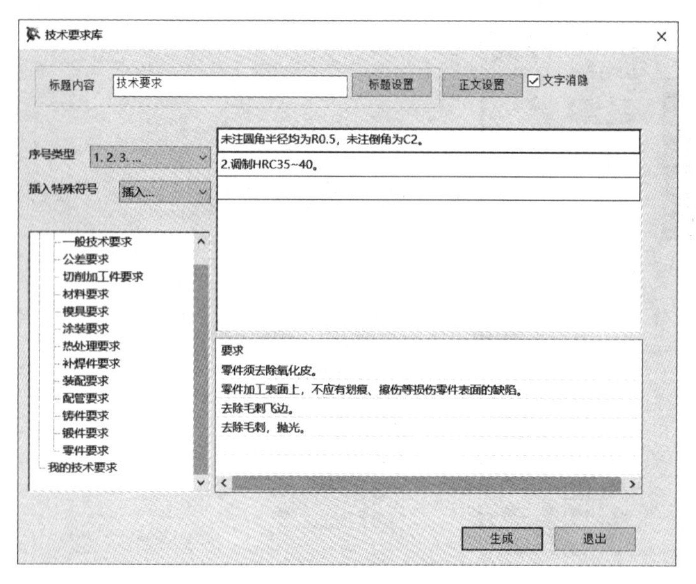

图 8-40　填写技术要求

技术要求

1.未注圆角半径为R0.5，未注倒角为C2。

2.调质35～40HRC。

图 8-41　生成技术要求

提示

双击技术要求文字或选中文字后在右键快捷菜单中选择“编辑”，系统均弹出【技术要求库】对话框，可编辑文字内容、文字标注参数，还可以重新设置标注区域。

步骤 7　填写标题栏

❶单击【图幅】选项卡→【标题栏】面板→【填写标题栏】按钮，启动【填写标题栏】命令，系统弹出【填写标题栏】对话框。

❷如图 8-42 所示逐项填写后，单击 确定 按钮，传动轴的零件图绘制完毕。

步骤 8　保存文件

❶单击【视图】选项卡→【显示】面板→【显示全部】按钮，将屏幕上绘制的所有图形按充满屏幕的方式重新显示出来。

❷单击快速启动工具栏中的【保存】按钮，保存绘制好的图形。

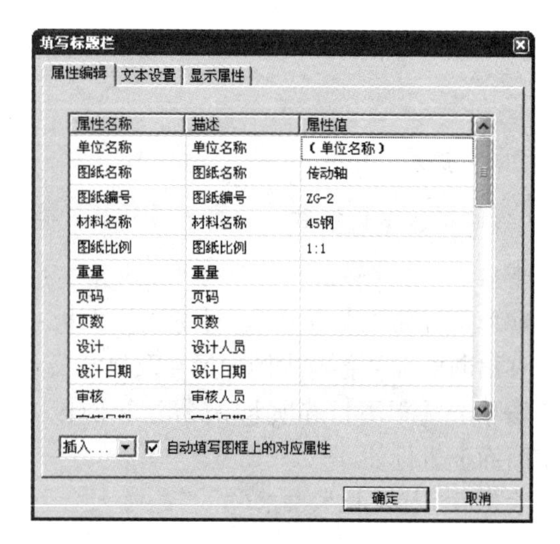

图 8-42　填写标题栏

提示

为了防止断电等意外发生，在步骤 1 创建文件后即可保存文件。在绘图过程中，还应注意经常单击快速启动工具栏中的按钮保存所绘图形。

8.6 综合实例二——绘制轴承座零件图

箱体类零件是组成机器或部件的主要零件，主要功能是容纳、支撑和固定其他零件。箱体上常有薄壁围成的不同形状空腔，有轴承孔、凸台、肋板、安装底板、安装孔、螺孔等结构。箱体类零件内外结构都比较复杂，一般以工作位置及最能反映其各组成部分形状特征及相对位置的方向作为主视图的投射方向。根据具体零件，往往需要多个视图、剖视图以及其他表达方法来表示。

实例要求

用 A4 图幅，按 1∶1 比例绘制如图 8-43 所示的轴承座，以掌握箱体类零件的绘制思路、过程和作图技巧。

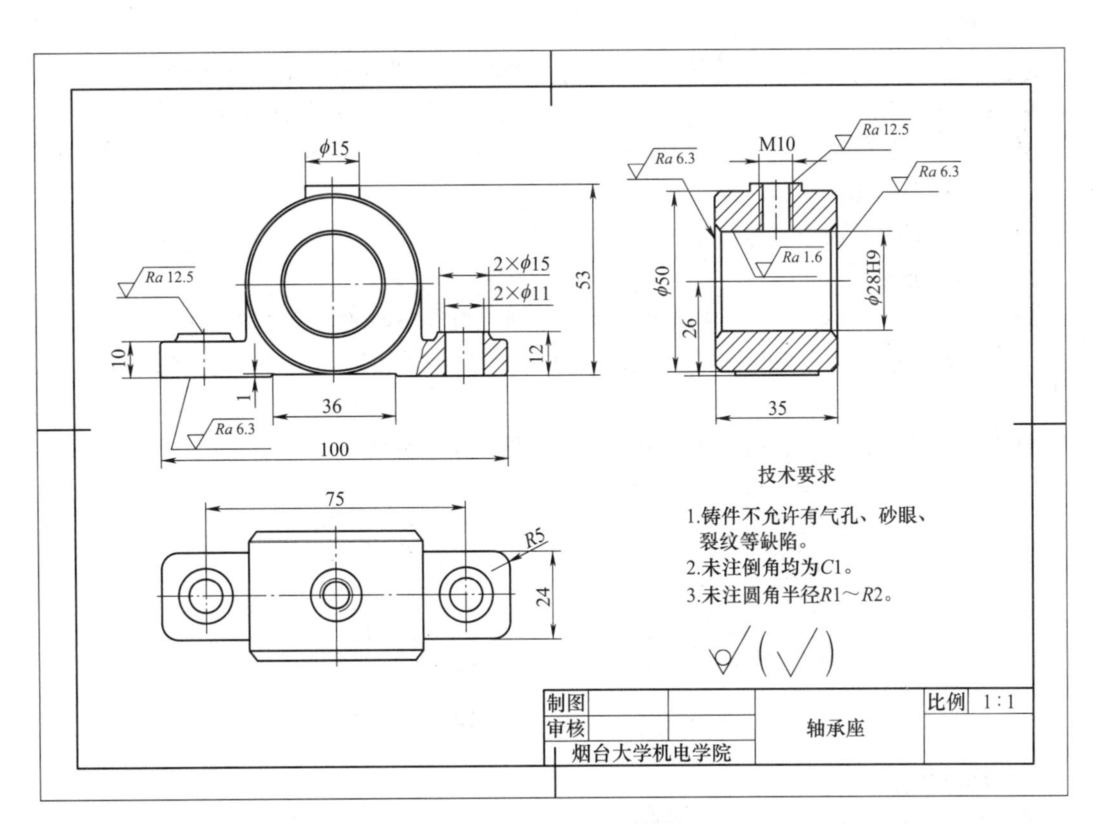

图 8-43 轴承座的零件图

设计思路

1）先绘制轴承座主视图。

2）利用导航捕捉方式，根据长对正的投影规律绘制俯视图。

3）利用三视图导航功能，根据高平齐、宽相等的投影规律绘制左视图。

操作步骤

步骤 1　创建文件并设置绘图环境

❶启动 CAXA 电子图板，选择选项卡模式界面的 Blank 模板，建立一个新文件。

❷将当前层设为粗实线层，线型、线宽和颜色均设为 ByLayer。

❸设置点捕捉方式为【智能】方式。

步骤 2　设置图纸幅面并调入图框和标题栏

❶单击【图幅】选项卡→【图幅】面板→【图幅设置】按钮，系统弹出【图幅设置】对话框。

❷在该对话框中设置图纸幅面为【A4】，图纸方向为【横放】，绘图比例为【1∶1】，图框为【A4A-A】，标题栏为【School（CHS）】，单击 确定[O] 按钮即可。

步骤 3　绘制主视图

1. 绘制主要轮廓

❶选择【矩形】命令，以【长度和宽度】方式画出长为 100、宽为 10 的矩形。

❷选择【平行线】命令，以【偏移方式】画出与底面线距离为 26 的平行线。

❸选择【圆】命令，捕捉平行线中点为圆心，绘制 $\phi28$、$\phi30$、$\phi48$、$\phi50$ 的四个同心圆及 $\phi50$ 圆的中心线。

❹选择【删除】命令，删除平行线，如图 8-44 所示。

2. 绘制底面凹槽

❶选择【孔/轴】命令，设置立即菜单为 1: 轴 2: 直接给出角度 3: 中心线角度 90 。以垂直中心线与底面线的交点为起点，【起始直径】与【终止直径】均为 36、长度为 1，作出轮廓线。

❷选择【裁剪】命令，裁剪出底面凹槽，如图 8-45 所示。

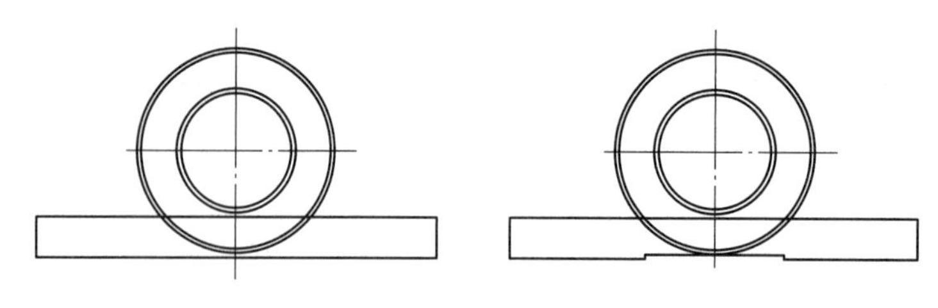

图 8-44　绘制主要轮廓　　图 8-45　绘制底面凹槽

3. 绘制左侧凸台

❶选择【平行线】命令，画出与竖直中心线距离为 37. 5 的平行线。

❷选择【孔/轴】命令，以平行线与底板顶面线的交点为起点，【起始直径】与【终止直径】均为 15、轴的长度为 2，向上作出 $\phi15$ 凸台的轮廓线。

❸选择【删除】命令，删除平行线。

❹使用夹点编辑，调整凸台中心线的长度。

❺选择【直线】命令，以 ϕ50 圆与水平中心线的左交点为起点、到底板顶面线的垂足点为终点画出一条直线。

4. 绘制右侧结构

❶选择【镜像】命令，如图 8-46 所示以由左往右【完全窗口】方式拾取图形，作出镜像图形。

❷选择【裁剪】命令，裁掉多余的线，如图 8-47 所示。

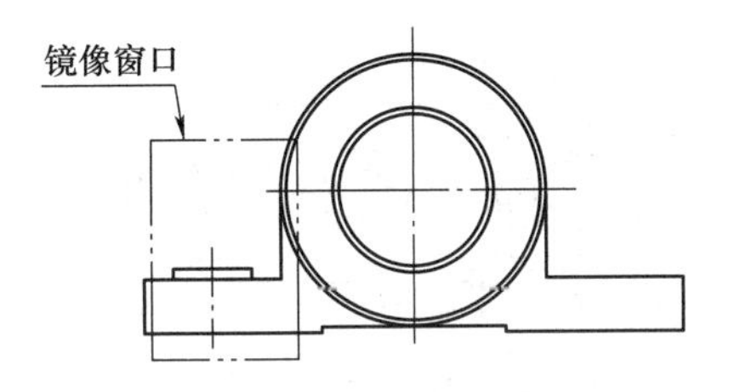

图 8-46　绘制左侧结构

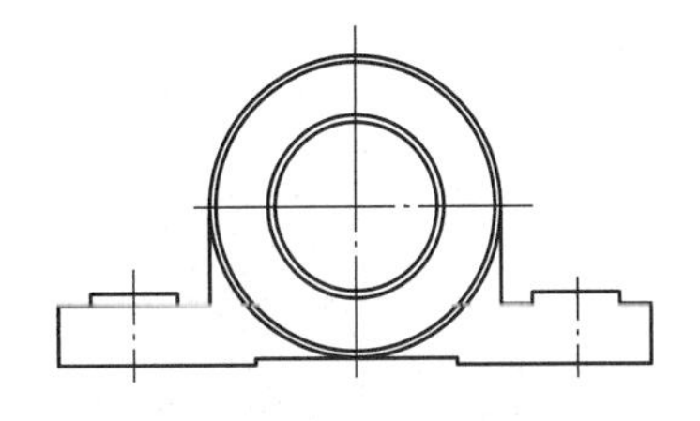

图 8-47　镜像后裁剪

❸选择【孔/轴】命令，以右边凸台与中心线的交点为起点，【起始直径】与【终止直径】均为 11、孔的长度为 12，作出 ϕ11 通孔的轮廓线。

❹选择【样条】命令，绘制断裂线。通过【特性】工具选项板，把该断裂线的图层改为细实线层。

❺选择【剖面线】命令，绘制剖面线。孔的局部剖绘制完毕，如图 8-48 所示。

❻选择【平行线】命令，画出与水平中心线距离为 27 的平行线且与垂直中心线距离为 7. 5 的双向平行线。

❼选择【裁剪】命令，裁掉多余的线。主视图绘制完毕，如图 8-49 所示。

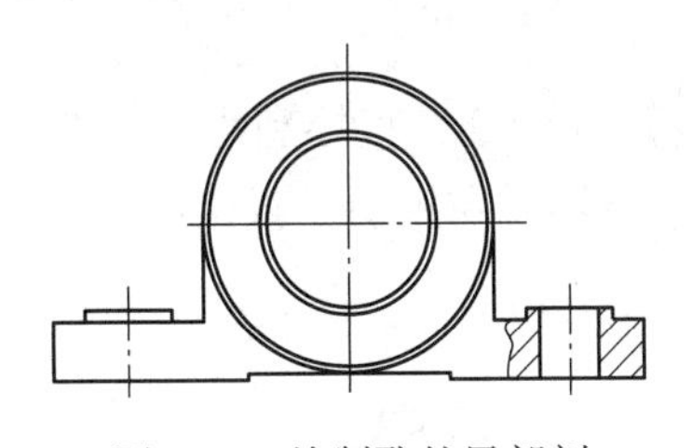

图 8-48　绘制孔的局部剖

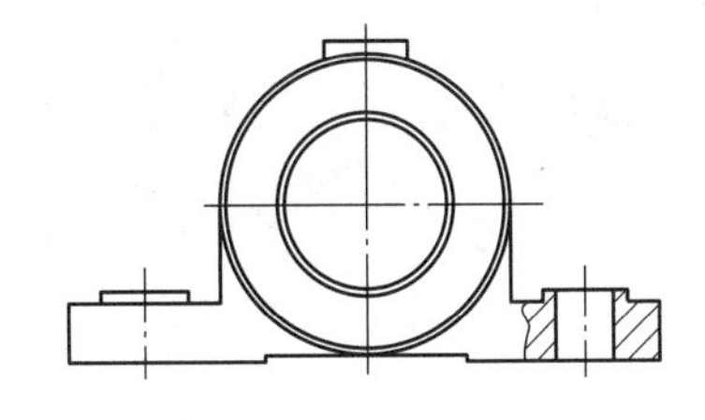

图 8-49　绘制主视图

步骤 4　绘制俯视图

❶设置屏幕点捕捉方式为 导航 。

❷选择【矩形】命令，以【长度和宽度】方式画出长为 50、宽为 35 的矩形及中心线，注意定位点要在捕捉圆心的导航指引线上。

❸继续画出长为 25、宽为 24 的矩形及中心线，定位方式如图 8-50 所示。

❹选择【圆】命令，在小矩形中心绘制 ϕ11、ϕ15 的同心圆，在大矩形中心绘制 ϕ15 的圆。

❺选择【过渡】命令，以【圆角】方式绘制 *R*5 的圆角，以【外倒角】方式绘制 *C*1 的倒角。

❻选择【镜像】命令，窗口方式拾取图形，镜像出底板右侧图形。

❼选择【圆】、【裁剪】命令绘制中心 M10 内螺纹的投影。俯视图绘制完毕，如图 8-51 所示。

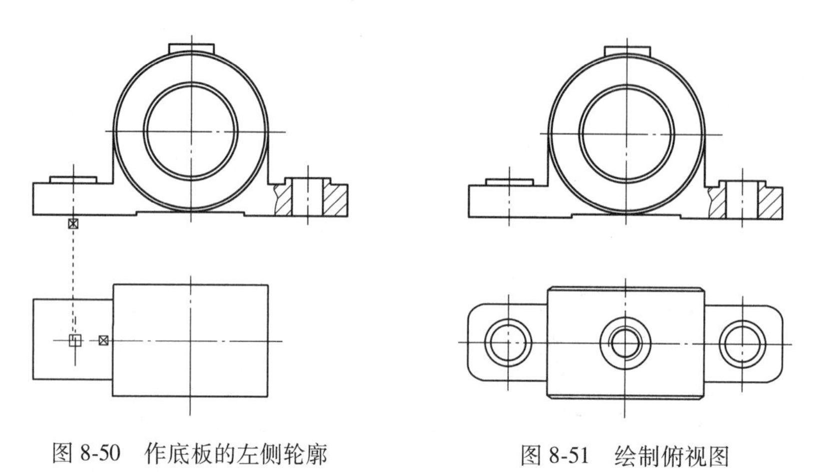

图 8-50　作底板的左侧轮廓　　　　图 8-51　绘制俯视图

提示

内螺纹的投影可以从图库中调用。方法是：单击【常用】选项卡→【基本绘图】面板→【提取图符】按钮，弹出【提取图符】对话框。选择【zh-CN \ 常用图形 \ 螺纹】，在列表中选择【内螺纹-粗牙】，提取 *D* 为 10 的图形。

步骤 5　绘制左视图

❶选择【矩形】命令，以【长度和宽度】方式作长为 35、宽为 50 的矩形及中心线，如图 8-52 所示确定定位点。也可按〈F7〉键，绘制出 45°的黄色导航线，如图 8-53 所示确定定位点。

❷用【孔/轴】、【过渡】、【裁剪】、【剖面线】等命令，直接利用尺寸绘制左视图。当画出导航线时，也可以利用高平齐、宽相等投影规律绘制左视图。直接利用尺寸绘制此图比较方便快捷。

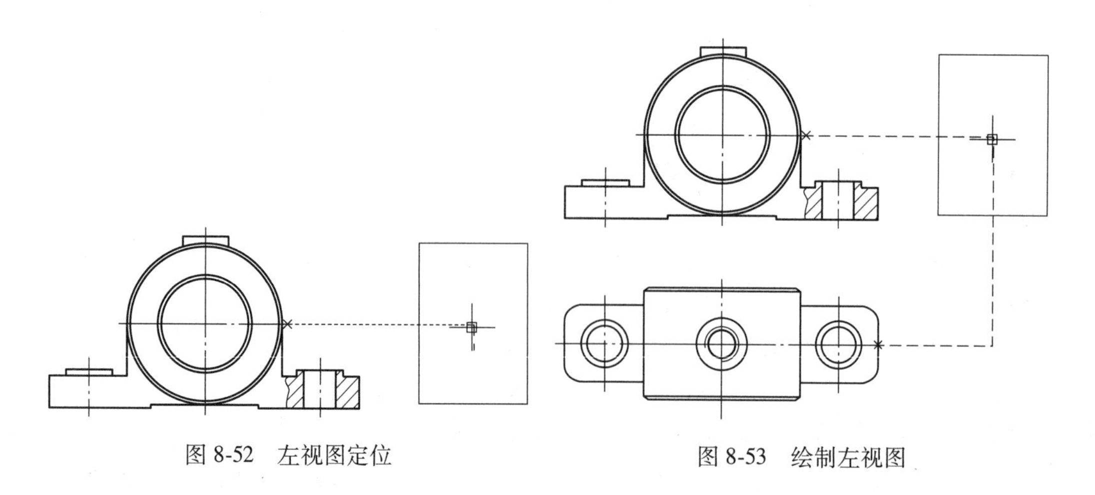

图 8-52　左视图定位　　　　图 8-53　绘制左视图

步骤6　绘制铸造圆角

选择【过渡】命令，以【圆角】方式绘制三视图中 $R1\sim R2$ 的圆角。

步骤7　标注尺寸、表面粗糙度和技术要求

❶根据需要设置工程标注样式。

❷选择【尺寸标注】命令，以【基本标注】方式即可标注图中尺寸及尺寸公差。

❸选择【粗糙度】命令，标注表面粗糙度。

❹选择【文字】命令，标注标题栏上方的表面粗糙度。

❺选择【技术要求库】命令，标注技术要求。

提示

当视图间没有足够的位置标注尺寸时，可以单击状态栏工具区 正交 按钮，使系统处于正交状态，然后通过【平移】命令中的【给定偏移】方式调整间距。

步骤8　填写标题栏、保存文件

❶选择【填写标题栏】命令填写标题栏，至此图形绘制完毕。

❷单击快速启动工具栏中的【保存】按钮，保存绘制好的图形。

8.7　思考与练习

1. 概念题

（1）可以通过哪几种方法设置导航线？

（2）怎样关闭导航线？

（3）根据宽相等投影规律，使用导航功能绘制视图，必须具备哪两个条件？

（4）用 CAXA 电子图板绘制零件图的一般步骤是什么？

（5）用 CAXA 电子图板绘制工程图要注意哪些问题？

2. 操作题

（1）绘制如图 8-54 所示的三视图。

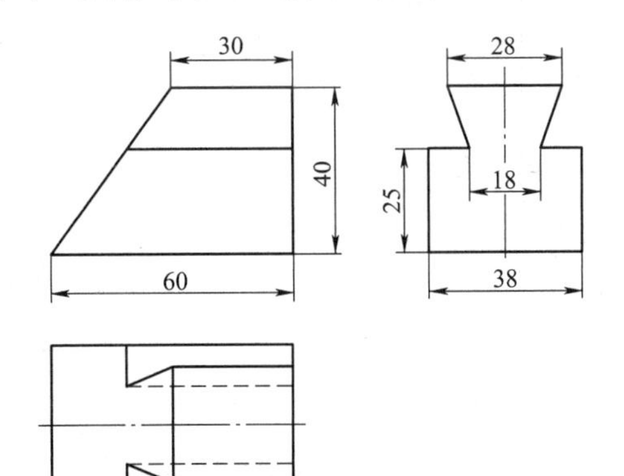

【提示】

① 根据尺寸绘制主视图。

② 根据尺寸绘制左视图，利用导航点捕捉方式保证高平齐。

③ 利用三视图导航功能绘制俯视图，保证长对正、宽相等。

图 8-54　三视图

（2）绘制如图 8-55 所示的底座三视图。

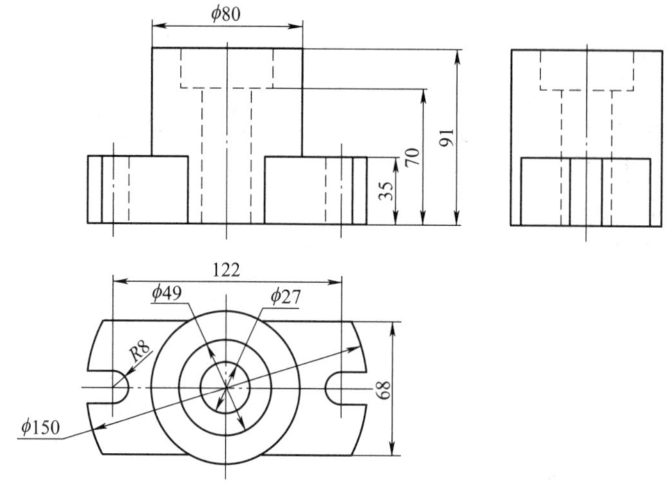

图 8-55　底座三视图

（3）绘制如图 8-56 所示的剖视图。

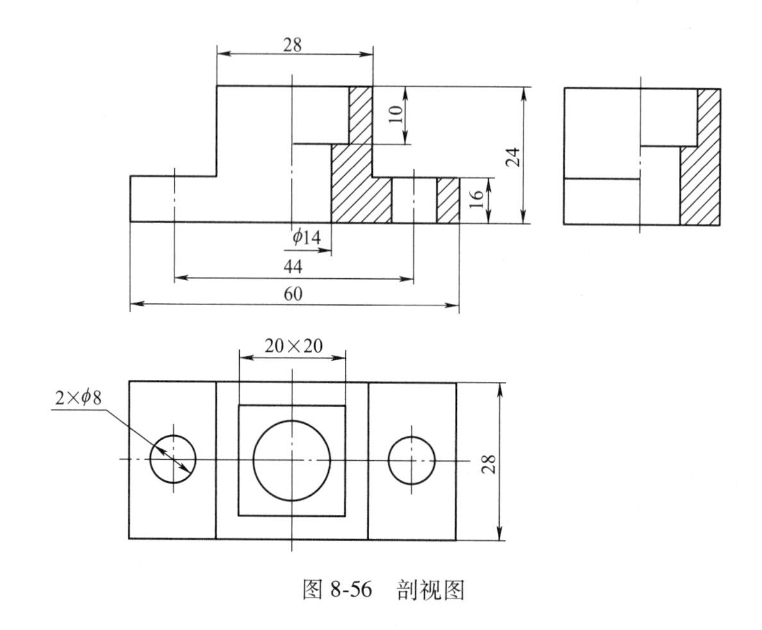

图 8-56　剖视图

（4）绘制如图 8-57 所示的齿轮轴零件图。
（5）绘制如图 8-58 所示的螺塞零件图。
（6）绘制如图 8-59 所示的泵盖零件图。
（7）绘制如图 8-60 所示的泵体零件图。
（8）绘制如图 8-61 所示的螺杆零件图。
（9）绘制如图 8-62 所示的齿轮零件图。

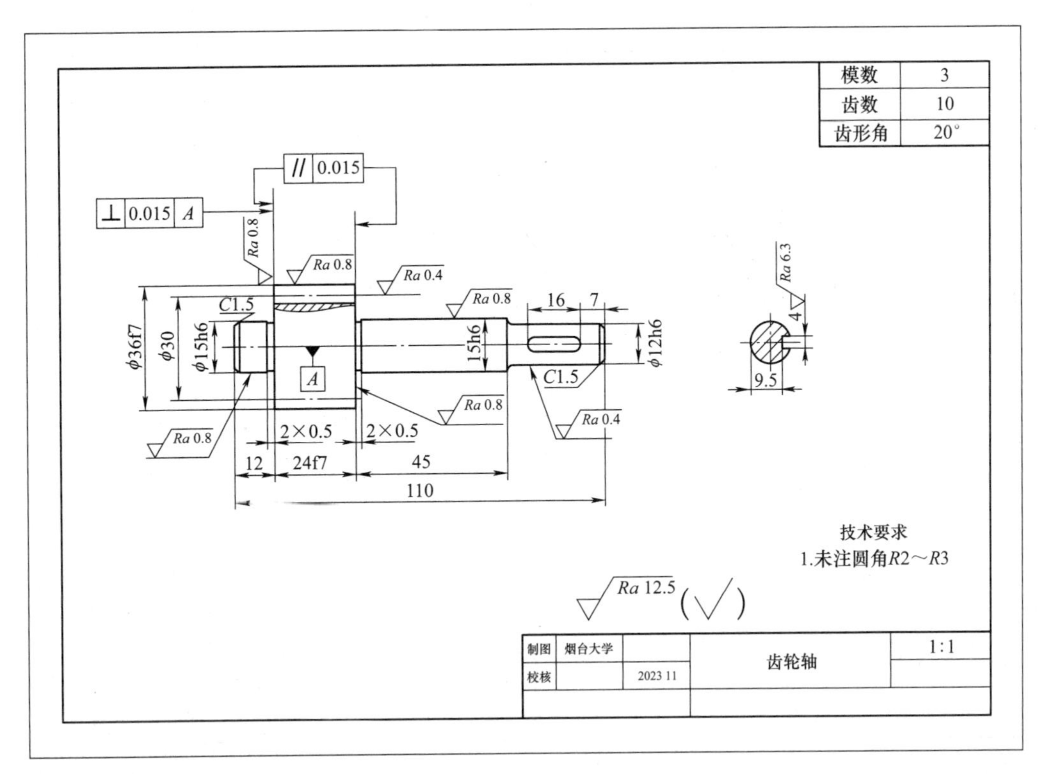

图 8-57　齿轮轴零件图

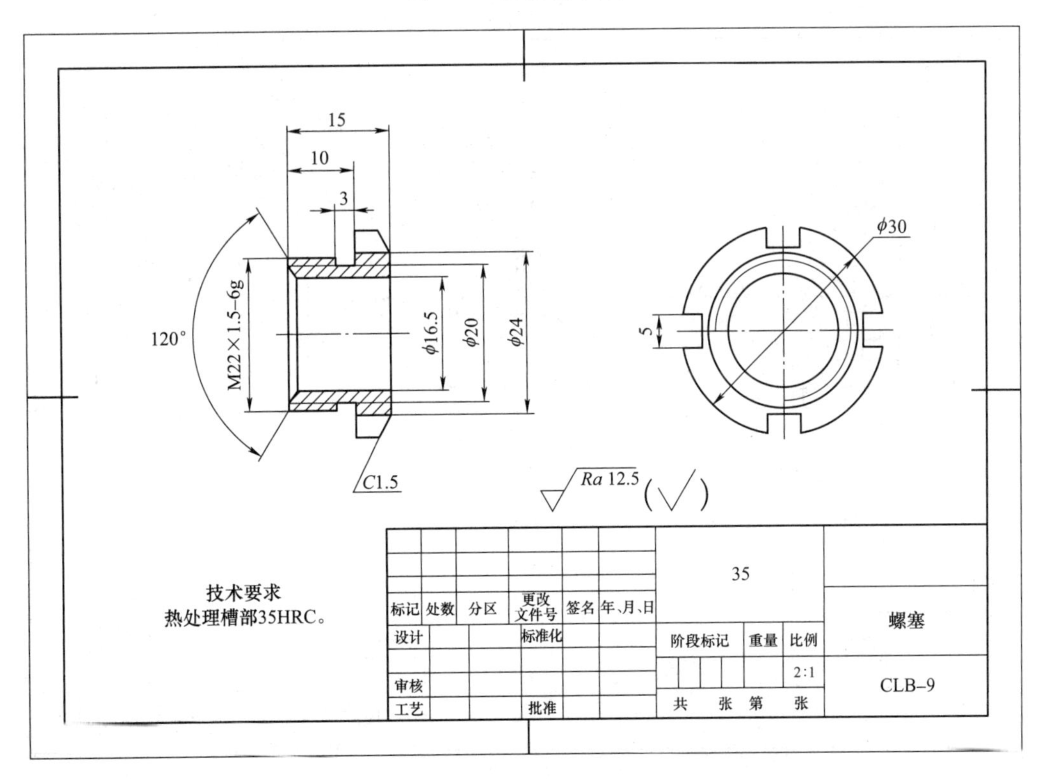

图 8-58　螺塞零件图

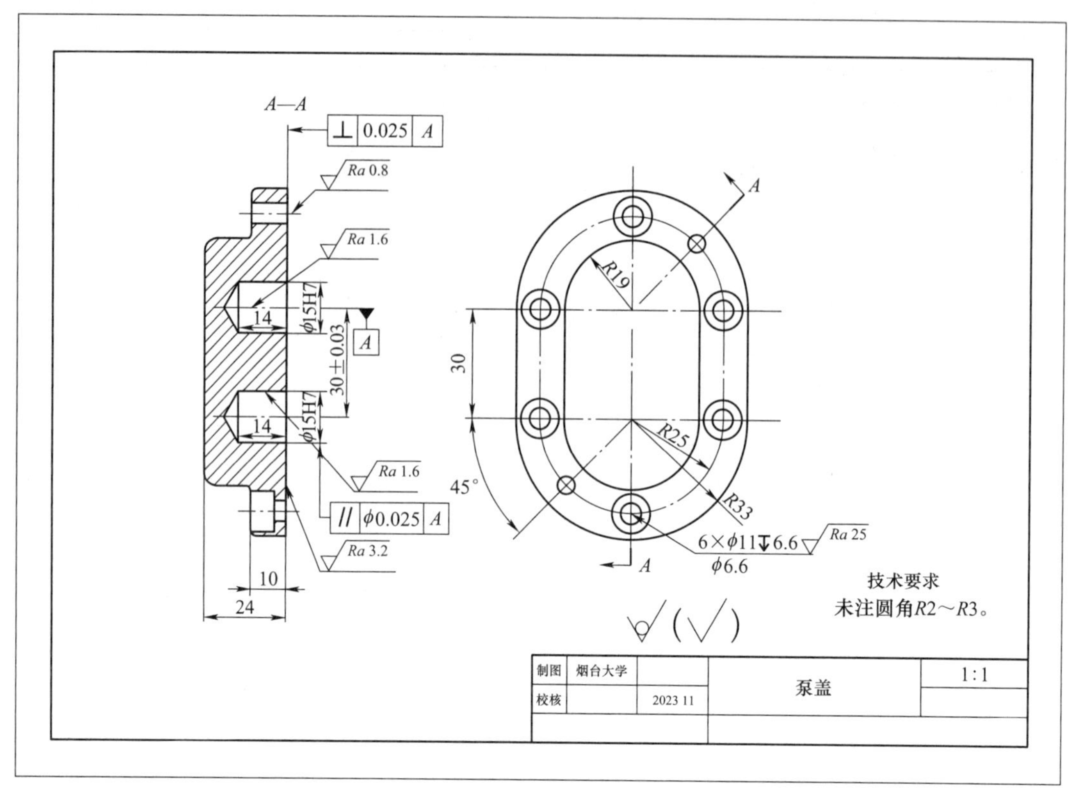

图 8-59 泵盖零件图

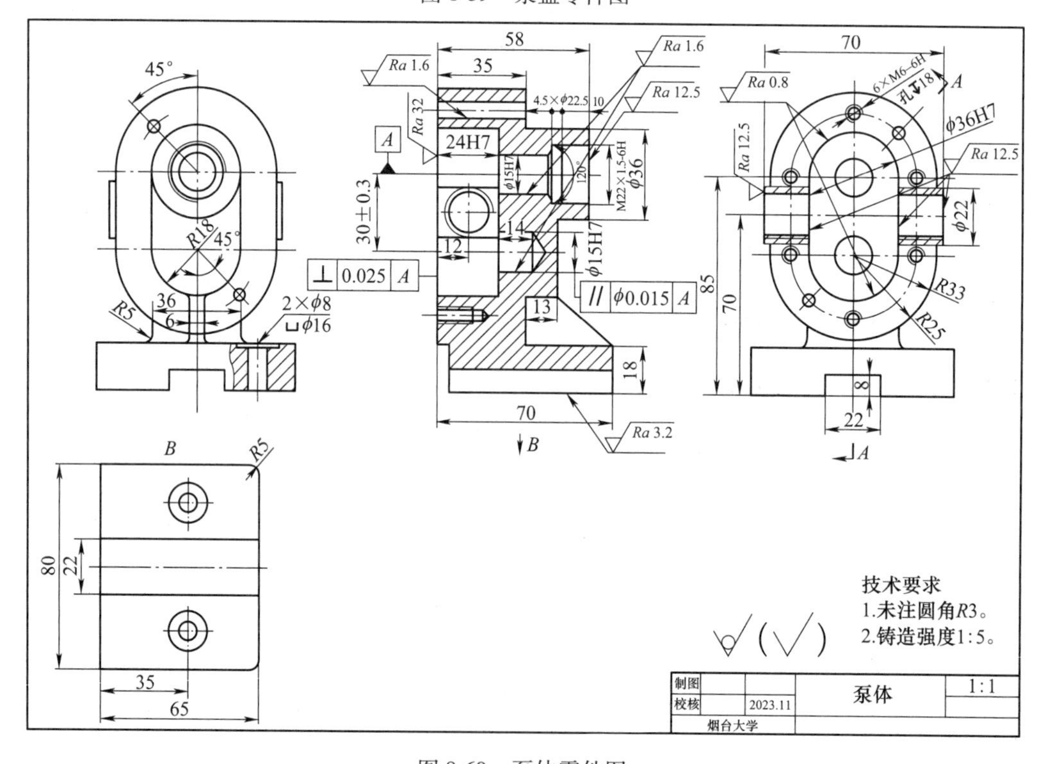

图 8-60 泵体零件图

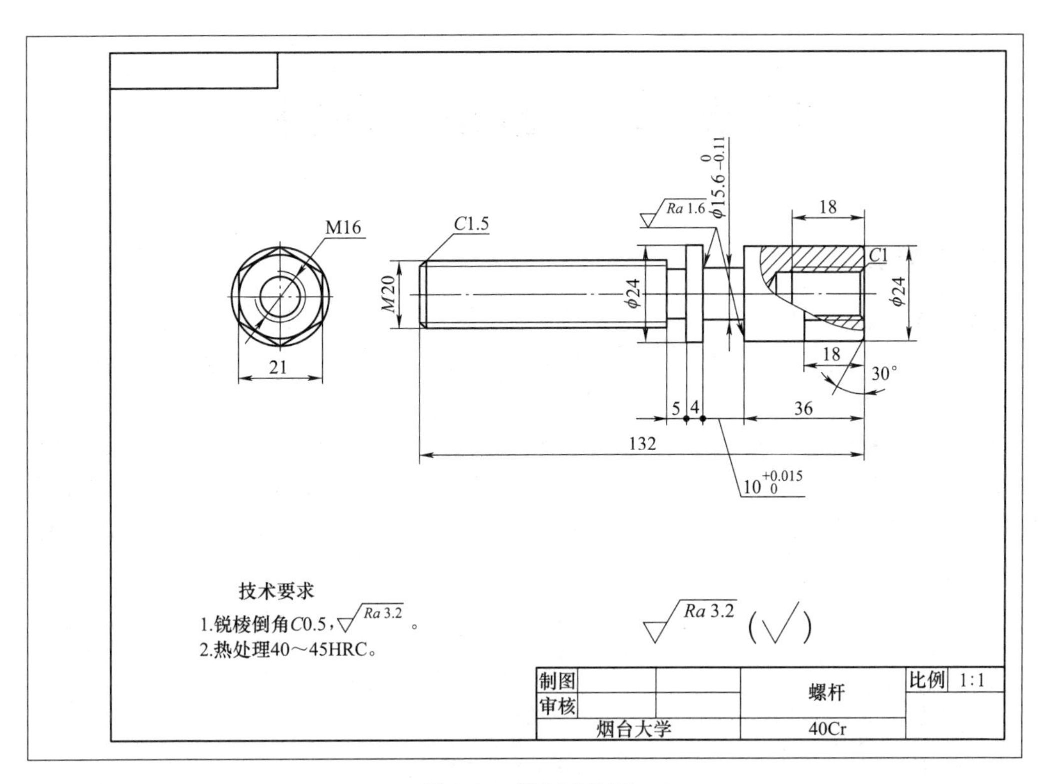

图 8-61　螺杆零件图

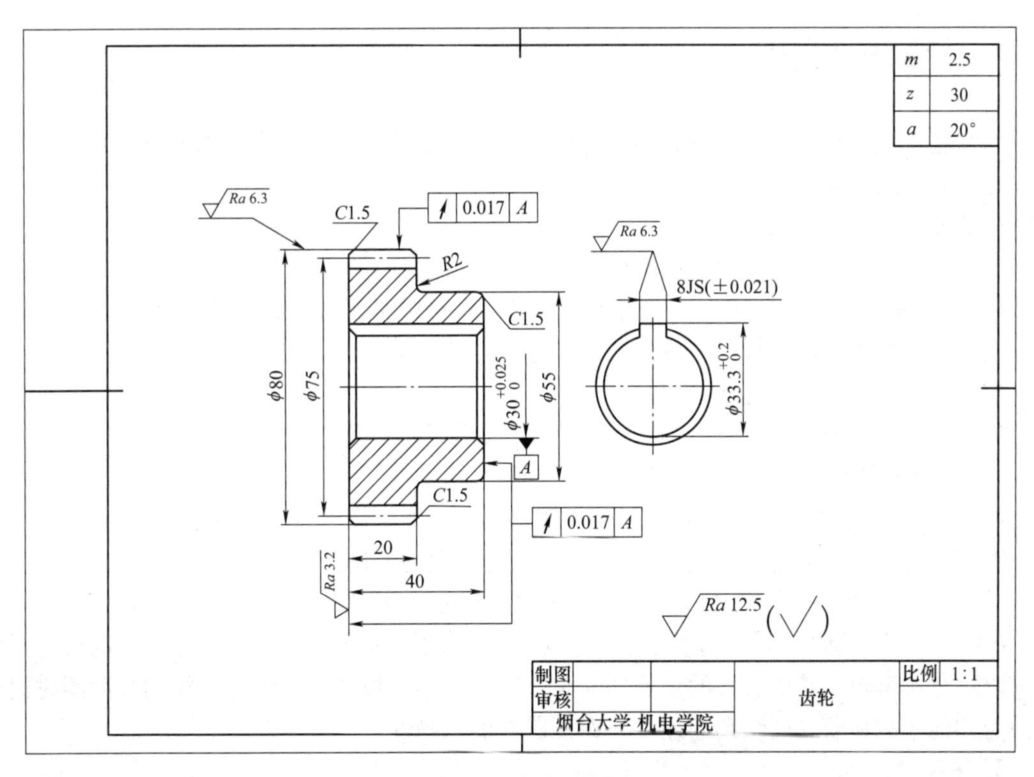

图 8-62　齿轮零件图

第 9 章　图块与图库

内容与要求

图块由若干个相互独立的图形元素组合而成，是一种复合形式的图形实体。图块不但可以编辑操作，而且还可以实现消隐，消隐功能给绘制装配图带来极大的方便。此外，块可以保存与其相关联的属性，如块的名称、材料等。

CAXA 电子图板为用户提供了多种标准件的参数化图库，用户可以按规格尺寸提取各种标准件，也可以按输入的非标准尺寸提取。CAXA 电子图板的图库是一个开放式的图库，用户不但可以提取图符，还可以自定义图符建立自己的图形库，并能通过图库管理工具对图符进行各种管理。

学习本章应达到如下目标。

- 掌握创建块、插入块和消隐块的方法
- 掌握块的在位编辑
- 掌握提取图符的方法
- 掌握技术要求库、构件库的使用

9.1　基础知识

本章主要介绍 CAXA 电子图板图块与图库的有关知识与具体操作，本节首先介绍有关图块与图库的功能与特点。

1. 图块

图块是由多个元素组成的一组实体，具有如下特点。

1）块是复合型图形实体，可以由用户定义。块被定义生成后，原来若干相互独立的实体形成统一的整体，对它可以进行类似于其他实体的移动、复制、删除等各种操作。图块便于图形的调用，适用于重复性绘图。

2）块可以被分解，即构成块的图形元素又成为可独立操作的元素。

3）利用块可以实现图形的消隐。

4）利用块可以保存与该块相关联的非图形信息，即块属性，如块的名称、材料等。

5）利用块可以实现图库中各种图符的生成、存储与调用。

6）CAXA 电子图板中属于块的图素有图符、尺寸、文字、图框、标题栏、明细表等。

CAXA 电子图板中，图块操作包括创建块、插入块、块消隐、块属性等，已定义的图块还可以进行块编辑。其中，块的消隐功能是 CAXA 电子图板的一大特色，绘制装配图时使用块消隐功能，能显著提高绘图的速度，保证图样的正确性。

2. 图库

图库由各种图符组成，而图符是由一些基本图形对象组合而成的对象，同时具有参数、属性、尺寸等多种特殊属性。通过提取图符可以按所需参数快速生成一组图形对象，并且方便后续的各种编辑操作。

图符按是否参数化分为参数化图符和固定图符。图符可以由一个视图或多个视图（不超过6个视图）组成。图符的每个视图在提取出来时可以定义为块，因此在调用时可以进行块消隐。图库及块操作为用户绘制零件图、装配图等工程图样提供了极大的方便。

CAXA 电子图板的图库具有如下特点。

1）图符丰富。图库包含几十个大类、几百个小类，总计 3 万多个图符，包括各种标准件、电气元件、工程符号等，可以满足各个行业快速出图的要求。

2）符合标准。图库中的基本图符均是按照国家标准制作，确保了生成的图符符合国家标准。

3）开放式。图库是完全开放的，除了软件安装后附带的图符外，用户还可以根据需要定义新的图符，从而满足多种需要。

4）参数化。图符是完全参数化的，可以定义尺寸、属性等各种参数，方便图符的生成和管理。

5）目录式结构。图库采用目录式结构存储，便于进行图符的移动、复制、共享等。

图库的操作包括提取图符、定义图符、图库管理、驱动图符和图库转换，同时系统还提供了构件库和技术要求库。

3. 选取命令

CAXA 电子图板的图块与图库操作命令均放置在【插入】选项卡的【块】和【图库】面板中，如图 9-1 所示。

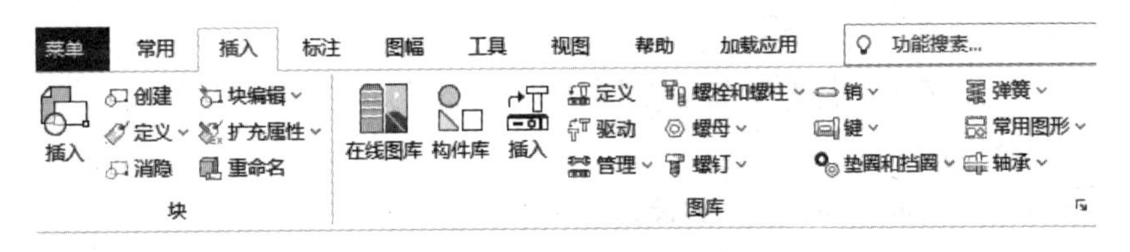

图 9-1　图块与图库操作命令

提示

【绘图】菜单中也有图块和图库的操作命令。

9.2　图块操作

通过【块定义】命令将选中的一组图形元素组合成一个整体块，可以对块进行各种图形编辑操作，块的定义可以嵌套，即一个块可以是构成另一个块的元素。组成整体的块，可以很方便地进行平移、旋转、复制、比例缩放等操作。图块操作包括创建块、插入块、消隐块、块属性等，下面详细介绍。

9.2.1　创建块

可以选择一组图形对象定义为一个块对象。每个块对象包含块名称、一个或者多个对象、用于插入块的基点坐标和相关的属性数据。

单击【插入】选项卡→【块】面板→【块】按钮或选择菜单→【绘图】→【块】→【创建】菜单命令，系统提示“拾取元素”，拾取想要组合为块的图形对象并单击鼠标右键确认。系统接着提示“基准点:”，指定图上一点作为基准点，用于块的拖动定位。基准点输入后，弹出如图 9-2 所示的【块定义】对话框，输入块的名称，单击确定(O)按钮即可完成块的创建。

创建的图块，其块名称及块定义保存在当前图形中，只能在当前图样调用。

实例演练

【例 9-1】 创建简易螺母块。

绘制如图 9-3 所示的螺母，并将其作成一个图块。

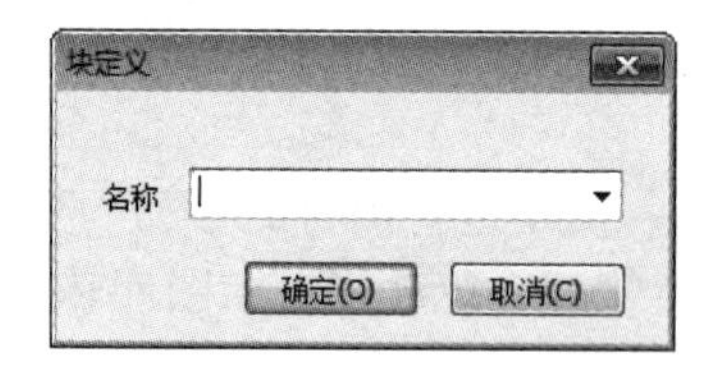

图 9-2 【块定义】对话框

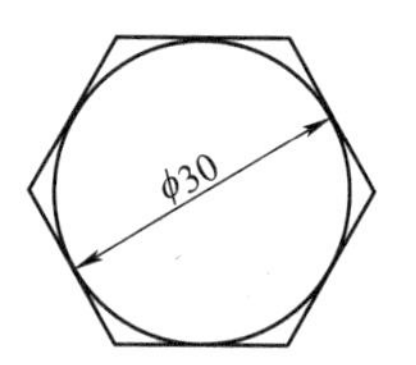

图 9-3 螺母

操作步骤

步骤 1 绘制已知图形

选择【圆】、【正多边形】命令绘制如图 9-3 所示图形。

步骤 2 创建螺母块

❶单击【插入】选项卡→【块】面板→【块】按钮。

❷系统提示“拾取元素:”，窗口方式拾取正六边形和圆，拾取完成后单击右键确认。

❸系统提示“基准点:”，捕捉圆心作为基准点（将来该块拖动定位的基准点就是圆心）。

❹弹出【块定义】对话框，在【名称】文本框中输入块的名称“螺母”，单击确定(O)按钮，一个名为“螺母”的图块创建完成。

此时用鼠标拾取螺母的任一组成元素，则整个螺母被选中，这说明六边形和圆已经组成了一个整体，如图 9-4a 所示。

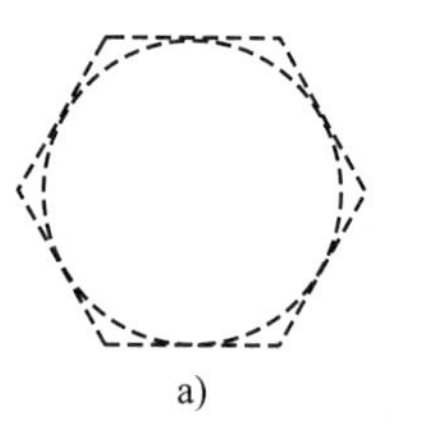

a)

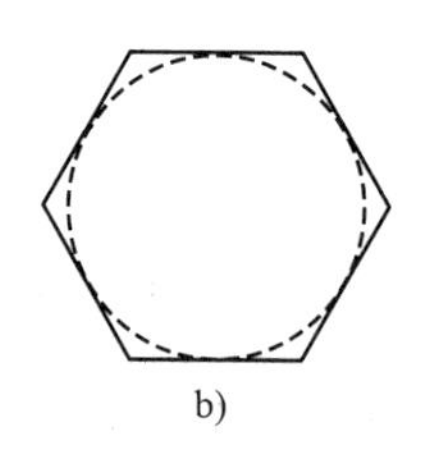

b)

图 9-4 拾取圆

a）块 b）块分解后

提示

图块可用【分解】命令打散，块打散后其各成员彼此独立，并归属于原图层。如图 9-4b 所示，该螺母块被分解后，用鼠标拾取原块内的任意一个元素，则只有该元素被选中，而其他元素没有被选中，这说明原来的块已经被分解为若干个互不相关的实体元素。

9.2.2 插入块

【插入块】命令的功能是选择一个块并插入当前图形中。单击【插入】选项卡→【块】面板→【插入块】按钮或选择菜单→【绘图】→【块】→【插入】命令，系统弹出如图9-5所示的【块插入】对话框，该对话框各选项的含义说明如下。

- 预览区：在对话框的左侧，显示要插入块的预览。
- 【名称】下拉列表框：单击从下拉列表框中选择或直接输入要插入图块的名称。
- 【比例】文本框：指定要插入图块的缩放比例。
- 【旋转角】文本框：输入要插入的图块在当前图形中的旋转角度。
- 【打散】复选项：用于指定插入的图块是否被分解。

根据需要设置后，单击 确定(O) 按钮，系统提示“插入点”，指定图块的插入位置即可完成块插入操作。如果插入的块中包含了属性，在插入块时会弹出如图9-6所示的【属性编辑】对话框，双击【属性值】下方单元格即可编辑属性。

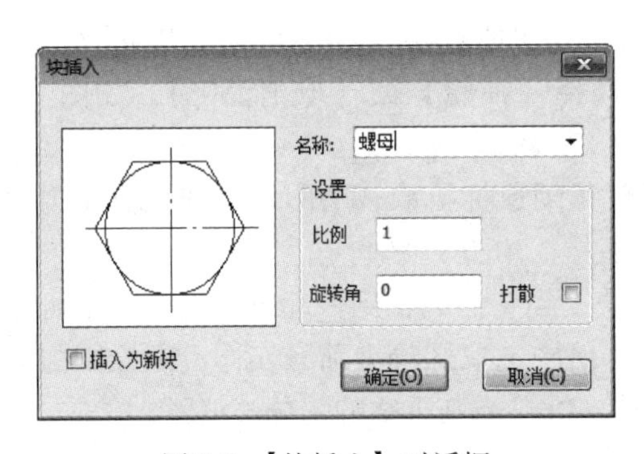

图9-5 【块插入】对话框

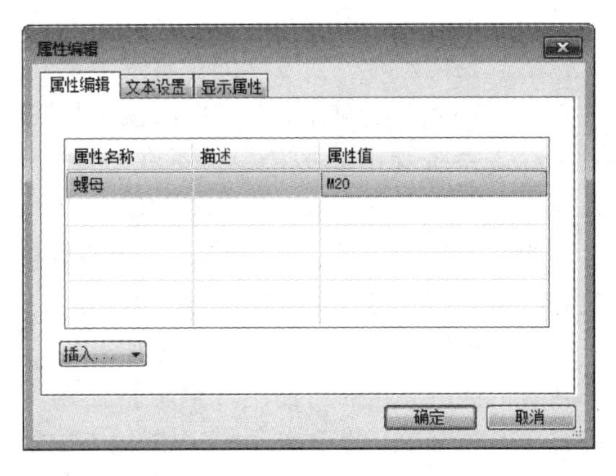

图9-6 【属性编辑】对话框

实例演练

【例9-2】 插入螺母块。

在带圆角矩形中插入所创建的螺母块，如图9-7a所示。

操作步骤

步骤1 作出已知图形

选择【矩形】、【过渡】命令，根据图9-7a所示的尺寸作出带圆角矩形。

步骤2 插入螺母块

❶单击【插入】选项卡→【块】面板→【插入块】

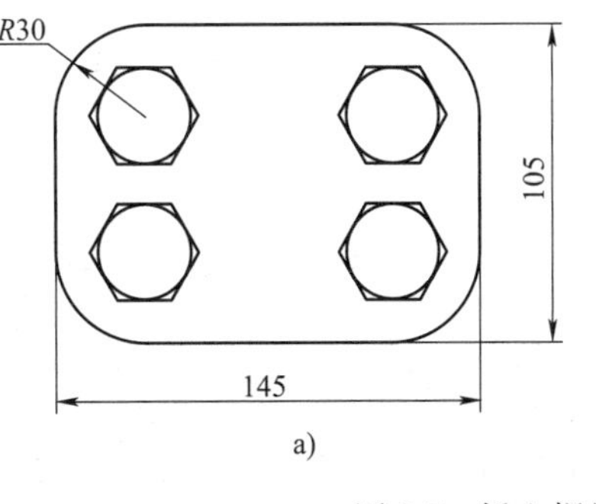

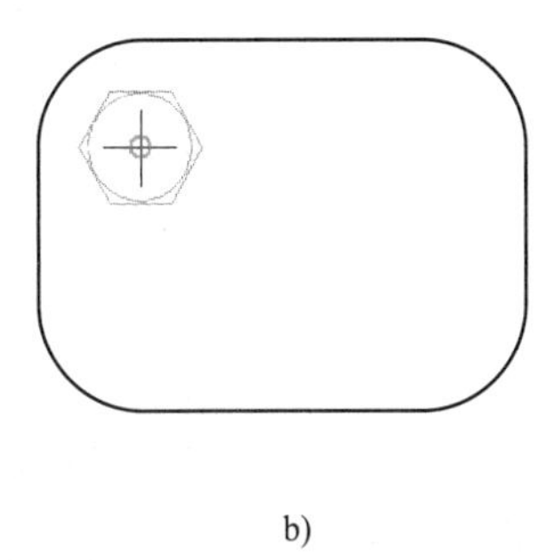

图9-7 插入螺母块实例

按钮。

❷系统弹出【块插入】对话框，在【名称】下拉列表中选择【螺母】，设置【比例】为1，【旋转角】为0，不选择【打散】选项。

❸系统提示“插入点”，此时指针上“挂”着螺母块，该块的圆心与指针中心重合（圆心为定位基准点），移动鼠标捕捉圆弧的圆心单击，即可插入该块。

❹单击鼠标右键重复命令，同样操作插入其余块。

提示

因为【块插入】命令插入一次即退出，所以插入一个图块后，可以用【平移复制】命令复制该图块并移动到各圆弧的圆心处。

9.2.3 消隐块

块消隐是指利用具有封闭外轮廓的块图形作为前景图形区，自动隐藏该区内其他图形。实现二维消隐，对已消隐的区域也可以取消消隐，被自动隐藏的图形还可被恢复，显示在屏幕上。绘制装配图时，当零件的位置发生重叠时，使用此功能非常方便。

单击【插入】选项卡→【块】面板→【消隐】按钮或选择【绘图】→【块】→【消隐】菜单命令，系统弹出立即菜单，可在立即菜单中选择【消隐】或【取消消隐】，如图9-8所示。

选择【消隐】方式，系统提示“请拾取块:”，移动鼠标拾取一个图块，则该块作为前景实体，其余图块与之重叠的部分被消隐。

如图9-9所示，螺栓和螺母分别被定义成两个块，当它们配合到一起时必然会产生可见与不可见的问题，这时可使用【消隐】命令。图9-9a中选取螺母为前景实体，螺栓中与其重叠的部分被消隐。图9-9b中选取螺栓为前景实体，螺母与其重叠的部分被消隐。

图9-8 块消隐立即菜单

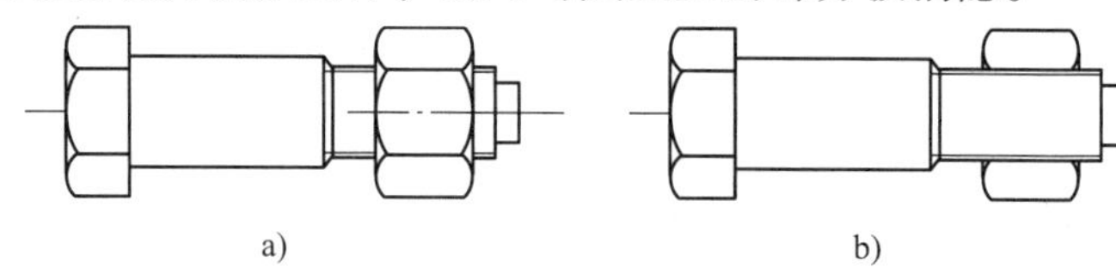

图9-9 块消隐操作
a）选取螺母 b）选取螺栓

选择【取消消隐】方式，系统仍提示“请拾取块:”，移动鼠标拾取一个图块，则取消该图块与其余图块间的消隐关系。

如图9-10所示，图9-10a所示是两个矩形被定义成两个块，相互重叠地放在一起。当选择图块1为前景实体时，则图块2的重叠部分被消隐（见图9-10b）。选择【取消消隐】方式，当再次选取图块1时，图块2中原来被消隐的部分又显示出来（见图9-10c）。

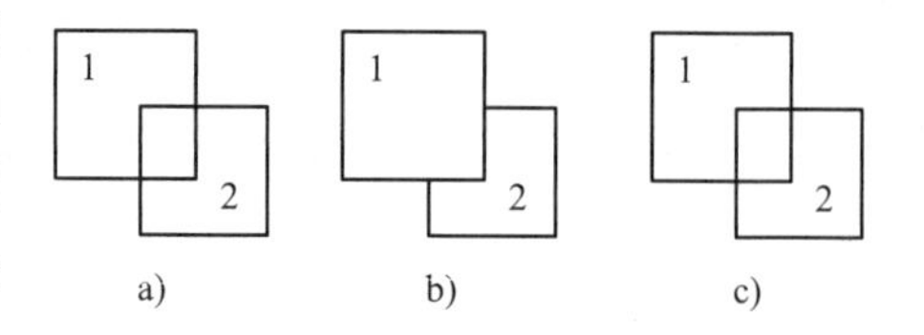

图9-10 消隐与取消消隐操作
a）原图 b）消隐 c）取消消隐

实例演练

【例 9-3】 消隐螺母块。

如图 9-11a 所示插入螺母块，并消隐。

操作步骤

步骤 1 插入螺母块

❶单击【插入】选项卡→【块】面板→【插入块】按钮。

❷系统弹出【块插入】对话框，在【名称】下拉列表中选择【螺母】，设置【比例】为 1，【旋转角】为 0，不选择【打散】选项。

❸系统提示“插入点”，在图中适当位置单击，即可插入块 1。

❹单击右键重复命令，同样操作插入块 2，如图 9-11a 所示。

步骤 2 消隐操作

❶单击【插入】选项卡→【块】面板→【消隐】按钮，在弹出的立即菜单中选择【消隐】。

❷系统提示“请拾取块:”，移动鼠标拾取块 1，则块 1 为前景实体，块 2 与之重叠的部分被消隐，如图 9-11b 所示。

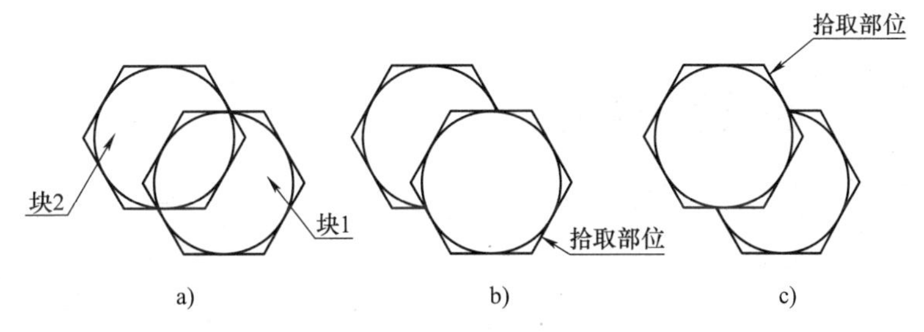

图 9-11 螺母块消隐

a）块消隐操作前 b）拾取块 1 c）拾取块 2

❸单击鼠标右键重复命令，移动鼠标拾取块 2，则块 2 为前景实体，块 1 与之重叠的部分被消隐，如图 9-11c 所示。

步骤 3 取消消隐操作

单击鼠标右键重复命令，系统提示“请拾取块:”，单击立即菜单选择【取消消隐】，拾取块 1 或块 2，原来消隐的部分又被恢复，屏幕显示如图 9-11a 所示。

9.2.4 块属性

创建一组用于在块中存储非图形数据的属性定义，属性可能包含的数据有零件编号、名称、材料等信息。创建属性定义后，可以在创建块定义时将其选为对象。如果已将属性定义合并到块中，则插入块时将会弹出【属性编辑】对话框提示输入属性。

单击【插入】选项卡→【块】面板→【属性定义】按钮或选择【绘图】→【块】→【定义】菜单命令，弹出【属性定义】对话框，如图 9-12 所示，该对话框各选项的含义说明如下。

- 【模式】区：包括【不可见】和【锁定位置】两个复选项。选中【不可见】是指插入块时不显示属性值；选中【锁定位置】将固定图块的位置。
- 【定位方式】区：用于指定属性的位置，可选择【单点定位】、【指定两点】或【搜索边界】。如果选择【单点定位】方式，则激活下方的【定位点】区，可以输入 *X*、

Y 坐标值或者选择【屏幕选择】选项。

○【属性】区：可在【名称】文本框中输入名称或数据，其内容在图形中默认显示。在【描述】文本框输入数据，用于指定在插入该属性块时显示的提示。在【缺省值】文本框输入数据，用于指定默认的属性值。

○【文本设置】区：用于指定属性文字的对齐方式、文本风格、字高和旋转角等。

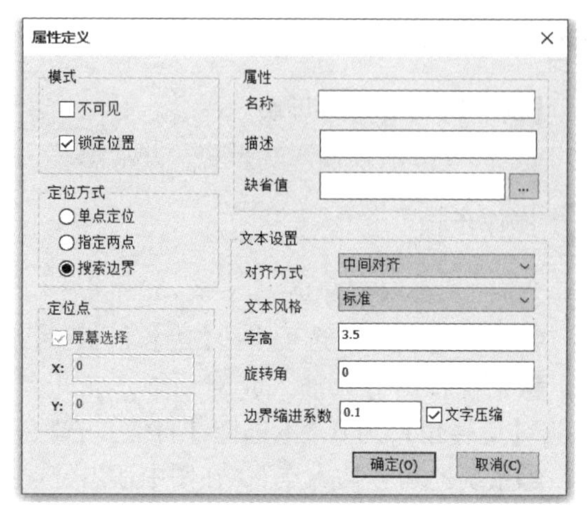

图 9-12 【属性定义】对话框

根据需要设置后，单击确定按钮，对话框消失回到屏幕。选择不同的定位方式，系统出现不同的提示，按照提示操作即可。

9.3 块编辑操作

在 CAXA 电子图板中有关块编辑的操作有两个，即【块编辑】命令与【块在位编辑】命令。二者的操作相似，只是在位编辑时显示当前图样中所有对象，对块的各种操作，如绘图、标注、测量等，可以参照图形中的其他对象，而块编辑只显示块内的对象。

9.3.1 块编辑

【块编辑】命令用于对块定义进行编辑。单击【插入】选项卡→【块】面板→【块编辑】按钮或选择【绘图】→【块】→【块编辑】菜单命令，拾取要编辑的块进入块编辑状态。此时，功能区出现【块编辑】选项卡，包括【属性定义】命令和【退出块编辑】命令。绘图区只显示块内的对象，可进行绘图、编辑等操作，修改后选择【退出块编辑】命令，系统将弹出提示对话框，单击是(Y)按钮保存对块的编辑修改，单击否(N)按钮取消本次块编辑操作。

实例演练

【例 9-4】 编辑螺母块。

【例 9-2】中绘制的图形（见图 9-13a），在不打散螺母块的前提下，给螺母块中的圆添加中心线，如图 9-13b 所示。

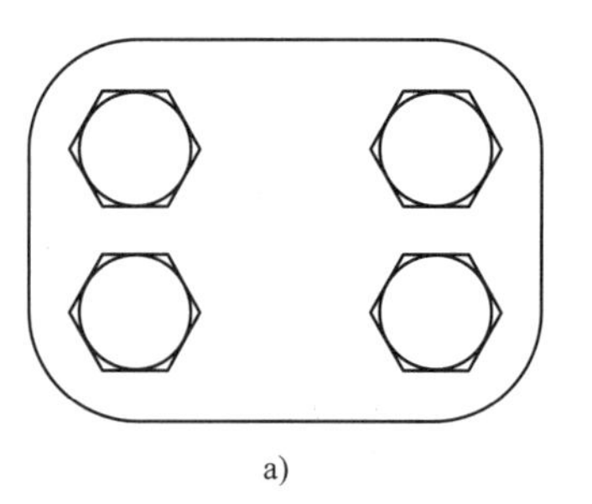

a)

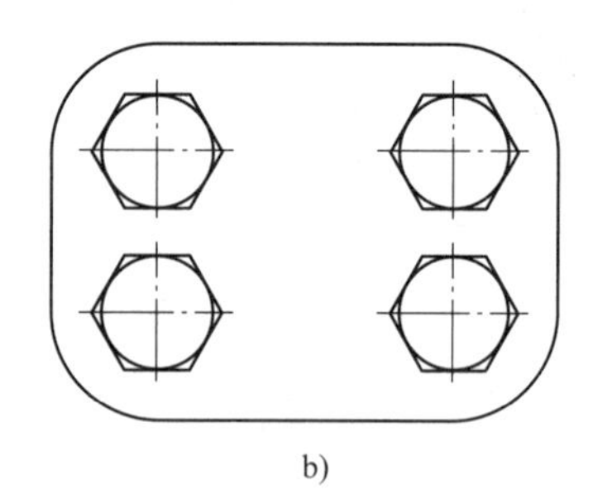

b)

图 9-13 编辑螺母块
a）原图 b）添加中心线

操作步骤

❶单击【插入】选项卡→【块】面板→【块编辑】按钮。

❷系统提示“拾取要编辑的块”，拾取前面实例中作出的任一螺母块。

❸进入块编辑状态，如图 9-14a 所示。此时功能区出现【块编辑】选项卡，绘图区只有螺母块，该块处于可编辑的打散状态，即块分解为各成员实体。

❹单击【常用】选项卡→【绘图】面板→【中心线】按钮，画出圆的中心线。

❺选择【块编辑】选项卡→【块编辑器】面板→【退出块编辑】命令，系统弹出提示对话框（图 9-14b），单击 是(Y) 按钮保存对块的编辑修改并退出块编辑状态。

❻屏幕上的所有螺母块被更新，如图 9-13b 所示。

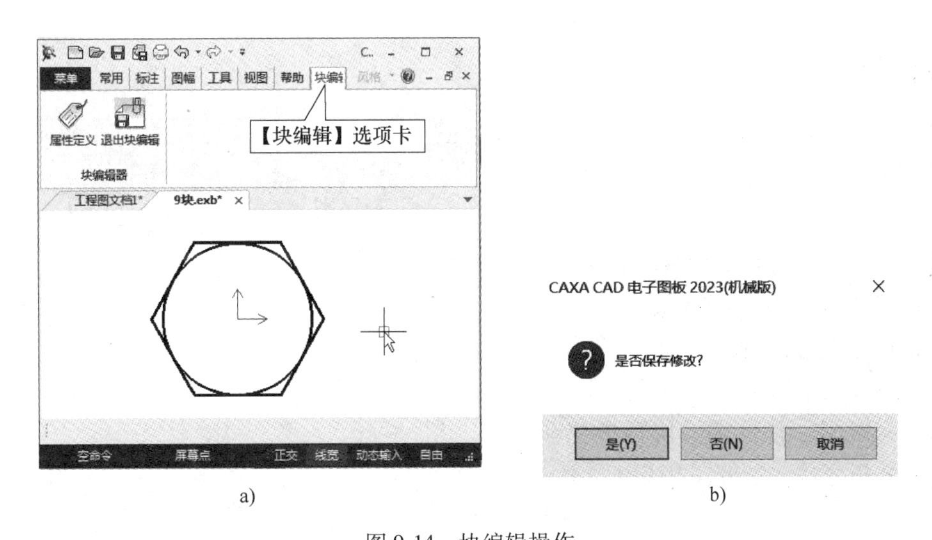

a) b)

图 9-14 块编辑操作

a）块编辑界面 b）提示对话框

9.3.2 块在位编辑

【块在位编辑】命令用于对块定义进行在位编辑。在位编辑时，绘图区显示当前图样中的所有对象，对块的各种操作如绘图、标注、测量等，可以参照图形中的其他对象。

单击【插入】选项卡→【块】面板→【块】旁边按钮→【块在位编辑】按钮或选择【绘图】→【块】→【块在位编辑】菜单命令，拾取要编辑的块进入块在位编辑状态。除了可进行绘图、编辑等操作外，在功能区会出现【块在位编辑】选项卡，包括【添加到块内】、【从块内移出】、【保存退出】和【不保存退出】4 项命令，如图 9-15 所示，其功能介绍如下。

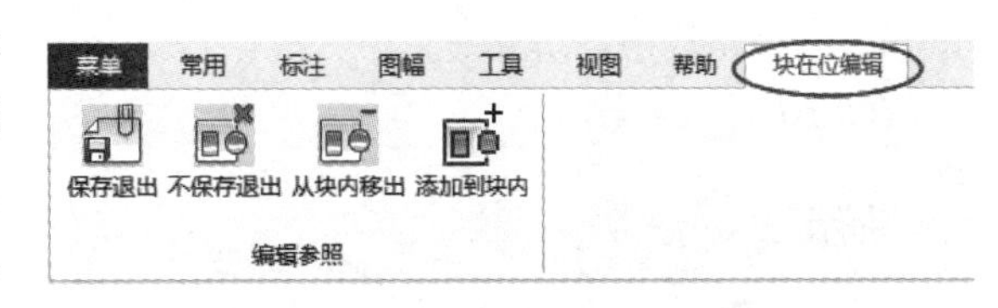

图 9-15 【块在位编辑】选项卡

❍ 添加到块内：从当前图形中拾取其他对象加入到正在编辑的块定义中。

❍ 从块内移出：将所编辑块中的某对象从该图块移出到当前图形中。

❍ 保存退出：保存对块的编辑操作并退出在位编辑状态。

❍ 不保存退出：取消此次对块的编辑操作。

实例演练

【例 9-5】 在位编辑螺母块。

螺母块如图 9-16a 所示，使用【从块内移出】命令把圆从螺母块中移出，但仍保留在图样的原位置。

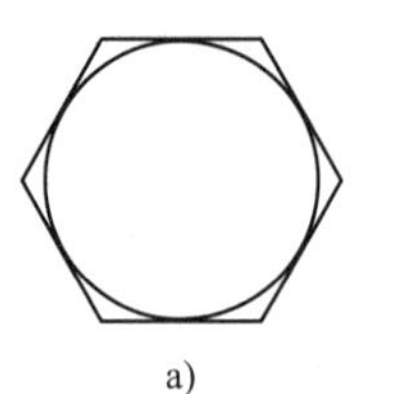

a)

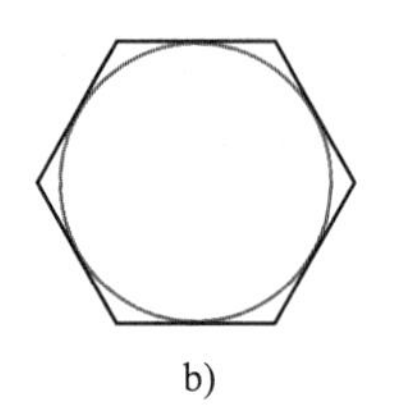

b)

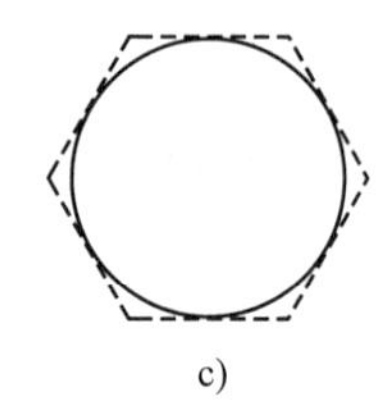

c)

图 9-16 从块中移出

a）原图 b）块在位编辑状态 c）退出块在位编辑状态

操作步骤

❶单击【插入】选项卡→【块】面板→【块】旁边按钮→【块在位编辑】按钮。

❷系统提示“拾取要编辑的块”，拾取螺母块，进入块在位编辑状态。

❸此时功能区出现【块在位编辑】选项卡，绘图区除了螺母块，还显示出当前图样中的所有对象，并且螺母块呈黑色显示，其余图形呈灰色显示，如图 9-17 所示。

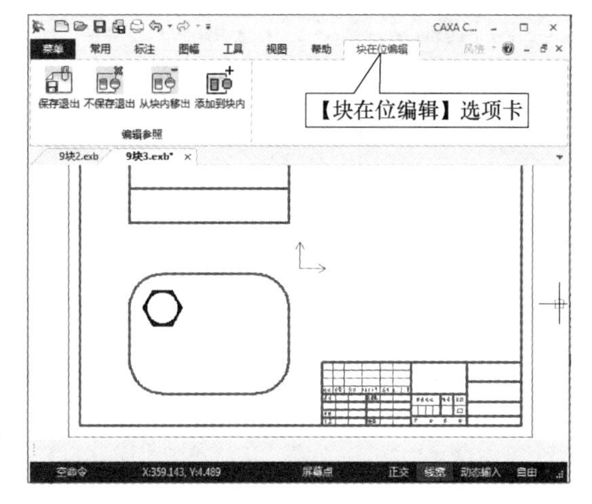

图 9-17 【块在位编辑】界面

❹选择【块编辑】选项卡→【编辑参照】面板→【从块中移出】命令，系统提示“拾取元素”，拾取圆后单击鼠标右键确认，此时圆呈灰色显示，说明该圆已从螺母块中移除，如图 9-16b 所示。

❺选择【修改】→【块在位编辑】→【保存退出】命令，对修改进行保存并退出块在位编辑状态。

❻屏幕上原图块的位置仍显示出六边形和圆，但此时圆与六边形已不再是一个整体，六边形为一个块，圆则是一个单一实体。拾取六边形上任意位置时，只有正六边形被选中，如图 9-16c 所示。

提示

在步骤❹中，如果启动【删除】命令删除圆，保存退出后，屏幕上只显示出六边形，圆则被从图样中删除。

9.4 图库

CAXA 电子图板为用户提供了在设计时经常用到的各种标准件和常用的图形符号，如螺栓、螺母、轴承、垫圈、电气符号等。CAXA 电子图板图库中的标准件和图形符号，统称为图符。图符分为参量图符和固定图符。参量图符是包含尺寸的图符（如各种标准件），这些尺寸作为变量，提取时按指定的尺寸规格生成图形。固定图符是不包含尺寸的图符，通常是一些图形符号（如液压气动符号、电气符号、农机符号等），提取时不能改变尺寸，但可以放大、缩小或旋转。用户在设计绘图时，可以直接提取这些图形插入图中，避免不必要的重复劳动，提高绘图效率。

对于已经插入图中的参量图符，可以通过【驱动图符】命令修改其尺寸规格。图符的每个视图在提取出来时可以定义为块，因此在调用时可以进行块消隐。图库及块操作为用户绘制零件图、装配图等工程图样提供了极大的方便。

9.4.1 提取图符

提取图符是指从图库中选择合适的图符，并将其插入到图中合适的位置。CAXA 电子图板图库中的图符数量非常大，提取图符时又需要快速查找到要提取的图符，因此 CAXA 电子图板的图库中所有的图符均按类别进行划分并存储在不同的目录中，这样能方便区分和查找。

选择参量图符与选择固定图符的执行过程是不同的。如果选择的是参量图符，要经过图符预处理，选择其尺寸规格；如果选择的是固定图符，将直接插入。

1. 提取参量图符

☞ 提取参量图符的操作步骤

步骤 1　单击【插入】选项卡→【图库】面板→【提取图符】→按钮或选择【绘图】→【图库】→【提取图符】菜单命令。

步骤 2　系统弹出【提取图符】对话框，如图 9-18 所示，根据需要在【提取图符】对话框中选择要提取的图符。

在【提取图符】对话框中，左边为图符选择区，右边为图符预览区，它们的功能与操作如下。

（1）图符选择区

在图符选择区中选择图符的方法有两种。

1）在图符列表中选择图符。系统将图符分为若干大类，其中每一大类中又包含若干小类。图符的选择操作同 Windows 资源管理器相似，通过图符选择树状列表和图符列表的文件夹，可以在不同的目录结构中反复进行切换。下面是具体操作步骤。

❶单击【图符选择】下拉列表框的按钮，弹出的选项菜单中有一个名为【zh-CN】的文件夹，单击其前的“+”打开树状列表。表中列出了 CAXA 电子图板所有图符大类，如螺栓和螺柱、螺母、螺钉、液压气动符号、电气符号等，如图 9-19a 所示。

❷在树状列表中选择所需大类，单击其前的“+”可以打开图符小类，如图 9-19b 所示。

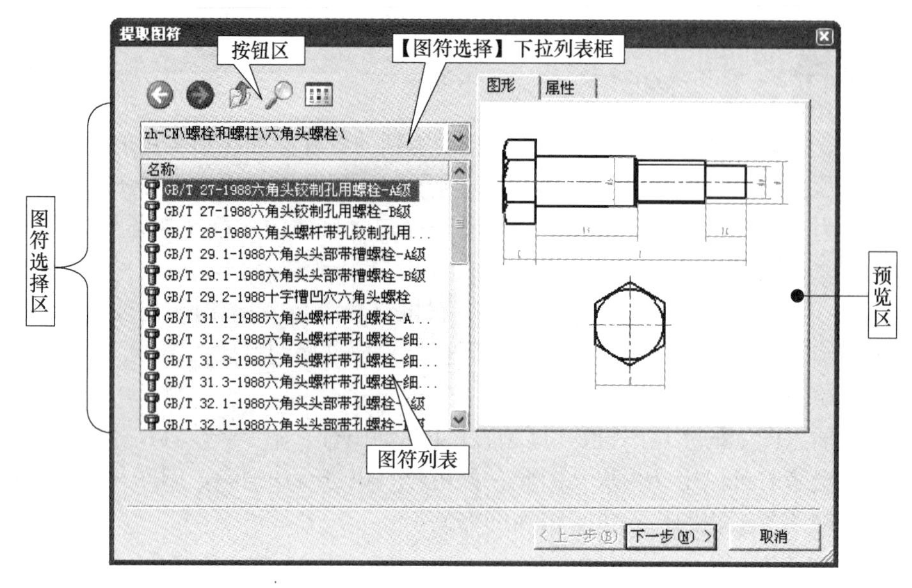

图 9-18 【提取图符】对话框

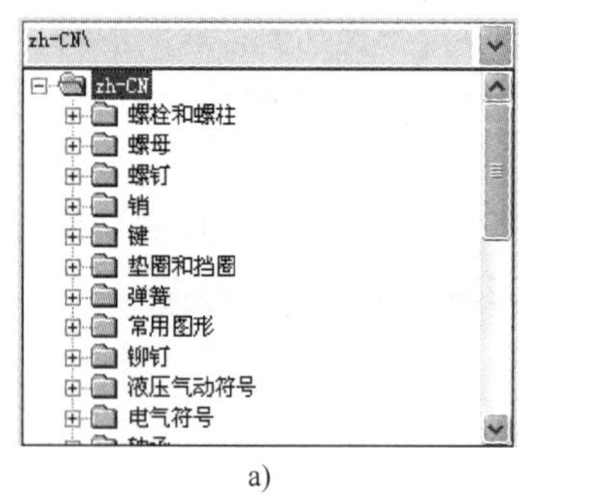

a)

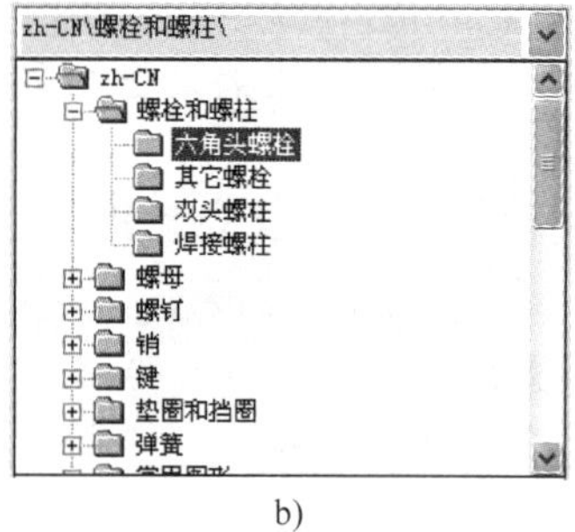

b)

图 9-19 查找图符

a）图符大类 b）图符小类

❸双击所需小类，如【六角头螺栓】，此时【图符列表】框中列出了当前小类中所包含的所有六角头螺栓图符，用鼠标选择所需的图符，预览区出现相应的显示，如图 9-18 所示。

2）按钮区检索图符。单击【搜索】🔍按钮，将弹出如图 9-20 所示的【搜索图符】对话框，可通过在文本框中输入图符名称来搜索图符。检索时不必输入图符完整的名称，只需输入图符名称的一部分，系统就会自动检索到符合条件的图符。

图 9-20 【搜索图符】对话框

此外，CAXA 电子图板增加了模糊搜索功能。在【搜索】文本框中输入检索对象的名称或型号，【图符选择】下拉列表框中将列出与输入内容有关的所有图符。如输入“螺钉”，单击 确定 按钮后，【提取图符】对话框显示如图 9-21 所示，【图符选择】下拉列表框中列出所有包含螺钉的图符。

按钮、按钮和按钮分别为后退、前进、向上，这几个按钮可以协助在不同的目录之间切换。为浏览模式切换按钮，单击此按钮可以在列表模式和缩略图模式之间切换，缩略图模式如图 9-22 所示。

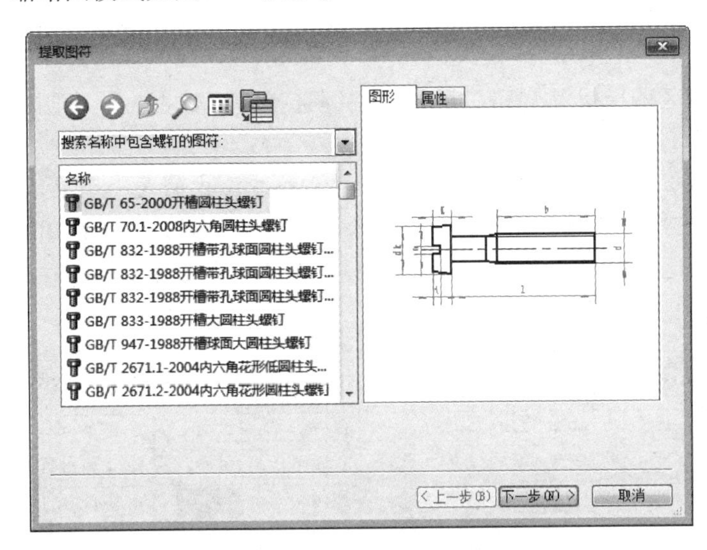

图 9-21　搜索名称中包含螺钉的图符

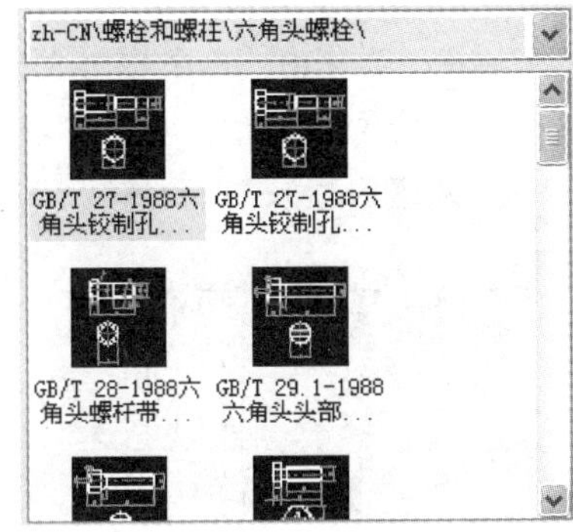

图 9-22　缩略图模式

（2）预览区

预览区包括【图形】和【属性】两个选项卡，可以预览当前图符的属性和图形。在图形预览时，各视图基点用高亮度十字标出。系统默认选项卡为图形预览，用户只需用鼠标单击【属性】选项卡，即可切换成属性预览。右键单击预览框内任一点，图符将以该点为中心放大显示。双击鼠标左键，则图符恢复最初的显示大小。

步骤 3　找到要提取的图符后，单击【提取图符】对话框下部的下一步(N) >按钮，弹出【图符预处理】对话框，如图 9-23 所示。

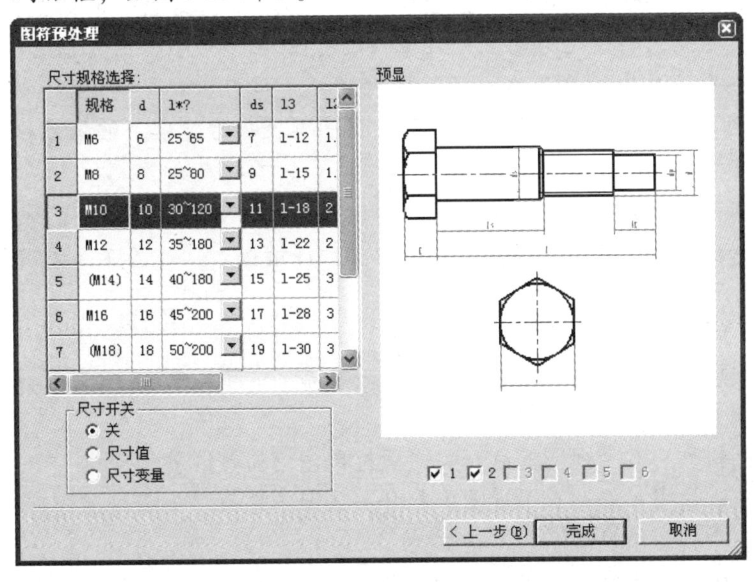

	规格	d	l*?	ds	l3	l2
1	M6	6	25~65	7	1-12	1.
2	M8	8	25~80	9	1-15	1.
3	M10	10	30~120	11	1-18	2
4	M12	12	35~180	13	1-22	2
5	(M14)	14	40~180	15	1-25	3
6	M16	16	45~200	17	1-28	3
7	(M18)	18	50~200	19	1-30	3

图 9-23　【图符预处理】对话框

对话框左半部是【尺寸规格选择】区和【尺寸开关】区，右半部为图符预览区和视图控制开关区。【尺寸规格选择】区以电子表格的形式出现，表格的表头为尺寸变量名，在右侧预览区内可直观地看到每个尺寸变量名的具体位置和含义。

步骤 4　根据需要在【图符预处理】对话框中，选择图符的尺寸规格、设置图符提取后的尺寸标注及选择要输出的视图。

❶【尺寸规格选择】区，在该区选择尺寸规格。用鼠标左键选择一行数据，该行阴影显示，可根据需要更改其数据。

- 尺寸变量名后带有“*”号，说明该尺寸是系列尺寸，单元格中给出的是一个范围，如 30~120。用鼠标单击单元格右端的▾按钮，弹出一个下拉列表，列出当前范围内的所有系列值，从中选择合适的系列尺寸值，如图 9-24a 所示。用户还可以直接在单元格内输入新的数值，如图 9-24b 所示。

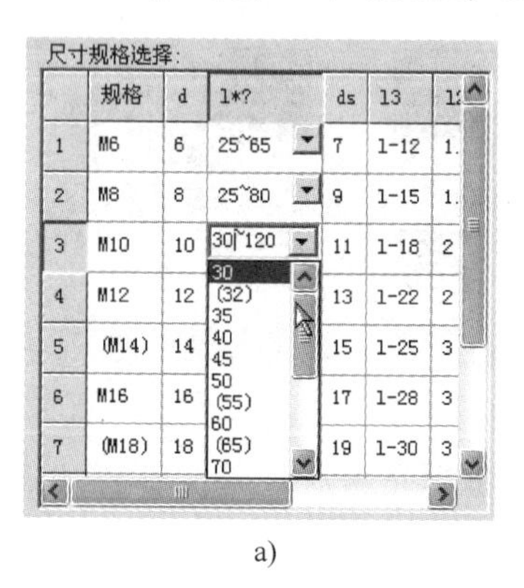

a)

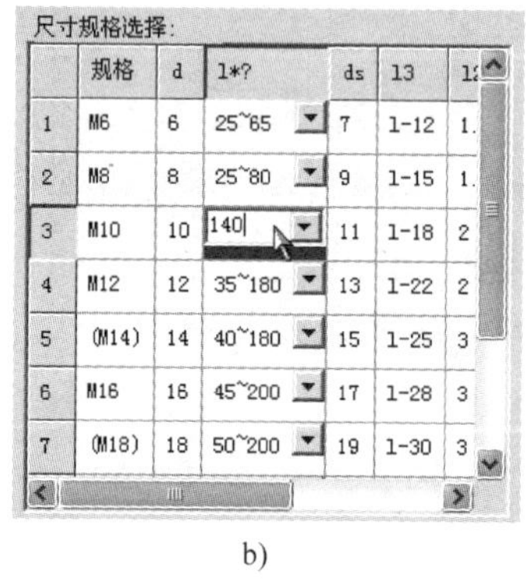

b)

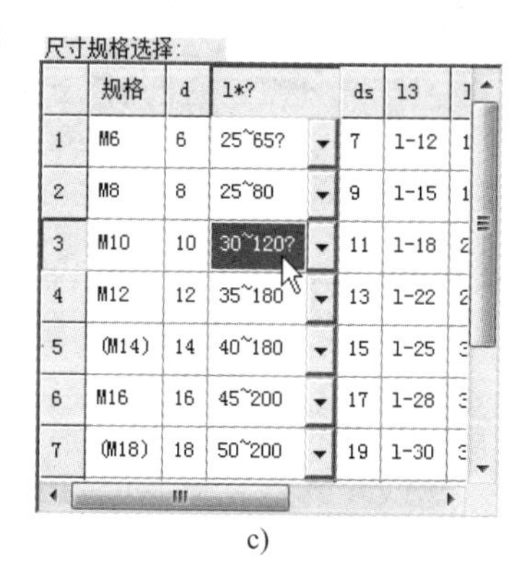

c)

图 9-24　尺寸规格选择

a）在下拉列表选择　b）输入新的数值　c）设定为动态变量

- 尺寸变量名后带有“?”号，表示该变量可以设定为动态变量，动态变量是指尺寸值不限定，当某一变量设定为动态变量时，它不再受给定数据的约束，在提取时用户可通过键盘输入新值或拖动鼠标任意改变该变量的大小。用鼠标右键单击相应数据行中动态变量对应的单元格，单元格内的尺寸值后出现“?”号，如图 9-24c 所示，则插入图符时可以动态决定该尺寸的数值。再次用右键单击该单元格，则问号消失，插入时不作为动态变量尺寸。
- 通过鼠标和键盘可以对单元格中的内容进行编辑，从而获得需要图符。

❷【尺寸开关】区，设置图符提取后的尺寸标注情况，其各选项含义如下。

- 【关】表示不标注任何尺寸。
- 【尺寸值】表示标注实际尺寸值。
- 【尺寸变量】表示只标注尺寸变量名，而不标注实际尺寸值。

❸视图控制开关区，选择要输出的视图。

预览区下面排列有 6 个视图控制开关，鼠标单击可打开或关闭任意一个视图，被关闭的视图将不能提取。这里虽然有 6 个视图控制开关，但不是每一个图符都具有 6 个视图，一般的图符用两到三个视图就足够了。

步骤 5　用户若对所选的图符不满意，可单击“< 上一步(B)”按钮，返回到提取图符的操作，

更换提取其他图符。若已设定完成，单击 完成 按钮，则系统重新返回到绘图状态，此时可以看到图符已“挂”在了十字指针上。

步骤 6　系统弹出如图 9-25 所示的立即菜单，根据需要设置图符的输出形式。该立即菜单各选项含义如下。

a)　b)

图 9-25　参数图符的立即菜单

- 第 1 项可切换选择【打散】或【不打散】方式。【不打散】方式是将图符的每一个视图作为一个块插入。
- 【打散】方式是将块打散，也就是将每一个视图打散成相互独立的元素。
- 如果第 1 项选择【不打散】，可在第 2 项中选择【消隐】或【不消隐】方式。

提示

多数情况下，提取图符时，选择将图符作为一个块提取，这样在绘制装配图时可以使用消隐块功能，从而提高绘图的速度和图样的正确性。

步骤 7　系统提示“图符定位点”，定位点确定后，图符只能转动而不能移动。系统提示“旋转角”，用户可输入旋转角或鼠标指定旋转位置，如果选择【不旋转】则直接单击鼠标右键或按〈Enter〉键，即可提取完成图符的一个视图。

提示

如果在当前视图中设置了动态变量，则在确定视图的旋转角度后，系统提示“请拖动确定 x（x 为尺寸变量名）的值:”，此时该尺寸随鼠标位置的变化而变化，拖动到合适的位置单击鼠标左键就确定了该尺寸，也可用键盘输入该尺寸的数值。

步骤 8　若图符具有多个视图，即在步骤 3 中选择输出的视图数大于 1 时，十字指针会自动“挂”上第二个、第三个……打开的视图，系统仍会继续提示输入定位点和旋转角，按照提示操作即可完成一个图符所有视图的提取，如图 9-26 所示。

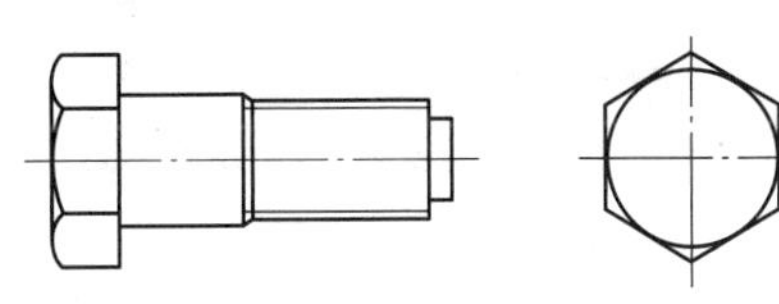

图 9-26　提取的参数图符

步骤 9　系统仍提示输入定位点和旋转角，开始重复提取。十字指针又“挂”上了第一视图，可继续插入所提取图符的所有视图，直至单击鼠标右键结束。

2. 提取固定图符

CAXA 电子图板的图库中还有一部分图符属于固定图符，如电气元件类和液压符号类中的图符均属于固定图符。固定图符的提取比参数化图符的提取要简单得多。

☞ 提取固定图符的操作步骤

步骤 1　单击【插入】选项卡→【图库】面板→【提取图符】按钮，弹出【提取图符】对话框。

步骤 2　在【提取图符】对话框中选择固定图符【液压泵】，如图 9-27a 所示。

步骤 3　单击 完成 按钮，系统重新返回到绘图状态，此时图符已“挂”在了十字指针上。

步骤 4　系统弹出如图 9-28 所示的立即菜单，根据需要设置图符的输出形式。该立即菜

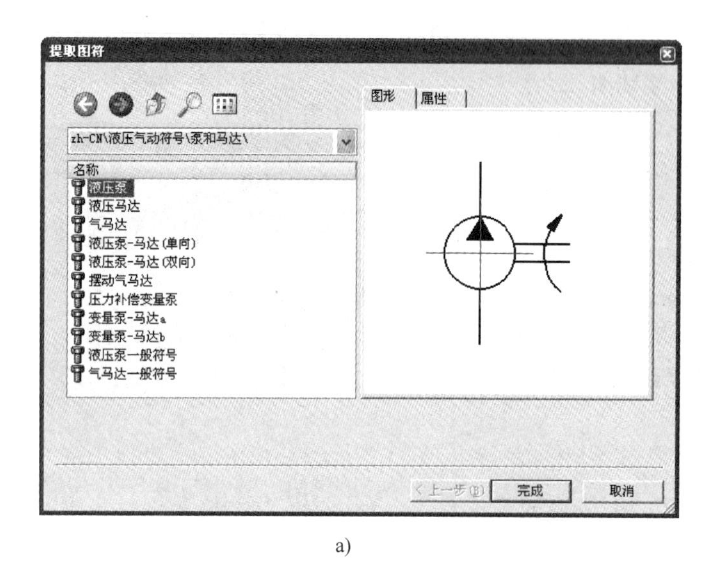

a)

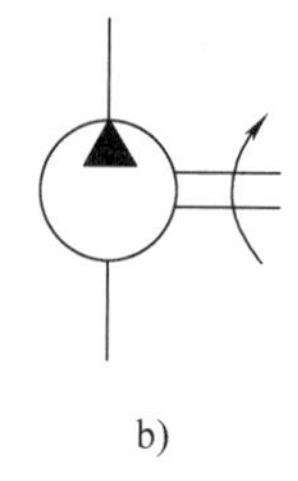

b)

图 9-27　提取固定图符

单各选项含义如下。

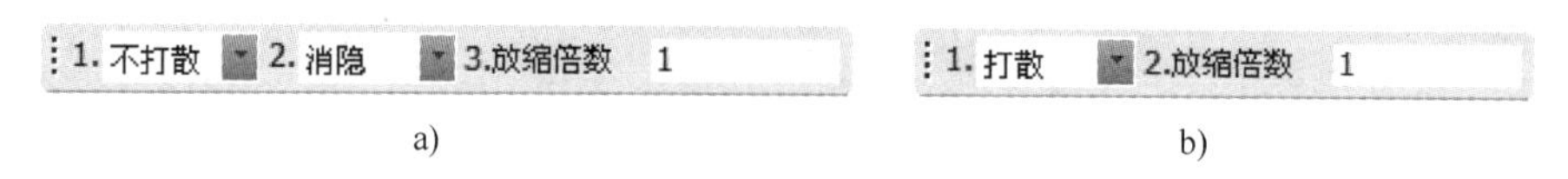

a)　　b)

图 9-28　固定图符的立即菜单

- 第 1 项可切换选择【打散】或【不打散】方式。
- 如果第 1 项选择【不打散】，可在第 2 项中选择【消隐】或【不消隐】方式；第 3 项中输入缩放倍数。如果第 1 项选择【打散】，则第 2 项中输入放缩倍数。

步骤 5　根据系统提示输入图符定位点和旋转角，即可完成一个固定图符的提取，如图 9-27b 所示。

步骤 6　系统仍提示输入定位点和旋转角，十字指针又“挂”上了该固定图符，可继续提取直至单击鼠标右键结束。

3. 【图库】选项板提取图符

CAXA 电子图板在绘图区左上侧提供了【图库】选项板，可进行图符提取操作，如图 9-29 所示。打开【图库】选项板后，首先在其中选择要提取的图符。然后双击该图符或用鼠标左键拖动该图符到右边的绘图区，如果是参量图符，即可打开【图符预处理】对话框；如果是固定图符，则弹出立即菜单并提示输入定位点，后面的操作方法与前文介绍的一致，在此不再赘述。

9.4.2 驱动图符

【驱动图符】命令的功能是对已经提取出而没有被打散的参量图符进行驱动，即改变已提取图符的尺寸规格、尺寸标注情况及图符的输出形式。图符驱动实际上是对图符提取的完善处理。

单击【插入】选项卡→【图库】面板→【驱动图符】按钮或选择【绘图】→【图库】→【驱动图符】菜单命令，按照系统提示，选取要修改的图符。弹出【图符预处理】对话框，并将所选图符作为当前图符显示出来。这时可修改该图符的尺寸等，操作方法与提取图符时的操作相同。单击完成按钮，绘图区内原图符被修改后的图符代替，但图符的定位与旋转角度仍与原图符相同，如图 9-30 所示。

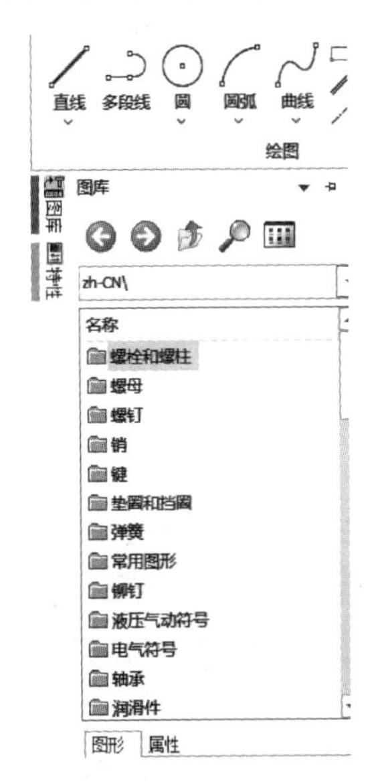

图 9-29 【图库】选项板

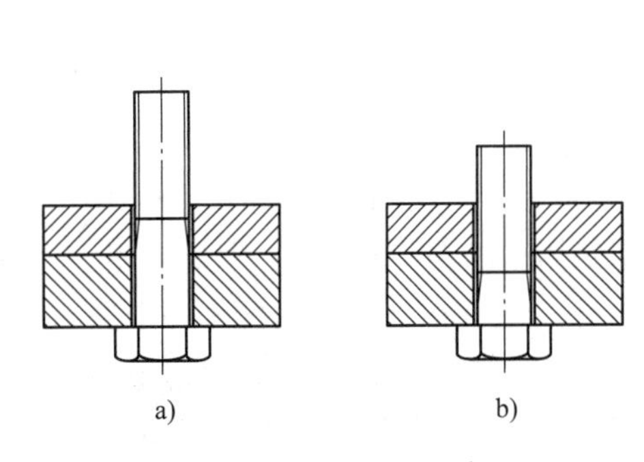

图 9-30 驱动图符示例
a）驱动前 b）驱动后

9.5 图库管理

用户可以根据需要，自行定义参量图符或固定图符，从而对图库进行扩充。除此之外，CAXA 电子图板还为用户提供了管理和编辑图库的功能。

9.5.1 定义图符

定义图符实际上就是用户根据实际需要，建立自己的图库的过程。不同场合、不同技术背景的用户可能用到一些系统中没有提供的图形或符号，为了提高作图效率，使用【定义图符】命令可将经常用到的图形定义为图符，建立自己的图形库。定义图符包括定义固定图符和定义参数化图符，其操作过程有所不同。

1. 定义固定图符

利用【定义图符】命令可以创建无参数的固定图符。不需要进行参数驱动的图形可以作为固定图符创建到图库中，以便调用。

☞ 定义固定图符的操作步骤

❶绘制所要定义的图形，图形应尽量按照实际的尺寸比例准确绘制。

❷单击【插入】选项卡→【图库】面板→【定义图符】按钮或选择【绘图】→【图库】→【定义图符】菜单命令，系统提示“请选择第 1 视图”，拾取第 1 视图的所有元素，可单个拾

取，也可用窗口方式拾取，拾取完后单击鼠标右键确认。

❸系统提示“请单击或输入视图的基点”，根据提示指定第 1 视图的基点。基点是图符提取时的定位基准点，因此最好将基准点选在视图的关键点或特殊位置点，如中心点、圆心、端点等。

❹系统继续先后提示“请选择第 2 视图”“请单击或输入视图的基点”，根据系统提示可以指定第 2~6 视图的元素和基准点，方法与第 1 视图相同。如果没有第 2 视图，则单击鼠标右键。

❺弹出【图符入库】对话框，如图 9-31 所示。在该对话框左边选择要创建图符的存储位置，并在【新建类别】文本框中输入一个新的类别名，在【图符名称】文本框中输入此图符的名称。

❻单击 属性编辑(A) 按钮，弹出如图 9-32 所示的【属性编辑】对话框。根据需要填写后，单击 确定(O) 按钮，可把新建的图符加到图库中。由于创建的是固定图符，因此【图符入库】对话框中的 数据编辑(D) 按钮不能使用。

在【属性编辑】对话框中，系统默认提供了 10 个属性。用户可以增加新的属性，也可以删除默认属性或其他已有的属性。双击表格，当前单元格进入编辑状态。将指针定位在任一行，按〈Insert〉键可在该行上面插入一个空行，以供在此位置增加新属性。当要删除一行属性时，用鼠标单击该行左端的数字以选中该行，再按〈Delete〉键。

定义固定图符的操作全部完成后，当用户再次提取图符时，可以看到新建的图符已出现在相应的类别中。

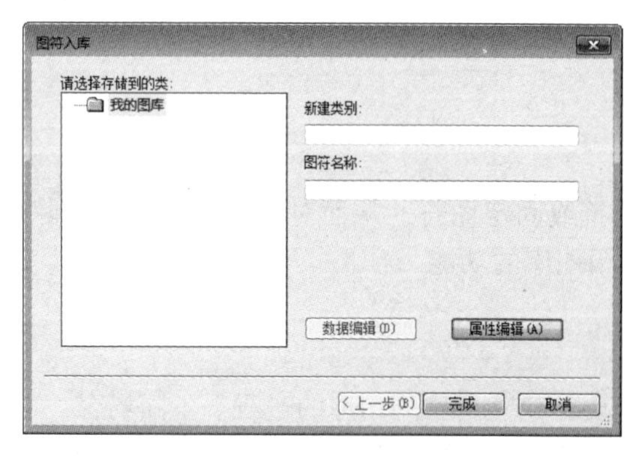

图 9-31 【图符入库】对话框 1

图 9-32 【属性编辑】对话框 1

2. 定义参数化图符

利用【定义图符】命令可以将图符定义成参数化图符，提取时可以对图符的尺寸加以控制，因此比固定图符使用灵活，应用面广，但是操作复杂。定义参数化图符前应先绘制出所要定义的图形，图形应按实际的尺寸比例准确绘制，并进行必要的尺寸标注，应注意如下事项。

1）图符中的剖面线、块、文字和填充等是用定位点定义的。由于程序对剖面线的处理是通过一个定位点去搜索该点所在的封闭环，而 CAXA 电子图板的【剖面线】命令能通过多个定位点一次画出多个剖面区域，所以在绘制图符的过程中画剖面线时，应对每个封闭的剖面区域都单独用一次【剖面线】命令或通过立即菜单设置为独立剖面线。

2）绘制图形时，在不影响定义和提取的前提下应尽量少标尺寸，以减少数据输入的负担。例如，固定值尺寸可以不标，两个相互之间有确定关系的尺寸可以只标一个，如螺纹小径在制图中通常画成大径的 0.85 倍，所以可以只标大径 d，而把小径定义成“0.85d”。又如图符中不太重要的倒角和圆角半径，如果在全部标准数据组中变化范围不大，可以绘制成同样的大小并定义成固定值。

3）为便于系统对尺寸的定位吸附，尺寸线尽量从图形元素的特征点处引出，必要时可以专门画一个点作为标注的引出点或将相应的图形元素在需要标注处打断。

4）图符绘制应尽量精确。精确作图能在元素定义时得到较强的关联，也可避免尺寸线吸附错误。绘制图符时最好从标准给出的数据中取一组作为绘图尺寸，这样图形的比例比较匀称，自动吸附时也不会出错。

实例演练

【例 9-6】 将垫圈定义为参量图符。

将图 9-33 所示的垫圈定义为参量图符。

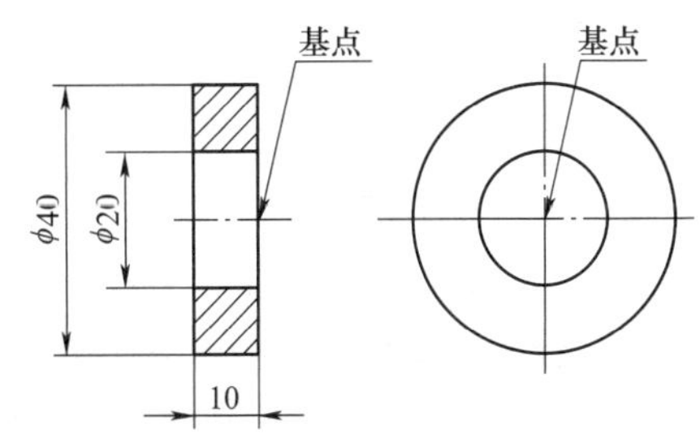

图 9-33　垫圈

操作步骤

步骤 1　作出已知图形

启动【孔/轴】、【圆】、【剖面线】命令绘制要定义的图形，执行【剖面线】命令时立即菜单第 3 项设置为【独立】方式，并进行必要的尺寸标注。

步骤 2　定义参量图符

❶单击【绘图】主菜单下的【图库】子菜单中的【定义图符】按钮或单击【插入】选项卡→【图库】面板→【定义图符】按钮，系统提示“请选择第 1 视图:”，用窗口方式拾取垫圈的主视图及主视图上的尺寸，单击鼠标右键确认。

❷系统提示“请单击或输入视图的基点:”，用鼠标拾取垫圈与中心线的右交点为基点。

❸系统提示“请为该视图中的各个尺寸指定一个变量名”，单击尺寸 10，系统弹出文本框，如图 9-34 所示。在文本框中输入 h（垫圈的高度变量），单击 确定(O) 按钮。

❹系统继续提示“请为该视图中的各个尺寸指定一个变量名”，同理，确定垫圈的内径 d_1 和外径 d_2，屏幕上垫圈主视图变得如图 9-35 所示。所有尺寸变量名输入完后，系统提示“单击鼠标右键进入下一步或拾取并修改尺寸名”，如果不修改单击鼠标右键。

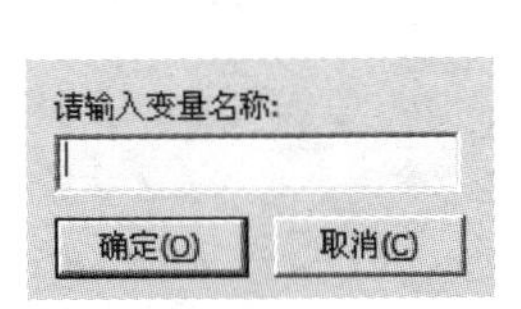

图 9-34　确定变量名

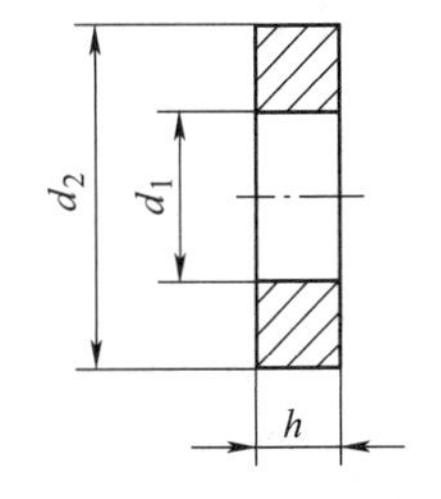

图 9-35　为尺寸指定变量名

❺系统提示“请选择第 2 视图:”，用窗口方式拾取垫圈的左视图，单击鼠标右键确认。系统提示“请单击或输入视图的基点:”，用鼠标拾取圆心为基点。系统提示“请选择第 3

视图:”，此时单击鼠标右键。

❻系统随即弹出【元素定义】对话框，如图 9-36 所示。通过 上一元素(L) 和 下一元素(S) 两个按钮来查询和修改每个元素的定义表达式，也可以直接用鼠标左键在预览区中拾取图素。若图形需要修改，可单击 <上一步(P) 按钮返回。当元素定义完成后，单击 下一步(N)> 按钮。

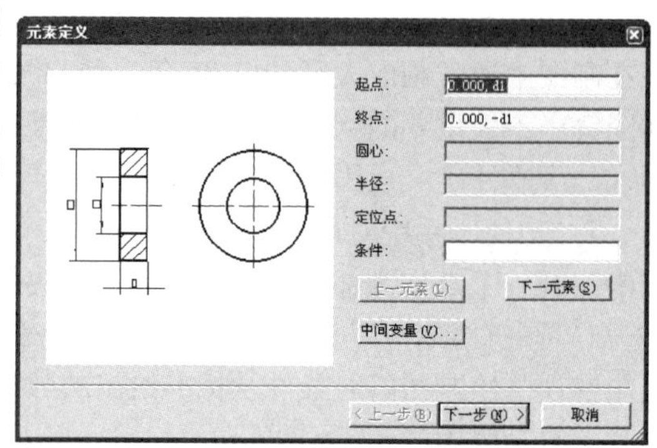

图 9-36 【元素定义】对话框

❼弹出【变量属性定义】对话框，如图 9-37 所示，在对话框中可以定义变量的属性。因为内径 d_1、外径 d_2 和高 h 既不是系列变量，也不是动态变量，因此采用系统默认设置，单击 下一步(N)> 按钮。

❽弹出【图符入库】对话框，【新建类别】中输入“垫圈”，【图符名称】中输入“自定义垫圈”，如图 9-38 所示。

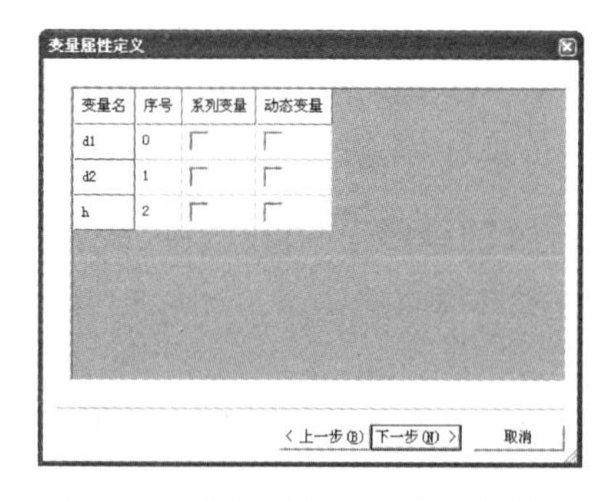

图 9-37 【变量属性定义】对话框

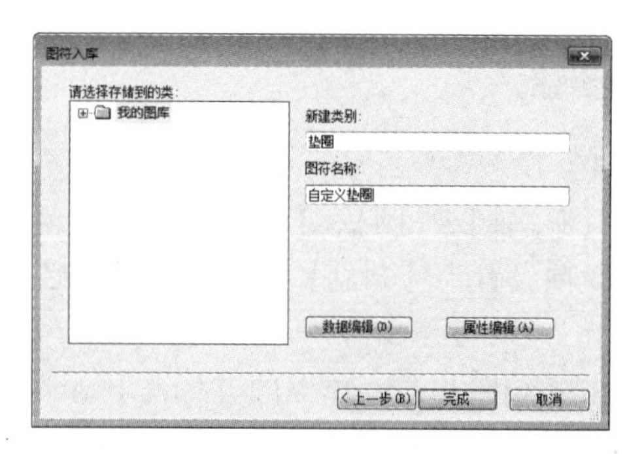

图 9-38 【图符入库】对话框 2

❾单击 数据编辑(D) 按钮，进入【标准数据录入与编辑】对话框。在该对话框中输入 d_1、d_2 和 h 的值，如图 9-39 所示，单击 确 定(O) 按钮返回【图符入库】对话框。

❿单击 属性编辑(A) 按钮，弹出【属性编辑】对话框。在对话框中可以输入图符的属性，如图 9-40 所示。单击 确 定(O) 按钮返回【图符入库】对话框。在【图符入库】对话框中单击 完成 按钮，完成参量图符的全部定义过程。

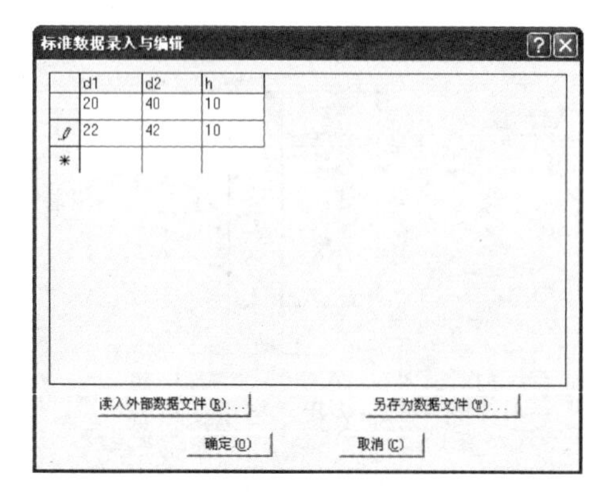

图 9-39 【标准数据录入与编辑】对话框

图 9-40 【属性编辑】对话框 2

提示

启动【提取图符】命令，系统弹出【提取图符】对话框。选择我的图库\垫圈，就可以看到定义的图符【自定义垫圈】，如图9-41所示。

9.5.2 图库管理

【图库管理】命令通过图库管理工具对图符进行各种管理。单击【插入】选项卡→【图库】面板→【图库管理】按钮或选择【绘图】→【图库】→【图库管理】菜单命令，弹出【图库管理】对话框，如图9-42所示。在该对话框中可进行图符编辑、数据编辑、属性编辑、导出图符、并入图符、图符改名和删除图符等操作。

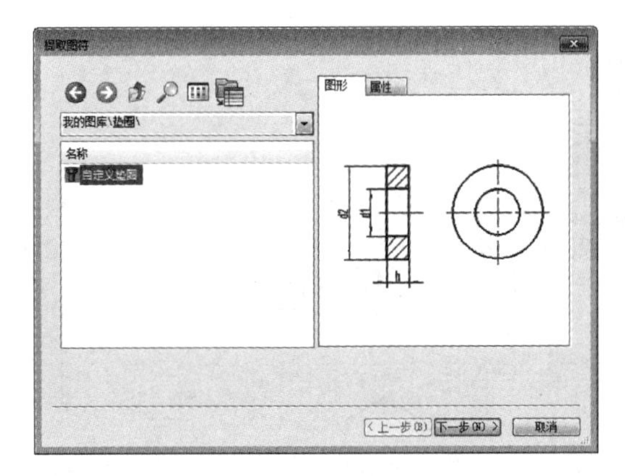

图9-41 【提取图符】对话框

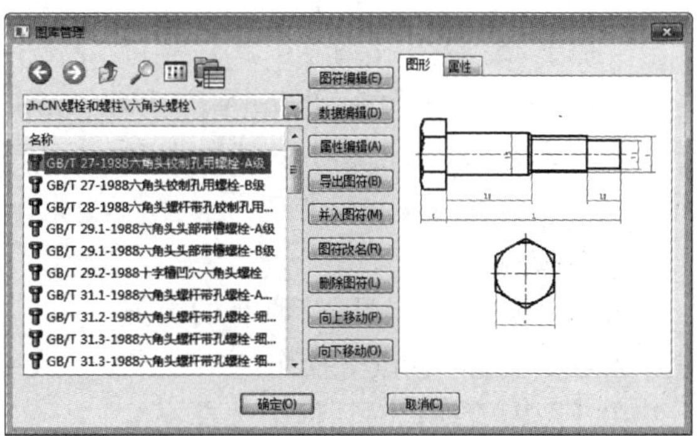

图9-42 【图库管理】对话框

1. 图符编辑

该按钮可以对图库中已有图符进行修改、部分删除、添加或重新组合。

在【图库管理】对话框中选取要编辑的图符名称，单击图符编辑(E)...按钮，弹出图符编辑选项菜单，如图9-43所示。

- 编辑元素定义：如果只修改参量图符中图形元素的定义，则选择【进入元素定义】选项，此时【图库管理】对话框被关闭，系统弹出如图9-44所示的【元素定义】对话框，在该对话框中可对图符的定义进行编辑修改，方法同前。
- 编辑图形：如果要修改图符的图形、基点、尺寸或尺寸名，可选择【进入编辑图形】选项，【图库管理】对话框被关闭。此时需要编辑的图符以布局窗口的形式添加到已打开的文件内，图符的各个视图显示在绘图区，可对图形进行编辑修改。图形修改后，可执行【定义图符】命令，对其重新定义，方法同前。切换模型显示进入图符编辑之前图形。

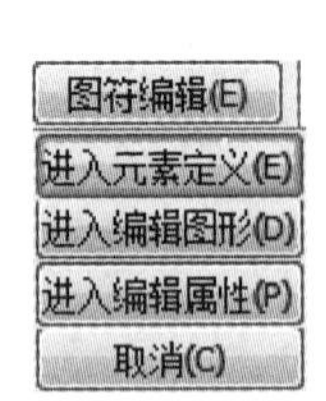

图 9-43 【图符编辑】选项菜单

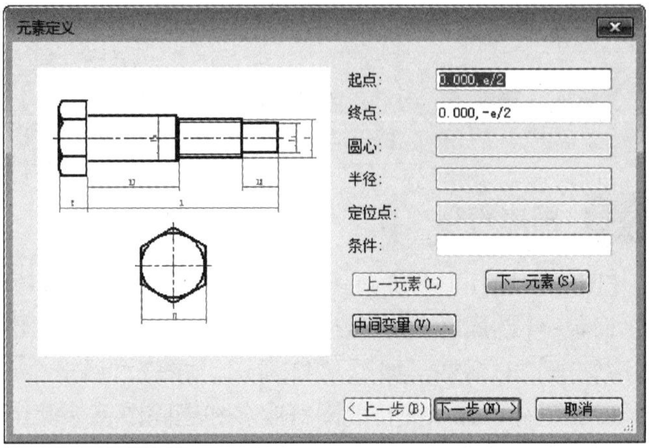

图 9-44 【元素定义】对话框

○ 编辑属性：选择【进入编辑属性】选项后，【图库管理】对话框关闭，界面如图 9-45 所示，功能区出现【图符编辑】选项卡，根据需要编辑即可。

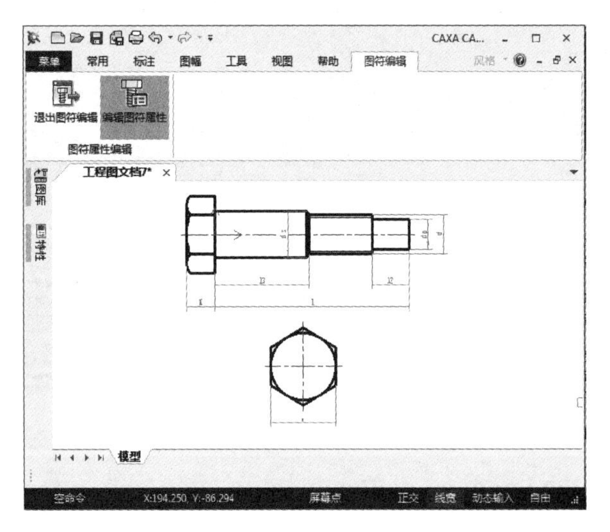

图 9-45 图符编辑

2. 数据编辑

该按钮可以对参量图符原有的数据进行删除、添加、修改等操作。

在【图库管理】对话框中选择要编辑数据的图符名称，用鼠标单击数据编辑(D)...按钮，弹出【标准数据录入与编辑】对话框，如图 9-46 所示。在对话框中可以对数据进行修改，操作方法与定义图符时的数据录入操作相同。修改结束后，单击确 定(O)按钮。返回到【图库管理】对话框，可进行其他项目的操作或结束图库管理操作。

3. 属性编辑

该按钮可以对原有图符的属性进行删除、添加、修改等操作。

在【图库管理】对话框中选择要编辑属性的图符名称，单击属性编辑(A)...按钮，弹出如图 9-47 所示的【属性编辑】对话框。在该对话框中，可以对图符属性进行修改，操作方法与定义图符的属性编辑操作相同。修改结束，单击确 定(O)按钮。返回到【图库管理】对话框，可进行其他项目的操作或结束图库管理操作。

4. 导出图符

该按钮可以将图符导出到其他位置。

在【图库管理】对话框中单击导出图符(M)...按钮，弹出对话框，在该对话框中选择要保存的位置，单击确 定(O)按钮，系统弹出对话框提示“导出完毕”。

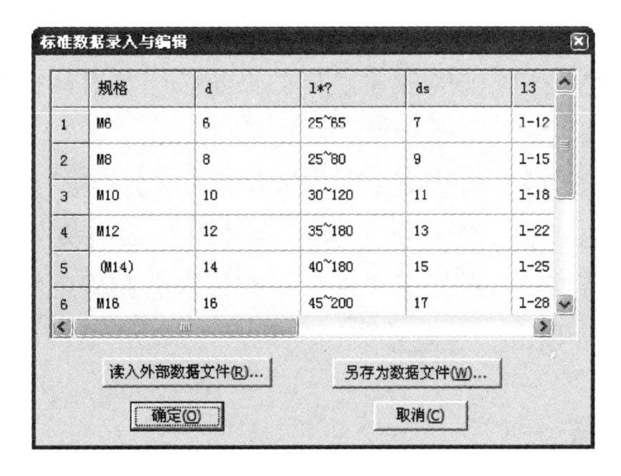

图 9-46 【标准数据录入与编辑】对话框

图 9-47 【属性编辑】对话框

5. 并入图符

该按钮可以将需要的图符并入图库。

在【图库管理】对话框中单击并入图符(M)...按钮，弹出【并入图符】对话框。在对话框左侧选择要导入的文件或文件夹，在右侧选择导入后保存的位置，单击并入(M)按钮即可。

6. 图符改名

该按钮可以将图符原有的名称以及图符大类和小类的名称进行修改。

在【图库管理】对话框中选取要改名的图库名称，单击图符改名(N)...按钮，弹出【图符改名】对话框，如图 9-48 所示。在文本框中输入新的图符名称后，单击确 定(O)按钮。返回【图库管理】对话框，可再进行其他项目的操作或结束图库管理操作。

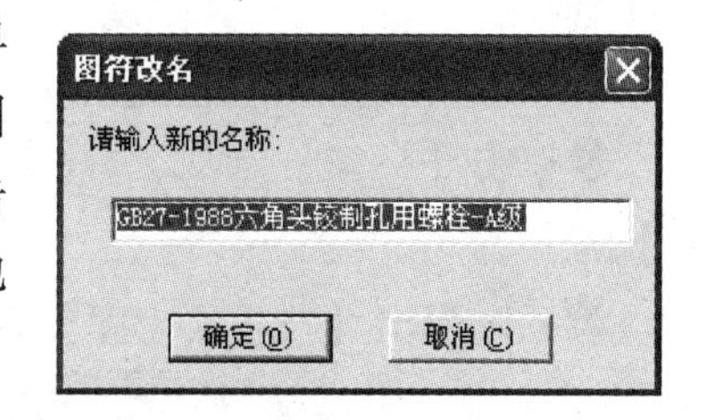

图 9-48 【图符改名】对话框

7. 删除图符

【删除图符】按钮的功能是将图库中无用的图符删除。在【图库管理】对话框中选择要删除的图符，单击删除图符(L)...按钮。弹出确认对话框，如果要删除，单击确定按钮，否则单击取消按钮。操作完成后，返回【图库管理】对话框，可再进行其他项目的操作或结束图库管理操作。

9.5.3 图库转换

【图库转换】命令用来将用户在旧版本中自己定义的图库转换为当前的图库格式，或者将用户在另一台计算机上定义的图库加入到本计算机的图库中。

单击【插入】选项卡→【图库】面板→【图库管理】旁边按钮→【图库转换】按钮或选择【绘图】→【图库】→【图库转换】菜单命令，系统弹出如图 9-49 所示的【图库转换】对话框，选择【选择电子图板 2007 及更早版本的模板文件】选项，选择图形文件后单

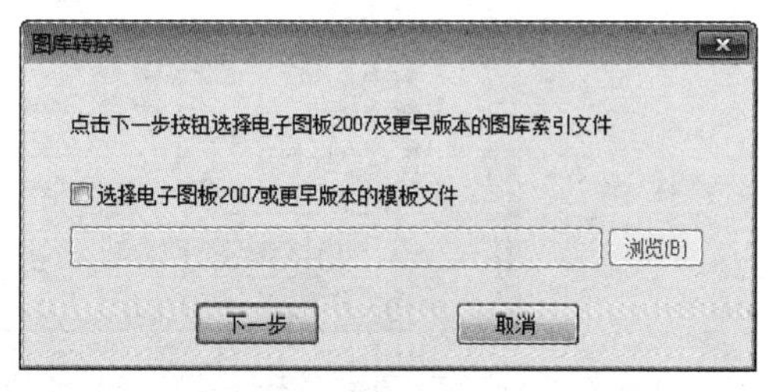

图 9-49 【图库转换】对话框

击[下一步]按钮。系统弹出【打开旧版本主索引或小类索引文件】对话框。在对话框中选择要转换图库的索引文件及类型，单击[打开(O)]按钮，该对话框关闭。系统按照在对话框中选择的文件类型不同，将出现不同的提示。

选择文件类型是【主索引文件（Index. sys)】，则其包含的全部大类和小类均进行转换，屏幕上出现一个进度条，显示转换操作的进程。选择文件类型是【图库索引文件（*.idx)】，出现【图库转换】对话框，选择需要转换的图符，然后在对话框右侧确定转换后图符放置的类别（也可以直接输入新类名），单击[转换(T)]按钮即可。

9.6 技术要求库和构件库

CAXA 电子图板提供了技术要求库和构件库。使用技术要求库，能快速生成工程的技术要求说明文字；使用构件库，能提取零件常用的工艺结构图形。

9.6.1 技术要求库

技术要求库用数据库文件分类记录了常用的技术要求文本项，可以辅助生成技术要求文本插入工程图，也可以对技术要求库中的类别和文本进行添加、删除和修改，即进行技术要求库管理。

☞ 技术要求库管理的操作步骤

❶单击【标注】选项卡→【文字】面板→【技术要求】按钮或选择【标注】→【技术要求】菜单命令。

❷系统弹出【技术要求库】对话框，如图 9-50 所示，该对话框各选项含义如下。

图 9-50 【技术要求库】对话框

❍【标题内容】文本框：输入标题文字，如“技术要求”。

❍ 标题设置 按钮：单击该按钮弹出【文字标注参数设置】对话框，可修改标题文字的各项参数。

❍ 正文设置 按钮：单击该按钮同样弹出【文字标注参数设置】对话框，可修改技术要求正文的各项文字参数。

❍【技术要求】列表框：在对话框左侧，列出了系统所有技术要求的类别，单击任意一项，右下角表格中的内容随之变化。

❍ 文本编辑框：用鼠标双击右下角表格中所需文本，该文本即可出现在文本编辑框中，或者用鼠标直接将所需文本从表格中拖拽到文本编辑框的合适位置，也可以直接在文本编辑框中输入和编辑文本。

❍【序号类型】下拉列表框：可以选择自动添加序号。

❍【插入特殊符号】下拉列表框：可以插入特殊符号。

❍【文字消隐】复选项：在对话框的右上方，可以确定生成的技术要求文字是否具有消隐功能。

❸根据需要设置完成后，单击 生成 按钮，根据提示指定技术要求所在的区域，即可在工程图中插入技术要求文本。

9.6.2 构件库

从构件库可提取零件常用的工艺结构图形。单击【插入】选项卡→【图库】面板→【构件库】按钮或选择【绘图】→【构件库】菜单命令，系统弹出【构件库】对话框，如图9-51所示。在【构件库】下拉列表中选择构件库，在【选择构件】栏中选择构件，然后单

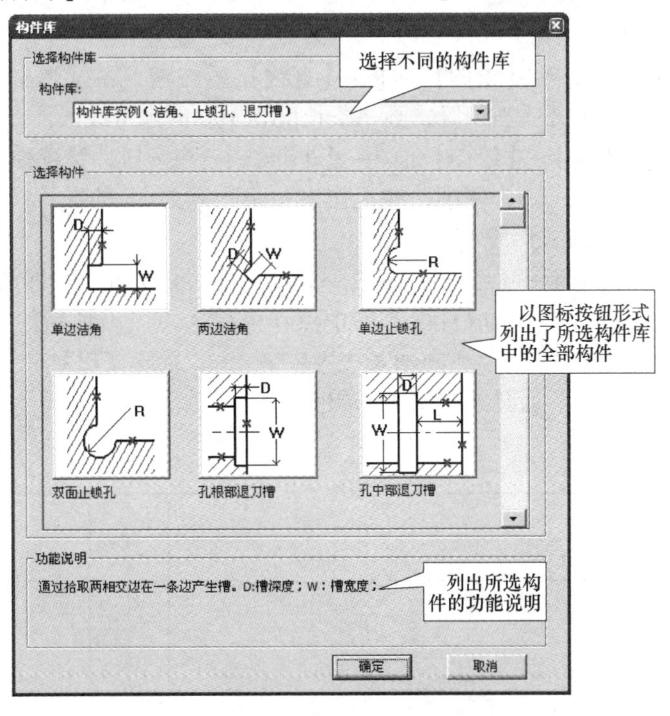

图9-51 【构件库】对话框

击【确定】按钮。选择的构件不同，执行过程不同。一般是在立即菜单中给定相关尺寸，按提示逐步完成操作。

9.7 综合实例——绘制螺栓连接图

用螺栓连接两个厚度分别为 $\delta_1=35$、$\delta_2=45$ 的零件，如图 9-52 所示。按 1∶1 比例，绘制螺栓连接图。

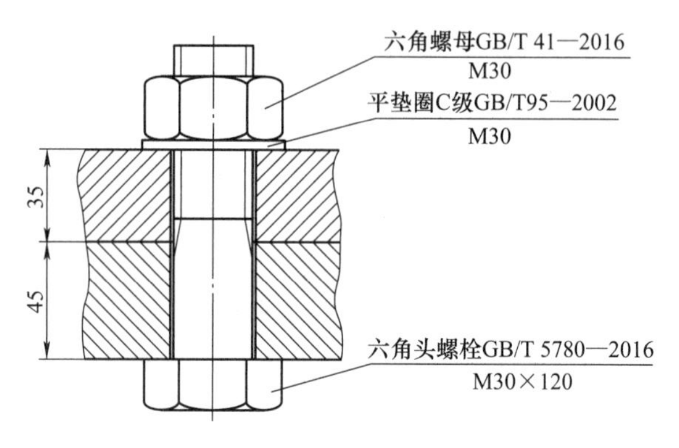

图 9-52 螺栓连接

设计思路

1）螺栓连接图中的螺栓、螺母和垫圈均为标准件，可以从 CAXA 电子图板的图库中提取，大大简化绘图过程。

2）各个零件进行装配的时候，需要使用块消隐功能。

操作步骤

步骤 1 设置绘图环境

❶设置点捕捉状态为【智能】方式。

❷打开状态栏工具区【正交】按钮，使系统处于正交状态。

❸将当前层设置为粗实线层。

步骤 2 绘制被连接件及通孔

❶单击【常用】选项卡→【绘图】面板→【直线】按钮，系统弹出立即菜单，设置为“1. 两点线 2. 单根”。在绘图区适当位置，画一条长度为 100 的水平线 *A*。

❷单击【常用】选项卡→【绘图】面板→【平行线】按钮，系统弹出立即菜单，设置为“1. 偏移方式 2. 单向”。以直线 *A* 为基准，向上作出一条距离为 35 的平行线 *B*，向下作出一条距离为 45 的平行线 *C*，如图 9-53 所示。

❸单击【常用】选项卡→【绘图】面板→【轴/孔】按钮，立即菜单各选项设置为“1. 孔 2. 直接给出角度 3.中心线角度 90”。拾取直线 *B* 的中点作为插入点。出现新的立即菜单，设置为“1. 孔 2.起始直径 33 3.终止直径 33 4. 有中心线 5.中心线延伸长度 3”。系统又提示“孔上一点或孔的长度:”，拾取直线 *C* 的中点。通孔绘制完毕，如图 9-54 所示。

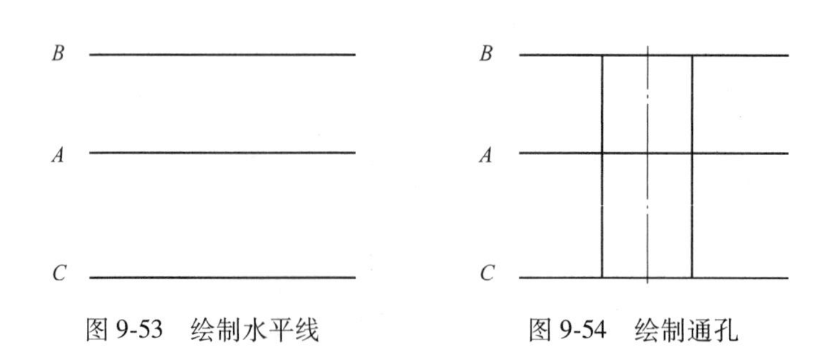

图 9-53 绘制水平线　　图 9-54 绘制通孔

提示

在螺栓连接中，被连接件的孔径约为1.1倍螺栓大径，因此本例中孔径取30×1.1=33。

❹将当前层设置为细实线层。

❺单击【常用】选项卡→【绘图】面板→【样条】按钮，利用【直接作图/缺省线矢/开曲线】方式绘制被连接件两边的断裂线。为了形成封闭区域，绘制断裂线时，应注意捕捉到直线A、直线B和直线C的端点，如图9-55所示。

❻单击【常用】选项卡→【绘图】面板→【剖面线】按钮，分别绘制上下两零件的剖面线，如图9-56所示。

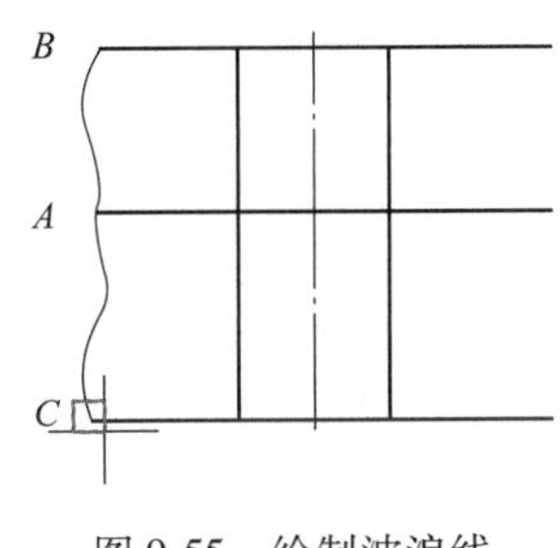

图9-55 绘制波浪线

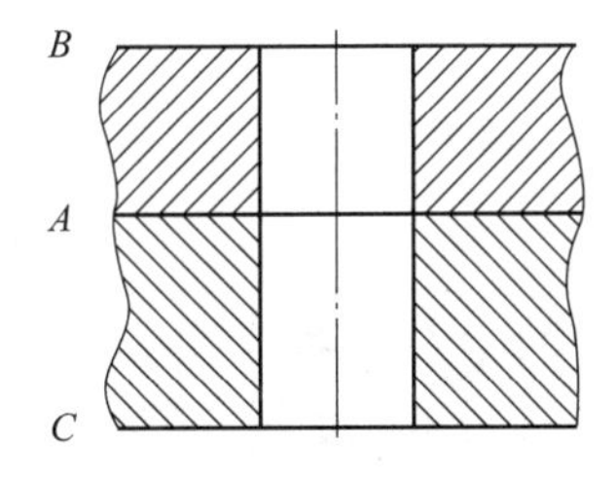

图9-56 绘制剖面线

提示

同一零件在各个视图中的剖面线方向和间距应一致。两个相邻的零件，其剖面线方向应相反或方向一致但间距不同。

步骤3 调入螺栓

❶单击【插入】选项卡→【图库】面板→【提取图符】按钮，系统弹出【提取图符】对话框。

❷选择【zh-CH\螺栓和螺柱\六角头螺栓】，在图符列表中选择【GB/T 5780—2000 六角头螺栓-C级】，如图9-57所示。

❸单击【提取图符】对话框的下一步(N) >按钮，弹出【图符预处理】对话框，选择螺栓规格为M30、长度120，其他各项选择如图9-58所示。

❹单击完成按钮，系统返回到绘图状态，此时图符“挂”在十字指针上。系统弹出立即菜单，设置图符的输出形式为1.不打散 2.消隐。

❺系统提示“图符定位点”，捕捉直线C与中心线的交点为螺栓定位点，如图9-59所示。

❻系统提示“旋转角”，从键盘输入图符旋转角“90”↙。

❼单击鼠标右键，退出螺栓的提取状态，屏幕显示如图9-60所示。

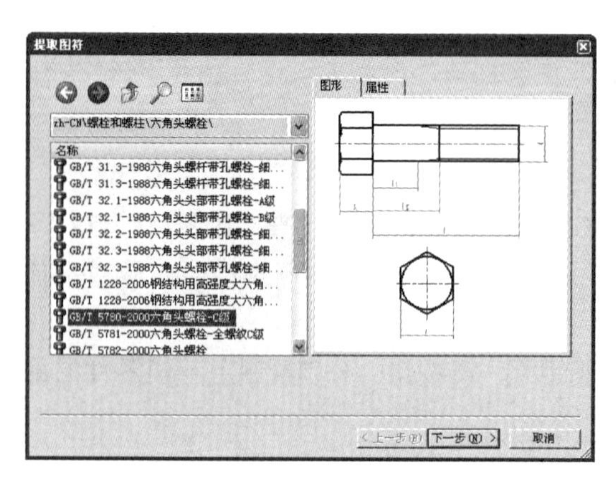

图 9-57　提取螺栓

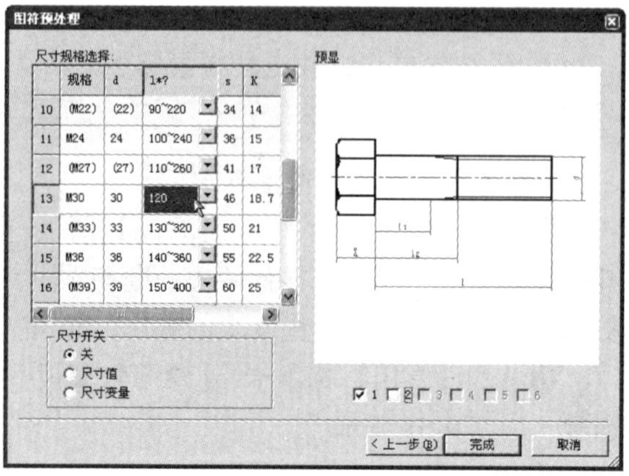

图 9-58　选择螺栓尺寸规格

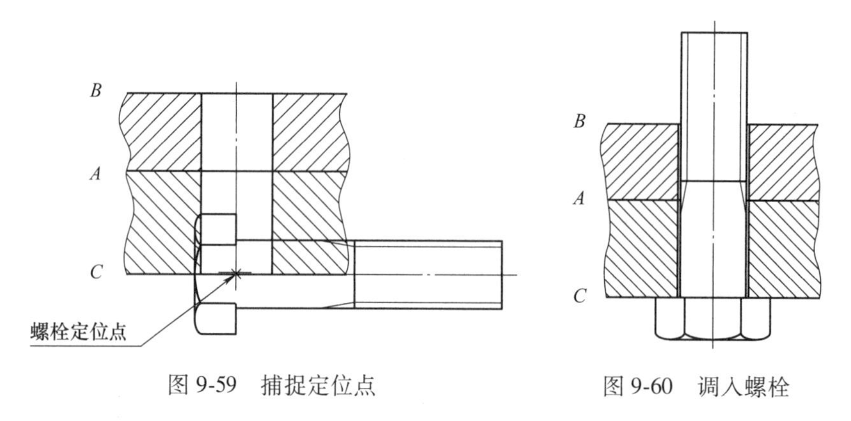

图 9-59　捕捉定位点　　　　图 9-60　调入螺栓

步骤 4　调入垫圈

❶单击【插入】选项卡→【图库】面板→【提取图符】按钮，系统弹出【提取图符】对话框。

❷选择【zh-CH \ 垫圈和挡圈 \ 圆形垫圈】，在图符列表中选择【GB/T 95—2002 平垫圈-C 级】，如图 9-61 所示。

❸单击【提取图符】对话框的 下一步(N) > 按钮，弹出【图符预处理】对话框，通过滚动条选择垫圈规格为 M30，其他各项选择如图 9-62 所示。

❹单击 完成 按钮，返回到绘图状态，此时图符“挂”在十字指针上。系统弹出立即菜单，设置图符的输出形式为 1. 不打散 2. 消隐 。

❺系统提示“图符定位点”，捕捉直线 *B* 与中心线的交点为定位点。

❻由于图形不需旋转，单击鼠标右键完成提取，如图 9-63 所示。

步骤 5　调入螺母

❶单击【插入】选项卡→【图库】面板→【提取图符】按钮，系统弹出【提取图符】对话框。

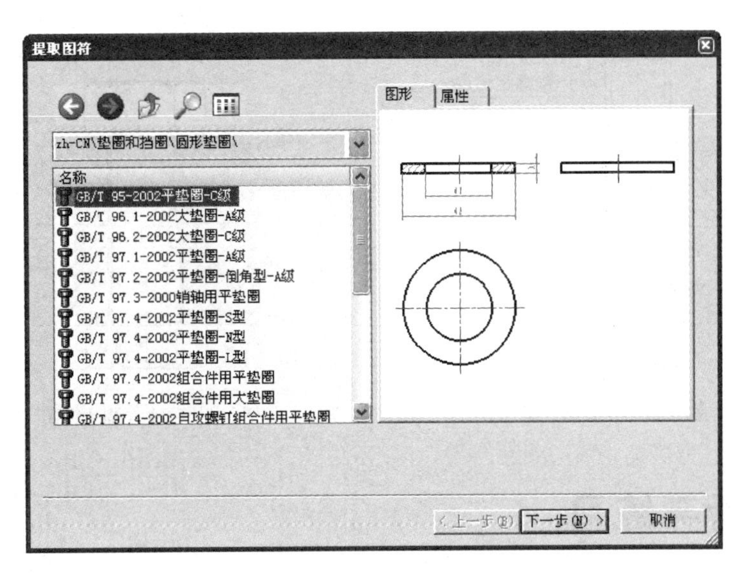

图 9-61　提取平垫圈

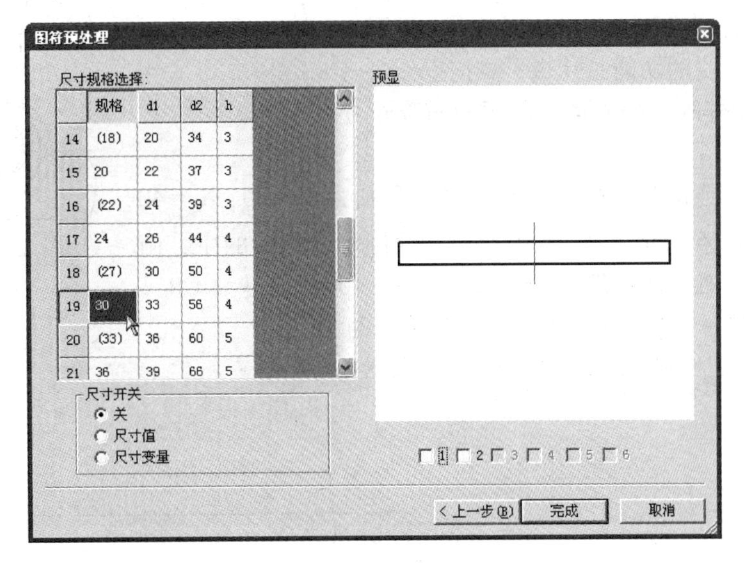

图 9-62　选择垫圈规格

❷选择【zh-CH \ 螺母 \ 六角螺母】，在图符列表中选择【GB/T 41—2016-1 六角螺母-C级】。

❸单击 下一步(N) > 按钮，在弹出的【图符预处理】对话框中提取 M30 的螺母。

❹单击 完成 按钮，返回到绘图状态，此时图符“挂”在十字指针上。系统弹出立即菜单，设置图符的输出形式为 1. 不打散 2. 消隐 。

❺根据提示捕捉螺母定位点，由于图形不需旋转，单击鼠标右键完成提取，如图 9-64 所示。

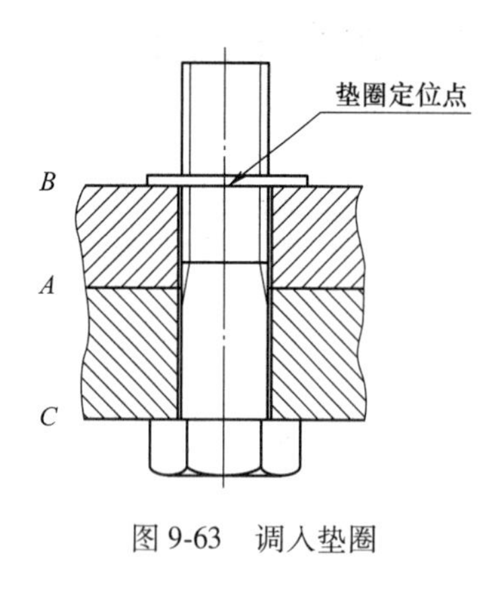

图 9-63　调入垫圈

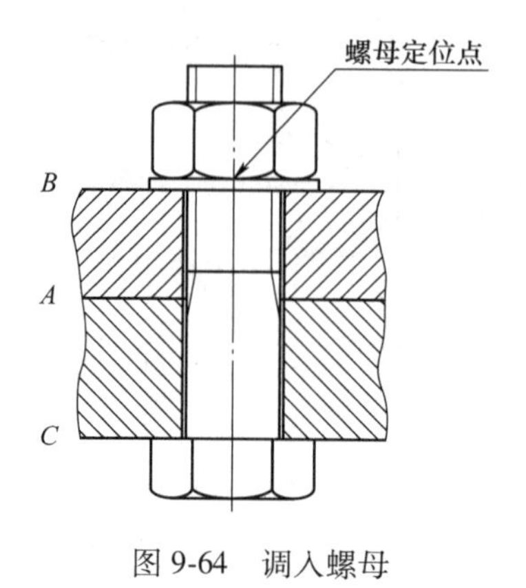

图 9-64　调入螺母

9.8　思考与练习

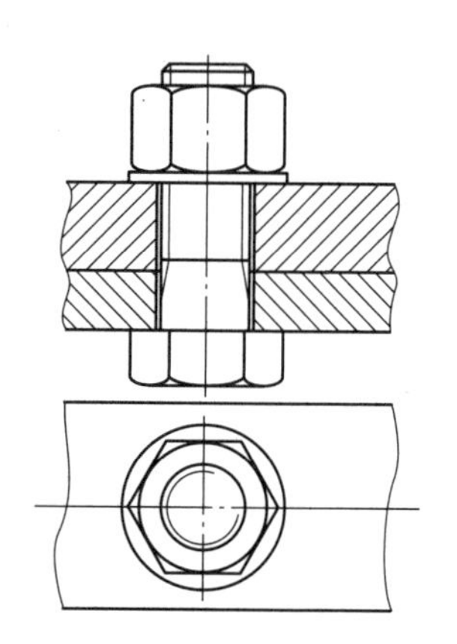
图 9-65　螺栓连接

1. 概念题

（1）图块有哪些特点？怎样创建和分解图块？

（2）图块消隐的功能是什么，如何操作？

（3）何谓图符？CAXA 电子图板的图符分为哪两种？

2. 操作题

（1）用螺栓连接两个宽度为 80、厚度分别为 $\delta_1 = 20$、$\delta_2 = 40$ 的零件，如图 9-65 所示。按 1∶1 比例，绘制螺栓连接的主、俯视图，所用的螺栓为 GB/T 5782—2016 M24×100，螺母为 GB/T 6170—2000 M24，垫圈为 GB/T 97. 1—2002 M24。

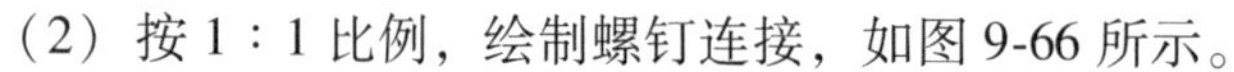
（2）按 1∶1 比例，绘制螺钉连接，如图 9-66 所示。

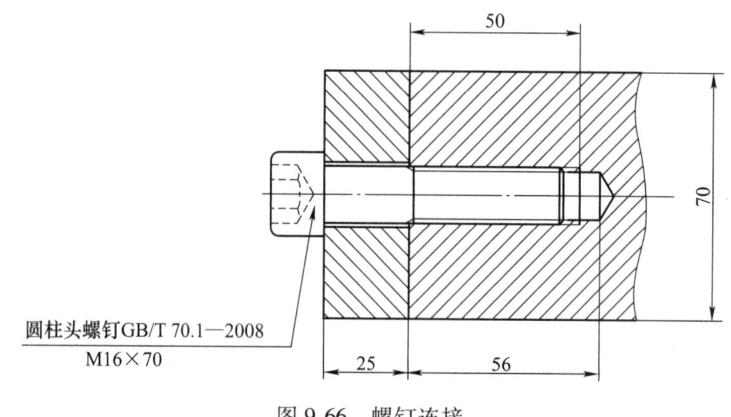

图 9-66　螺钉连接

第 10 章　绘制装配图

内容与要求

在机械工程中，一台机器或一个部件都是由若干个零件按一定的装配关系和技术要求装配起来的，而表示机器和部件的图样就是装配图。绘制装配图可利用已绘制好的零件图，即把零件图的一些视图直接或稍作修改插入到装配图中，而装配图中的标准件可从图库中直接调用。本章将以滑动轴承为例，详细介绍机械工程中装配图的绘制方法。

学习本章应达到如下目标。

● 掌握绘制装配图的方法

10.1　装配图

装配图是生产中重要的技术文件，主要表达机器或部件的工作原理、各零件间的连接及装配关系和主要零件的结构形状，是生产、安装、调试、操作、检修机器和部件的重要依据。

1. 装配图的内容

一张完整的装配图应具有以下四个方面的内容。

1）一组视图：用来表达机器或部件的工作原理、零件间的装配关系、连接方式及主要零件的结构形状等。

2）必要的尺寸：标注出与机器或部件的性能、规格、装配和安装有关的尺寸。

3）技术要求：用符号、代号或文字说明装配体在装配、安装、调试等方面应达到的技术指标。

4）零部件序号、明细表和标题栏：在装配图上，必须对每个零件编号，并在明细栏中依次列出零件序号、代号、名称、数量、材料等。

2. 装配图的规定画法

零件图中表达零件的方法，如视图、剖视图、断面图以及局部放大图等，均适用于装配图。由于装配图主要用来表达机器或部件的工作原理和连接、装配关系，因此与零件图相比，装配图还有一些规定画法及特殊表达方法。了解这些规定和内容是绘制装配图的前提。

（1）规定画法

1）两相邻零件的接触面和配合面，用一条轮廓线表示；而当两相邻零件不接触，即留有空隙时，则必须画出两条线。

2）两相邻金属零件的剖面线倾斜方向应相反或者方向一致而间隔不等；而同一零件的剖面线在各视图中必须一致（方向相同、间隔相等）。

3）对于紧固件（如螺母、螺栓、垫圈等）和实心零件（如轴、销、键、球等），当剖切平面通过其基本轴线时，这些零件按不剖绘制，只画出其外形的投影。

（2）特殊表达方法

1）假想画法。为表达清楚部件的工作原理，将与本部件有关但又不属于本部件的相邻零（部）件，用细双点画线画出轮廓。运动零件的极限位置，也用细双点画线画出。

2）夸大画法。在装配图中，对于薄片零件或微小间隙以及较小的斜度和锥度，无法按其实际尺寸画出或图线密集难以区分时，可将零件或间隙不按比例适当夸大画出。

3）展开画法。在传动机构中，为了表示传动关系及各轴的装配关系，可假想用剖切平面按传动顺序沿各轴的轴线剖开，将其展开、摊平后画在一个平面上（平行于某一投影面）。

（3）省略画法

1）装配图中，零件的工艺结构（如圆角、倒角、退刀槽等）允许省略不画。

2）装配图中对于规格相同的零件组（如螺栓连接件），可详细画出一组，其余用细点画线表示装配位置。

3）在装配图中，当剖切平面通过某些标准产品的组合件或该组合件已由其他视图表示清楚时，允许只画出外形轮廓。

4）沿零件结合面剖切和拆卸画法。为了表达清楚装配体内部或被遮挡的零件装配情况，可假想沿某零件的结合面剖切或假想将某些零件拆卸后绘制。

5）单独表示某个零件的画法。在装配图中可以单独画出某一零件的视图，但必须在所画视图的上方注出该零件的视图名称，在相应的视图附近用箭头指明投射方向，并注写同样的字母。

10.2 绘制装配图的方法

CAXA 电子图板绘制装配图主要使用拼图方式。拼图是将不同图形文件的内容，按照需要组合在一起的操作过程。拼图的方法通常有两种。

10.2.1 利用剪切、复制和粘贴拼图

在前文介绍了【剪切】、【复制】和【粘贴】、【粘贴为块】命令的功能及操作方法。通过在一个图形文件中剪切或复制所需图形，在另一个图形文件中粘贴，就可以将一个图形文件中的全部或部分内容组拼到所需要的图形文件中。

10.2.2 利用并入文件拼图

由零件图绘制装配图，可利用 CAXA 电子图板的【部分存储】和【并入文件】命令拼图。【部分存储】命令可以将当前文件中的某一部分存储成一个独立的文件，而【并入文件】命令能将一个已经存在的图形文件并入到当前文件中，并且同时可以对其进行缩放和旋转。

☞ 利用【并入文件】命令拼图的操作步骤

❶单击【插入】选项卡→【对象】面板→【并入】按钮或选择【文件】→【并入】菜单命令，系统弹出【并入文件】对话框，如图 10-1a 所示。

❷在【查找范围】下拉列表中选择图形文件的存放位置，接着用鼠标单击要并入的图形文件名，单击打开(O)按钮。

❸【并入文件】对话框变得如图 10-1b 所示。如果选择的文件包含多张图样，要在【图纸选择】列表框中选择一张要并入的图样，选择图样后在对话框右侧会出现所选图形的预显。在【选项】区选择【并入到当前图纸】。并入设置共有两个选项，具体含义如下。

- 并入到当前图纸：将所选图样作为一个部分并入到当前图样中。
- 作为新图纸并入：将所选图样作为新图样并入到当前的文件中。此时可以选择一个或多个图样。如果并入的图样名称和当前文件中的图样相同，系统将会提示修改图样名称。

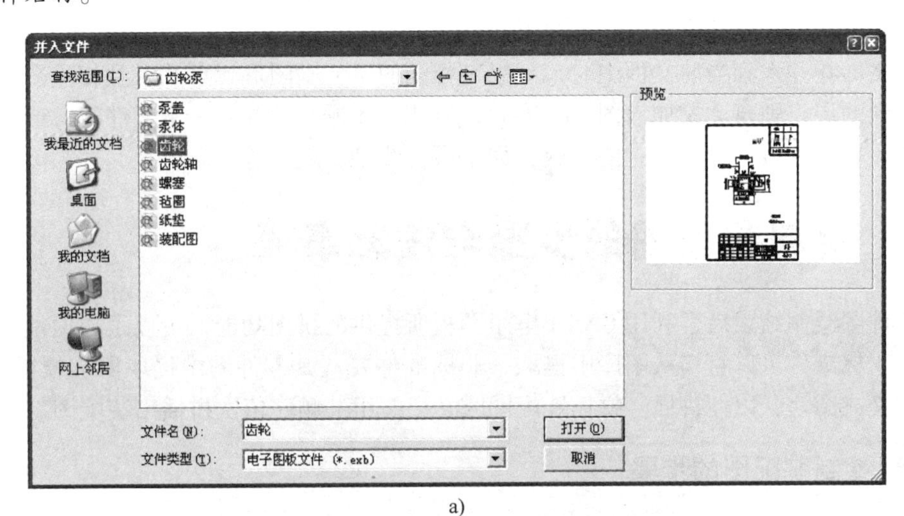

a)

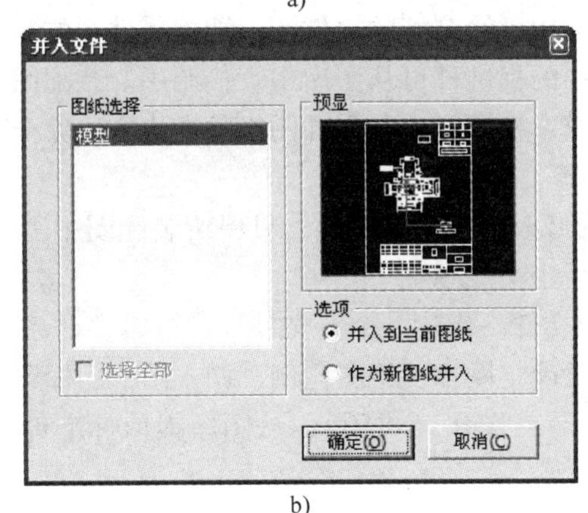

b)

图 10-1　并入文件

a)【并入文件】对话框　b）并入设置

❹设置后单击确定(O)按钮，弹出如图 10-2 所示的立即菜单，根据需要设置，其各选项含义如下。

- 第 1 项可选择定位方式为【定点】或【定区域】。
- 第 2 项可选择【保持原态】或【粘贴为块】。【粘贴为块】时需要选择是否消隐、输入块名和比例，如图 10-2b 所示。

1. 定点 2. 保持原态 3.比例 1

a)

1. 定点 2. 粘贴为块 3. 消隐 4.块名 5.比例 1

b)

图 10-2 【并入文件】的立即菜单

❺按照系统的提示，输入所需的定位点和旋转角。所选的图形文件即可并入到当前文件中，屏幕上同时显示两个文件的图形内容。

该命令可以将多个图形文件并入到一个图形文件中。在设计过程中，如果一张图样需要由多位设计人员完成，设计人员们应该使用相同的模板分别进行设计，最后通过此命令将多位设计人员设计的图样并入到一张图样上。

图形文件在并入到当前文件中时，如果有相同的层，则图形元素并入到相应图层中；如果没有相同的层，则自动添加该图层。因此，将几个图形文件并入一个文件时，最好使用同一个模板，在此模板中定义统一的参数，如图层、线型、颜色等。

10.3 绘制装配图的步骤与注意事项

在零件图绘制结束后，利用 CAXA 电子图板所提供的拼图功能，可以很方便地拼插成装配图。对于标准件可以直接从图库中提取，非标准件要从其零件图中提取所需视图或图形，并将其定义成图块，以便拼插。拼插装配图时，要按组装顺序依次拼插出装配图。

10.3.1 绘制装配图的步骤

绘制装配图的视图可利用已绘制好的零件图，即把零件图的一些视图直接或稍作修改插入到装配图中，而装配图中的标准件可从图库中直接调用。装配图中除明细栏以外的其他内容，如尺寸标注、技术要求、标题栏，与零件图中的操作方法完全相同。

☞ 绘制装配图的一般步骤

1）修改零件图。编辑修改每一个零件图，只保留装配图中需要的部分，并使其表达方法与装配图保持一致，最后定义成图块。

2）建立装配图的图形文件。创建一个新文件；进行必要的系统设置；根据部件的总体尺寸、复杂程度和视图数量确定图幅、绘图比例，调入图框、标题栏。

3）绘制装配图。拼入零件图块（拼图）；从图库提取标准件；使用块消隐功能；对装配图进行编辑修改。

4）标注必要的尺寸等。

5）编写序号、填写明细表。

6）填写标题栏、技术要求。

7）检查、修改、存盘。

10.3.2 由零件图拼画装配图的注意事项

拼图时，要经常在装配图和零件图之间切换，因此应打开所需要的图形文件。CAXA 电子图板 2023 支持多文档设计环境，用户可以同时打开多个图形文件，根据需要在各个文档间切换、参考或复制实体对象或对象的特性，从而使工作更加灵活方便。由零件图拼画装配图时，应注意以下几个问题。

1）比例一致。待装配零件的图形比例应与装配图的比例一致，否则要进行图形缩放。

2）拼插顺序。按照零件的组装顺序来拼插装配图。

3）确定基准点和插入点。确定零件图基准点、插入点时要合理、准确，要充分利用捕捉和导航功能。

4）剖面线的绘制。装配图中，两相邻零件的剖面线方向应相反或方向一致但间隔不等，而同一零件的剖面线在各视图中必须一致（方向相同、间隔相等）。

5）可见性的处理。对看不见的部分要进行消隐，这可以通过块的【消隐】命令实现，必要时也可将块打散后删除多余的图线。

6）灵活使用【块在位编辑】命令。

7）充分利用各种显示功能。

10.4 综合实例——绘制滑动轴承装配图

根据零件图，在A3图幅内绘制如图10-3所示的滑动轴承装配图，绘图比例为1：1。

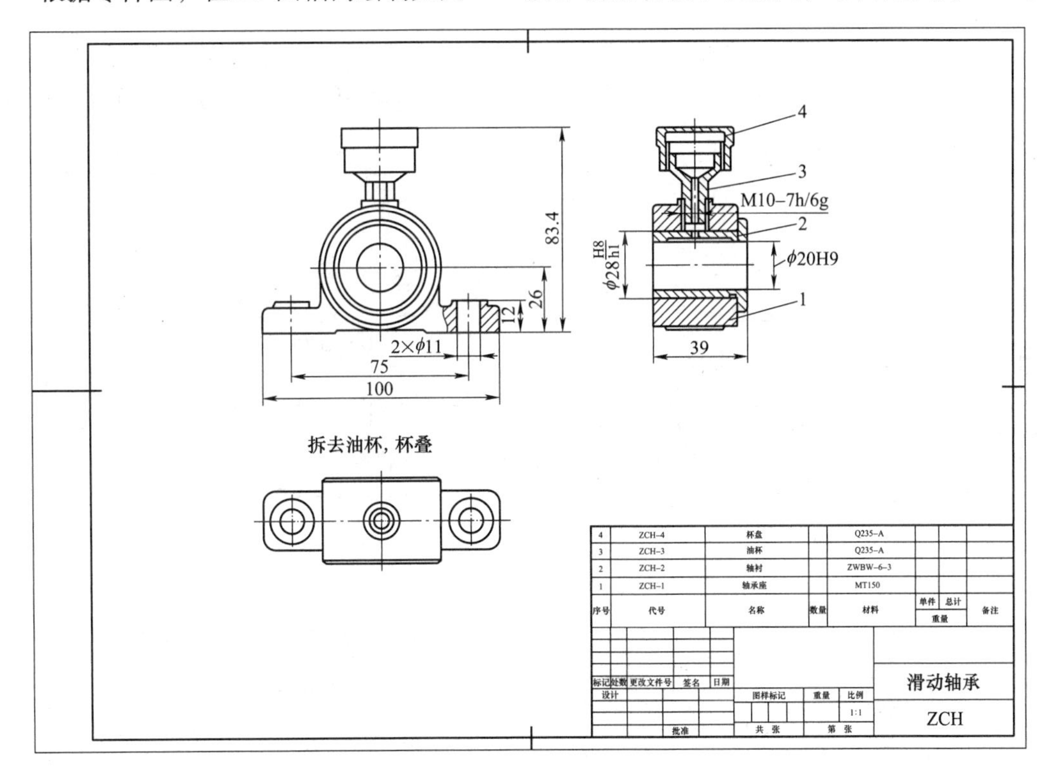

图10-3　滑动轴承装配图

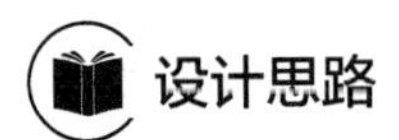

设计思路

前文介绍了可利用【并入文件】或【复制】、【粘贴】命令拼图。为了具体说明【并入文件】命令的使用方法，本例中使用【并入文件】命令拼入零件图。相比较【并入文件】命令，利用【复制】与【粘贴】命令拼图比较简单方便，具体方法将在第12章中介绍。

本例中的滑动轴承由轴承座、轴衬、油杯、杯盖装配而成，每个零件都有单独的零件图（见图10-4~图10-7），其中轴衬、油杯和杯盖的零件图均是在A4图幅内按照2∶1绘制的。此类装配图的绘制方法如下。

1）修改每一个零件图，只保留装配图中需要的部分，并使其表达方法与装配图保持一致，定义成图块后利用【部分存储】或【另存文件】命令重新命名存盘。

2）在一个新图形文件中，拼入起总体定位作用的基准件（轴承座），然后拼入所需要的零件图块。

3）根据装配关系用【平移】命令中的【两点方式】装配零件，然后使用块【消隐】命令，隐藏不可见图线。

4）标注必要的尺寸。

5）生成零件序号、填写明细表、标题栏等。

操作步骤

步骤1　修改轴承座零件图

1. 打开轴承座零件图，另存文件

打开第8章绘制的轴承座零件图，如图10-4所示。选择【文件】→【另存为】命令，将文件换名保存。

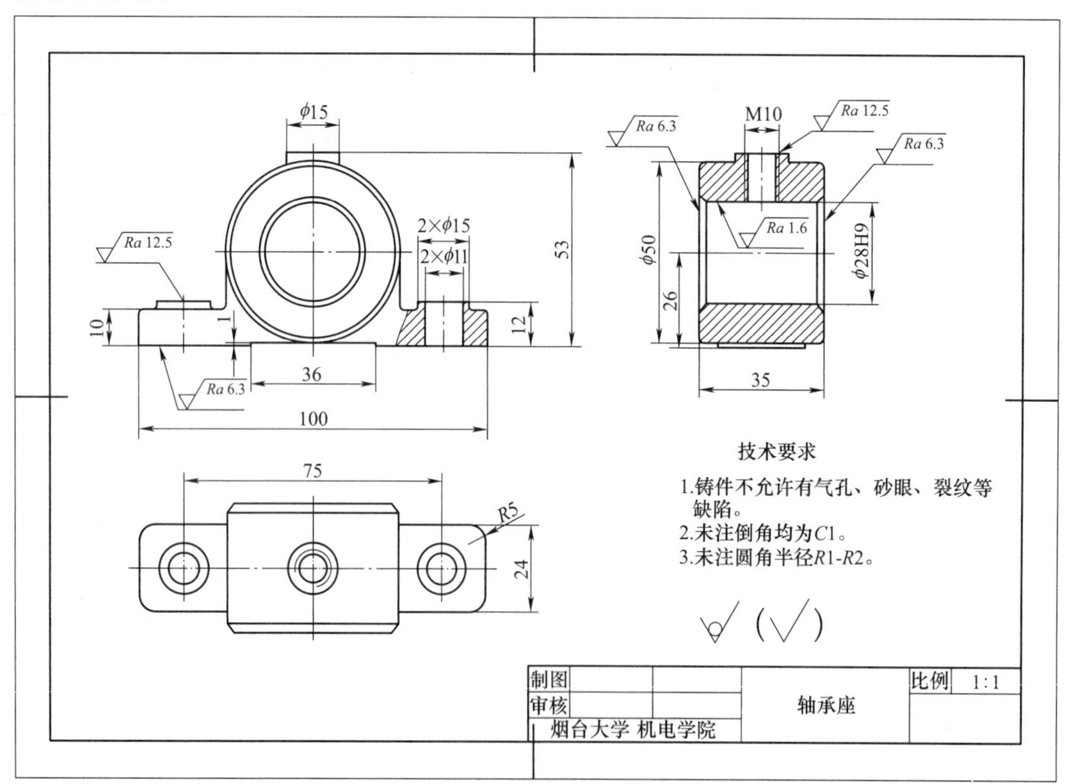

图10-4　轴承座的零件图

2. 删除图框、标题栏

❶单击【工具】选项卡→【选项】面板→【拾取设置】按钮，系统弹出【拾取过滤设置】对话框。选中【图框】、【标题栏】的复选项，单击确定[O]按钮。

❷选择【删除】命令删除图框、标题栏（图框和标题栏都是以块的形式存在的，单击任何位置均可选中）。

3. 删除全部尺寸和技术要求

❶单击【常用】选项卡→【特性】面板→【图层设置】按钮，弹出【层设置】对话框。除尺寸线层外，将其他所有图层如粗实线层、中心线层等关闭，如图 10-8 所示。

❷此时绘图区显示的只有尺寸线层上标注的尺寸和各种技术要求。单击【常用】选项卡→【修改】面板→旁边按钮→【清除所有】按钮，启动【清除所有】命令，系统弹出提示对话框，单击确定按钮删除全部尺寸和技术要求。

❸将粗实线层、中心线层、剖面线层、细实线层等打开，屏幕上出现轴承座图形，如图 10-9 所示。

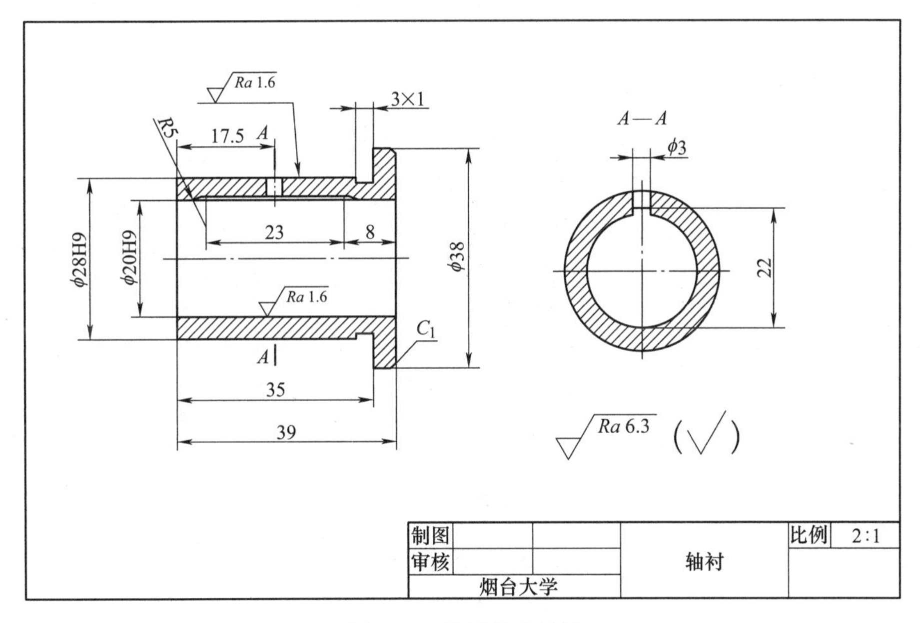

图 10-5　轴衬的零件图

提示

如果零件图的视图选择及表达方法有与装配图不一致的地方，则需要对零件图进行编辑修改，使其与装配图保持一致。

4. 将主、俯、左视图分别创建为图块

❶单击【插入】选项卡→【块】面板→创建按钮→【定义图块】按钮，按照系统提示以窗口方式拾取主视图，输入定位点，即可将主视图创建为图块。

❷同理，将俯视图、左视图分别生成为图块。

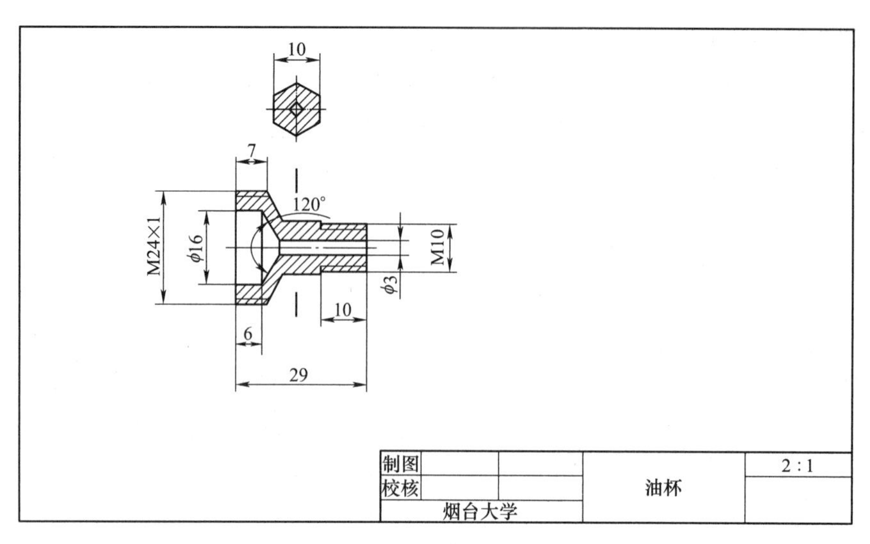

图 10-6　油杯的零件图

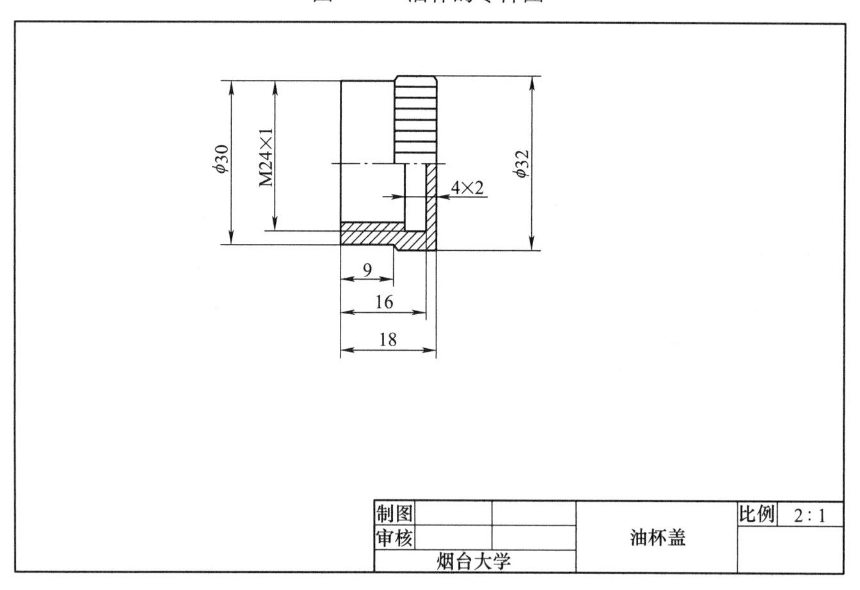

图 10-7　杯盖的零件图

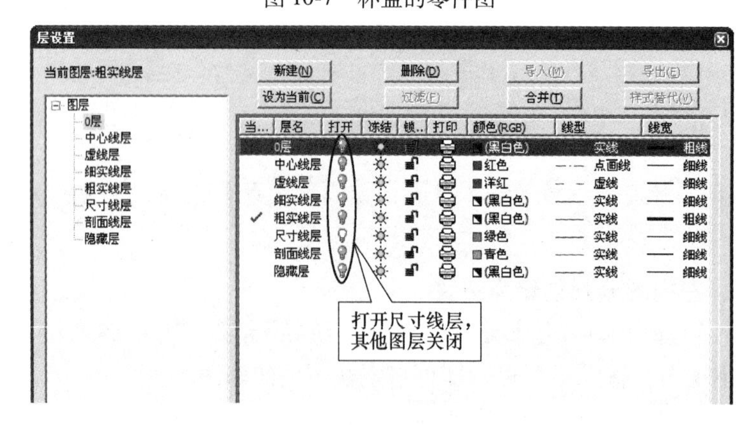

图 10-8　关闭部分图层

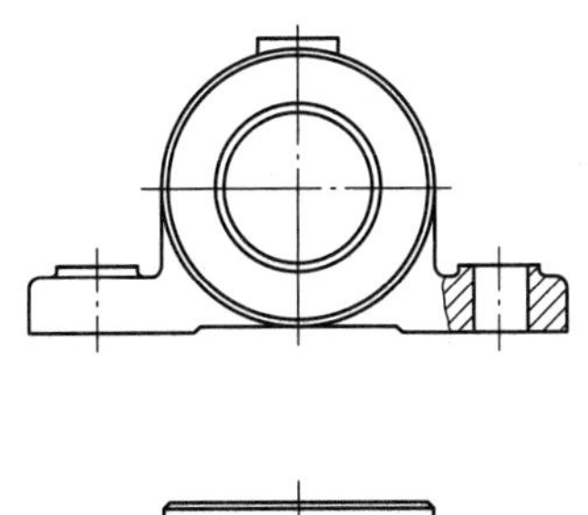

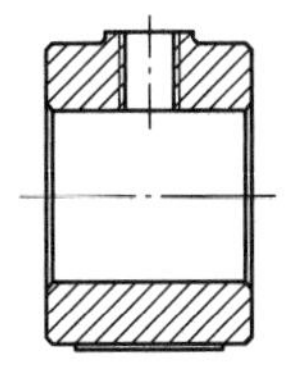

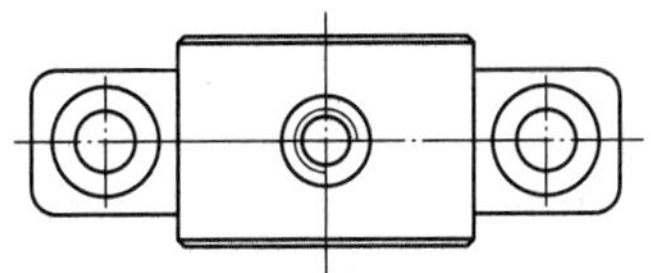

图 10-9 轴承座修改图

提示

为了装配时方便编辑，零件的每一个视图都要单独创建成图块。

5. 保存文件

单击快速启动工具栏中的【保存】按钮，保存绘制好的图形。

步骤 2 修改轴衬零件图

❶打开轴衬零件图，换名另存文件。

❷删除图框、标题栏、全部尺寸和技术要求，删除轴衬的移出断面图，仅保留装配图中需要的轴衬主视图。

❸选择【比例缩放】命令，输入比例系数“0.5”缩小主视图，如图 10-10 所示。

❹单击快速启动工具栏中的【保存】按钮，保存修改好的图形。

提示

待装配零件的图形比例应与装配图的比例一致，否则要进行图形缩放。可通过【比例缩放】命令实现，也可在拼图时改变【并入文件】、【粘贴】立即菜单的比例数值或装配时改变【平移】的比例数值得到。

步骤 3 修改其余零件图

使用同样的方法，依次修改其余零件图，如图 10-11、图 10-12 所示。

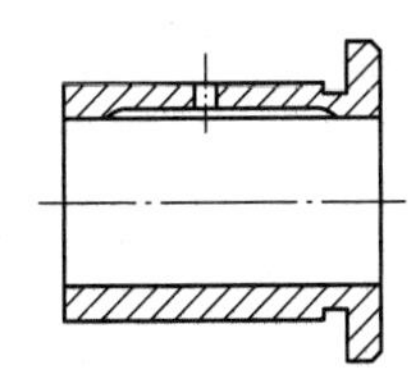

图 10-10 轴衬修改图

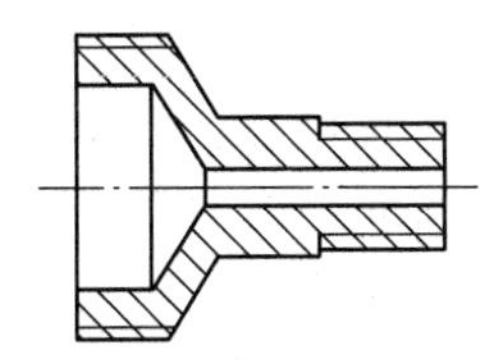

图 10-11 油杯修改图

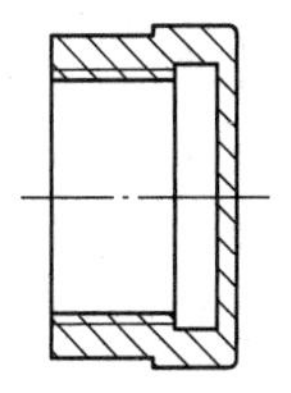

图 10-12 油杯盖修改图

步骤 4 创建装配图的图形文件

❶创建一个新文件，并命名保存。

❷设置图层、线型、颜色、屏幕点捕捉方式等。

❸设置图纸幅面并调入图框和标题栏。单击【图幅】选项卡→【图幅】面板→【图幅设置】按钮，在系统弹出的【图幅设置】对话框中设置图纸幅面为【A3】，图纸方向为【横放】，绘图比例为【1∶1】，图框为【A3A-E】，标题栏为【Mechanical-A】，单击确定(O)按钮即可。

步骤 5 并入各零件并装配

1. 并入轴承座图形

❶单击【插入】选项卡→【对象】面板→【并入文件】按钮，系统弹出【并入文件】对话框，如图 10-13 所示。选中修改后的轴承座图形文件，单击打开(O)按钮。

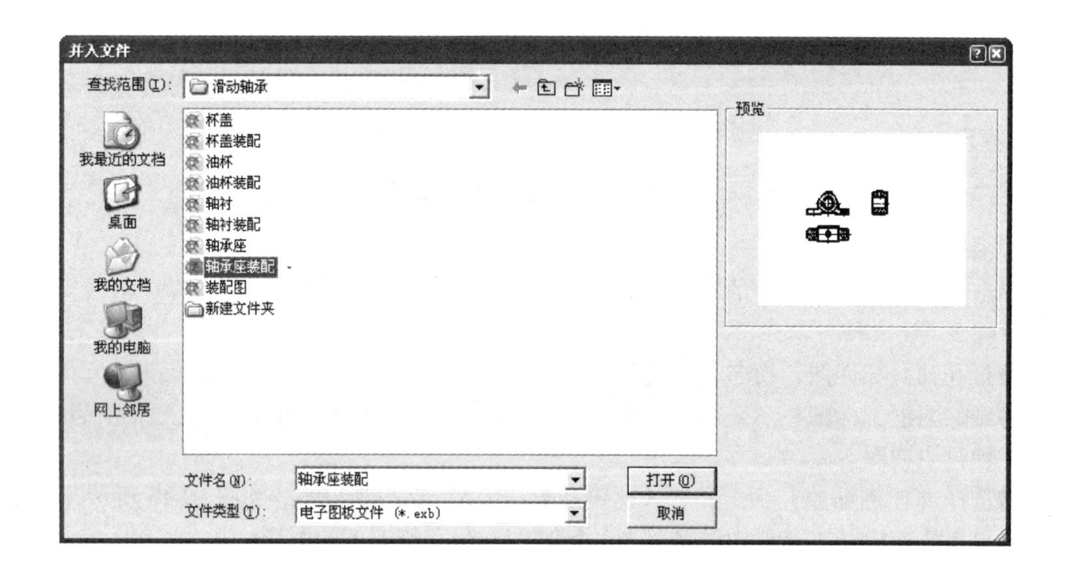

图 10-13 【并入文件】对话框

❷出现对话框，选择【并入到当前图纸】选项，单击确定(O)按钮后，轴承座的动态图形出现在绘图区，立即菜单设置为 1. 定点 2. 保持原态 3.比例 1。

❸根据系统提示，先在图框中适当位置单击确定图形的定位点，然后输入图形的旋转角（本例中旋转角为0°），即可并入轴承座图形，如图 10-14 所示。

2. 并入轴衬图形

❶单击【插入】选项卡→【对象】面板→【并入文件】按钮，系统弹出【并入文件】对话框，选择修改后的轴衬图形文件，单击打开(O)按钮。

❷出现对话框，选择【并入到当前图纸】选项，单击确定(O)按钮。出现轴衬的动态图形，设置立即菜单为 1. 定点 2. 保持原态 3.比例 1。

❸按系统提示，选择合适的位置单击确定图形位置，由于图形不需旋转，单击鼠标右键即可并入轴衬图形，如图 10-15 所示。

❹拾取轴衬剖面线，通过右键快捷菜单，编辑剖面线的旋转角为“-45°”。

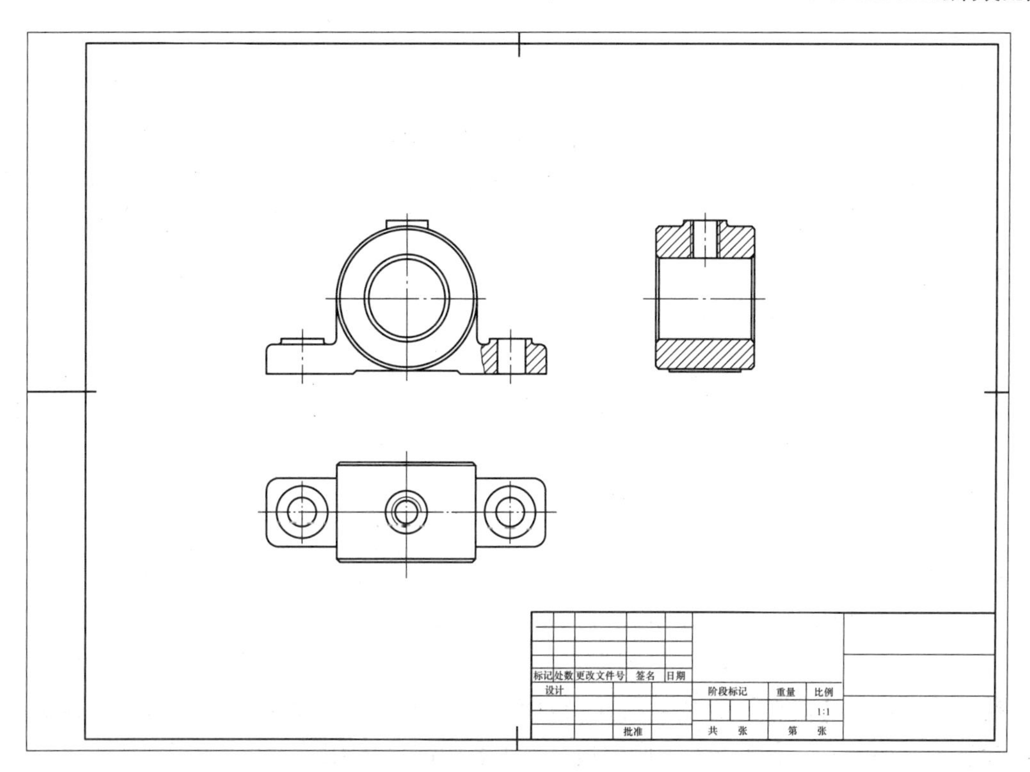

图 10-14　并入轴承座图形

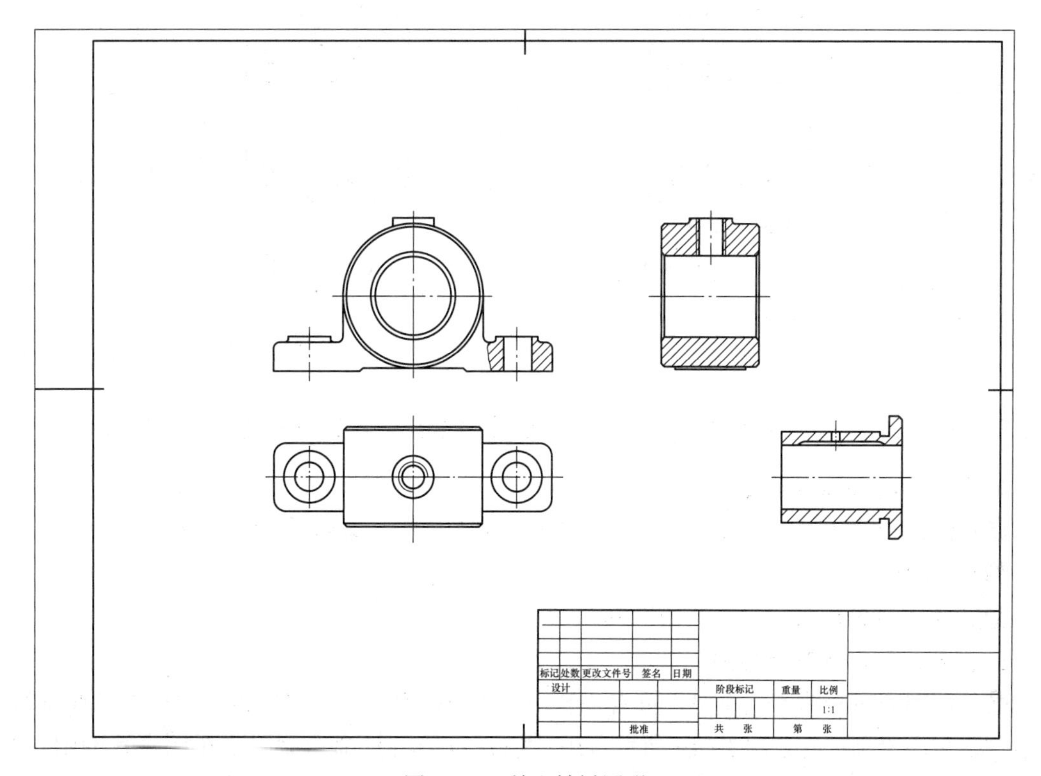

图 10-15　并入轴衬图形

提示

装配图中，两相邻零件的剖面线方向应相反或方向一致但间隔不等。如果相邻零件的剖面线视觉上没有明显区别，应对剖面线进行调整。剖面线的方向或间距，既可以在修改零件图时修改，也可以在拼图后修改，还可以在装配后通过【块在位编辑】命令修改。

3. 装配轴衬

❶选择【平移】命令，设置立即菜单为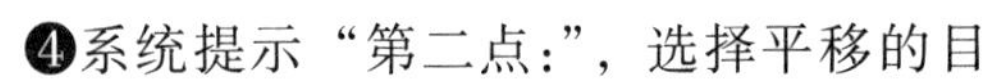。

❷系统提示"拾取添加:"，使用窗口方式拾取轴衬，右键单击确认。

❸系统提示"第一点:"，选择轴衬的基准点 A。

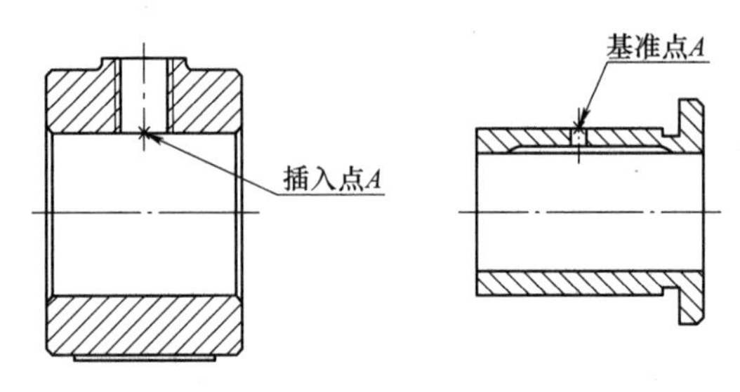

图 10-16 装配轴衬的基准点与插入点

❹系统提示"第二点:"，选择平移的目标点即轴承座上的插入点 A，如图 10-16 所示。将轴衬的视图移到装配位置，如图 10-17 所示。

❺选择图块的【消隐】命令，设置立即菜单为 1. 消隐，然后拾取插入的轴衬块，则系统设置轴衬块为前景实体，轴承座图块与之重叠的部分被消隐，如图 10-18 所示。

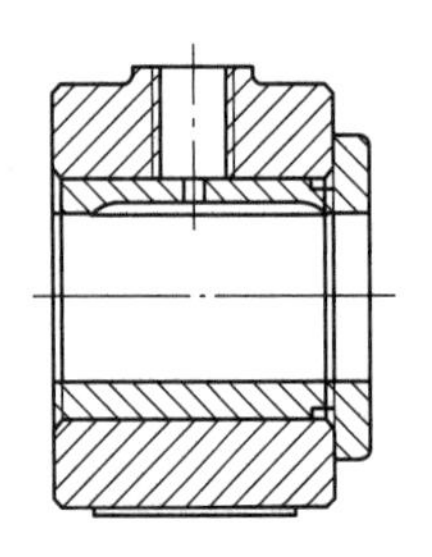

图 10-17 插入轴衬块

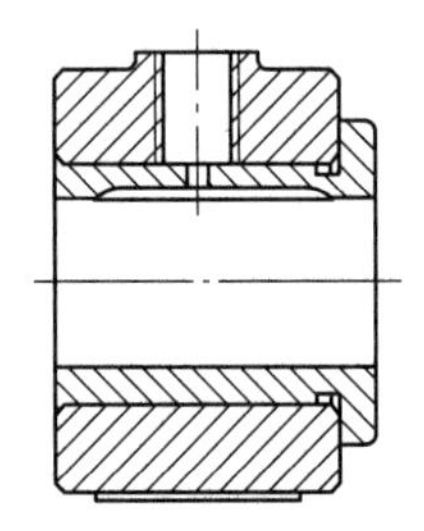

图 10-18 块消隐

提示

如果装配后发现图形需要修改，可以使用【块在位编辑】命令进行编辑修改。

4. 并入油杯和油杯盖图形

❶将油杯和油杯盖修改后的图形文件并入到装配图中，旋转角为"-90°"。

❷平移到合适的装配位置。

❸选择【消隐】命令进行块消隐操作。

5. 绘制装配图的其余视图

❶装配图的主视图比较简单，可直接利用绘图与编辑命令，将轴衬、油杯和油杯盖的轮廓绘制出来。绘制过程如图 10-19 所示，用【块在位编辑】命令删除主视图多余的圆轮廓，退出后用【圆】命令画出轴衬在主视图上的投影（见图 10-19a），最后用【孔/轴】命令通过导航捕捉方式画出油杯、油杯盖（见图 10-19b、c）。

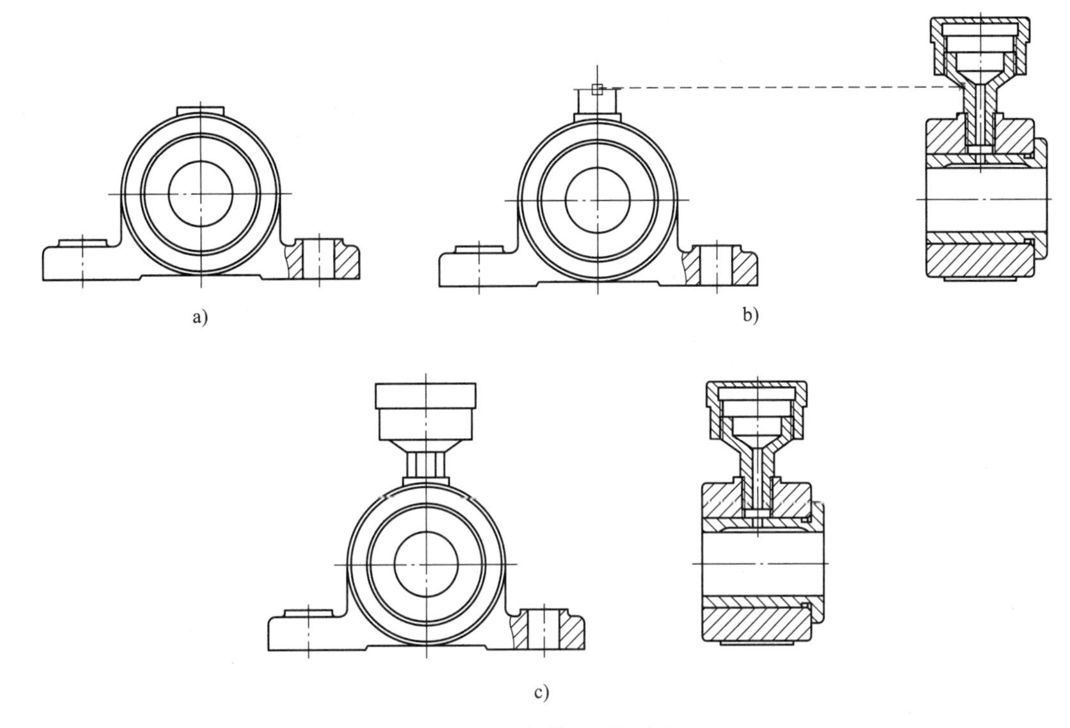

图 10-19　绘制装配图的主视图

提示

也可用【平移复制】命令将左视图的油杯和杯盖，平移复制到主视图上，用【块在位编辑】命令编辑。

❷由于本例装配图的俯视图使用拆卸画法，所以俯视图不需改动。

步骤 6　标注必要的尺寸和文字

❶标注安装尺寸、总体尺寸等。选择【尺寸标注】命令，在立即菜单的第 1 项中选择【基本标注】方式，即可标注相应尺寸。

❷标注配合尺寸 ϕ28H8/u7。选择【尺寸标注】命令的【基本标注】方式，拾取轴衬的两个边线，单击鼠标右键，弹出【尺寸标注属性设置】对话框。在该对话框中设置【输入形式】为【配合】，并在【公差带】区填入所需的值，如图 10-20 所示，单击 确定(O) 按钮即可。

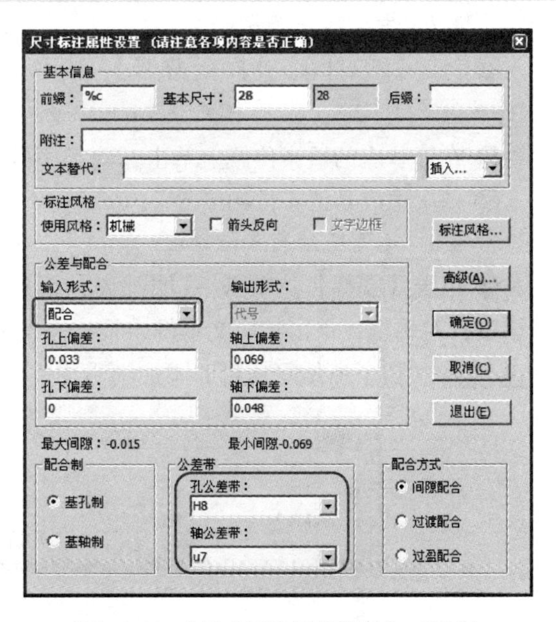

图 10-20　【尺寸标注属性设置】对话框

❸螺纹和其余配合尺寸，在标注立即菜

单的【前缀】、【后缀】文本框中直接输入即可。

❹选择【文字】命令，标注图中文字，如图 10-21 所示。

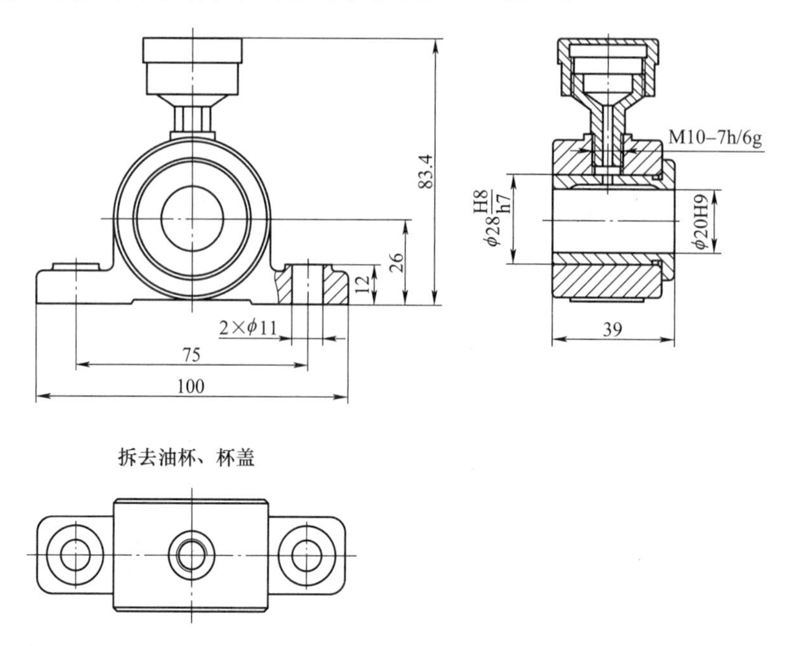

图 10-21　标注装配图的尺寸和文字

提示

当视图间没有足够的位置标注尺寸时，可单击 正交 按钮，使系统处于正交状态后，再通过【平移】命令中的【给定偏移】方式调整视图之间的距离。

步骤 7　生成零件序号

❶单击【图幅】选项卡→【序号】面板→【生成序号】按钮，设置立即菜单各选项为 1.序号= 1 2.数量 1 3.水平 4.由内向外 5.显示明细表 6.不填写 7.单折 。

❷ 在轴承座的适当位置上单击，确定序号引线的引出点，引出后再确定序号的转折点。

❸ 依次生成其他零件的序号。

步骤 8　填写明细表、标题栏

❶ 单击【图幅】选项卡→【明细表】面板→【填写明细表】按钮，系统弹出【填写明细表】对话框，单击相应文本框，根据需要依次填写，如图 10-22 所示。填写结束后，单击 确 定(O) 按钮，所填写项目即添加到明细表中。

序号	代号	名称	数量	材料	单件	总计	备注	来源	显示
1	ZCH-1	轴承座	1	HT150					☑
2	ZCH-2	轴衬	1	ZQSn6-6-3					☑
3	ZCH-3	油杯	1	Q235-A					☑
4	ZCH-4	杯盖	1	Q235-A					☑

图 10-22　填写明细表

❷单击【图幅】选项卡→【标题栏】面板→【填写标题栏】按钮，系统弹出【填写标题栏】对话框，逐项填写后，单击 确 定(O) 按钮。至此，滑动轴承的装配图已全部绘制完毕。

步骤9 保存文件

❶单击【视图】选项卡→【显示】面板→【显示全部】按钮，将屏幕上绘制的所有图形按充满屏幕的方式重新显示出来。

❷单击快速启动工具栏中的【保存】按钮，保存绘制好的图形。

10.5 思考与练习

1. 概念题

（1）使用CAXA电子图板绘制装配图的一般过程是什么？

（2）拼画装配图常用的方法有哪些？

（3）拼画装配图时应注意什么？

2. 操作题

在A3图幅中按照1∶1的比例，根据零件图拼画齿轮泵的装配图，如图10-23所示。齿轮泵由9种零件装配而成，分别是螺钉（M16×16 GB/T 70.1—2008）、泵盖（见图8-59）、齿轮（见图10-24）、齿轮轴（见图8-57）、圆柱销（5×45 GB/T 119.1—2000）、纸垫（见图7-60）、泵体（见图8-60）、毡圈（见图10-25）、螺塞（见图8-58）。

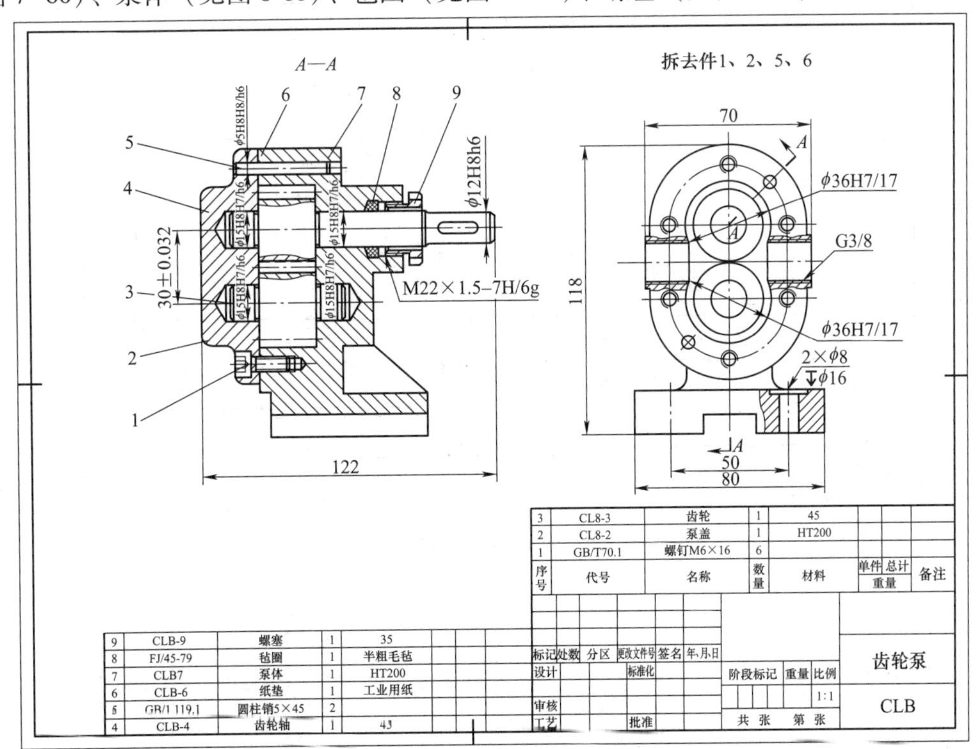

图10-23 齿轮泵的装配图

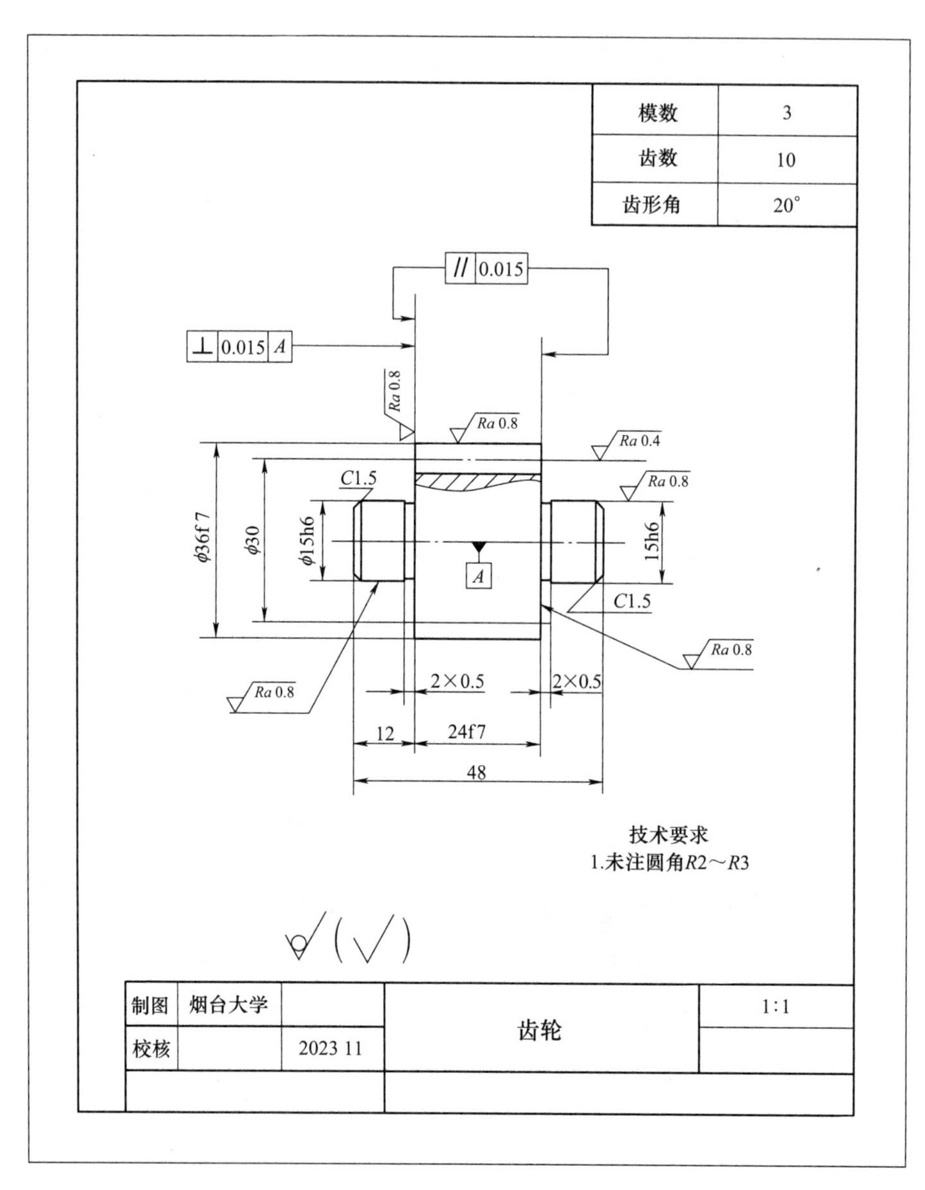

模数
3
齿数
10
齿形角
20°
// 0.015
⊥ 0.015 A
Ra 0.8
Ra 0.8
Ra 0.4
Ra 0.8
C1.5
φ36f7
φ30
φ15h6
A
15h6
C1.5
Ra 0.8
Ra 0.8
2×0.5
2×0.5
12
24f7
48
技术要求
1.未注圆角R2～R3
制图
烟台大学
校核
2023 11
齿轮
1:1

图 10-24　齿轮零件图

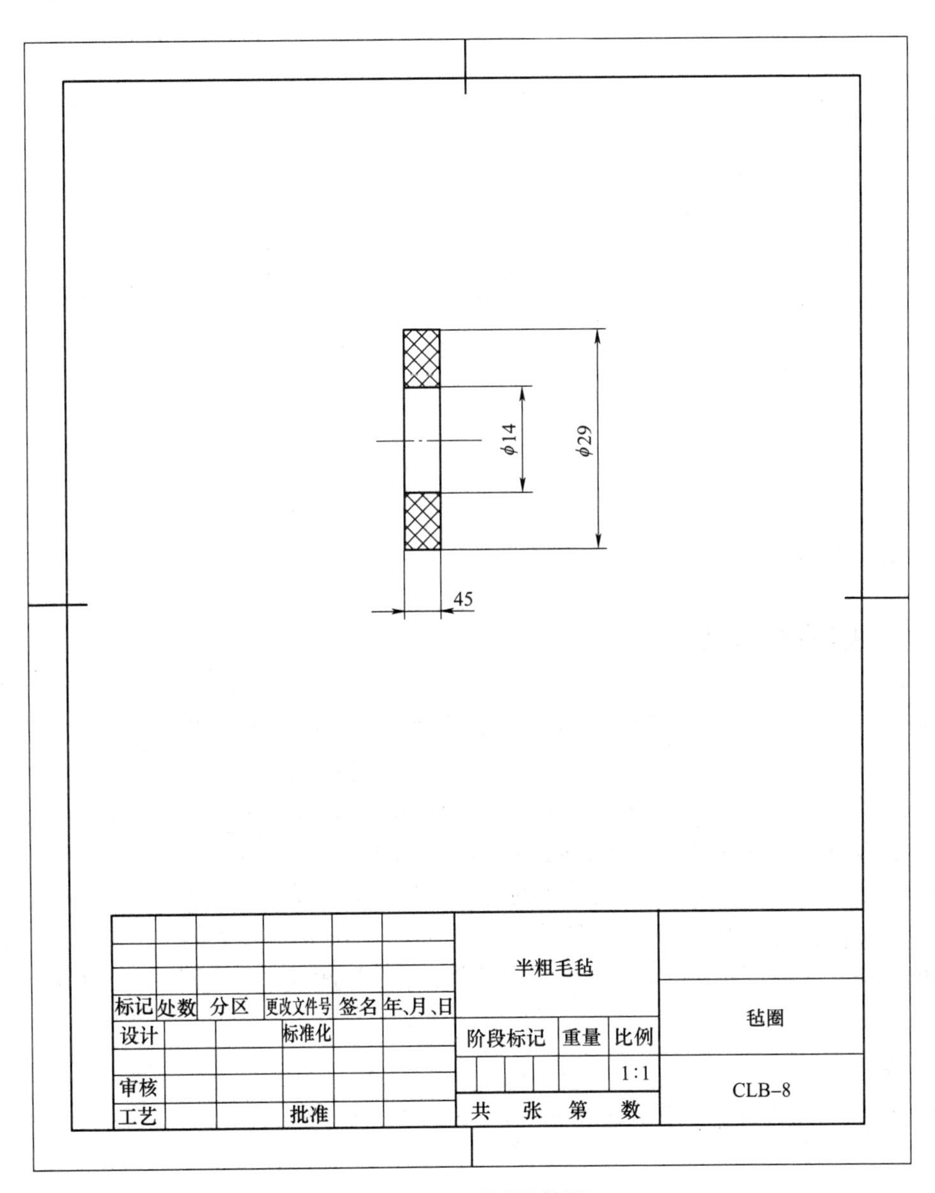
φ14
φ29
45
标记 处数 分区 更改文件号 签名 年、月、日
设计 标准化
审核
工艺 批准
半粗毛毡
阶段标记 重量 比例
1:1
共 张 第 数
毡圈
CLB–8

图 10-25 毡圈零件图

第 11 章　系统工具与绘图输出

本章主要介绍CAXA电子图板的系统工具，如系统查询、用户坐标系、系统设置等。系统查询可以迅速测出点的坐标、各元素的属性、周长、面积等，是方便的绘图设计工具；系统设置功能可以对系统常用参数和系统颜色进行设置，以便在每次进入系统时有一个默认的设置；用户坐标系可以方便地绘制斜视图。此外，本章还将介绍CAXA电子图板的DWG接口、设计中心、打印等内容。

学习本章应达到如下目标。

- 掌握系统查询的方法
- 掌握用户坐标系
- 掌握系统设置的方法
- 掌握打印的方法

11.1　基础知识

系统查询、系统设置命令放置在【工具】主菜单中，在选项卡模式界面中，系统查询图标命令放置在【工具】选项卡→【查询】面板，系统设置命令在【工具】选项卡→【选项】面板。文件检索、DWG转换器、模块管理器等均放置在【文件】主菜单中，它们的图标命令放置在【工具】选项卡→【工具】面板上，如图11-1a所示。

CAXA电子图板中的坐标系包括世界坐标系和用户坐标系。世界坐标系是CAXA电子图板的默认坐标系，此外用户还可以创建用户坐标系。用户坐标系命令放置在【工具】主菜单中，图标命令放置在【视图】选项卡→【用户坐标系】面板上，如图11-1b所示。

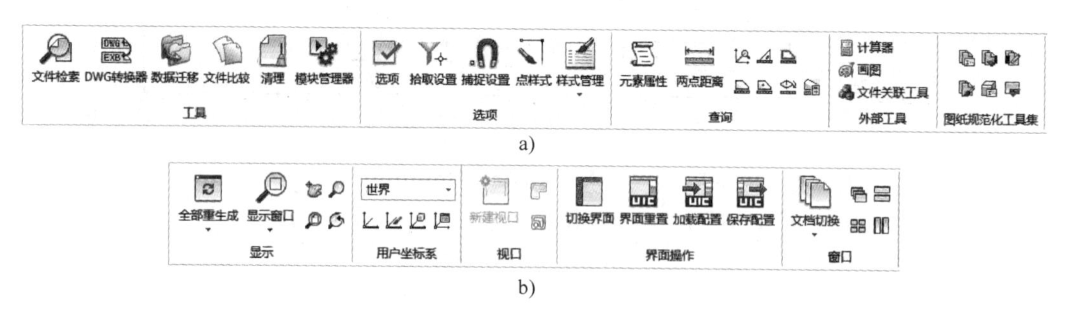

图 11-1　图标命令

a)【工具】选项卡　b)【视图】选项卡

CAXA 电子图板具有一体化的打印输出体系，它支持目前市场上主流的打印机和绘图仪，而且在绘图输出时提供了拼图功能，即大幅面图形文件可以通过小幅面图样输出后拼接而成。打印功能放置在【文件】主菜单中，【打印】按钮放置在快速启动工具栏。

11.2 系统查询

CAXA 电子图板提供了系统查询功能，可以查询点的坐标、两点间距离、角度、元素属性、周长、面积、重心、惯性矩以及重量等内容。其操作方法极其相似：启动命令，然后根据系统提示选取被查询的元素，系统即可弹出【查询结果】对话框，单击 保存 按钮，系统弹出【另存为】对话框，可将查询结果存入文本文件以供参考。

11.2.1 点坐标查询

【点坐标查询】命令用于查询各种工具点方式下点的坐标，可同时查询多个点。单击【工具】选项卡→【查询】面板→【坐标点】按钮或选择【工具】→【查询】→【坐标点】菜单命令，系统提示“拾取要查询的点：”，可用鼠标连续在屏幕上拾取所需查询的点，拾取后单击右键确认。屏幕上弹出【查询结果】对话框，对话框内按拾取的顺序列出所有被查询点的坐标值，如图 11-2b 所示。此时，若单击 保存 按钮，可将查询结果存入文本文件以供参考；若单击 关闭 按钮，则不保存并退出点坐标查询。

提示

在点的拾取过程中，应充分利用智能、导航或【工具点】菜单等捕捉方式精确取点。如图 11-2a 所示，分别查询了直线端点 1、直线和圆弧的切点 2、直线交点 3、圆的象限点 4 以及圆心 5。

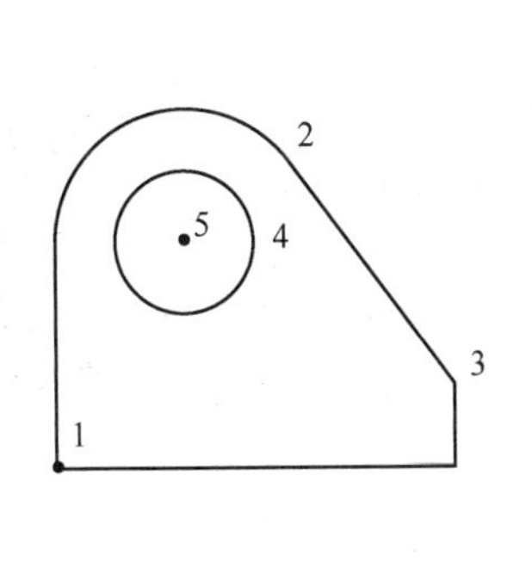

a)

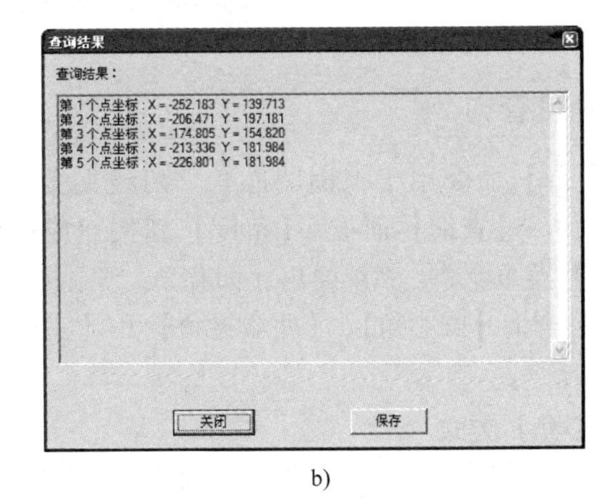

b)

图 11-2 点坐标查询
a）所查询的图形 b）查询结果

提示

查询的点坐标是相对于当前坐标系的。查询结果的小数位数可通过单击【工具】选项卡→【选项】面板→【选项】按钮，在【选项】对话框→【文件属性】→【图形单位】中设置。

11.2.2 两点距离查询

【两点距离查询】命令用于查询任意两点之间的距离。单击【工具】选项卡→【查询】面板→【两点距离】按钮或选择【工具】→【查询】→【两点距离】菜单命令，按照系统提示拾取第一点、第二点，如图 11-3a 所示。屏幕上立即弹出【查询结果】对话框，对话框内列出此两点坐标、两点间的距离以及第二点相对第一点的 *X* 轴和 *Y* 轴上的增量，如图 11-3b 所示。

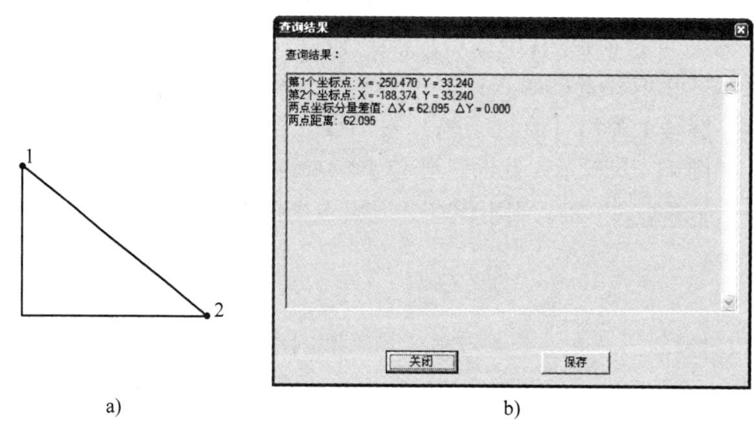

图 11-3　查询两点距离
a）所查询的图形　b）查询结果

11.2.3 角度查询

【角度查询】命令用于查询圆心角、两线夹角和三点夹角。单击【工具】选项卡→【查询】面板→【角度】按钮或选择【工具】→【查询】→【角度】菜单命令，系统弹出立即菜单。单击第 1 项，出现选项菜单，可以选择查询【圆心角】、【两线夹角】和【三点夹角】，如图 11-4 所示。

1. 两线夹角
圆心角
两线夹角
三点夹角

图 11-4　【角度查询】的选项菜单

1.【圆心角】方式

系统提示“拾取圆弧:”，拾取所需查询的一段圆弧（见图 11-5a），立即弹出【查询结果】对话框，列出了该圆弧所对的圆心角，如图 11-5b 所示。

2.【两线夹角】方式

根据提示拾取两条直线后，在【查询结果】对话框中显示出两直线的夹角。系统规定两直线夹角的范围为 0°～180°。

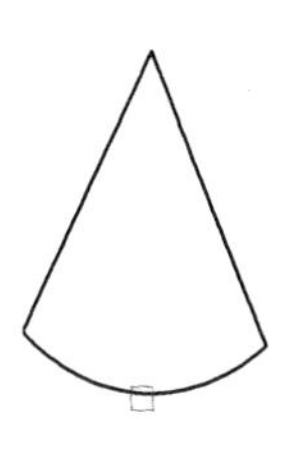

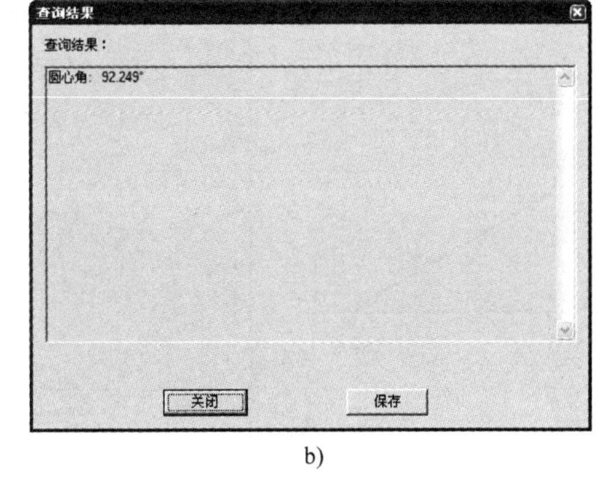

a)　　　　　　b)

图 11-5　查询圆心角

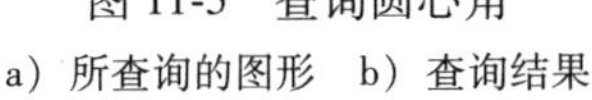

a）所查询的图形　b）查询结果

提示

查询结果与拾取直线的位置有关。同样的两条相交直线，按图 11-6a 所示的方法拾取，查询的结果为 60°，若按图 11-6b 所示的方法拾取，查询的结果为 120°。

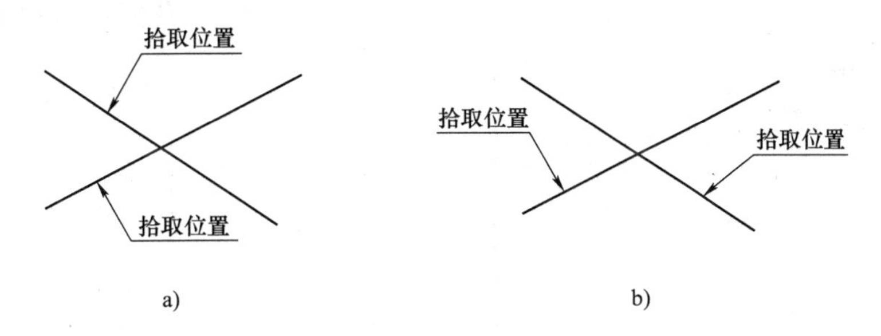

a)　　　　　　b)

图 11-6　查询两线夹角

a）查询结果为 60°　b）查询结果为 120°

3. 【三点夹角】方式

该选项可查询任意三点的夹角。按系统提示，分别拾取顶点、起点和终点后，在【查询结果】对话框中显示出三点的夹角度数，如图 11-7 所示。

11.2.4 元素属性查询

【元素属性查询】命令用于查询拾取到的图形元素的属性，这些图形元素包括点、直线、圆、圆弧、样条、剖面线、块等。

单击【工具】选项卡→【查询】面板→【元素属性】按钮或选择【工具】→【查询】→【元素属性】菜单命令，按系统提示，用鼠标在屏幕上拾取所需查询的实体，拾取结束后单击鼠标右键确认，系统会在记事本中按拾取顺序依次列出各元素的属性。

例如，用窗口方式拾取图 11-8a 所示的所有元素，在记事本中会列出每个实体（包括直

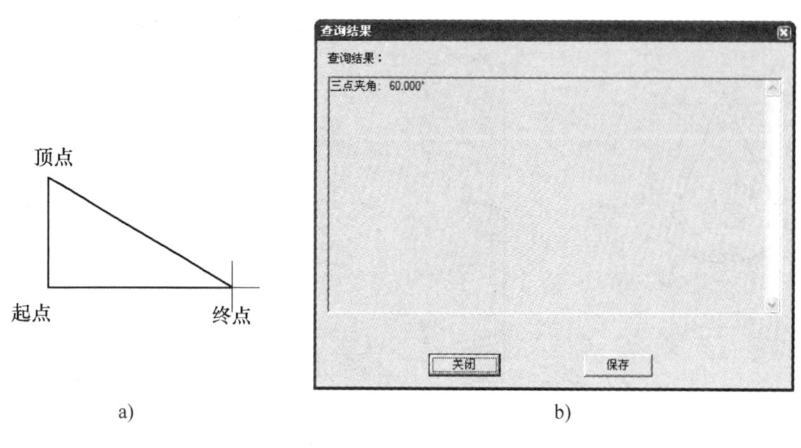

a)　　b)

图 11-7　查询三点夹角

a）所查询的图形　b）查询结果

线、圆弧、圆）的所有属性，如图 11-8b 所示。受屏幕大小限制，不能将所有信息一次都显示出来，通过移动右侧的滚动条可查看到更多的信息。查询样条时，可以查询样条线的型值点的坐标值，如图 11-9 所示。

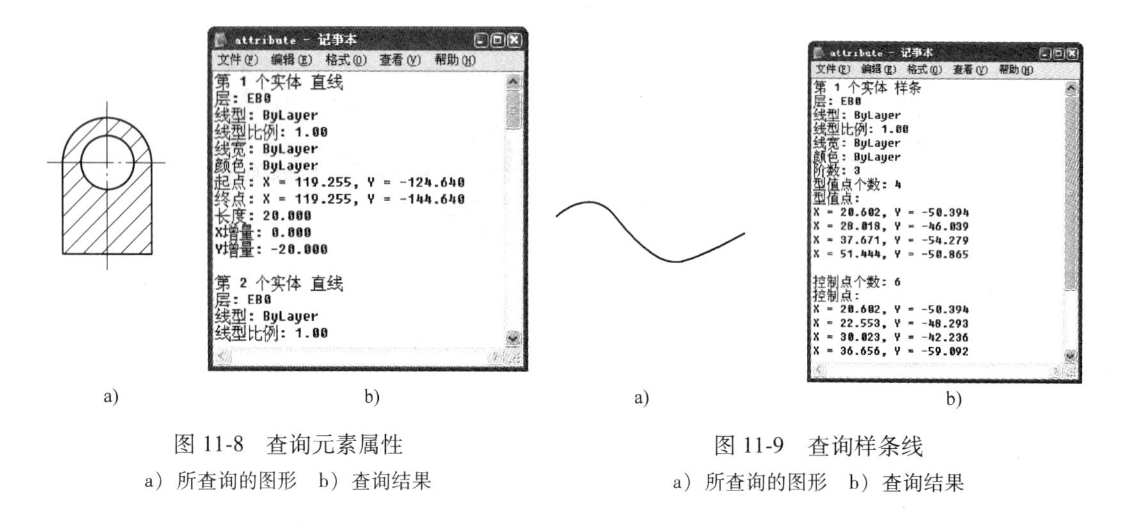

a)　　b)　　a)　　b)

图 11-8　查询元素属性

a）所查询的图形　b）查询结果

图 11-9　查询样条线

a）所查询的图形　b）查询结果

11.2.5 周长查询

【周长查询】命令用于查询一系列首尾相连的曲线的总长度。这段曲线可以是封闭的，也可以是不封闭的；可以是基本曲线，也可以是高级曲线。

单击【工具】选项卡→【查询】面板→【周长】按钮或选择【工具】→【查询】→【周长】菜单命令。系统提示“拾取要查询的曲线:”，拾取如图 11-10a 所示曲线。屏幕上立即弹出【查询结果】对话框，在对话框中依次列出了这一系列首尾相连的曲线中每一条曲线的长度以及总长度，如图 11-10b 所示。

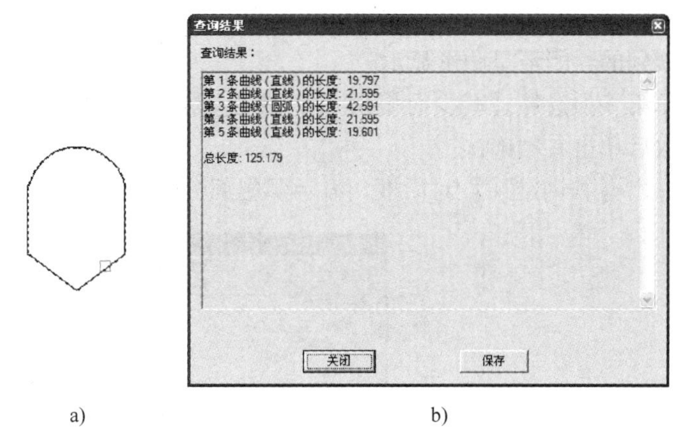

图 11-10　查询周长

a）所需查询的图形　b）查询结果

11.2.6 面积查询

【面积查询】功能可方便用户在设计过程中计算面积，用户可以对一个封闭区域或由多个封闭区域构成的复杂图形进行面积查询。单击【工具】选项卡→【查询】面板→【面积】按钮或选择【工具】→【查询】→【面积】菜单命令，系统弹出立即菜单，如图 11-11 所示。单击立即菜单第 1 项，可以切换【增加面积】和【减少面积】方式。

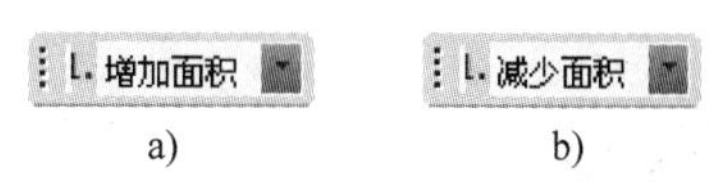

图 11-11　查询面积

❍【增加面积】是指将拾取封闭区域的面积与其他的面积进行累加。

❍【减少面积】是指从其他面积中减去该封闭区域的面积。

根据需要设置立即菜单，按系统提示拾取要计算面积的封闭区域内的一点，操作成功后构成该封闭环的曲线将虚像显示。可连续拾取，结束后单击鼠标右键确认，系统弹出【查询结果】对话框，该对话框将显示出所选封闭区域的面积总和。恰当地切换立即菜单，可以计算出较为复杂的图形面积。

实例演练

【例 11-1】 查询阴影部分的面积。

如图 11-12 所示图形，请查询阴影部分的面积。

操作步骤

步骤 1　作出已知图形

启动【圆】、【矩形】命令绘制如图 11-12 所示的图形。

步骤 2　查询面积

❶单击【工具】选项卡→【查询】面板→【面积】按钮，启动命令。

❷系统弹出立即菜单，在第 1 项中选择【增加面积】，系统提示“拾取环内一点:”，拾

取大圆内一点。搜索封闭环的规则与绘制剖面线的一样，系统根据拾取点的位置，从右向左搜索最小内环，搜索到的封闭环呈阴影显示。

❸单击立即菜单第 1 项选择【减少面积】，系统提示“拾取环内一点:”，分别拾取矩形和小圆内一点，拾取后单击右键确认。

❹屏幕上立即弹出【查询结果】对话框，显示阴影部分的面积，如图 11-13 所示。

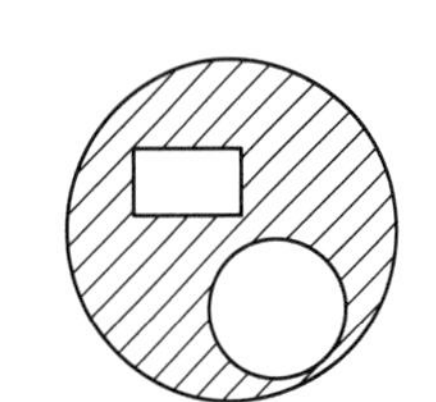

图 11-12　面积查询示例

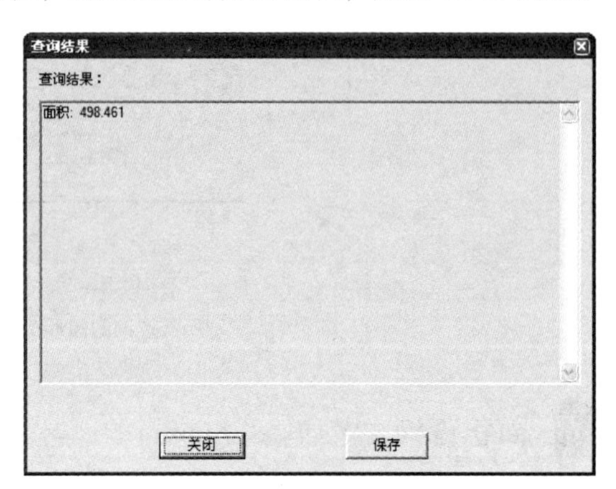

图 11-13　面积查询结果

11.2.7 重心查询

【重心查询】功能可方便用户在设计过程中计算重心，用户可以对一个封闭区域或由多个封闭区域构成的复杂图形进行重心查询。查询重心与查询面积的操作方法相似。单击【工具】选项卡→【查询】面板→【重心】按钮或选择【工具】→【查询】→【重心】菜单命令，系统弹出立即菜单。单击立即菜单第 1 项，可以切换【增加环】和【减少环】方式，按系统提示拾取封闭环，在【查询结果】对话框中显示所查询图形的重心坐标，如图 11-14 所示。

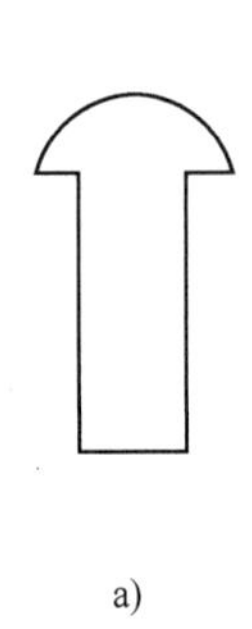

a)

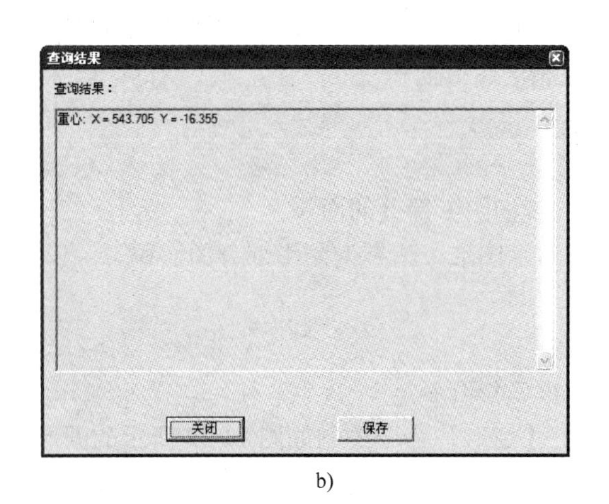

b)

图 11-14　查询重心

a）所查询的图形　b）查询结果

11.2.8 惯性矩查询

【惯性矩查询】命令用于查询一个封闭区域或由多个封闭区域构成的复杂图形，相对于任意回转轴、回转点的惯性矩，该图形可以由基本曲线形成，也可以是由高级曲线形成的封闭区域。

单击【工具】选项卡→【查询】面板→【惯性矩】按钮或选择【工具】→【查询】→【惯性矩】菜单命令。系统弹出立即菜单，单击第1项可切换【增加环】和【减少环】方式，这与查询重心、面积的操作方法一样。单击第2项，可从中选择【坐标原点】、【Y坐标轴】、【X坐标轴】、【回转轴】和【回转点】方式，如图11-15所示。其中，前三项为所选图形分别相对于坐标原点、*Y*坐标轴、*X*坐标轴的惯性矩，【回转轴】和【回转点】方式用户可以自己设定回转轴和回转点，系统根据用户的设定计算惯性矩。按照系统提示拾取封闭区域和回转轴（或回转点），系统立即在【查询结果】对话框中显示出惯性矩的值。

图11-15 查询惯性矩的立即菜单

11.2.9 重量查询

通过拾取绘图区中的面、拾取绘图区中的直线距离及手工输入等方法得到简单几何实体的各种尺寸参数，结合密度数据由CAXA电子图板自动计算出设计物体的重量。

单击【工具】选项卡→【查询】面板→【重量】按钮或选择【工具】→【查询】→【重量】菜单命令，弹出【重量计算器】对话框，如图11-16所示。该对话框各选项的含义说明如下。

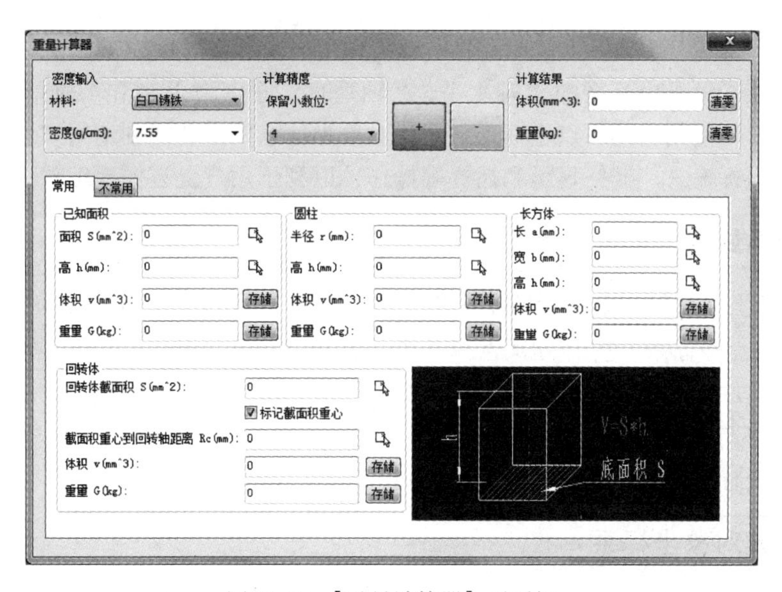

图11-16 【重量计算器】对话框

1）【密度输入】区：该区用于设置当前参与计算的实体的密度。

❍【材料】下拉列表框：提供常用材料的密度数据供计算时调用。在选择材料后，此材料的密度会被直接填入【密度】文本框中。

❍【密度】下拉列表框：除选择材料后自动出现该材料的密度值外，也可以通过键盘输入材料的密度，单位为 g/cm^3。

2）计算体积区：该区可以选择多种基本实体的计算公式，通过拾取或手工输入获取参数，算出零件体积。

该区位于【重量计算器】对话框的下方，有【常用】和【不常用】两个选项卡。这两个选项卡下各包含若干个实体体积计算工具。可以通过手工输入或单击【选择】按钮在绘图区进行拾取。直线距离可以通过直接拾取两点得到，拾取面积的方法与查询面积功能相同。当计算所需的数据全部填写好后，该区中的【重量】文本框中就会显示重量的计算结果。单击存储按钮，就可以将当前的计算结果按照相关设定累加到【计算结果】的总重量中。

3）计算结果区：位于对话框的上部，用于计算总重量。可以设置计算精度、计算增料/除料和显示总计算结果。

在【重量计算器】对话框中，首先选择材料、密度，然后根据基本实体选择体积计算工具，输入数值计算体积，最后可将各个重量计算工具的计算结果进行累加。当在某个重量计算工具中单击存储按钮后，该计算结果会被累加到总的计算结果中。累加分为正、负累加，分别用于计算增料和除料，通过“+”和“-”按钮进行控制。重量的总计算结果出现在【计算结果】区的【重量】文本框中。

11.3 用户坐标系

CAXA 电子图板中的坐标系包括世界坐标系和用户坐标系，世界坐标系是 CAXA 电子图板的默认坐标系。世界坐标系的 X 轴水平，Y 轴垂直，原点为 X 轴和 Y 轴的交点（0，0）。此外，用户还可以使用新建原点坐标系和新建对象坐标系两个功能创建用户坐标系。用户坐标系可以进行坐标输入、栅格显示和捕捉等操作，以利于用户更方便地编辑对象。

11.3.1 新建原点坐标系

【新建原点坐标系】命令用于创建一个原点坐标系。单击【视图】选项卡→【用户坐标系】面板→【原点坐标系】按钮或选择【工具】→【新建坐标系】→【原点坐标系】菜单命令，在立即菜单中输入名称，指定该用户坐标系的原点，然后输入旋转角，新用户坐标系即设置完成，再将新坐标系设为当前坐标系。

新建原点坐标系绘制斜视图示例如图 11-17 所示。

11.3.2 新建对象坐标系

【新建对象坐标系】命令用于创建一个对象坐标系。单击【视图】选项卡→【用户坐标系】面板→【对象坐标系】按钮或选择【工具】→【新建坐标系】→【对象坐标系】菜单命令，根据系统提示拾取对象。系统会根据拾取对象的特征建立新用户坐标系，并将新坐标系设为当前坐标系。

【新建对象坐标系】命令只能拾取基本曲线及块，拾取不同曲线生成坐标系的准则如下。

1）点：以点本身为原点，以世界坐标系 *X* 轴方向为 *X* 轴方向。

2）直线：以距离拾取离点较近的一个端点为原点，以直线走向为 *X* 轴方向。

3）圆：以圆心为原点，以圆心到拾取点的方向为 *X* 轴方向。

4）圆弧：以圆心为原点，以圆心到距离拾取点较近的一个端点的方向为 *X* 轴方向。

5）样条：以距离拾取点较近的一个端点为原点，以原点到另一个端点的方向为 *X* 轴方向。

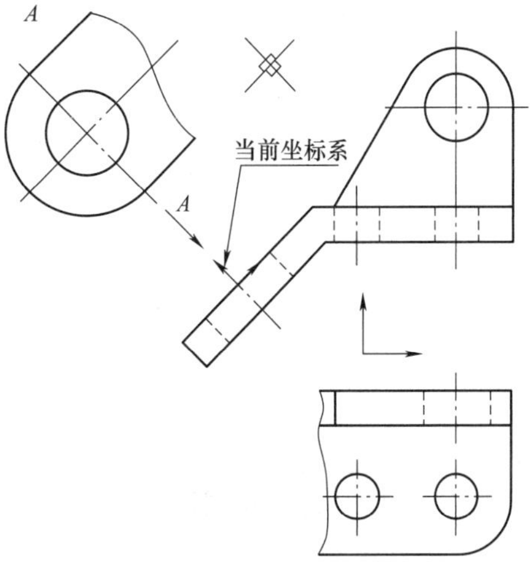

图 11-17　新建原点坐标系绘制斜视图示例

6）多段线：拾取多段线中的圆弧或直线时按普通直线或圆弧生成新坐标系。

7）块：以块基点为原点，以世界坐标系 *X* 轴方向为 *X* 轴方向。

新建对象坐标系示例如图 11-18 所示。

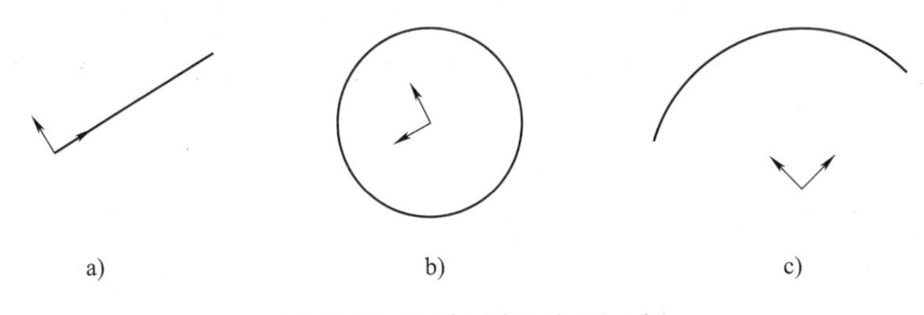

图 11-18　新建对象坐标系示例

11.3.3 坐标系管理

【坐标系管理】命令用于管理系统当前的所有用户坐标系。单击【视图】选项卡→【用户坐标系】面板→【坐标系管理】按钮或选择【工具】→【坐标系管理】菜单命令，系统弹出如图 11-19 所示的【坐标系】对话框，该对话框各选项的含义说明如下。

- 重命名(R)按钮：选择一个坐标系后，单击该按钮重新输入一个名称。
- 删除(D)按钮：选择一个用户坐标系，单击该按钮即可直接将该用户坐标系删除。
- 设为当前(S)按钮：选择一个坐标系后，单击该按钮即可将该坐标系设为当前。

根据需要设置后，单击确定(O)按钮即可。

提示

可通过【视图】选项卡→【用户坐标系】面板→【坐标系显示】列表切换系统当前坐标系，如图 11-20 所示。此外，按〈F5〉键也可以在不同的坐标系间循环切换。

图 11-19 【坐标系】对话框

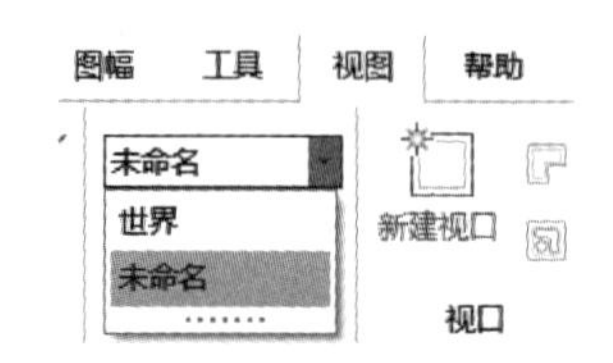

图 11-20 切换坐标系

11.4 系统设置

【系统设置】命令用于对系统常用参数和系统颜色进行设置，以便于每次进入系统时有一个默认的设置。其内容包括文件路径设置、显示设置、系统参数设置、交互设置、文字设置、数据接口设置、智能点工具设置、文件属性设置。

单击【工具】选项卡→【选项】面板→【选项】按钮或选择【工具】→【选项】菜单命令，系统弹出【选项】对话框。该对话框的左侧为参数列表，包括【路径】、【显示】、【系统】、【交互】、【文字】、【数据接口】、【智能点】、【文件属性】等选项。选择不同的选项，对话框右侧的参数区出现不同的内容，可根据需要进行参数设置。该对话框各选项的含义说明如下。

1. 【路径】选项

通过【路径】选项可以设置系统的各种支持文件路径。如图 11-21 所示，在该对话框中，可以设置的文件路径包括模板路径、图库搜索路径、默认文件存放路径、自动保存文件路径、形文件路径、公式曲线文件路径、设计中心收藏夹路径和外部引用文件路径等。

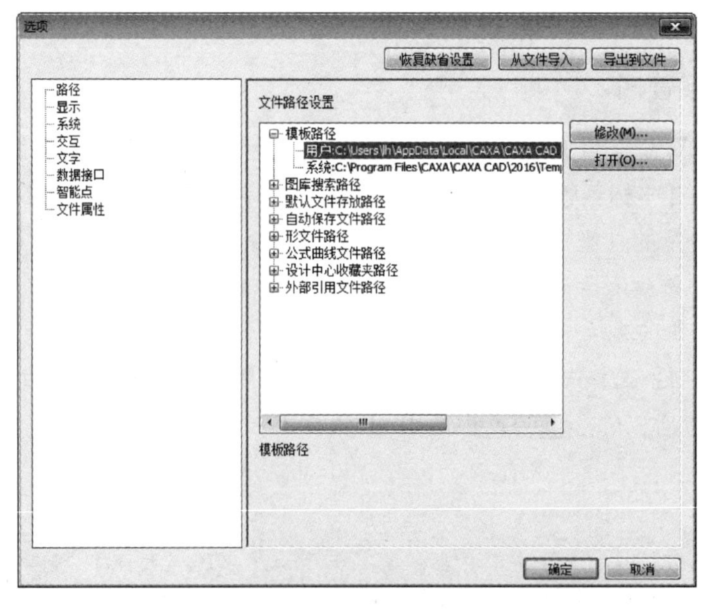

图 11-21 【选项】对话框【路径】选项

2.【显示】选项

通过【显示】选项可以设置系统的显示参数。其对话框如图 11-22 所示，其中各项参数的含义和使用方法如下。

- 【颜色设置】区：设置当前坐标系、非当前坐标系、当前绘图区以及光标的颜色，单击每项参数的列表可以修改颜色。
- 【拾取加亮】区：如果勾选【自动】选项，则加亮时不会改变颜色。取消勾选后，可在下方的颜色列表中选择颜色。
- 恢复缺省设置 按钮：可以将颜色恢复成默认的设置。
- 十字光标区：在【十字光标大小】下方的文本框中输入或者拖动滑块来指定系统十字指针的大小。勾选【大十字光标】复选项可以设置系统的指针为大十字方式。
- 显示设置区。
  - 【文字显示最小单位】文本框：指定文字对象最小的显示单位值。
  - 【显示视图边框】复选项：勾选该项，当由三维实体生成二维视图时，读入的每个视图都有一个绿色矩形边框。
  - 【显示尺寸标识】复选项：勾选该项，当标注尺寸使用输入尺寸值而不用系统测量的图形尺寸时，则该尺寸可以被标识出来。

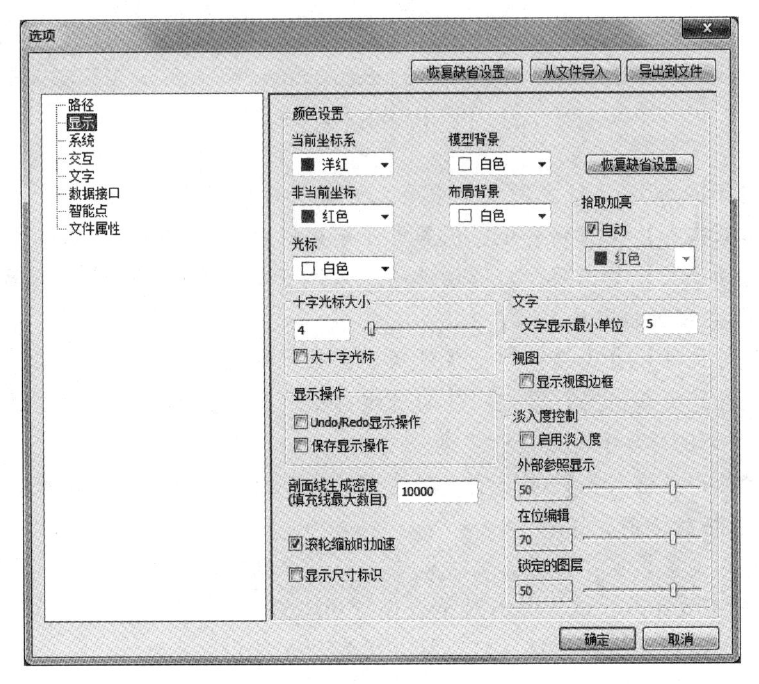

图 11-22 【选项】对话框【显示】选项

3.【系统】选项

通过【系统】选项可以设置系统的常用参数。对话框如图 11-23 所示，其中各项参数的含义和使用方法如下。

- 【存盘间隔】：存盘间隔以增删操作的次数为单位。绘制图形时，当用户所进行增删操作的次数达到设定值时，系统将自动把当前的图形存储到临时目录中。

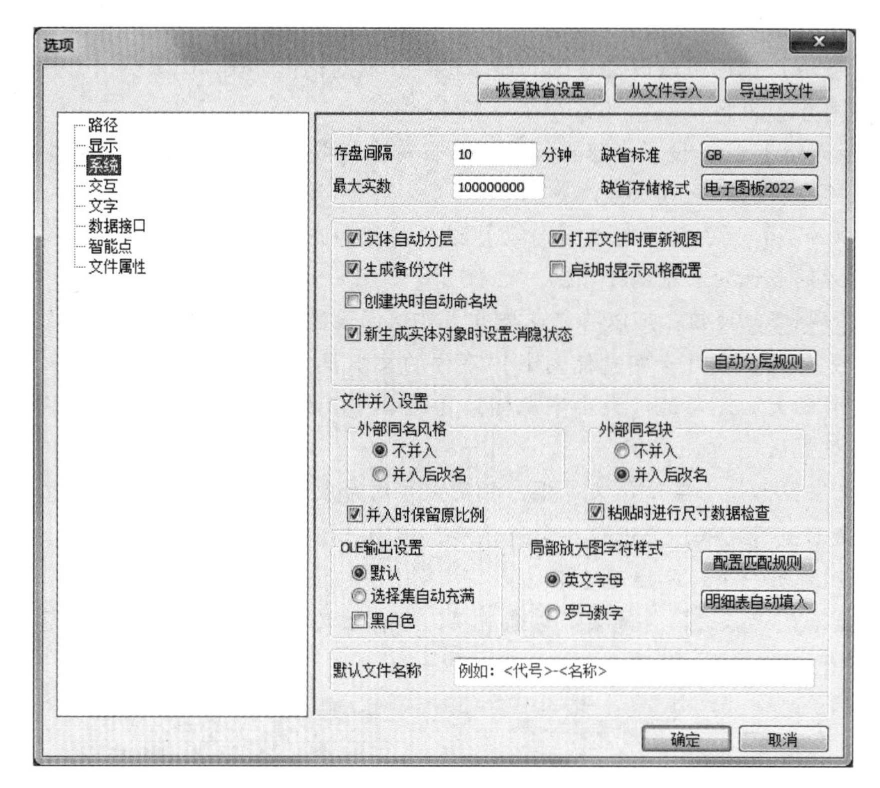

图 11-23 【选项】对话框【系统】选项

❍【最大实数】：设置系统立即菜单中所允许输入的最大实数。

❍【缺省存储格式】下拉列表框：设置电子图板保存时默认的存储格式。

❍【实体自动分层】复选项：勾选该选项，系统可以自动把中心线、剖面线、尺寸标注等放在各自对应的图层上。

❍【生成备份文件】复选项：勾选该选项，在每次修改后自动生成 .bak 文件。

❍【打开文件时更新视图】复选项：勾选该选项，打开视图文件时，系统将自动根据三维文件的变化对各个视图进行更新。

❍【启动时显示风格配置】复选项：勾选该选项，启动 CAXA 电子图板时会出现【选择配置】风格对话框。

❍【文件并入设置】区：当并入文件或者粘贴对象到当前的图样时，可以设置同名的样式或块是否被并入，以及并入后是否保持原比例。

❍【局部放大图字符样式】区：可选择英文字母或罗马数字。

4. 【交互】选项

通过【交互】选项可以设置系统选取工具的各项参数。对话框如图 11-24a 所示，其中各项参数的含义和使用方法如下。

❍【拾取框】区：拖动滑块可以指定拾取状态下拾取框的大小，并可在滑块下方设置拾取框的颜色。

❍【选择集预览】区：从拾取框接近可选对象到单击鼠标左键确定选取对象的过程中，对象都会进行加亮预览。勾选【命令处于活动状态时】选项，在执行命令状态下有

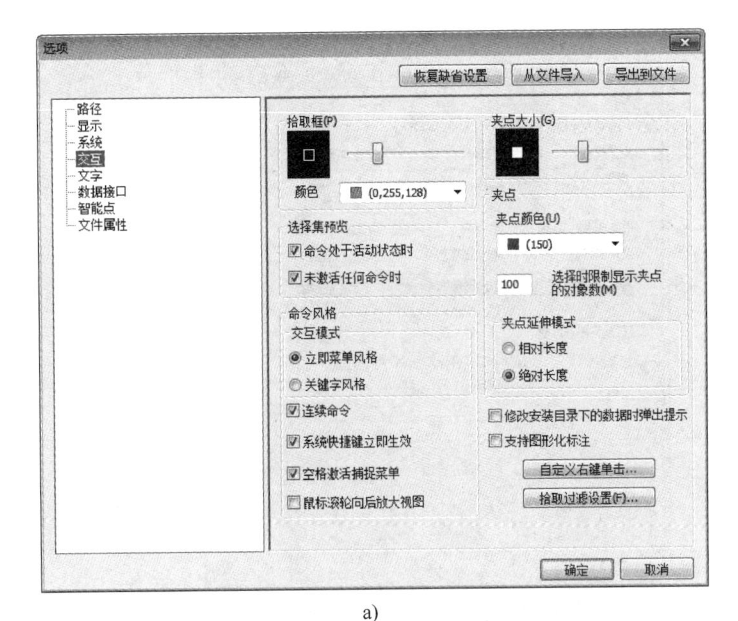

a)

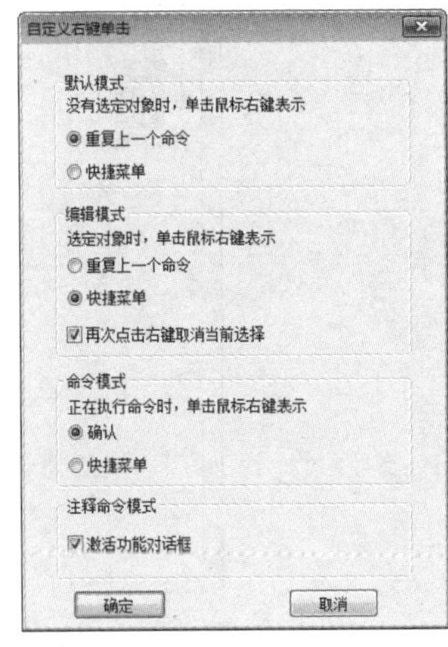

b)

图 11-24 【选项】对话框【交互】选项

a)【交互】选项 b)【自定义右键单击】对话框

选择集预览；勾选【未激活任何命令时】选项，在空命令状态下有选择集预览。

- 【命令风格】区：【立即菜单风格】选项是 CAXA 电子图板经典的交互风格，【关键字风格】选项是一种依靠命令行输入关键字指令绘图的交互风格。
- 【连续命令】复选项：勾选该项，绘制圆或标注时，可连续绘制或标注直到用户操作退出，否则调用这些命令完成一次绘制或标注后，直接退出命令。
- 【系统快捷键立即生效】复选项：勾选该选项，在【界面自定义】对话框内定义系统快捷键后，单击 确定 按钮即直接生效。
- 【夹点大小】：拖动滑块可以指定夹点的大小，并可在滑块下方设置夹点的颜色。
- 【夹点】区：设置夹点的颜色及选择对象时限制显示夹点的数量。
- 【空格激活捕捉菜单】复选项：勾选该选项，在绘图捕捉时按下空格键，可以直接调出【工具点】菜单。如果不勾选该选项，则会直接结束当前命令。
- 自定义右键单击... 按钮：单击该按钮，系统弹出【自定义右键单击】对话框，如图 11-24b 所示。在该对话框的【默认模式】、【编辑模式】、【命令模式】和【注释命令模式】区中可以分别设置各模式下单击鼠标右键的行为。
- 拾取过滤设置(F)... 按钮：单击该按钮，打开【拾取过滤设置】对话框。

5. 【文字】选项

通过【文字】选项可以设置系统的文字参数。对话框如图 11-25 所示，其中各项参数的含义和使用方法如下。

- 【文字缺省设置】区：单击【中文缺省字体】或【英文缺省字体】的下拉列表框，可以指定系统默认的中文字体和英文字体。此外，可在右边的文本框里设置默认字高。

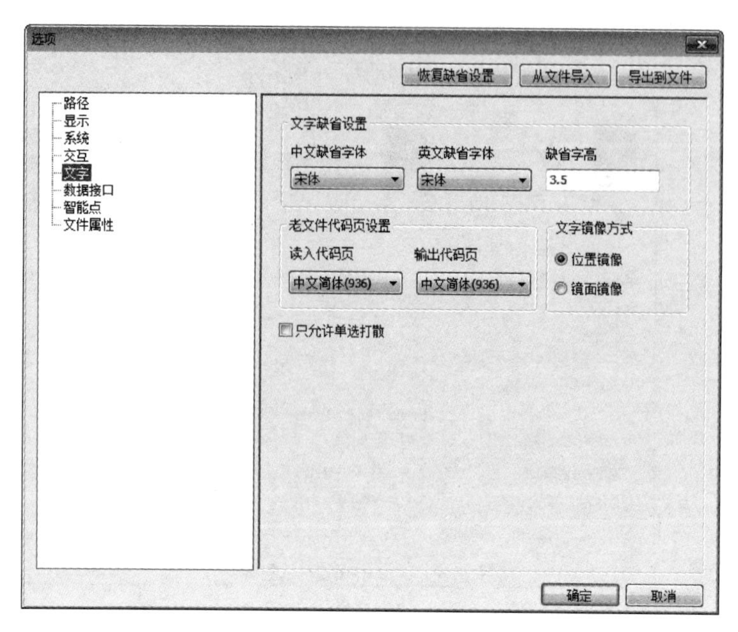

图 11-25 【选项】对话框【文字】选项

- ❍【老文件代码页设置】区：指定打开或输出老文件的代码页。CAXA 电子图板 2007 以前的图样未使用 Unicode 统一字符编码集，在读入繁体、日文等版本生成的图样时要进行编码转换。读入 CAXA 电子图板 2009 以后版本的 EXB 文件无需设置此项。
- ❍【文字镜像方式】区：对文字进行镜像操作时，可以选择【位置镜像】或【镜面镜像】选项。
- ❍【只允许单选打散】复选项：勾选该项时，如果同时选择多个对象并执行【分解】命令，其中的文字不会被打散，只有单独选中文字才能被【分解】命令打散。

6. 【数据接口】选项

通过【数据接口】选项可以设置读入和输出 DWG 文件的参数，对话框如图 11-26 所示，其中各项参数的含义和使用方法如下。

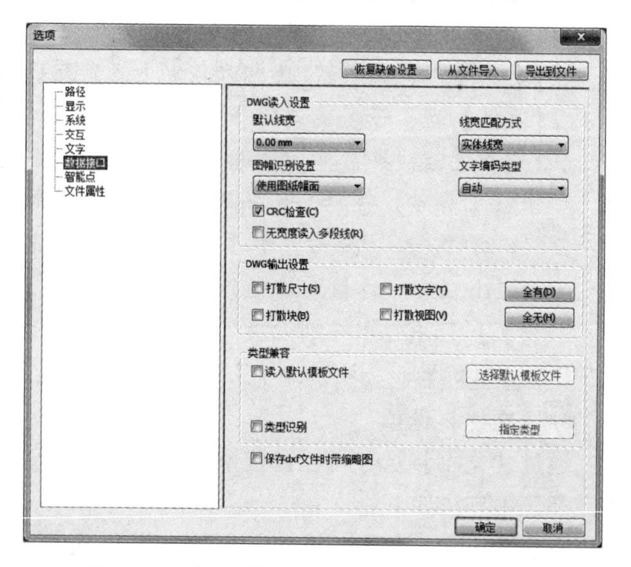

图 11-26 【选项】对话框【数据接口】选项

- ❍【默认线宽】下拉列表框：采用 DWG 文件中默认的线宽。
- ❍【线宽匹配方式】下拉列表框：可以选择【实体线宽】或【颜色】两种方式，即按实体线宽或按颜色匹配线宽。选择【颜色】方式，系统弹出如图 11-27 所示的【按照颜色指定线宽】对话框。根据线型的颜色指定相应的线宽，打开

DWG/DXF 文件时，系统可以根据颜色打开并区分 DWG/DXF 图样的线宽。

- 【无宽度读入多段线】复选项：勾选该选项，读入的多段线宽度为零。
- 【CRC 检查】复选项：设置读入 DWG 文件时是否进行 CRC 检查。
- 【DWG 输出设置】区：将 CAXA 电子图板文件保存为 DWG/DXF 格式文件时，系统默认将文字、尺寸、块均保存为图块，如果在【DWG 输出设置】中选择【打散尺寸】、【打散文字】、【打散块】选项，则相应部分被打散。

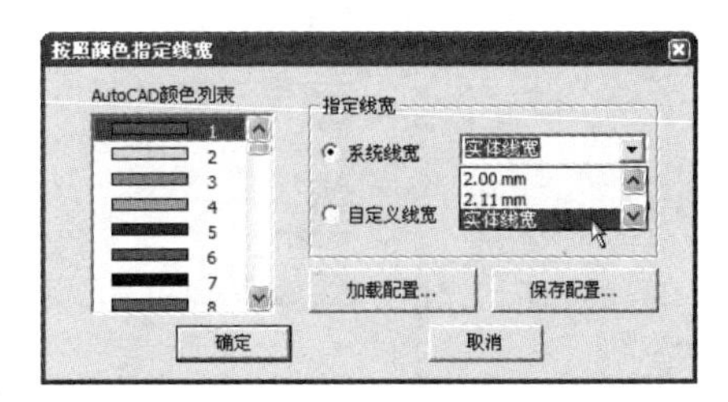

图 11-27 【按照颜色指定线宽】对话框

7. 【智能点】选项

对话框如图 11-28 所示，有三个选项卡：【捕捉和栅格】、【极轴导航】和【对象捕捉】。该对话框各项参数的含义和使用方法与【智能点工具设置】对话框相同，在此不再赘述。

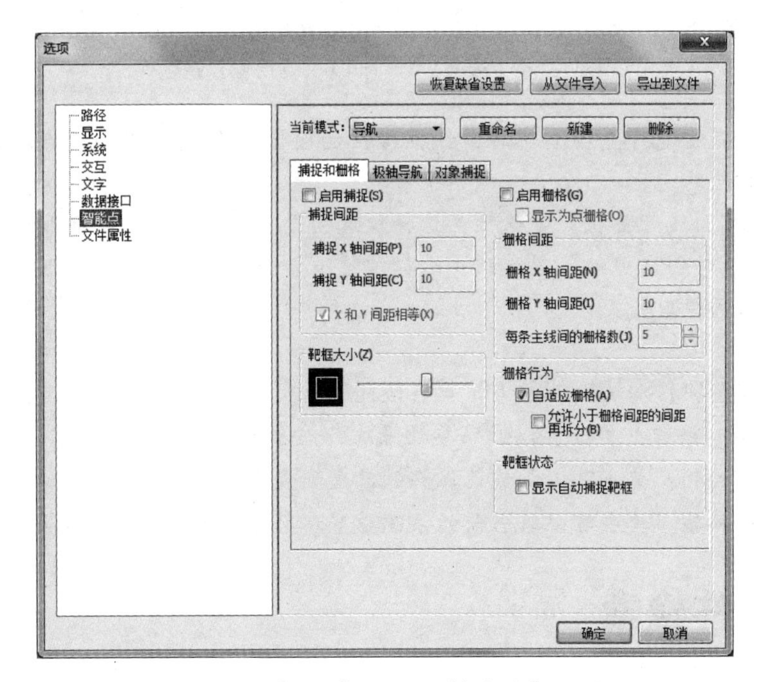

图 11-28 【选项】对话框【智能点】选项

8. 【文件属性】选项

通过【文件属性】选项可以设置图形单位、关联等。对话框如图 11-29 所示，其中各选项的含义说明如下。

- 【图形单位】区：设置界面显示的图形单位，包括长度和角度的类型、精度。
- 【使新标注可关联】复选项：选择该项，标注可随被标注对象的改变而改变，有标注尺寸的标注对象也会随尺寸的改变而改变。例如，拾取一条直线并对其进行线性标

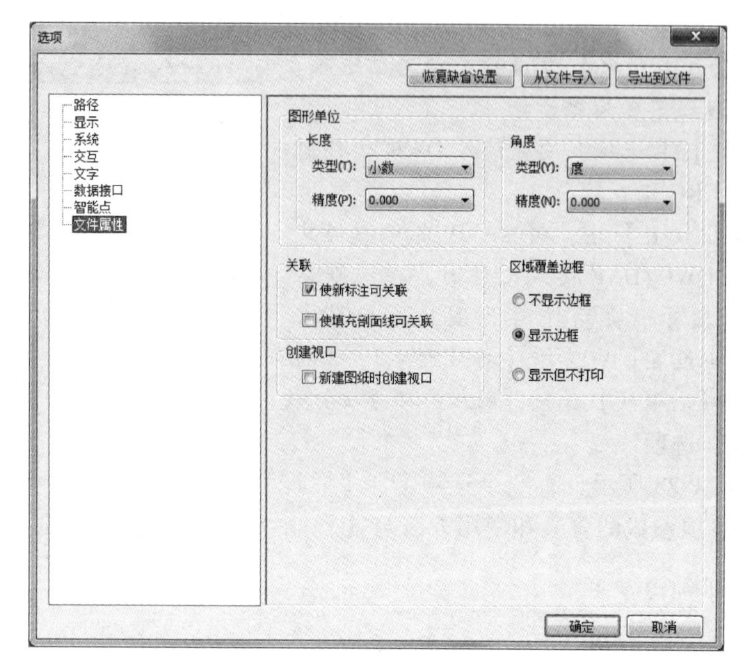

图 11-29 【选项】对话框【文件属性】选项

注，在对直线进行夹点编辑时，线性标注的引出点会随直线的端点移动，尺寸值也会发生相应的变化。

- 【使填充剖面线可关联】复选项：选择该选项，当边界改变时剖面线跟随变化。
- 【新建图纸时创建视口】复选项：选择该选项，图样新建布局空间时，在布局内生成一个默认的视口。

9. 按钮区

按钮区在【选项】对话框的上方，其各按钮的含义如下。

- 恢复缺省设置 按钮：单击可以撤销参数修改，恢复为默认的设置。
- 从文件导入 按钮：单击可以加载已保存的参数配置文件，载入保存的参数设置。
- 导出到文件 按钮：单击可以将当前的系统设置参数保存到一个参数文件中。

11.5 文件检索

【文件检索】命令用于从本地计算机或网络计算机上查找符合条件的文件。单击【工具】选项卡→【工具】面板→【文件检索】按钮或选择【文件】→【文件检索】菜单命令后，系统弹出如图 11-30 所示的【文件检索】对话框。该对话框分为查找条件和查找结果两部分，下面分别进行介绍。

1. 查找条件

查找条件包括【搜索路径】、【文件名称】和【特性条件】三个部分，含义如下。

- 【搜索路径】：可从键盘输入，也可单击 浏览(B)... 按钮。【包含子文件】复选项可以决定只在当前目录下查找还是包括子目录查找。

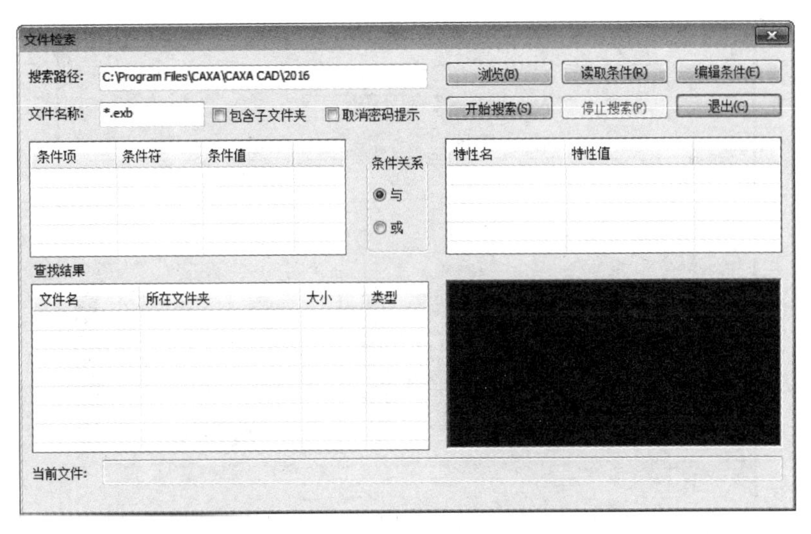

图 11-30 【文件检索】对话框

❍【文件名称】：指定查找文件的名称和扩展名条件，支持通配符“＊”，如“＊.exb”。

❍【特性条件】：显示标题栏中信息条件，指定条件之间的逻辑关系。可以通过单击编辑条件(E)按钮打开【编辑条件】对话框进行条件编辑，如图 11-31 所示。【条件类型】分为【字符型】、【数值型】、【日期型】三类，条件包括【条件项】、【条件符】、【条件值】三部分。制定条件后单击添加条件(A)按钮，便会生成一个新的条件项。单击确 定(O)按钮回到【文件检索】对话框，在【条件关系】区中指定多个条件之间的逻辑关系（【与】或【或】）。

图 11-31 【编辑条件】对话框

例如，要查找设计日期在 2023 年 7 月 4 日之前的图样，在【编辑条件】对话框的【条件项】下拉列表框中选择【设计日期】，在【条件类型】中选择【日期型】，然后在【条件符】中选择【早于】，在【条件值】中选择【2023-7-4】，单击添加条件(A)按钮，则产生了一个条件，显示在【条件显示】栏中，如图 11-31 所示。单击确定(O)按钮后，系统会弹出【保存】对话框，可以将编辑好的条件保存，在下次使用时可以直接单击读取条件(R)按钮，打开已有的查询条件。

2. 查找结果

【查找结果】区显示文件检索结果。

单击开始搜索(S)按钮，设定路径下符合条件的文件在【查找结果】区显示出来，如图 11-32 所示。选择其中的一个检索结果文件，可在右下方的预览区显示；双击可将该文件在 CAXA 电子图板中打开。检索完毕，单击退 出(Q)按钮，即可退出文件检索操作。

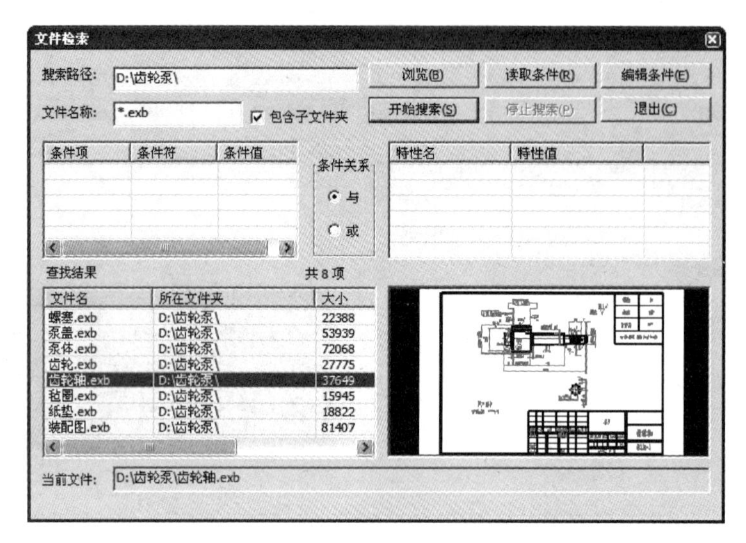

图 11-32 查找结果

11.6 模块管理器

【模块管理器】命令用于加载和管理其他功能模块。单击【工具】选项卡→【工具】面板→【模块管理器】按钮或选择【文件】→【模块管理器】菜单命令，系统弹出【模块管理器】对话框，如图 11-33 所示。在该对话框中显示出可使用的模块列表，模块管理器的使用方法如下。

1）加载和卸载：选择或取消模块前【加载】列对应的复选框，即可加载或卸载模块。

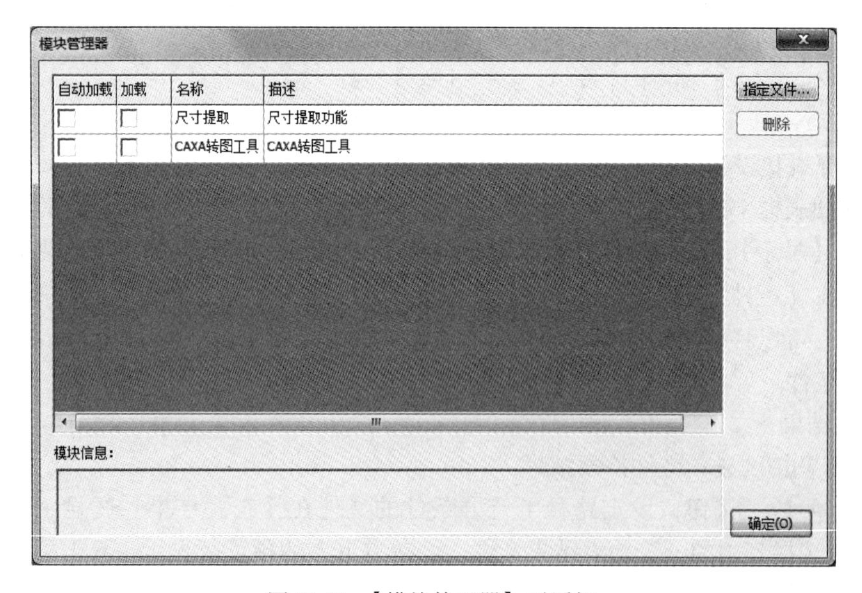

图 11-33 【模块管理器】对话框

2）自动加载：选择【自动加载】列对应的复选框，即可将模块设置为自动加载。重新启动程序时，该模块将自动加载，可以直接使用。取消该复选项的选择，对应的模块将不会自动加载。

11.7 DWG 接口

CAXA 电子图板作为一个通用的 CAD 绘图系统，具备完善的 DWG 数据接口，全面兼容 DWG 各个版本的数据，并且支持对 DWG 文件的多种处理方式。

11.7.1 打开和保存 DWG 文件

CAXA 电子图板可直接打开和保存 DWG 文件，使用【打开文件】和【保存文件】命令即可。

1. 打开 DWG 文件

启动【打开文件】命令，系统弹出【打开】对话框。在【文件类型】下拉列表中选择【DWG 文件】，在【查找范围】下拉列表中指定图形文件的位置，在中间列表框中选择要打开的文件，单击 打开(O) 按钮即可，如图 11-34 所示。

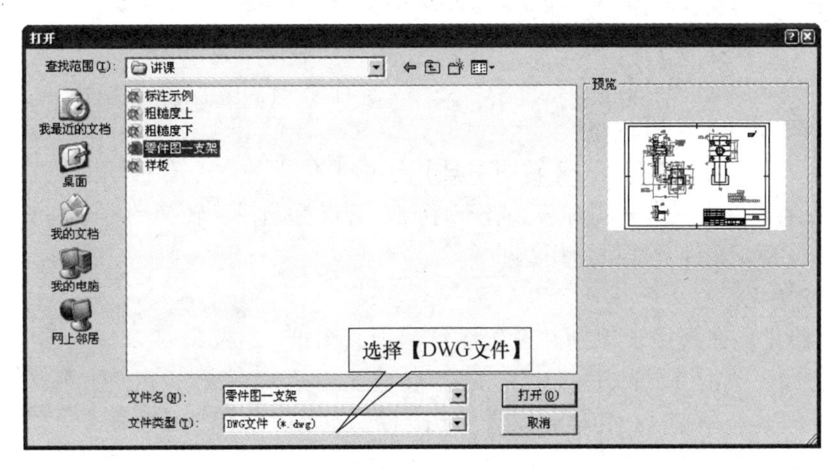

图 11-34　打开 DWG 文件

打开 DWG 文件时，如果 DWG 文件的字体使用了单线体字体，会弹出【请指定形文件】对话框，如图 11-35 所示。此时指定所需的 shx 字体文件即可，也可将常用 shx 字体复制到 CAXA 电子图板安装目录的 font 文件夹中，这样打开 DWG 文件时就会直接使用这些字体。

2. 保存 DWG 文件

启动【保存文件】或【另存文件】命令，系统弹出【另存文件】对话框。在【保存类型】下拉列表框中，可以选择多个版本的 DWG 格式类型，如图 11-36 所示。然后选择图形文件存储位置，输入图形文件名称，单击 保存(S) 按钮即可。

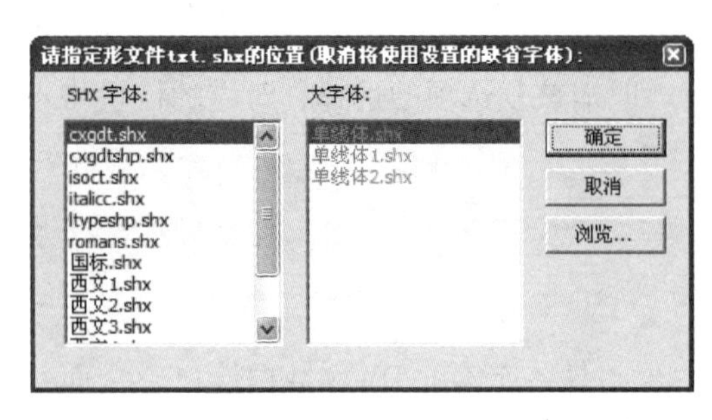

图 11-35 【请指定形文件】对话框

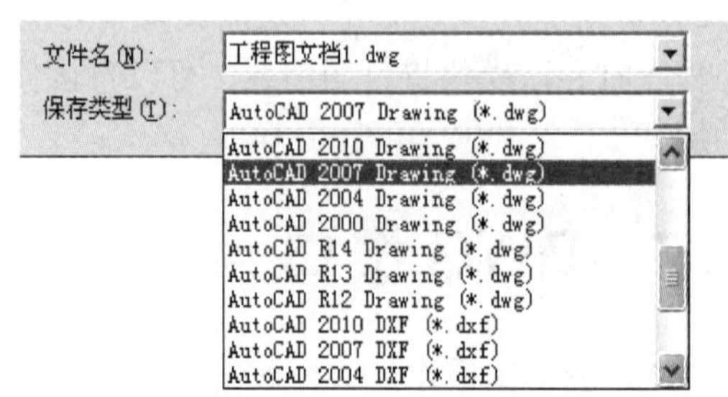

图 11-36 【保存类型】下拉列表

11.7.2 转图工具处理 DWG 文件

通常 DWG 文件中并无图纸幅面信息，标题栏和明细表也是基本的图形，无法使用 CAXA 电子图板的图幅功能进行编辑。CAXA 电子图板 2023 提供了【转图工具】模块，能将各种图形文件中的明细表和标题栏转换为 CAXA 电子图板的明细表和标题栏，即可使明细表与数据关联，方便编辑和输出。

单击【工具】选项卡→【工具】面板→【模块管理器】按钮，启动【模块管理器】命令。系统弹出【模块管理器】对话框，加载【CAXA 转图工具】模块。此时功能区增加一个【转图工具】选项卡，如图 11-37 所示。【转图工具】选项卡包含的命令有：幅面初始化、提取标题栏、提取明细表表头、提取明细表、补充序号、转换标题栏、转换图框。在 CAXA 电子图板中打开一个 DWG 文件，即可使用这些命令。

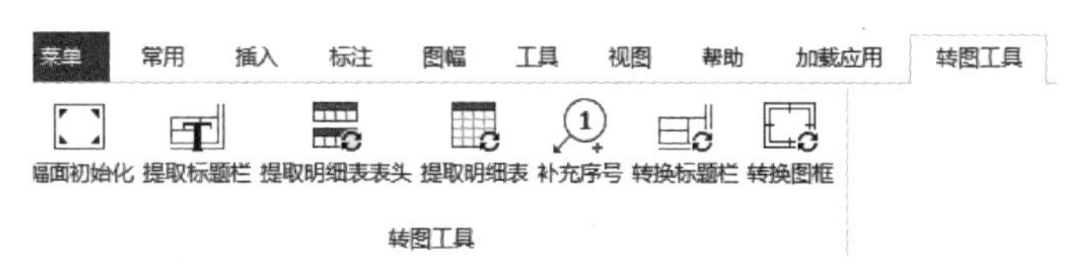

图 11-37 【转图工具】选项卡

1. 幅面初始化

【幅面初始化】命令用于识别并设置图纸幅面、图纸比例、图纸方向。单击【转图工具】选项卡→【幅面初始化】按钮，系统弹出【图幅设置】对话框，如图 11-38 所示。在此对话框中可以直接设置图纸的幅面、加长系数、图纸比例以及图纸方向。

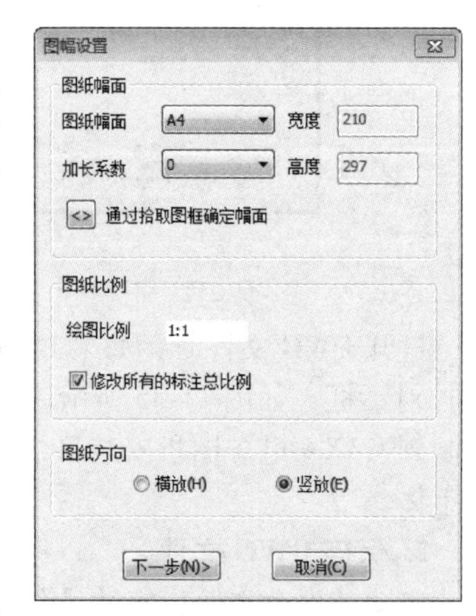

图 11-38 【图幅设置】对话框

如果现有图纸的幅面大小未知，单击按钮可拾取图框，此时指针会变为拾取状态，选择图框范围后单击鼠标右键确定。系统弹出【比例与圆整】对话框，如图 11-39 所示。在该对话框中先指定图纸比例并根据需要选择其余选项，然后单击下一步(N)>按钮，系统再次弹出【图幅设置】对话框，自动识别图纸幅面和比例，此时可以发现，图纸幅面和比例已经根据选择的图框自动设置完成。如果图纸图框不符合国家标准规定，则【图纸幅面】会默认到【自定义】选项。

单击下一步(N)>按钮，弹出【图框和标题栏】对话框。在该对话框中，选择图框和标题栏后，单击 确定(O) 按钮完成图纸幅面初始化。

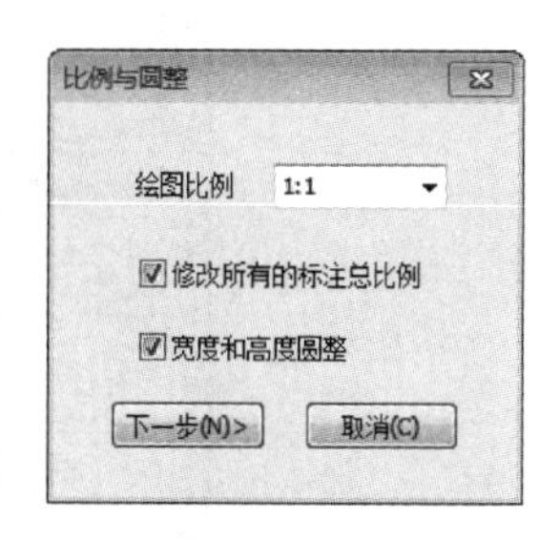

图 11-39 【比例与圆整】对话框

2. 提取标题栏

【提取标题栏】命令用于识别并提取标题栏内容。单击【转图工具】选项卡→【提取标题栏】按钮，此时指针变为拾取状态，选择图纸中标题栏对角位置，完成后会弹出【填写标题栏】对话框。各栏目中的内容可进行修改，单击 确定(O) 按钮后，图纸标题栏中的内容将被转换到新的标题栏中。此时应注意，如果定义的标题栏与拾取的标题栏格式、大小不一致，则读取到的信息位置可能会发生变化。

3. 提取明细表表头

【提取明细表表头】命令用于识别并提取明细表表头。单击【转图工具】选项卡→【提取明细表表头】按钮，此时指针变为拾取状态，选择图纸中明细表表头对角位置，完成后会弹出【明细表风格设置】对话框，如图 11-40 所示。各栏目中内容可进行修改，单击 确定(O) 按钮后，明细表表头转换完毕。

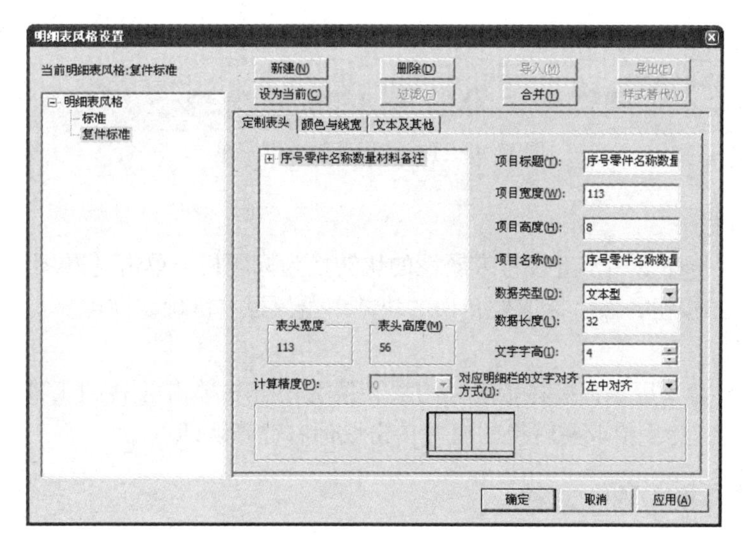

图 11-40 【明细表风格设置】对话框

4. 提取明细表

【提取明细表】命令用于识别并提取明细表内容。单击【转图工具】选项卡→【提取明细表】按钮，此时指针变为拾取状态，选择图纸中明细表对角位置，完成后会弹出【填写明细表】对话框，如图 11-41 所示。核对后，单击 确定(O) 按钮完成转换。

为了保证图样原始信息的完整性，CAXA 电子图板不会自动删除原来明细表中的曲线和文字。如果希望在图样中显示 CAXA 电子图板自动生成的明细表，则应手工删除原来图样中绘制的明细表，并在【填写明细表】对话框中，将【不显示明细表】复选项的勾选状态取消。

5. 补充序号

【补充序号】命令用于识别并提取明细表内容。单击【转图工具】选项卡→【补充序号】按钮，系统弹出立即菜单，如图 11-42 所示。根据需要进行补充序号操作，补充后的

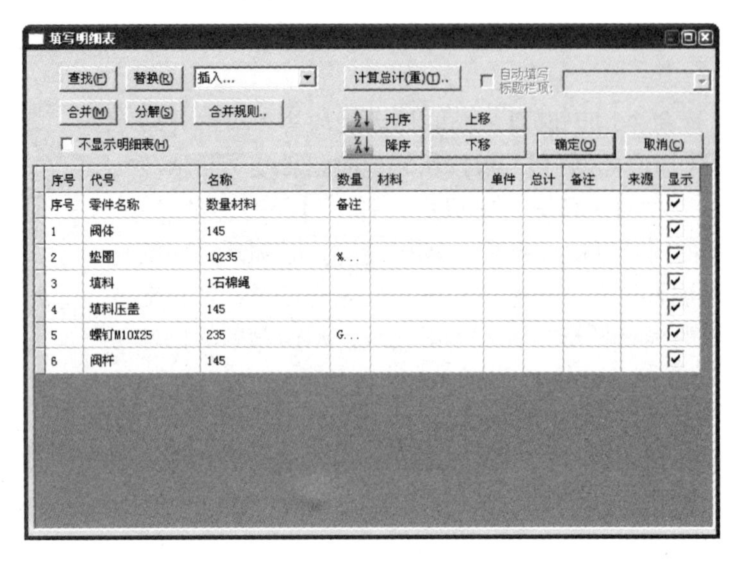

图 11-41 【填写明细表】对话框

序号会与明细表相应位置内容关联。

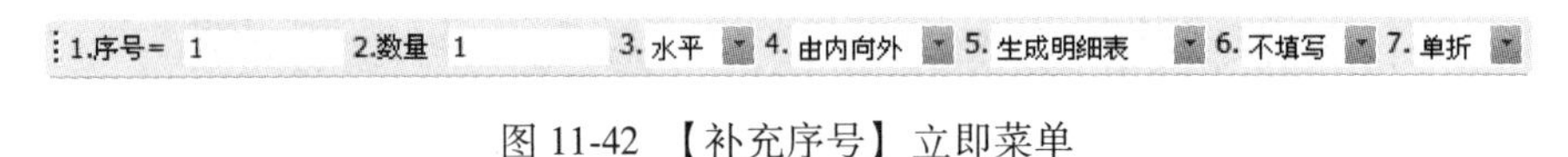

图 11-42 【补充序号】立即菜单

6. 转换标题栏

【转换标题栏】命令用于直接将带属性的块转换为标题栏。单击【转图工具】选项卡→【转换标题栏】按钮，然后拾取要转换的块并单击鼠标右键确认即可。

7. 转换图框

【转换图框】命令用于直接将带属性的块转换为图框。单击【转图工具】选项卡→【转换图框】按钮，然后拾取要转换的块并单击鼠标右键确认即可。

11.7.3 批量转换 DWG 文件

【批量转换 DWG 文件】命令用于将 AutoCAD 各版本的 DWG/DXF 文件批量转换为 EXB 文件，也可将 CAXA 电子图板各版本的 EXB 文件批量转换为 AutoCAD 各版本的 DWG/DXF 文件。

单击【工具】选项卡→【工具】面板→【DWG 转换器】按钮或选择【文件】/【DWG/DXF 批转换器】菜单命令，系统启动批量转换设置向导。首先弹出如图 11-43 所示的【第一步：设置】对话框，在该对话框中选择【转换方式】和【文件结构方式】。

【转换方式】区有【将 DWG/DXF 文件转换为 EXB 文件】、【将 EXB 文件转换为 DWG/DXF 文件】两种。当选择【将 EXB 文件转换为 DWG/DXF 文件】时，出现 设置 按钮，单击该按钮，弹出如图 11-44 所示的【选取 DWG/DXF 文件格式】对话框，在该对话框中选择转换格式。

【文件结构方式】区有【按文件列表转换】和【按目录转换】两种方式。【按文件列表转换】是指从不同位置多次选择文件，转换后的文件放在用户指定的一个目标目录内。【按目录转换】是指按目录的形式进行数据的转换，将目录里符合要求的文件进行批量转换。

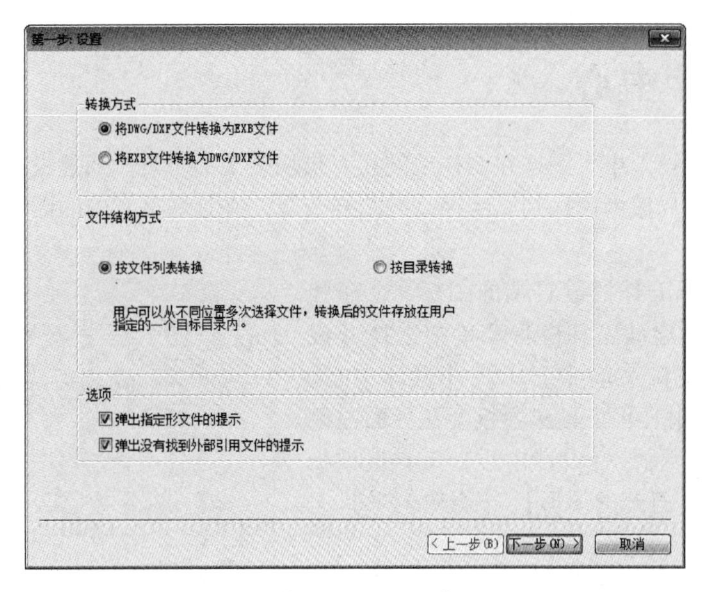

图 11-43 【第一步：设置】对话框

选择【转换方式】和【文件结构方式】后，单击下一步(N) >按钮进入【第二步：加载文件】对话框，如图 11-45 所示。如果在【文件结构方式】区中选择【按目录转换】，将进入【第二步：加载目录】对话框。在对话框中根据需要设置，设置完成后单击开始转换按钮就可以进行转换，或者单击完成按钮保存设置。

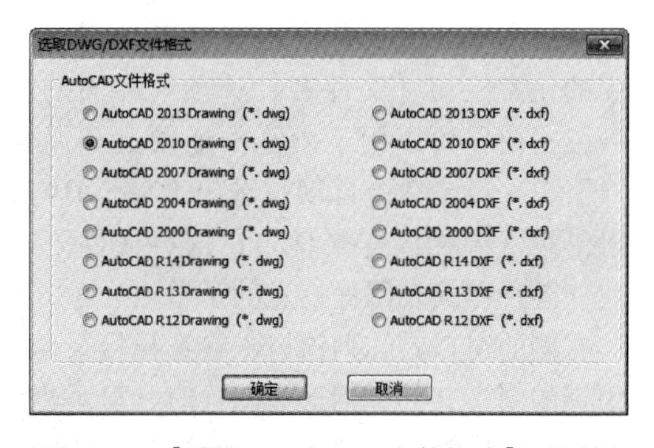

图 11-44 【选取 DWG/DXF 文件格式】对话框

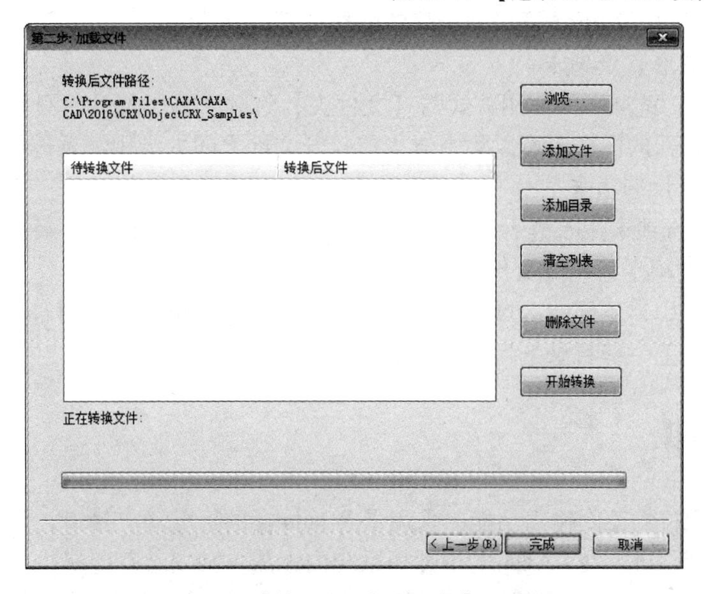

图 11-45 【第二步：加载文件】对话框

11.8 设计中心

设计中心是CAXA电子图样在图样之间相互借用资源的工具。通过设计中心，可以在本地硬盘或可访问的局域网内找到已经存盘的图样资源，并且共享其中的图块、样式、文件信息等资源。

单击快速启动工具栏最右端的图标，在弹出的【自定义快速启动工具栏】菜单中选择【设计中心】或选择下拉菜单【工具】→【设计中心】菜单命令，【设计中心】工具选项板会在界面左侧弹出，如图11-46所示。【设计中心】工具选项板中有【文件夹】、【打开的图形】、【历史记录】三个选项卡。

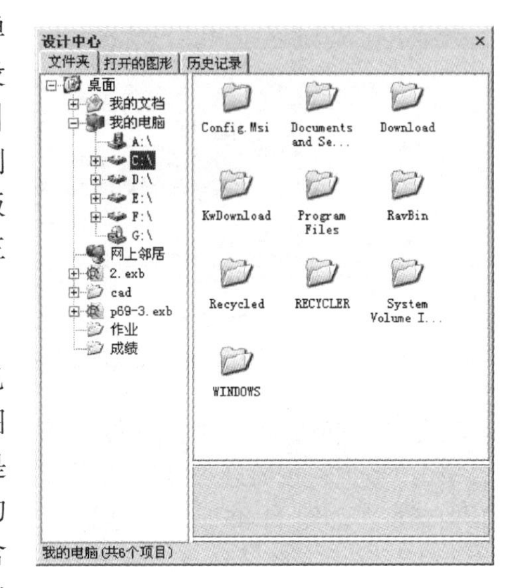

图11-46 设计中心

1.【文件夹】选项卡

【文件夹】选项卡用于在硬盘和网络上查找已经生成的图样，并从其中提取可以借用到当前图样中的元素。在【文件夹】选项卡界面的左侧是文件结构树，可以用于浏览本地硬盘和局域网的图样资源。目录树会自动筛选出EXB、DWG等含有可借用资源的图样文件。在这些文件下会有包含块、各种样式及图样信息的子节点。

右侧的窗口是陈列窗口，在选择目录结构时，会显示下一级目录中含有的文件夹结构或可识别的图样文件。当选择图样时，显示当前图样包含的样式或属性。在窗口中直接将块、样式等元素拖拽到绘图区，没有同名样式的情况下，即可在当前图样中添加该样式。陈列窗口的下方是预览窗口，用于预览当前选择的图样或其他元素。

2.【打开的图形】选项卡

【打开的图形】选项卡的使用方式与【文件夹】选项卡是类似的，只是左侧的文件结构树仅会显示当前打开的图样，可以集中对当前打开文件之间的借用关系进行处理。

3.【历史记录】选项卡

【历史记录】选项卡用于查看在设计中查看过的图样的历史记录，双击某条记录则可跳转到【文件夹】选项卡对应的文件。

在上述选项卡中，不同的区域也分别对应着不同的右键菜单，利用右键菜单也可以完成如浏览图样、回到上一级目录、切换选项卡等功能。

11.9 打印

CAXA电子图板的绘图输出功能，采用了Windows的标准输出接口，因此可以支持任何Windows支持的打印机。在CAXA电子图板系统内无需单独安装打印机，只需在Windows下安装即可。单击快速启动工具栏→【打印】按钮或选择【文件】→【打印】菜单命令，系统弹出如图 11-47 所示的【打印】对话框，该对话框各选项的含义说明如下。

1）打印机设置区：在此区域内选择需要的打印机型号，并且相应地显示打印机的状态。

❍ 属性(P) 按钮：单击该按钮，系统弹出如图 11-48 所示的【打印机属性】对话框，从中可以对打印机进行设置。

❍【文字作为填充】复选项：在打印时，设置是否对文字进行消隐处理。

❍【黑白打印】复选项：选中该选项在不支持无灰度的黑白打印的打印机上，达到更好的黑白打印效果，不会出现某些图形颜色变浅看不清楚的现象。

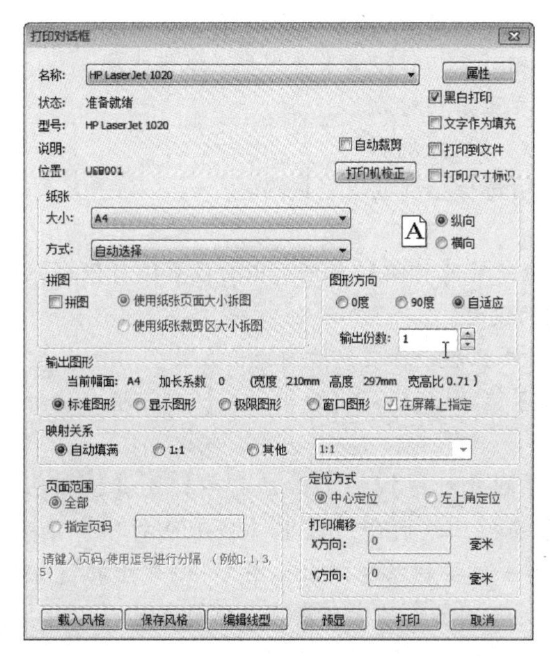

图 11-47 【打印】对话框

图 11-48 【打印机属性】对话框

❍【打印到文件】复选项：选中该选项，系统将控制绘图设备的指令输出到一个扩展名为 .prn 的文件中，用户可单独使用此文件，在没有安装 EB（CAXA 的运行文件）的计算机上输出。

2）【纸张】设置区：设置纸张大小、纸张来源及选择图纸方向为横放或竖放。

3）【拼图】区：选中【拼图】选项，系统自动用若干张小号图样拼出大号图形，拼图的张数根据系统当前纸张大小和所选图纸幅面的大小来决定。拼图时，可以选择【使用纸张页面大小拆图】或【使用纸张裁剪区大小拆图】。

4）【图形方向】设置区：设置图形的旋转角度为【0 度】或【90 度】并设置输出份数。

5）【输出图形】选项区：指定待输出图形的范围。

❍【标准图形】选项：输出当前系统定义的图纸幅面内的图形。

❍【显示图形】选项：输出在当前屏幕上显示出的图形。

❍【极限图形】选项：输出当前系统所有可见的图形。

❍【窗口图形】选项：当选择【在屏幕上指定】复选项时，系统会要求用户输入两个角点，将输出两个角点所确定矩形框内的图形。

6）【映射关系】区：指图形与图样的映射关系，即屏幕上的图形与输出到图样上的图形的比例关系。

❍【自动填满】选项：输出的图形完全在图纸的可打印区内。

❍【1∶1】选项：图形按照1∶1的比例关系进行输出。如果图纸幅面与打印纸大小相同，由于打印机有硬裁剪区，可能导致输出的图形不完全。

❍【其他】选项：输出的图形按照用户自定义比例进行输出。

7）【定位方式】区：当在【映射关系】区选中【1∶1】或【其他】选项时，可以选择【中心定位】或【左上角定位】选项，以决定图形在打印纸张上的定位方式。

❍【中心定位】：图形的原点与纸张的中心相对应，打印结果是图形在纸张中间。

❍【左上角定位】：图框的左上角与纸张的左上角相对应。

8）【打印偏移】区：将打印定位点移动（x，y）距离。

9）【页面范围】区：当输出多张图样时，可选择全部或指定页码。

10）按钮区：位于【打印】对话框最下方。

❍ 载入风格 和 保存风格：单击 保存风格 按钮，对【打印】对话框当前设置进行保存，保存后可以通过 载入风格 按钮加载保存过的设置。

❍ 预显：单击此按钮后，系统在屏幕上模拟显示真实的绘图输出效果。

❍ 编辑线型：单击此按钮后，系统弹出如图11-49所示的【线型设置】对话框，该对话框中各选项含义如下。

●【线宽设置】区：可选择【按实体指定线宽打印】、【按细线打印】或【按颜色打印】。选择【按细线打印】所有线条均按细线打印；选中【按颜色打印】选项，按颜色指定打印线宽 按钮变为可选，单击该按钮系统弹出如图11-50所示的【按颜色设置】对话框，可以在该对话框中为不同颜色的线型指定相应的线宽。

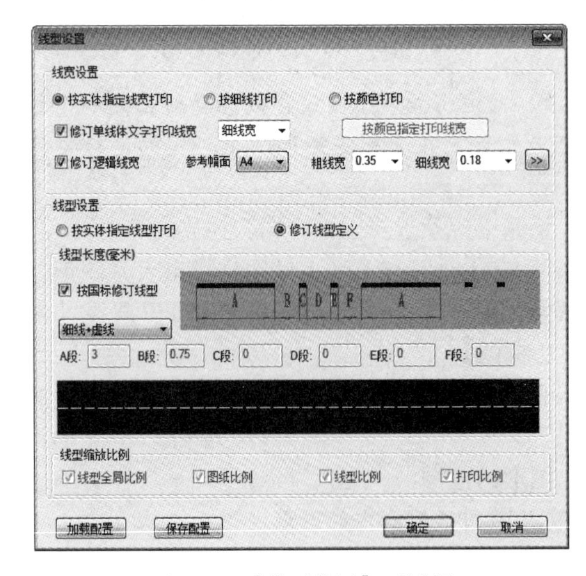

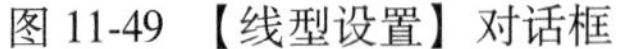

图11-49 【线型设置】对话框

图11-50 【按颜色设置】对话框

●【线型设置】区：可选择【按实体指定线型打印】或【修订线型定义】。当选择

【修订线型定义】选项时，可选择是否勾选【按国标修订线型】。如果勾选【按国标修订线型】，系统将按标准线型进行打印，否则可自定义各种线型，并将按自定义的线型打印。

- 【粗线宽】、【细线宽】下拉列表框：列出了国标规定的线宽系列值，可选取其中任一组作为该线型的输出宽度，也可在文本框中输入数值。

用户可根据需要从【打印】对话框中选择输出图形、纸张大小、设备型号等一系列相关内容，设置完毕后单击 打印 按钮，即可进行绘图输出。

11.10 思考与练习

1. 概念题

（1）使用系统查询功能，可以查询哪些内容?

（2）如何设置用户坐标系?

（3）系统设置的功能是什么?

2. 操作题

（1）将屏幕绘图区的底色由默认的黑色改为白色。

（2）将已存盘的图形打印输出。

（3）绘制如图 11-51 所示的图形。

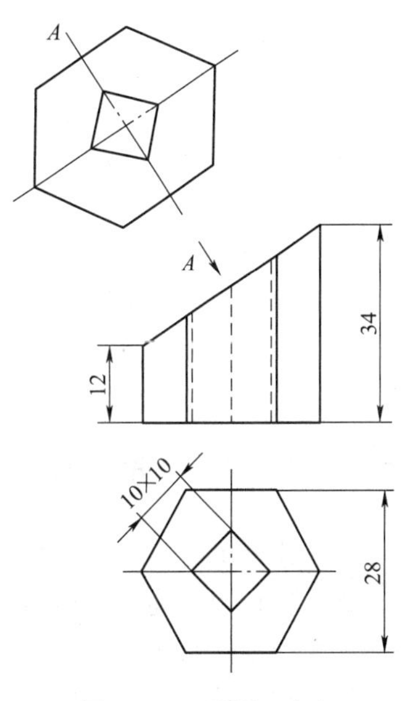

图 11-51 习题 2（3）

第 12 章　综合应用实例——千斤顶

内容与要求

为了让读者更全面地掌握CAXA电子图板的功能，本章以千斤顶为例，讲述从零件图到装配图的全部绘制过程。

学习本章应达到如下目标。

- 掌握设置绘图环境的方法
- 掌握绘制零件图的方法
- 掌握绘制装配图的方法

12.1　基础知识

千斤顶是机械安装或汽车修理时用来起重或顶压的工具，它利用螺旋传动顶举重物，由底座、螺杆和顶垫等8种零件组成，其装配体的工作原理如下。

工作时，绞杠穿入螺杆4上部的通孔中，拨动绞杠，使螺杆4转动，通过螺杆4与螺母3间的螺纹作用使螺杆4上升顶起重物。螺母3镶在底座1的内孔中，并用螺钉7紧定。在螺杆4的球形面顶部套上顶垫5，顶垫的内凹面是与螺杆顶面半径相同的球面。为防止顶垫随螺杆一起转动时脱落，在螺杆顶部加工了一个环形槽，将紧定螺钉6的端部伸进环形槽锁定，如图12-1所示。

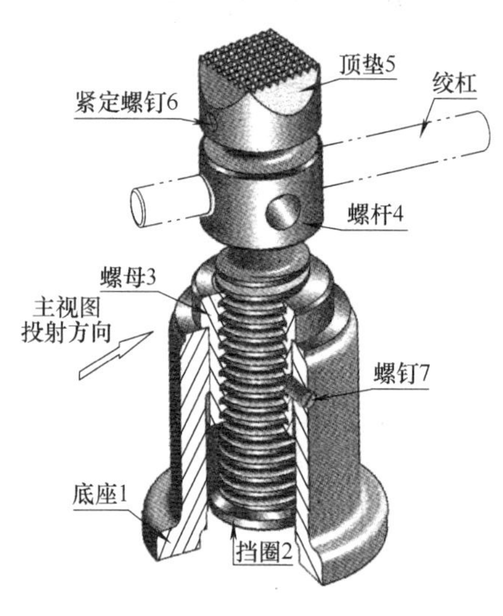

图12-1　千斤顶

12.2　绘制零件图

组成千斤顶的零件有8种，分别为底座、挡圈、螺母、螺杆、顶垫和三种螺钉。螺钉选用标准件，需要绘制底座、挡圈、螺母、螺杆和顶垫的零件图。

12.2.1　绘制底座

用A4图幅，按1∶1比例绘制如图12-2所示的底座。

操作步骤

步骤1　创建文件并设置绘图环境

❶双击计算机桌面上的快捷方式图标，启动CAXA电子图板2023。选择工程图模板界面的Blank模板，建立一个新文件。

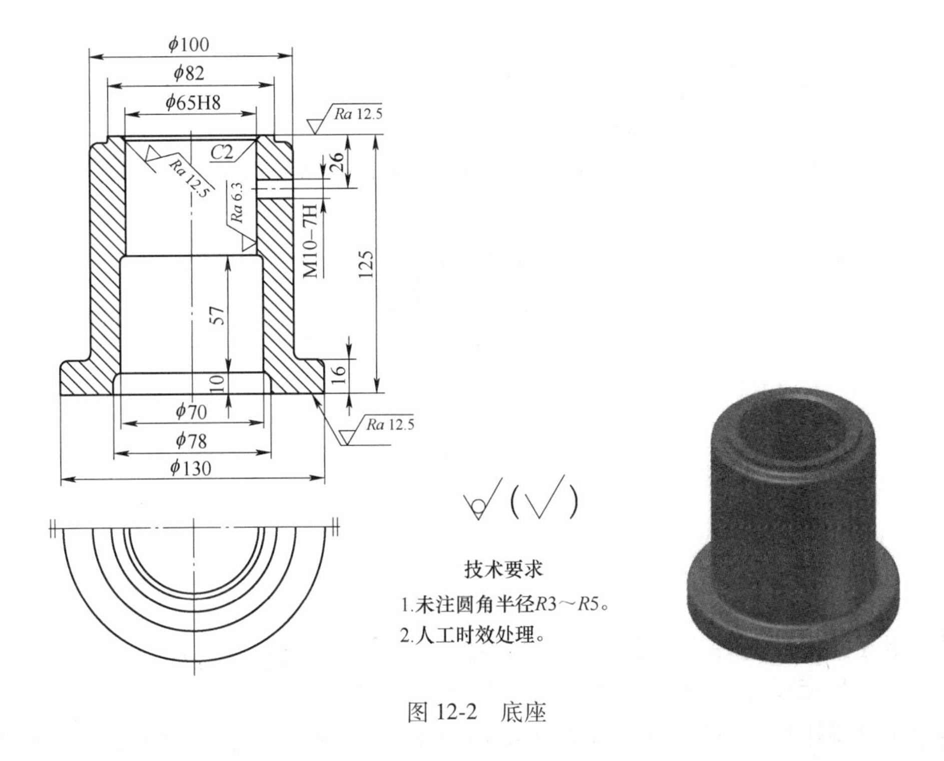

图 12-2 底座

❷将当前层设为粗实线层，线型、线宽和颜色均设为 ByLayer。

❸设置点捕捉方式为【智能】方式。

步骤 2 设置图纸幅面并调入图框和标题栏

❶单击【图幅】选项卡→【图幅】面板→【图幅设置】按钮，系统弹出【图幅设置】对话框。

❷在该对话框中设置图纸幅面为【A4】，图纸方向为【竖放】，绘图比例为 1∶1，图框为【A4E-E】，标题栏为【GB-A(CHS)】，单击 确定[O] 按钮即可。

步骤 3 按 1∶1 比例绘制主视图

1. 绘制主视图轮廓

❶单击【常用】选项卡→【绘图】面板→【孔/轴】按钮，启动【孔/轴】命令，立即菜单设置为 1.轴 2.直接给出角度 3.中心线角度 90 。在图框外适当位置单击确定插入点，设置立即菜单为 1.轴 2.起始直径 130 3.终止直径 130 4.有中心线 5.中心线延伸长度 3 ，根据系统提示输入第一段长度“16”，按〈Enter〉键，第一段绘制完成。

提示

由于图形尺寸较大，可先在图框外绘制，用【缩放】命令缩小后再平移到图框内。

❷在立即菜单中依次输入后续各段的起始直径和终止直径，并按照系统提示从键盘输入各段的长度值。底座的外轮廓绘制结束，如图 12-3a 所示。

❸单击鼠标右键重复命令。同理捕捉底面中点作为轴的插入点，绘制内孔（立即菜单第 4 项选择【无中心线】），如图 12-3b 所示。

❹单击【常用】选项卡→【修改】面板→【裁剪】按钮，启动【裁剪】命令。裁剪多余图线，如图 12-3c 所示。

❺单击【常用】选项卡→【修改】面板→【过渡】按钮，启动【过渡】命令。选用【圆角】方式作出半径为 $R3\sim R5$ 的铸造圆角，选用【内倒角】方式作出孔端 $C2$ 倒角。

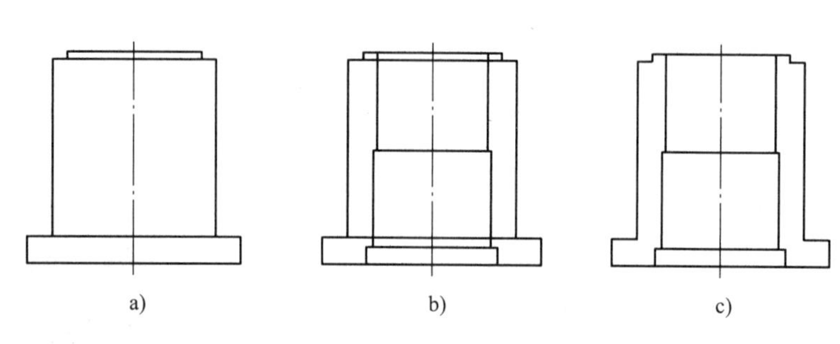

图 12-3　绘制主视图轮廓

2. 绘制螺孔及剖面线

❶单击【常用】选项卡→【绘图】面板→【平行线】按钮，启动【平行线】命令。立即菜单设置为 1. 偏移方式 2. 单向，作出距离顶面 26 的平行线。

❷单击【常用】选项卡→【绘图】面板→【孔/轴】按钮，选择【孔】方式绘制内螺纹（大径 10、小径 8.5），并将表示大径的两条线移动到细实线层，如图 12-4a 所示。

❸单击【常用】选项卡→【绘图】面板→【剖面线】按钮，启动【剖面线】命令。选择【拾取点】方式绘制主视图中的剖面线，如图 12-4b 所示。

提示

如图 12-4c 所示，剖面线应画到表示内螺纹小径的粗实线为止，所以绘制螺孔剖面线时应注意拾取该区域。

步骤 4　绘制俯视图

❶设置点捕捉方式为【导航】方式。

❷选择【圆】、【裁剪】等命令，绘制俯视图。

❸选择【直线】命令，在细实线层绘制对称符号。

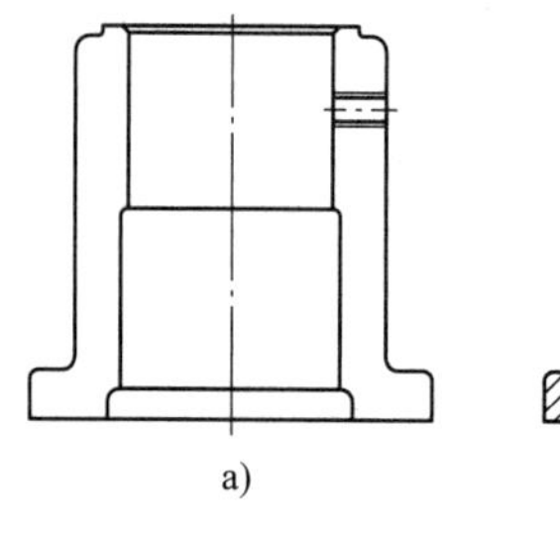
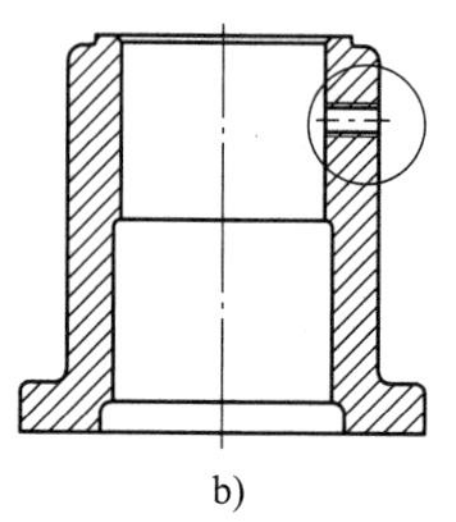
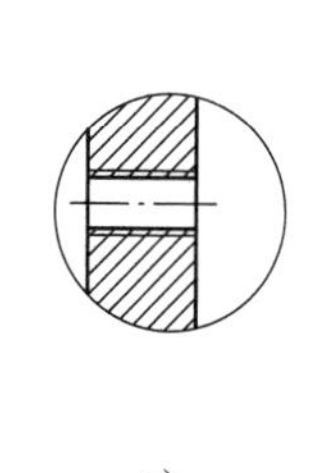

图 12-4　绘制螺孔及剖面线

步骤 5　移动并缩小图形

❶单击【常用】选项卡→【修改】面板→【平移】按钮，启动【平移】命令，立即菜单设置为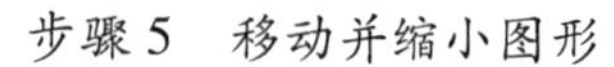

。

❷系统提示“拾取添加:”，使用窗口方式拾取主、俯视图后，单击鼠标右键完成选择。

❸系统提示“X 或 Y 方向偏移量:”，单击图框中部任一点，将图形移动到图框内。

步骤6 标注尺寸及表面粗糙度

1. 设置标注样式

❶单击【常用】选项卡→【特性】面板→【样式管理】按钮，弹出【样式管理】对话框。在【文本风格】选项卡中选择【机械】文字样式，即将其【西文字体】改为【国标.shx】、【西文宽度系数】改为0.75、【缺省字高】改为3.5，如图12-5a所示。

❷选择【尺寸风格】的【单位】选项卡，修改【度量比例】为2∶1，如图12-5b所示。

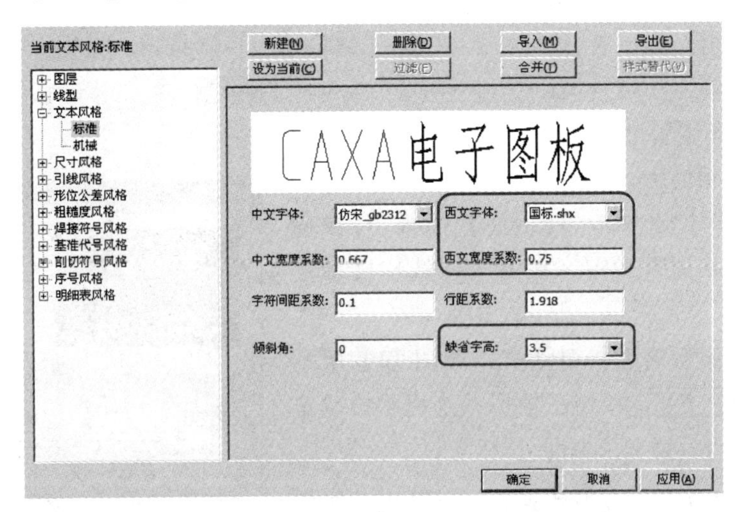

a)

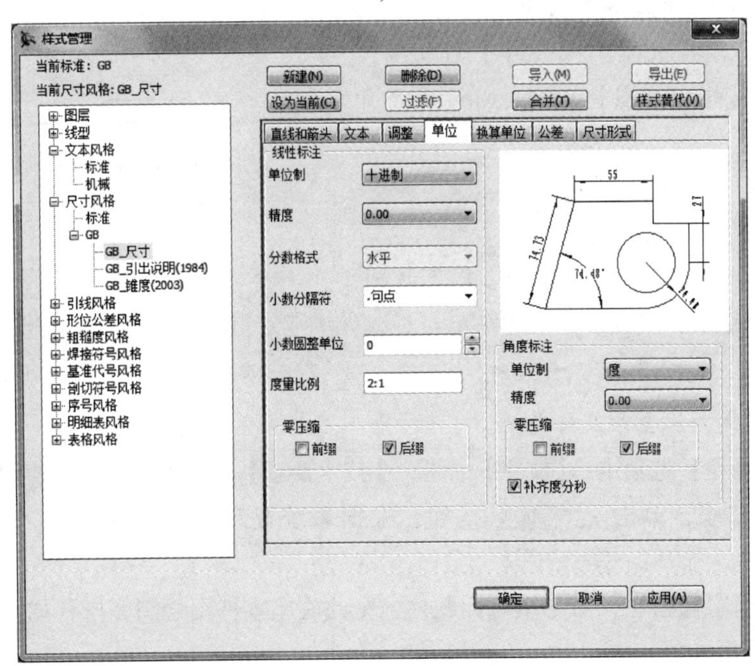

b)

图12-5 设置标注样式

a）编辑【标准】文字样式 b）设置度量比例

2. 尺寸标注

❶单击【常用】选项卡→【标注】面板→【尺寸标注】按钮，在立即菜单中选择【基本标注】。按照系统提示，拾取 ϕ65 孔的两个边线，系统弹出新的立即菜单，设置为 1. 基本标注 2. 文字平行 3. 直径 4. 文字居中 5.前缀 %c 6.后缀 H8 7.基本尺寸 65，在适当位置单击确定尺寸线位置，即可标注底座上部内孔的尺寸 ϕ65H8。

❷同理，标注其他直径和长度尺寸及对应的尺寸公差。

❸单击【常用】选项卡→【标注】面板→【倒角标注】按钮，根据系统提示拾取倒角线，设置立即菜单为 1. 水平标注 2. 轴线方向为x轴方向 3. 简化45度倒角 4.基本尺寸 C2，移动指针确定尺寸线位置，系统即沿倒角线引出标注倒角尺寸。

3. 标注表面粗糙度

❶单击【常用】选项卡→【标注】面板→【粗糙度】按钮，弹出立即菜单，在第 1 项选择【标准标注】。

❷弹出【表面粗糙度】对话框，如图 12-6 所示输入数值，单击 确定 按钮。根据系统提示拾取定位线，拖动到适当位置上单击即可。

❸继续标注图中其余表面粗糙度，可使用【引出方式】标注引出线上的表面粗糙度。

❹单击【标注】选项卡→【文字】面板→【文字】A按钮，选择【指定两点】方式，标注右下角表面粗糙度说明。

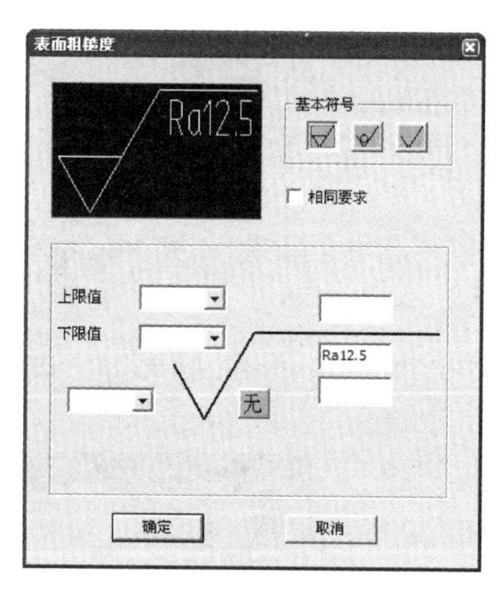

图 12-6 【表面粗糙度】对话框

提示

单击文本编辑器中的【插入...】下拉列表，选择【粗糙度】选项，系统弹出【表面粗糙度】对话框，在对话框中选择相应的基本符号，文本框中不输入数值即可注出表面粗糙度符号。

步骤 7 填写技术要求及标题栏

❶单击【标注】选项卡→【文字】面板→【技术要求】按钮，在【技术要求库】对话框中填写技术要求，单击 生成(G) 按钮，根据系统提示指定标注区域，即可生成技术要求。

❷选择【填写标题栏】命令填写标题栏，至此底座零件图绘制完毕，如图 12-7 所示。

步骤 8 保存文件

单击快速启动工具栏中的【保存】按钮，保存绘制好的图形。

12.2.2 绘制挡圈

用 A4 图幅，按 1∶1 比例绘制如图 12-8 所示的挡圈。

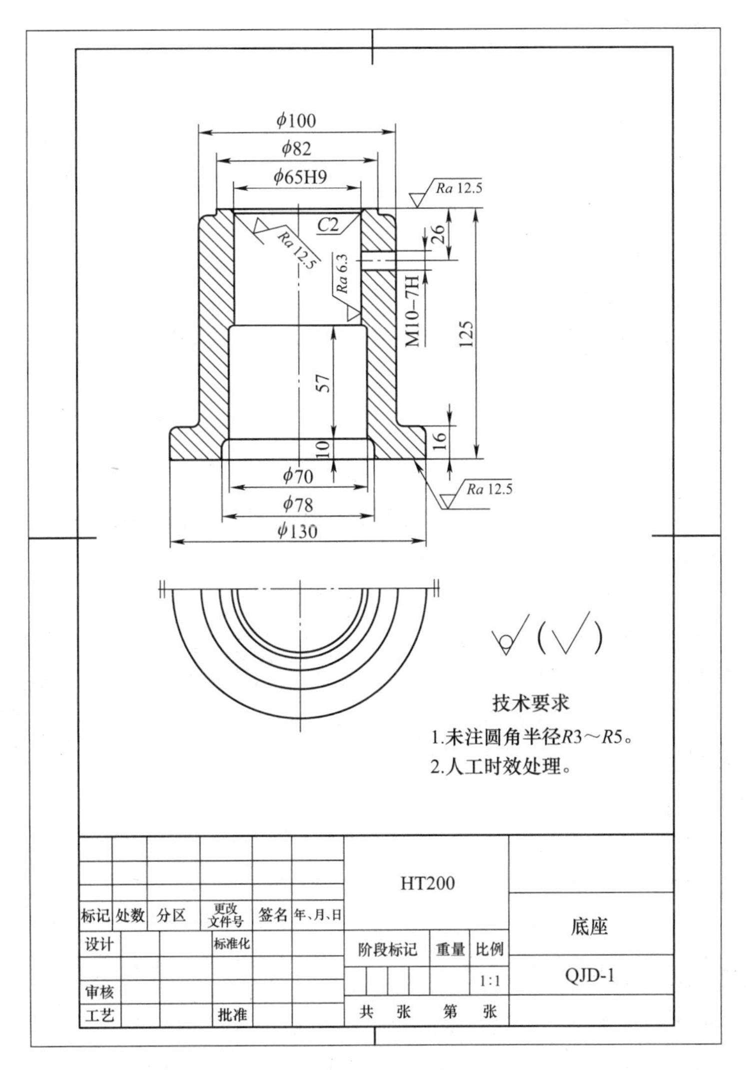

图 12-7 底座零件图

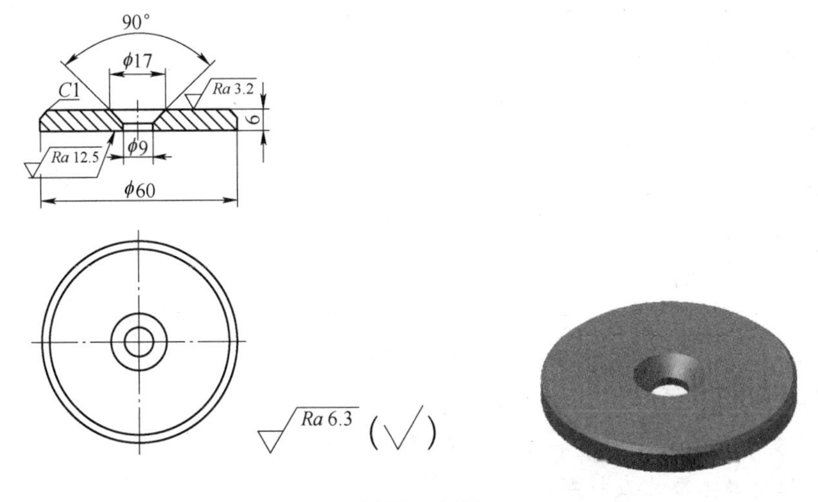

图 12-8 挡圈

操作步骤

步骤 1　创建文件并设置绘图环境

❶选择 Blank 模板，建立一个新文件。

❷将当前层设为粗实线层，线型和颜色均设为 ByLayer。

❸设置点捕捉方式为【智能】方式。

步骤 2　设置图纸幅面并调入图框和标题栏

❶单击【图幅】选项卡→【图幅】面板→【图幅设置】按钮，系统弹出【图幅设置】对话框。

❷在该对话框中设置图纸幅面为【A4】，图纸方向为【竖放】，绘图比例为 1∶1，图框为【A4E-E】，标题栏为【GB-A（CHS）】，单击 确定[O] 按钮即可。

步骤 3　绘制视图

❶单击【插入】选项卡→【图库】面板→【提取图符】按钮，系统弹出【提取图符】对话框。选择【zh-CN\垫圈和挡圈\轴端挡圈】，在图符列表中选择【GB/T 891—1986B 型螺钉紧固轴端挡圈】，如图 12-9 所示。

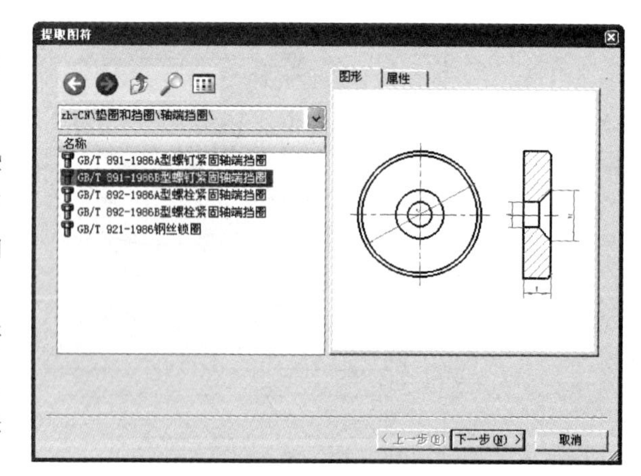

图 12-9　提取轴端挡圈

❷单击 下一步(N) > 按钮，弹出【图符预处理】对话框，选择规格为【D=60、H=6、d=9、D1=17】，其他各项选择如图 12-10 所示。

❸单击 完成 按钮回到绘图状态，此时图符 1“挂”在十字指针上。设置图符的输出形式为 1. 不打散 2. 消隐 。根据系统提示，在图框内适当位置单击确定定位点，由于图形不需旋转，单击鼠标右键，即可提取俯视图。

❹此时，十字指针自动挂上图符 2，立即菜单设置为 1. 不打散 2. 消隐 。

❺设置点捕捉方式为【导航】方式。

❻定位点通过导航方式确定（捕捉垂直中心线的端点），如图 12-11a 所示。图符旋转角为【90】，提取主视图，如图 12-11b 所示。

步骤 4　标注尺寸及表面粗糙度

❶设置标注样式（与底座零件的设置方法相同）。

❷选择【尺寸标注】命令，以【基本标注】方式标注图中尺寸。

❸选择【倒角标注】命令，标注倒角。标注后发现，提取的轴端挡圈标注出的倒角与零件图不一致，可利用【块编辑】命令，编辑修改。

❹选择【粗糙度】命令，标注表面粗糙度。

❺选择【文字】命令，标注右下角的表面粗糙度说明。

步骤 5　填写技术要求及标题栏

❶选择【技术要求库】命令，填写技术要求。

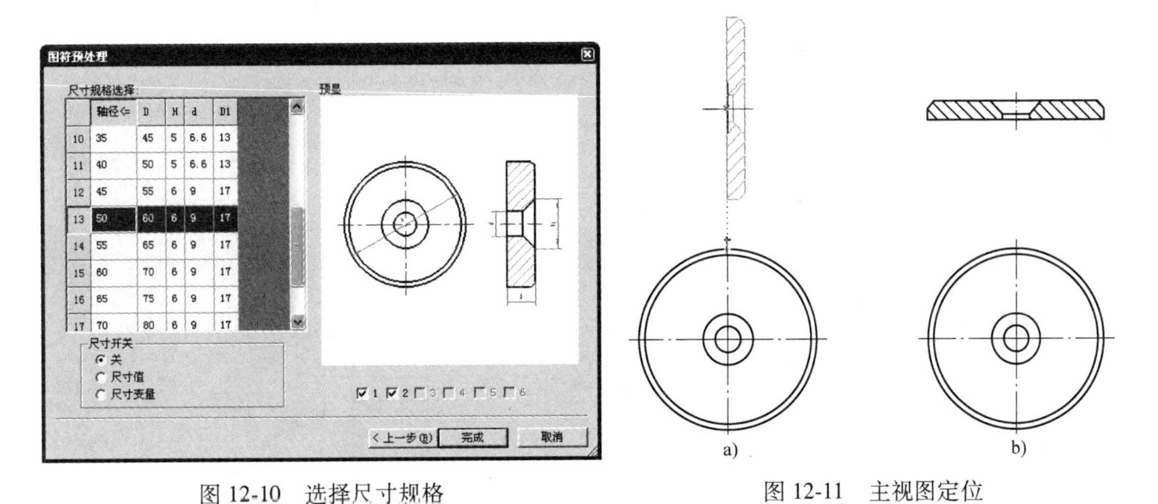

图 12-10　选择尺寸规格　　　　图 12-11　主视图定位

❷选择【填写标题栏】命令，填写标题栏，至此挡圈零件图绘制完毕，如图 12-12 所示。

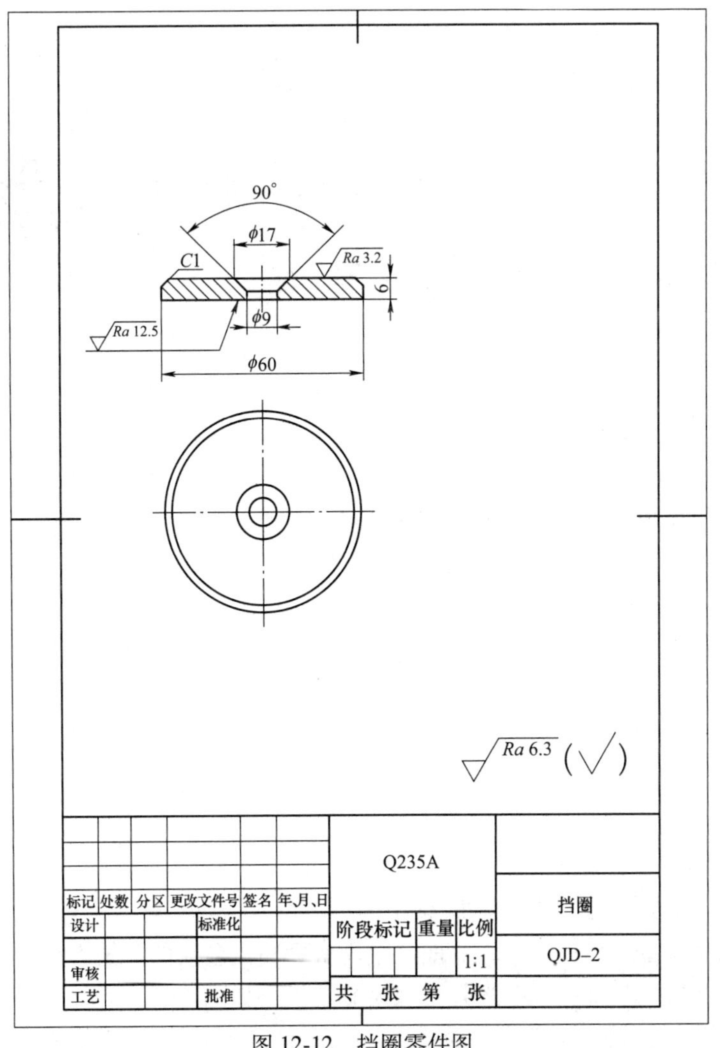

图 12-12　挡圈零件图

步骤 6　保存文件

单击快速启动工具栏中的【保存】按钮，保存绘制好的图形。

12.2.3 绘制螺杆

用 A3 图幅，按 1∶1 比例绘制如图 12-13 所示的螺杆。

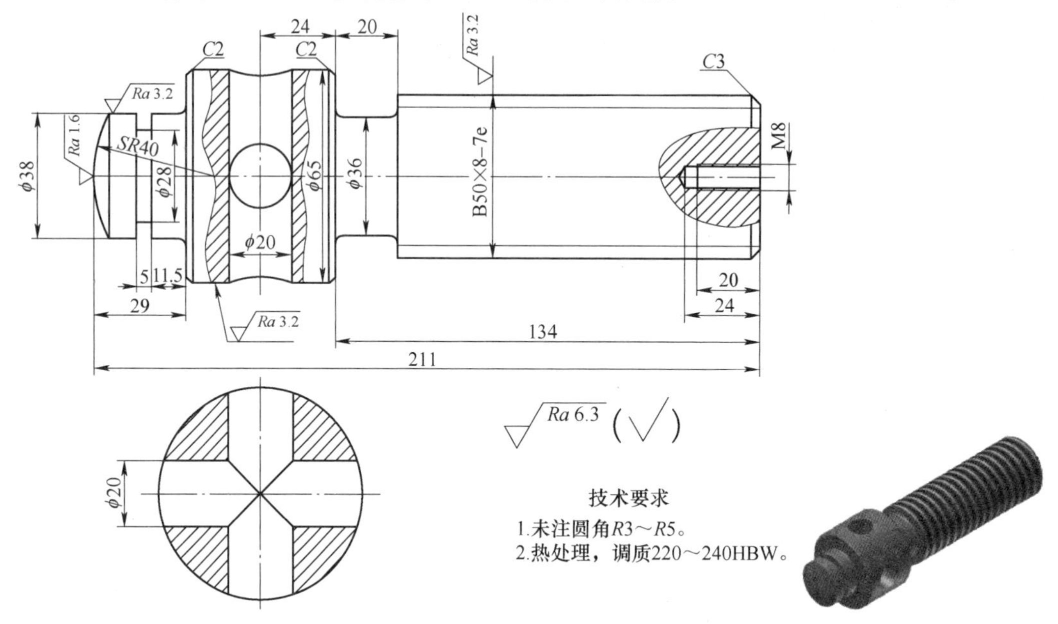

图 12-13　绘制螺杆

操作步骤

步骤 1　创建文件并设置绘图环境

❶选择 Blank 模板，建立一个新文件。

❷将当前层设为粗实线层，线型和颜色均设为 ByLayer。

❸设置点捕捉方式为【智能】方式。

步骤 2　设置图纸幅面并调入图框和标题栏

❶单击【图幅】选项卡→【图幅】面板→【图幅设置】按钮，系统弹出【图幅设置】对话框。

❷在该对话框中设置图纸幅面为【A3】，图纸方向为【横放】，绘图比例为【1∶1】，图框为【A3A-E】，标题栏为【GB-A（CHS）】，单击 确定[O] 按钮即可。

步骤 3　绘制视图

1. 绘制螺杆主视图轮廓

❶选择【孔/轴】命令，设置立即菜单为 1.轴 2.直接给出角度 3.中心线角度 0 。在屏幕上适当位置单击，从而指定螺杆的插入点。立即菜单中依次输入各段的起始直径和终止直径，并按照系统提示输入各段的长度，螺杆的外轮廓绘制结束，如图 12-14 所示。

❷选择【平行线】命令，设置立即菜单为 1.偏移方式 2.单向 。以左端面为基准，向右作出

一条距离为 40 的平行线。

❸选择【圆】命令的【圆心半径】方式，捕捉平行线与中心线的交点为圆心，半径为 40 作圆，如图 12-15a 所示。

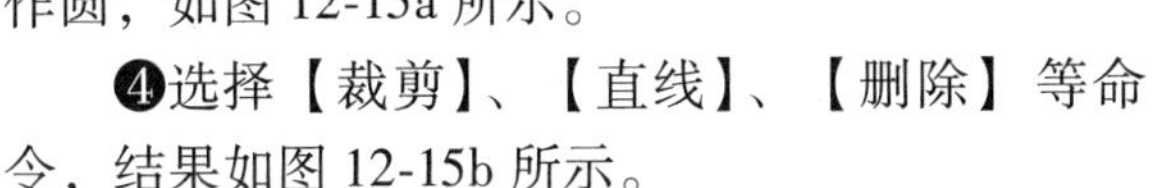

❹选择【裁剪】、【直线】、【删除】等命令，结果如图 12-15b 所示。

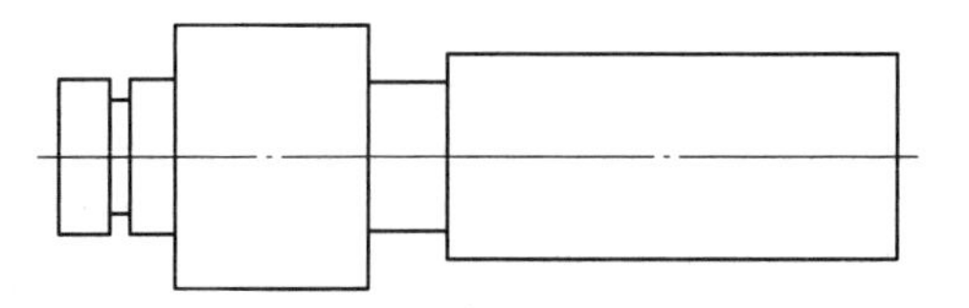

图 12-14　绘制螺杆主视图轮廓

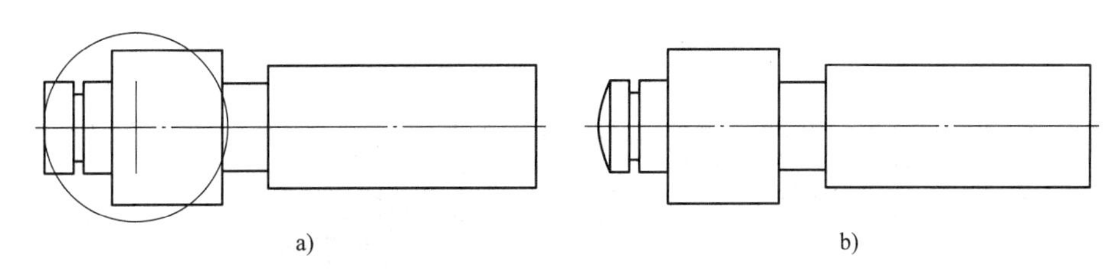

a)　　b)

图 12-15　绘制顶端球面

2. 绘制左边的局部剖

❶选择【平行线】命令，设置立即菜单为 1. 偏移方式 2. 单向。以 ϕ65 轴段的右端面为基准，向左作出一条距离为 24 的平行线。

❷选择【孔/轴】命令，立即菜单设置为 1. 孔 2. 直接给出角度 3.中心线角度 90，以平行线与 ϕ65 轮廓线的交点为起点，起始直径与终止直径均为 20、轴的长度为 65，作出孔。

❸选择【删除】命令，删除平行线（由于平行线与孔的中心线重合，可显示放大该区域，通过【完全窗口】方式选择）。

❹单击【常用】选项卡→【绘图】面板→【样条】按钮，绘制断裂线。为了形成封闭区域，断裂线应超出螺杆轮廓，如图 12-16a 所示。选择【裁剪】命令，裁剪多余图线，并把该断裂线移动到细实线层。

❺选择【剖面线】命令，以【拾取点】方式绘制剖面线。

❻选择【圆】命令，以【圆心_半径】方式作出 ϕ20 的圆。

❼选择【圆弧】命令，以【两点半径】方式作出一侧相贯线（见图 12-16b 点 1、2，半径为 32. 5)，同理作出另一侧相贯线。

提示

不致引起误解时，国家标准规定可用圆弧或直线代替非圆的相贯线。方法为：取大圆柱半径为半径，在小圆柱轴线上找圆心，在两圆柱共有处画弧。因此，相贯线可用【两点半径】方式绘制。

❽选择【裁剪】命令，裁剪多余图线，绘图结果如图 12-16b 所示。

3. 绘制右端局部剖

❶单击【插入】选项卡→【图库】面板→【提取图符】按钮，系统弹出【插入图符】对话框，提取【螺纹盲孔】，如图 12-17 所示。

❷单击 下一步(N) > 按钮，弹出【图符预处理】对话框，选择规格为【M8】，双击变量 L 对应的数值 30，进入编辑状态后输入“24”，如图 12-18 所示。

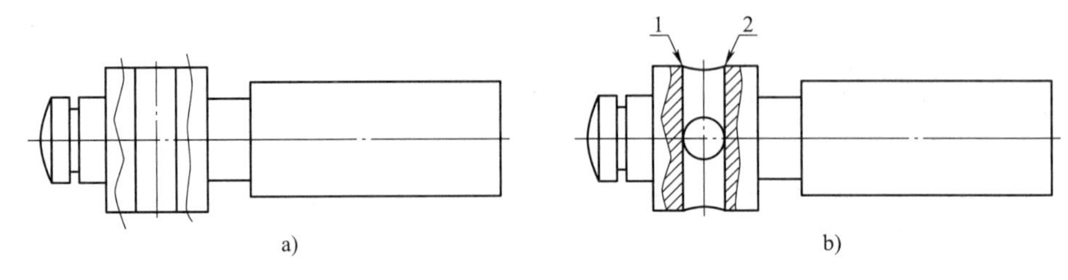

图 12-16　绘制左边的局部剖

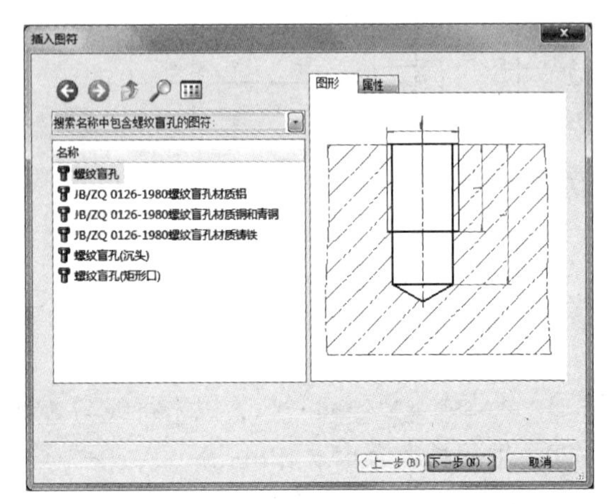

图 12-17　提取螺纹盲孔

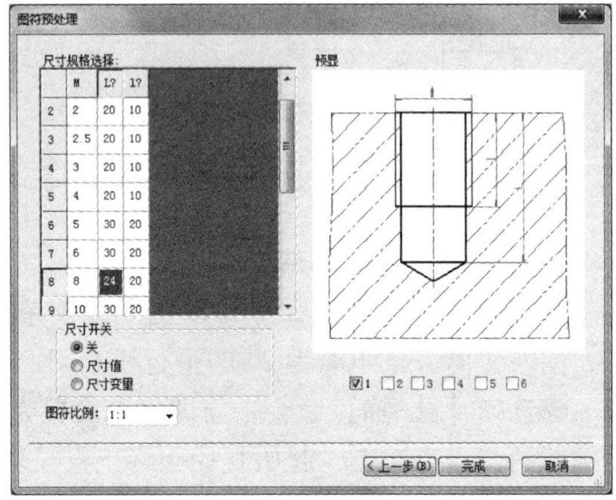

图 12-18　选择尺寸规格

❸单击 完成 按钮返回到绘图状态，设置图符的输出形式为 1.不打散 2.消隐 。

❹按照系统提示，如图 12-19 所示捕捉螺杆中心线与最右端面线的交点作为定位点，并输入图符旋转角“−90°”，按〈Enter〉键确认后，单击鼠标右键退出图符的提取状态。

❺单击【常用】选项卡→【绘图】面板→【样条】按钮，绘制断裂线。为形成封闭区域，断裂线应超出螺杆轮廓，选择【裁剪】命令裁剪多余图线，并把断裂线移到细实线层。

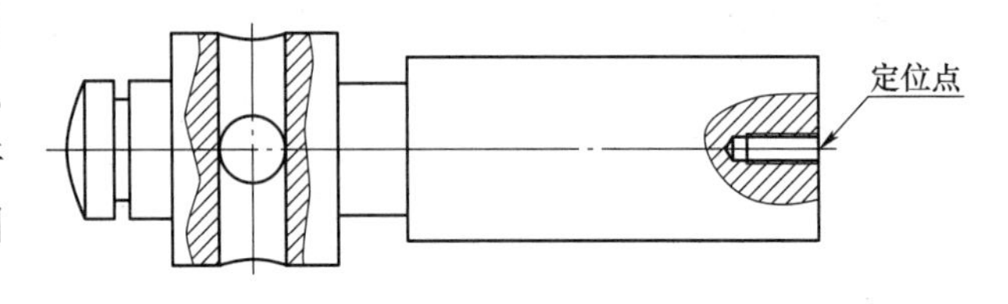

图 12-19　右端局部剖

❻选择【剖面线】命令作出剖面线，绘图结果如图 12-19 所示。

4. 绘制螺杆的螺纹部分

❶将当前层设为细实线层，线型、线宽和颜色均设为 ByLayer。

❷选择【孔/轴】命令，立即菜单设置为 1.孔 2.直接给出角度 3.中心线角度 0 ，起始直径与终止直径均为 42.5（取大径的 0.85 倍），作出 B50 螺杆的小径。

5. 绘制圆角、倒角

❶将当前层设为粗实线层。

❷单击【常用】选项卡→【修改】面板→【过渡】按钮，选用【圆角】方式绘制螺杆上半径为 $R3 \sim R5$ 的圆角，选用【外倒角】方式绘制螺杆上 $C2$、$C3$ 倒角。

6. 绘制移出断面

❶选择【圆】、【孔/轴】、【裁剪】、【直线】命令，绘制移出断面。

❷选择【剖面线】命令，绘制剖面线。

提示

> 移出断面的剖面线应与两处局部剖一致，即剖面线的间距和方向均相同。

步骤4 标注尺寸及表面粗糙度

❶设置标注样式（与底座零件的设置方法相同）。

❷选择【尺寸标注】命令，标注图中尺寸。其中 *SR*40、M8、B50×8-7e，可通过在立即菜单的【前缀】、【后缀】文本框中输入相应内容标注。

❸选择【倒角标注】命令，标注倒角。

❹选择【粗糙度】命令，标注表面粗糙度，其中使用【引出方式】标注引出线上的表面粗糙度。选择【文字】命令，标注右下角的表面粗糙度说明。

步骤5 填写技术要求及标题栏

❶选择【技术要求库】命令，填写技术要求。

❷选择【填写标题栏】命令，填写标题栏，至此螺杆零件图绘制完毕，如图 12-20 所示。

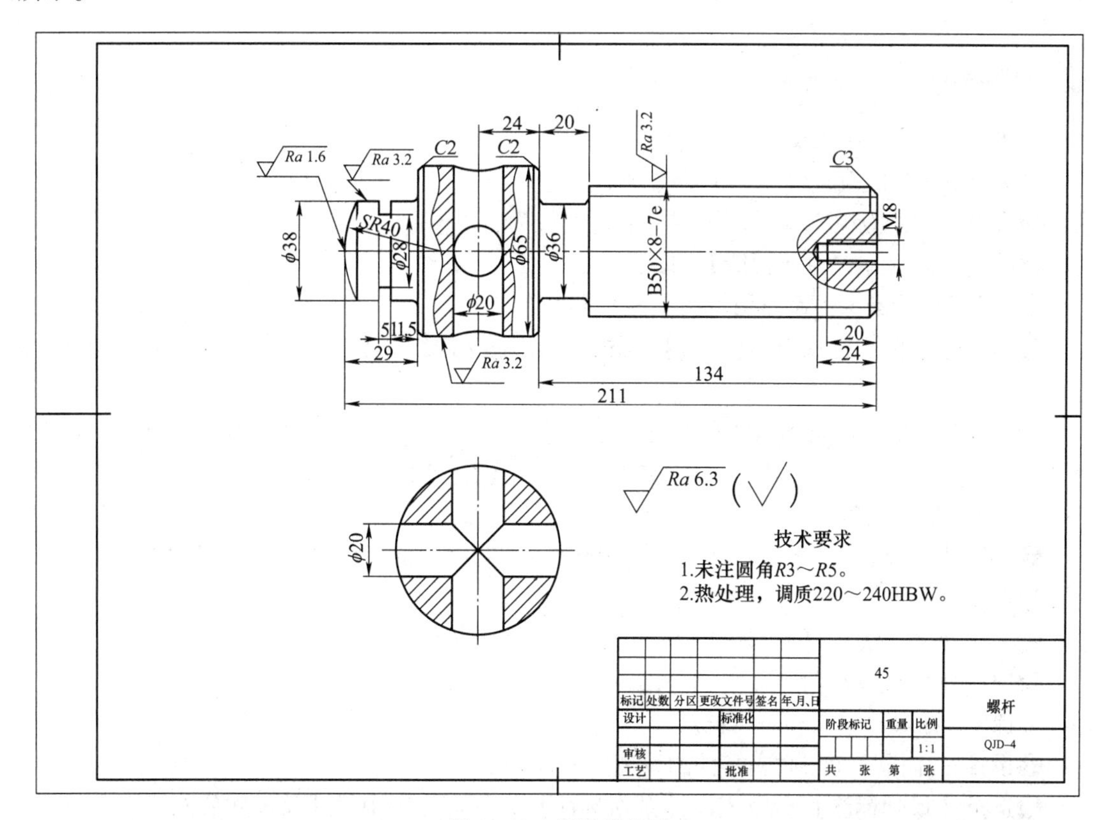

图 12-20 螺杆零件图

步骤 6　保存文件

单击快速启动工具栏中的【保存】按钮，保存绘制好的图形。

12.2.4 绘制螺母

用 A4 图幅，按 1∶1 比例绘制如图 12-21 所示的螺母。

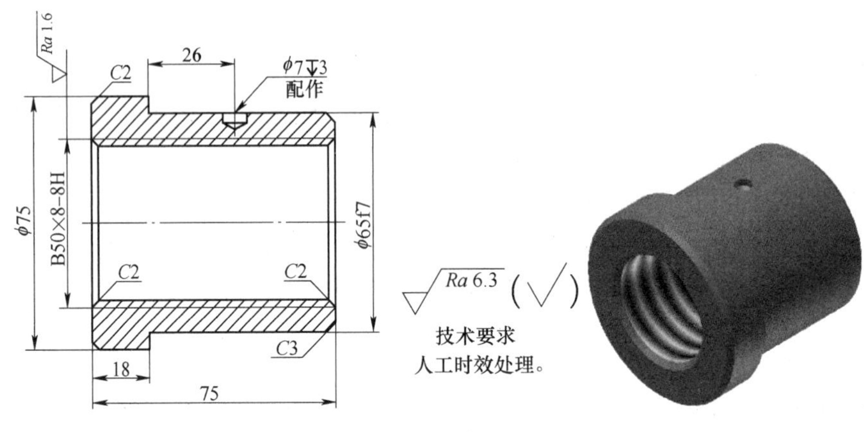

图 12-21　螺母

操作步骤

步骤 1　创建文件并设置绘图环境

❶选择 Blank 模板，建立一个新文件。

❷将当前层设为粗实线层，线型和颜色均设为 ByLayer。

❸设置点捕捉方式为【智能】方式。

步骤 2　设置图纸幅面并调入图框和标题栏

❶单击【图幅】选项卡→【图幅】面板→【图幅设置】按钮，系统弹出【图幅设置】对话框。

❷在该对话框中设置图纸幅面为【A4】，图纸方向为【竖放】，绘图比例为 1∶1，图框为【A4E-E】，标题栏为【GB-A（CHS）】，单击确定[O]按钮即可。

步骤 3　绘制视图

❶选择【孔/轴】命令，绘制主视图轮廓，并将 B50 螺纹大径移动到细实线层。

❷选择【过渡】命令，绘制内、外倒角。

❸选择【平行线】、【孔/轴】命令，绘制 ϕ7 配作孔。

❹选择【剖面线】命令，绘制剖面线。

步骤 4　标注尺寸及表面粗糙度

❶设置标注样式（与底座零件的设置方法相同）。

❷选择【尺寸标注】命令，以【基本标注】方式标注图中尺寸及尺寸公差。

❸选择【引出说明】命令，标注 ϕ7 配作孔的尺寸。

❹选择【倒角标注】命令，标注倒角。

❺选择【粗糙度】命令，标注表面粗糙度。选择【文字】命令，标注表面粗糙度说明。

步骤 5　填写技术要求及标题栏

❶选择【技术要求库】命令，填写技术要求。

❷选择【填写标题栏】命令，填写标题栏，至此螺母零件图绘制完毕，如图 12-22 所示。

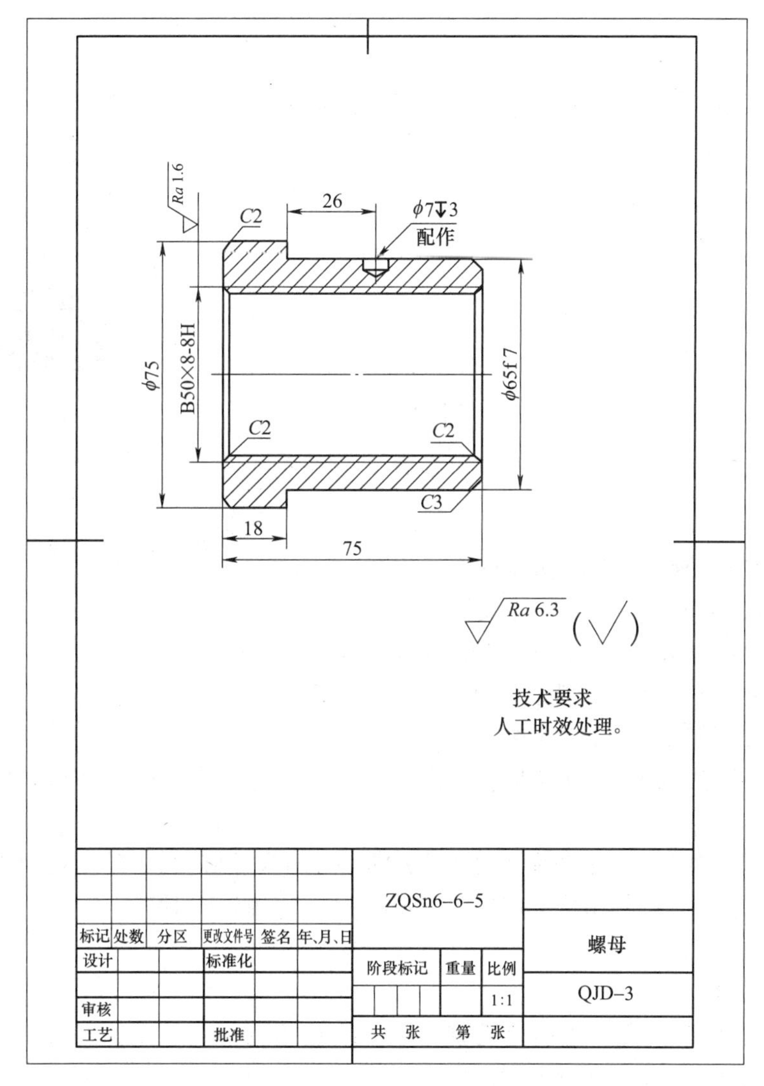

图 12-22　螺母零件图

步骤 6　保存文件

单击快速启动工具栏中的【保存】按钮，保存绘制好的图形。

12.2.5 绘制顶垫

用 A4 图幅，按 1∶1 比例绘制如图 12-23 所示的顶垫。

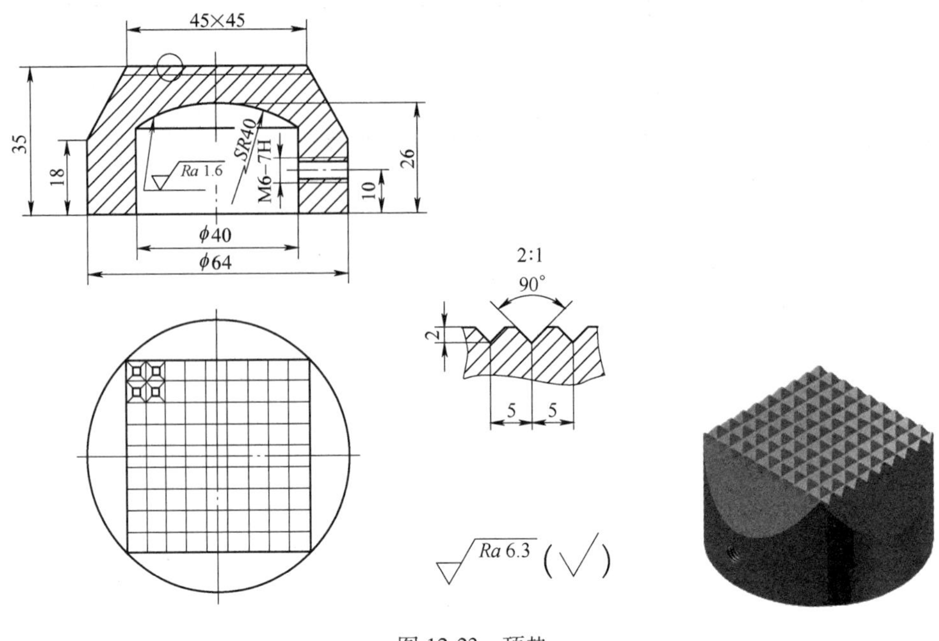

图 12-23　顶垫

操作步骤

步骤 1　创建文件并设置绘图环境

❶选择 Blank 模板，建立一个新文件。

❷将当前层设为粗实线层，线型和颜色均设为 ByLayer。

❸设置点捕捉方式为【智能】方式。

步骤 2　设置图纸幅面并调入图框和标题栏

❶单击【图幅】选项卡→【图幅】面板→【图幅设置】按钮，系统弹出【图幅设置】对话框。

❷在该对话框中设置图纸幅面为【A4】，图纸方向为【竖放】，绘图比例为 1∶1，图框为【A4E-E】，标题栏为【GB-A（CHS）】，单击确定[O]按钮即可。

步骤 3　绘制视图

1. 绘制主视图

❶选择【孔/轴】命令，绘制外轮廓。第一段起始直径与终止直径均为 64、长度 18；第二段起始直径 64、终止直径 45、长度 17。

❷选择【平行线】、【延伸】命令绘制顶部网纹的底部线，并将其移动到细实线层。

❸选择【平行线】命令，以顶垫底面线为基准，向下偏移 14 作出平行线。

❹选择【圆】命令，捕捉平行线的中点作出 *SR*40 的圆，如图 12-24a 所示。

❺选择【孔/轴】命令，作出起始直径与终止直径均为 40 的孔，长度超出圆（见图 12-24b）。

❻选择【裁剪】、【直线】等命令，完成内轮廓，如图 12-24c 所示。

❼选择【平行线】、【孔/轴】命令，绘制 M6 的螺孔，并将螺纹大径移动到细实线层。

❽选择【剖面线】命令，绘制剖面线。

2. 绘制俯视图

❶选择【圆】、【矩形】命令，绘制俯视图轮廓。

❷选择【平行线】命令，绘制网格。

❸选择【直线】、【矩形】、【裁剪】、【镜像】等命令，绘制网格内的图案。

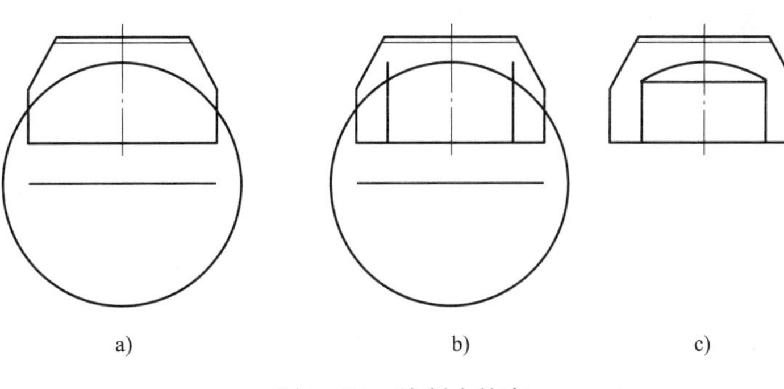

图 12-24　绘制内轮廓

3. 绘制局部放大图

❶选择【矩形】命令，绘制长为 5、宽为 10 的矩形，如图 12-25a 所示。

❷选择【过渡】命令，如图 12-25b 所示用【倒角】方式绘制矩形倒角，其立即菜单设置为 1. 倒角 2. 长度和角度方式 3. 裁剪 4.长度 2 5.角度 45 。

❸选择【镜像】命令，作出对称图形，如图 12-25c、d 所示。

❹选择【删除】命令，删除多余图线。

❺选择【样条】命令，绘制断裂线（为了形成封闭区域，注意捕捉两端的端点），如图 12-25e 所示。

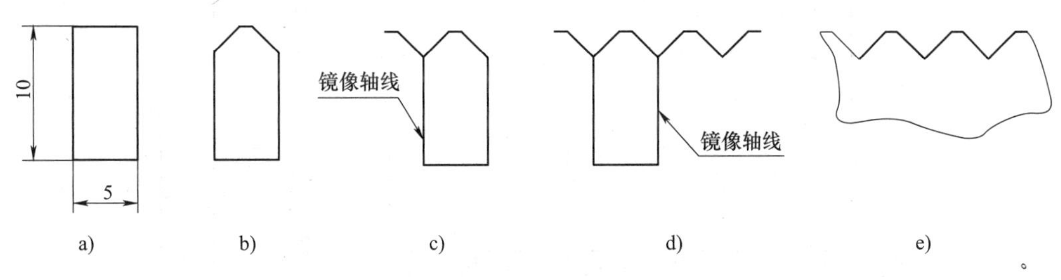

图 12-25　绘制局部放大图

❻选择【缩放】命令，放大图形 2 倍。

❼选择【剖面线】命令，绘制剖面线。

❽选择【圆】命令，在主视图上绘制一个标注小圆，并将其移动到尺寸线层。

步骤 4　标注尺寸及表面粗糙度

❶设置标注样式（与底座零件的设置方法相同）。

❷选择【尺寸标注】命令，标注图中尺寸及尺寸公差。标注局部放大图的尺寸时，由于图形已放大，拾取标注元素后，系统自测值均比实际值大一倍，可直接修改立即菜单中的系统自测值，然后再指定尺寸线位置。

❸选择【粗糙度】命令，标注表面粗糙度。

❹选择【文字】命令，标注右下角表面粗糙度说明及局部放大图上方的比例。

步骤 5　填写技术要求及标题栏

❶选择【技术要求库】命令，标注技术要求。

❷选择【填写标题栏】命令，填写标题栏，至此顶垫零件图绘制完毕，如图 12-26 所示。

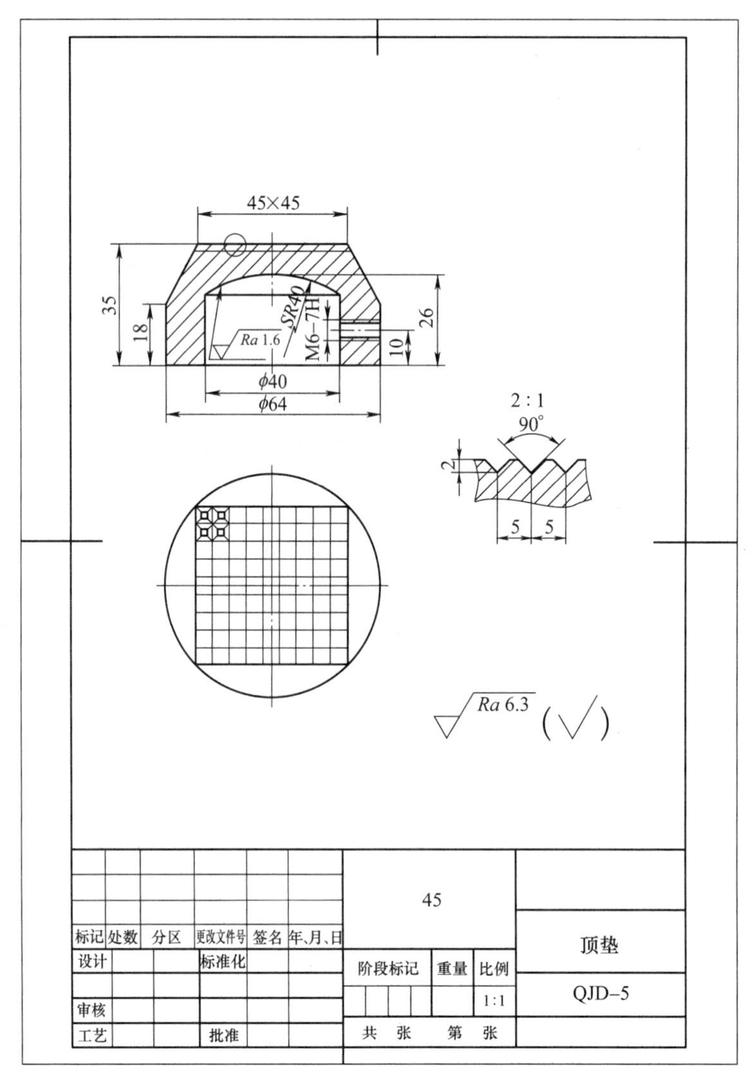

图 12-26　顶垫零件图

步骤 6　保存文件

单击快速启动工具栏中的【保存】按钮，保存绘制好的图形。

12.3　绘制装配图

根据零件图，按照 1∶1 比例在 A2 图幅内绘制千斤顶装配图，如图 12-27 所示。千斤顶的主视图按工作位置画出，剖视可清楚表达各主要零件的结构形状、装配关系以及工作原理。以俯视方向沿螺母与螺杆的结合面剖切，表示螺母和底座的外形，再补充两个辅助视图，表达顶垫的顶面结构和螺杆上部用于穿绞杆的四个通孔的局部结构。

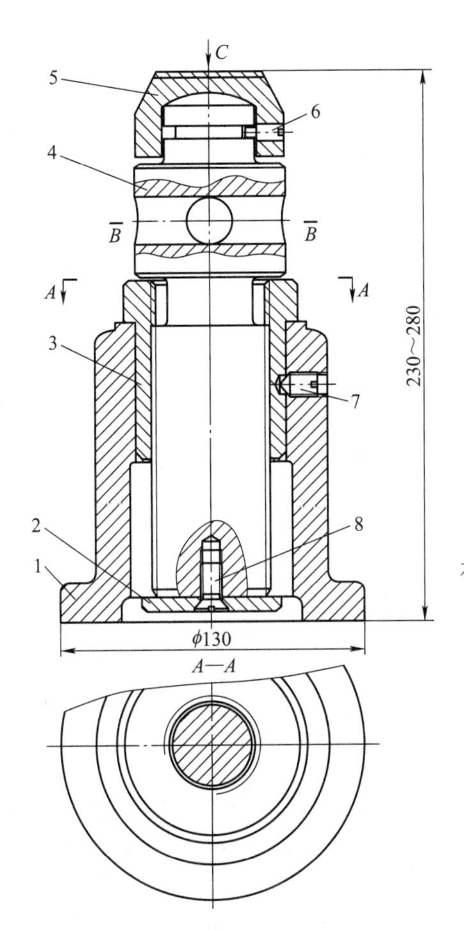

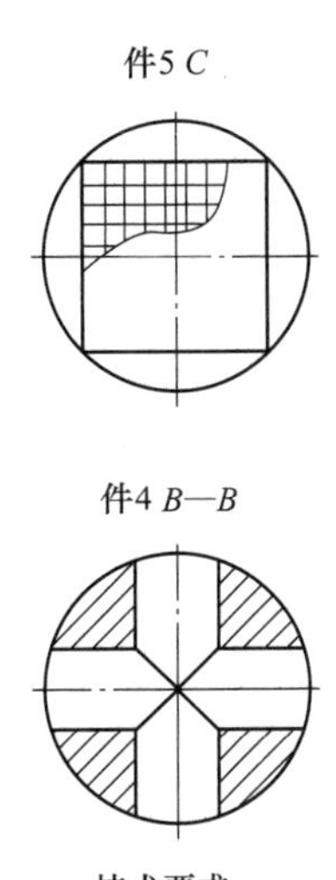

技术要求
本产品的顶举高度为50mm，顶举重量为1000kg。

图 12-27　千斤顶

设计思路

相比较【并入文件】，利用【复制】与【粘贴】拼图比较简单，本例使用【复制】与【粘贴】命令拼入零件图。千斤顶由底座、挡圈、螺母、螺杆、顶垫和螺钉等零件装配而成。螺钉选用标准件，其余零件都有单独的零件图，此类装配图的绘制方法如下。

1）打开零件图，关闭尺寸线层，选择【复制】命令复制所需图形。然后切换到装配图文件，用【粘贴】命令粘贴成零件图块。标准件则直接在装配图文件中，从图库中调出。

2）根据装配关系用【平移】命令中的【两点方式】装配零件，如果零件图的表达方法与装配图的要求不一致，可使用【块在位编辑】命令对零件图块进行编辑修改。

3）使用块【消隐】命令，隐藏不可见图线。

4）标注必要的尺寸，生成零件序号、填写明细表、标题栏等。

操作步骤

步骤 1　创建装配图文件并设置绘图环境

❶选择 Blank 模板，建立一个新文件。

❷将当前层设为粗实线层，线型和颜色均设为 ByLayer。

❸设置点捕捉方式为【智能】方式。

❹单击【工具】选项卡→【选项】面板→【拾取设置】按钮，设置【拾取过滤设置】对话框中的【零件序号】、【图框】、【标题栏】、【明细表】为关闭状态，从而拾取实体时不会拾取到这些图素，防止误删。

步骤 2　设置图纸幅面并调入图框和标题栏

❶单击【图幅】选项卡→【图幅】面板→【图幅设置】按钮，在系统弹出的【图幅设置】对话框中设置图纸幅面为【A2】，图纸方向为【横放】，绘图比例为【1∶1】，图框为【A2E-E】，标题栏为【GB-A（CHS)】，明细表、序号采用系统默认的【标准样式】，单击 确定[O] 按钮。

❷单击快速启动工具栏中的【保存】按钮，保存为【千斤顶装配图】。

步骤 3　绘制装配图

1. 拼入底座零件

❶打开底座零件图，单击【常用】选项卡→【特性】面板→【层设置】按钮，在【层设置】对话框中关闭【尺寸线层】，按钮变为灰色。

❷单击【常用】选项卡→【剪切板】面板上→【复制】按钮，复制图形。

❸单击【视图】选项卡→【窗口】面板→【文档切换】按钮，切换至【千斤顶装配图】文件。

❹单击【常用】选项卡→【剪切板】面板上→【粘贴】按钮，在图框外适当位置粘贴，如图 12-28a 所示。其中立即菜单设置为 1. 定点 2. 粘贴为块 3. 消隐 4.比例 2 ，旋转角度为【0】。

2. 拼入螺母零件

❶打开螺母零件图，单击【常用】选项卡→【特性】面板→【层设置】按钮，在【层设置】对话框中关闭【尺寸线层】，按钮变为灰色。

❷单击【常用】选项卡→【剪切板】面板上→【复制】按钮，复制图形。

❸单击【视图】选项卡→【窗口】面板→【文档切换】按钮，切换至【千斤顶装配图】文件。

❹单击【常用】选项卡→【剪切板】面板上→【粘贴】按钮，在图框外适当位置粘贴，如图 12-28b 所示。其立即菜单设置为 1. 定点 2. 粘贴为块 3. 消隐 4.比例 1 ，旋转角度为【-90°】。

3. 装配螺母

❶选择【平移】命令，设置立即菜单为 1. 给定两点 2. 保持原态 3.旋转角 0 4.比例 1 ，系统提示“拾取添加:”，拾取螺母，单击右键确认。

❷系统提示“第一点:”，选择螺母的基准点 A，如图 12-28b 所示。

❸系统提示“第二点:”，选择平移的目标点即底座上的插入点 A，如图 12-28a 所示，即可将螺母移动到装配位置。

❹选择图块的【消隐】命令，设置立即菜单为 1. 消隐 ，然后拾取螺母，则系统设置螺母块为前景实体，底座图块与之重叠的部分被消隐，如图 12-28c 所示。

❺装配后发现两个零件的剖面线一致，需要修改。选择【块在位编辑】命令，如图 12-29a 所示进入块在位编辑状态，修改剖面线，绘制结果如图 12-29b 所示。

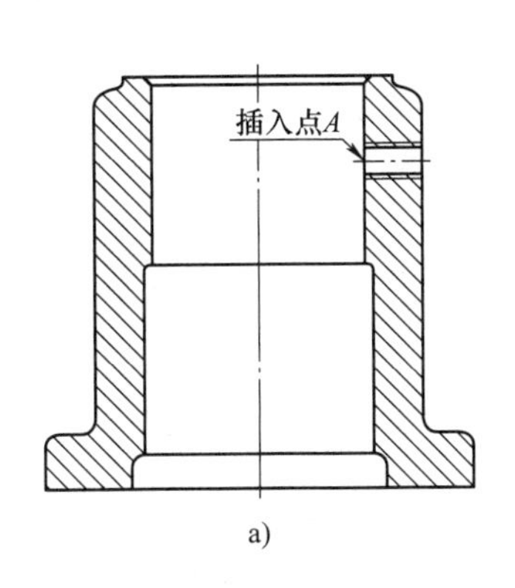

a)

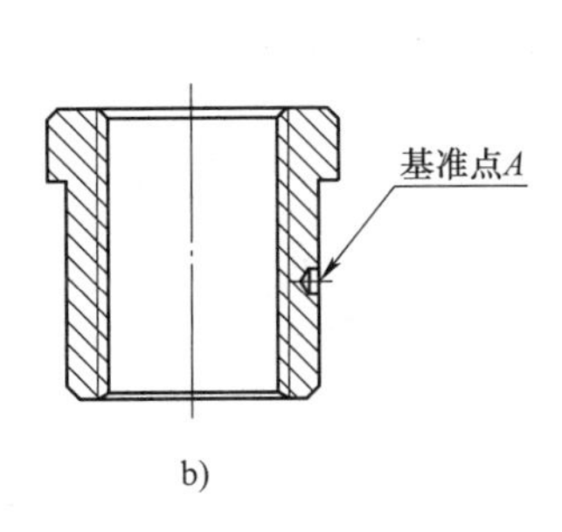

b)

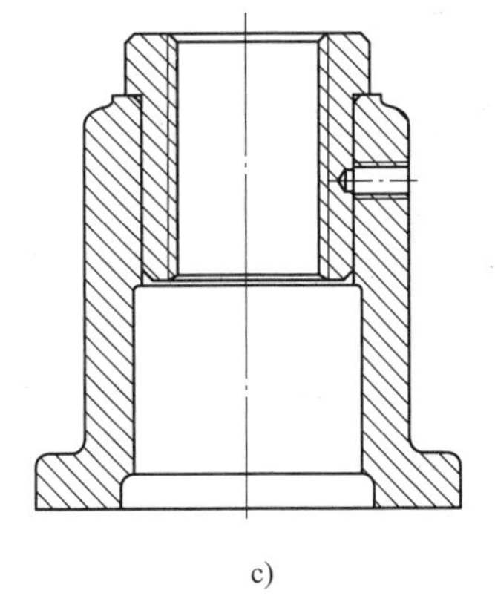
c)

图 12-28　装配螺母

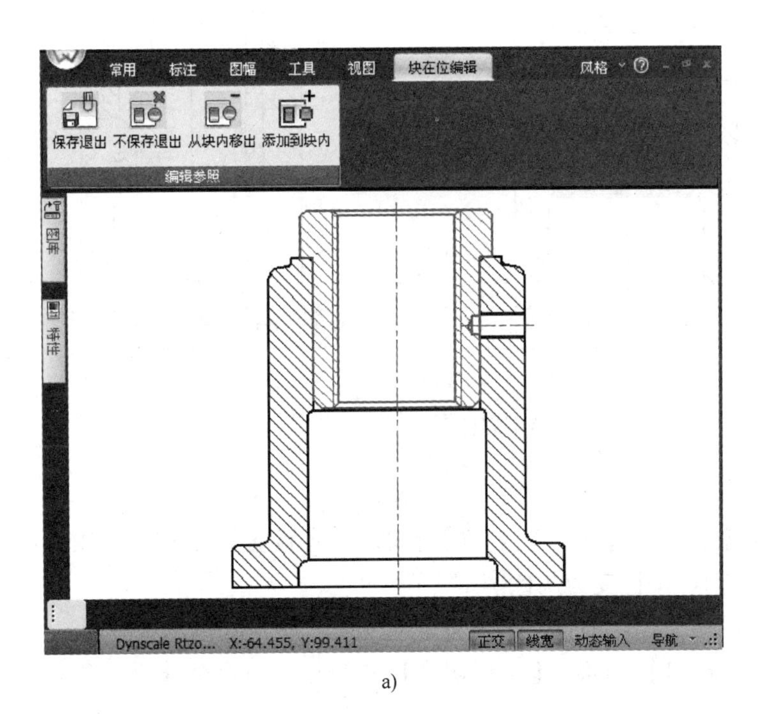

a)

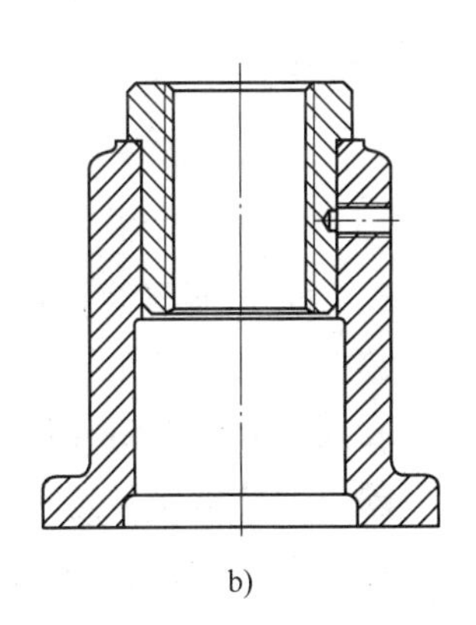
b)

图 12-29　在位编辑底座

4. 拼入螺杆零件并装配

❶打开螺杆零件图，单击【常用】选项卡→【特性】面板→【层设置】按钮，在【层设置】对话框中关闭【尺寸线层】，按钮变为灰色。

❷单击【常用】选项卡→【剪切板】面板上→【复制】按钮，复制螺杆的主视图。

❸单击【视图】选项卡→【窗口】面板→【文档切换】按钮，切换至【千斤顶装配图】文件。

❹单击【常用】选项卡→【剪切板】面板上→【粘贴】按钮，在图框外适当位置粘贴，如图 12-30a 所示。其立即菜单设置为 1. 定点 2. 粘贴为块 3. 消隐 4.比例 1 ，旋转角为【−90°】。

❺选择【平移】命令，设置立即菜单为 1.给定两点 2.保持原态 3.旋转角 0 4.比例 1 ，系统提示“拾取添加:”，拾取螺杆，单击右键确认。

❻系统提示“第一点:”，选择螺杆的基准点 *B*，如图 12-30a 所示。

❼系统提示“第二点:”，选择平移的目标点即底座上的插入点 *B*，如图 12-30b 所示，即可将螺杆的视图移动到装配位置。

❽选择图块的【消隐】命令，设置立即菜单为 1.消隐 ，然后拾取插入的螺杆，则系统设置螺杆块为前景实体，螺母图块与之重叠的部分被消隐。

❾选择【块在位编辑】命令，修改剖面线，绘制结果如图 12-30c 所示。

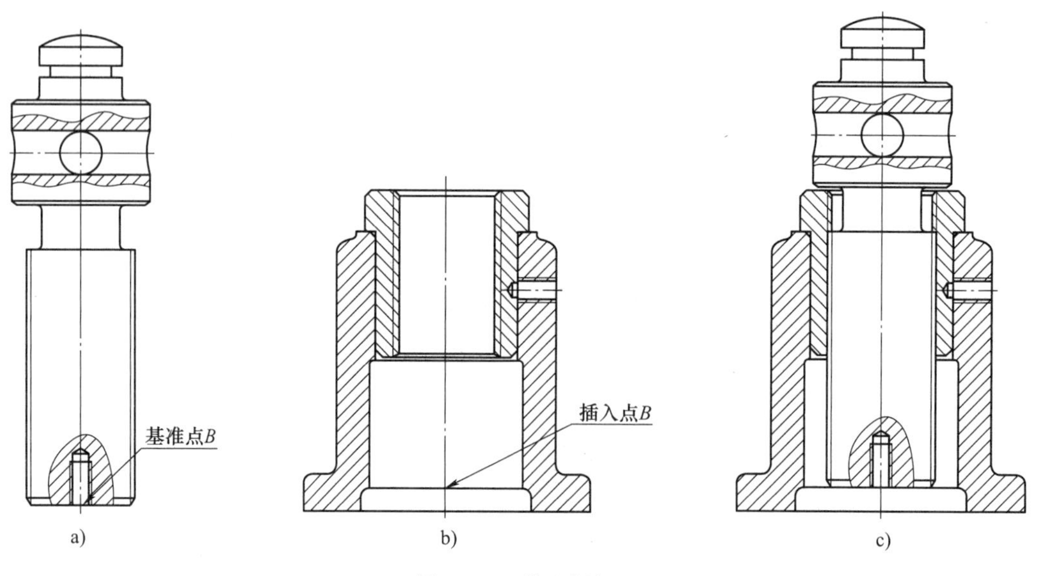

图 12-30 装配螺杆

5. 拼入挡圈零件并装配

❶打开挡圈零件图，单击【常用】选项卡→【特性】面板→【层设置】按钮，在【层设置】对话框中关闭【尺寸线层】，按钮变为灰色。

❷单击【常用】选项卡→【剪切板】面板上→【复制】按钮，复制挡圈的主视图。

❸单击【视图】选项卡→【窗口】面板→【文档切换】按钮，切换至【千斤顶装配图】文件。

❹单击【常用】选项卡→【剪切板】面板上→【粘贴】按钮，在图框外适当位置粘贴，如图 12-31a 所示。其立即菜单设置为 1.定点 2.粘贴为块 3.消隐 4.比例 1 ，旋转角度为【180°】。

❺选择【平移】命令，设置立即菜单为 1.给定两点 2.保持原态 3.旋转角 0 4.比例 1 。系统提示“拾取添加:”，拾取挡圈，单击右键确认。

❻系统提示“第一点:”，选择挡圈的基准点 *C*，如图 12-31a 所示。

❼系统提示“第二点:”，选择平移的目标点即螺杆上的插入点 *C*，如图 12-31b 所示，即可将挡圈的视图移动到装配位置，如图 12-31c 所示。

6. 拼入顶垫零件并装配

同理，拼入顶垫零件图并装配，其平移的基准点 *D*、插入点 *D* 及装配结果如图 12-32 所示。

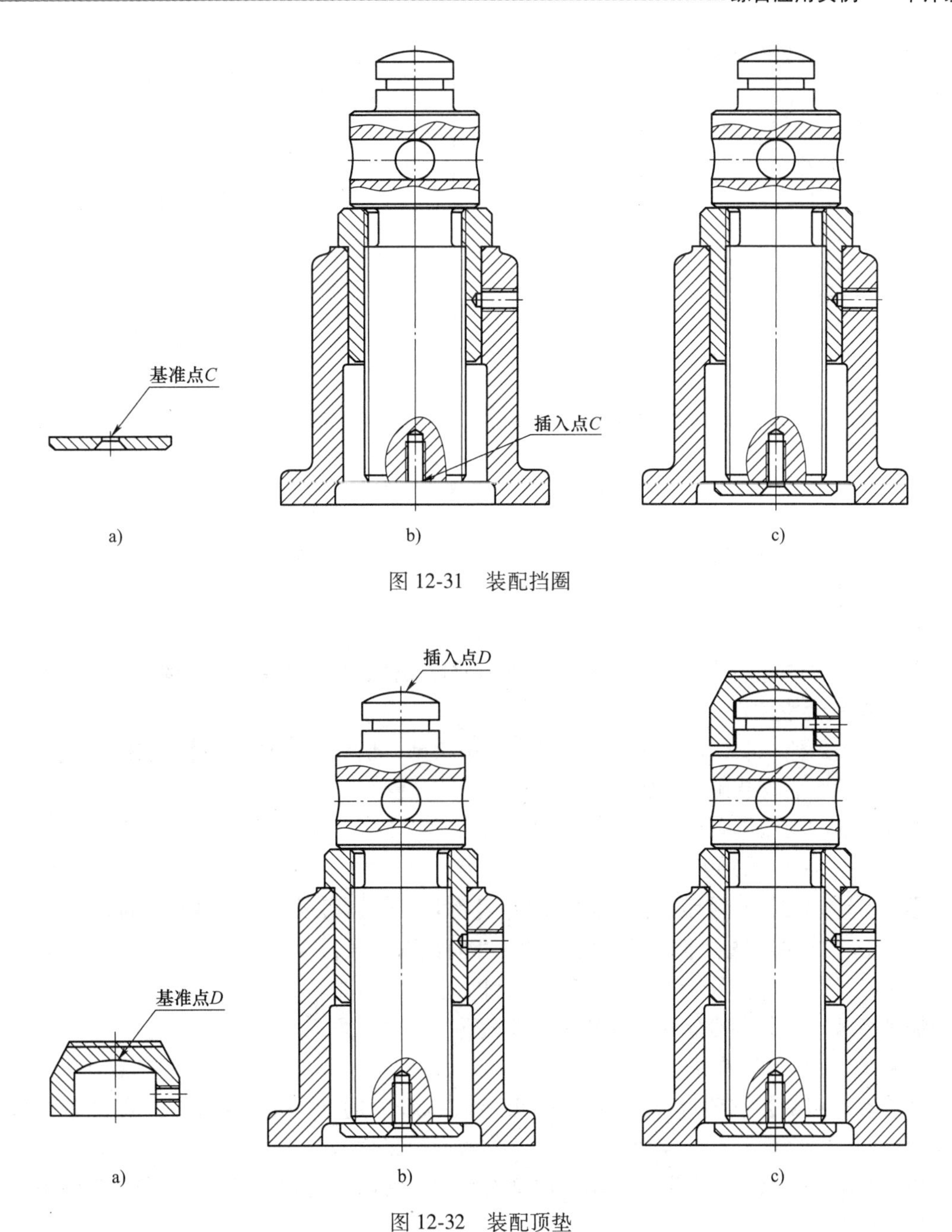

图 12-31　装配挡圈

图 12-32　装配顶垫

7. 调入螺钉并装配

❶单击【插入】选项卡→【图库】面板→【提取图符】按钮，系统弹出【插入图符】对话框。选择【zh-CN \ 螺钉 \ 紧定螺钉】，在图符列表中选择【GB/T 71—1985 开槽锥端紧定螺钉】，如图 12-33a 所示。

❷单击 下一步(N) > 按钮，弹出【图符预处理】对话框，选择规格为【d = 10，l = 16】，其他各项选择如图 12-33b 所示。

❸单击 完成 按钮返回到绘图状态，设置图符的输出形式为 1. 不打散 2. 消隐。

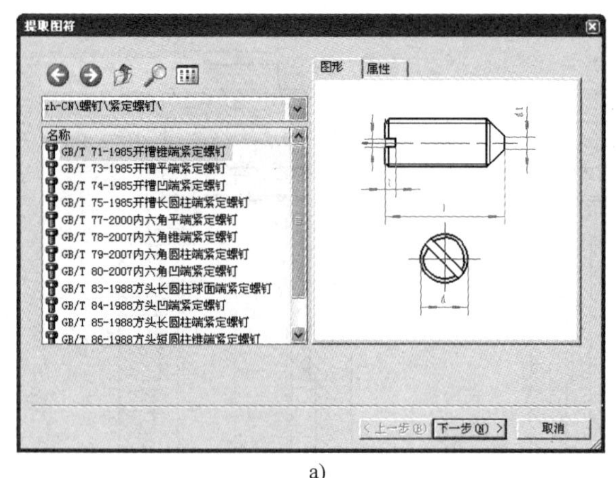

a)

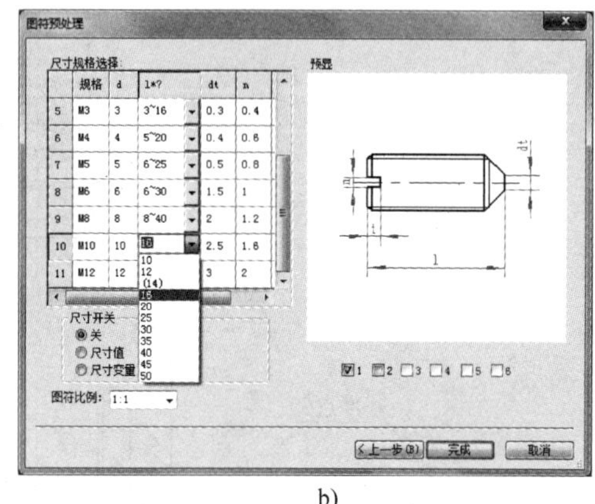

b)

图 12-33　从图库调入螺钉

❹在图框内适当位置单击确定定位点，旋转角【180°】，提取螺钉 7。

❺选择【平移】命令，将螺钉装配到底座上。

❻同理调入螺钉 6、8 并装配。

❼选择图块的【消隐】命令，拾取螺钉为前景实体，重叠的部分被消隐。

8. 绘制其余视图

❶装配图的俯视图比较简单，可直接在图中绘制，也可利用【复制】与【粘贴】命令，拼入相关零件图后再装配、编辑。

❷两个辅助视图可利用【复制】与【粘贴】命令拼入，再根据需要编辑修改。

步骤 4　标注必要的尺寸和文字

❶单击【标注】选项卡→【符号】面板→【剖切符号】按钮，标注剖切符号。

❷单击【标注】选项卡→【符号】面板→【向视图符号】按钮，标注向视图符号。

❸选择【尺寸标注】命令，标注配合尺寸、总体尺寸等。

❹选择【文字】命令，标注图中文字。

步骤 5　生成零件序号

❶单击【图幅】选项卡→【序号】面板→【生成序号】按钮，设置立即菜单各选项为 1.序号= 1　2.数量 1　3.水平　4.由内向外　5.生成明细表　6.不填写　7.单折。

❷在底座的适当位置上单击，确定序号引线的引出点，引出后再确定序号的转折点。

❸依次生成其他零件的序号。

步骤 6　填写明细表、标题栏

❶单击【图幅】选项卡→【明细表】面板→【填写明细表】按钮，系统弹出【填写明细表】对话框，单击相应文本框，根据需要依次填写，如图 12-34 所示。填写结束后，单击 确 定(O) 按钮，所填项目即添加到明细表中。

❷单击【图幅】选项卡→【标题栏】面板→【填写标题栏】按钮，系统弹出【填写标题栏】对话框，逐项填写后单击 确 定(O) 按钮。至此，千斤顶的装配图全部绘制完毕，如图 12-35 所示。

序号	代号	名称	数量	材料	单件	总计	备注	来源	显示
1		底座	1	ht200					☑
2		挡圈	1	Q235A					☑
3		螺母	1	ZQSn6-6-5					☑
4		螺杆	1	45					☑
5		顶垫	1	45					☑
6	GB/T 75-1985	螺钉M6X16	1	35					☑
7	GB/T 71-1985	螺钉M10X18	1	35					☑
8	GB/T 68-2016	螺钉	1	35					☑

图 12-34　填写明细表

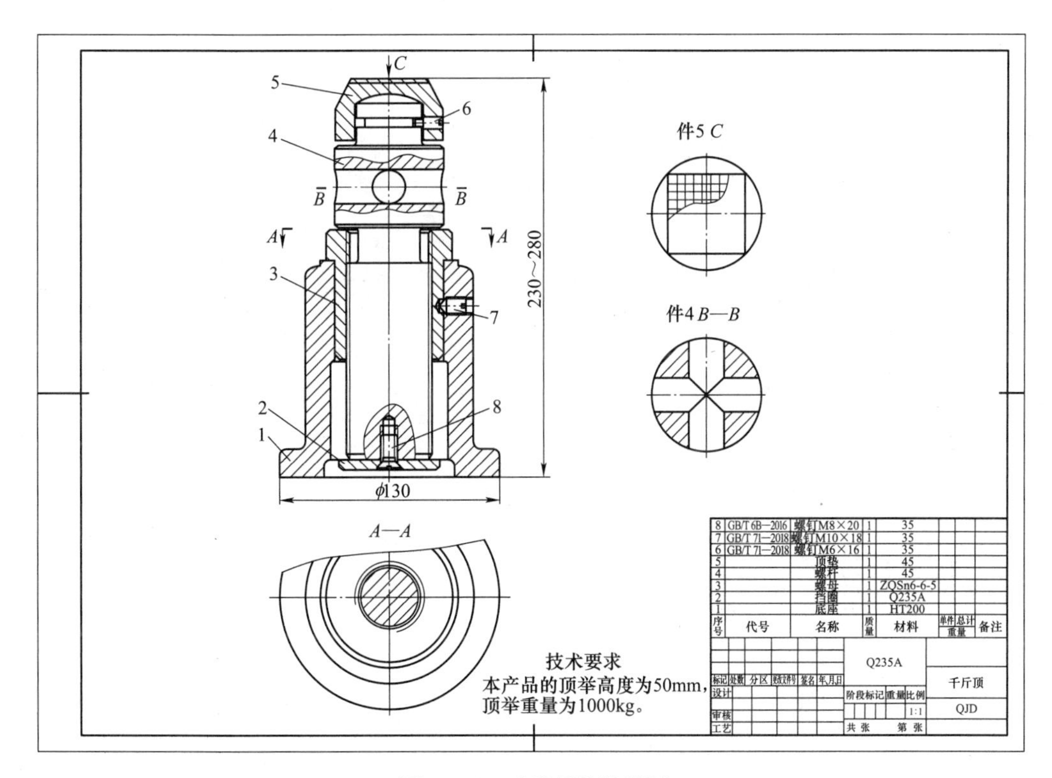

图 12-35　千斤顶的装配图

步骤 7　保存文件

❶单击【视图】选项卡→【显示】面板→【全部显示】按钮，将屏幕上绘制的所有图形按充满屏幕的方式重新显示出来。

❷单击快速启动工具栏中的【保存】按钮，保存绘制好的图形。